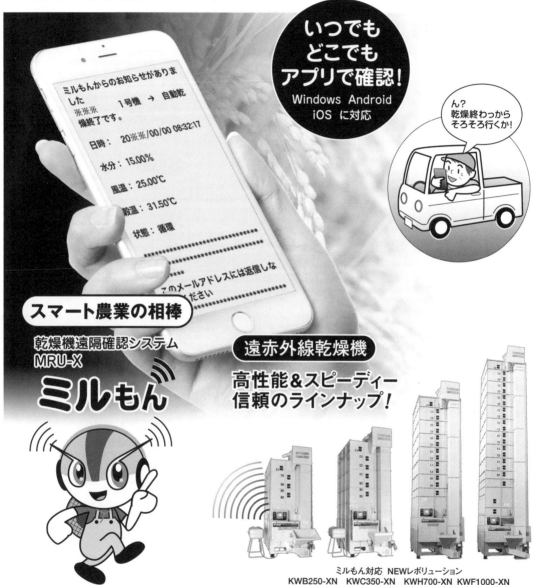

主要 農機商工業信用録

2018

株式
会社 新農林社

［目　　次］

製造業者編

〔北　海　道〕

㈱IHIアグリテック ……………13
㈱アトム農機 ……………13
アベテック㈱ ……………13
㈱イシカリ ……………14
㈱石村鉄工 ……………14
㈱イ　ダ ……………14
エーデーシーサービス㈱ ……………14
オサダ農機㈱ ……………14
開発工建㈱ ……………14
㈱キュウホー ……………14
㈲工藤農機 ……………14
㈱クロダ農機 ……………14
訓子府機械工業㈱ ……………14
サークル機工㈱ ……………15
サカエ農機㈱ ……………15
サンエイ工業㈱ ……………15
三和サービス㈱ ……………15
㈱渋　谷 ……………15
新道東農機㈱ ……………15
㈲田端農機具製作所 ……………15
㈱土谷製作所 ……………15
㈱土谷特殊農機具製作所 ……………15
東洋農機㈱ ……………16
十勝農機㈱ ……………16
日農機㈱ ……………16
日農機製工㈱ ……………16
ノブタ農機㈱ ……………17
㈱畠山技研工業 ……………17
㈱福地工業 ……………17
㈱ホクエイ ……………17
北海道ニプロ㈱ ……………17
㈱北海農機 ……………17
本田農機工業㈱ ……………18
未来のアグリ㈱ ……………18
㈱ロールクリエート ……………18
渡辺農機㈱ ……………18

〔青　森　県〕

㈲石田農機 ……………18
㈱ササキコーポレーション ……………18
㈱苫米地技研工業 ……………19

〔岩　手　県〕

イワフジ工業 ……………19
和同産業㈱ ……………19

〔山　形　県〕

イガラシ機械工業㈱ ……………20
㈱石井製作所 ……………20
小川工業㈱ ……………20
㈱カルイ ……………20
グッドファーマー技研㈱ ……………21
小関農機㈱ ……………21

㈱コンマ製作所 ……………21
㈱斎藤農機製作所 ……………21
㈱三　洋 ……………22
㈱美　善 ……………22
㈱山本製作所 ……………22

〔茨　城　県〕

スガノ農機㈱ ……………23
㈱タイショー ……………23
筑波工業㈱ ……………24
㈱丸久製作所 ……………24
㈱諸　岡 ……………24
㈱結城製作所 ……………24

〔栃　木　県〕

関東農機㈱ ……………24
㈱スズテック ……………25
㈱誠　和 ……………25

〔群　馬　県〕

㈱岡田製作所 ……………25
㈱タイガーカワシマ ……………25
㈱マツモト ……………26

〔埼　玉　県〕

㈱アイメック ……………26
㈱片山製作所 ……………26
金子農機㈱ ……………26
㈱神木製作所 ……………27
㈱木屋製作所 ……………27
㈱広洋エンジニアリング ……………27
高橋水機㈱ ……………27
ハスクバーナ・ゼノア㈱ ……………27
マメトラ農機㈱ ……………27

〔千　葉　県〕

㈱安西製作所 ……………28
日本クライス㈱ ……………28
㈱原島電機工業 ……………28

〔東　京　都〕

㈱イーズ ……………28
㈱エトバス ……………28
㈱荏原製作所 ……………29
㈱エルタ ……………29
㈲ガリュー ……………29
川辺農研産業㈱ ……………29
キャタピラージャパン（同） ……………29
キャピタル工業㈱ ……………29
旭陽工業㈱ ……………29
㈱ケット科学研究所 ……………30
工機ホールディングス㈱ ……………30
コマツ ……………30
佐野車輌㈱ ……………30
㈱三　研 ……………30
㈱サンワ ……………30
㈱新宮商行 ……………30
ストラパック㈱ ……………31
㈱東京ラソニック ……………31

東興産業㈱ ……………31
ナラサキ産業㈱ ……………31
ニチバン㈱ ……………31
日本甜菜製糖㈱ ……………31
日本プラントシーダー㈱ ……………31
ニューロング㈱ ……………32
ネポン㈱ ……………32
日立建機㈱ ……………32
富士平工業㈱ ……………32
㈱藤原製作所 ……………32
古河ユニック㈱ ……………32
㈱ベビーロック ……………33
本田技研工業㈱ ……………33
マックス㈱ ……………33
㈱丸七製作所 ……………33
㈱丸山製作所 ……………33
㈱ミクニ ……………34
㈱ムラマツ車輌 ……………34
㈱やまびこ ……………34

〔神奈川県〕

㈱ケイヒン ……………34
緑　産㈱ ……………35

〔新　潟　県〕

㈱五十嵐製作所 ……………35
㈱井関新潟製造所 ……………35
大島農機㈱ ……………35
オギハラ工業㈱ ……………35
㈱キミヤ ……………36
㈱熊谷農機 ……………36
笹川農機㈱ ……………36
㈱清水工業 ……………36
上越農機㈱ ……………36
フジイコーポレーション㈱ ……………36
㈱冨士トレーラー製作所 ……………37
㈱ミツワ ……………37
皆川農器製造㈱ ……………37
吉徳農機㈱ ……………37

〔富　山　県〕

金岡工業㈱ ……………38
㈱タイワ精機 ……………38
マルマス機械㈱ ……………38

〔石　川　県〕

㈱本多製作所 ……………38

〔長　野　県〕

㈱麻　場 ……………39
上田農機㈱ ……………39
エムケー精工㈱ ……………39
オリオン機械㈱ ……………39
片倉機器工業㈱ ……………40
カルエンタープライズ㈱ ……………40
カンリウ工業㈱ ……………40
㈱ショーシン ……………40
㈱チクマスキ ……………41

9

㈱デリカ……41
㈱細川製作所……41
松山㈱……41
〔岐阜県〕
コダマ樹脂工業㈱……42
㈱ダイシン……42
安田工業㈱……42
〔静岡県〕
落合刃物工業㈱……42
カワサキ機工㈱……43
三巧技研㈱……43
静岡製機㈱……43
シブヤ精機㈱……44
新興和産業㈱……44
㈲鷹岡工業所……44
㈱ナガノ……44
中村撰果機㈱……44
ニューデルタ工業㈱……44
ヤマハ発動機㈱……44
ヤマハモーターパワー
　　　プロダクツ㈱……45
〔愛知県〕
㈱オオシマ……45
㈱大竹製作所……45
㈱共栄社……45
㈱晃伸製機……46
㈱國光社……46
㈱指浪製作所……46
三徳製機㈱……46
鋤柄農機㈱……46
㈱大仙……47
㈱タケザワ……47
日本車輌製造㈱……47
フルタ電機㈱……47
㈱マキタ……47
三菱重工メイキエンジン㈱……48
〔三重県〕
㈱タカキタ……48
〔滋賀県〕
関西産業㈱……48
㈱キャムズ……48
㈱サンエー……49
㈱ジョーニシ……49
ブリッグス・アンド・
　　ストラットン・ジャパン㈱…49
〔京都府〕
㈱工進……49
宝田工業㈱……49
㈱マルナカ……49
〔大阪府〕
有光工業㈱……50
アルインコ㈱……50
㈱クボタ……50
㈱クボタクレジット……51
タイガー㈱……51
ダイキン工業㈱……51
大和精工㈱……51
㈱鶴見製作所……52

㈱ニットウ機販……52
初田工業㈱……52
㈱藤木農機製作所……52
㈱向井工業……52
ヤンマーアグリ㈱……52
㈱ワキタ……53
〔兵庫県〕
アグリテクノ矢崎㈱……53
㈱稲坂歯車製作所……53
㈱ウインブルヤマグチ……53
㈱小川農具製作所……54
川崎重工業㈱……54
八鹿鉄工㈱……54
山田機械工業㈱……54
〔和歌山県〕
中央工業㈱……54
東洋ライス㈱……54
〔鳥取県〕
㈲河島農具製作所……55
〔島根県〕
太昭農工機㈱……55
丸高工業㈱……55
三菱マヒンドラ農機㈱……55
〔岡山県〕
オカネツ工業㈱……55
㈱岡山農栄社……56
カーツ㈱……56
小橋工業㈱……56
三陽機器㈱……57
大紀産業㈱……57
㈱ニッカリ……58
みのる産業㈱……58
ヤンマー農機製造㈱……58
〔広島県〕
㈱北川鉄工所……59
黒田工業㈱……59
㈱啓文社製作所……59
㈱サタケ……59
佐藤農機鋳造㈱……60
㈲福千製作所……61
㈱宮丸アタッチメント研究所……61
〔香川県〕
㈱イナダ……61
㈱ニシザワ……61
〔愛媛県〕
㈱アテックス……61
井関農機㈱……62
㈱井関松山製造所……62
光永産業㈱……62
ちぐさ技研工業㈱……63
㈱横崎製作所……63
米山工業㈱……63
〔高知県〕
㈱ササオカ……63
㈱太陽……63
〔福岡県〕
㈱オーレック……64
親和工業㈱……64

㈱ちくし号農機製作所……64
㈱筑水キャニコム……65
㈲横溝鉄工所……65
〔佐賀県〕
㈱大橋……65
重松工業㈱……65
〔長崎県〕
田中工機㈱……65
〔熊本県〕
㈱井関熊本製造所……65
〔宮崎県〕
南九州農機販売㈱……66
〔鹿児島県〕
三州産業㈱……66
松元機工㈱……66

商 社 編

〔北海道〕
㈱IDEC……67
インタートラクターサービス㈱……67
エム・エス・ケー農業機械㈱……67
㈱コーンズ・エージー……67
国際農機㈱……68
㈱札幌オーバーシーズ
　　　　コンサルタント……68
㈱サンスイ興業……68
㈱トーチク……68
日本ニューホランド㈱……68
〔栃木県〕
㈱スチール……68
〔埼玉県〕
㈱ビコンジャパン……69
〔東京都〕
ハンナインスツルメンツ・
　　　ジャパン㈱……69
㈱阿部商会……69
㈱ISEKIアグリ……69
㈱ISEKIトータルライフサービス……69
イワタニアグリグリーン㈱……70
インターファームプロダクツ㈱……70
㈱ケービーエル……70
サージミヤワキ㈱……70
㈱サンホープ……70
ジオサーフ㈱……70
東邦貿易㈱……70
㈱トプコン……70
日本クリントン㈱……71
㈱ホームクオリティ……71
㈱モチヅキ……71
ヤナセ産業機器販売㈱……71
和光商事㈱……71
〔神奈川県〕
ブラント・ジャパン㈱……71
㈱ボブキャット……71

〔新潟県〕
㈱ハセガワ……71
〔長野県〕
GEAオリオンファーム
　　テクノロジーズ㈱……72
〔愛知県〕
京セラインダストリアル
　　ツールズ販売㈱……72
〔大阪府〕
昭和貿易㈱……72
〔兵庫県〕
㈱カワサキモータースジャパン……72
㈱ツムラ……72
長田通商㈱……72
〔岡山県〕
三陽サービス㈱……73
〔香川県〕
日本ブレード㈱……73
〔福岡県〕
平城商事㈱……73
〔熊本県〕
㈱ナカヤマ……73

部品・資材業者編

〔北海道〕
北海バネ㈱……74
〔秋田県〕
東北製綱㈱……74
〔山形県〕
東北打刃物㈱……74
日本刃物㈱……74
〔栃木県〕
松井ワルターシャイド㈱……74
〔埼玉県〕
小原歯車工業㈱……74
㈱セイブテクノ……75
大起理化工業㈱……75
〔東京都〕
飯田電機工業㈱……75
㈱協同……75
KYB㈱……75
スターテング工業㈱……75
スプレーイング
　　システムジャパン(同)……76
ソフト・シリカ㈱……76
太産工業㈱……76
中央精工㈱……76
司化成工業㈱……76
東日興産㈱……77
㈱東日製作所……77
日東工器㈱……77
花岡産業㈱……77
㈲双葉発條工業所……77
㈱ブリヂストン……77
ボッシュ㈱……77

三菱ケミカルアグリドリーム㈱……77
㈱緑マーク……78
㈱ユーシン……78
㈱ユニック……78
〔神奈川県〕
大久保歯車工業㈱……78
㈱オオハシ……78
ハバジット日本㈱……78
㈱ファインスティール
　　エンジニアリング……78
フローテック㈱……79
マイクロ化学技研㈱……79
〔石川県〕
㈱江沼チエン製作所……79
オリエンタルチエン工業㈱……79
大同工業㈱……79
髙千穂工業㈱……79
〔長野県〕
アルプス計器㈱……80
〔愛知県〕
協和工業㈱……80
㈱スズキブラシ……80
〔三重県〕
㈱北村製作所……80
〔大阪府〕
田中産業㈱……80
㈱永田製作所……80
㈱報商製作所……81
吉光鋼管㈱……81
〔兵庫県〕
三陽金属㈱……81
山陽利器㈱……81
津村鋼業㈱……81
日本フレックス工業㈱……81
バンドー化学㈱……82
三ツ星ベルト㈱……82
〔岡山県〕
㈱水内ゴム……82
〔福岡県〕
㈱井上ブラシ……82
佐藤産業㈱……82

販売業者編

北海道……83
青森県……86
岩手県……88
宮城県……90
秋田県……93
山形県……96
福島県……97
茨城県……100
栃木県……103
群馬県……106
埼玉県……108
千葉県……112

東京都……114
神奈川県……115
新潟県……116
富山県……121
石川県……122
福井県……123
山梨県……124
長野県……125
岐阜県……127
静岡県……129
愛知県……131
三重県……134
滋賀県……136
京都府……137
大阪府……138
兵庫県……139
奈良県……141
和歌山県……142
鳥取県……143
島根県……144
岡山県……145
広島県……147
山口県……149
徳島県……151
香川県……152
愛媛県……153
高知県……154
福岡県……155
佐賀県……157
長崎県……158
熊本県……159
大分県……161
宮崎県……162
鹿児島県……163
沖縄県……165

凡　　　例

0．調査期日

本書に収録した各項の調査は平成29年10月に行なった。

1．配列

製造業者編，商社編，部品・資材業者編，販売業者編の4つに大きくわけ，各編とも都道府県別，会社名の50音順に配列した。

2．収録企業数

製造業者編249社，商社編41社，部品・資材業者編55社，販売業者編約3,000企業を収録した。

3．項目

3.1　掲載項目
本書に掲載した項目は次の通りである。会社名・郵便番号・所在地・電話番号・FAX番号・URL・代表者・創業年月日・資本金・株主数・主株主・決算期・売上高・銀行・支店・工場・役員・代表者略歴・従業員・取扱い品目・社歴・全国会・商組

3.2　各項目
会社名…㈱は株式会社，㈲は有限会社，㈾は合資会社，㈴は合名会社，㈿は合同会社のそれぞれの略。
代表者…氏名のみで役職は付さない。
創業年月日…原則として当該会社の発祥の日をもって創業年月日とした。
資本金…原則として万円単位で表した。

売上高…原則として調査時点での最新決算年度の実績を記した。
株主数…最新決算年度末の株主数を記した。
主株主…原則として5名以内で記した。
銀行…当該会社の主な取引銀行。
支店…支店のほか支社・営業所・支所・出張所・連絡所等も含めた。記述に当たっては次の順序に従った。支所等名称・所在地・郵便番号〒・電話番号☎。
工場…工場名，所在地，郵便番号〒，電話番号☎，敷地（㎡），建物（㎡）の順で記述した。なお本社と工場が同じ場合は本社工場とし，所在地と電話番号を省略した。
役員…執行役員までを記した。
代表者略歴…他産業にも所属する会社の場合，農機に関する役員についても掲載した。
従業員…調査時点での全従業員数。
取扱い品目…当該会社の製造販売品目について記述した。
社歴…当該会社の創業から現在までの歴史について記述したものである。代表者以外に顔写真を掲載したところもある。
全国会…販売組織全国会の会名と一部会長，副会長を記述した。会長，副会長の記述に当たっては会長名の後にカッコして販売店名を記した場合もある。
商組…銘柄別商組の意。理事長と会長名の記述は全国会と同じ。

注）1. 販売業者の記述要領は86頁［注］に付記した。

製造業者編

〔北　海　道〕

㈱IHIアグリテック

千歳本社：
〒066-8555　千歳市上長都1061-2
電　話　0123-26-1122
F A X　0123-26-2097
松本本社：
〒390-8714　松本市石芝1-1-1
電　話　0263-25-4511
F A X　0263-25-0923
U R L　https://www.ihi.co.jp/iat/
代表者　宮原　薫
資本金
11億1,100万円

宮原　薫

株　主　㈱IHI
決算期　3月
支店等　東京事業所：〒135-6009　東京都江東区豊洲3-3-3，豊洲センタービル9階 ☎03-5859-5150／岡山事業所：〒704-8122　岡山市東区西大寺新地170-6 ☎086-944-6510
役　員
　代表取締役社長　　宮原　　薫
　取締役　　　　　　浅輪　　学
　〃　　　　　　　　小林　　勝
　〃　　　　　　　　片山　慶則
　〃　　　　　　　　昆　　明彦
　〃　　　　　　　　合馬　次郎
　〃　（非常勤）　　中村　　修
　常勤監査役　　　　酒井　　勉
　監査役（非常勤）　丸山　誠司
　〃　　　　　　　　梅田　晃司
従業員　800名
取扱い品目　農業用機械（ロールベーラ，ヘーベーラ，ブロードキャスタ等），芝草・芝生管理機器，殺菌・脱臭機器，素形材，電子制御装置の開発・製造・販売
社　歴　昭和17年12月，石川島芝浦タービン㈱松本工場として発足し，25年4月事業分離のため資本金1,000万円で独立。平成19年7月㈱IHIシバウラに商号変更。大正13年12月札幌市豊平において豊平機械製作所を創立し，畑作・酪農用農業機械の開発・製造・販売に着手。昭和36年5月石川島播磨重工業㈱と資本・技術提携。39年1月社名をスター農機㈱に変更。53年千歳市第3工業団地にスター農機本社及び工場を全面移転。平成20年4月，㈱IHIスターに社名変更。29年両社の経営統合により，新会社㈱IHIアグリテック設立。

㈱アトム農機

〒071-0206　上川郡美瑛町北町2-6-6
電　話　0166-92-3315
F A X　0166-92-3410
U R L　http://atomnoki.com
代表者　寺崎　雅史
創業年月日
昭和55年10月27日
資本金　1,000万円
決算期　3月
銀　行
　北海道銀行

寺崎　雅史

工　場　〒071-0215　北海道上川郡美瑛町扇町 ☎0166-92-4666／富良野：〒076-0035　富良野市学田3区工業団地 ☎0167-23-3300
出張所　北見出張所：〒090-0011　北見市曙町670-2
役　員
　代表取締役会長　　寺崎　康治
　代表取締役社長　　寺崎　雅史
　取締役　　　　　　寺崎富美子
　監査役　　　　　　寺崎　由香
従業員　26名
取扱い品目　トラクター用油圧機械，油圧バケット，油圧ワークハンドル，油圧バルブ，スライド式フレドメ，ベールハンドラー，各種グレーダー，各種ネット吊り，油圧ロットアーム，油圧トップリンク，コンテナー用リフト，野菜収穫機，サブソイラ，リバーシブルプラウ，ソイルクランブラ
社　歴　昭和55年10月，㈲アトム農機設立。油圧バケット等の油圧製品の製造・販売。59年12月本社社屋新築，60年10月本社工場増築。62年7月展示場の社屋工場新築。平成3年9月資本金1,000万円に増資。同年10月，㈱アトム農機に組織変更。4年4月農機リース開始。7年4月現在地に本社社屋新築移転。8年6月レンタカー事業開始。同年10月オート洗車場操業開始。9年7月レストラン「亜斗夢の丘」オープン。10年4月，油圧バケット（トラクター直装式）の開発で科学技術庁長官賞受賞。12年4月レストラン「亜斗夢の丘」増築。15年4月「ぜるぶの丘」売店及びレストラン新築。17年5月並びに20年5月，油圧バケットの開発で北海道農業機械工業会会長賞受賞。22年3月旧道央農機からプラウやソイルクランブラの事業を継承。25年8月経済産業省第5回ものづくり日本大賞優秀賞受賞。

アベテック㈱

〒003-0011　札幌市白石区中央1条5-3-7
電　話　011-842-0161
F A X　011-842-0202
U R L　http://www.av-tec.co.jp
代表者　横山　透
創業年月日　昭和43年11月1日
資本金　1億円
決算期　6月
売上高　12億円
事業所　札幌支店：本社と同 ☎011-842-3511／仙台支店：〒984-0015　仙台市若林区卸町5-7 ☎022-235-0801／盛岡出張所：〒020-0122　盛岡市みたけ5-18-36-6／東京支店：〒115-0055　東京都北区赤羽西1-27-14 ☎03-6454-3715／大阪営業所：〒577-0016　東大阪市長田西2-6-1 ☎06-6784-3660／福岡営業所：〒816-0911　大野城市大城1-24-1 ☎092-504-3627
工　場　札幌工場：〒061-3241　石狩市新港西3-749-8 ☎0133-72-7710
従業員　60名
取扱い品目　各種洗車，洗浄装置及び廃水リサイクル装置，洗車関連機器，ビールサーバー洗浄機，貨物コンテナ等の特注洗浄装置の設計・製造・販売 並びにタイヤチェンジャー，ホイールバランサー等の自動車関連整備機器，車椅子車輪洗浄機の販売，散水機，細霧冷房装置，分娩監視システム等，農業用装置の販売
社　歴　昭和43年11月ミスタートップ洗車機の販売を開始，55年11月，商号を㈱東洋エンジニアリングに変更，61年11月商号をアベテック㈱に変更，平成元年11月増資資本金1億円，8年2月北海道主催「北の生活産業・デザインコンペティション」にて全自動洗車ロボ「DOMEⅡ」大賞受賞，12年9月アベセイコー㈱を吸収合併，13年1月イタリアSICAM社タイヤチェンジャー，ホイルバランサーの日本総代理店として発売開始，19年5月北海道漁業協同組合連合会と業務提携。27年7月農機事業部設立。

製造業者編＝北海道＝

㈱イシカリ

〒068-0111　岩見沢市栗沢町由良2-7
電　　話　0126-45-5131
ＦＡＸ　0126-45-5132
代 表 者　松本光洋
創業年月日　平成21年2月16日
資 本 金　5,000万円
株　　主　㈱ホクエイ，他
決 算 期　11月
銀　　行　北洋銀行
従 業 員　39名
取扱い品目　農業機械，産業機械，除雪機

㈱石村鉄工

〒071-0215　上川郡美瑛町扇町
電　　話　0166-92-2278
ＦＡＸ　0166-92-2379
ＵＲＬ　http://ishimura-agri.co.jp
代 表 者　石村聡英
創業年月日　昭和31年11月1日
資 本 金　500万円
株 主 数　2名
主 株 主　石村聡英，石村フジ子
決 算 期　2月
売 上 高　9,600万円
銀　　行　北海道銀行，旭川信用金庫
従 業 員　5名
取扱い品目　スプリングハロー，コンビ
　ネーションハロー，ヘビーカルチ，ケン
　ブリッヂローラー，スタブルカルチ
主要取引先　ヤンマーアグリジャパン㈱，
　日本ニューホランド㈱，MSK農業機械
　㈱，三菱農機販売㈱

㈱イ　ダ

〒090-0818　北見市本町4-7-15
電　　話　0157-23-4493
ＦＡＸ　0157-23-4499
代 表 者　佐藤孝一
創業年月日　大正8年
資 本 金　1,350万円
決 算 期　6月
売 上 高　1億4,500万円
銀　　行　北見信用金庫
従 業 員　10名
取扱い品目　ストーンピッカー，ストーン
　ディガー，ディスクチゼル複合機，カル
　チ用砕土機

エーデーシーサービス㈱

〒080-0023　帯広市西13条南28-3-8
電　　話　0155-47-1093
ＦＡＸ　0155-48-0935
代 表 者　清水敬貴

創業年月日　昭和56年6月4日
資 本 金　1,000万円
株 主 数　4名
決 算 期　3月
売 上 高　7,260万円
銀　　行　帯広信用金庫
従 業 員　4名
取扱い品目　農産物貯蔵施設，空調設備
　（馬鈴薯・ゴボウ・人参・大根），節電
　装置，空気清浄機，循環型バイオ活性水，
　ナチュラルバイオ

オサダ農機㈱

〒076-0006　富良野市扇山877-3
電　　話　0167-39-2500
ＦＡＸ　0167-39-2501
ＵＲＬ　http://www.osada-nouki.co.jp
代 表 者　長田秀治
資 本 金　3,800万円
主 株 主　長田秀治
決 算 期　12月
売 上 高　7億1,000万円
銀　　行　北洋銀行，北海道銀行，旭川
　信用金庫
役　　員
　代表取締役会長　　　　　長 田 秀 治
　代表取締役社長　　　　　鎌 田 和 晃
　取締役　　　　　　　　　中 村 壽 男
従 業 員　30名
取扱い品目　人参収穫機，大根収穫機，ス
　イートコーン収穫機，キャベツ収穫機

開発工建㈱

〒069-0381　岩見沢市幌向北1条2-580
電　　話　0126-26-2211
ＦＡＸ　0126-26-3967
代 表 者　奈良和康
創業年月日　昭和31年3月8日
資 本 金　5,000万円
決 算 期　5月
銀　　行　北陸銀行，北海道銀行
従 業 員　73名
取扱い品目　溝掘機，ロータリー除雪車，
　草刈機，凍結防止剤散布機

㈱キュウホー

〒089-3721　足寄郡足寄町旭町5-71-1
電　　話　0156-25-5806
ＦＡＸ　0156-25-6121
ＵＲＬ　http://www11.plala.or.jp/qfo/
代 表 者　永井博道
創業年月日　平成6年8月
資 本 金　1,000万円
決 算 期　9月
売 上 高　2億7,000万円

銀　　行　帯広信用金庫，JA足寄
従 業 員　22名
取扱い品目　除草器具，除草機

㈲工藤農機

〒089-1242　帯広市大正町基線45-3
電　　話　0155-64-4147
ＦＡＸ　0155-64-5021
代 表 者　工藤勝弘
資 本 金　500万円
決 算 期　12月
売 上 高　7,000万円
従 業 員　6名
取扱い品目　ポテトハーベスター，野良芋
　ディガー，ポテト選別機

㈱クロダ農機

〒082-0016　河西郡芽室町東6条10-1-7
電　　話　0155-62-2526
ＦＡＸ　0155-62-4813
ＵＲＬ　http://www.kurodanoki.com
代 表 者　黒田博昭
創業年月日　昭和29年10月
資 本 金　1,000万円
決 算 期　12月
銀　　行　帯広信用金庫，北海道銀行
従 業 員　20名
取扱い品目　ブームスプレーヤー，GPS

訓子府機械工業㈱

〒099-1431　常呂郡訓子府町東町1-1
電　　話　0157-47-2131
ＦＡＸ　0157-47-4330
ＵＲＬ
　http://www.kunneppukikai.com
代 表 者　松田和之
創業年月日　昭和35年8月
資 本 金　1,000万円
決 算 期　1月
売 上 高　10億円
銀　　行　北海道銀行，北見信用金庫
工　　場　車両整備・車検場／鉄工機械
　部修理工場：〒099-1431　常呂郡訓子府
　町東町　☎0157-47-2133／北見工場：〒
　090-0838　北見市西三輪725　☎0157-
　36-5181
役　　員
　代表取締役社長　　　　　松 田 和 之
　代表取締役専務　　　　　松 田 　 謙
　取締役　　　　　　　　　松 田 公 鎮
　監査役　　　　　　　　　松 田 秀 子
従 業 員　42名
取扱い品目　玉葱タッパー，玉葱ピッカー，
　スイートコーンハーベスター

サークル機工㈱

〒073-0043　滝川市幸町3-3-12
電　話　0125-22-4350
Ｆ　Ａ　Ｘ　0125-24-7126
代表者　佐藤和彦
創業年月日　平成21年9月1日
資本金　1,500万円
主株主　日本甜菜製糖㈱
決算期　3月
売上高　13億9,000万円
銀　行　北洋銀行
従業員　60名
取扱い品目　ビート移植機，野菜重量選別機，各種年菜移植機，玉ねぎ関連機械

サカエ農機㈱

〒080-0151　河東郡音更町東和西4線47
電　話　0155-42-0006
Ｆ　Ａ　Ｘ　0155-42-0008
代表者　衣原敏博
創業年月日　昭和34年11月7日
資本金　1,000万円
決算期　3月
売上高　1億4,000万円
銀　行　北洋銀行
従業員　11名
取扱い品目　ビーンスレッシャー

サンエイ工業㈱

〒099-4115　斜里郡斜里町光陽町44-17
電　話　0152-23-2173
Ｆ　Ａ　Ｘ　0152-23-4133
ＵＲＬ　http://www.sanei-ind.co.jp/
代表者　毛利　剛
創業年月日
　昭和40年3月
資本金　1,500万円
決算期　2月
株主数　1名
売上高　6.3億円
銀　行　北海道銀行，網走信用金庫

毛利 剛

営業所　小清水営業所：☎099-3614　北海道斜里郡小清水町元町1-35-24 ☎0152-62-2564／美幌営業所：☎092-0067　北海道網走郡美幌町三橋南 ☎0152-73-5234／帯広営業所：☎082-0005　北海道河西郡芽室町東芽室基線7　☎0155-62-0037
役　員
　代表取締役社長　毛利　剛
　取締役　　　　　毛利明日香
　〃　　　　　　　佐藤哲也
　監査役　　　　　石橋小百合

従業員　35名
取扱い品目　ポテトハーベスター，ビートハーベスター，草刈機，他

三和サービス㈱

〒063-0832　札幌市西区発寒12条12-1-5
電　話　011-665-1177
Ｆ　Ａ　Ｘ　011-665-8484
ＵＲＬ　http://www.san-san.co.jp
代表者　阿部眞人
創業年月日　昭和45年12月22日
資本金　1,500万円
決算期　9月
売上高　2億8,000万円
銀　行　北海道銀行，北洋銀行
役　員
　取締役　　　沖田建雄
　〃　　　　　中村惇子
従業員　13名
取扱い品目　全自動散水防除装置及び関係ソフト設計・製作，細霧冷房システム「サンミスト」，ジェットウォーマー（可搬式急速温水製造機），牛舎監視システム（カメラ），LED蛍光管
主要取引先　日本管財㈱，北海道電力㈱，イオンディライト㈱，㈱クボタ，三菱マヒンドラ農機㈱，ヤンマー㈱，渡辺パイプ㈱，㈱北海道永田，㈱キセキ北海道

㈱渋　谷

〒090-0832　北見市栄町2-1-2
電　話　0157-23-6241
Ｆ　Ａ　Ｘ　0157-25-4699
ＵＲＬ　http://k-sibuya.sakura.ne.jp
代表者　渋谷嘉伸
創業年月日　昭和21年9月16日
資本金　2,400万円
決算期　9月
銀　行　北見信用金庫，北海道銀行，北洋銀行
従業員　25名
取扱い品目　酪農用機器，バーンクリーナ，フィードコンベヤ，ベールグラブ，ロールカッタ，トラクターローダアタッチメント

新道東農機㈱

〒099-2104　北見市端野町端野63
電　話　0157-56-2226
Ｆ　Ａ　Ｘ　0157-56-3663
代表者　林　保
創業年月日　昭和158年5月27日
資本金　2,800万円
決算期　3月
銀　行　北見信用金庫

従業員　10名
取扱い品目　ポテトハーベスター，ビートハーベスター，ブロードキャスター（輸入物）

㈲田端農機具製作所

〒080-0832　帯広市稲田町東2線7
電　話　0155-48-2324
Ｆ　Ａ　Ｘ　0155-48-2080
代表者　田端敏和
創業年月日　昭和6年
資本金　1,000万円
決算期　12月
売上高　4億円
銀　行　北海道銀行，北洋銀行
役　員
　代表取締役社長　田端敏和
　取締役　　　　　田端あけみ
　〃　　　　　　　松田英俊
　監査役　　　　　田端祥信
　監査役　　　　　田端幹彦
従業員　25名
取扱い品目　プランター，グレンドリル，施肥機，追肥機

㈱土谷製作所

〒065-0042　札幌市東区本町2条10-2-35
電　話　011-781-5883
Ｆ　Ａ　Ｘ　011-783-7107
ＵＲＬ　http://www.sapporo-tsuchiya.co.jp
代表者　土谷敏行
創業年月日　昭和2年7月1日
資本金　3,000万円
決算期　3月
売上高　12億6,300万円
銀　行　北陸銀行
従業員　92名
取扱い品目　酪農器具及び燃焼器具製造（サンポットストーブ）

㈱土谷特殊農機具製作所

〒080-2461　帯広市西21条北1-3-2
電　話　0155-37-2161
Ｆ　Ａ　Ｘ　0155-37-2751
ＵＲＬ　http://www.tsuchiyanoki.com
代表者　土谷紀明
創業年月日　昭和8年3月21日
資本金　6,000万円
株主数　11名
決算期　3月
売上高　86億5,900万円
銀　行　みずほ銀行，北陸銀行，北海道銀行，北洋銀行，帯広信用金庫
支　店　帯広営業所：本社と同 ☎

製造業者編＝北海道＝

0155-37-8833／釧根営業所：☎088-2314 北海道川上郡標茶町常盤3-15 ☎015-485-3333／札幌支店：☎007-0805 札幌市東区東苗穂4条1-18-28 ☎011-780-2120／中標津営業所：☎086-1019 標津郡中標津町6条南11-3-3 ☎0153-73-4377／北見営業所：☎090-1051 北見市高栄東町1-11-37 ☎0157-22-6641／興部出張所：☎098-1616 北海道紋別郡興部町字興部本町473 ☎0158-85-7267

役　員
代表取締役社長　　土谷紀明
専務取締役　　　　土谷雅明
取締役　　　　　　土谷賢一
〃　　　　　　　　土谷祐二
〃　　　　　　　　野口智宏
監査役　　　　　　矢野孝志
従業員 142名
代表者略歴　土谷紀明　昭和16年1月1日帯広市生まれ。北海道立小樽千秋（現小樽工業）高等学校機械科程卒。平成8年特許庁長官奨励賞、14年北海道産業貢献賞、17年文部科学大臣表彰科学技術賞、18年黄綬褒章、24年帯広市産業貢献賞受賞。関連会社土谷デムース㈱、㈱アイスシェルター、㈱2Gステーション北海道の代表取締役を兼務。
取扱い品目　搾乳システム、コンピューター乳牛管理システム、各種コンクリートサイロ、給飼システム、マニュアハンドリングシステム、牧場用機械器具、バイオガスプラント、アイスシェルター、カーリング場、完全制御型植物工場
社　歴　昭和8年帯広に牛乳輸送缶、搾乳バケツなどの牛乳容器を製造販売する「土谷製作所帯広工場」を開業。スタンチョン、ウオーターカップ、哺乳器は発売以来60年にわたるロングセラーとなる。45年海外企業と技術提携、50年合弁会社を設立、13年間で800本のコンクリートタワーサイロを建設。現在、地域の特性と環境に適応した酪農トータルシステム（搾乳、哺乳、給飼、排泄物処理）を設計、施工、メンテナンスの責任体制で海外企業との提携により販売。昨年売り上げの77％を占めた家畜排泄物活用のバイオガスプラントは現在、北海道で45プラント、本州で3プラントが稼働中。平成25年度新エネ大賞財団会長賞受賞。

東洋農機㈱

☎080-2462　帯広市西22条北1-2-5
電　話　0155-37-3191
ＦＡＸ　0155-37-5399
ＵＲＬ　http://www.toyonoki.co.jp
代表者　太　田　耕　二

創業年月日
　明治42年2月
資　本　金
　1億8,000万円
株主数　12名
主　株　主　東京中小企業投資育成㈱、太田耕二、山田政功、渡会昇功
決算期　1月
売上高　37億4,900万円（平成30年1月）
銀　行　北陸銀行、日本政策金融金庫、北洋銀行、帯広信用金庫、みずほ銀行、北海道銀行、農林中央金庫、商工組合信用金庫
営業所　小清水営業所：☎099-3641 北海道斜里郡小清水町元町1-13-11 ☎0152-62-2309／美幌営業所：☎092-0027 北海道網走郡美幌町字稲美220-14 ☎0152-73-4158／美瑛営業所：☎071-0215 北海道上川郡美瑛町扇町232 ☎0166-92-1368／三川営業所：☎069-1144 北海道夕張郡由仁町本三川674 ☎0123-86-2436／倶知安営業所：☎044-0077 北海道虻田郡倶知安町字比羅夫60-1 ☎0136-22-2236／士幌サービスセンター：☎080-1216 北海道河東郡士幌町字士幌西2線170 ☎01564-5-3506／豊頃サービスセンター：☎089-5235 北海道中川郡豊頃町中央若葉町14 ☎015-574-2887
工　場　本社工場：敷地31,627・建物11,432／芽室工場：☎082-0017 河西郡芽室町東7条10 ☎0155-62-2633

役　員

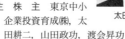

太田 耕二

代表取締役会長　　山田政功
代表取締役社長　　太田耕二
常務取締役執行役員　大橋敏伸
〃　　　　　　　　光澤英雄
取締役相談役（非常勤）　渡辺純夫
常務執行役員　　　髙橋洋一
執行役員　　　　　木村　孝
〃　　　　　　　　千葉郁夫
監査役　　　　　　安部仁英
〃　　　　　　　　宮下行雄
〃　（非常勤）　　　太田志津子
従業員 159名
取扱い品目　ポテト収穫機、ブームスプレーヤ、ビート収穫機、ディスクハロー、サブソイラー、ブロードキャスター

十勝農機㈱

☎082-0038　河西郡芽室町西8条8-2
電　話　0155-62-2421
ＦＡＸ　0155-62-5650
ＵＲＬ　http://www.tokachinoki.co.jp
代表者　飯島美樹雄
創業年月日　昭和20年10月
資　本　金　1,750万円

取扱い品目　ポテトプランター、ビートタッパー

日農機㈱

☎080-0341　河東郡音更町音更西2-17
電　話　0155-45-4555
ＦＡＸ　0155-45-4556
代表者　林　　山都
創業年月日
　昭和43年12月23日
資　本　金　3,000万円
主　株　主
日農機製工㈱
決算期　12月
売上高
28億4,100万円

林 山都

銀　行　帯広信用金庫、北洋銀行、北海道銀行、みずほ銀行
支　店　十勝支店：本社と同／美幌営業所：☎092-0001 北海道網走郡美幌町高野92 ☎0152-73-5171／小清水営業所：☎099-3641 北海道斜里郡小清水町元町1-35-15 ☎0152-62-3704／倶知安営業所：☎044-0076 北海道虻田郡倶知安町高砂87 ☎0136-22-4435／美瑛営業所：☎071-0215 北海道上川郡美瑛町扇町421-12 ☎0166-92-2411／三川営業所：☎069-1144 北海道夕張郡由仁町本三川683-1 ☎0123-87-3550
役　員
取締役会長　　　　安久津昌義
代表取締役社長　　林　　山都
常務取締役　　　　西原規恭
取締役　　　　　　岡川英雄
〃　　　　　　　　亀井宏眞
〃　　　　　　　　町田正人
〃　　　　　　　　武田　諭
監査役　　　　　　秋田勝利
〃　　　　　　　　笹原　敦
従業員 43名
取扱い品目　施肥機、播種機、グレンドリル、ポテトプランター、精密除草機（草刈るチ）、カルチベーター、ビートタッパー、ビートハーベスター、マルチャー

日農機製工㈱

☎089-3727　足寄郡足寄町郊南1-13
電　話　0156-25-2188
ＦＡＸ　0156-25-2107
代表者　林　　山都
創業年月日　昭和22年3月
資　本　金　4,500万円
株主数　1名
主　株　主　エア・ウォーター㈱
決算期　12月
売上高　12億2,500万円

製造業者編＝北海道＝

銀　　　行　帯広信用金庫，北海道銀行，
北洋銀行，みずほ銀行
役　　　員
　取締役会長　　　　　安久津　昌　義
　代表取締役社長　　　林　　　山　都
　常務取締役　　　　　浅　見　優次郎
　取締役　　　　　　　小　倉　尚　勝
　　〃　　　　　　　　加　藤　雅　之
　　〃　（非常勤）　　町　田　正　人
　　〃　　　　　　　　武　田　　　諭
　監査役（非常勤）　　秋　田　勝　利
　　〃　　　　　　　　笹　原　　　敦
従業員　53名
取扱い品目　ビートハーベスター，カルチ
ベーター，鎮圧ローラー，マルチャー

ノブタ農機㈱

〒089-1247　帯広市昭和町基線107-15
電　　　話　0155-64-5411
Ｆ　Ａ　Ｘ　0155-64-5398
Ｕ　Ｒ　Ｌ　http://www.nobuta-nouki.jp
代　表　者　信田　哲宏
創業年月日　昭和45年2月
資　本　金　2,000万円
株　主　数　2名
主　株　主　信田哲宏，信田光子
決　算　期　1月
売　上　高　2億5,000万円
銀　　　行　帯広信用金庫，北洋銀行，北
陸銀行，北海道銀行
役　　　員
　代表取締役　　　　　信　田　哲　宏
　取締役　　　　　　　信　田　光　子
代表者略歴　信田哲宏　昭和53年3月専修
大学北海道短期大学農業機械専攻科卒，
54年4月㈲信田農機入社，平成10年1月
代表取締役就任。
従業員　11名
取扱い品目　農産物選別ライン，培土機，
種子馬鈴薯消毒槽，ポテトディガー，ス
プリング除草ハロー，サブソイラー，い
も種切断機，グッドランドローラ，フレ
コン吊具，ローリングベルト，鎮圧ロー
ラ
社　　　歴　昭和45年2月，㈲信田農機創
業。54年11月，現在地に工場新設，移
転。平成10年1月，信田哲宏代表取締役
就任。14年4月増資，ノブタ農機㈱に改
組。21年12月レザー加工機導入。

㈱畠山技研工業

〒080-0351　河東郡音更町然別北6線西43
電　　　話　0155-31-6866
Ｆ　Ａ　Ｘ　0155-31-2007
代　表　者　畠　山　孝　一
創業年月日　昭和50年4月1日

資　本　金　1,000万円
決　算　期　12月31日
売　上　高　8,300万円
銀　　　行　帯広信用金庫
従　業　員　4名
取扱い品目　トレンチャー，ジェットプラ
ウ，長芋収穫機（ハーベスター）

㈱福地工業

〒090-0838　北見市西三輪4-712
電　　　話　0157-36-5714
Ｆ　Ａ　Ｘ　0157-36-7512
Ｕ　Ｒ　Ｌ　http://www.fukuti.co.jp
代　表　者　福地　博行
資　本　金　4,850万円
決　算　期　1月
売　上　高　20億9,700万円
銀　　　行　北海道銀行
取扱い品目　バーンクリーナー，ウォー
ターフィーダー，クラウドゲート，バー
ンスクレッパ，カウキャリー

㈱ホクエイ

〒007-0882　札幌市東区北丘珠2条3-2-30
電　　　話　011-781-5111
Ｆ　Ａ　Ｘ　011-784-2265
Ｕ　Ｒ　Ｌ　http://www.hokuei.co.jp/
代　表　者　七戸　　強
創業年月日　昭和26年10月
資　本　金　1億円
株　主　数　33名
主　株　主　七戸強，七戸治，兼松トレー
ディング㈱
決　算　期　12月
売　上　高　40億円
銀　　　行　北洋銀行，室蘭信用金庫，北
海道銀行
支　　　店　関東営業所：〒362-0021　上
尾市原市3206-3　☎048-721-9091／大阪
駐在所：〒565-0803　吹田市新芦屋下
13-6-205　☎06-6816-7011／福岡駐在
所：〒818-0135　太宰府市向佐野2-10-
5-402　☎092-918-3936
工　　　場　札幌工場：（本社と同）／当
別工場：〒061-3772　石狩郡当別町獅子
内1947-9　☎0133-26-3111
従業員　122名
取扱い品目　ビート移植機，パワーハ
ロー，春小麦初冬播き用播種機，長ネギ
移植機，LPガス容器収納庫，灯油タンク，
融雪機，ハイパワーミストファン，発電
機，製造受注製品

北海道ニプロ㈱

〒069-1208　夕張郡由仁町山形563

電　　　話　0123-83-2352
Ｆ　Ａ　Ｘ　0123-83-2501
代　表　者　松山信久，工藤　忠
創業年月日　昭和49年7月5日
資　本　金　2,000万円
株　主　数　33名
主　株　主　松山㈱
決　算　期　6月
売　上　高　15億2,8000万円
銀　　　行　北洋銀行，空知信用金庫
工　　　場　敷地34,608・建物5,795
役　　　員
　代表取締役社長　　　松　山　信　久
　代表取締役常務　　　工　藤　　　忠
　取締役　　　　　　　清　水　英　一
　　〃　　　　　　　　平　田　哲　敏
　監査役　　　　　　　星　合　寿　幸
　　〃　　　　　　　　大　池　賢　治
従業員　61名
取扱い品目　ロータリー，ドライブハ
ロー，ポテトディガー，タマネギハーベ
スター
社　　　歴　昭和49年7月5日松山㈱の北
海道向け製品の生産・商品開発・サービ
スの拠点として資本金1,000万円にて創
立。ロータリー・代かきハロー・掘取機
の生産開始。50年10月工場増築，51年7
月オニオンハーベスター生産開始。52年
10月1,2000万円に増資する。53年7
月つる刈機生産開始（自社開発製品1
号）。57年10月機械工場新築。58年6月
2畦ポテトディガー生産開始，59年3月
ポテトプランター生産開始。平成元年溶
接ロボット設備導入，3年ポテトハーベ
スター生産開始，NC油圧式プレスブレー
キ設備導入。4年CNCタレットパンチ
プレス設備導入，CADシステム導入。
9年5月北農工優良農業機械等開発改良
受賞（ポテトハーベスターGA650），11
月工場増築及び塗装設備更新。12年10月
工場増築。14年5月北農工優良農業機械
等開発改良表彰（たまねぎ収穫機SCH-
181）。15年4月三次元CADシステム導入。
18年11月馬鈴薯茎葉処理機「NKS-200」
開発。19年4月チゼルプラウ「パラソイ
ラ～NPS-600K」開発。20年5月北農工
創立50周年式典北農工会長感謝状受賞。
21年6月レーザー加工設備導入。24年9
月資材倉庫新築。

㈱北海農機

〒082-0004　河西郡芽室町東芽室北1線
14-11　芽室工業団地内
電　　　話　0155-62-5051
Ｆ　Ａ　Ｘ　0155-62-5052
代　表　者　黛崎　健一
創業年月日　昭和57年2月27日

製造業者編＝北海道，青森県＝

資　本　金　2,315万円
決　算　期　10月
銀　　　行　北海道銀行
従　業　員　7名
取扱い品目　総合施肥播種機，除草ミニカルチ，株間除草機，コンバイン用ローワロップ装置，コンバイン用ピックアップ装置

本田農機工業㈱

〒068-0121　岩見沢市栗沢町北本町74
電　　　話　0126-45-2211
Ｆ　Ａ　Ｘ　0126-45-2212
Ｕ　Ｒ　Ｌ　http://www.honda-nouki.com
代　表　者　本田雅義
創業年月日　昭和23年8月23日
資　本　金　2,500万円
株　主　数　16名
主　株　主　本田正一，本田雅義，本田とき代，干場法美
決　算　期　12月
売　上　高　5億円
銀　　　行　北海道銀行，北洋銀行，空知信用金庫
支　　　店　本社工場・事務所：（本社と同）／最上製品倉庫：〒068-0115　岩見沢市栗沢町最上515-2
役　　　員
　代表取締役会長　　　　　本田　正　一
　代表取締役社長　　　　　本田　雅　義
　取締役　　　　　　　　　本田　吉　一
　　〃　　　　　　　　　　安味　英　光
　監査役　　　　　　　　　本田　孝　一
　　〃　　　　　　　　　　干場　法　美

代表者略歴　本田雅義
昭和44年1月17日生れ。同志社大学経済学部卒業。平成9年本田農機工業㈱入社。14年取締役，21年専務取締役。22年2月代表取締役就任。

本田　雅義

従　業　員　40名
取扱い品目　脱水機，代掻リバースハロー，フラットハロー，バーチカルハロー，肥料分配機，混合機，枝豆脱莢機，長ネギ収穫機，揚殻搬送機，粗選機
主要取引先　㈱クボタ，ヤンマーアグリジャパン㈱，井関農機㈱，三菱マヒンドラ農機㈱，㈱北海道クボタ，㈱キセキ北海道，三菱農機販売㈱
社　　　歴　昭和10年創業者本田正之が動力脱穀機，水田除草機の製造販売を開始。23年株式会社に改組，資本金100万円で本田農機工業㈱設立。以後トラクター用均平機，肥料散布機，ライスレッシャー，自動脱穀機を生産。40〜50年自走式中型コンバインを開発市販。49年資本金2,500万円に。その後生産体制の整備を行い，平成2年より野菜作用機械（枝豆脱莢機）の開発に鋭意傾注して枝豆脱莢機（文科大臣賞受賞），長ネギ掘取機・肥料分配機を開発市販化。17年に創業70年記念式典。20年には北農工創立50周年式典にて北海道知事から感謝状を受け，24年には自動枝豆脱莢機が第4回ものづくり日本大賞（産業経済大臣賞）を受賞し，今日に至る。15年11月創業80周年記念式典を挙行。

未来のアグリ㈱

〒065-0019　札幌市東区北19条東4-2-10
電　　　話　011-711-6136
Ｆ　Ａ　Ｘ　011-741-7253
Ｕ　Ｒ　Ｌ　http://www.mirai-no-agri.jp
代　表　者　前原伸一
創業年月日　昭和22年2月1日
資　本　金　6,000万円
決　算　期　9月
売　上　高　22億円（平成29年9月）
銀　　　行　北陸銀行，北洋銀行
従　業　員　63名
取扱い品目　野生動物侵入防止柵，酪農用品，放牧施設，牛舎施設，囲い罠，園芸用ハウス，農業資材及び栽培システム

㈱ロールクリエート

〒082-0043　河西郡芽室町芽室基線19-16
電　　　話　0155-62-5676
Ｆ　Ａ　Ｘ　0155-62-5603
Ｕ　Ｒ　Ｌ　http://www.roll-create.co.jp
代　表　者　大坂伸人
創業年月日　昭和62年12月16日
資　本　金　2,000万円
株　主　数　4名
主　株　主　大坂伸人，森栄一
決　算　期　10月
売　上　高　11億8,587万円
銀　　　行　北海道銀行，帯広信用金庫，北見信用金庫
役　　　員
　代表取締役　　　　　　　大坂　伸　人
　取締役　　　　　　　　　森　　栄　一
　　〃　　　　　　　　　　河瀬　　　昇
　　〃　　　　　　　　　　浅井　　　勇
従　業　員　25名
取扱い品目　ラッピングマシーン，ロールハンド，ロールグリッパー，大根ハーベスター，カーフフィーダー，ベールカッター，ウルトラソニック，ストーンクラッシャー

渡辺農機㈱

〒079-8413　旭川市永山3条21-1-46
電　　　話　0166-48-2121
Ｆ　Ａ　Ｘ　0166-48-2100
代　表　者　渡邊幸洋
創業年月日　明治41年
資　本　金　4,980万円
決　算　期　10月
銀　　　行　北海道銀行，北洋銀行，旭川信用金庫
役　　　員
渡邊　幸洋
　取締役会長　　　　　　　渡邊　佳　則
　代表取締役　　　　　　　渡邊　幸　洋
従　業　員　14名
取扱い品目　バケットエレベーター，スクリューコンベヤー，粗選機，オーガーホッパー，乾燥施設付帯設備，ホームタンク，フローコンベア

〔青　森　県〕

㈲石田農機

〒039-1527　三戸郡五戸町扇田寺沢44-1
電　　　話　0178-67-2766
Ｆ　Ａ　Ｘ　0178-67-2116
代　表　者　石田勝男
創業年月日　昭和50年6月5日
資　本　金　1,000万円
決　算　期　2月
売　上　高　1億円
銀　　　行　青森銀行，みちのく銀行
従　業　員　5名
取扱い品目　四輪駆動防除機，自動散水防除装置，全自動散水装置，全自動ハウス温度調整装置，収穫車，歩行式草刈機

㈱ササキコーポレーション

〒034-8618　十和田市三本木字里ノ沢1-259
電　　　話　0176-22-3111
Ｆ　Ａ　Ｘ　0176-22-8607
Ｕ　Ｒ　Ｌ　http://www.sasaki-corp.co.jp
代　表　者　佐々木一仁
創業年月日　明治34年6月15日
資　本　金　1億円
株　主　数　15名
主　株　主　持株会，佐々木一仁
決　算　期　6月
売　上　高　45億円
銀　　　行　青森銀行，みずほ銀行
支　　　店　北東北営業所：〒034-0001　十和田市三本木字里ノ沢1-75　☎0176-23-0354／仙台営業所：〒989-1631

製造業者編＝北海道，青森県，岩手県＝

宮城県柴田郡柴田町東船迫2-4-11 ☎0224-58-7780／関東営業所：☎329-0201 小山市粟宮1241-9 ☎0285-45-8911／新潟営業所：〒954-0051 見附市本所1-14-17 ☎0258-61-1810／岡山営業所：〒702-8002 岡山市中区桑野110-2 ☎086-274-9508

工 場	本社工場・敷地21,928
役 員	
代表取締役社長	佐々木 一仁
常務取締役	齋藤 徹
取締役	石田 秀昭
〃	戸田 勉
監査役	佐々木 美千子
〃	角田 美恵子

従業員 158名
取扱い品目 農業機械：トラクター用作業機，トラクター用補助車輪。環境機器：シュレッダー，ベイリングプレス，破砕機，緩衝材製造機，木質バイオマスボイラー，除雪機

社 歴 明治34年北海道美唄市（現在）に「佐々木鉄工場」を創設し洋式耕作農機具の製造販売を始める。大正14年青森県三本木町に分工場

佐々木 一仁

設立，東北・関東に代理店を設置し本州に対する営業を開始。政府指令により旧満州国三江省桂木斯市に開拓団用政府配給農機具専門工場を設立。昭和20年終戦により青森県十和田市に「佐々木農機㈱」を設立し，農機具の製造販売を始める。26年カルチベーターの開発により業界初の「発明賞」を受賞。35年十和田工場をトラクター用作業機の専門工場として整備拡充を図る。同年新「佐々木農機㈱」に改組。39年トラクター用補助車輪（ダイヤホイール）を開発しトラクター水田作業の普及に努める。46年デンマーク・ATLAS社と乾燥処理に関する技術提携を結ぶ。49年業務拡張にともない現在地に本社・工場を新築移転。53年油圧駆動スピードスプレーヤーを開発し，製造販売を始める。55年二代目社長佐々木四郎，卓越技能者（日本現代の名工）として労働大臣賞を受賞。56年佐々木四郎，勲六等瑞宝章を受ける。58年稲わら類良質飼料化技術に対し科学技術庁長官奨励賞を受賞。63年機器営業部を新設し環境機器の開発・販売を始める。平成2年8月，社名を㈱ササキコーポレーションに変更。3年トラクター用補助車輪の開発・技術に対して科学技術庁長官賞を受賞。4年現相談役佐々木忠一黄綬褒章を受章。7年マニュアスプレッダーの広角散布機の開発で特許庁長官奨励賞を受賞。8年関東物流センターを小山市に開設。10年ドイツHSM社と技術提携をし，環境システム営業部を設置，業務を開始する。東京営業所を開設。12年，平成12年度工業所有権制度活用優良企業表彰で青森県初の「特許庁長官表彰」を受賞。13年創業100周年。15年北陸営業所（現：新潟営業所），16年岡山営業所を開設。20年工場直受部設立。22年にんにく植付機「ロボニン」の開発により「東北地方発明表彰」を受賞。23年青森県より「ものづくり新世紀青森元気企業」に認定。25年業界初の電動除雪機「オ・スーノ」発売。27年電動除雪機「オ・スーノ」が東北発明表彰・特許庁長官奨励賞受賞。28年ISO9001:2015, ISO14001:2015認証取得。

㈱苫米地技研工業

〒039-2372 上北郡六戸町折茂畑刈下198-3
電 話 0176-55-2875
FAX 0176-55-2876
代表者 苫米地 力
資本金 1,000万円
従業員 12名
取扱い品目 高速トレンチャー（折りたたみ式），長芋・ごぼう収穫機，長芋植付機，長芋・ごぼう首出し機，にんにく植付機，ポール抜取機，つる巻き機

（岩 手 県）

イワフジ工業㈱

〒023-0872 奥州市水沢字桜屋敷西5-1
電 話 0197-23-3111
FAX 0197-25-3177
URL http://www.iwafuji.co.jp/
代表者 川崎 智資
創業年月日 昭和25年8月1日
決算期 3月
売上高 82億円
支 店 札幌支店：〒060-0908 札幌市東区北8条東3-1-1 ☎011-558-0923／東北支店：本社と同 ☎0197-25-6654／北関東支店：〒963-8052 郡山市八山田5-314 ☎024-973-5166／関東支店：〒110-0015 東京都台東区東上野5-16-5 ☎03-5806-3250／中部支店：〒465-0025 名古屋市名東区上社2-210 ☎052-726-3071／関西支店：〒532-0011 大阪市淀川区西中島3-8-15 ☎06-6302-1962／九州支店：〒860-0834 熊本市中央区神水2-7-10 ☎096-285-6661／環境営業：本社と同 ☎0197-23-3116／産機

営業：関東支店と同
工 場 本社と同
役 員
代表取締役社長 川崎 智資
常務取締役 飯田 正弘
取締役 渡邉 昇
〃 有吉 実
〃 富田 政行
監査役 栄田 孝治
〃 二宮 武司
執行役員 佐藤 正光
〃 会田 浩之

従業員 250名
取扱い品目 【林業機械】プロセッサ，ハーベスタ，グラップル，グラップルソー，フェラーバンチャ，タワーヤーダ，スイングヤーダ，フォワーダ，ラジキャリー（自走式搬器），各種ウインチ，【環境機器】脱着装置付コンテナ専用車，ダストコンテナ，ダストバスケット

和同産業㈱

〒025-0035 花巻市実相寺410
電 話 0198-24-3221
FAX 0198-41-1221
URL https://www.wadosng.jp
代表者 照井 政志
創業年月日 昭和16年5月15日
資本金 4,900万円
株主数 1名
決算期 3月
売上高 68億円
銀 行 岩手銀行，北日本銀行，東北銀行，みずほ銀行

照井 政志

支 店 花巻営業所：（本社と同）／岩見沢営業所：〒068-0852 岩見沢市大和2条3-9 ☎0126-22-6221／長野営業所：〒381-2207 長野市大橋南2-19 ☎026-285-0885／岡山出張所：〒710-0837 倉敷市沖新町5-8 ☎086-426-0050
役 員
代表取締役社長 照井 政志
常務取締役 三國 卓郎
取締役 安保 昭彦
〃 金 進
〃 矢内 伸幸
〃 徳田 達哉
監査役 伊藤 富壽

代表者略歴 照井政志 昭和22年4月27日生。42年岩手県立花巻農業高等学校卒。同年4月花巻市農業協同組合入組。平成17年3月退職。18年2月和同産業㈱入社，同年営業部参与，19年執行役員，24年4月社長就任，現在に至る。
従業員 258名
取扱い品目 除雪機，草刈機，ビーンハー

製造業者編＝岩手県，山形県＝

ベスター，運搬車，作業機一般，肥料散布機，水田除草機
社　歴　昭和16年5月東北資源開発㈱を創業。21年5月和同産業㈱と改称し，本社を花巻に移転。現在は，機械，プレス，溶接，塗装工場及び組立工場を有し，開発から製造・販売までを一貫して行うメーカーとして，事業を展開している。

〔山　形　県〕

イガラシ機械工業㈱

〒997-1301　東田川郡三川町横山袖東13-1
電　話　0235-66-2018
ＦＡＸ　0235-66-3942
ＵＲＬ
　　http://www11.plala.or.jp/fiftcom/
代表者　五十嵐　徹
創業年月日　昭和21年1月
資　本　金　2,200万円
決算期　1月
売上高　3億円
銀　行　きらやか銀行，荘内銀行，山形銀行
事業所　仙台営業所：〒981-3352
　宮城県黒川郡富谷町富ヶ丘2-20-10 ☎022-358-2601
従業員　12名
取扱い品目　籾殻関連機器，ロータリー台車，フォークリフト用バケット，リヤーバケット，乾燥機用集塵機
社　歴　昭和44年五十嵐記四郎が五十嵐機械工業㈱を設立，足踏み油圧式荷揚げ機械を開発し製造販売を開始。51年トラクタ用リヤーバケットを開発。54年8月イガラシ機械工業㈱に社名変更，籾殻収集機「もみがらホイホイ」を開発。57年仙台営業所を開設。58年籾殻収集機「もみがらビッグ」を開発。62年籾殻関連商品のシリーズ化を促進。平成7年6月現在地に本社移転。10年籾殻散布コンテナ「もみがらマック」を開発。13年4月五十嵐徹が社長就任。13年乾燥機用集塵機「ゴミトッテ」を開発。15年ロータリー台車「ロータリーカート」を開発。17年「籾殻散布コンテナ」が東北発明表彰支部長賞を受賞。

㈱石井製作所

〒998-0102　酒田市京田4-1-13
電　話　0234-28-8239
ＦＡＸ　0234-28-8256
ＵＲＬ　http://www.isi-mfg.com
代表者　石井　智久

石井　智久

創業年月日　大正15年1月3日
資　本　金　4,500万円
株主数　12名
主株主　石井智久，社員持株会，石井昭子，石井てつみ
決算期　2月
売上高　8億円
銀　行　山形銀行，荘内銀行，きらやか銀行
工　場　本社工場：本社と同敷地8,300・建物3,300
役　員
　代表取締役社長　石井　智久
　取締役　　　　　三浦　　浩
　〃　　　　　　　三浦　俊逸
　監査役　　　　　矢野　みね
従業員　56名
取扱い品目　育苗器，砕土機，整粒播種機，床土入機，箱積機，溝切機，サンソワー，除草機，さくらんぼ選別機，乾燥機スロワ，送塵機，穀類搬送機，グレンタンク，Ｌコンヤング，ワイドホッパー，脱水機，箱供給機，無コーティング代掻き同時播種機
社　歴　大正10年初代石井梅蔵が個人経営で鉄工所を創設。15年石井農機製作所に改組。昭和3年石井式水田除草機を生産。29年長尺スロワを発明，生産開始。39年㈱石井製作所に改組。資本金2,000万円，社長に石井梅蔵就任。44年農業機械の発明功績により石井梅蔵社長に黄綬褒章。45年資本金3,000万円に増資。46年カッターK-8・11・16型，後方排出カッター，ディスクカッターを発売。47年国内初の温水育苗器「はつが」を発売。50年石井正三が二代目社長に就任。資本金4,500万円に増資。51年石井梅蔵会長に勲5等双光旭日章。57年石井正三社長にコンバインの排ワラ処理の発明功績により黄綬褒章。60年地域産業発展への功績により県産業賞受賞。63年グレンタンクを開発，生産。平成元年地域産業振興への貢献で酒田市産業功労賞。9年石井幸が三代目社長に就任。10年社員持株会が発足。11年Ｌコンヤング発売。12年石井正三会長工業所有権制度関係功労賞で特許庁長官表彰。医療用具製造業許可取得，13年石井正三会長に勲5等瑞宝章。14年自動床土入れ機を開発，発売。15年石井幸社長にローリングキャスター付殻類容器で地方発明表彰山形県支部長賞。枝豆専用播種機，床土入れ機を開発，発売。16年石井正三会長に地方発明表彰発明奨励賞。歩行型水田除草機を開発。旧松山町に風力・太陽光ハイブリッド発電装置を設置。17年歩行型水田除草機4条

〜10条シリーズ化。旧平田町に風力・太陽光ハイブリッド発電装置を設置。18年蓮根田肥料散布機開発，発売。酒造用麹切返機開発，発売。21年「あざやか播種機」発売。22年新型温水育苗器（全機種デジタル温度表示）開発，発売。24年石井正三が社長就任。28年現住所に移転。29年石井智久が社長就任。

小川工業㈱

〒997-0011　鶴岡市宝田3-7-2
電　話　0235-22-6231
ＦＡＸ　0235-22-6140
代表者　小川　　充
創業年月日　昭和24年3月
資　本　金　2,000万円
決算期　1月
売上高　1億3,000万円
銀　行　きらやか銀行，山形銀行，荘内銀行
従業員　18名
取扱い品目　各種除雪機，各種タイヤ販売

㈱カ ル イ

〒990-2351　山形市鋳物町46-1，山形西部工業団地
電　話　023-645-5710
ＦＡＸ　023-643-7865
代表者　髙橋　和成
創業年月日　大正5年
資　本　金　1,000万円
決算期　4月
売上高　6億5,000万円
銀　行　きらやか銀行，商工中金

髙橋　和成

支　店　北海道サービスセンター：
　〒002-0861　札幌市北区屯田11条3-1-30 ☎011-770-7777／九州サービスセンター：〒830-0048　久留米市梅満町1471-1 ☎0942-35-4290
役　員
　代表取締役社長　髙橋　和成
　取締役　　　　　髙橋　みどり
　監査役　　　　　桑山　幸子
従業員　30名
取扱い品目　ポンプ，チプスター，液肥注入器，スプリンクラー，畑地灌漑システム設計施工，自給式遠心渦巻ポンプ，設備用自動制御ポンプ
代表者略歴　髙橋和成　昭和59年日本大学卒業。62年カルイ工業㈱入社。平成13年代表取締役就任。
社　歴　大正5年髙橋製作所を創立。農機具の製造を開始。7年空冷式石油発動機を完成。髙橋式石油発動機として販

売開始。10年農商務省主催の第1回農業用石油発動機比較試験に出品，最高位入選。国産製の中で最も重量が軽くカルイ式石油発動機と命名。昭和14年山形県企業法により愛媛県伊予三島より移転。資本金50万円で山形発動機㈱として発足，山形県企業誘致第1号となる。35年商号をカルイ工業㈱と変更。39年キャナルポンプ開発。42年，自社販売と共にOEM供給と輸出に力を注ぎ，微調整流量調節弁が日立精機ターレット旋盤純正装備品として採用される。50年新工場を新築。52年本邦初のチプスター（樹木粉砕機）完成。57年チプスター発明，東北発明賞を受賞。平成3年社名を㈱カルイと変更。4年当社特許申請による多目的果樹園管理システムを本田技研と共同開発販売に入る。9年8月特許確定。12年6月発明協会賞受賞。クローラー粉砕機開発，実用新案として認可される。10月都市型粉砕機ベビーシュレッダーを開発発売，14年12月スカットの名称で自走式，搭載型を発売。17年10月ドラムローター式チッパー「ドラコン」KDC-130・130B，18年10月チッパー「アキュート」KNC-100B発売。21年新型粉砕機「ミニドラKDC-70B」発売。24年10月新型ドラコンKDC-1300・1300B，ハンマー式チプスターKSC-1300・1300B発売。25年11月トラクター3点リンク装着式ドラコンPTO-1500N・チプスターPTO-1500H発売。26年11月新型粉砕機「KDC-80，80B」発売。27年3月「きらやか産業賞」受章。

グッドファーマー技研㈱

〒997-0003　鶴岡市文下家岸122-4
電　　話　0235-29-2311
ＦＡＸ　　0235-29-2127
代 表 者　大川　好久
創業年月日　昭和52年4月
決 算 期　12月
売 上 高　1億円
銀　　行　山形銀行
従 業 員　5名
取扱い品目　籾殻収集機，薬液混合装置，潅水装置，肥料混合機，巻き取り機，蕪洗い機，部品洗浄機，金型洗浄機，水素水製造機

小関農機㈱

〒990-0401　東村山郡中山町長崎4217-1
電　　話　023-662-3037
ＦＡＸ　　023-662-3029
代 表 者　小関　一幸
創業年月日　昭和29年4月
資 本 金　1,000万円
決 算 期　12月
売 上 高　2億円
銀　　行　山形銀行，商工組合中央金庫
工　　場　敷地2,585・建物810
役　　員
　取締役社長　　　　　　小関　一幸
　取締役　　　　　　　　小関　宣子
　監査役　　　　　　　　三沢　隆博
従 業 員　7名
取扱い品目　人力排水溝掘削機，明渠掘機，ニンニク根切機，同仕上機，そ菜根仕上機，除雪機，苗床整地ローラー，高枝剪定鋏，果実採取器，高枝芽切鋏，薪切機械，鳥追い装置，畦畔盛土機（兼）明渠掘機，ニンニク整列茎根切機
社　　歴　昭和21年10月一般農機及び農機具の修理を業とする小関鉄工所を創立。25年5月人力用水田培土機完成，市販開始。29年4月資本金50万円で法人化小関農機㈱となる。47年5月人力用排水溝掘削機試販開始。50年3月苗床整地ローラー本格販売開始。52年6月動力溝掘機を市販。53年3月ニンニク根切機の試作完了。同5月新工場での操業，同8月明渠掘機の本格生産開始。55年除雪機を市販。62年10月畦畔盛土機（兼）明渠掘機を市販。

小関　一幸

㈱コンマ製作所

〒997-0011　鶴岡市宝田3-18-40
電　　話　0235-23-1111
ＦＡＸ　　0235-23-1110
ＵＲＬ　　http://www.konma.co.jp
代 表 者　正木　幸三
創業年月日　大正11年4月1日
資 本 金　1億5,000万円
決 算 期　4月
売 上 高　15億7,000万円
株 主 数　30名
主 株 主　コンマサービス，三菱マヒンドラ農機㈱，コンマ農業機械販売協同組合，荘内銀行
銀　　行　荘内銀行
工　　場　本社工場：敷地8,558・建物3,227
役　　員
　代表取締役社長　　　　正木　幸三
　取締役　　　　　　　　岡部　幸喜
　　〃　　　　　　　　　佐藤　三喜雄
　　〃　　　　　　　　　田中　正志
　監査役　　　　　　　　小泉　武

正木　幸三

代表者略歴　正木幸三　昭和24年2月山形県鶴岡市生まれ。昭和40年3月㈱今間製作所（現㈱コンマ製作所）に入社。平成13年7月取締役販売部長，同21年7月常務取締役営業本部長，同25年6月代表取締役社長就任。
従業員　57名
取扱い品目　［コンマ］ハーベスター，整列播種機，床土入機，野菜播種機，堆肥散布機，田植機，キャリヤー，バインダー，コンバイン，大豆脱粒機，籾摺機，カッター，精米機，焼却炉，調土機，脱芒機，苗箱自動供給機，自動箱積機，籾殻回収器，ロンバック，車輌整備用リフター，ヤナセ除雪機，傾斜式コンクリートカッター，その他受注品塗装組立。
社　　歴　大正11年4月鶴岡市宝町に今間鉄工所を設立創業。昭和6年今間製作所と改称。21年鶴岡市泉町に移転操業開始。26年3月今間式無排塵脱穀機を製作販売。27年4月㈱今間製作所に改組。32年7月今間式全自動脱穀機を製作販売。42年1月ハーベスター（自走式脱穀機）を製作販売。52年12月ミニハーベスター製作販売開始。53年11月㈱コンマ製作所に商号変更。54年3月新資本金1億5,000万円となる。58年12月超ミニハーベスター製作販売開始。59年11月コンマ整列播種機製作販売開始。平成3年5月鶴岡市宝田三丁目に東工場竣工。5年6月ヤナセ除雪機製作開始。11年8月新塗装プラント完成。同年9月本社を東工場（鶴岡市宝田）に移転，操業開始。
商　　組　コンマ農業機械販売協同組合
代表者・青木章一

㈱斎藤農機製作所

〒998-0832　酒田市両羽町332
電　　話　0234-23-1511
ＦＡＸ　　0234-26-4161
ＵＲＬ　　http://www.saitonouki.jp
代 表 者　齋藤　博紀
創業年月日　昭和3年4月1日
資 本 金　6,000万円
株 主 数　50名
主 株 主　齋藤成徳，齋藤博紀，斎藤農機製作所管理職持株会
決 算 期　4月
銀　　行　荘内銀行，山形銀行，北都銀行，商工組合中央金庫
支　　店　九州営業所：〒861-8039　熊本市東区長嶺南1-1-10　☎096-384-6865／大阪事務所：〒590-0808　堺市堺区旭ヶ丘中町1-6-29　敷物会館　☎0722-45-0797

齋藤　博紀

工　　場　本社工場：敷地18,082・建物12,729／シートメタル工場：〒998-0832 酒田市両羽町4-7 ☎0234-22-2161 敷地3,585・建物2,039／三川事業所：〒997-1321 東田川郡三川町押切新田 敷地13,200・建物1,760／北海道工場：〒079-0181 岩見沢市岡山町18 ☎0126-24-5401 敷地5,000・建物626 キサカタ製作所：〒018-0133 にかほ市象潟町関字西大阪1-52 ☎0184-43-3350 敷地7,176・建物2,034
役　　員
代表取締役会長　　齋藤成徳
取締役副会長　　　川俣堯
代表取締役社長　　齋藤博紀
取締役　　　　　　本間功
〃　　　　　　　　森本俊二
〃　　　　　　　　齋藤俊士
監査役（非常勤）　高橋仁
〃　　　　　　　　鳥海尚覚
従業員　140名
取扱い品目　カッター各種（単体，コンバイン用），穀類搬送機，畦畔・法面草刈機，苗箱洗浄機，ビーン・ソバスレッシャ，大豆ドライクリーナー，チッパー破砕機，蒸気出芽器，ホールディガー，苗コンテナ，種籾脱水機，ハトムネ催芽器，播種機，トーミ
社　　歴　昭和3年斎藤鉄工所創立。26年社名を合名会社斎藤農機製作所に改称。30年資本金350万円で株式会社斎藤農機製作所に改組，社長に齋藤信代が就任。39年工場を現在地に移転し自脱カッターの製造を開始。49年齋藤成徳が社長に就任。同年8月，資本金4,000万円に増資。同年12月に子会社，キサカタ製作所を設立。50年三川町に事業所開設。51年7月資本金6,000万円に増資。53年10月に蒸気出芽器，苗箱洗浄機を開発。55年岩見沢に北海道工場を新設。56年4月にビーンスレッシャを開発。58年熊本市に九州営業所を開設。同年8月に穀類搬送機，畦草刈機を開発。62年5月に精密シートメタル工場を建設。平成6年4月に新工場を完成，製造部門全面移転し，30年後を託し，タイムカプセルを製作。サービス部品センターも稼働する。8年12月に光造形工場稼働。10年5月に齋藤成徳が黄綬褒章受賞。12年7月大阪事務所，14年1月に大阪営業所を開設。15年11月に齋藤成徳が旭日雙光章受賞。16年9月にキサカタ工場を新築。同年11月にレクレーションセンター(剣道場)を新築。21年7月に発明奨励功労賞受賞。23年6月に齋藤博紀が社長に就任。24年6月に合作会社成宏(滁州)機械有限公司を設立。25年7月に本社第3工場を新築。27年2月に種籾脱水機を開発。29年12月に催芽器を開発。

㈱三　洋

〒997-1301　東田川郡三川町横山大正27
電　　話　0235-66-3685
Ｆ　Ａ　Ｘ　0235-66-4188
Ｕ　Ｒ　Ｌ　http://www.sanyo-m.co.jp
代　表　者　石田伸
創業年月日　昭和41年4月（昭和43年12月1日設立）
資　本　金　3,000万円
決　算　期　5月
売　上　高　31億1,000万円
銀　　行　荘内銀行，商工組合中央金庫
支　　店　山形営業所：〒990-0505 寒河江市白岩湯尻783-1 ☎0237-87-3901／東京営業所：〒101-0047 東京都千代田区神田北乗物町12，大竹ビル3Ｆ 03-3526-2013
役　　員
代表取締役会長　　石田洋
代表取締役社長　　石田伸
取締役常務　　　　土岐繁弥
監査役　　　　　　五十嵐俊一
従業員　80名
取扱い品目　1ｔワンウェイフレコンバック，パイプハウス，農業用ビニール，保温マット，土木資材，穀類搬送機，防風網，防ひょうネット，包装資材，自動包装機械，真空包装機，野菜結束テープ，保冷ボックス，保冷カバー，秋大将，秋太郎，ロンバッグ各種シリーズ，リフトフレコン，スマイラー
社　　歴　昭和39年4月鶴岡市大山にて創業。43年12月株式会社に組織変更し会社設立，商号を株式会社三洋と改める。45年6月三川町袖東に移転。61年6月山形営業所を開設，10月現在地に新社屋完成，移転。平成8年1月東京営業所開設，9月平田工場を新設。

㈱美　善

〒998-0832　酒田市両羽町9-20
電　　話　0234-23-7135
Ｆ　Ａ　Ｘ　0234-24-4638
Ｕ　Ｒ　Ｌ　http://www.kk-bizen.jp
代　表　者　備前仁
創業年月日　昭和25年4月1日
資　本　金　2,000万円
主　株　主　備前ちえ，備前和博
決　算　期　7月
銀　　行　きらやか銀行，荘内銀行，商工組合中央金庫

備前 仁

工　　場　敷地2,000・建物1,300
役　　員
代表取締役社長　　備前仁
監査役　　　　　　加藤明夫
従業員　11名
取扱い品目　畑用除草剤散布機（ゴーゴー散粒），畦シート張り機，セル苗簡易移植機，苗箱施薬散布機（パラット），株間除草機（あめんぼ号），田植機アタッチメント溝切機，除草機
社　　歴　昭和25年4月備前仁助が酒田市亀ヶ崎にて苗代ローラー，餅つき機・俵編機・除草機で事業を開始。43年1月に組織を株式会社とする。資本金500円社長に備前仁助。43年6月工場を現在地に新設。47年砕土機を開発，生産の主力となる。50年塗装工場を新設，その後，畦シート張り機他数種類のオリジナル製品を開発し発売。

㈱山本製作所

〒999-3701　東根市東根甲5800-1
　　　　　（本社：天童市）
電　　話　0237-43-3411
Ｆ　Ａ　Ｘ　0237-43-8830
Ｕ　Ｒ　Ｌ　http://www.yamamoto-ss.co.jp
代　表　者　山本丈実
創業年月日　大正7年
資　本　金　9,600万円
株　主　数　49名
決　算　期　12月
売　上　高　94億円
銀　　行　山形銀行，三井住友銀行
事　業　所　北海道営業所：〒068-0808 岩見沢市南町8条3-6-6 ☎0126-22-1958／東北営業所：（東根事業所内）☎0237-43-8828／関東営業所：〒329-0201 小山市粟宮1-6-20 ☎0285-25-2011／新潟営業所：〒950-0151 新潟市江南区亀田四ツ興野4-2-22 ☎025-383-1018／東海営業所：〒446-0027 安城市東明町19-12 ☎0566-75-8001／大阪営業所：〒560-0085 豊中市上新田2-11-39 ☎06-4863-7611／岡山営業所：〒700-0952 岡山市北区平田112-117 ☎086-242-6690／四国営業所：〒761-1701 高松市香川町大野1594-1 ☎087-879-4555／九州営業所：〒861-8035 熊本市東区御領6-2-17 ☎096-349-7040
工　　場　敷地65,827・建物21,032
役　　員
代表取締役　　　　山本丈実
取締役会長　　　　山本惣一
常務取締役　　　　長岡和之
取締役　　　　　　近岡修

製造業者編＝山形県，茨城県＝

監査役　　　　　佐々木　泰斗
代表者略歴　山本丈実
昭和39年2月3日生。昭和61年3月日本大学卒業，4月㈱ワールド入社。平成5年1月㈱山本製作所入社，10年3月取締役営業本部副本部長，12年12月取締役経営企画室長，14年4月取締役副社長，17年2月代表取締役副社長，18年2月代表取締役社長に就任。

山本　丈実

従業員　324名
取扱い品目　穀物用循環型乾燥機，穀物用遠赤外線乾燥機，穀物乾燥調製施設，ライスセンタ，精米施設，荷受ホッパ，穀物搬送機，集塵機，大豆選別機，大豆自動計量器，低温貯蔵庫，農産物コイン販売機，色彩選別機，米選機，粗選機，コイン精米機，精米機，無洗化処理装置，石抜機，白米精選機，旋回気流式微粉砕機，カッタ・チッパ，木質ペレットストーブ，ペレット温風暖房機，発泡スチロール減容機，造粒減容機

社　歴　大正7年山本惣治郎が天童町にて個人経営をもって農業機械製造及び販売を始め，昭和11年合資会社山本商会を設立。19年社名を合資会社山本製作所と改称，21年カッターを発明，29年の発明協会20周年記念に発明賞を受賞。JIS工場の指定を受く。34年，35年連続して中小企業庁合理化モデル工場として指定。36年8月1日，授権1億円，払込資金2,500万円で株式会社山本製作所として発足。以後，乾燥機，コンバインカッター，米麦乾燥機，ライスデポ，大豆作関連機器等の開発を行い，近年は資源再利用籾がら処理機等を開発。57年東根市の大森工業団地に東根工場を建設。平成5年生産職場環境改善のため，県内初の粉体塗装設備導入。8年5月東根工場増築（5,597㎡）。10年5月山本惣一社長黄綬褒章受章（縦型精米機発明の功による）。11年ISO9001認証取得。12年ISO14001認証取得。21年11月山本惣一会長旭日小綬章受章（発明考案功労による）。21年12月ゼロエミッション達成。

〔茨　城　県〕

スガノ農機㈱

本社事務所：
〒300-0405　稲敷郡美浦村間野天神台300
電　話　0298-86-0031
FAX　0298-86-0030

本社「土の館」：
〒071-0502　北海道空知郡上富良野町西2線北25号
電　話　0167-45-3151
FAX　0167-45-5306
代表者　渡邉　信夫
創業年月日　大正6年2月
資　本　金　1億5,600万円
株主数　6名
主株主　菅野充八，東京中小企業投資育成会社
決算期　11月
売上高　35億8,000万円（2017年11月期）
銀　行　三菱UFJ銀行，りそな銀行，筑波銀行，常陽銀行
支　店　北海道支店（上富良野営業所）：〒071-0502　北海道空知郡上富良野西2線北25号 ☎0167-45-3151／千歳営業所：〒066-0077　北海道千歳市上長都1123-4 ☎0123-22-7733／芽室営業所：〒082-0012　北海道河西郡芽室町東2条10丁目 ☎0155-62-1260／美幌営業所：〒092-0002　北海道網走郡美幌町美禽357-10 ☎0152-73-3437／東北支店（盛岡営業所）：〒028-3604　岩手県紫波郡矢巾町東徳田9-4-1 ☎019-601-7567／仙台営業所：〒981-1104　仙台市太白区中田5-3-21，南仙台広瀬ビル1F ☎022-724-7413／秋田駐在所：〒010-1638　秋田市新屋表町6-17，ブロードパーク101 ☎018-838-7441／関東甲信越支店：〒300-0405　茨城県稲敷郡美浦村間野天神台300 ☎029-886-0033／上越駐在所：〒943-0810　上越市大学前54-1 ☎025-546-7885／東海北陸支店：〒501-6273　羽島市小熊町島2-133 ☎058-394-1001／西日本支店：〒712-8032　倉敷市北畝2-4-33，アルテーメディオ101 ☎086-454-5678／九州沖縄支店：〒816-0912　大野城市御笠川2-9-23 ☎092-558-1680
工　場　茨城工場：本社事務所と同敷地56,000・建物10,506
役　員
代表取締役社長　　渡邉　信夫
代表取締役専務　　品田　裕司
常務取締役　　　　田井中　秀公
取締役　　　　　　大江　充久
監査役　　　　　　菅野　鋭三
非常勤監査役　　　隈元　慶幸

代表者略歴　渡邉信夫
昭和24年（1949年）大阪生まれ。関西学院大学卒。昭和46年（1971年），㈱三越入社。呉服部を経て，総務部長（人事・教育・労務・厚生・庶務・電気機械等の

渡邉　信夫

担当部長職）を経て，本社，不動産管理部，購買管理部等の部長職を担当。平成16年（2004年），関西学院大学東京キャンパス長に転任。東京キャンパス設立実務から運営を責任者として担当。平成26年（2014年）退官後，大学生の就活塾を開設する傍ら，企業再生プロジェクトに参画。平成27年（2015年）4月，㈱たち吉（京都市，陶器卸販売）の企業再生参画。代表取締役社長に就任。1年目で黒字化達成。平成29年（2017年）6月任期満了で退任。スガノ農機㈱代表取締役社長。

従業員　156名（2018年6月）
取扱い品目　プラウ他，土耕作業機全般
社　歴　大正6年菅野農機具製作所を開業，昭和27年日本機械化大博覧会にて金賞受賞，33年スガノ農機株式会社を設立，34年トラクタ用プラウ第1号機完成，55年茨城工場を茨城県に開設，57年プラウ，サブソイラ生産10万台達成，58年国産初の大型リバーシブルプラウを製品化，平成4年創業地の上富良野町に「土の館」開館，平成7年大区画新稲作体系「不練レーザー耕法」発表，10年反転均平工法により，基盤整備事業に参入，14年反転均平工法が「ほ場整備整地工の反転均平システム」として北海道知事賞を受賞，16年土の館が北海道遺産に選定される，16年日本農業向きボトムプラウの開発で文部科学大臣賞を受賞，18年宍道湖のケーブル埋設事業に向け湖底プラウを開発，26年土の博物館「土の館」が，一般社団法人日本機械学会の機械遺産に認定される。27年ボトムプラウが産業技術史資料情報センターの技術の系統化調査対象となる。29年上下反転自由プラウとプラスチックプラウが重要科学技術史資料（未来技術遺産）に選定される。

㈱タイショー

〒310-0836　水戸市元吉田町1027
電　話　029-247-5411
FAX　029-248-2172
URL　http://www.taisho1.co.jp
代表者　矢口　重行
創業年月日　大正3年
資　本　金　1億円
株主数　96名
主株主　矢口重行，タイショー持株会，常陽銀行
決算期　6月
売上高　21億円
銀　行　常陽銀行，三菱UFJ銀行，日本政策金融公庫
事業所　環境事業部つくば支店：〒305-0816　つくば市学園の森1-38-10

矢口　重行

製造業者編＝茨城県，栃木県＝

☎029-855-4771
役　　　員
　代表取締役　　　　　矢口重行
　取締役　　　　　　　東谷典明
　　〃　　　　　　　　小薗井正美
　　〃　　　　　　　　井坂博道
　監査役　　　　　　　森實修一
従業員　100名
取扱い品目　発芽器（育苗器），穀類搬送機，肥料散布機，環境関連商品
社　　歴　大正3年に山口末吉が大正鍬の製造・販売を開始したことを創業とする。その後，矢口誠が事業を継承し，昭和18年に株式会社を設立し，社名を㈱大正鍛造農機製作所とした。37年社名を大正工業㈱と変更し，耕耘機用アタッチメント，電熱育苗器の生産開始。42年水戸市元吉田町に本社を移転する。47年代表取締役に矢口芳正が就任し，社名を㈱タイショーに変更する。50年より肥料散布機，60年より穀類搬送機の生産を開始する。平成3年代表取締役に矢口重行が就任。20年より太陽光発電及び環境関連商品の施行販売を軸とする環境事業を開始する。29年環境事業関連のつくば支店を開業する。

筑波工業㈱

〒300-1415　稲敷市中山1307
電　　話　0297-87-3522
Ｆ　Ａ　Ｘ　0297-87-3529
ＵＲＬ　http://www.tsukubakougyo.co.jp/
代表者　折戸幸義
設立年月日　昭和49年9月
資本金　2,500万円
決算期　3月
売上高　52億円
銀　　行　商工中金，筑波銀行，常陽銀行
従業員　153名
取扱い品目　トラクタ用ロータリ等アタッチメント製造
主要取引先　㈱クボタ，大和精工㈱，松井ワルターシャイド㈱，小橋工業㈱，㈱IHIアグリテック

㈱丸久製作所

〒307-0037　結城市東茂呂1877
電　　話　0296-35-0611
Ｆ　Ａ　Ｘ　0296-35-3109
ＵＲＬ　http://www.marukyu.biz-web.jp
代表者　林　勇一
創業年月日　昭和41年

資本金　5,000万円
決算期　10月
銀　　行　常陽銀行，三菱UFJ銀行，三井住友銀行，足利銀行，群馬銀行
取扱い品目　フロントローダ・ホイルローダ用各種先端アタッチメント，油圧機器，油圧式薪割機

㈱諸岡

諸岡 正美

〒301-0031　龍ヶ崎市庄兵衛新田町358
電　　話　0297-66-2111
Ｆ　Ａ　Ｘ　0297-66-3110
ＵＲＬ　http://www.morooka.co.jp
代表者　諸岡正美
創業年月日　昭和33年
資本金　1億円
売上高　114億円5,000万円
支　　店　北海道営業所：〒053-0052　苫小牧市新開町2-4-5 ☎0144-55-8888／東北営業所：〒987-2157　栗原市高清水中ノ茎94 ☎0228-58-3776／北信越営業所：〒950-1456　新潟市南区茨曽根2410-1 ☎025-375-1212／中部営業所：〒529-0423　長浜市木之本町千田小堀189 ☎0749-82-6277／中国営業所：〒708-1116　津山市野村欠ノ木146-1 ☎0868-29-2200／九州営業所：〒861-4151　熊本市南区富合町清藤346-1 ☎096-358-8030／技術・研修センター：〒301-0031　龍ヶ崎市庄兵衛新田町275-1 ☎0298-66-0001
工　　場　本社工場：〒301-0031　龍ヶ崎市庄兵衛新田町282 ☎0297-63-5121／美浦工場：〒300-0420　茨城県稲敷郡美浦村郷中2258-1 ☎0298-93-4500
従業員　182名（2018年4月）
取扱い品目　キャリアダンプ，フォワーダ，自走式粉砕機，ロータリースクリーン，フォークリフト，ショベルローダー，自走式肥料散布機

㈱結城製作所

〒307-0031　結城市大木2063
電　　話　0296-35-3311
Ｆ　Ａ　Ｘ　0296-35-3322
代表者　田村一夫
創業年月日　昭和58年7月
決算期　6月
従業員　18名
取扱い品目　フロントローダー，油圧部品，リバーシブルリアグレーダー，ホイールローダー用ベールグラブ

〔栃　木　県〕

関東農機㈱

稲葉 克志

〒323-0819　小山市横倉新田493，小山工業団地内
電　　話　0285-27-3271
Ｆ　Ａ　Ｘ　0285-27-4627
ＵＲＬ　http://www.kantonoki.com
代表者　稲葉克志
創業年月日　昭和37年9月
資本金　4,575万円
決算期　2月
売上高　42億円
銀　　行　足利銀行，常陽銀行，筑波銀行，結城信用金庫，日本政策金融公庫，みずほ銀行
営業所　本社営業所：〒323-0819　小山市横倉新田493 ☎0285-27-3271／東北営業所：〒028-4132　盛岡市渋民字岩鼻20-55 ☎019-683-1911／福島営業所：〒969-0403　福島県岩瀬郡鏡石町久来石57 ☎0248-62-4131／九州営業所：〒866-0813　八代市上片町1351-4 ☎0965-31-0730
工　　場　本社工場：本社と同／鏡石工場：福島営業所と同／盛岡工場：東北営業所と同
役　　員
　取締役名誉顧問　　　稲葉誠一郎
　取締役名誉相談役　　稲葉十三夫
　代表取締役会長　　　稲葉克志
　取締役副会長　　　　稲葉茂房
　取締役社長　　　　　鈴木吉男
　専務取締役　　　　　石浜秀男
　取締役　　　　　　　及川　順
　監査役　　　　　　　酒巻康雄
　上席執行役員　　　　古舘剛一郎
　執行役員　　　　　　佐藤佳男
従業員　230名
取扱い品目　耕耘機用各種ロータリー，トラクター用各種作業機，ヘルパー管理作業機，葉たばこ耕作関連機械，構内運搬車・冷蔵冷凍庫
社　　歴　昭和37年9月㈱稲葉機械製作所設立。新製品として中耕ロータリーの製造に着手。38年8月関東農機㈱に社名変更。10月福島県鏡石町に鏡石工場を建設。40年4月大阪営業所開設。43年2月小山工業団地に進出。55年4月岩手県玉山村に盛岡工場を建設し，58年に拡張，平成11年10月大阪営業所を西日本営業所と改称。同年11月九州営業所を開設。14年6月ISO9001取得。18年11月西日本営業所を九州営業所に統合。25年10月中国

製造業者編＝栃木県，群馬県＝

江蘇省蘇州に蘇州連絡事業所を開設。29年2月ISO14001取得。

㈱スズテック

〒321-0905　宇都宮市平出工業団地44-3
電　話　028-664-1111
ＦＡＸ　028-662-5592
ＵＲＬ　http://www.suzutec.co.jp
代表者　鈴木直人
創業年月日　昭和21年11月
資本金　1億円
株主数　57名
主株主　鈴木直人，鴨志田正子，菅野明子
決算期　7月
売上高　15億円
銀　行　みずほ銀行，りそな銀行，栃木銀行，商工組合中央金庫
役員
代表取締役　　　鈴木　直人
専務取締役　　　倉持　久夫
常務取締役　　　三島　　勲
取締役　　　　　平出　　武
　〃　　　　　　三村　和也
　〃　　　　　　鈴木　聖人
監査役　　　　　鈴木　篤則
代表者略歴　鈴木直人　平成3年7月29日栃木県に生まれる。19年3月作新学院中等部卒。22年3月栃木県立宇都宮高等学校卒。27年3月宇都宮大学工学部応用科学科卒。27年4月㈱スズテック入社，取締役就任。28年2月26日代表取締役就任。

鈴木　直人

従業員　100名
取扱い品目　水稲育苗用関連機器，園芸用関連機器，トラクター用作業機及び関連機器，環境関連機器
社　歴　昭和21年宇都宮市今泉町にて農用刃物並びに犂先の製造を開始。30年頃より耕うん機及びトラクター用作業機を製造。32年株式組織に変更。61年8月，社名を鈴木鍛工㈱から㈱スズテックに変更。平成28年11月創業70周年。

㈱誠和

〒329-0412　下野市柴262-10
電　話　0285-44-1114
ＦＡＸ　0285-44-1755
ＵＲＬ　http://www.seiwa-ltd.jp
代表者　大出祐造
創業年月日　昭和42年2月11日
資本金　9,980万円
決算期　3月

売上高　64億円
銀　行　三井住友銀行，みずほ銀行，足利銀行
事業所　仙台営業所：〒981-8003　仙台市泉区南光台7-4-1　☎022-349-5186／小金井営業所：本社と同　☎0285-44-1020／豊橋営業所：〒440-0083　豊橋市下地町若宮55-2　☎0532-55-3911／大阪営業所：〒562-0003　箕面市西小路3-11-28　☎072-721-1821／高知営業所：〒783-0062　南国市久礼田青木431-3　☎088-862-0311／久留米営業所：〒834-0121　八女郡広川町大字広川182-4　☎0943-32-5963／熊本営業所：〒862-0926　熊本市中央区保田窪1-10-46　☎096-384-1146
従業員　158名（2016年4月1日現）
取扱い品目　施設園芸用「統合環境制御システム」全般，カーテン装置（自動・手動），カーテンスクリーン（LSスクリーン），換気装置（自動・手動），統合環境制御センサー（プロファインダー），統合環境制御装置（マキシマイザー・プロファインダーNEXT80），栽培装置（樽・いちごステーション・楽苗・ロックウール），新機能性肥料（ペンタキープシリーズ）

（群　馬　県）

㈱岡田製作所

〒374-0042　館林市近藤町318-2
電　話　0276-74-3838
ＦＡＸ　0276-74-5818
ＵＲＬ　http://www.okadass.com
代表者　鈴木郁男
創業年月日　昭和30年1月1日
資本金　2,500万円
株主数　12名
主株主　岡田栄，鈴木郁男，佐山一雄
決算期　8月
売上高　7億4,408万円
銀　行　東和銀行，館林信用金庫，みずほ銀行
役員
取締役会長　　　岡田　　栄
代表取締役社長　鈴木　郁男
取締役　　　　　森　洋二郎
　〃　　　　　　田代　利明
　〃　　　　　　五十嵐信之
　〃　　　　　　宮田　政信
監査役　　　　　中村　光男
従業員　31名
取扱い品目　有機産廃棄物堆肥化装置，攪拌機，糞尿乾燥装置，発酵装置，袋詰装置，脱臭装置，円形大型発酵装置（脱臭装置付），トロンメル装置
主要取引先　畜産業者，産業廃棄物処理業者，自治体，団体等

㈱タイガーカワシマ

〒374-0134　邑楽郡板倉町籾谷2876
電　話　0276-55-3001
ＦＡＸ　0276-55-3006
ＵＲＬ　http://www.tiger-k.co.jp
代表者　川島昭光
創業年月日　昭和15年
資本金　1億円
株主数　2名
主株主　川島昭光，川島誠蔵
決算期　10月
売上高　30億円

川島　昭光

銀　行　足利銀行，群馬銀行，栃木銀行，栃木信用金庫，みずほ銀行
事業所　北海道営業所：〒068-0833　岩見沢市志文町354　☎0126-32-1112／東北営業所：〒989-6223　大崎市古川上古川9-1　☎0229-24-0038／北関東営業所：本社と同／南関東営業所：本社と同／北陸営業所：〒923-1121　能美市寺井町わ28　☎0761-57-4337／中部営業所：〒503-1324　岐阜県養老郡養老町大跡田中247-1　☎0584-34-3348／中四国営業所：〒710-0805　倉敷市片島町185-5　☎086-460-0210／九州営業所：〒839-0809　久留米市東合川1-8-56　☎0942-45-5420
役員
代表取締役社長　川島　昭光
専務取締役　　　川島　誠蔵
取締役　　　　　川島　廣大
　〃　　　　　　川島　慶太
監査役（非常勤）川島　優子
従業員　113名
取扱い品目　縦型自動選別計量機，ハトムネ催芽機，温湯処理機，苗箱洗浄機，石抜機，白米選別機，白米計量機，横型選別機，袋詰自動計量機，昇降機，野菜調製機，食品洗浄機，洗米機
社　歴　昭和15年川島栄由が農業機械の製造を始める。22年㈱川島鉄工所設立。28年タテ線米選機製造開始。48年「ニューグレイダー」，51年米麦自動計量機「ライスコンビ」発売。53年育苗機器「ハトムネ自動催芽機」製造開始。54年川島英一代表取締役に就任。56年デジタル米麦計量機「ICコンビ」発売。58年米麦選別機と計量器を一体化した「パックメイト」を発売。62年社名を㈱タイガーカワシマに変更。催芽機の普及タイプ「ファミリー催芽機」製造開始。平成2年「パックメイト」の最高峰モデル「スーパークリーン」発売。5年苗箱

洗浄機を発売。11年川島昭光代表取締役社長に就任。同年農薬を使わないで温湯種子消毒ができる「湯芽工房（ゆめこうぼう）」発売。12年米袋自動昇降機「楽だ君」製造開始。16年野菜調製機「ネギきるべぇ」「ネギむくべぇ」「ニラキララ」製造開始。17年グレイダー付脱芒機「だつぼー君」、栗用温湯処理機「栗工房」製造開始。18年ミニグレイダー「ちびメイト」製造開始。20年昇降機内蔵ミニグレイダー「スーパーちびメイト」、温湯種芋〈生子〉処理機「こんにゃく工房」製造開始。22年粗選機「eモミ君」、小ネギ洗浄機「小ネギキララ」製造開始。24年自動袋詰計量機「eスケール」製造開始。25年食品洗浄機を発表。26年フレコン自動計量機「フレコンメイト」を発売。タイ王国に現地法人を設立。27年イチゴ、ラッキョウ、栗、ショウガなどの温湯消毒が可能な汎用型温湯消毒機「温湯工房マルチタイプ」を発売。28年フレコンメイト関連商品「30kg計量機」、フレコン無calibration投入機「フレコンビ」、種籾脱水機「だっすい君」を発売。29年ネギ葉切り機「そろえんべぇ」前処理洗浄機「アクアウォッシュ・ライト」を発売。粗選機のシリーズを拡充。30年業務用洗米機「洗米侍」、自動苗箱洗浄機「スーパー洗ちゃん」を発売。種籾脱水機のシリーズを拡充。

㈱マツモト

〒370-1201　高崎市倉賀野町東部工業団地
　　　　　　2454-3
電　　話　027-347-1921
Ｆ　Ａ　Ｘ　027-347-1120
ＵＲＬ
　　http://www.kkmatsumoto.co.jp
代 表 者　松本　穣
創業年月日
　　昭和28年12月
資　本　金　5,000万円
銀　　行　群馬銀行、
　　　　　みずほ銀行
工　　場　本社工場・
　　　　　敷地4,000
役　　員
　代表取締役会長　　　松本　　弘
　代表取締役社長　　　松本　　穣
従業員 32名
取扱い品目　長ネギ自動皮剥き機、短ネギ皮剥ぎ機、ネギ皮剥き機、枝豆もぎ取機、麦用大豆用播種機、ネギ根切機、大根選別機、コンニャク生子・親玉植付機、各種農機用アタッチメント
社　　歴　昭和28年高崎市にて畑作用作業機カルチベーターなどの生産開始。30年麦刈用動力刈取機を発売。33年資本金30万円にて㈲松本鉄工所を設立。41年資本金200万円にて松本農機鉄工㈱に改組。その後簡易リフトの販売を開始、量産に入る。以後トラクター、耕うん機用各種作業機の製販を続け、51年には枝豆もぎ取機（マメモーグ）を発売、その後ネギ、ニラ皮剥機を開発、同製品の最大手メーカーとなる。平成4年12月社名を㈱マツモトに変更。13年10月群馬県中川威雄技術賞を受賞。

松本　穣

（埼　玉　県）

㈱アイメック

〒351-0025　朝霞市三原4-12-3
電　　話　048-468-9211
Ｆ　Ａ　Ｘ　048-468-9217
代 表 者　深谷　浩
設立年月日　平成7年4月1日
資　本　金　2,000万円
株 主 数　4名
決 算 期　3月31日
売 上 高　3億5,000万円
銀　　行　埼玉りそな銀行、群馬銀行、
　　　　　鴻巣信用金庫
工　　場　所沢工場：〒359-0011　所沢
市南永井119-1　☎042-946-3373
役　　員
　取締役社長　　　深谷　　浩
　取締役　　　　　深谷　早苗
　〃　　　　　　　安部　達也
従業員 10名
取扱い品目　農業機械およびアタッチメント、建設機械及び部品、特殊アタッチメント、各種油圧機器（ギアーポンプ、ピストンポンプ、各種制御弁、カートリッジバルブ、油圧シリンダー）、産業機器、自動制御システム、上記関連製品の設計、製造、販売。ゴムクローラー、各種クローラーユニットの設計、製造、販売。
主要取引先　オカダアイヨン㈱、㈱諸岡、㈱大京、古河ユニック㈱、他

㈱片山製作所

〒350-1131　川越市岸町2-27-1
電　　話　049-242-2600
Ｆ　Ａ　Ｘ　049-242-2603
代 表 者　片山　幸雄
創業年月日　大正8年10月
資　本　金　3,000万円
株 主 数　2名
主　株　主　片山　幸雄
決 算 期　3月
売 上 高　2億円
銀　　行　埼玉りそな銀行、埼玉県信用
　　　　　金庫
役　　員
　取締役社長　　　片山　幸雄
　取締役　　　　　片山　貴恵
　監査役　　　　　片山　　均
従業員 20名
取扱い品目　根菜洗浄機、播種機、土壌消毒機、肥料、石灰散布機、水分測定器

金子農機㈱

〒348-8503　羽生市小松台1-516-10
電　　話　048-561-2111
Ｆ　Ａ　Ｘ　048-563-1577
ＵＲＬ　　https://www.kanekokk.co.jp
代 表 者　金子　常雄
創業年月日　大正元年
資　本　金　4,000万円
決 算 期　3月
売 上 高　52億400万円
銀　　行　三菱UFJ銀行
支　　店　北海道営業所：〒068-2165
三笠市岡山440-18　☎01267-4-2130／東北営業所：〒984-0042　仙台市若林区大和町2-12-18　☎022-235-9011／関東営業所：〒348-8503　羽生市小松台1-516-10　☎048-561-2112／新潟営業所：〒940-1146　長岡市下条町686　☎0258-22-2131／大阪営業所・金沢SC・中四国SC：〒567-0854　茨木市島1-13-6　☎048-501-2257／九州営業所：〒839-0809　久留米市東合川8-1-1　☎0942-45-0600
役　　員
　代表取締役社長　　　金子　常雄
　代表取締役専務　　　金子　重雄
　取締役　　　　　　　関口　　繁
　〃　　　　　　　　　田近　隆浩
　〃　　　　　　　　　久保　　昇
　監査役　　　　　　　江原　幸弘
代表者略歴　金子常雄
　昭和35年3月31日生まれ。埼玉県羽生市出身。昭和58年中央大学経済学部卒。同年、米国ノースカロライナ州立大学留学。60年9月金子農機㈱入社。平成元年取締役営業企画室長、3年常務取締役、4年取締役副社長、11年5月代表取締役社長に就任。
従業員 205名
取扱い品目　穀物用乾燥機、色彩選別機、水分自動検知停止装置、水分計、穀類共同乾燥調製施設、流動層乾燥機、仕上げ乾燥機、籾摺機、精米プラント、各種農水産物乾燥機、太陽熱利用攪拌通風乾燥調製施設、乾燥貯留ビン、全自動底面灌

金子　常雄

製造業者編＝埼玉県＝

水装置ほか園芸用機器施設，穀類搬送機，穀物低温貯蔵庫，ロングマット水耕苗システム，木質ペレット関連機器，籾殻燃焼装置

社　歴　大正元年，現在の埼玉県羽生市に金子野鍛冶店創業。昭和2年一心号を商標登録。6年商号を金子農具製作所と改める。10年全自動小型籾摺機を発売。29年商号を金子農機㈱と改める。34年平面型通風乾燥機を発売。41年通風乾燥機の発明で科学技術庁長官賞を受賞。45年大型乾燥貯蔵施設を発売。58年横がけ八層式乾燥機を発表。平成3年太陽熱利用撹拌通風乾燥施設発表。8年羽生工場第1期完成，稼働開始。9年中国に金子農機（無錫）有限公司を設立。11年遠赤外線乾燥機を発売。14年木質ペレット製造プラント第1号を新潟県に竣工。16年ISO14001を取得。23年鉄コーティング酸化調製機を発売。24年創立100周年記念式開催。26年アジア向け大型乾燥機AJPシリーズを発売。
全国会　全国一心会・商組：一心号農機販売事業協同組合

㈱神木製作所

営業本部
〒350-0831　川越市府川1303-1
電　話　049-226-1407
FAX　049-226-0191
URL　http://www.kamiki-mfg.co.jp
代表者　神木　栄一
創業年月日　大正10年
資本金　1,000万円
決算期　12月
銀　行　埼玉りそな銀行，武蔵野銀行
工　場　営業本部と同
従業員　15名
取扱い品目　噴霧機，野菜洗浄機，防除機

㈱木屋製作所

〒350-0434　埼玉県入間郡毛呂山町市場502-3
電　話　049-299-7779
FAX　049-299-7880
URL　http://www.kiya-ss.co.jp
代表者　水村　常人
創業年月日　明治44年11月17日
資本金　3,000万円
株主数　2名
決算期　12月
銀　行　埼玉りそな銀行
従業員　100名
社　歴　明治44年創立。織物機具及び蚕具の製造販売。昭和5年より動力脱穀機を製作。19年株式会社に改組。38年より日野自動車工業㈱と取引開始。平成14年より，いすゞ自動車㈱と取引開始。
取扱い品目　脱芒兼用穀粒調製機，脱芒兼用採種用脱穀機

㈱広洋エンジニアリング

〒350-0142　比企郡川島町上大屋敷78
電　話　049-291-0700
FAX　049-291-0702
代表者　久一　旬弥
創業年月日　昭和48年1月
資本金　1,000万円
売上高　4億円
銀　行　りそな銀行，栃木銀行
従業員　10名
取扱い品目　ブリッジキャリヤー，トラクター補助車輪，バックレーキ，振動掘取機，運動場整備機

高橋水機㈱

〒340-0011　草加市栄町3-9-35
電　話　048-931-3545
FAX　048-936-6721
URL　http://www.takahasisuiki.co.jp
代表者　栗本　弘
創業年月日　昭和37年2月2日
資本金　1,000万円
主株主　高橋昇司，高橋時子
銀　行　武蔵野銀行，埼玉りそな銀行
従業員　12名
取扱い品目　野菜洗機，根菜皮むき機，種蒔き機，ゴルフボール洗機，コンベヤー

ハスクバーナ・ゼノア㈱

〒350-1165　川越市南台1-9
電　話　049-243-1599
FAX　049-243-3310
URL　http://www.zenoah.com/jp/
　　　http://www.husqvarna.com/jp/
代表者　トレイ・ローパー
創業年月日　明治43年8月3日
資本金　4億9,000万円
決算期　12月
売上高　5,464億円（連結）
銀　行　みずほ銀行，三菱UFJ銀行，三井住友銀行
支　店　北海道支店：〒007-0827　札幌市東区東雁来七条2-12-5 ☎011-594-8878／東北支店：〒983-0035　仙台市宮城野区日の出町2-5-9 ☎022-235-4621／東京支店：〒350-1165　川越市南台1-9 ☎049-243-6380／中部支店：〒465-0058　名古屋市名東区貴船1-351 ☎052-701-8011／大阪支店：〒561-0813　豊中市小曽根3-5-19 ☎06-6335-1920／西部支店：〒700-0944　岡山市泉田348 ☎086-241-3632／九州支店：〒816-0921　大野城市仲畑3-1-24 ☎092-589-6177／ポンプ事業東日本営業所：（本社と同）☎049-243-6299／ポンプ事業西日本営業所：（大阪支店と同）☎06-6355-1922
工　場　川越工場：〒350-1165　川越市南台1-9 ☎049-243-1599
役　員
代表取締役社長　　トレイ・ローパー
取締役　　エリック・ステッグマイヤ
〃　（非常勤）　テリー・パーク
〃　（〃）　マイク・リチャーズ
専務執行役員　　鈴木　一敏
監査役（非常勤）　莫　海燕
代表者略歴　トレイ・ローパー
1964年2月22日生。米国オクラホマ州出身。ミドルブリー国際大学モンテレー校日本研究専攻，学士。1988年米国務省外交官，1993年㈱METS，1997年アシストテクノロジー㈱，2002年Entegris㈱，2006年日本ドナルドソン㈱，2013年Telit Wireless Solutions Japan㈱ securcWISE B.U.。2018年1月ハスクバーナ・ゼノア㈱取締役社長に就任。

トレイ・ローパー

従業員　13,000名（連結）
取扱い品目　農林業機械：汎用2サイクルエンジン，刈払機，チェンソー，防除機，ヘッジトリマー，ハンマーナイフモアー，チッパーシュレッダー，産業機械他：粉砕用ポンプ，ボイラー給水用ポンプ，芝刈機，林業用安全機器，装具
社　歴　明治43年8月東京瓦斯工業㈱創立，昭和14年5月日立航空機㈱設立。24年8月東京瓦斯電気工業㈱設立。28年5月富士自動車が東京瓦斯電気工業㈱と合併。37年9月㈱小松製作所と業務提携。47年4月大日本機械工業㈱と合併。48年1月ゼノア㈱に社名変更。54年10月1日小松部品㈱と合併，小松ゼノア㈱と改称。平成19年4月1日㈱ゼノアとなる。19年12月1日ハスクバーナ・ジャパン㈱と統合，ハスクバーナ・ゼノア㈱となる。

マメトラ農機㈱

〒363-0017　桶川市西2-9-37
電　話　048-771-1181
FAX　048-771-1529
代表者　細田　康
創業年月日　昭和34年9月18日
資本金　9,600万円
株主数　22名
決算期　11月

製造業者編＝埼玉県，千葉県，東京都＝

売　上　高　14億3,700万円
銀　　　行　埼玉りそな銀行，武蔵野銀行
支　　　店　秋田営業所：〒018-0134
にかほ市象潟町西中野沢家の下2-3
☎0184-43-4160／山形営業所：〒994-0012　天童市久野本3920-1　☎0236-54-0681／福島営業所：〒960-0102　福島市鎌田一里塚1-1　☎024-553-0885／茨城営業所：〒310-0853　水戸市平須町新山1828　☎029-241-3751〜2／栃木営業所：〒322-0026　鹿沼市茂645-4　☎0289-76-0187／群馬営業所：〒379-2111　前橋市飯土井町566-2　☎027-268-3119／新潟営業所：〒940-1104　長岡市摂田屋町2617　☎0258-23-1329／長野営業所：〒388-8006　長野市篠ノ井御弊川496-6　☎026-293-4888／中部営業所：〒501-6233　羽島市竹鼻町飯柄370-1　☎058-393-0041／マメトラ四国機器㈱：〒790-0047　松山市余戸南1-23-18　☎089-973-2325
工　　　場　本社工場：敷地23,000・建物12,000／秋田工場：〒018-0134　にかほ市象潟町西中野沢家の下2-3　☎0184-43-4160
役　　　員
　　代表取締役社長　　細田　　康
　　取締役　　　　　　佐々木孝勝
　　　〃　　　　　　　宮原　章祐
　　監査役　　　　　　小石川里美
従 業 員　120名
取扱い品目　耕うん機，ティラー，管理機，中耕除草機，ネギ移植機，大豆用各種機械，根菜掘取機，草刈機，野菜移植機，運搬車
社　　　歴　昭和22年4月太田商事として発足。資本金18万円。23年5月㈱太田機械と社名変更。9月50万円に増資。33年9月マメトラ農機㈱と社名を改め，佐々木農機よりマメトラの商標権営業権の一切を継承する。34年9月経営陣の大異動を行ない細田昇社長就任。37年4月桶川工場完成。38年2月所沢より桶川に本社共移転完成，ティラー専門工場として稼働を開始。42年10月工場の増築と機械装置の増資を行い生産能力の増大を図る。昭和40年春，独特の構造による田植機を完成するとともに引続き刈取機も市販に移す。43年末MRD-180果樹園ティラーを開発。更に47年に小型土建機SR-240Sを，49年には成苗田植機2条，4条植を発売。秋田県の誘致企業として別法人㈱マメトラ象潟工場を設立。51年12月資本金9,600万円に増資。平成25年㈱マメトラ象潟工場

細田　康

と合併，今日に至る。

〔千　葉　県〕

㈱安西製作所

〒264-0007　千葉市若葉区小倉町1305-1
電　　　話　043-232-2222
Ｆ　Ａ　Ｘ　043-231-7633
Ｕ　Ｒ　Ｌ　http://www.anzai-mfg.com
代　表　者　安西　賢一
創業年月日　昭和40年6月
資　本　金　5,000万円
株　主　数　8名
決　算　期　5月
売　上　高　27億1,300万円
銀　　　行　三井住友銀行，三菱UFJ銀行
事　業　所　北海道支店：〒082-0004　河西郡芽室町東芽室北1線10-29　☎0155-62-6111／上海正星技術発展有限公司：No.2988, Hu Min Rd., 1st Floor, Building No.5, Minhang District, Shanghai, CHINA　☎+86-21-6489-6165／台湾安西工業股份有限公司：台湾省台北縣汐止鎮環球路88巷4號　☎+886-2-26941416／韓国事務所西友商社：2F, 73 Sedongro, Iksan City, Jeon-Buk, 54605, KOREA　☎+82-51-740-5541／靖耀企業股份有限公司：No.9, Lane 50, Lien Hsin Rd., Kaohsiung, Taiwan R.O.C　☎+886-7-395-3916
従 業 員　88名
取扱い品目　色彩選別機，磁力選別機，比重選別機，風力選別機，石取機，粗選機

日本クライス㈱

〒283-0044　東金市小沼田1662-11
電　　　話　0475-55-5771
Ｆ　Ａ　Ｘ　0475-55-5776
代　表　者　杉本　淳一
創業年月日　昭和29年6月2日
資　本　金　9,500万円
主　株　主　㈱丸山製作所
決　算　期　9月
売　上　高　63億円
銀　　　行　千葉興業銀行
役　　　員
　　取締役社長　　　　杉本　淳一
　　取締役　　　　　　内山　治男
　　　〃　　　　　　　尾頭　正伸
　　取締役　　　　　　遠藤　茂巳
　　　〃　　　　　　　鎌倉　利博
　　監査役　　　　　　砂山　晃一
従 業 員　150名
取扱い品目　刈払機，溝切機，ヘッジトリマー，チェンソー，背負動力噴霧機

㈱原島電機工業

〒285-0802　佐倉市大作1-7-2
　　　　　　佐倉第三工業団地
電　　　話　043-498-2151
Ｆ　Ａ　Ｘ　043-498-1229
Ｕ　Ｒ　Ｌ　http://www.harashima.co.jp
代　表　者　原島　昌人
創業年月日　昭和49年3月26日
資　本　金　3,000万円
決　算　期　2月
従 業 員　19名
取扱い品目　比重選別機，風力選別機，粒径選別機等農業，鉱工業用各種選別機の設計・製造・販売
社　　　歴　昭和49年3月，千葉市桜木町で創業。60年11月，佐倉市第三工業団地に移転。平成11年5月，ISO9001取得。15年1月，ISO9001の2000年度版へ移行。

〔東　京　都〕

㈱イーズ

〒105-0004　港区新橋4-7-2
　　　　　　第6東洋海事ビル6F
電　　　話　03-5777-1345
Ｆ　Ａ　Ｘ　03-5777-1346
Ｕ　Ｒ　Ｌ　http://www.esinc.co.jp
代　表　者　北隅　和成
創業年月日　平成13年9月10日
資　本　金　5,500万円
決　算　期　3月
売　上　高　26億6,000万円
銀　　　行　三井住友銀行，みずほ銀行，三菱UFJ銀行
支　　　店　西日本支店：〒532-0011　大阪市淀川区西中島6-1-15-4F　☎06-4862-6775／九州営業部：〒812-0043　福岡市博多区堅粕4-22-29　☎092-260-9900
取扱い品目　ハウス用ヒートポンプエアコン

㈱エトパス

〒150-0045　渋谷区神泉町23-6
電　　　話　03-3465-0844
Ｆ　Ａ　Ｘ　03-3465-0850
代　表　者　坂本　　修
創業年月日　昭和52年7月
資　本　金　1,000万円
決　算　期　12月
銀　　　行　三井住友銀行，東京都民銀行
取扱い品目　野菜果実用小型選別機

製造業者編＝東京都＝

㈱荏原製作所

〒144-8510　大田区羽田旭町11-1
電　話　03-3743-6111
ＦＡＸ　03-5736-3100
代表者　前田東一
創業年月日　大正元年11月
資本金　788億円
決算期　12月
売上高　3,819億円（連結）
銀　行　みずほ銀行，三菱UFJ銀行
従業員　16,219名
取扱い品目　ポンプ，コンプレッサ，タービン，冷熱機械，送風機，焼却プラント，バイオマス発電プラント，CMP装置，めっき装置，排ガス処理装置

㈱エルタ

〒190-1222　西多摩郡瑞穂町
　　　　　箱根ケ崎東松原20-1
電　話　042-556-0184
ＦＡＸ　042-556-3176
ＵＲＬ　http://www.elta.jp
代表者　澤田勝司
創業年月日
　昭和56年7月1日
資本金　2,000万円
株主数　10名
主株主　児玉雅，
戸口晴夫，石黒真一，
神山欣也
決算期　3月
売上高　4億円
銀　行　りそな銀行，青梅信用金庫
事業所　大阪・広島・富山駐在所／エルタIS静岡
役員
　代表取締役社長　澤田勝司
　取締役会長　児玉雅
　取締役　石黒真一
　〃　戸口晴夫
　監査役　神山欣也
従業員　10名
取扱い品目　草刈関連（ナイロンローター・ナイロンコード），運搬機関連（モノレール・福祉モノレール・動力1輪車），安全防具，アシストくん

澤田　勝司

㈲ガリュー

〒167-0053　杉並区西荻北5-1-7
電　話　03-6765-0099
ＦＡＸ　03-6762-0909
ＵＲＬ　http://www.ga-rew.com
代表者　長谷川可賀
創業年月日　平成14年11月1日
資本金　300万円
決算期　3月
売上高　8,500万円
銀　行　三井住友銀行
従業員　3名
取扱い品目　ニンニク種こぼし・野菜の泥落とし用エアーガン，微粒子・ミスト噴霧器，農業機械・各種輸送用機器の洗浄装置，食品加工工場の洗浄・除菌・消臭装置，その他，各種工業製品の加工・組み立て工程で使用可能な除塵・水切り・乾燥用エアブローノズル

川辺農研産業㈱

〒206-0812　稲城市矢野口574-4
電　話　042-377-5021
ＦＡＸ　042-377-8521
ＵＲＬ
　http://www.kawabenoken.co.jp
代表者　川辺一成
創業年月日
　昭和34年7月16日
資本金　4,900万円
決算期　7月
売上高　5億円
銀　行　みずほ銀行，三菱UFJ銀行
支　店　青森営業所：〒034-0051　十和田市伝宝寺大窪1-13　☎0176-28-2286
工　場　本社工場：〒206-0812　稲城市矢ノ口塚戸　☎0423-77-5021
役員
　代表取締役社長　川辺一成
　監査役　川辺昌江
　〃　江原敦子
　取締役　後藤頼子
代表者略歴　川辺一成
　昭和39年5月2日生れ。東京経済大学卒業。平成5年石川島芝浦機械㈱入社。9年川辺農研産業㈱入社，14年専務取締役，16年10月代表取締役社長就任。

川辺　一成

従業員　28名
取扱い品目　農用トレンチャー（自走式，トラクター用チェーン式，同ロータリー式），スーパーソイラー，バイブロルートディガー，各種根茎菜収穫機，草刈機，ごぼうハーベスター，長いも収穫機
社　歴　昭和34年7月16日㈱川辺農業機械研究所設立。耕うん機，ティラーを中心とした農業機械の設計業務並びに技術コンサルタント業務を行うと共に，耕うん機，ティラー用作業機の製造販売を開始。35年超小型ティラーC-350を製造販売。同年根菜類掘取用トレンチャーの開発に成功，36年製造販売開始。36年7月社名を川辺農研産業㈱に改称。37年には土木・水道工事用トレンチャーの製造販売開始。同年，果樹下専用草刈機，自走式クローラー型除雪機の販売を開始。56年，トレンチャーの開発育成の功により川辺久男社長（当時）が第一回科学技術功績者表彰を受ける。

キャタピラージャパン（同）

〒158-8530　世田谷区用賀4-10-1
電　話　03-5717-1121
ＦＡＸ　03-5717-1201
ＵＲＬ
　http://www.catapillar.com/ja.html
代表執行役員　ハリー・コブラック　他3名
創業年月日　昭和38年11月4日
資本金　10億円
株　主　キャタピラー・インターナショナル・インベストメンツ・コーペラティ・ユー・エー

ハリー・コブラック

決算期　12月
支　店　相模事業所：〒252-5292　相模原市中央区田名3700　☎042-763-7011／明石事業所・油圧ショベル開発本部：〒674-8686　明石市魚住町清水1106-4　☎078-943-2111
取扱い品目　油圧ショベル，ブルドーザ，履帯式・ホイールローダ，運搬・道路機械，林業・農業機械

キャピタル工業㈱

〒182-0035　調布市上石原3-53-5
電　話　042-483-2623
ＦＡＸ　042-487-6390
代表者　松口憲介
創業年月日　昭和24年8月
資本金　1,200万円
銀　行　三井住友銀行，三菱UFJ銀行，多摩信用金庫
従業員　14名
取扱い品目　［TM式］動力噴霧機，ポータブルスプレーヤー，背負動噴，工業用超高圧ポンプ，温水用高圧ポンプ，海水淡水化装置，ステンレスポンプ

旭陽工業㈱

〒151-0053　渋谷区代々木2-23-1
　　　　　ニューステイトメナー860号
電　話　03-3374-3835
ＦＡＸ　03-3375-8267
ＵＲＬ　http://kyokuyo-kkc.co.jp
代表者　寺前公平
創業年月日　昭和45年12月1日

製造業者編＝東京都＝

資　本　金　1,000万円
主　株　主　㈱ササオカ，竹田みちえ，竹田幸太郎
決　算　期　2月
売　上　高　1億8,900万円
銀　　　行　りそな銀行，みずほ銀行
支　　　店　岡山営業所・〒701-0221　岡山市南区藤田891-1　☎086-296-4316
工　　　場　岡山工場：（岡山営業所と同）
役　　　員
　　代表取締役社長　　　　寺前公平
　　取締役　　　　　　　　小坂裕子
　　　〃　　　　　　　　　竹田幸太郎
　　監査役　　　　　　　　小川　洋
従　業　員　13名
取扱い品目　トラクタ用除草ロータ，特代ロータ・管理機用耕耘ロータ及び溝掘り，土掛けロータ，管理機用車輪及び培土器，溝浚器，管理機用パタパタ整形機他専用作業機，管理機用移動用車輪，カルチゴム車輪，畔切機，整形機，トラクタ用施肥播種機，掘上げ機

㈱ケツト科学研究所

〒143-8507　大田区南馬込1-8-1
電　　　話　03-3776-1111
Ｆ　Ａ　Ｘ　03-3772-3001
Ｕ　Ｒ　Ｌ　http://www.kett.co.jp
代　表　者　江守元彦
創業年月日　昭和21年10月26日
資　本　金　7,200万円
主　株　主　江守元彦
決　算　期　12月
売　上　高　22億1,600万円
銀　　　行　みずほ銀行，三菱UFJ銀行，横浜銀行
事　業　所　大阪支店：〒533-0033　大阪市東淀川区東中島4-4-10　☎06-6323-4581／札幌営業所：〒063-0841　札幌市西区八軒一条西3-1-1　☎011-611-9441／仙台営業所：〒980-0802　仙台市青葉区二日町2-15　☎022-215-6806／名古屋営業所：〒450-0002　名古屋市中村区名駅5-6-18　☎052-551-2629／九州営業所：〒841-0035　鳥栖市東町1-1020-2　☎0942-84-9011
従　業　員　97名
取扱い品目　各種水分計，近赤外応用機器，膜厚計，鉄片金属探知機，農業用測定器，物性測定器

工機ホールディングス㈱

〒108-6020　港区港南2-15-1　品川インターシティＡ棟
電　　　話　03-5783-0626
Ｆ　Ａ　Ｘ　03-5783-0706
Ｕ　Ｒ　Ｌ　https://www.koki-holdings.co.jp
代　表　者　前原修身
創業年月日　昭和23年12月
資　本　金　180億円
決　算　期　3月
売　上　高　1,912億円
銀　　　行　常陽銀行，三菱UFJ銀行
従　業　員　単独1,405名，連結6,496名
取扱い品目　刈払機，チェンソー，発電機，電動工具

コマツ

〒107-8414　港区赤坂2-3-6
電　　　話　03-5561-2616
Ｆ　Ａ　Ｘ　03-5561-2902
Ｕ　Ｒ　Ｌ　http://home.komatsu/jp
代　表　者　大橋徹二
創業年月日　大正10年5月13日
資　本　金　701億2,000万円
決　算　期　3月
売　上　高　2兆5,011億円（連結）
銀　　　行　三井住友銀行，北國銀行，みずほ銀行
従　業　員　59,632名（連結）
取扱い品目　油圧ショベル，ホイールローダ，ブルドーザ，木材破砕機，ミニショベル，環境リサイクル機械，他

佐野車輛㈱

〒150-0012　渋谷区広尾1-11-2　アイオス広尾
電　　　話　03-3440-8760
Ｆ　Ａ　Ｘ　03-3440-8761
代　表　者　佐野幸一郎
創業年月日　昭和27年10月23日
資　本　金　3,000万円
株　主　数　12名
決　算　期　6月
銀　　　行　巣鴨信用金庫，三井住友銀行
支　　　店　千葉支店：〒289-1107　八街市八街は43　☎043-442-5200
工　　　場　〒289-1107　八街市八街は43
従　業　員　20名
取扱い品目　トレーラー，動力運搬車，産業車輛，各種クローラー，農業用タイヤ，ゴム車輪

㈱三　研

〒143-0014　大田区大森中3-36-8
電　　　話　03-6450-0327
Ｆ　Ａ　Ｘ　03-6450-0326
Ｕ　Ｒ　Ｌ　http://www.hi-sanken.com
代　表　者　織田佳一
創業年月日　昭和42年8月
資　本　金　2,000万円
決　算　期　10月
売　上　高　1億円
銀　　　行　りそな銀行，芝信用金庫
従　業　員　2名
取扱い品目　焼土殺菌機，加湿機，畜産機器

㈱サンワ

〒151-0051　渋谷区千駄ヶ谷5-21-5
電　　　話　03-3354-1721
Ｆ　Ａ　Ｘ　03-3354-1997
Ｕ　Ｒ　Ｌ　http://www.sunwa-jp.co.jp
代　表　者　美澤暁彦
創業年月日　昭和10年10月1日
資　本　金　4,200万円
決　算　期　12月
売　上　高　10億円
銀　　　行　西武信用金庫，城北信用金庫，三菱UFJ銀行，岩手銀行，みずほ銀行，武蔵野銀行，埼玉りそな銀行
支　　　店　本社営業部：〒350-1325　狭山市根岸571　☎04-2954-6611／仙台支店・〒981-3408　宮城県黒川郡大和町松坂平8-3-11　☎022-347-2741／西日本営業所：〒672-8071　姫路市飾磨区構2-126　☎0792-31-1005
工　　　場　狭山工場：〒350-1325　狭山市根岸571　☎04-2954-6611／仙台工場：〒981-3408　宮城県黒川郡大和町松坂平8-3-11　☎022-347-2741
役　　　員
　　代表取締役会長　　　　美澤麟太郎
　　代表取締役社長　　　　美澤暁彦
　　常務取締役　　　　　　横山俊一
　　取締役　　　　　　　　松本伸久
　　　〃　　　　　　　　　菅井竜二
従　業　員　57名
取扱い品目　農用及び果樹用作業車，バッテリー式階段昇降車（荷物用・車いす用老人用），バッテリー式スクーター（老人用），バッテリー式消防ホースレイヤー，非常用階段避難車
社　　　歴　創業者美澤伝次郎が昭和10年三澤商会を創立し各種運搬車の製造・販売を始めた。23年三和車輛㈱を設立。51年資本金を4,200万円に増資。平成4年狭山本社工場新社屋建設，7年㈱サンワに社名変更。9年狭山工場ISO9001取得。18年狭山工場ISO14001取得。

㈱新宮商行

〒135-0016　江東区東陽2-4-2　新宮ビル5Ｆ
電　　　話　03-3649-7131
Ｆ　Ａ　Ｘ　03-5690-7057

URL　http://www.shingu-shoko.co.jp
代　表　者　坂口　栄治郎
創業年月日　明治39年8月
資　本　金　2億5,000万円
決　算　期　9月
売　上　高　76億円
銀　　　行　北洋銀行，
　　　　　　三菱UFJ信託銀行

坂口　栄治郎

事　業　所　関東支社機械本部：〒270-2231　松戸市稔台6-7-5　☎047-361-4701／北海道営業所：〒047-0032　小樽市稲穂2-1-1　☎0134-24-1313／東北営業所：〒963-0547　郡山市喜久田町卸1-37-1　☎024-959-6212／東京営業所：〒270-2231　松戸市稔台6-7-5　☎047-361-6831／名古屋営業所：〒465-0022　名古屋市守山区八剣1-303　☎052-768-1303／大阪営業所：〒564-0062　吹田市垂水町3-33-29　☎06-6380-0381／高知出張所：〒781-5102　高知市大津町515-1　☎088-878-5400／福岡営業所：〒813-0062　福岡市東区松島6-47-17　☎092-611-1988
役　　　員
代表取締役社長　　坂口　栄治郎
専務取締役　　　　白石　啓充
常務取締役　　　　宮園　　葵
　〃　　　　　　　坂口　敬太郎
取締役　　　　　　阿部　一二
　〃　　　　　　　山本　裕二雄
　〃　　　　　　　佐々木　勝広
常勤監査役　　　　矢幅　牧雄
従　業　員　196名
取扱い品目　［機械部取扱商品］シングウチェンソー，シングウベルカッター，芝刈機，スイーパー，ブロワー，薪割機，HAKKI PILKE 薪製造機，ウッドマイザー簡易製材機，タイガーエアソー，ポンセハーベスタ，クラナブグラップル，フォワーダ，アンデルセン薪ストーブ，各種林業林材関連機器
社　　　歴　大正8年3月に株式会社に改組。木材製造販売，輸出入を行い，昭和27年に米国マッカラー社のチェンソーを輸入し販売開始。昭和39年刈払機，56年にシングウチェンソーを自社開発。57年には薪ストーブを輸入・販売開始。この間数多くの林業関連機器を販売し今日に至る。

ストラパック㈱

〒104-0061　中央区銀座8-16-6
　　　　　　銀座ストラパックビル
電　　　話　03-6278-1801
F　A　X　03-6278-1800
URL　http://www.strapack.co.jp
代　表　者　下島　敏章
資　本　金　6億2,000万円
売　上　高　156億168万円
銀　　　行　三井住友銀行
支　　　店　札幌，旭川，仙台，酒田，郡山，盛岡，東京，筑波，横浜，甲府，高崎，名古屋，静岡，北陸，大阪，高松，広島，岡山，福岡，鹿児島，沖縄
従　業　員　430名
取扱い品目　各種梱包機，結束機，新聞発送システム，その他包装用機械と包装資材他

㈱東京ラソニック

〒174-0052　板橋区蓮沼町82-2
電　　　話　03-5916-0714
F　A　X　03-5916-0716
URL　http://www.tokyo-rasonic.co.jp
代　表　者　松井　　博
設立年月日　昭和47年5月1日
資　本　金　1,000万円
決　算　期　4月
売　上　高　7,000万円
銀　　　行　りそな銀行
取扱い品目　水分計（キセキ・リカドライメーター），回転式距離測定器（ウォーキングメジャー），水道用フレキ管ツバ出し工具（かるパンチ君），ゴルフボール拾い器（ゴルフボールピッカー）

東興産業㈱

〒101-0032　千代田区岩本町1-10-5
　　　　　　TMMビル4F
電　　　話　03-3862-5921
F　A　X　03-3863-1193
URL　http://www.tokosangyo.co.jp
代　表　者　勝又　正成
創業年月日　昭和40年4月14日
決　算　期　4月
売　上　高　24億円
取扱い品目　グラウンド整備用機械，芝管理用機械，ジョンディア社製緑地管理機，ポンプ，雑木チッパー，シュレッダー，薪割機

ナラサキ産業㈱

東京本社：
〒104-8530　中央区入船3-3-8
電　　　話　03-6732-7350
F　A　X　03-3206-0611
URL　http://www.narasaki.co.jp
代　表　者　吉田耕二，中村克久
創業年月日　明治35年3月1日
資　本　金　23億5,471万円
決　算　期　3月
売　上　高　831億3,500万円（単体）
従　業　員　394名
取扱い品目　予冷貯蔵設備，施設園芸設備，穀類関連設備，堆肥化関連設備，選果・物流設備，生産・農産加工設備

ニチバン㈱

〒112-8663　文京区関口2-3-3
電　　　話　03-5978-5601
F　A　X　03-5978-5620
URL　http://www.nichiban.co.jp
代　表　者　堀田　直人
創業年月日　大正7年1月
資　本　金　54億4,500万円
売　上　高　441億6,100万円（連結）
銀　　　行　三菱UFJ銀行，みずほ銀行，りそな銀行
従　業　員　1,282名（連結）
取扱い品目　野菜結束機，テープ，各種粘着製品

日本甜菜製糖㈱

〒108-0073　港区三田3-12-14
電　　　話　03-6414-5536
F　A　X　03-6414-3985
URL　http://www.nitten.co.jp
代　表　者　恵本　　司
創業年月日　大正8年6月
資　本　金　82億7,941万円
決　算　期　3月
売　上　高　588億円（2018年3月期，連結）
銀　　　行　みずほ銀行，農林中央金庫他
従　業　員　695名（連結）
取扱い品目　ペーパーポット，育苗培土，土壌改良剤，てん菜種子，農業機械，配合飼料，甜菜糖，イースト，精製糖，機能性食品，不動産賃貸事業

日本プラントシーダー㈱

〒103-0023　中央区日本橋本町4-9-2
電　　　話　03-5623-1183
F　A　X　03-5623-1187
URL　http://www.plantseeder.co.jp/
代　表　者　遠藤　勝美
資　本　金　8,500万円
売　上　高　12億7,800万円
銀　　　行　三菱UFJ銀行，みずほ銀行
従　業　員　71名
取扱い品目　シードテープ及び埋設機

ニューロング㈱

〒110-0015　台東区東上野6-4-14
電　　話　03-3843-7311
FAX　　03-3843-9951
URL　　http://www.newlong.com
代表者　稲垣友彦
設立年月日　昭和30年
資本金　3億円
銀　　行　三井住友銀行，みずほ銀行，りそな銀行，三菱UFJ銀行
取扱い品目　印刷関連機械，加工開発機械，製袋関連機械，包装関連機械，製袋用ミシン，袋品縫ミシン

ネポン㈱

〒150-0002　渋谷区渋谷1-4-2
電　　話　03-3409-3131
FAX　　03-3409-1374
URL　　http://www.nepon.co.jp
代表者　福田晴久
創業年月日　昭和23年6月9日

福田　晴久

資本金　6億142万円
株主数　872名
主　株　主　佐藤商事㈱，福田公一，福田晴久，ネポン共栄会，三井住友銀行，ユニテック㈱
決算期　3月
売上高　80億8,311万円
銀　　行　三井住友銀行，きらぼし銀行
事業所　厚木事業所：〒243-0215　厚木市上古沢411　☎046-247-3111／営業部：厚木事業所と同　☎046-247-3269／営業部（サービスセンター）：営業部と同　☎046-247-3195／札幌営業所：〒007-0803　札幌市東区東苗穂三条3-2-72　☎011-783-8151／盛岡営業所：〒020-0114　盛岡市高松2-6-39　☎019-661-6131／仙台営業所：〒981-8001　仙台市泉区南光台東1-53-22　☎022-251-4791／さいたま営業所：〒331-0812　さいたま市北区宮原町4-12-13　☎048-664-1268／南関東営業所：〒243-0215　厚木市上古沢411　☎046-247-3184／新潟営業所：〒950-2024　新潟市西区小新西3-11-20　☎025-234-2185／松本営業所：〒390-0841　松本市渚1-6-15　☎0263-26-0514／静岡営業所：〒420-0803　静岡市葵区千代田6-31-11　☎054-261-8234／名古屋営業所：〒465-0021　名古屋市名東区猪子石1-215　☎052-777-0700／大阪営業所：〒567-0063　茨木市中河原町5-17　☎072-640-4111／広島営業所：〒731-0112　広島市安佐南区東原1-21-2　☎082-850-2155／高松営業所：〒761-8071　高松市伏石町2173-3　☎087-867-7100／福岡営業所：〒818-0139　太宰府市宰都1-6-12　☎092-921-6100／長崎営業所：〒856-0026　大村市池田1-219-6　☎0957-52-1071／熊本営業所：〒861-8035　熊本市東区御領8-5-5　☎09-389-1800／南九州営業所：〒880-0912　宮崎市赤江字飛江田144-1　☎0985-55-2121／鹿児島営業所：〒891-0113　鹿児島市東谷山2-1-7-103　☎099-263-4188
海　　外　NEPON (Thailand) Co.,Ltd. 18/8, FICO Place Building, 3 Floor, Room No. 304 Sukhumvit21 Road (Asoke), Klongtoey-Nua, Wattana, Bangkok 10110, Tel: +66-2-258-2022 Fax: +66-2-258-2024
役　　員
取締役会長　　　　　福田公一
代表取締役社長　　　福田晴久
取締役　　　　　　　関口昌行
　〃　　　　　　　　捧　　渡
　〃　　　　　　　　柳田隆治
監査役（常勤）　　　内田清美
　〃　　　　　　　　大川康平
　〃　　　　　　　　小林　昇
顧問　　　　　　　　名井　明
従業員　304名
取扱い品目　温風暖房機，施設園芸用ヒートポンプ，温水発生機，光合成促進機器，ペレット焚き暖房機，施設園芸用ファン，地熱利用温風発生機，熱殺菌装置環境制御機器

日立建機㈱

〒110-0015　台東区東上野2-16-1
電　　話　03-3830-8000
URL　　http://www.hitachicm.com/global/jp
代表者　平野耕太郎
創業年月日　昭和45年10月1日
資本金　815億7,659万円（連結）
株主数　4万2,249名
決算期　3月
売上高　9,592億5,300万円（連結）
事業所　技術研修センタ：〒300-0136　かすみがうら市戸崎2316　☎029-828-2211／浦幌試験場：〒089-5631　北海道十勝郡浦幌町瀬多来266　☎01557-6-4711／霞ヶ浦総合研修所：〒300-0301　茨城県稲敷郡阿見町青宿16-2　☎029-891-3388／つくば部品センタ：〒305-0071　つくば市稲岡821-1　☎029-839-2550
工　　場　土浦工場：〒300-0013　土浦市神立町650　☎029-831-1111／霞ヶ浦工場：〒300-0134　かすみがうら市深谷2200　☎029-898-2911／常陸那珂工場：〒312-0005　ひたちなか市新光町552-48　☎029-264-2671／常陸那珂臨港工場：〒312-0004　ひたちなか市長砂163-10　☎029-200-1100
従業員　単独4,072名，連結23,925名
取扱い品目　油圧ショベル，ミニショベル，ホイールローダ，ダンプトラック他

富士平工業㈱

〒113-0033　文京区本郷6-11-6
電　　話　03-3812-2271
FAX　　03-3812-3663
URL　　http://www.fujihira.co.jp
代表者　坪井哲明
資本金　1億円
決算期　11月
売上高　20億円
銀　　行　三菱UFJ銀行，みずほ銀行
従業員　100名
取扱い品目　獣医・畜産用機器，農産園芸用機器

㈱藤原製作所

〒114-0024　北区西ヶ原1-46-16
電　　話　03-3918-8111
FAX　　03-3918-8119
URL　　http://www.fujiwara-sc.co.jp
代表者　石塚登志夫
設立年月日　昭和34年10月29日設立
資本金　4,914万円
銀　　行　三菱UFJ銀行，三井住友銀行
支　　店　つくば営業所：〒305-0074　つくば市若栗225-4　☎029-840-1251／千葉営業所：〒299-0243　袖ヶ浦市蔵波2008-2　☎043-864-0800
従業員　50名
取扱い品目　理化学機器，石英ガラス，農学関連機器，分析機器，計量器

古河ユニック㈱

〒103-0027　中央区日本橋1-5-3
電　　話　03-3231-8611
FAX　　03-3231-8261
URL　　http://www.furukawaunic.co.jp
代表者　松戸茂夫
創業年月日　昭和21年4月
資本金　2億円
主　株　主　古河機械金属㈱
決算期　3月
売上高　273億8,100万円
銀　　行　みずほ銀行，三井住友銀行

事業所 関西支店：〒555-0043 大阪市西淀川区大野3-7-121 ☎06-6478-2311／北信越支店：〒950-0911 新潟市中央区笹口2-10-1 ☎025-246-0336／札幌営業所：〒007-0882 札幌市東区北丘珠二条2-20-7 ☎011-787-3200
工　場 佐倉工場：〒285-8511 佐倉市太田外野2348 ☎043-485-5111
従業員 424名
取扱い品目 ユニッククレーン，折り曲げ式クレーン，ミニクローラクレーン，バッテリー式クレーン，ユニックキャリア
社　歴 昭和29年トラッククレーン開発のあと，31年国産初のトラック搭載型クレーン「ユニック」を開発。以来，ユニッククレーンをはじめ，ユニックキャリア，ユニック折り曲げ式クレーン等，様々なジャンルの荷役作業の省力化・合理化に貢献する各種製品づくりを続けている。

㈱ベビーロック

〒102-0073 千代田区九段北1-11-11
電　話 03-3265-2851
FAX 03-3265-2281
代表者 廣方　晋
創業年月日 昭和40年7月1日
資本金 3億4,560万円
銀　行 みずほ銀行，りそな銀行
従業員 72名
取扱い品目 野菜用フィルム包装機

本田技研工業㈱

〒107-8556 港区南青山2-1-1
電　話 03-3423-1111
FAX 03-3423-0511
URL http://www.honda.co.jp
代表者 八郷隆弘
創業年月日 昭和23年9月24日
資本金 860億円
（平成30年3月）
決算期 3月
売上高 15兆3,611億円（連結）

八郷　隆弘

銀　行 三菱UFJ銀行，三菱UFJ信託銀行，りそな銀行，みずほ銀行
工　場 熊本製作所：〒869-1231 熊本県菊池郡大津町平川 ☎096-293-1111
役　員
　代表取締役社長　　八郷隆弘
　代表取締役副社長　倉石誠司
従業員 215,638名（連結）
　　　 21,543名（単独）
取扱い品目 ［汎用製品］耕うん機，水ポンプ，高圧洗浄機，運搬機，動力噴霧機，草刈機，除雪機，刈払機，船外機，芝刈機，電動車いす，発電機，汎用エンジン
［4輪製品・2輪製品］

マックス㈱

〒103-8502 中央区日本橋箱崎町6-6
電　話 03-3669-0311
FAX 03-5644-7520
代表者 黒沢光照
創業年月日 昭和17年11月26日
資本金 123億6,700万円
株主数 4,253名
決算期 3月
売上高 649億5,000万円（連結）
銀　行 みずほ銀行，群馬銀行
従業員 2,773名
取扱い品目 野菜結束機，誘引結束機，袋とじ機，充電式剪定はさみ，ラベルプリンタ

㈱丸七製作所

〒120-0034 足立区千住1-23-2，丸七ビル
電　話 03-3879-0701
FAX 03-3879-8040
URL http://www.maru-7.co.jp
代表者 阿部信一
創業年月日 昭和6年
資本金 1,000万円
株主数 3名
主株主 阿部信一
決算期 9月
売上高 2億8,000万円
銀　行 三井住友銀行，りそな銀行，みずほ銀行，山形銀行，きらやか銀行
事業所 山形事業所：〒990-0057 山形市宮町3-4-5 ☎023-632-0055 敷地6,435・建物2,860
従業員 28名
取扱い品目 精米機，石抜撰穀機，製粉機，餅練機，混米機，研米機，小米（砕米）取機，小型昇降機，フルイ機
社　歴 昭和6年阿部彦七が丸七製作所を創立。10年山形市宮町に山形工場設立。15年山形新工場建設。主として精米機，製粉機，餅練機を製造販売。22年1月法人組織に変更，㈱丸七製作所となる。25年ムーバブル精米機を開発，27年に科学技術庁長官賞を受賞。現在は業務用精米機を主力に石抜撰穀機，小米取機，研米機，製粉機，餅練機等の製造販売を主体としている。

㈱丸山製作所

〒101-0047 千代田区内神田3-4-15
電　話 03-3252-2271
FAX 03-3252-4724
代表者 尾頭正伸
創業年月日 明治28年
資本金 46億5,106万円
株主数 5,700名
主株主 みずほ銀行，農林中央金庫，千葉興業銀行，㈱クボタ
決算期 9月
売上高 355億800万円（連結）
銀　行 みずほ銀行，農林中央金庫，みずほ信託銀行，りそな銀行，千葉興業銀行
営業所 北海道営業所：〒003-0030 札幌市白石区流通センター6-2-25 ☎011-892-5251／帯広事務所：〒082-0004 河西郡芽室町東芽室北1線18-19 ☎0155-66-9806／秋田営業所：〒010-0942 秋田市川尻大川町123 ☎018-823-2201／青森事務所：〒034-0107 十和田市洞内字妻ノ神9-4 ☎0176-27-1071／北東北営業所：〒020-0891 岩手県紫波郡矢巾町流通センター南3-2-16 ☎019-638-6071／南東北営業所：〒994-0054 天童市大字荒谷字金石段1245-4 ☎023-655-6531／宮城事務所：〒981-1106 仙台市太白区柳生2-23-1 ☎023-655-6531／福島営業所：〒962-0512 岩瀬郡天栄村飯豊向原60-1 ☎0248-83-2241／茨城営業所：〒300-0805 土浦市宍塚1735-2 ☎0298-24-2191／北関東営業所：〒322-0026 鹿沼市茂呂648-1 ☎0289-76-5388／千葉営業所：〒283-0044 東金市小沼田1624-1 ☎0475-52-8711／南関東営業所：〒192-0361 八王子市越野26-16 ☎042-682-2840／新潟営業所：〒940-2127 長岡市新産3-8-7 ☎0258-47-1451／甲信営業所：〒399-0705 塩尻市広丘堅石250-5 ☎0263-54-2824／名古屋営業所：〒481-0038 北名古屋市徳重御宮前8 ☎0568-23-6121／静岡事務所：〒426-0013 藤枝市立花3-11-2 ☎054-643-9541／北陸営業所：〒921-8061 金沢市森戸2-184 ☎076-249-8480／大阪営業所：〒567-0846 茨木市玉島1-20-12 ☎072-634-5421／中国営業所：〒731-0103 広島市安佐南区緑井6-34-40 ☎082-962-6912／岡山出張所：〒708-0323 苫田郡鏡野町寺元150-2 ☎0868-54-3466／四国営業所：〒768-0051 観音寺市木之郷町木ノ内653-5 ☎0875-27-8000／福岡営業所：〒830-0003 久留米市東櫛原町862-1 ☎0942-27-5866／熊本営業所：〒861-8038 熊本市東区長嶺南8-6-60 ☎096-380-6262／宮崎事務所：〒885-1202 都城市高城町穂満坊815-5 ☎0986-58-6008／南九州営業所：〒892-0871 鹿児

製造業者編＝東京都，神奈川県＝

島市吉野町6905-5 ☎099-243-8177
工　　場　千葉工場：〒283-0044　東金市小沼田1554-3 ☎0475-54-1211
役　　員
取締役会長　　　　　　内　山　治　男
取締役社長　　　　　　尾　頭　正　伸
専務取締役　　　　　　鎌　倉　利　博
常務取締役　　　　　　杉　本　淳　一
　〃　　　　　　　　　遠　藤　茂　巳
取締役　　　　　　　　石　村　孝　裕
　〃　　　　　　　　　内　山　剛　治
常勤監査等委員　　　　砂　山　晃　一
監査等委員　　　　　　土　岐　敦　司
　〃　　　　　　　　　浜　田　典　男
代表者略歴　尾頭正伸
昭和27年生。51年3月東京農工大学農学部卒。同4月㈱丸山製作所入社。平成13年10月社長補佐兼グループ統括室長。同年12月取締役。14年7月経営企画室長。15年12月常務取締役。16年10月管理本部長。19年4月製造本部長兼千葉工場長。20年10月専務取締役管理本部長。21年10月国内営業本部長兼海外事業部長。22年10月代表取締役社長（現在）。

尾頭　正伸

従業員　546名
取扱い品目　高性能防除機，動力噴霧機，動力散布機，人力防布機，工業用ポンプ，刈払機，消火器，環境衛生用機械，高圧洗浄機，他
社　歴　明治28年新潟県高田町（現上越市）にて丸山商会を創業，消火器の生産販売を開始。大正7年噴霧器の生産販売を開始。昭和12年丸山商会を法人組織として㈱丸山製作所を設立。36年東京証券取引所市場第二部に上場。43年工業ポンプ輸出開始。52年東京証券取引所第一部に指定替え。61年マルヤマU.S.，INCを設立。平成2年2サイクルエンジン製造開始。6年ISO9001認証取得。13年ISO14001認証取得（千葉工場）。15年丸山カスタマーサポートセンター設置。27年創業120周年を迎える。

㈱ミクニ

〒101-0021　千代田区外神田6-13-11
電　　話　03-3833-7684
ＦＡＸ　03-3833-7680
ＵＲＬ　http://www.mikuni.co.jp
代表者　生田久貴
創業年月日　大正12年10月1日
資本金　22億1,530万円
決算期　3月
売上高　1,037億7,200万円（連結）

銀　　行　りそな銀行，三菱UFJ銀行，横浜銀行，岩手銀行，三井住友銀行
従業員　1,625名
取扱い品目　輸入：芝刈機，芝管理機械，製造販売：気化器，ポンプ

㈱ムラマツ車輌

〒116-0003　荒川区南千住2-26-9
電　　話　03-3803-0661
ＦＡＸ　03-3806-2809
ＵＲＬ
http://www.muramatu-s.co.jp
代表者　山田光男
創業年月日　昭和26年7月
資本金　1,000万円
銀　　行　みずほ銀行
従業員　6名
取扱い品目　リヤカー，一輪車（農用・建設用），ワゴン・ハンドトラック，各種運搬具

㈱やまびこ

〒198-8760　青梅市末広町1-7-2
電　　話　0428-32-6181
ＦＡＸ　0428-32-6175
ＵＲＬ
http://www.yamabiko-corp.co.jp
代表者　永尾慶昭
創業年月日
平成20年12月1日
資本金　60億円
株主数　6,423名
主株主
みずほ銀行，三井住友信託銀行，農林中金，従業員持株会，取引先持株会
決算期　12月
売上高　1,119億4,500万円（連結）
銀　　行　みずほ銀行，三菱UFJ銀行，三井住友信託銀行，横浜銀行
事業所　中央センター：〒198-0023　東京都青梅市今井3-8-3 ☎0428-32-6100／横須賀事業所：〒237-0061　横須賀市夏島町14 ☎046-865-8333／盛岡事業所：〒020-0611　滝沢市巣子10-2 ☎019-641-6111／広島事業所：〒731-1597　山県郡北広島町新氏神35 ☎0826-72-5700
【関連会社】　追浜工業㈱：〒237-0061　横須賀市夏島町14-2 ☎046-866-2139／双伸工業㈱：〒198-0023　青梅市今井3-8-3 ☎0428-32-6101／㈱ニューテック：〒381-0101　長野市若穂綿内1136-18 ☎026-282-7231／やまびこエンジニアリング㈱：〒731-0501　安芸高田市吉田町吉田1489-45 ☎0826-42-3031

永尾　慶昭

役　　員
代表取締役社長執行役員
　　　　　　　　　　　永　尾　慶　昭
代表取締役副社長執行役員
　　　　　　　　　　　田　﨑　隆　信
取締役専務執行役員　　前　田　克　之
取締役常務執行役員　　髙　橋　　功
取締役上席執行役員　　林　　智　彦
社外取締役　　　　　　齊　藤　　潔
　〃　　　　　　　　　山　下　哲　夫
常勤監査役　　　　　　小森田　康　春
　〃　　　　　　　　　園　田　　聡
社外監査役　　　　　　東　　　昇
　〃　　　　　　　　　佐　野　廣　二
常務執行役員　　　　　女　鹿　俊　一
上席執行役員　　　　　原　田　　均
　〃　　　　　　　　　田　代　清　作
執行役員　　　　　　　澤　田　俊　治
　〃　　　　　　　　　瀬　古　達　夫
　〃　　　　　　　　　植　松　清　美
　〃　　　　　　　　　佐　藤　康　晴
　〃　　　　　　　　　倉　田　伸　也
　〃　　　　　　　　　小　林　富士雄
　〃　　　　　　　　　西　　　正　信
　〃　　　　　　　　　多　良　　剛
　〃　　　　　　　　　樋　口　和　彦
　〃　　　　　　　　　北　村　良　樹
従業員　3,216名
取扱い品目　小型屋外作業機械（刈払機，チェンソーなど），農業用管理機械（乗用管理機・スピードスプレーヤなど），一般産業用機械（溶接機・発電機など）
社　歴　昭和22年東京都杉並区に共立農機㈱設立。46年㈱共立に改称。2サイクルガソリンエンジン技術ベースの農業用，防除機，林業機械開発で発展。27年広島市で浅本精機創業。37年新ダイワ工業㈱設立。発電機や溶接機等の産業機器とチェンソー，ヘッジトリマーなど農林業機器，エンジン生産を柱に発展。平成20年両社の経営統合により新会社㈱やまびこ設立。

（神奈川県）

㈱ケイヒン

〒221-0044　横浜市神奈川区東神奈川1-1-6
電　　話　045-453-1621
ＦＡＸ　045-453-1610
ＵＲＬ　http://www.keihin-ve.co.jp
代表者　出川雄二
取扱い品目　畑地潅漑自動散水システム，ゴルフ場自動散水システム，散水用自動

弁，コントローラー，ゴルフ場打込防止装置，探査装置（配管・漏水・電線・漏電）

緑　産㈱

〒252-0244　相模原市中央区田名3334
電　話　042-762-1021
ＦＡＸ　042-762-1531
ＵＲＬ　http://www.ryokusan.co.jp
代表者　小菅勝治
創業年月日　昭和44年3月
支　社　北海道支社：〒067-0026 江別市豊幌花園町1-2 ☎011-381-6711
従業員　64名
取扱い品目　家畜糞尿処理機械，牧草関連機械，家畜飼養管理機械，急傾斜地用トラクター，かんがい機器，芝管理機器，グラウンドメンテナンス機器，環境保全関連機械，コンポスト化関連機械，木質バイオマス関連機械，木質バイオマスボイラー，タワーヤーダ

〔新　潟　県〕

㈱五十嵐製作所

〒959-1375　加茂市小橋1-2-19
電　話　0256-52-0427
ＦＡＸ　0256-52-1972
代表者　五十嵐恒彦
創業年月日　昭和19年12月
資本金　1,000万円
決算期　12月
売上高　5,000万円
銀　行　第四銀行
従業員　4名
取扱い品目　乾燥機用消音集塵機，金型温度調節機，配管洗浄機，冷却水装置

㈱井関新潟製造所

〒955-0033　三条市西大崎3-12-23
電　話　0256-38-5311
ＦＡＸ　0256-38-3969
ＵＲＬ　http://in.iseki.co.jp
代表者　熊倉和夫
創業年月日　昭和36年12月5日
資本金　9,000億円
株主数　1名・井関農機㈱
決算期　12月
売上高　93億4,000万円
銀　行　第四銀行，三条信用金庫
役　員
　代表取締役社長　　熊倉和夫
　常務取締役　　　　佐藤　務
　〃　　　　　　　　土田久雄
　取締役　　　　　　吉田幸弘
　〃　（非常勤）　　仙波誠次
　監査役（〃）　　　木元誠剛
　〃　　（〃）　　　伊藤勝也
従業員　205名
取扱い品目　田植機（乗用・歩行型），籾摺機（回転式・揺動式），バインダー，野菜移植機，油圧機器

大島農機㈱

〒943-0892　上越市寺町3-10-17
電　話　025-522-5012
ＦＡＸ　025-522-5023
ＵＲＬ　http://www.oshimanoki.com
代表者　大島浩一
創業年月日　大正6年5月10日
資本金　1億円
株主数　378名
主株主　大島誠，大島伸彦，大島千恵子
決算期　11月
銀　行　第四銀行，八十二銀行，北越銀行
支　店　東北営業所：〒990-2482 山形市久保田1-1-2 ☎023-644-4748／関東営業所：〒346-0027 久喜市除堀498 ☎0480-21-2831／新潟営業所：〒943-0892 上越市寺町3-10-17 ☎025-524-1416／北陸営業所：〒921-8051 金沢市黒田1-210 ☎076-240-0155／名古屋営業所：〒486-0817 春日井市東野町1-2-9 ☎0568-81-3201／岡山営業所：〒701-0304 岡山県都窪郡早島町早島2996-1-10 ☎086-480-1133／九州駐在所：〒838-0068 朝倉市甘木2111-1 ☎0946-21-7280／北海道出張所：〒079-8412 旭川市永山2条12-2-23 ☎0166-47-1811
工　場　寺町工場：本社と同　敷地13,900・建物8,300／春日工場：〒943-0821 上越市土橋64-1 ☎0255-25-5940 敷地41,700・建物20,400
役　員
　取締役会長　　　　大島伸彦
　代表取締役社長　　大島浩一
　常務取締役　　　　武藤　公
　執行役員　　　　　吉越靖夫
　〃　　　　　　　　松岡　均
　〃　　　　　　　　川久保浩一
　〃　　　　　　　　丸山　寛
　監査役　　　　　　大島　誠
代表者略歴　大島浩一　昭和37年6月18日生まれ。上越市出身。60年3月新潟大学工学部機械工学科卒業。平成2年4月大島農機入社。15年6月営業推進課長，18年3月資材管理課長，19年2月取締役開発設計部長，21年2月取締役総務部長，25年2月常務取締役，27年2月専務取締役，30年2月代表取締役社長。
取扱い品目　循環型乾燥機，籾摺機，自動選別計量機，粗選機，コンバイン，トラクター，田植機，ライスセンター，建設機械（ミニバックホー）
社　歴　大正6年大島憲吾が新潟県中頸城郡三和村にて農機具の製造に着手。昭和4年大島憲吾，精一郎，健蔵，伍作，省吾の5兄弟が㈲大島商会を設立。14年商号を大島㈴に変更。19年大島工業㈱を設立し，大島㈴と2本立てで生産を行う。21年商号を大島農機㈱に変更し，籾摺機・動力脱穀機の生産を行う。31年全国初のオールスチール製超小型籾摺機S型を発表。32年動力脱穀機のJIS表示工場に指定。39年立体型通風乾燥機「コリカ」を発表。43年循環型乾燥機「ロイヤルテンパー」の製造販売を開始。44年コンバイン，ハーベスターの製造販売を開始。52年回転式米選機・計量機の製造販売を開始。58年全国初の電子籾摺機「エレックハラー」を発表。平成2年建設機械ミニバックホーの製造販売を開始。3年立体駐車装置の製造販売を行う。13年揺動選別型ジェット式籾すり機を発表。15年一台で乾燥，保冷，籾すり，米選の4機能を備えた「こりか」を発売。17年遠赤外線乾燥機を発表。18年粗選機を発表。22年建設機械の輸出車輌を製造開始。29年創業100周年を迎えた。
全国会　全国大島会（会長：永松英俊）
商　組　大島農機商業協同組合（理事長：永松英俊）

オギハラ工業㈱

〒943-0122　上越市新保古新田639
電　話　025-525-3505
ＦＡＸ　025-522-2285
代表者　荻原　潔
創業年月日　大正15年3月1日
資本金　1,970万円
株主数　6名
決算期　12月
売上高　15億円
銀　行　八十二銀行，第四銀行，三井住友銀行
役　員
　代表取締役　　　　荻原　潔
　監査役　　　　　　荻原美香
　取締役　　　　　　森　富広
　〃　　　　　　　　荻原幸子
従業員　56名

大島　浩一

荻原　潔

取扱い品目　運搬車（農・産業用），育苗箱洗浄機，唐箕，籾殻収集機，セルトレイ洗浄機・脱穀機，タイヤ，クローラー

㈱キミヤ

〒955-0046　三条市興野3-17-17
電　　話　0256-33-1337
Ｆ Ａ Ｘ　0256-34-7003
代 表 者　木 宮 祐 二
創業年月日　昭和31年9月
資 本 金　1,000万円
決 算 期　10月
売 上 高　3億2,000万円
銀　　行　第四銀行，大光銀行
従 業 員　11名
取扱い品目　コンバイントレーラー（トラクター用・シーソー型），トラクター用湿田車輪，大型農業機械用補修部品（刈刃・耕耘爪，他）
社　　歴　昭和31年9月創立。俵締機・叺編機の製販を開始東日本全域に販路を拡張。36年以降耕耘機用作業機，通風乾燥機の販売で新分野に進出。39年には穀袋ホルダーを発表。41年ユニークな構造の簡易セパレートカーを発表。46年4月コンバインカー，同年ハーベスターカーを発表。以降，51年ジャンボコンバインカー，52年トラクター用整地機「フロントドーザー」を発表。57年より育苗関連商品の積極販売に当たる。平成2年3月社名を㈱木宮農機製作所から㈱キミヤに変更。15年11月より中古農機情報サイト「情報ネットワークシステム（PDNSクラブ）」開設。23年11月サイト完全リニューアル，産直市場を開設。

㈱熊谷農機

〒959-0112　燕市熊ノ森1077-1
電　　話　0256-97-3259
Ｆ Ａ Ｘ　0256-98-2014
Ｕ Ｒ Ｌ
http://www.kumagai-nouki.co.jp
代 表 者　熊 谷 英 希
創業年月日　昭和54年6月
資 本 金　1,000万円
決 算 期　5月
売 上 高　14億円
銀　　行　第四銀行，北越銀行，大光銀行
支　　店　秋田営業所：〒010-1433　秋田市仁井田栄町1-19　☎018-839-4233／西日本営業所：〒913-0004　坂井市三国町平山23-5-3　☎0776-81-6181／宮城営業所：〒987-0005　宮城県遠田郡美里町北浦新苗代下3　☎0229-35-3420／西日本営業所：〒989-6135　福井県坂井郡三国町平山23-5-3　☎0776-81-6181／岩手営業所：〒024-0074　北上市滑田16地割36-1　☎0197-77-5588／関東営業所：〒323-0808　小山市出井下壱丁2143-12　☎0285-20-0212／新潟営業所：本社と同
従 業 員　43名
取扱い品目　送塵機，トラクターダンプ，唐箕，混合機，豆脱，籾搬送機，スノーラッセル，動力溝切機，上合，クイックコンベヤー，くん炭製造機，蒸れカット，ぬかまき，苗運搬コンテナ，脱ぼう機，施設関連用機器

笹川農機㈱

〒959-1273　燕市杉名75
電　　話　0256-63-4611
Ｆ Ａ Ｘ　0256-66-2346
Ｕ Ｒ Ｌ
http://www.sasagawanouki.jp
代 表 者　笹 川 　 隆
創業年月日　大正8年4月
資 本 金　1,000万円
決 算 期　2月
銀　　行　第四銀行
役　　員
　取締役社長　　　　　笹 川 　 隆
　取締役　　　　　　　笹 川 幸 子
　監査役　　　　　　　笹 川 真 梨
取扱い品目　脱粒機，送塵機，搬送機，乾燥機増枠，籾入上合，動力土ふるい機，集塵機，籾ガラ運搬コンテナ，籾貯蔵タンク，溝切機，脱芒機，除草機，唐箕，脱穀機
社　　歴　大正8年，笹川有吉前社長が万石，唐箕，人力脱穀機などの製造，販売を開始。続いて動力脱穀機の研究に入り，昭和年代に移り販売。24年脱粒機製造開始。30年4月有限会社設立。36年送塵機，籾入上合など穀物調製機の関連製品の製造販売に注力。同9月株式会社となる。38年，穀物搬送機「キャリヤー」製造開始。39年4月笹川有秀社長就任。49年，ロータリー砕土機，動力土ふるい機，育苗コンテナなど育苗関連機器の製販開始。50年，現在地に新工場完成。51年，工場敷地内に新倉庫完成。52年，トラクター用硅カル散布機「ドロップソワー」を製造開始。平成23年11月，笹川隆社長就任。

㈱清水工業

〒959-1265　燕市道金2480
電　　話　0256-64-2831
Ｆ Ａ Ｘ　0256-62-3427
代 表 者　清 水 隆 浩
創業年月日
　　昭和46年10月1日
資 本 金　4,000万円
株 主 数　5名
主 株 主　清水清貴，
　　　　　清水隆浩，清水幸子，
　　　　　清水千代，清水愛子
決 算 期　5月
売 上 高　1億9,377万円
銀　　行　北越銀行，協栄信用組合
従 業 員　9名
取扱い品目　連続脱芒機，唐箕，穀類搬送機，集塵機（業務用掃除機），花卉用機械

清水　隆浩

上越農機㈱

〒959-1152　三条市一ッ屋敷新田465
電　　話　0256-45-4593
Ｆ Ａ Ｘ　0256-45-5204
代 表 者　川 上 和 信
設立年月日　昭和34年4月1日
資 本 金　1,000万円
決 算 期　8月
従 業 員　20名
取扱い品目　野菜洗機，さつまいも洗機，里芋毛羽取機

フジイコーポレーション㈱

〒959-1276　燕市小池285
電　　話　0256-64-5511
Ｆ Ａ Ｘ　0256-66-1026
Ｕ Ｒ Ｌ　http://www.e-fujii.co.jp
代 表 者　藤 井 大 介
創業年月日
　　昭和25年12月26日
資 本 金　1,200万円
決 算 期　6月
銀　　行　北越銀行，
　　　　　商工組合中央金庫，
　　　　　三菱UFJ銀行，日
　　　　　本政策金融公庫

藤井　大介

支　　店　北海道支店：〒068-2165　三笠市岡山178-19　☎01267-4-2343／西日本営業所：〒740-0017　岩国市今津町2-8-28-2　☎0827-28-5844
工　　場　ダイヤプレス事業：〒959-1263　燕市大曲3283-1　☎0256-63-7111／鋼材事業：〒959-1277　燕市物流センター2-3　☎0256-64-3801
従 業 員　140名
取扱い品目　乗用草刈機，高所作業機，小型除雪機，各種プレス部品加工，プレス金型
社　　歴　慶応初年藤井勇吉が現在地で農具の製造販売開始。明治36年藤井商会

製造業者編＝新潟県＝

と改称し，唐箕選穀機の生産を始める。大正4年人力用稲扱機の生産開始。昭和4年動脱の生産に着手。25年藤井農機製造㈱と組織変更。29年自脱の製販を開始。31年耕耘機，34年通風乾燥機の生産を始める。36年吸引全自動脱穀機を発表。42年商事部を設け，45年農機事業部，プレス事業部，商事事業部の三部門事業部制を敷く。平成2年社名をフジイコーポレーション㈱に変更。その後改組して現在の機械事業（主に農機，除雪機），ダイレスプレス事業（主にプレス加工，金型の設計製作），鋼材事業（主に鋼材加工）に至る。

㈱冨士トレーラー製作所

〒959-0310　西蒲原郡弥彦村美山6606
電　　話　0256-94-5551
Ｆ Ａ Ｘ　0256-94-5555
Ｕ Ｒ Ｌ　http://fuji-trailer.co.jp
代 表 者　皆川　俊男
創業年月日　昭和34年3月
資 本 金　1,600万円
決 算 期　7月
銀　　行　北越銀行，第四銀行
支　　店　新潟営業所：（本社と同）
☎0256 94 3141／古川営業所：〒989-6252　大崎市古川荒谷本町東17-1　☎0229-28-4151／秋田営業所：〒014-0073　大仙市内小友中沢263-4　☎0187-68-4511／鷹巣営業所：〒018-3301　北秋田市綴子佐戸岱5-21　☎0186-63-2384／酒田営業所：〒998-0852　酒田市こがね町2-1-10　☎0234-23-3791／大宮営業所：〒331-0811　さいたま市北区吉野町2-268-3　☎048-652-3877
工　　場　本社工場：敷地14,850・建物7,100
役　　員
　代表取締役　　　　　皆 川 俊 男
　常務取締役　　　　　長谷川　　敏
従 業 員　70名
取扱い品目　トラクター用作業機（畦塗機・整地キャリア・溝掘機・畦削機，代かき車輪），コンバイントレーラー，もみがらキャリア，立体暗渠
社　　歴　昭和34年皆川清治社長が油圧式トレーラーの製造を開始し，新潟県を中心に北陸，東北へと拡販。昭和39年油圧トレーラー発明補助金を受ける。昭和40年より自脱トレーラーの開発，42年コンバイントレーラーの試作に入り，翌43年コンバイントレーラーの販売を開始43年11月新潟県技術賞を受賞。45年3月トラクター用ストレーク車輪，49年トラクター用均平板「ネットベラー」，52年トラクター用整地ダンプ，53年トラクター

用整地キャリア，57年乾田畦塗機発売，61年土壌穿孔機「ライフパンチャー」発売。平成元年多目的運搬車「ナイスローダー」発売。平成元年12月皆川功社長就任。2年二段叩き畦塗機「ゼロ-2コンパス」17型，8年円盤式畦塗機「ジャイロTD」，9年軽量畦塗機「ジャイロ・コム」，15年全面畦塗機「マンタサーカス210」「マンタミニ170」，16年畦削機「A-700」発売。

㈱ミ ツ ワ

〒959-0112　燕市熊森1345
電　　話　0256-98-6161
Ｆ Ａ Ｘ　0256-98-6171
Ｕ Ｒ Ｌ　http://www.kk-mitsuwa.com
代 表 者　中村　七子
創業年月日　昭和47年10月2日
資 本 金　1,000万円
決 算 期　9月
銀　　行　第四銀行，大光銀行，三井住友銀行
役　　員
　代表取締役会長　　　井 伊 直 人
　代表取締役社長　　　中 村 七 子
　取締役　　　　　　　百 瀬 慶 一
　　〃　　　　　　　　若 林 一 実
従 業 員　44名
取扱い品目　薬採取機，開薬器，花粉精選機，薬精選機，交配用機器，えだまめハーベスター，えだまめ選別機，えだまめ自動脱莢機，えだまめ動力脱莢機，えだまめ定量袋詰機，柿モミ機，柿皮むきロボット，干柿生産加工機器，食品加工機器
社　　歴　昭和47年10月，㈱ミツワを設立。薬採取機の製販開始。46年葉たばこ編糸機を，47年開薬器を開発。50年柿むき機を製造。53年大豆選別粒機を開発。57年枝豆調整機を製販。平成元年枝豆選別機GS型，4年枝豆選別機GS（Ⅲ型，5年枝豆自動脱莢機KX）Ⅰ型，6年枝豆定量測定機，枝豆コンバイン，柿供給機，柿皮むきロボット，花粉交配機ラブタッチを開発。11年真空吸着式自動柿ムキ機，12年枝豆ハーベスター，16年枝豆収穫機マメレンジャー，27年えだまめ選別機GS-LMC，28年えだまめ収穫機GTH-1を開発。

皆川農器製造㈱

本社事務所・工場：
〒955-0168　三条市下大浦204
電　　話　0256-46-2010
Ｆ Ａ Ｘ　0256-46-4671

Ｕ Ｒ Ｌ
http://www.minagawa-nouki.co.jp
代 表 者　皆川　寿蔵
創業年月日
　昭和7年2月
資 本 金　3,600万円
主 株 主　皆川寿蔵，皆川優喜，IHI
決 算 期　3月
銀　　行　三条信用金庫，大光銀行，第四銀行

皆川　寿蔵

従 業 員　65名
取扱い品目　芝刈機（電動式・手動式），コンバイン用替刃，バインダー替刃，各種コンバインカッター刃，木工用機械刃物，芝刈園芸用刃物，レシプロモアー刃物，刈払機用刃物，丸鋸，その他機械刃物全般，ロータリー培土機，ディスクブレード，部品プレス加工

吉徳農機㈱

〒956-0024　新潟市秋葉区山谷町1-7-23
電　　話　0250-24-0012
Ｆ Ａ Ｘ　0250-24-0019
Ｕ Ｒ Ｌ
http://www.yoshitokunouki.com
代 表 者　吉田　健治
創業年月日　大正2年4月
資 本 金　1,000万円
株 主 数　6名
決 算 期　12月
売 上 高　4億円
銀　　行　第四銀行，北越銀行
従 業 員　22名
取扱い品目　育苗機，催芽機，脱芒機，砕土機，土ふるい機，育苗コンテナー，動力除草機，動力溝立機，手押式溝立機，自動計量袋詰機，揚穀機，足踏脱穀機，動力脱穀機（種子籾用・普通用・大豆用），整地ダンプ，フラワーピック（チューリップ摘花機），オートリバース混合機，平型混合機，球根つぶし機，畦シート張り機，苗箱搬送機，簡易乗用溝切機
社　　歴　大正2年4月，吉田富治，脱穀機の製販開始。4年手廻し式脱穀機を開発，10年新津式動脱を開発。昭和3年現在使われている動脱の原形を完成。25年12月，吉徳農機㈱を設立。吉田富治取締役社長に就任。31年自脱を開発。33年平型乾燥機，40年立体型乾燥機を開発。44年計量袋詰機，46年育苗機を開発。48年に吉田修治，取締役社長に就任。50年動力除草機，52年脱芒機，57年動力溝立機を製販。63年リバース混合機RX型を開発。平成4年10月，吉田健治，取締役社長に就任。

（富　山　県）

金岡工業㈱

〒939-1366　砺波市表町7-9
　事務所・工場：
〒939-1315　砺波市太田407-1
電　　話　0763-33-3050
Ｆ　Ａ　Ｘ　0763-33-3051
代　表　者　金岡　喜栄子
創業年月日　大正8年
資　本　金　2,600万円
決　算　期　12月
銀　　行　北陸銀行，高岡信用金庫
役　　員
　代表取締役社長　　金　岡　喜栄子
　取締役　　　　　　金　岡　庄　三
　　〃　　　　　　　金　岡　秀　夫
　監査役　　　　　　片　岸　　正
従業員　8名
取扱い品目　穀物乾燥プラント，農業用乾燥機製造組立

㈱タイワ精機

〒939-8123　富山市関186
電　　話　076-429-5656
Ｆ　Ａ　Ｘ　076-429-7213
Ｕ　Ｒ　Ｌ
　https://www.taiwa-seiki.co.jp
代　表　者　高井　良一
創業年月日
　昭和51年1月16日
資　本　金　5,000万円
株　主　数　11名
主　株　主　高井芳樹，
　名古屋中小企業投資
　育成㈱

高井　良一

決　算　期　2月
売　上　高　8億円
銀　　行　北陸銀行，第四銀行，富山第一銀行
営　業　所　東北（駐）：宮城県仙台市
　☎022-289-3150
役　　員
　会長　　　　　　　高　井　芳　樹
　代表取締役社長　　高　井　良　一
　常務取締役　　　　成　川　栄　一
　取締役　　　　　　遠　藤　　彰
　　〃　　　　　　　岡　崎　吉　裕
　監査役（非常勤）　長　谷　二三男
　顧問（非常勤）　　福　井　貞　夫
従業員　47名
取扱い品目　小型精米機，業務用精米機，コイン精米機，石抜機，小米選別機，石抜精米機，精米プラント，ペレット成形機，無水洗米機，エア搬送装置

代表者略歴　高井良一　昭和35年生。58年武蔵大学卒業。平成18年㈱タイワ精機代表取締役社長就任，現在に至る。
社　　歴　昭和51年1月資本金1,500万円にて創立。63年小型業務用精米機を開発。平成元年資本金4,000万円。平成6年コイン精米機生産開始，社名を㈱タイワ精機に改める。総敷地7,555㎡，本社工場3,354㎡となる。精米機及び周辺機器メーカーとしてピーク時年間約1万台を生産。9年5月資本金5,000万円。関連会社㈱タイワアグリ設立。11年11月本社事務所竣工（330㎡）。12年9月ISO9001取得。13年10月米糠ペレット成形機，16年1月無水洗米処理機「米クリン」，17年6月無洗米装置付コイン精米機「米ぼうやくん」，19年2月無残米店頭精米機「コメック・ネオ」発売。同年企業グランプリ富山環境社会貢献部門賞受賞。21年乾式ペレット成形機「乾ペレくん」発売。同年1ぶづきから無洗米までできるコイン精米機「米ぼうやくん・ネオ」発売。22年カンボジアに現地法人設立（独資）。25年ODAによる実証事業受託（カンボジア）。27年「発明奨励賞」受賞。

マルマス機械㈱

〒930-0314　中新川郡上市町若杉2
電　　話　076-472-2233
Ｆ　Ａ　Ｘ　076-473-9100
Ｕ　Ｒ　Ｌ
　http://www.marumasu.co.jp
代　表　者　平野　泰孝
創業年月日
　昭和21年9月21日
資　本　金　8,960万円
株　主　数　50名
主　株　主　平野治親，
　平野泰孝

平野　泰孝

決　算　期　6月
売　上　高　10億円
銀　　行　北陸銀行，三井住友銀行，富山銀行，第四銀行
支　　店　札幌出張所：〒022-8022　札幌市北区篠路2条5-16-17　☎011-771-5357／関東出張所：〒348-0041　羽生市上新郷6137-21　☎048-561-1566／広島出張所：〒731-0113　広島市安佐南区西原2-24-26　☎082-573-7857／熊本出張所：〒861-4147　熊本市南区富合町廻江846-1　☎096-320-4673／福岡出張所：〒811-0202　福岡市東区和白丘1-7-3　☎092-606-3293
工　　場　本社工場：敷地14,105・建物6,581／新潟工場：〒959-1276　燕市小池5212-3　☎0256-66-2411　敷地15,391・建物7,809
役　　員
　代表取締役会長　　平　野　治　親
　代表取締役社長　　平　野　泰　孝
　取締役　　　　　　平　野　悦　子
　監査役　　　　　　平　野　寛　子
代表者略歴　平野泰孝　昭和48年11月3日生。東京大学工学部卒。平成27年8月取締役社長に就任。
従業員　52名
取扱い品目　精米機，乾式無洗米造り製造装置，餅ねり機，製粉機，石抜機，空気搬送機，穀物搬送機，箱型貯留タンク，自動計量機，産業機械，省力化機械，食品加工機
社　　歴　昭和21年9月1日市田㈱農機部として金沢駅前で創業。25年6月富山県上市町においてマルマス機械㈱を設立循環式精米機及び製粉機を製造。34年工場拡張・本社を新築，資本金600万円。35年第二工場完成。36年第一期五か年計画推進の一貫として新工場用地　5,000坪を買収，資本金1,980万円。38年新工場700坪を完成し，旧工場400坪を倉庫として移築。資本金5,800万円。41年12月本社社屋試験室など新築し第一期五か年計画を完遂。45年新潟工場を建設。52年資本金6,960万円（平成21年12月増資，8,960万円）。56年大型コンピューター設置。62年新潟工場でプレス機械8台及びワイヤーカット設置，大型コンピューターに入れ替え。設計CADシステム設置。63年本社工場で精密CNC旋盤設置。平成元年自動車業界のワークシステムを導入，産業機械部門強化。2年新潟工場でCNCレーザーパンチングプレス機，板金CAD/CAMシステム導入。3年本社工場で最新無公害粉体塗装装置を完備。4年本社工場CNC複合精密旋盤（ロボット機能付き）導入。技術研究本部に設計CADシステム導入及び光ファイリングマシン設置。7年新潟工場に2機目のCNCレーザーパンチングプレス機導入，自動搬入装置付き自動倉庫を完備。無公害粉体塗装工場増築。12年ISO9001を新潟工場にて取得。25年ファイバーレーザー加工機L3を導入。

（石　川　県）

㈱本多製作所

〒920-0211　金沢市湊3-22
電　　話　076-238-5911
Ｆ　Ａ　Ｘ　076-238-9063
Ｕ　Ｒ　Ｌ　http://www.hondass.com

製造業者編＝石川県，長野県＝

代 表 者　及川一信，宍戸一喜
創業年月日　昭和24年4月1日
資 本 金　8,000万円
株 主 数　82名
主 株 主　及川一信，三菱マヒンドラ農機㈱
決 算 期　3月
売 上 高　11億7,852万円
銀 行　北国銀行，のと共栄信用金庫
支 店　北海道支店：〒082-0004
北海道河西郡芽室町東芽室北1線14-21
☎0155-62-6500／道北営業所：〒098-2943　北海道天塩郡幌延町問寒別☎01632-6-5510／中標津営業所：〒086-1153　北海道標津郡中標津町桜ヶ丘3-1-10　☎0153-73-4122／東北営業所：〒981-1107　仙台市太白区東中田2-120-16　☎022-241-5265／関東営業所：〒329-0502　下野市下古山3332-16　☎0285-51-1020／中部営業所：〒920-0211　金沢市湊3-22　☎076-238-5911／中国営業所：〒708-0841　津山市川崎419-1　☎0868-26-3001／九州営業所：〒862-0924　熊本市中央区帯山8-6-38　☎096-381-0577
工 場　第一〜第三工場：本社と同
役 員
代表取締役会長　　及 川 一 信
代表取締役社長　　宍 戸 一 喜
取締役　　　　　　西 田 豊 一
　〃　　　　　　　野 崎 和 男
従 業 員　55名
取扱い品目　畜産，酪農機器全般，産業機械

〔長 野 県〕

㈱麻 場

〒381-8530　長野市北長池1443-2
電 話　026-244-1317
Ｆ Ａ Ｘ　026-241-3207
Ｕ Ｒ Ｌ　http://www.asaba-mfg.com
代 表 者　麻場賢一
創業年月日
昭和24年8月1日
資 本 金　1億円
決 算 期　9月
売 上 高　35億円
銀 行　八十二銀行，三菱信託銀行，三井住友銀行，農林中央金庫

麻場 賢一

支 店　北海道営業所：〒003-0871　札幌市白石区米里1条3-11-5　☎011-875-3339／群馬営業所：〒375-0002　藤岡市立石1221　☎0274-42-6789／中南信営業所：〒399-0702　塩尻市広丘野村1785-176　☎0263-54-1449／中四国営業所：〒700-0965　岡山市北区今仙道2-33-20　☎086-243-7861／九州営業所：〒841-0047　鳥栖市今泉町堂の前2265-1　☎0942-87-8900／南九州営業所：〒893-0023　鹿屋市笠之原町989　☎0994-40-9755
役 員
代表取締役社長　　麻 場 賢 一
取締役副社長　　　麻 場 基 弘
常務取締役　　　　猪 田 章 夫
　〃　　　　　　　中 山 登
取締役　　　　　　田 中 正
　〃　　　　　　　土 屋 正 憲
　〃　　　　　　　麻 場 正 紀
　〃　　　　　　　小 林 仁
監査役　　　　　　堀 内 伸 洋
従 業 員　130名
取扱い品目　人・動力噴霧機及び各種噴霧口並びにその部品，農業用ポンプ，散粉機，スプリンクラー，ホース及び部品，農薬散布ロボット，洗浄機，草刈機，自走式カッター，自走式タンク搭載スプレー，ガーデン用品
社 歴　昭和24年8月，麻場恒男（前社長）が長野市善光寺下にて噴霧機部品の製造を創業。28年6月，㈱麻場製作所設立。32年5月，長野市三輪1丁目に新社屋，工場の新築移転。42年6月現在地に工場を新設移転。61年3月本社社屋，工場新築落成。平成10年7月フィリピン工場設立。13年2月ISO9001認証取得。15年10月社名を㈱麻場に変更。26年1月台州麻場貿易有限公司設立。

上田農機㈱

〒389-0512　東御市滋野乙1649
電 話　0268-62-1338
Ｆ Ａ Ｘ　0268-62-1349
代 表 者　春山清利
創業年月日　明治26年
資 本 金　4,420万円
主 株 主　春山清利
銀 行　三井住友銀行，八十二銀行
従 業 員　20名
取扱い品目　スキ・掘取機，植付機，培土機，三兼ライムソワー

エムケー精工㈱

〒387-8603　千曲市雨宮1825
電 話　026-272-4112
Ｆ Ａ Ｘ　026-272-5651
Ｕ Ｒ Ｌ　https://www.mkseiko.co.jp
代 表 者　丸 山 将 一
創業年月日　昭和23年7月
資 本 金　33億7,355万円

決 算 期　3月
売 上 高　単独178億6,000万円
　　　　　連結204億8,000万円
銀 行　八十二銀行，みずほ銀行，長野銀行，長野県信連
事 業 所　生活機器事業本部：〒387-8603　千曲市雨宮1825　☎026-272-4112／札幌支店：〒004-0841　札幌市清田区清田1条1-9-21　☎011-881-7311／仙台支店：〒983-0023　仙台市宮城野区福田町4-14-22　☎022-258-3861／東京支店：〒125-0062　東京都葛飾区青戸8-3-5　☎03-3604-6441／東関東支店：〒264-0025　千葉市若葉区都賀3-12-1　☎043-214-6171／北関東支店：〒339-0042　さいたま市岩槻区府内1-6-18　☎048-797-1807／南関東支店：〒224-0053　横浜市都筑区池辺町2947-2　☎045-949-0255／静岡支店：〒422-8035　静岡市駿河区宮竹1-13-5　☎054-238-0111／新潟支店：〒950-0923　新潟市中央区姥ヶ山2-18-15　☎025-287-0911／長野支店：〒387-0007　千曲市屋代4299-1　☎026-272-8701／名古屋支店：〒453-0855　名古屋市中村区烏森町6-109　☎052-461-7261／金沢支店：〒920-0025　金沢市駅西本町2-8-8　☎076-264-1115／大阪支店：〒564-0043　吹田市南吹田3-6-4　☎06-6386-5800／広島支店：〒731-0138　広島市安佐南区祇園3-23-27　☎082-871-7355／四国支店：〒761-8062　高松市室新町3-5　☎087-868-6781／福岡支店：〒812-0061　福岡市東区筥松1-2-31　☎092-612-1077
従 業 員　781名
取扱い品目　米保管庫，農産物低温貯蔵庫，保冷米びつ，保冷精米機，黒にんにくメーカー，パワーリフター，手動リフター，計量米びつ，家庭用精米機，餅つき機，自動パン焼き機，台所収納庫，高圧温水洗浄機，門型洗車機，カーマット洗浄機，灯油用タンクローリー，車内用掃除機，トルコンオイル交換機，オイル交換機，電動ポンプ，手動ポンプ，給油器具，電光表示装置

オリオン機械㈱

〒382-8502　須坂市幸高246
電 話　026-245-1230
Ｆ Ａ Ｘ　026-245-5629
Ｕ Ｒ Ｌ　http://www.orionkikai.co.jp
代 表 者　太 田 哲 郎
創業年月日　昭和21年11月3日
資 本 金　1億円
株 主 数　36名
主 株 主　オリオン機械社員持株会，太田哲郎，東京中小企業投資育成㈱

製造業者編＝長野県＝

決算期　3月末
売上高　313億円
銀　行　八十二銀行，商工中金
支　店　東京事務所：〒104-0032
　中央区八丁堀1-2-8 ☎03-3523-8885／
　技術研究所：〒380-0928　長野市若里
　1-25-20 ☎026-227-2776／グローバル
　研修センター：〒382-8502　須坂市幸高
　246 ☎026-245-1230／千歳トレーニン
　グセンター：〒066-0077　千歳市上長都
　1051-16 ☎0123-23-0195
工　場　更埴工場：〒387-0007　千
　曲市屋代1291 ☎026-272-5811／千歳
　工場：〒066-0077　千歳市上長都1051-
　16 ☎0123-23-0195／栃木工場：〒328-
　0067　栃木市皆川城内町2989-10
役　員
　代表取締役社長　　　太田哲郎
　専務取締役　　　　　吉岡万寿男
　常務取締役　　　　　酒井繁徳
　　〃　　　　　　　　金子　亨
　取締役　　　　　　　山中義夫
　　〃　　　　　　　　石割弘幸
　　〃　　　　　　　　中島洋一
　　〃　　　　　　　　関　尚俊
　　〃　　　　　　　　黒岩芳郎
　　〃　　　　　　　　片桐智美
　　〃　　　　　　　　町田正信
　監査役　　　　　　　松田　強
　　〃　　　　　　　　太田康裕
従業員　597名
取扱い品目　チラー・除湿乾燥機，圧縮空
　気関連機器，精密空調機器，温度検査機
　器，精密温調機器，真空ポンプ・ジェッ
　トヒーター，酪農機器

片倉機器工業㈱

〒390-1183　松本市大字今井7160番地
電　話　0263-58-4711
FAX　0263-86-2844
URL　https://www.katakurakiki.co.jp
代表者　峠　賢治
創業年月日　昭和21年4月1日
資本金　1億円
主株主　片倉工業㈱
決算期　12月
売上高　6億2,300万円
銀　行　八十二銀行，みずほ銀行
工　場　本社工場：敷地49,600・建物
　9,930
役　員
　代表取締役社長　　　峠　賢治
　取締役　　　　　　　胡桃沢　隆

取締役　　　　　　　古田良夫
監査役　　　　　　　田中　淳
従業員　50名
取扱い品目　管理機，野菜移植機，ハーベ
　スター，自走カッター，高所作業台車，
　他
社　歴　昭和19年より松本市に疎開し
　ていた三菱重工業㈱名古屋航空機製作所
　の技術者と機械設備の一部を片倉工業㈱
　が継承，21年に同社松本機器製作所とし
　て発足。30年片倉工業㈱から分離独立し
　片倉機器工業㈱となる。46年松本市にお
　ける土地利用計画，市街地再開発による
　計画に基づき，松本市西南工場団地に工
　場を新築移転。

カルエンタープライズ㈱

〒384-2307　北佐久郡立科町山部1289-1
電　話　0267-56-2691
FAX　0267-56-2696
URL　http://www.calenter.co.jp
代表者　木村英志
資本金　1,000万円
決算期　10月
売上高　2億5,000万円
銀　行　八十二銀行，長野県信用組合
従業員　24名
取扱い品目　草刈用ナイロンコード・カッ
　ターヘッド，傾斜地用運搬機

カンリウ工業㈱

〒399-0702　塩尻市広丘野村1526-1
電　話　0263-52-1100
FAX　0263-54-2485
URL　http://www.kanryu.com
代表者　藤森秀一
創業年月日　大正14年4月18日
資本金　9,000万円
主株主　藤森秀一
決算期　3月
銀　行　八十二銀
　行，商工組合中央金庫，長野県信連
工　場　本社工場：敷地23,330・建物
　10,350

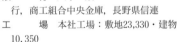
藤森　秀一

役　員
　代表取締役社長　　　藤森秀一
　取締役　　　　　　　桑原康弘
　　〃　　　　　　　　小林俊介
　　〃　　　　　　　　矢口秀之
　監査役　　　　　　　武居弘志
　　〃　　　　　　　　滝澤十一郎
従業員　50名
取扱い品目　精米機，肥料散布機，唐箕，
　石抜機，製粉機

社　歴　大正14年初代社長藤森淳一に
　より大阪に合資会社大阪精米機製作所を
　創立。カンリウ式精米機，押麦機の製造
　販売を始める。昭和20年6月大阪工場を
　戦災により焼失，長野県松本市に疎開。
　8月農林省並びに商工省の重要指定工場
　として工場を再建，精米機の生産を再開。
　23年6月株式会社に組織を変更，資金，
　設備の充実と生産力の増強を図る。33年
　特許研米機付精米機の開発に成功，生産
　販売を開始。34年米麦用通風乾燥機の生
　産，販売を開始。36年本社社屋及び工場
　を現在地に移転，社名をカンリウ工業㈱
　に変更。40年田植機の開発に成功，生産・
　販売を開始，各界より注目を浴びる。43
　年動力式田植機の生産販売を開始。44年
　三菱重工業㈱と販売提携を行い，三菱精
　米機の生産を開始。50年3月上扱式超小
　型自動脱穀機の開発に成功，これを搭載
　した自走式自動脱穀機の販売を開始。54
　年石川島芝浦機械㈱と販売提携を行いシ
　バウラ自走自脱の生産を開始。56年循環
　型では業界初のICコントローラー装着の
　電子精米機を開発し発売を開始。57年富
　士ロビン㈱と販売提携を行いロビン自走
　自脱の生産を開始。小型オールスチール
　製唐箕を発売。59年農産物用重量選別機
　開発，販売を開始。㈱サンジュニアと業
　務提携を行い家庭用ソーラーシステムの
　販売を開始。63年コイン研磨機を生産。
　平成2年電子事業部を開設，同年4月ア
　メニティーヒル・エデンの開発を行う。
　5年6月ヤンマー農機㈱と販売提携し
　ヤンマー精米機の生産を開始。12年1月
　ISO9001認証取得。13年クボタと販売提携。

㈱ショーシン

〒382-0005　須坂市小河原2156
電　話　026-245-1611
FAX　026-248-0642
URL　http://www.shoshin-ss.co.jp
代表者　山岸由子
創業年月日　昭和24年2月1日
資本金　9,800万円
決算期　2月
売上高　23億円
銀　行　長野信用
金庫，信金中央金庫

山岸　由子

支　店　青森支店：〒038-3800　青森
　県南津軽郡藤崎町村井36-5 ☎0172-75-
　2010／山形支店：〒999-3779　東根市羽
　入東1-39 ☎0237-47-3751／福島支店：
　〒960-8074　福島市西中央3-28-1 ☎
　024-534-3677／九州支店：〒861-0136
　熊本市北区植木町岩野堂前66-2 ☎096-
　272-2571

役　員
　代表取締役　　　　山岸由子
　取締役　　　　　　西山和人
　　〃　　　　　　　石山美智昭
　　〃　　　　　　　根津雅彦
　　〃　　　　　　　月岡秀幸
　監査役　　　　　　山岸将信
　　〃　　　　　　　竹内秀一
従業員　140名
取扱い品目　スピードスプレーヤー，フレールモアー，電動作業台車

㈱チクマスキ

〒399-0038　松本市小屋南1-38-15
電　話　0263-58-2055
ＦＡＸ　0263-57-2861
代表者　開島　均
創業年月日　昭和3年5月1日
資本金　1,000万円
決算期　1月
銀　行　八十二銀行
従業員　16名
取扱い品目
　トウモロコシ脱粒機，マルチはぎ取機
社　歴　昭和3年開島熊雄が筑摩犁製作所を設立，カルチベーター，犁を製作。25年株式会社に改組28年耕うん機用犁の製造開始。38年管理作業機，チクマオート，耕うん用犁等を発表。42年いも類掘取機を発表。51年トラクター用掘取機の発明考案により開島達雄社長が黄綬褒章を受章。62年社名を㈱チクマスキに変更。平成4年4月開島達雄社長が勲五等瑞宝章を受章。14年4月開島均が社長に就任。

㈱デリカ

〒390-1242　松本市和田5511-11
電　話　0263-48-1184
ＦＡＸ　0263-48-1190
ＵＲＬ　http://www.delica-kk.co.jp
代表者　戸田竹廣
創業年月日
　昭和28年4月28日
資本金　9,500万円
株主数　80名
主株主　東京中小企業投資育成㈱，㈱IHIシバウラ，他

戸田　竹廣

決算期　10月
売上高　35億4,200万円
銀　行　八十二銀行，長野県信連
支　店　秋田出張所：〒010-0851　秋田市手形才ノ浜31-29　☎018-834-8229／栃木営業所：〒322-0606　栃木県西方町本城326　☎0282-92-8708／岡山営業所：〒708-1124　津山市高野山西2109-

39　☎0868-26-3401／熊本営業所：☎861-5515　熊本市北区四方寄町410　096-356-1150
工　場　本社工場：本社と同
役　員
　代表取締役会長　　戸田竹廣
　代表取締役社長　　金子孝彦
　取締役　　　　　　矢ノ口　正
　　〃　　　　　　　上野一弘
　　〃　　　　　　　丸山悦雄
　監査役　　　　　　小岩井弘道
従業員　127名
取扱い品目　トレーラー，バキュームカー，マニュアスプレッダー，ファームワゴン，籾殻粉砕機，畑作用作業機，3点リンク，産業用車輌，洗車機
社　歴　昭和28年創業，農業機械及び船用内燃機を製造。32年石川島芝浦機械と取引開始。37年トラクター用トレーラー並びにバキュームカー製作開始。40年以降全農，各県経済連，トラクター及びティラーメーカーと取引。45年JIS表示工場認可を受ける。58年12月代表取締役会長に中島栄章，同社長に萩原照実が就任。63年社名を㈱デリカに変更。平成3年7月に本社工場を現在地に新築移転。6年12月社長に中島洋典が就任。14年11月ISO9001認証取得。20年6月社長に戸田竹廣が就任。

㈱細川製作所

〒399-8205　安曇野市豊科田沢5300-4
電　話　0263-72-3141
ＦＡＸ　0263-72-3143
ＵＲＬ　http://www.hosokawa-w.co.jp
代表者　細川康之
創業年月日　昭和23年6月1日
資本金　4,500万円
決算期　5月
売上高　15億円
銀　行　八十二銀行
役　員
　代表取締役社長　　細川康之
　常務取締役　　　　田中　斉
　　〃　　　　　　　松田善孝
　取締役　　　　　　田中光男
　　〃　工場長　　　青柳英二
代表者略歴　細川康之　平成7年㈱細川製作所に入社。8年取締役，経営企画部，9年取締役企画部長，10年取締役企画情報室長，11年代表取締役副社長，13年代表取締役社長就任。
従業員　42名
取扱い品目　家庭用循環式精米機，同一回通精米機，同籾すり精米機，同石抜機
社　歴　昭和23年㈱細川製作所を創立，初代社長に細川甚十が就任。34年取

締役社長細川甚十，紫綬褒章を受章。50年初代社長細川甚十，会長に就任。二代目社長に細川勝生が就任。56年循環式家庭用籾精米機の開発に成功。59年家庭用電子籾精米機の開発に対し科学技術庁より「注目発明」の選定を受ける。60年発明の振興に対する功績により，通商産業大臣表彰を受ける。61年電子制御式籾精米機の開発育成により科学技術庁長官賞を受賞。63年スイングアップ式精米機の開発に対し，科学技術庁より「注目発明」の選定を受ける。平成3年自動精米機の開発に対し科学技術庁より「注目発明」の選定を受ける。10年キッチン精米器CE850グッドデザイン賞受賞。13年二代目社長細川勝生会長に就任，三代目社長として細川康之現社長が就任。

松　山㈱

〒386-0497　上田市塩川5155
電　話　0268-42-7500
ＦＡＸ　0268-42-7520
ＵＲＬ　http://www.niplo.co.jp
代表者　松山信久
創業年月日　明治35年6月1日
資本金　1億円
株主数　250名
決算期　12月
銀　行　八十二銀行，三井住友銀行，農林中央金庫，商工組合中央金庫
支　店　北海道営業所：☎068-0111　岩見沢市栗沢町由良194-5　☎0126-45-4000／旭川出張所：〒079-8451　旭川市永山北1条8-32　☎0166-46-2505／帯広出張所：〒082-0004　北海道河西郡芽室町東芽室北1線18-10，第3工業団地　☎0155-62-5370／東北営業所：☎989-6228　大崎市古川清水三丁目石田24-11　☎0229-26-5651／関東営業所：〒329-4411　栃木市大平町横堀みずほ5-3　☎0282-45-1226／長野営業所：☎386-0497　上田市塩川2949　☎0268-35-0323／岡山営業所：〒708-1104　津山市綾部1764-2　☎0868-29-1180／九州営業所：〒869-0416　宇土市松山町1134-10　☎0964-24-5777／南九州出張所：☎885-0074　都城市甲斐元町3389-1　☎0986-24-6412／物流センター：〒386-0497　上田市塩川2949　☎0268-36-4111
工　場　本社工場：本社と同
役　員
　代表取締役社長　　松山信久
　取締役　　　　　　山下祐二
　　〃　　　　　　　村山生夫
　　〃　　　　　　　大池賢治
　　〃　　　　　　　太田　誠
　　〃　　　　　　　徳武雅彦

製造業者編＝長野県，岐阜県，静岡県＝

監査役　　　　小宮山　孝　一
　〃　　　　　宮　崎　　　寛

代表者略歴　松山信久　昭和39年5月16日生れ。63年慶應義塾大学理工学部卒。63年八十二銀行入行、平成9年退職、同年松山㈱入社、役員付課長。10年取締役企画室長、12年代表取締役常務、13年代表取締役専務、14年3月代表取締役社長に就任。
従業員　316名
取扱い品目　ロータリー、グランドロータリー、ウイングハロー、ドライブハロー、掘取機、双用すき、ライムソワー、フレールモア、スライドモア、シーダー、ブロードキャスター、ロータリーカルチ、サブソイラー、溝掘機、アッパーローター、ディスクロータリー、あぜぬり機、スピードカルチ・パラソイラー、サーフロータリー

松山　信久

社　歴　創始者松山原造が明治33年双用犁第1号機を完成、35年小県郡和村に単ざん双用犁製作所を創立、39年松山犁製作所と改名。大正11年現在地に工場を移転昭和25年株式会社松山犁製作所に組織変更。29年我国初の歩行用トラクター犁の製造を開始し、社業は急速に発展。36年乗用トラクター犁、砕土機の製造を開始。37年自社製品の商標をニプロ（Niplo）と定め、和犁メーカーから総合作業機メーカーへ発展、43年には社名を松山㈱と改称。49年北海道地域向け製品の生産基地として姉妹会社「北海道ニプロ㈱」を設立。51年東京中小企業投資育成㈱より投資を受け、資本金1億円に増加。平成元年第一期新事業場建設、4年第二期新事業場建設、本社・工場移転。14年創業100周年。24年創業110周年。

〔岐　阜　県〕

コダマ樹脂工業㈱

〒503-2393　安八郡神戸町末守377-1
電　話　0584-27-4141
FAX　0584-27-6221
代表者　児　玉　栄　一
創業年月日　昭和2年2月
資本金　9,000万円
決算期　4月
売上高　161億円
銀　行　三菱UFJ銀行、大垣共立銀行
支　店　東京支店：〒104-0031　東京都中央区京橋2-12-6、東信商事ビル8F
☎03-3564-5266／大阪支店：〒530-0003　大阪市北区堂島1-5-30、堂島プラザビル2F　☎06-6341-0015
工　場　本社工場：（本社と同）／横井工場：〒503-2301　岐阜県安八郡神戸町横井1700-1　☎0584-27-5051／熊本工場：〒869-0416　宇土市松山町1082-1　☎0964-23-1545／栃木工場：〒329-2733　那須塩原市二区町497-3　☎0287-36-6561／池田工場：〒503-2408　岐阜県揖斐郡池田町段貝籠216-1　☎0585-45-0050
従業員　300名
取扱い品目　合成樹脂容器、産業用資材、農業用資材、工業用部品、環境用資材等、一般ブロー製品及び樹脂成型品
社　歴　昭和2年2月、個人企業にて岐阜県揖斐郡大野町において創業。17年10月同県安八郡神戸町に従来の事業所を移転。23年2月合資会社に組織を変更、25年5月熊本工場完成。32年5月株式会社に組織変更。39年10月合成樹脂成型工場建設。43年12月熊本工場に合成樹脂成型工場完工。48年11月横井工場完工。56年5月栃木工場完工し操業。平成8年10月池田工場完工。

㈱ダイシン

〒503-1382　養老郡養老町船附1520-1
電　話　0584-36-0501
FAX　0584-36-0504
URL　http://www.daishin-japan.co.jp
代表者　傍嶋重憲
創業年月日　昭和46年8月
資本金　6,000万円
株主数　16名
主株主　傍嶋重憲、傍嶋重仁
銀　行　大垣共立銀行、三菱UFJ銀行、大垣西濃信用金庫、商工組合中央金庫、日本政策金融公庫
役　員
　代表取締役社長　傍　嶋　重　憲
　取締役　　　　　美濃羽　　　賢
　　〃　　　　　　川　瀬　直　樹
　　〃　　　　　　坂井田　政　景
　　〃　　　　　　舟　橋　　　優
　　〃　　　　　　傍　嶋　重　仁
　監査役　　　　　野見山　紀　詔
代表者略歴　傍嶋重憲　昭和22年7月生。岐阜県大垣市出身。45年3月日本大学法学部法律学科卒業。同年4月富士ロビン㈱入社。48年1月㈱ダイシン入社。62年10月取締役営業本部長。平成6年1月専務取締役、同年10月代表取締役社長。
従業員　40名
取扱い品目　人力噴霧機、刈払機、ポンプ、発電機、溶接機、管理機、大型インバーター発電機
社　歴　昭和46年㈱ダイシン設立、各種農業用人力防除機を製造販売開始。47年農業用動力噴霧機（プランジャーポンプ）の製造販売開始。55年ポンプの製造販売開始。61年本社新社屋完成、62年刈払機及び洗浄用高圧プランジャーポンプの製造販売開始。63年ゼネレーターの製造販売開始。平成7年韓国ダイシン㈱設立。8年溶接機の製造販売開始。10年社屋増設。11年ドイツデュッセルドルフに駐在事務所設立。12年韓国ダイシンを㈱ダイシン韓国に変更（100%子会社）。13年現在地に移転。14年大連大心工業有限公司（19年大連大心貿易有限公司へ社名変更）。17年上海大信電有限公司設立（21年上海大心機電貿易有限公司へ社名変更）。25年大型インバーター発電機製造販売開始。

安田工業㈱

〒503-2429　揖斐郡池田町藤代295
電　話　0585-44-0151
FAX　0585-45-0631
代表者　水　田　明　博
創業年月日　昭和21年7月27日
資本金　5,000万円
主株主　安田㈱
決算期　9月
売上高　4億円
銀　行　大垣共立銀行、商工中金
従業員　25名
取扱い品目　人・動力噴霧機、動力散粉機、動力ミスト機、人力散布散粒機、草刈機、ポンプ、洗浄機、環境衛生機材、園芸器具資材

〔静　岡　県〕

落合刃物工業㈱

〒439-0037　菊川市西方58
電　話　0537-36-2161
FAX　0537-35-4643
URL　http://www.ochiai-1.co.jp
代表者　落合益尚
創業年月日　大正12年2月
資本金　6,750万円
株主数　51名
主株主　落合錬作、落合功、落合益尚、落合和夫、落合俊弘
決算期　10月
売上高　25億円

落合　益尚

銀　　　行　静岡銀行，みずほ銀行，掛川信用金庫，りそな銀行，清水銀行
支　　　店　関西亀山営業所：〒519-0166 亀山市布気町山之下1500 ☎05958-2-0505／九州福岡営業所：〒834-0066 八女市室岡449-1 ☎0943-25-7010／九州鹿児島営業所：〒899-6405 霧島市溝辺町崎森2958-1 ☎0995-64-1122
工　　　場　本社工場：敷地4,055・建物9,900
役　　　員
代表取締役　　　　　　　　落合　益尚
常務取締役　　　　　　　　落合　俊弘
取締役（総務部長）　　　　後藤　栄三
監査役　　　　　　　　　　落合　錬作
〃　　　　　　　　　　　　落合　和夫
従 業 員　113名
取扱い品目　茶関連作業機械（茶摘機，剪枝機，カルチ，肥料散布機，乗用型茶摘機，乗用型深刈機，乗用型防除機，乗用型深耕機，レール走行型茶園管理システム）及び園芸用機械等の企画・設計・製造・販売
社　　　歴　大正8年落合信平が茶摘鋏製造を目的として事業を開始。昭和27年12月株式会社に組織改組。30年動力茶摘機の研究に着手。36年4月より自動茶摘機の市販を開始。49年人型2人バリカン茶摘機，50年自走式茶摘機を発売。53年茶園管理機分野に本格進出，自走式深耕機，専用カルチ等を市販。56年西方工業団地に本社工場を建設。57年本社事業所及び研究室を完成。平成3年焼入工場増設。6年関西亀山営業所移転開設。7年中国浙江省独資会社浙江落合農林機械有限公司設立。9年九州鹿児島営業所移転開業，12年尾花事業所開設，13年九州福岡営業所開設，ISO9001認証取得。14年中国浙江省独資会社杭州落合機械製造有限公司設立。16年九州福岡営業所移転開業。23年中国浙江省独資会社浙江落合農林機械有限公司を中国浙江省独資会社杭州落合機械製械製造有限公司に統合。

カワサキ機工㈱

〒436-0005　掛川市伊達方滑川810-1
電　　　話　0537-27-1725
Ｆ　Ａ　Ｘ　0537-27-1716
Ｕ　Ｒ　Ｌ　http://www.kawasaki-kiko.co.jp
代　表　者　川﨑　洋助
創業年月日　明治38年9月
資　本　金　1億円
株　主　数　16名
決　算　期　8月
売　上　高　69億円
銀　　　行　商工組合中央金庫，静岡銀行，島田信用金庫，三菱UFJ銀行
支　　　店　九州支店：〒899-2704 鹿児島市春山町2004-3 ☎099-246-7200／関西営業所：〒519-0165 亀山市野村4-3-5 ☎0595-82-0639／福岡営業所：〒834-0016 八女市豊福77-1 ☎0943-22-5151／宮崎営業所：〒884-0005 宮崎県児湯郡高鍋町持田3367-18 ☎0983-22-2465／大隅営業所：〒899-8102 曽於市大隅町岩川7391-3 ☎0994-82-1072／南薩営業所：〒891-0705 南九州市頴娃町上別府4850-1 ☎0993-39-1046
従 業 員　268名
取扱い品目　製茶プラント，食品加工機械，茶園管理機
社　　　歴　明治38年創業。昭和27年株式会社に改組。38年大型製茶機械のプラント化と全自動化技術を業界に先駆けて確立。43年主力工場を掛川市に移転し生産の合理化を図る。同年茶園関連機器部門を設置。44年中小企業合理化モデル工場の指定を受ける。平成3年食品機械事業部を設置。16年品質マネジメントシステムISO9001認証取得。29年経済産業省より「地域未来牽引企業」に選定。

三巧技研㈱

〒434-0004　浜松市浜北区宮口2735-3
電　　　話　053-582-2860
Ｆ　Ａ　Ｘ　053-582-2830
Ｕ　Ｒ　Ｌ　http://www.sanko-giken.com
代　表　者　松田　知也
創業年月日　昭和58年5月14日
資　本　金　1,500万円
株　主　数　5名
決　算　期　3月
売　上　高　9,000万円
銀　　　行　浜松信用金庫，静岡銀行
役　　　員
取締役　　　　　　　　　　鈴木　多美子
監査役　　　　　　　　　　田中　里美
従 業 員　5名
取扱い品目　選果機，果実蔬菜類選別施設

静岡製機㈱

〒437-8601　袋井市山名町4-1
電　　　話　0538-42-3111
Ｆ　Ａ　Ｘ　0538-43-7537
Ｕ　Ｒ　Ｌ　http://www.shizuoka-seiki.co.jp
代　表　者　鈴木　直二郎
創業年月日　大正3年6月
資　本　金　1億5,355万円
株　主　数　256名
主　株　主　鈴木　直二郎
決　算　期　3月
売　上　高　98億円
銀　　　行　静岡銀行・商工組合中央金庫
営　業　所　営業本部：〒437-1121 袋井市諸井1300 ☎0538-23-2822／北海道営業所：〒007-0804 札幌市東区東苗穂4条3-4-12 ☎011-781-2234／東北営業所：〒989-6136 大崎市古川穂波3-1-14 ☎0229-23-7210／新潟営業所：〒950-0923 新潟市中央区姥ケ山1-5-30 ☎025-287-1110／関東営業所：〒302-0017 取手市桑原1424-1 ☎0297-73-3530／中部営業所：本社と同 ☎0538-43-2251／北陸営業所：〒920-0365 金沢市神野町東52 ☎076-249-6177／関西営業所：〒661-0032 尼崎市武庫之荘東2-10-8 ☎06-6432-7890／中四国営業所：〒700-0975 岡山市北区今2-8-12 ☎086-244-4123／九州営業所：〒839-0862 久留米市野中町1438-1 ☎0942-32-4495
工　　　場　浅羽工場：営業本部と同 ☎0538-23-2311
役　　　員
代表取締役社長　　　　　　鈴木　直二郎
専務取締役　　　　　　　　鈴木　修一郎
常務取締役　　　　　　　　岩崎　康宏
取締役　　　　　　　　　　宇野　　毅
〃　　　　　　　　　　　　鳥居　仲好
監査役　　　　　　　　　　近江　幹夫
〃　　　　　　　　　　　　天野　　修

代表者略歴　鈴木直二郎
昭和27年7月16日生。静岡県出身。慶応義塾大学商学部卒業。昭和56年5月静岡製機㈱入社。平成6年2月代表取締役社長に就任。

鈴木　直二郎

従 業 員　282名
取扱い品目　［シズオカ］米麦乾燥機，米麦水分計，ファン，共同乾燥施設，玄米低温貯蔵庫，農産物保冷庫，電気乾燥機，食味分析計，米品質判定器，生ゴミ処理機，色彩選別機，白米計量保冷庫，気化式冷風機，気化式加湿器，赤外線オイルヒーター，遠赤外線電気ヒーター
社　　　歴　大正3年鈴木貞三郎個人経営にて製筵機の製造販売を始める。昭和16年同業3社を合同し資本金18万円をもって静岡製筵機製造株式会社設立。28年6月鈴木重夫社長に就任。32年通風乾燥機の製造販売開始。33年3月静岡製機株式会社と改称。39年1月中小企業合理化モデル工場に指定される。40年株主により従業員，販売店及び協力工場に株式譲渡。9月東京中小企業投資育成㈱より一部出資を受け，資本金7,200万円に増資。42年7月袋井市外浅羽町に工場用地7万平方米を取得。43年5月浅羽工場操業。

製造業者編＝静岡県＝

資本金1億円に増資。49年赤外線オイルヒーターの製造販売を開始。51年自動籾水分検知装置の製造販売開始。同年農業施設センター工場完成。53年本社社屋完成。55年浅羽工場事務棟完成。56年電子事業部新社屋完成。61年技術センター完成。平成3年玄米低温貯蔵庫「菜庫」を製造販売。5年生ごみ自家処理装置を製造販売。10年白米保冷庫を製造販売。13年冷風機を製造販売。16年浅羽展示場完成。19年農産物直売所とれたて食楽部を開業。22年SHIZUOKA SEIKI CANADA INC.を設立。24年静岡ハンソン㈱を設立。26年創業より100年を迎える。27年とれたて食楽部レストラン部門新設。

シブヤ精機㈱

浜松本社：
〒435-0042　浜松市東区篠ヶ瀬町630
電　　話　053-421-1213
Ｆ　Ａ　Ｘ　053-464-2401
松山本社：
〒791-8042　松山市南吉田町2200
電　　話　089-971-4013
Ｆ　Ａ　Ｘ　089-971-4067
Ｕ　Ｒ　Ｌ
　http://www.shibuya-sss.co.jp
代　表　者　渡邉英勝
創業年月日　平成20年2月
資　本　金　4億5,000万円
決　算　期　6月
営　業　所　【アグリプラント】東日本営業本部：〒349-0114　蓮田市東6-3-24　☎048-765-8960／東日本・中部営業部：東日本営業本部と同　☎048-765-8960／北海道営業部：〒003-0023　札幌市白石区南郷通8丁目北2-25　☎011-867-6455／北日本営業本部：〒036-8103　弘前市川先3-1-15　☎0172-27-2731／北日本営業本部と同　☎0172-27-2731／中部営業所：浜松本社と同　☎053-422-5621／近畿・中国営業部：〒713-8102　倉敷市鳥羽80-21　☎086-464-0360／和歌山営業所：〒642-0002　海南市日方1271-99　☎073-486-2611／西日本営業本部：松山本社と同　☎089-971-4053／四国営業部：松山本社と同　☎089-971-4053／四国・九州営業部：〒862-0910　熊本市東区健軍本町2-4　☎096-285-4771／【FAシステム】営業本部：松山本社と同　☎089-971-4053／東日本営業部：〒161-0031　東京都新宿区西落合1-20-14　☎03-3950-2408／西日本営業部：〒541-0043　大阪市中央区高麗橋4-4-6　☎06-6202-1300【工場】浜松本社工場：浜松本社と同／松山本社工場：同松山本社／松山高岡工場：〒791-8036　松山市高岡町66　☎089-973-4140

従　業　員　400名
取扱い品目　農業用選果・選別システム，農業用設備機器，自動包装梱包機械，荷役運搬設備，食品加工機械，農業用及び産業用ロボット装置の製造販売，画像処理システムの開発・製作及び販売，機械設備等の製造プラント及び構築物等の企画・設計・施工監理ならびに工事請負

新興和産業㈱

〒411-0042　三島市平成台43
電　　話　055-989-1133
Ｆ　Ａ　Ｘ　055-989-1137
代　表　者　田中庸介
創業年月日　昭和20年5月
資　本　金　4,000万円
主　株　主　田中正宏，田中庸介
決　算　期　6月
売　上　高　2億5,000万円
銀　　行　静岡銀行，商工組合中央金庫，清水銀行，三菱UFJ銀行
工　　場　本社と同
役　　員
　代表取締役社長　　　　田　中　庸　介
　取締役相談役　　　　　田　中　正　宏
従　業　員　20名
取扱い品目　枝処理機，カッター，育苗箱洗浄機，アルミ製品，高所作業台車

㈲鷹岡工業所

〒419-0201　富士市厚原739-1
電　　話　0545-71-3109
Ｆ　Ａ　Ｘ　0545-71-0710
Ｕ　Ｒ　Ｌ　http://taka21.jp
代　表　者　渡辺英明
創業年月日　昭和40年5月
銀　　行　スルガ銀行，富士信用金庫
取扱い品目　イチゴ畝整形機，専用あぜぬり機，トラクタ用あぜぬり機

㈱ナガノ

〒421-0511　牧之原市片浜1191
電　　話　0548-52-2343
Ｆ　Ａ　Ｘ　0548-52-2798
Ｕ　Ｒ　Ｌ
　http://www.nagano-alumi.co.jp
代　表　者　永野芳明
創業年月日　昭和48年4月1日
資　本　金　1,000万円
決　算　期　3月
銀　　行　静岡銀行
従　業　員　7名
取扱い品目　アルミ脚立，運搬車，アルミリヤカー，踏台，梯子，アルミ下駄

中村撰果機㈱

〒431-1302　浜松市北区細江町広岡277
電　　話　053-522-0409
Ｆ　Ａ　Ｘ　053-523-0925
代　表　者　中村文一
創業年月日　昭和7年3月1日
資　本　金　1,000万円
銀　　行　遠州信用金庫，静岡銀行
取扱い品目　選果機，その他省力化機器製造（みかん，梅，文旦，玉葱）

ニューデルタ工業㈱

〒411-0816　三島市梅名767
電　　話　055-977-1727
Ｆ　Ａ　Ｘ　055-977-7608
Ｕ　Ｒ　Ｌ　http://www.newdelta.co.jp
代　表　者　髙田大輔
創業年月日　昭和25年6月1日
資　本　金　1,000万円
決　算　期　3月
売　上　高　34億円
銀　　行　静岡銀行，三菱UFJ銀行，清水銀行
従　業　員　126名
取扱い品目　動力噴霧機，動力散粉機，高性能防除機，管理機，灌水ポンプ，刈払機，送風機，ヘッジトリマー，工業用高圧ポンプ，送風機

ヤマハ発動機㈱

〒438-0025　磐田市新貝2500
電　　話　0538-32-1115
Ｆ　Ａ　Ｘ　0538-32-1634
Ｕ　Ｒ　Ｌ
　http://www.yamaha-motor.co.jp
代　表　者　柳　弘之
創業年月日　昭和30年7月1日
資　本　金　857億9,700万円
株　主　数　41,423名
主　株　主　ヤマハ㈱，ステート ストリート バンク アンド トラスト カンパニー，日本トラスティ・サービス信託銀行㈱，日本マスタートラスト信託銀行，トヨタ自動車
決　算　期　12月
売　上　高　1兆6,701億円（連結）
銀　　行　みずほ銀行，静岡銀行，三井住友銀行，三菱UFJ銀行
工　　場　磐田南工場／新居事業所／グローバルパーツセンター／浜松ロボティクス事業所／中瀬工場／袋井工場／森町工場／豊岡技術センター／袋井南工場／袋井技術センター／浜北工場／都田事業所
従　業　員　10,564名（単独）

取扱い品目　汎用エンジン，発電機，ウォーターポンプ，小型除雪機，自動二輪車，自動車エンジン，産業用無人ヘリ，発電機，除雪機

ヤマハモーターパワープロダクツ㈱

〒436-0084　掛川市逆川200-1
電　話　0537-27-1110
ＦＡＸ　0537-27-1295
ＵＲＬ　http://www.ympc.co.jp
代表者　石田　修
創業年月日　昭和119年11月
資本金　2億7,536万円
決算期　12月
売上高　331億円
事業所　東日本事務所：〒141-0031　品川区西五反田2-27-4 ☎03-6420-2062／西日本事務所：〒662-0934　西宮市西宮浜4-16-2 ☎0798-37-2034
工　場　本社・東工場：本社と同
従業員　504名

〔愛　知　県〕

㈱オオシマ

〒486-0934　春日井市長塚町2-13
電　話　0568-31-6261
ＦＡＸ　0568-36-4633
代表者　森　峰稔
創業年月日　昭和16年12月1日
資本金　4,600万円
決算期　11月
売上高　17億円
銀　行　三菱UFJ銀行，みずほ銀行
役　員
　代表取締役社長　森　峰稔
　常務取締役　古市和明
　取締役　布目　昇
　　〃　　臼井大典
　　〃　　村瀬史行
　　〃　（非常勤）大島英雄
　監査役（〃）大島　栄
従業員　65名
取扱い品目　運搬車輌，車輌部品，産業車輌用各種ホイール，トラクター用・耕うん機用・各種作業機用ホイール車輪，農園芸用品，農業用各種輸入タイヤ・チューブ，自動車用プレス部品

㈱大竹製作所

〒490-1145　海部郡大治町中島郷中265
電　話　052-444-2525
ＦＡＸ　052-443-0348
ＵＲＬ　http://www.otake-ss.co.jp
代表者　大竹敬一
創業年月日　明治44年8月
資本金　4,900万円
決算期　12月
銀　行　三菱UFJ銀行，三重銀行，商工組合中央金庫
営業所　山形営業所：〒999-7126　鶴岡市鼠ケ関橋掛239-2 ☎0235-44-2816／駐車場事業（オータケパーキング）：〒453-0015　名古屋市中村区椿町20-1 ☎052-452-2095
工　場　本社工場：敷地6,599・建物5,305
役　員
　代表取締役会長　大竹和美
　代表取締役社長　大竹敬一
　常務取締役　工藤哲夫
　　〃　　本田政人
　取締役　大竹芳子
　監査役　松下英子
　　　　　松永輝生

代表者略歴　大竹敬一
昭和28年7月21日生れ。早稲田大学商学部卒。51年6月㈱大竹製作所入社。同年大竹商事㈱入社（設立），取締役。51年9月～54年12月米国ミシガン大学及びミシガン州立大学院留学。58年2月大竹製作所取締役，63年2月大竹商事代表取締役。平成4年度名古屋青年会議所理事長。6年5月大竹製作所代表取締役社長。

大竹　敬一

従業員　85名
取扱い品目　水田中耕除草機，溝切機，インペラ籾すり機，自動選別計量機，籾すり精米機，石抜機，カッター，食品包装機，物流機器（搬送機器）
社　歴　明治44年8月，初代社長大竹俊翁と2代社長大竹永一の兄弟にて大竹兄弟会社を創設し大竹式進歩土臼の製造販売を始める。大正5年3月大竹式人力脱穀機を製造販売。昭和5年5月法人組織として合名会社大竹農具製作所設立。8年に他メーカーに先立ち動力脱穀機を完成，16年には全自動脱穀機の製作を始める。25年東南アジア諸国に製品輸出開始。37年カッター2機種を開発。39年中小企業モデル工場の指定を受ける。43年㈱大竹農機製作所に組織変更。44年自走自脱，45年小型中耕除草機「ミニカルチ」を発売。47年社名を㈱大竹製作所と改称。50年山形工場完成，山形営業所開設。51年ミニカルチ「かるたん」，54年インペラもみすり機「ミニダップ」(56年「ハイパール」)，58年マイコン付家庭用精米機「らくづき」，60年玄米練り機「玄康」を発売。62年2月駐車場事業部開設。同年12月もみすり精米機を発売。平成元年もみすり機「ニューハイパール」発売，物流機器製造。平成6年5月大竹和美代表取締役会長，大竹敬一代表取締役社長就任。9年グレーダー付もみすり機「Ａコメダス」，10年石抜機，石抜精米機，15年包装機「帯巻機」，16年揺動式もみすり機「エスダップ」発売。17年大型石抜機S2000発売，18年乗用溝切機「のるたん」NT-1，19年同NT-2発表。23年「のるたんネオ」NL-1発表。24年揺動式もみすり機「ハイダップマジックアイ」発表，発売。同年飼料米脱皮破砕機，超小型籾すり機「米チェッカー」発売。28年「のるたんEVO」NTH-1発売。30年「ハイダップマジックアイ plus+」SY-Rシリーズ発売。

㈱共栄社

〒442-8530　豊川市美幸町1-26
電　話　0533-84-1221
ＦＡＸ　0533-84-1220
ＵＲＬ　http://www.baroness.co.jp
代表者　林　秀訓
創業年月日　明治43年7月
資本金　3億円
株主数　94名
主株主　林秀訓，日本クリントン，BARONESS基金，IHIアグリテック，協和工業
決算期　12月
売上高　65億円
銀　行　三菱UFJ銀行，三井住友銀行，豊川信用金庫，みずほ銀行，三井住友信託銀行
営業所　札幌営業所：〒061-1123　北広島市朝日町6-1-18，シャイニングウェルズ1-4 ☎011-376-8050／関西営業所：〒651-1512　神戸市北区長尾町上津2052-4 ☎078-983-5955／九州営業所：〒841-0201　佐賀県三養基郡基山町小倉字氏林1030-1 ☎0942-92-7061
工　場　敷地43,327・建物25,806
従業員　262名
役　員
　取締役会長　林　雅巳
　代表取締役社長　林　秀訓
　取締役　中尾佳嗣
　　〃　　前川則道
　監査役　大谷素弘
代表者略歴　林　秀訓
昭和52年3月生。岐阜県経済大学経営学部卒。平成14年4月㈱共栄社入社，事業企画部長。19年3月取締役，23年11月常務取締役，27年代表取締役社長に就任。

林　秀訓

製造業者編＝愛知県＝

取扱い品目　芝刈機：乗用5連リールモア，乗用3連リールモア，乗用型・歩行型グリーンモア，草刈機：乗用3連ロータリーモア，歩行型ロータリーモア，ハンマーナイフモア，管理機：バンカーレーキ・目土撒布機，スイーパー

㈱晃伸製機

〒497-0016　あま市七宝町徳実辻切1-1
電　　話　052-442-1166
Ｆ　Ａ　Ｘ　052-442-5109
代 表 者　角 谷 博 規
創業年月日　昭和47年2月
資 本 金　2,000万円
決 算 期　6月
銀　　行　百五銀行
従 業 員　35名
取扱い品目　鶏舎自動洗浄機，畜糞発酵プラント，給飼機，除糞機，無人鶏舎

㈱國 光 社

〒457-0064　名古屋市南区星崎1-132-1
電　　話　052-822-2658
Ｆ　Ａ　Ｘ　052-811-6365
Ｕ　Ｒ　Ｌ　http://www.kokkosha.co.jp
代 表 者　蟹 江 達 朗
創業年月日
　　　　　大正6年2月1日
資 本 金　3,000万円
株 主 数　8名
主 株 主　蟹江達朗，
　　　　　蟹江陽介
決 算 期　12月
売 上 高　5億円
銀　　行　岡崎信用金庫，三菱UFJ銀行，八十二銀行
役　　員
　代表取締役社長　　蟹 江 達 朗
　取締役　　　　　　蟹 江 功 健
　〃　　　　　　　　松 原 　 徹
　〃　　　　　　　　菅 原 正 明
従 業 員　50名
取扱い品目　餅つき機，製粉機，電動フルイ機，味噌摺機，そば脱皮機，そば製粉フルイ機，電動石臼製粉機，玄そば磨機，そば選別機，石抜機

㈱指浪製作所

〒441-0202　豊川市赤坂町関川74
電　　話　0533-87-3181
Ｆ　Ａ　Ｘ　0533-88-6276
Ｕ　Ｒ　Ｌ　http://www.sashinami.com
代 表 者　伊 藤 研 司
創業年月日　大正2年3月1日
資 本 金　1,200万円

株 主 数　7名
決 算 期　12月
銀　　行　三菱UFJ銀行，豊川信用金庫
役　　員
　代表取締役社長　　伊 藤 研 司
　取締役　　　　　　伊 藤 晶 子
　〃　　　　　　　　緒 方 健 司
　〃　　　　　　　　鈴 木 健 祐
　監査役　　　　　　山 本 恭 義
　〃　　　　　　　　鈴 木 頼 子
従 業 員　20名
取扱い品目　大根洗浄機，人参洗浄機，かぶ洗浄機，ごぼう洗浄機，長芋洗浄機，さといも洗浄機，水耕パネル洗浄機，馬鈴薯磨機，たまねぎ磨機，ミカン磨機，こんにゃく土落機，甘諸洗機，人参選別機，ミニトマト選別機，大根千切機，メロン磨機，ポンプ，根切機，菊下葉取機，笹の葉，おもと洗浄機，銀杏果肉取洗浄機
社　　歴　大正2年3月，伊藤浪次が指浪商会を創設し唐箕，万石，米選機を製造。昭和17年株式会社指浪製作所と組織を変更，前記製品のほかに人力土入器，中耕除草機なども市販に移す。32年株間除草機，36年ポンプ，40年野菜洗機を市販。以後，野菜洗浄機及び野菜，果実の磨機，選別機等で成長。

三徳製機㈱

〒458-0801　名古屋市緑区鳴海町杜若45
電　　話　052-891-6411
Ｆ　Ａ　Ｘ　052-891-6818
代 表 者　石 川 久 雄
創業年月日　昭和38年6月
資 本 金　1,350万円
決 算 期　6月
銀　　行　碧海信用金庫，三菱UFJ銀行，中京銀行
役　　員
　代表取締役社長　　石 川 久 雄
　専務取締役　　　　石 川 芳 弘
　常務取締役　　　　石 川 義 記
　取締役　　　　　　石 川 昭 将
従 業 員　19名
取扱い品目　耕うん機用車輪，トラクター用反転車輪，コンバインカー，育苗用資材，収穫用資材，刈払機，精米機，一般産業用機械加工
社　　歴　昭和38年6月現社長石川久雄がトラクター及び耕うん機用作業機の生産販売を開始。平成2年より一般産業用機械加工を開始。

鋤柄農機㈱

〒444-0943　岡崎市矢作町西林寺38

電　　話　0564-31-2107
Ｆ　Ａ　Ｘ　0564-33-1171
代 表 者　鋤 柄 国 佐
創業年月日　天保6年
資 本 金　1,200万円
決 算 期　7月
銀　　行　三菱UFJ銀行，岡崎信用金庫，名古屋銀行
役　　員

鋤柄 国佐

　代表取締役社長　　鋤 柄 国 佐
　取締役　　　　　　鋤 柄 忠 良
　〃　　　　　　　　鋤 柄 　 誠
　〃　　　　　　　　鋤 柄 　 茂
　監査役　　　　　　杉 田 史 良
従 業 員　50名
取扱い品目　ロータリープラウ，カルチベーター，培土板，播種機，各種掘取機，ランドレベラー，畑用ミニトラ培土機，カルチベーター，プラスチック培土機，ステンレス培土板，大豆培土板，乗用田植機用水田溝切機，コンニャク生子植付機，コンニャク親玉植付機，馬鈴薯植付機，大和芋植付機，長芋植付機，ディスク覆土機，ロータリー三畦成形機，ロータリー二畦成形機，二畦うね立機，トラクター用マルチはぎ機，ハンドカルチベーター（人力），菊作業用腰掛，フラワーワゴン（折りたたみ式花卉運搬車），農業用キャリヤシート，シンプル巻取機（マルチ回収機），トラクター用ロータリーマルチ，ディスク付3畦・2畦リッジャー，トラクター用エイブルプランター（同時マルチ付馬鈴薯等），トラクター用種いもプランター（同時マルチ付），トラクター用マルチャー（平畦・平高・高畦），不耕起V溝直播機，シンプル成形機
社　　歴　天保6年初代鋤柄勘左ェ門「鍛冶勘」と称し矢作町において農具鍛冶業を創業。大正8年鋤柄護夫4代目当主となり，昭和8年鍛冶勘農工具製作所と改称。26年鍛冶勘農機具製作所と改称。30年よりティラー用カルチ，培土板等の生産を行う。36年1月，業務の発展にともない鋤柄農機㈱として新発足。35年ロータリープラウ，41年スピードマルチ，55年トラクターマルチ，57年コンニャク生子植付機，60年コンニャク親玉植付機を開発。41年10月資本金800万円，42年10月1,000万円，43年10月1,200万円となる。平成元年プラスチック培土機，3年移植機用うね成形機，乗用田植機用水田溝切機，6年トラクター用種いもプランター（同時マルチ付），7年トラクター用マルチはぎ機，9年エイブル平高成形機（水田・畑作用），12年トラクター用エイブルプランター（同時マルチ付馬鈴

製造業者編＝愛知県＝

薯等用），シンプル巻取機（手軽なマルチ回収機），13年ステンレス培土機を開発。15年不耕起Ｖ溝直播機，16年スーパー２畦マルチ，スーパーエイブル平高マルチ，18年シンプル成形機，23年局所施肥成形機を発売。27年スーパー３畦成形機を発売

㈱大　　仙

〒440-8521　豊橋市下地町柳目8
電　　話　0532-54-6527
ＦＡＸ　0532-57-1751
ＵＲＬ　http://www.daisen.co.jp
代 表 者　鈴木健嗣
創業年月日　明治25年４月
資 本 金　１億円
株 主 数　11名
主 株 主　五月会，名古屋中小企業投資育成㈱，鈴木健嗣
決 算 期　５月
売 上 高　157億円
銀　　行　みずほ銀行
事 業 所　仙台支店：〒981-1106　仙台市太白区柳生6-1-8　☎022-306-3421／関東支社：〒343-0002　越谷市平方1898-1　☎048-976-1201／名古屋支社：〒462-0063　名古屋市北区丸新町40　☎052-902-1661／関西支社：〒567-0059　茨木市清水1-16-35　☎072-643-5201／九州支社：〒816-0922　大野城市山田2-1-1　☎092-501-6414
工　　場　豊橋工場：本社と同／新城工場：〒441-1317　新城市有海字高田1-1　☎0536-25-0936／山田工場：〒441-8103　豊橋市山田三番町86-91　☎0532-47-8881
従 業 員　310名
取扱い品目　温室建築全般，エクステリア，トップライト建築，額縁

㈱タケザワ

〒441-8113　豊橋市西幸町笠松200
電　　話　0532-45-5648
ＦＡＸ　0532-45-1511
ＵＲＬ
　http://www.takezawa-web.co.jp
代 表 者　谷山達也
創業年月日　昭和22年３月18日
資 本 金　2,400万円
決 算 期　３月
銀　　行　みずほ銀行，三菱UFJ銀行，名古屋銀行，蒲郡信用金庫
従 業 員　35名
取扱い品目　温水暖房機，温風暖房機，蒸気消毒機，光合成促進機

日本車輌製造㈱

エンジニアリング本部営農施設部：
〒456-8691　名古屋市熱田区三本松町1-1
電　　話　052-882-3316
ＦＡＸ　052-882-3781
代 表 者　五十嵐一弘
資 本 金　118億円
決 算 期　３月
売 上 高　953億円
銀　　行　三菱UFJ銀行，みずほ銀行
従 業 員　1,850名
取扱い品目　カントリーエレベーター，ライスセンター，種子センター，大豆調製施設，コンポスト施設，バイオガス施設，構造用集成材

フルタ電機㈱

〒467-0862　名古屋市瑞穂区掘田通7-9
電　　話　052-872-4111
ＦＡＸ　052-872-4112
代 表 者　古田成広
創業年月日　昭和11年６月５日
資 本 金　3,200万円
営 業 所　北東北，仙台，北関東，埼玉，品川，長野，牧之原，豊橋，名古屋，大阪，高松，松山，福岡，熊本，佐賀，宮崎，鹿児島
従 業 員　180名
取扱い品目　環境制御装置，換気扇，循環扇，加湿ファン，除湿ファン，光合成促進機，暖房機，食品乾燥機，防霜ファン，茶園管理機，堆肥発酵促進装置，ヒートポンプ，クーリングパッドシステム。

㈱マキタ

〒446-8502　安城市住吉町3-11-8
電　　話　0566-98-1711
ＦＡＸ　0566-98-6642
ＵＲＬ　www.makita.co.jp
代 表 者　後藤宗利
創業年月日　大正４年３月21日
資 本 金　242億561万円
株 主 数　9,165名
主 株 主　日本マスタートラスト信託銀行（信託口），日本トラスティ・サービス信託銀行（信託口），㈱マルワ，三菱UFJ銀行，ザ バンク オブ ニューヨーク メロン アズ デポジタリー レシート ホルダーズ，自社取引先投資会
決 算 期　３月
売 上 高　4,772億9,800万円（連結）
銀　　行　三菱UFJ銀行，三井住友銀行，みずほ銀行
事 業 所　札幌営業所：〒007-0861　札幌市東区伏古１条2-6-26　☎011-783-

8141／仙台営業所：〒983-0035　仙台市宮城野区日の出町2-4-35　☎022-284-3201／宇都宮営業所：〒320-0831　宇都宮市新町2-2-7　☎028-634-5295／さいたま営業所：〒362-0031　上尾市東町2-8-4　☎048-777-4801／千葉営業所：〒264-0023　千葉市若葉区貝塚町1545-1-1　☎043-231-5521／東京営業所：〒113-0033　東京都文京区本郷3-5-3　☎03-3816-1141／横浜営業所：〒222-0033　横浜市港北区新横浜1-12-2　☎045-472-4711／新潟営業所：〒950-0983　新潟市中央区神道寺1-1-21　☎025-247-5356／金沢営業所：〒921-8062　金沢市新保本3-100　☎076-249-5701／静岡営業所：〒422-8033　静岡市駿河区登呂6-8-4　☎054-281-1555／岐阜営業所：〒500-8367　岐阜市宇佐南4-9-11　☎058-274-1315／名古屋営業所：〒453-0856　名古屋市中村区並木2-33　☎052-419-0561／京都営業所：〒612-8454　京都市伏見区竹田泓ノ川町35　☎075-621-1135／大阪営業所：〒530-0043　大阪市北区天満1-26-8　☎06-6351-8771／三木営業所：〒673-0404　三木市大村63-21　☎0794-82-7411／広島営業所：〒733-0033　広島市西区観音本町1-7-22　☎082-293-2231／高松営業所：〒761-0301　高松市林町2535-2　☎087-867-6411／福岡営業所：〒812-0893　福岡市博多区那珂5-16-1　☎092-588-1200／熊本営業所：〒861-8010　熊本市東区上南部2-1-85　☎096-389-4300／他，96営業所
工　　場　岡崎工場：〒444-0232　岡崎市合歓木町字渡嶋22-1　☎0564-43-3111
代表者略歴　後藤宗利　昭和50年４月26日生。平成11年㈱マキタ入社。12年１月マキタU.S.A Inc.へ出向。24年４月海外営業管理部長。25年６月取締役執行役員海外営業本部長。29年６月代表取締役社長就任，現在に至る。

役　　員
取締役会長	後　藤　昌　彦
取締役社長	後　藤　宗　利
取締役常務執行役員	鳥　居　忠　良
取締役執行役員	丹　羽　久　能
〃	冨　田　真一郎
〃	金　子　哲　久
〃	太　田　智　之
〃	土　屋　　　隆
〃	吉　田　雅　樹
〃	表　　　孝　至
〃	大　津　行　弘
社外取締役	森　田　章　義
	杉　野　正　博
常勤監査役	若　山　光　彦
	児　玉　　　朗
監査役	山　本　房　弘

製造業者編＝愛知県, 三重県, 滋賀県＝

監査役　　　　　　井上尚司
従業員　16,137名（連結）
取扱い品目　OPE製品（草刈機, 刈払機, 管理機, 耕うん機, 防除機, チェンソー, ポンプ, ブロワ）, 電動工具, エア工具, 家庭用機器
社　　歴　大正4年愛知県名古屋市において牧田電機製作所（個人経営）創業, 電灯器具, モータ, 変圧器の販売修理を開始。昭和33年国産第1号の電気カンナを発売, 翌年電動工具メーカーへ転換するとともに, 電動工具の輸出を開始。37年商号を㈱マキタ電機製作所に変更, 株式上場。45年初の海外現地法人を米国に設立。平成3年富士ロビン㈱と資本・業務提携の後, 19年に同社を完全子会社化し㈱マキタ沼津に社名変更。その後25年4月に同社を吸収合併。

三菱重工メイキエンジン㈱

〒453-8515　名古屋市中村区岩塚町字高道1
電　　話　052-412-1144
URL　https://www.mhi-meiki.co.jp
代表者　杉田　宏
設立年月日　平成29年10月1日
資　本　金　3億円
主　株　主　三菱重工エンジン＆ターボチャージャ㈱
決　算　期　3月
銀　　行　三菱UFJ銀行
従　業　員　200名
事　業　所　東日本オフィスセンター：本社と同　☎052-412-4624／東京オフィス：〒141-0031　東京都品川区西五反田3-6-21, 住友不動産西五反田ビル4F　☎03-5759-5521／西日本オフィスセンター：〒550-0001　大阪市西区土佐堀1-3-20, 三菱重工大阪ビル3F　☎06-6446-4088／福岡オフィス：〒812-8646　福岡市博多区榎田1-3-62, 三菱重工福岡ビル3F　☎092-412-8955
取扱い品目　［農機関係分］小型空冷汎用ガソリンエンジン

（三　重　県）

㈱タカキタ

〒518-0441　名張市夏見2828
電　　話　0595-63-3111
FAX　0595-64-0857
URL　http://www.takakita-net.co.jp
代表者　松本充生

創業年月日　明治45年1月
資　本　金　13億5,000万円
株主数　4,647名
決　算　期　3月
売　上　高　73億6,700万円
銀　　行　南都銀行, 第三銀行, 中京銀行
支　　店　北海道統括室：〒007-0882　札幌市東区北丘珠2条3-1-20　☎011-781-1111／札幌営業所：（同前）／豊富営業所：〒098-4110　北海道天塩郡豊富町大通り12　☎0162-82-1245／北見営業所：〒099-2103　北見市端野町3区305-1　☎0157-56-3326／中標津営業所：〒086-1001　北海道標津郡中標津町東1条南10　☎0153-72-2983／帯広営業所：〒082-0005　北海道河西郡芽室町東芽室基線13-3　☎0155-62-3311／東北営業所　〒020-0891　岩手県紫波郡矢巾町流通センター南3-2-6　☎019-637-2841／南東北営業所：〒981-3602　宮城県黒川郡大衡村大衡字尾西373-8　☎022-345-6951／関東営業所：〒323-0012　小山市羽川下田66　☎0285-24-4481／関西営業所：本社と同／中国営業所：〒708-1123　津山市下高倉西845-1　☎0868-29-3131／九州営業所：〒834-0115　福岡県八女郡広川町新代1389-63　☎0943-33-1311／南九州営業所：〒885-0003　都城市高木町4917-1　☎0986-38-4321
工　　場　本社工場：敷地35,724／札幌工場：敷地14,424
役　　員
代表取締役社長　　　松本充生
取締役専務執行役員　松田順一
　〃　　　　　　　　沖　篤義
取締役常務執行役員　益満　亮
取締役執行役員　　　川口芳巨
取締役（監査等委員）西口義久
　〃　（　〃　）　　桐越昌彦
　〃　（　〃　）　　奥村隆司
従業員　257名
取扱い品目　農業機械, 軸受
社　　歴　明治45年高北新治郎が犂の製造を開始。昭和2年株式会社設立。30年耕耘機用犂を市販。36年高北農機㈱と改称。37年名古屋証券取引所第2部上場, 38年東京証券取引所第2部上場, 42年札幌支店開設。45年軸受加工に着手。46年本社第2工場完成。48年第二工場敷地内に本社工場を新設。集約生産による量産化を図る。52年資本金5億1,200万円に増資。61年タナシン電機㈱と業務提携及び資本提携。62年資本金13億5,000万円

松本　充生

に増資。63年商号を㈱タカキタに改称。平成21年電器音響事業より撤退。24年創業100周年を迎える。27年東京証券取引所及び名古屋証券取引所市場第1部上場。

（滋　賀　県）

関西産業㈱

〒522-0222　彦根市南川瀬町1666
電　　話　0749-25-1111
FAX　0749-25-1115
URL　http://www.kansai-sangyo.co.jp
代表者　児島輝明
設立年月日　昭和16年12月26日
資　本　金　5,000万円
決　算　期　3月
銀　　行　大垣共立銀行, りそな銀行
従　業　員　32名
取扱い品目　バイオ炭生産プラント（自動籾殻炭化装置）, バイオ炭ペレット装置, 籾酢製造装置, 籾殻圧縮成型機, 籾殻暖房機, 籾殻熱利用育苗床土生産プラント, 籾殻熱風発生炉, ビニールハウス暖房装置, バイオ炭（籾殻炭・木炭）, 油吸着剤, くん炭器（小型）, 籾殻粉砕装置, 籾殻堆肥化プラント, 自動籾殻圧縮粉砕（膨潤籾殻）装置, 木質ガス化発電プラント, 間伐材等木質チップ炭化プラント, 木酢製造装置, 床土混合機, 床下調湿炭, 木質バイオマス発電プラント, 木質バイオマスボイラー

㈱キャムズ

〒520-3017　栗東市六地蔵709-3
電　　話　077-551-0517
FAX　077-551-0507
URL　https://www.cams.co.jp
代表者　太田雅章
設立年月日　平成15年12月12日
資　本　金　1,000万円
決　算　期　5月
売　上　高　5億1,000万円
銀　　行　三菱UFJ銀行
事　業　所　本店：〒520-3223　湖南市夏見1234　☎0748-72-7800　FAX0748-72-7801／湖南支店：〒520-3223　湖南市柑子袋620　☎0748-72-4132　FAX0748-72-4142
役　　員
代表取締役　　　　　太田雅章

太田　雅章

製造業者編＝滋賀県，京都府＝

取締役	太田　沙西
〃	太田　竣凉
〃	塚本　高史
監査役	塚本壽津代

従業員　20名
取扱い品目　簡易防護柵（獣害防止柵，不法投棄防止柵，侵入防止柵，境界柵，太陽光発電所外周柵），河川用防護柵（獣害防止，災害防止），獣害対策製品（赤外線センサートレイルカメラ／アニマルトラップ／電気柵資材／捕獲数設定カウンター，他），太陽光発電資材（架台），工具・資材，セキュリティ警報装置，環境システム販売，スタンドアップパドルボード（オリジナルブランド「RING FINGER」）販売

㈱サンエー

〒525-0067　草津市新浜町431-3
電　話　077-569-0333
ＦＡＸ　077-569-0336
ＵＲＬ　http://www.san-eh.co.jp
代表者　大塚　洋次郎
創業年月日　昭和44年10月
資本金　2,300万円
株主数　12名
主株主　大塚庄吾，大塚洋次郎
決算期　8月
売上高　1億円
銀　行　三井住友銀行，滋賀銀行
従業員　10名
取扱い品目　移植器，パイプ抜き差し曲げ打ち込み器，各種ノズル・噴口，除草剤塗布器，粒剤＆肥料株元散布器，ネギ皮ムキ機，薬剤散布機
主取引先　タキイ種苗㈱，丸善薬品産業㈱，カネコ種苗㈱，ヤンマー㈱

㈱ジョーニシ

〒528-0037　甲賀市水口町本綾野4-1
電　話　0748-62-4110
ＦＡＸ　0748-62-9054
ＵＲＬ　http://www.jonishi.co.jp
代表者　中野　裕介
創業年月日　昭和11年3月1日
資本金　5,000万円
株主数　12名
主株主　㈲JN企画，上西治久，中野真澄，中野裕介
決算期　6月
売上高　20億円
銀　行　滋賀銀行，三菱UFJ銀行，みずほ銀行，りそな銀行，商工組合中央金庫
営業所　関東営業所：〒379-2153　前橋市上大島町25-1／中国営業所：〒739-

1754　広島市安佐北区小河原町字高畠960-6／九州営業所：〒869-0401　宇土市住吉町2453-4
工　場　水口工場：（本社と同）／甲賀工場：〒520-3405　甲賀市甲賀町隠岐2403-27，甲賀西工業団地／関連工場：上西機械製造（瀋陽）有限公司
従業員　80名
取扱い品目　農用トラクター用作業機，パレットラック及び什器，建設機械用製缶品，機械式駐車場用コンベヤー

ブリッグス・アンド・ストラットン・ジャパン㈱

〒523-0817　近江八幡市浅小井町591
電　話　0748-33-3621
ＦＡＸ　0748-33-3818
ＵＲＬ
http://www.briggsandstratton.co.jp
代表者　星野　榮一郎
設立年月日　平成16年5月17日
資本金　2,000万円
主株主　Briggs & Stratton Corp.
決算期　6月
売上高　7億500万円
銀　行　三菱UFJ銀行
役　員
　代表取締役
　　ルーカス　グラハム　オリバーフロスト
　取締役　イアン　ジェイ　ゴンザレス
　　〃
　　デイヴィッド　ジェームズ　ロジャーズ
従業員　17名
取扱い品目　ブリッグス・アンド・ストラットン汎用ガソリンエンジン，エンジン搭載製品各種及び部品やアクセサリー等の輸入・販売・アフターサービス

（京　都　府）

㈱工　進

〒617-8511　長岡京市神足上八ノ坪12
電　話　075-954-6111
ＦＡＸ　075-954-5053
ＵＲＬ　http://www.koshin-ltd.co.jp
代表者　小原　勉
創業年月日　昭和23年2月
資本金　9,800万円
決算期　1月
売上高　130億円
銀　行　滋賀銀行，京都銀行
支　店　東北エリア：〒983-0013　仙台市宮城野区中野2-1-14　☎048-653-3521／関東エリア：〒331-0802　さい

たま市北区本郷町943　☎048-653-3521／関西エリア：（本社と同）☎075-954-6116／九州エリア：〒816-0092　福岡市博多区東那珂1-1-11　☎092-475-3090
従業員　190名
取扱い品目　農業用・油業用・船舶用・家庭用各種ポンプ，散水機器，噴霧器，ウインチ，草刈機，除雪機
社　歴　昭和23年創業，31年法人に組織変え。平成4年タイ・バンコクに工場進出。5年中国広東省へ工場進出。15年中国浙江省に新工場。17年タイ新工場竣工。21年中国モーター工場設立。25年創業65周年。26年本社新工場，新研究棟竣工。

宝田工業㈱

〒615-0803　京都市右京区西京極南庄境町7-1
電　話　075-313-6060
ＦＡＸ　075-312-6525
代表者　天野　正明
創業年月日　昭和30年3月
資本金　1,500万円
銀　行　京都銀行
従業員　18名
取扱い品目　農産物加工機器各種設計・製造＆受託生産，精麦機（小型から食品工場用まで），精米機（各種），チョッパー，石抜機，米パン用製粉機，小麦用製粉機

㈱マルナカ

〒601-8307　京都市南区吉祥院向田西町11
電　話　075-313-9114
ＦＡＸ　075-325-2392
ＵＲＬ
http://www.marunaka-japan.co.jp
代表者　眞鍋　雄一郎
創業年月日　明治40年10月3日
資本金　4,000万円
決算期　11月
売上高　20億円
銀　行　京都銀行，三菱UFJ銀行
支　店　東京営業所：〒331-0811　さいたま市北区吉野町1-387-1　☎048-664-6115／京都営業所：（本社と同）☎075-313-9111／九州営業所：〒861-8035　熊本市東区御領8-2-22　☎096-389-0005
工　場　敷地12,555・建物4,260
従業員　50名
取扱い品目　動力噴霧機，刈払機，動力散粉機，人力噴霧機，人力散粉機，産業用高圧ポンプ及び機械設備，ゴルフ場管理機械

（大　阪　府）

有光工業㈱

〒537-0001　大阪市東成区深江北1-3-7
電　　話　06-6973-2001
Ｆ　Ａ　Ｘ　06-6973-2072
Ｕ　Ｒ　Ｌ　http://www.arimitsu.co.jp
代　表　者　有光　幸紀
創業年月日
　　大正12年4月
資　本　金
　　1億5,000万円
主　株　主　光サービス㈲，㈲有光，有光幸紀，有光幸郎，有光大幸，SMBCファイナンスサービス㈱
決　算　期　9月
売　上　高　58億円
銀　　行　三井住友銀行，三菱UFJ銀行，りそな銀行
営　業　所　関東営業所：〒330-0855 さいたま市大宮区上小町1211 ☎048-644-2147／北海道営業部：〒060-0031 札幌市中央区北1条東12-22-45 ☎011-221-7295／東北営業部：〒983-0043 仙台市宮城野区萩野町3-2-16 ☎022-283-6901／長野営業所：〒390-0221 松本市里山辺1659-1 ☎0263-35-7780／九州営業部：〒816-0912 大野城市御笠川5-9-16 ☎092-504-1566／静岡営業所：〒424-0205 静岡市清水区興津本町54-1 ☎0543-69-2742／名古屋営業部：〒456-0053 名古屋市熱田区1番3-8-10 ☎052-678-1120／四国出張所：〒791-1113 松山市森松町749-2 ☎089-957-0611
工　　場　大阪センター：〒537-0001 大阪市東成区深江北2-3-21 技術部☎06-6973-2040 サービス部☎06-6973-2027／奈良工場：〒636-0234 奈良県磯城郡田原本町蔵堂下辛田553 ☎0744-33-4781／物流部：〒537-0001 大阪市東成区深江北2-3-21 ☎06-6973-2035／配送センター：奈良工場と同 ☎0744-34-0370
役　　員
代表取締役社長　　　　有光　幸紀
代表取締役副社長　　　有光　幸郎
常務取締役　　　　　　有光　大幸
監査役　　　　　　　　金子千万利
　〃　　　　　　　　　有光ひろ子
従業員　250名
社　歴　大正12年4月有光幸茂が大阪市西区に有光製作所を創設，農用人動力噴霧機並びに各種高圧ポンプの製作に着手，昭和9年に全国農機具共進会で動力噴霧機界での最高賞を獲得，国内はもとより韓国，台湾，満州等へ進出する。20年9月有光農機㈱設立，農機具専門工場として循環精米機，動力噴霧機，手廻散粉機の生産を開始。その後エンジン，動力散粉機他各種防除機，環境衛生消毒機，畜産機械を生産，29年より東南アジア，中近東，欧州各地に輸出を始める。36年各種洗浄機の製造を始め食品，自動車，造船，製鉄，製紙等部門に進出，多角経営へ進む。57年2月，資本金1億5,000万円となる。平成11年2月，ISO9001認証取得，14年2月ISO14001認証取得。
取扱い品目　動力噴霧機，セット動噴，ラジコン動噴，高圧洗浄機，動力散布機，背負動力噴霧機，コンパクトオールセット動噴，ハウススプレー・静電ノズル，走行式無人防除機，土壌消毒機，スピードスプレーヤー，クローラ式ブームスプレーヤー，ブームスプレーヤー，刈払機，人力散布機，灌水ポンプ，温水洗浄機，穴掘機，自走式動力散布機

有光　幸紀

アルインコ㈱

住宅機器事業部：
〒541-0043　大阪市中央区高麗橋4-4-9 淀屋橋ダイビル
電　　話　06-7636-2340
Ｆ　Ａ　Ｘ　06-6208-3881
Ｕ　Ｒ　Ｌ　http://www.alinco.co.jp
代　表　者　小山　勝弘
創業年月日　昭和13年9月
資　本　金　63億6,159万円
株　主　数　6,690名
決　算　期　3月
売　上　高　427億2,900万円（単独）
　　　　　500億9,600万円（連結）
銀　　行　近畿大阪銀行，みずほ銀行，三菱UFJ銀行
支　　店　東京支店：〒330-0845 さいたま市大宮区仲町3-13-1 ☎048-650-3219／大阪支店：本社と同 ☎06-7636-2342／福岡支店：〒812-0013 福岡市博多区博多駅東2-13-34 ☎092-451-0375／仙台営業所：〒980-0803 仙台市青葉区国分町3-1-1 ☎022-212-5230／新潟支店：〒950-0087 新潟市中央区東大通2-5-1 ☎025-244-6610／名古屋支店：〒460-0002 名古屋市中区丸の内1-10-19 ☎052-218-6591
工　　場　兵庫第一工場，兵庫第二工場，蘇州アルインコ金属製品有限公司（中国）
従業員　1,287名（連結），715名（単体）
取扱い品目　アルミ製昇降器具，各種農業資材，玄米保冷庫・保管庫，仮設機材，他

㈱クボタ

〒556-8601　大阪市浪速区敷津東1-2-47
電　　話　06-6648-2111
Ｆ　Ａ　Ｘ　06-6648-3862
代　表　者　木股　昌俊
創業年月日　明治23年2月
資　本　金　841億円
株　主　数　45,318名
主　株　主　日本マスタートラスト信託銀行，日本生命保険，明治安田生命，日本トラスティサービス信託銀行
決　算　期　12月
売　上　高　1兆7,515億円
　　　　　（2017年12月期・連結）
銀　　行　三井住友銀行，三菱UFJ銀行，みずほ銀行
支社支店等　東京本社：〒104-8307 東京都中央区京橋2-1-3 ☎03-3245-3111／北海道支社：〒060-0003 札幌市中央区北三条西3-1-44 ☎011-214-3111／東北支社：〒980-0811 仙台市青葉区一番町4-6-1 ☎022-267-9000／中部支社：〒450-0002 名古屋市中村区名駅3-22-8 ☎052-564-5111／中四国支社：〒730-0036 広島市中区袋町4-25 ☎082-546-0450／九州支社：〒812-0011 福岡市博多区博多駅前3-2-8 ☎092-473-2401／本社阪神事務所：〒661-8567 尼崎市浜1-1-1 ☎06-6470-5100／横浜支店：〒231-0015 横浜市中区尾上町1-6 ☎045-681-6014
工　　場　堺製造所：〒590-0823 堺市堺区石津北64 ☎072-241-1121／宇都宮工場：〒321-0905 宇都宮市平出工業団地22-2 ☎028-661-1111／筑波工場：〒300-2402 つくばみらい市坂野新田10 ☎0297-52-5112／堺臨海工場：〒592-8331 堺市西区築港新町3-8 ☎072-247-1121（以上農業機械総合事業部関連）
技術研修所　堺サービスセンター：〒590-0806 堺市緑が丘北町1-1-36 ☎072-241-1126／宇都宮研修センター：〒321-0905 宇都宮市平出工業団地22-2 ☎028-661-1116／筑波研修センター：〒300-2402 つくばみらい市坂野新田10 ☎0297-52-5118
役　　員
代表取締役社長　　　　木股　昌俊
代表取締役副社長執行役員
　　　　　　　　　　　久保　俊裕
取締役専務執行役員　　木村　　茂
　〃　　　　　　　　　小川謙四郎
　〃　　　　　　　　　北尾　裕一
　〃　　　　　　　　　吉川　正人
　〃　　　　　　　　　佐々　真治
社外取締役　　　　　　松田　　譲
　〃　　　　　　　　　伊奈　功一

社外取締役	新宅　祐太郎
常務執行役員	諏訪　国雄
〃	黒澤　利彦
〃	藤田　義之
〃	濱田　薫
〃	中田　裕雄
〃	木村　一尋
〃	渡辺　大
〃	吉田　晴行
〃	庄村　孝夫
〃	富山　裕二
〃	下川　和成
〃	内田　睦雄
〃	石井　信之
執行役員	品部　和宏
〃	南　龍一
〃	石橋　善光
〃	黒田　良司
〃	吉岡　栄司
〃	鎌田　保一
〃	岡本　宗治
〃	木村　浩人
〃	湯川　勝彦
〃	菅　公一郎
〃	新井　洋彦
〃	飯塚　智浩
〃	伊藤　和司
監査役	福山　敏和
〃	檜山　泰彦
〃（非常勤）	森田　章
〃（　〃　）	鈴木　輝夫
〃（　〃　）	藤原　正樹

代表者略歴　木股昌俊
昭和26年6月22日生れ。昭和52年4月㈱クボタに入社。平成13年10月筑波工場長，17年6月取締役，19年4月機械営業本部副本部長，20年4月常務取締役，21年4月取締役常務執行役員，機械事業本部副本部長，機械営業本部長，同6月常務執行役員，22年7月専務執行役員，同8月サイアムクボタコーポレーションCo.,Ltd.社長，24年4月水・環境ドメイン担当，東京本社事務所長，同年6月取締役専務執行役員，同年8月コーポレートスタッフ管掌，水処理事業部長，25年4月調達本部長，26年4月代表取締役副社長執行役員，26年7月代表取締役社長に就任。

木股　昌俊

従業員　連結39,410名・単独11,266名
取扱い品目　農業機械（トラクタ，管理機，テーラー，耕うん機，コンバイン，バインダー，ハーベスタ，田植機），農業関連商品（インプルメント，アタッチメント，乾燥機，草刈機，防除機，野菜作関連機械，精米機，冷蔵保管庫，電動カート，ライスロボ，その他農用関連機器），農業施設（共同乾燥施設，共同育苗施設，園芸・集出荷選果施設，精米施設，農業用建物），汎用機械（グリーン管理機器，芝刈機，多目的作業車），エンジン（農業機械用・建設機械用・産業機械用・発電機用等各種エンジン），建設機械（ミニバックホー，ホイールローダ，コンパクトトラックローダ，キャリア，油圧ショベル，ウェルダー，ゼネレータ，投光機，その他各種建設機械関連商品）

社　歴　明治23年鋳物メーカー「大出鋳物」を創業。26年水道用鋳鉄管の製造開始。30年「久保田鉄工所」に改称。昭和14年株式公開。22年耕うん機を開発。28年「久保田鉄工㈱」に社名変更。35年乗用トラクタを開発・商品化。わが国初の海外水道工事を受注・竣工。47年米国トラクタ市場に本格進出。平成2年創業100周年。「㈱クボタ」に社名変更。21年タイで日系企業初のトラクタ生産工場が竣工。22年環境省より「エコ・ファースト企業」に認定。23年中国で地域統括会社設立，建設機械工場竣工。24年世界共通の企業理念「クボタグローバルアイデンティティ」，ブランドステートメント「For Earth, For Life」ロゴを制定。ノルウェー・クバンランド社を買収，子会社化。26年フランスに大型畑作用トラクタの生産会社を設立。29年自動運転農機「アグリロボトラクタ」を市場"初"投入。
販売拠点　農業機械関係約2,000店

㈱クボタクレジット

〒556-0012　大阪市浪速区敷津東1-2-47
電　話　06-6648-3029
FAX　06-6648-3089
URL　http://www.kubota-credit.co.jp
代表者　鶴岡　雅俊
支　店　北海道支店：〒063-0061　札幌市西区西町北16-1-1　☎011-662-1331／東北支店：〒981-1221　名取市田高字原182-1　☎022-382-0998／関東支店：〒338-0832　さいたま市桜区西堀5-2-36　☎048-863-6577／新潟支店：〒950-0992　新潟市中央区上所1-14-15　☎025-285-4147／大阪支店：〒556-0012　大阪市浪速区敷津東1-2-47　☎06-6649-2386／九州支店：〒811-0213　福岡市東区和白丘1-7-3　☎092-607-0388

鶴岡　雅俊

取扱い品目　クレジット・リース事業

タイガー㈱

〒565-0822　吹田市山田市場10-1
電　話　06-6878-5421
FAX　06-6875-5677
URL　http://www.tiger-mfg.co.jp
代表者　尾田　英登
創業年月日　昭和26年
資本金　2,000万円
決算期　3月
銀　行　三菱UFJ銀行，関西アーバン銀行，池田泉州銀行
支　店　東京支店：〒262-0023　千葉市花見川区検見川町5-2348-3-A　☎043-298-4888／甲信越営業所：〒381-0045　長野市桐原1-7-1-101　☎026-239-7591／九州支店：〒862-0969　熊本市南区良町2-8-12　☎096-378-0852
従業員　44名
取扱い品目　鳥獣害防止機器（自動爆音機・電子音式鳥防止装置・モグラ捕獲器・電柵機・電気ネット柵・ステンレス線入り獣害防止ネット），環境緑化機器（刈払機），エアー機器（エンジンコンプレッサー・エアー剪定ハサミ），快適安全商品（保護メガネ・蚊とり器）
社　歴　昭和26年鳥獣害防止機器の開発に着手，30年1月カーバイト式爆音機を発明。33年3月法人化によりタイガー農機㈱設立。44年日本初「LPガス爆音機」を完成（特許6件）。49年九州営業所を熊本市に開設。平成12年4月東京支店開設。17年10月甲信越営業所開設。21年4月㈱九州タイガー合併。22年尾田英登が代表取締役社長に就任。23年1月創立60周年を迎える。

ダイキン工業㈱

〒530-8323　大阪市北区中崎西2-4-12，梅田センタービル
電　話　06-6373-4280
　　　　（低温事業本部営業部）
代表者　十河　政則
創業年月日　大正13年10月25日
資本金　850億3,243万円
決算期　3月
売上高　2兆529億円（連結）
従業員　単独7,036名，連結70,263名
取扱い品目　住宅用空調機，業務用空調機，玄米保冷庫，産業機械用油圧機器，建機及び車両用油圧機器，フッ素樹脂，フルオロカーボンガス

大和精工㈱

〒578-0921　東大阪市水走2-2-27
電　話　072-962-1555

製造業者編＝大阪府＝

```
ＦＡＸ     072-962-1559
ＵＲＬ     http://www.daiwa-seiko.jp
代 表 者   池田 圭宏
創業年月日  昭和9年4月
資 本 金   4億8,000万円
株 主 数   12名
決 算 期   3月
売 上 高   140億円
工　　場   本社工場：本社と同／津工
          場：〒514-0084　津市片田町731-4　片田
          工業団地 ☎059-237-4701
役　　員
  代表取締役会長     森　實　巍
  代表取締役社長     池田　圭宏
  取締役            御子神　誠
    〃              安部　良彦
    〃              折戸　幸義
    〃              甲本　英政
    〃              伊藤　博志
    〃              友納　文隆
従 業 員   480名
取扱い品目  育苗用播種機及び関連機器，
          精米機，コンバイン用結束機及びカッ
          ター，ロータリモア，自動炊飯機（ライ
          スロボ），自動酢合わせ機（シャリロボ），
          ノズルクリーナー（溶接ロボット用），
          自動販売機，コイン処理機
```

㈱鶴見製作所

```
〒538-8585　大阪市鶴見区鶴見4-16-40
電　　話   06-6911-2351
ＦＡＸ     06-6911-1800
ＵＲＬ     http://www.tsurumipump.co.jp
代 表 者   辻本　治
創業年月日  大正13年1月5日
資 本 金   51億8,850万円
売 上 高   403億4,700万円（連結）
銀　　行   三井住友銀行，三菱UFJ銀行
支　　店   東京本社・東京支店：〒110-
          0016　東京都台東区台東1-33-8 ☎03-
          3833-9765（含む国内営業拠点58カ所）
従 業 員   965名（グループ計）
取扱い品目  各種ポンプ，各種汚水処理機
          器，汚泥脱水機及び関連機器
```

㈱ニットウ機販

```
〒537-0001　大阪市東成区深江北2-2-18
電　　話   06-6973-2050
ＦＡＸ     06-6973-2052
ＵＲＬ     http://www.nitto-kihan.com/
代 表 者   川﨑 哲弘
創業年月日  平成8年4月15日
資 本 金   2,000万円
決 算 期   3月
```

```
銀　　行   三井住友銀行
支　　店   九州営業所：〒834-0055　八
          女市鵜池306-3-2 ☎0943-23-1530
従 業 員   10名
取扱い品目  高圧プランジャーポンプ，背
          負動力噴霧機，ポータブルタイプ高圧動
          噴，コンパクトタイプセット動噴，動力
          散布機（散布・散粒），灌水用ポンプ，
          高圧洗浄機（防除兼用型），人力噴霧機，
          樹脂製人力噴霧器，人力散布散粒機
```

初田工業㈱

```
〒555-0013　大阪市西淀川区千舟1-5-47
電　　話   06-6471-3354
ＦＡＸ     06-6472-2105
代 表 者   初田　義一
創業年月日  明治25年12月1日
資 本 金   5,000万円
決 算 期   11月
売 上 高   17億円
銀　　行   三菱UFJ銀行，三井住友銀行
支　　店   東日本営業所：〒983-0043
          仙台市宮城野区萩野町2-17-11 ☎022-
          235-0648／東京営業所：（本社と同）／
          東海営業所：〒422-8006　静岡市駿河区
          曲金7-2-20 ☎054-281-6121／大阪営業
          所：（本社同）☎06-6471-3355／中・四
          国営業所：〒700-0944　岡山市南区泉田
          2-1-7 ☎086-231-3385／九州営業所：
          〒861-8046　熊本市東区石原1-11-93
          ☎096-389-2525
工　　場   〒555-0034　大阪市西淀川区
          福町1-11-25 ☎06-6471-3358
従 業 員   40名
取扱い品目  農業用防除機械，ハウス防除
          ロボット，農業用超高圧ポンプ，高圧洗
          浄機械，ペストコントロール関連機器，
          無人防除システム設計施工，マリーン機
          器，バッテリーウインチ，リール，刈払
          機，各種ポンプ，防除関連機器
```

㈱藤木農機製作所

```
〒579-8001　東大阪市善根寺町3-2-6
電　　話   072-987-5505
ＦＡＸ     072-988-3233
ＵＲＬ     http://www.fujikiag.co.jp
代 表 者   藤木　茂利
創業年月日  昭和21年1月
資 本 金   3,000万円
決 算 期   8月
銀　　行   三菱UFJ銀行
従 業 員   25名
取扱い品目  畝作り作業機，マルチャー，
          トンネルマルチャー，マルチはぎ取機，
          つる切機，ハッスル畝立専用ロータ
          リー，支柱打込機
```

```
主要取引先  ㈱クボタ，ヤンマー㈱，井関
          農機㈱，三菱マヒンドラ農機㈱
```

㈱向井工業

```
〒581-0842　八尾市福万寺町4-19
電　　話   072-999-2222
ＦＡＸ     072-999-9723
ＵＲＬ     http://www.mukai-kogyo.co.jp
代 表 者   向井　大二
創業年月日  昭和35年5月
資 本 金   1,000万円
決 算 期   11月
売 上 高   4億円
銀　　行   みずほ銀行，三井住友銀行
従 業 員   30名
取扱い品目  肥料散布機，播種機，散水器，
          中耕除草機，ウコン茶
```

ヤンマーアグリ㈱

```
〒530-0014　大阪市北区鶴野町1-9
電　　話   06-7636-9346
ＦＡＸ     06-6373-1145
ＵＲＬ
  https://www.yanmar.com/jp/agri/
代 表 者   北岡　裕章
創業年月日  平成30年4月2日
資 本 金   9,000万円
株　　主   ヤンマーホールディングス㈱
決 算 期   3月31日
銀　　行   りそな銀行
役　　員
  代表取締役社長     北岡　裕章
  取締役副社長       増田　長盛
  取締役            山本　二教
    〃              池内　　導
    〃              柏木　伸彦
    〃              石本　　均
  監査役            甲斐田　有亮
代表者略歴　北岡裕章
  昭和53年3月21日ヤ
  ンマー農機㈱入社。
  平成21年2月21日ヤ
  ンマー㈱農機事業本
  部執行役員本部長。
  24年4月1日洋馬農
  機（中国）有限公司総経理。28年1月1
  日ヤンマー㈱アグリ事業本部海外推進部
  執行役員部長。30年4月2日ヤンマーア
  グリ㈱代表取締役社長。
従 業 員   433名（2018年4月2日現在）
取扱い品目  内燃機関，農業機械，林業機
          械，土木・建設機械，運搬機械，発電機，
          油圧機械，冷暖房・空調機器，ガス・石
          油機器，空気・ガス圧縮機，動力伝達装
          置，産業用無人ヘリコプターの製造，修
```

北岡　裕章

理，販売ならびに賃貸。それらの製品の中古品の売買，交換，修理ならびに委託売買。通信機器，電気制御機器，電気監視機器の製造，修理，販売ならびに賃貸。その他，製造・販売・コンサルタント。

社　歴　明治45年3月，山岡発動機工作所として初代社長の山岡孫吉が現本社の場所でガス発動機の自営販売を開始したのにはじまる。大正6年頃から石油発動機に着手し，同10月「ヤンマー」の商標ではじめて農業石油用発動機を発売。昭和8年12月23日，世界最初の小型横型水冷ディーゼルエンジンを完成，以来ディーゼルエンジン一筋に歩み，11年1月28日，新たに山岡内燃機㈱を設立，27年には社名をヤンマーディーゼル㈱に改称し，ディーゼルエンジンを中核として農業機械，小型建設機械，FRP船及び船舶関連機器等のメーカーとなる。36年7月，農業機械の総合的な取扱いを目的にヤンマー農機㈱を設立。平成14年7月，創業90周年を迎え社名を「ヤンマー㈱」と変更し，各事業のコーポレート機能を強化する。平成14年7月舶用事業を分社化しヤンマー舶用システム㈱設立，15年3月エネルギーシステム事業を分社化しヤンマーエネルギーシステム㈱設立。16年3月国内6販売会社の建機事業資産をヤンマー建機販売㈱に移管，同年9月建機事業を分社化しヤンマー建機㈱を設立，国内6販売会社の舶用事業資産をヤンマー舶用システム㈱に移管。17年1月新ブランドマーク，ミッションを発表。21年2月，ヤンマー農機㈱を合併。21年6月ブランドコンセプト「Solutioneering Your Everlasting Smile」制定。22年6月ブランドステートメント「Solutioneering Together」を制定。24年1月グループの新ミッションおよび行動指針を設定。24年3月創業100周年。25年4月持株会社ヤンマーホールディングス㈱設立。27年には新ブランドステートメント「A SUSTAINABLE FUTURE」を制定。28年ヤンマー㈱から分割により設立。

㈱ワキタ

〒550-0002　大阪市西区江戸堀1-3-20
電　話　06-6449-1901
ＦＡＸ　06-6449-1931
ＵＲＬ　http://www.wakita.co.jp
代表者　脇田　貞二
設立年月日　昭和24年5月4日
資本金　138億2,187万円
株主数　4,118名
決算期　2月
売上高　637億6,3900万円
銀　行　三井住友銀行，三菱UFJ銀行，三井住友信託銀行，りそな銀行
支　店　仙台支店：〒983-0002　仙台市宮城野区蒲生2-32-3　☎022-258-1116／東京支店：〒105-0014　東京都港区芝1-6-10，芝SIAビル　☎03-5439-4630／東京中央支店：東京支店と同☎03-5439-4631／横浜中央支店：〒210-0847　川崎市川崎区浅田4-14-12　☎044-355-2821／名古屋支店：〒459-8001　名古屋市緑区大高町寅新田135　☎052-622-5502／大阪支店：本社と同☎06-6449-1929／大阪中央支店：〒559-0025　大阪市住之江区平林南2-10-90　☎06-6683-5151／広島支店：〒731-4331　安芸郡坂町小屋浦1-6-3　☎082-886-8838／福岡支店：〒816-0912　大野城市御笠川2-6-3　☎092-503-3377
工　場　滋賀工場：〒520-3202　湖南市西峰町4-1　☎0748-75-2171
従業員　397名
取扱い品目　ゼネレーター，インバータ発電機，高圧洗浄機，ハイドロワッシャー，パワーローダー，ゴムクローラー，各種建設機械，他

（兵　庫　県）

アグリテクノ矢崎㈱

〒670-0996　姫路市土山6-5-12
電　話　079-295-1996
ＦＡＸ　079-295-1997
ＵＲＬ　https://www.agritecno.co.jp
代表者　福光　康治
設立年月日
　　　　平成8年6月21日
資本金
　　　　3億3,000万円
決算期　6月
銀　行　三菱UFJ銀行，山陰合同銀行，中国銀行，三井住友銀行

福光　康治

事業所　北海道営業所：〒062-0002　札幌市豊平区美園2条5-1-11　☎011-558-1996／九州営業所：〒836-0054　大牟田市天領町3-6-13　☎0944-56-6701／東日本営業所：〒311-1511　鉾田市柏熊314-1　☎0291-33-5996／大阪事務所：〒553-0003　大阪市福島区福島3-1-46　☎06-6458-3717／岡山事務所：〒703-8221　岡山市中区長岡200-1　☎086-278-5003／有漢事務所：〒716-1322　高梁市有漢町上有漢599-3　☎0866-57-2959／大分事務所：〒876-0022　佐伯市上灘9731　☎0972-48-9097／川上研究開発センター：〒716-0204　高梁市川上町領家1989-1　☎0866-48-4341
工　場　〒716-0321　高梁市備中町東油野1537　☎0866-45-3880
役　員
代表取締役社長　　福光　康治
取締役　　　　　　矢崎　陸
　〃　　　　　　　酒井　均
監査役　　　　　　梅林　啓一
従業員　90名
取扱い品目　播種機，施肥機，土壌消毒機，真空播種機，散布機，マルチャー，種子被覆加工装置，種子ゲル被覆加工，精米機，各種農産物栽培

㈱稲坂歯車製作所

〒679-0222　加東市高岡681
電　話　0795-48-2450
ＦＡＸ　0795-48-4390
代表者　稲坂　利文
創業年月日　昭和24年7月
資本金　4,050万円
決算期　2月
銀　行　三井住友銀行，りそな銀行
工　場　本社工場：（本社と同）／南工場：〒679-0222　加東市高岡229-2　☎0795-48-5050／加西工場：〒675-2101　加西市繁昌町区318-7　☎0790-49-2450
従業員　298名
取扱い品目　オートバイ，農機建機用各種歯車一貫加工

㈱ウインブルヤマグチ

〒673-1434　加東市東実397
電　話　0795-42-1066
ＦＡＸ　0795-42-4083
ＵＲＬ　http://www.winbull.co.jp
代表者　山口　義隆
創業年月日　昭和29年
資本金　3,750万円
決算期　3月
銀　行　三井住友銀行，みなと銀行，商工組合中央金庫，兵庫県信用組合，日本政策金融公庫
支　店　貿易部：（本社と同）／広島営業所：〒727-0004　庄原市新庄町378-1　☎0824-72-5727／九州営業所：〒839-0809　久留米市東合川7-3-35　☎0942-44-7882／中部営業所：〒500-8268岐阜市茜部菱野2-12-2　☎058-276-0858／四国営業所：〒791-0301　東温市南方724-4　☎089-966-3925
工　場　本社と同
従業員　60名
取扱い品目　農業用動力運搬車，土木用動力運搬車，フォワーダ，林内作業車，ミニショベル，ミニクレーン，バッテリー

製造業者編＝兵庫県，和歌山県＝

リフター，除雪作業車

㈱小川農具製作所

〒675-2402　加西市田谷町676
電　　話　0790-45-0006
ＦＡＸ　0790-45-1868
ＵＲＬ
http://www.ogawanoogu.co.jp
代表者　小川雅規
創業年月日　昭和10年
資　本　金　1,000万円
決　算　期　1月
銀　　行　三井住友銀行
従　業　員　40名
取扱い品目　［小川式］耕うん機用畦立器，同作溝機，タバコ畦立器，トラクター用畦立器，同片培土器，サイドリッジャー・ブロックマスター

川崎重工業㈱

神戸本社：
〒650-8680　神戸市中央区東川崎町1-1-3
　　　　　神戸クリスタルタワー
電　　話　078-371-9530
ＦＡＸ　078-371-9568
東京本社：
〒105-8315　東京都港区海岸1-14-5
電　　話　03-3435-2111
ＦＡＸ　03-3436-3037
ＵＲＬ　https://www.khi.co.jp
代表者　金花芳則
創業年月日　明治29年10月
資　本　金　1,044億8,400万円
株　主　数　11万3,980名
決　算　期　3月
売　上　高　1兆5,742億円
工　　場　明石工場：〒673-8666　明石市川崎町1-1　☎078-921-1301
従　業　員　35,805名（連結）
取扱い品目　［農業関係］汎用ガソリンエンジン

山田機械工業㈱

〒651-2404　神戸市西区岩岡町古郷1534
電　　話　078-967-1481
ＦＡＸ　078-967-3090
ＵＲＬ
http://www.beaver-group.co.jp
代表者　平井正人
創業年月日　昭和38年3月
資　本　金　1,000万円
決　算　期　3月
売　上　高　4億6,500万円
銀　　行　三井住友銀行，日新信用金庫，播州信用金庫，但陽信用金庫，西兵

庫信用金庫，ゆうちょ銀行
支　　店　東日本営業所：〒989-6135　大崎市古川稲葉4-10-15　☎0229-25-9745／中国営業所：〒728-0014　三次市十日市南3-11-12　☎0824-62-8061／九州S.C.：〒839-0863　久留米市国分町白川784-5　☎0942-22-2258，他長野営業所，東京事務所
従　業　員　38名
取扱い品目　ビーバー刈払機，枝打機，ビーバーマジックハンマー（杭打機），根切機，ビーガン，コンクリートブレーカー

八鹿鉄工㈱

〒667-0024　養父市八鹿町朝倉200
電　　話　079-662-7111
ＦＡＸ　079-662-7118
ＵＲＬ　http://yoka-tekko.com
代表者　寺田謙二
創業年月日　昭和16年2月1日
資　本　金　5,500万円
決　算　期　1月
売　上　高　30億円
銀　　行　但馬銀行，但馬信用金庫
従　業　員　150名
取扱い品目　コンバイン用カッター，コンバイン用結束機，大豆刈取機，大豆脱粒機，播種機，湛水直播機，側条施肥機，除雪機

（和歌山県）

中央工業㈱

〒643-0071　有田郡広川町広1310
電　　話　0737-63-3030
ＦＡＸ　0737-63-3031
ＵＲＬ　http://chuoo.sakura.ne.jp
代表者　浦　芙美代
創業年月日　昭和29年6月10日
資　本　金　1,000万円
株　主　数　4名
主　株　主　浦　芙美代
決　算　期　10月
売　上　高　8億9,000万円
銀　　行　紀陽銀行，三井住友銀行，きのくに信用金庫
支　　店　東北出張所：〒024-0001　北上市飯豊村崎野14　☎0197-66-4373／四国出張所：〒768-0033　観音寺市新田町1841-1　☎090-4763-1958／九州出張所：〒862-0930　熊本市東区小山町1939-3　☎096-389-6688
工　　場　天皇工場：〒643-0075　和歌

山県有田郡広川町和田34-1　☎0737-63-3033
役　　員
代表取締役　　　　浦　芙美代
取締役　　　　　　浦　嵯希里
　〃　　　　　　　谷本博史
　〃　　　　　　　池永文茂
監査役　　　　　　浦　多寿子
従　業　員　36名
取扱い品目　動力噴霧機，刈払機，ダスター，オーガー，中耕除草機，自動攪拌機，無人防除機，高圧洗浄機，コイン洗車機，注入動噴，口蹄疫・鳥インフルエンザ消毒装置
社　　歴　昭和29年6月10日和歌山県有田郡広川町広の地に浦清兵衛が創業。手押噴霧機と農業用動力噴霧機の製造販売を開始。41年本社工場を新設。43年浦清純が二代目社長に就任。46年天皇工場新設，洗車機・高圧洗浄機の本格製造に入る。63年無注油動噴ダルマシリーズ発売開始。平成2年浦元信が専務取締役就任，大型動噴クラウンシリーズの充実を企る。7年資本金を1,000万円に増額，浦清純が会長に，浦元信が社長に就任。8年樹皮削剥用セット動噴「つるりミニ」，13・14年車輪付き直列セット動噴，軽量化した「プチカル動噴」，15年「注入動噴」を発売。16年農業機械学会関西支部より技術開発賞を受賞。19年「注入動噴」特許取得，消毒器としての販売に弾みをつける。20年和歌山県より「発明賞」を受賞した。22年宮崎県の口蹄疫防のために注入動噴を用いた消毒装置を開発した。クラウン160，クラウンNBⅢを発表し，東北三陸のかき，ホタテ養殖の復興に寄与した。25〜26年24時間テレビの協賛で，8PS，2MPaの高圧洗浄機を岩手県に出荷し，広く利用されている。28年2月8日浦芙美代が社長就任。前社長の路線を継承している。

東洋ライス㈱

和歌山本社：
〒640-8341　和歌山市黒田12
電　　話　073-471-3011
ＦＡＸ　073-471-7033
銀座本社：
〒104-0061　中央区銀座5-10-13
　　　　　東洋ライスビル
電　　話　03-3572-7550
ＦＡＸ　03-3572-7551
ＵＲＬ　http://www.toyo-rice.jp
代表者　雑賀慶二
設立年月日　昭和36年11月1日
資　本　金　1億円
決　算　期　3月

売上高　86億1,658万円
支　店　東日本支店：〒176-0012　東京都練馬区豊玉北4-11-10 ☎03-3557-3011／仙台営業所：〒981-3133　仙台市泉区泉中央1-40-4 ☎022-375-0111／東洋ライス和歌山工場：和歌山本社と同／東洋ライスサイタマ工場：〒350-0269　坂戸市にっさい花みず木7-5 ☎049-288-4700／東洋ライス二本松工場：〒964-0812　二本松市関44 ☎0243-22-8200／東洋ライスリンクウ工場：〒598-0093　大阪府泉南郡田尻町りんくうポート北5-8 ☎072-466-3011
従業員　170名
取扱い品目　BG無洗米，金芽ロウカット玄米，金芽米，金芽米を使った無菌包装米飯，電子色彩選別機，粉粒体搬送機，電子自動スケール，全自動穀類調質機，自動石抜機，全自動精米機，自動混米機，全自動計量包装機，コンピューター精米機器制御装置，ブレンド装置，精米プラント，自動倉庫（物流システム），味度メーター，BG無洗米製造プラント，他

（鳥　取　県）

㈲河島農具製作所

〒683-0064　米子市道笑町2-61
電　話　0859-22-9341
FAX　0859-34-7616
URL　http://kawashima-group.com
代表者　河島隆則
創業年月日　大正7年7月7日
資本金　4,754万円
株主数　3名
決算期　2月
銀　行　鳥取銀行
役　員
　代表取締役会長　　河島和恵
　代表取締役社長　　河島隆則
　専務取締役　　　　河島慶子
　常務取締役　　　　生田宏道
　〃　　　　　　　　明田良雄
　取締役　　　　　　杉嶋茂樹
　〃　　　　　　　　加藤健二
　〃　　　　　　　　手島勇治
　〃　　　　　　　　田所辰夫
従業員　85名
取扱い品目　動力運搬車，果樹園用高所作業機，国土交通省型式認定小型特殊自動車，芝生管理機

太昭農工機㈱

〒689-3544　米子市浦津327
電　話　0859-27-0121
FAX　0859-27-1132
代表者　村田幹
創業年月日　大正10年
資本金　1,000万円
決算期　12月
銀　行　山陰合同銀行，島根銀行
従業員　20名
取扱い品目　各種食品乾燥機，水田用中耕除草機，畑作用小型管理機，焼却炉，椎茸・栗用選別機，ボイラー，ハウス暖房機

（島　根　県）

丸高工業㈱

〒699-0102　松江市東出雲町下意東1524-1
電　話　0852-52-2150
FAX　0852-52-5067
代表者　高倉完治
創業年月日　昭和25年12月
資本金　3,700万円
決算期　12月
銀　行　山陰合同銀行，米子信用金庫，日本政策金融公庫，商工組合中央金庫
従業員　35名
取扱い品目　トラクタードーザー，スチームチェンヂャー，ダブルシート養生室，省力化機械，各種工作機械部品

三菱マヒンドラ農機㈱

〒699-0101　松江市東出雲町揖屋667-1
電　話　0852-52-2111
FAX　0852-52-5877
URL　http://www.mam.co.jp
東京事務所：
〒340-0203　久喜市桜田2-133-4
電　話　0480-58-7050
FAX　0480-96-9994
代表者　末松正之
創業年月日　大正3年6月
資本金　45億1万円
主株主　三菱重工業㈱，Mahindra & Mahindra Ltd.
決算期　3月
売上高　448億円（連結）
銀　行　三菱UFJ銀行，農林中央金庫
事業所　東京事務所：〒340-0203　久喜市桜田2-133-4 ☎0480-58-7050／研修センター：〒699-0101　松江市東出雲町揖屋124-1 ☎0852-52-3030

役　員
　CEO取締役社長　　末松正之
　CFO取締役副社長
　　　　　　　Sudhir Kumar Jaiswal
　CTO取締役副社長　久野貴敬
　非常勤取締役　　　石塚隆志
　〃　　　　　　　　小椋和朗
　〃　　　　　　　　迫江正信
　〃　　　　　　　　Pawan Goenka
　〃　　　　　　　　Rajesh Jejurikar
　〃　　　　Subramaniam Durgashankar
　常務取締役　　　　松村直之
　上級執行役員　　　田中信之
　〃　　　　　　　　三上智治
　〃　　　　　　　　中島義治
　〃　　　　　　　　浅谷祐治
　執行役員　　　　　松本幹史
　〃　　　　　　　　濱田克己
　〃　　　　　　　　鶴岡裕
　常勤監査役　　　　松岡秀司
　非常勤監査役　　　宮本敏也
　〃　　　　　　　　伊藤博之進

末松　正之

代表者略歴　末松正之　昭和61年東京大学卒業。61年4月三菱重工業㈱相模原製作所入社。平成19年5月同社汎用機・特車事業本部企画経理部連結経営推進グループ主席。20年6月三菱農機㈱監査役兼務。21年1月三菱重工業㈱汎用機・特車事業本部企画経理部次長。23年4月同社汎用機・特車事業本部企画経理部長。24年1月三菱農機㈱常務取締役。26年4月三菱重工業㈱機械・設備システムドメイン事業戦略総括部企画管理部次長，三菱農機㈱取締役兼務。28年1月代表取締役（現任）。
従業員　1,376名（連結）
取扱い品目　トラクタ，耕うん機，管理機，田植機，コンバイン，バインダ，ハーベスタ，エンジン，その他農業機械。育苗，米穀，花卉栽培，各種ハウス等建築土木工事
社　歴　創業は大正3年。昭和55年2月佐藤造機㈱を存統会社とし，三菱機器販売㈱と対等合併。社名を三菱農機㈱とする。平成27年10月，Mahindra & Mahindra社の資本参加により，社名を三菱マヒンドラ農機㈱とする。

（岡　山　県）

オカネツ工業㈱

〒704-8161　岡山市東区九蟠1119-1

製造業者編＝岡山県＝

電　　　話　086-948-3981
Ｆ　Ａ　Ｘ　086-948-3986
Ｕ　Ｒ　Ｌ　http://okanetsu.co.jp
代 表 者　和田　俊博
創業年月日　昭和23年8月28日
資　本　金　7,000万円
株 主 数　64名（2017年9月末現在）
主 株 主　三菱マヒンドラ農機㈱，東進工業，福本ボデー，フォーマー物流，和田俊博，岩田秀一
決　算　期　3月
売　上　高　93.5億円（2018年3月期）
銀　　　行　中国銀行，商工中金，百十四銀行，山陰合同銀行，日本政策金融公庫，トマト銀行，三井住友銀行，みずほ銀行
事　業　所　関東営業所：〒361-0016 行田市藤原町2-8-1 ☎048-577-5916
工　　　場　本社工場：本社と同
代表者略歴　和田俊博
昭和53年3月芝浦工業大学卒，同年4月オカネツ工業入社。平成6年4月業務部長，12年5月取締役，16年5月常務取締役，17年6月代表取締役就任。

和田　俊博

従 業 員　237名（2018年9月末現在）
取扱い品目　管理機・耕耘機，各種トランスミッション／アクスル，牧畜用カッター，テイラー用ロータリー，傘歯車・平歯車加工，金属熱処理加工全般，その他産業機械等製造販売
主要取引先　㈱クボタ，三菱マヒンドラ農機㈱，ヤンマー㈱，井関農機㈱，三菱ロジスネクスト㈱
社　　　歴　昭和23年8月岡山県陸用内燃機工業協同組合設立，27年11月各種機械部品の固形浸炭焼入を始める。39年6月岡山熱処理工業㈱設立，45年2月㈱岡山歯車製作所を傘下に治める。48年2月農業機械用トランスミッションの組立開始，49年6月オカネツ工業㈱に社名変更，52年4月自社製品開発（大根結束機，除根毛機，里いも選別機，土壌消毒機，運搬車用トランスミッション等），53年6月本社および本社工場を現在地に移転。平成16年4月フォーマー物流㈱設立，19年3月塩見金属工業㈱を傘下に治め，オカネツ金属工業㈱に変更，20年7月岡熱機械（常州）有限公司操業開始，㈱ナカハラを傘下に治め，ネッツ・ソリューション㈱に変更，26年7月OKANETSU VIETNAM設立。24年2月初の自社ブランド製品電動ミニ耕耘機「くるぼ」，26年12月一輪クローラ式電動運搬車「はこぼ」発売。27年1月，6次産業製品として「コールドフルーツアイスクリームブレンダー」発売。30年4月2馬力車軸耕うん機「ほって」，同年12月リヤロータリー式ミニ耕うん機「ホルガ」発売。

㈱岡山農栄社

〒703-8204　岡山市中区雄町八反田394-3
電　　　話　086-279-6100
Ｆ　Ａ　Ｘ　086-279-6104
代 表 者　入野　恒司
創業年月日　大正13年5月
資　本　金　1,800万円
銀　　　行　三菱UFJ銀行，三井住友銀行，みずほ銀行
営　業　所　北海道営業所：〒078-8275 旭川市工業団地5条3-3-1 ☎0166-36-5115／東日本営業所：〒983-0043 仙台市宮城野区萩野町4-2-44 ☎022-232-5609／西日本営業所：（本社と同）☎086-279-6100／九州営業所：〒862-0911 熊本市東区健軍3-45-13 ☎096-368-7407／関東営業所：〒372-0023 伊勢崎市粕川町1616 ☎0270-21-8127
従 業 員　100名
取扱い品目　刈払機，穀物搬送機，昇降機，フレコンタンクスケール，フレコンタンク，自動選別計量機，ごぼうひげとり機，さつまいもひげとり機，畦間専用管理機，大根アジャスター，ごぼうアジャスター，ハウスシート巻上機，マルチ巻取機，カートン供給機，ライスホルダー

カーツ㈱

〒704-8588　岡山市東区西大寺五明387-1
電　　　話　086-942-1111
Ｆ　Ａ　Ｘ　086-942-1120
Ｕ　Ｒ　Ｌ　http://www.kaaz.co.jp
　　　　　　http://www.kaaz-sports.com
代 表 者　勝矢　雅一
創業年月日　大正11年7月
資　本　金　1億円
株 主 数　16名
主 株 主　勝矢雅一，三菱重工メイキエンジン㈱，㈱トマト銀行，㈱中国銀行
決　算　期　6月
売　上　高　50億6,700万円
銀　　　行　広島銀行，トマト銀行
支　　　店　九州営業所：〒862-0911 熊本市東区健軍2-11-58 ☎096-285-4331
役　　　員
代表取締役社長　　勝矢　雅一
取締役　　　　　　田尾　博昭
〃　　　　　　　　野中　昌樹
〃　　　　　　　　鳴坂　好章
〃　　　　　　　　仲村　　均
〃　　　　　　　　井口　敬司
監査役　　　　　　鶴海　　元
上級執行役員　　　横堀　和男
執行役員　　　　　足立　康肇
〃　　　　　　　　実末　和弘
代表者略歴　勝矢雅一
昭和39年12月7日岡山市生。62年3月青山学院大学経済学部卒。同年3月カーツ㈱に入社。平成元年9月取締役，7年7月常務取締役，10年10月代表取締役専務，18年7月代表取締役社長に就任。

勝矢　雅一

従 業 員　81名
取扱い品目　刈払機，動力噴霧機，トリマー，背負式ブロアー，ロータリーモアー，枝打機，草刈機，ローンモアー，高圧洗浄機，産業用小型掃除機，自走式動力噴霧機，オーガー，LSD（オートスポーツ用）
社　　　歴　大正11年9月勝矢定（初代社長）岡山市内に溶接所を開く。昭和5年3月土肥工業所（個人）を創設し，農用水冷発動機（農用エンジン）の製造を開始。27年7月土肥工業㈱に組織変更。40年8月自走式リール芝刈機（G18）を製品化，初めてブランド名を「カーツ，KAAZ」として発売。41年5月「カーツ刈払機」を製品化。45年1月カーツ機械㈱に社名変更，勝矢一成が社長に就任。同年7月国産初のダイヤフラム式草刈機をゼノア㈱と共同で開発，「カーツグリーン」のネームで販売。51年3月仏セーバー社と売買契約成立，欧州戦略の拠点となる。61年9月第二次C・I導入し社名をカーツ機械㈱からカーツ㈱へ変更。仏モトウール誌で園芸用品の知名度世界No.2の栄誉。平成6年モータースポーツ部門の新製品として高性能多板式カーツLSDを発売。英アメニティ誌の厳密な刈払機ユーザーテストで「防振，軽量，バランス，性能」総合評価第1位の栄誉。18年勝矢一成が会長に，勝矢雅一が社長に就任。

小橋工業㈱

〒701-0292　岡山市南区中畦684
電　　　話　086-298-3111
Ｆ　Ａ　Ｘ　086-298-9010
Ｕ　Ｒ　Ｌ　http://www.kobashikogyo.com
代 表 者　小橋　正次郎
創業年月日　明治43年
資　本　金　1億円
株 主 数　3名
主 株 主　KOBASHI HOLDINGS㈱
決　算　期　6月
売　上　高　115億円
銀　　　行　中国銀行，トマト銀行
支　　　店　北海道営業所：〒071-1248

北海道上川郡鷹栖町8線西2-6 ☎0166-49-0070／東北営業所：〒024-0004 北上市村崎野13地割35-1 ☎0197-71-1160／関東営業所：〒321-3325 栃木県芳賀郡芳賀町芳賀台47-1 ☎028-687-1600／新潟営業所：〒942-0041 上越市安江477-1 ☎025-546-7747／岡山営業所：〒701-0165 岡山市北区大内田727 ☎086-250-1833／九州営業所：〒861-2236熊本県上益城郡益城町広崎1586-8-2F ☎096-286-0202
工　場　本社工場：敷地23,243・建物12,635
役　員
取締役会長　　　　　小　橋　一　郎
代表取締役社長　　　小　橋　正次郎
監査役　　　　　　　小　橋　千枝子
〃　　　　　　　　　小　橋　真希子
代表者略歴　小橋正次郎

小橋　正次郎

昭和57年4月28日生。岡山市出身。平成19年青山学院大学経済学部経済学科卒業，20年5月小橋工業㈱入社，同年8月取締役に就任，27年7月代表取締役専務に就任，28年10月17日代表取締役社長に就任。現在，KOBASHI HOLDINGS㈱代表取締役社長，小橋金属㈱代表取締役社長，コバシ倉庫㈱代表取締役社長を兼任。
従業員　325名（グループ全体）
　　　　242名（単独）
取扱い品目　耕うん爪，ロータリ，代掻きハロー，折りたたみ式代掻きハロー，深耕ローター，あぜ塗り機，ドレーナー，溝掘機，中耕ローター，フレールモアー，ディスクローター，自走式野菜収穫機
社　歴　明治43年小橋勝平が創業。小橋照久が事業承継し，昭和32年耕うん爪の量産生産ラインを構築。35年小橋工業㈱を設立。39年トラクタ作業機，大型ローターを発売。49年耐久性を飛躍的に高めた耕うん爪（Z爪）を発売。平成2年社長交代，代表取締役小橋一郎。7年あぜ塗り機を開発。9年180度折りたたみ代掻機（サイバーハロー）を開発。18年オートあぜ塗り機（ガイア），高性能ローター（ツーウェーローター）を開発。19年東日本部品センターが稼働。21年東日本製品センター，西日本製品センターが稼働。21年作業スピード2倍の中耕除草機（中耕ディスクDC300）を発売。ワイヤレスリモコン（カルコン）搭載のサイバーハロー，あぜ塗り機を発売。22年理想的な摩耗形状を実現した耕うん爪（Zplus1）を発売。23年丈夫で長持ちする究極の耕耘爪（快適Plus1）を発売。24年プロ農家向けの大型トラクタ用作業機スーパーシリーズを発売，プロ農家向けの快適Z爪をグレードアップした耕耘爪（快適ZPlus1）を発売。26年オートあぜ塗り機（ガイア）のラインアップをリニューアルし，スマートガイアを発売。大型ローター（ハイパーローター）をモデルチェンジし，KRVシリーズを発売。北海道製品センターが稼働。27年大型折りたたみ代掻機（サイバーハロー）をモデルチェンジし，TXV・TXZシリーズを発売。28年電動折りたたみ代掻き機では国内最大の4.1m幅をラインアップした（サイバーハロー）TXFシリーズを発売。社長交代，代表取締役小橋正次郎。29年㈱ユーグレナと資本提携を行う。KOBASHI HOLDINGSを設立。「第51回グッドカンパニー大賞」において「優秀企業賞」を受賞。30年㈱リバネスと業務提携を行う。

三陽機器㈱

〒719-0392　浅口郡里庄町新庄3858
電　話　0865-64-2871
FAX　0865-64-2874
URL　http://www.sanyokiki.co.jp
代　表　者　川　平　英　広
創業年月日　昭和41年6月2日

川平　英広

資　本　金　6,600万円
株　主　数　23名
主　株　主　社員持株会
決　算　期　5月
売　上　高　37億円
銀　行　三菱UFJ銀行，三井住友銀行，尼崎信用金庫，中国銀行，トマト銀行，笠岡信用組合
支　店　研究所：本社と同／宝塚事業所：〒665-0825　宝塚市安倉西4-2-25 ☎0797-83-0012／札幌営業所：〒007-0806 札幌市東区東苗穂6条2-14-20 ☎011-781-8777／東北センター・仙台営業所：〒984-0002　仙台市若林区卸町東1-9-23 ☎022-236-8581／関東営業所：〒323-0827　小山市神鳥谷222-1 ☎0285-22-2901／大阪・岡山営業所：〒719-0392 岡山県浅口郡里庄町新庄3858 ☎0865-64-4301／熊本営業所：〒861-3106 熊本県上益城郡嘉島町上島2500-3 ☎096-237-2007／関連会社＝三陽サービス㈱, SIAM SANYOKIKI. CO., LTD.（タイ王国）
工　場　本社工場：（本社と同）／宝塚工場：（宝塚事業所と同）
役　員
代表取締役社長　　　川　平　英　広
取締役　　　　　　　山　口　幸　隆
〃　　　　　　　　　赤　沢　実
監査役　　　　　　　佐々木　正　有
従業員　100名
取扱い品目　ドッキングローダ，ミニローダ，ローダ用各種先端アタッチメント，JL300乗用ローダ，各種油圧機器，気圧リフター，ワイヤーリフター，ツインモアーTM及びZMシリーズ（トラクタ用アーム式草刈機），ハンマーナイフモアー（トラクタ用アーム式草刈機，油圧ショベル用草刈機），グリーンフレーカ（樹木破砕機），ホールディガー（ビニールハウス用支柱穴あけ機），まきわり機
社　歴　昭和41年に兵庫県尼崎市で創立。トラクタ用フロントローダ及びその各種アタッチメントの開発，生産販売を開始。43年兵庫県伊丹市に移転。46年にフロントローダの着脱が1人で行える国際特許の「ドッキングローダ」，54年にはマスターバルブの開発により1本レバーで11の操作を可能にし平行昇降ができるニュードッキングローダ「ロードマスター」，59年に小型トラクタ専用軽量小型ローダ「ミニマスター」，60年自社開発した電磁バルブをICコントローラで制御する「ロードマスターIC」を開発。63年本社を現在地へ移転，研究所を設立。平成元年自社開発したマイコン制御の「ロードマスターMC」を開発，気圧リフター（荷役昇降機）をシリーズ化して本格発売。6年トラクタ用前装ブーム式草刈機，7年にニュードッキングローダ「ロードマスター21」の中型・大型トラクタ用を開発。9年トラクタ用アーム式草刈機「ツインモアー」，油圧ショベル用草刈機HKMシリーズ，10年ワイヤーリフター，11年小型トラクタ専用コンパクトローダ「ミニローダ」，ビニールハウス用支柱穴あけ機，吸引式集草機，12年もみがらすりつぶし機，13年樹木破砕機「グリーンフレーカ」GFシリーズ，17年まきわり機，19年ミニローダの仕様をアップさせた「スーパーミニローダ」，20年「乗用ローダJL280」，24年トラクタ3点リンク装着アーム式草刈機「ハンマーナイフモアーZH-44」，25年トラクタ3点リンク装着アーム式草刈機「ハンマーナイフモアーZH-34」を開発。

大紀産業㈱

〒700-0027　岡山市北区清心町3-3
電　話　086-252-1178
FAX　086-252-6690
代　表　者　安　原　宗一郎
創業年月日　昭和23年1月
資　本　金　2,000万円
株　主　数　4名
決　算　期　12月

製造業者編＝岡山県＝

売　上　高　5億円
銀　　　行　中国銀行
支　　　店　東北営業所：☎028-4134　盛
岡市玉山区下田字柴沢1139-3　☎019-
601-4830／関東営業所：☎355-0163　埼
玉県比企郡吉見町本沢345　☎0493-53-
2788／九州営業所：☎881-0104　西都市
鹿野田霧島11365-2　☎0983-43-4860
工　　　場　本社工場：本社と同
役　　　員
代表取締役社長　　　　安原　宗一郎
取締役　　　　　　　　安原　　博
　〃　　　　　　　　　安原　　学
代表者略歴　安原宗一郎　平成6年3月慶
應義塾大学理工学部卒業。12年4月大紀
産業㈱入社。19年8月同社代表取締役社
長就任。
従　業　員　28名
取扱い品目　葉たばこ乾燥機，たばこ生産
諸資材，食品乾燥機，黒大豆乾燥機，温
風暖房機，野菜用簡易移植機・施設園芸
資材
主要取引先　全農，㈱クボタ，ヤンマーア
グリ㈱，井関農機㈱，三菱農機販売㈱

㈱ニッカリ

〒704-8125　岡山市東区西大寺川口465-1
電　　　話　086-943-0051
Ｆ　Ａ　Ｘ　086-943-0405
代　表　者　杉本　宏
創業年月日
昭和34年7月創立
資　本　金　4,800万円
株　主　数　17名
主　　　株　杉本俊明，
ニッカリ従業員持株
会，大阪中小企業投
資育成㈱
決　算　期　5月
売　上　高　49億8,000万円
銀　　　行　中国銀行，トマト銀行
支　　　店　東日本営業所：〒331-0811
さいたま市北区吉野町1-389-9　☎048-
664-5771／東北営業所：〒020-0612　滝
沢市柳沢1436-2　☎019-688-7140／西日
本営業所：〒704-8125　岡山市東区西
大寺川口465-1　☎086-943-0062／九州
営業所：〒839-0863　久留米市国分町
1172-4　☎0942-21-9718
事　業　所　東岡山事業所：〒703-8228
岡山市中区乙多見482-1　☎086-279-1291
役　　　員
代表取締役　　　　　　杉本　　宏
取締役　　　　　　　　武市　　健
　〃　　　　　　　　　小合　弘道
　〃　　　　　　　　　坂根　　誠
　〃　　　　　　　　　新開　健介

監査役（非常勤）　　　藤原　　惠
従　業　員　125名
取扱い品目　刈払機，軌条運搬機，あぜ草
刈機，小型管理機，トリマー，バッテリー
式剪定ハサミ，バッテリー式誘引結束機
社　　　歴　昭和32年4月，故杉本稔が刈
払機他農林業用機械の製造販売を目的と
して杉本製作所を設立。34年7月，組織
変更して日本刈取機工業㈱創立，刈払機
他製造，刈払機国産の草分けとなる。42
年単軌条運搬機（モノラック）を開発。
45年大阪中小企業投資育成㈱の投資企業
となり資本金4,800万円に増資。48年社
名を㈱ニッカリと改称。59年西大寺内陸
工業団地に西大寺工場を新設。平成28年
1月工場のある岡山市東区西大寺に本社
を移転。

みのる産業㈱

〒709-0892　赤磐市下市447
電　　　話　086-955-1122
Ｆ　Ａ　Ｘ　086-955-5520
Ｕ　Ｒ　Ｌ
http://www.minoru-sangyo.co.jp
代　表　者　生本　純一
創業年月日
昭和20年10月
資　本　金　7,200万円
株　主　数　11名
決　算　期　9月
売　上　高　74億円
銀　　　行　中国銀行，
みずほ銀行，三井住友銀行，三菱UFJ銀
行，伊予銀行，みずほ信託銀行
支　　　店　東京支店：〒337-0042　さ
いたま市見沼区南中野210　☎048-683-
9451／九州支店：〒818-0066　筑紫野市
永岡1020-1　☎092-921-6006
工　　　場　本社工場：敷地101,000・建
物40,000／北海道工場：〒068-2165　三
笠市岡山三笠工業団地　☎01267-2-7104
／但東工場：〒668-0311　豊岡市但東町
出合5-5　☎0796-54-0806／岡山シイタ
ケ工場：〒701-2225　赤穂市山口2087-1
☎086-956-3388
役　　　員
代表取締役社長　　　　生　本　純　一
取締役副社長　　　　　生　本　尚　久
専務取締役　　　　　　国　定　登志雄
取締役　　　　　　　　生　本　実千久
　〃　　　　　　　　　大　西　啓　文
　〃　　　　　　　　　田　中　　進
　〃　　　　　　　　　楠　本　将　雄
　〃　　　　　　　　　藤　森　陰　男
　〃　　　　　　　　　藤　井　　剛
監査役　　　　　　　　生　本　治　子
　〃　　　　　　　　　生　本　知　恵

従　業　員　320名
取扱い品目　ポット成苗田植機，土付成苗
田植機，水田除草機，育苗箱，田植機用
播種機及びその他付属品，防除機（散粒
機・散粉機・噴霧機・薬液散布機），土
壌消毒機，餅搗機，精米機，全自動玄米
プロセッサー，野菜移植機，野菜播種機，
エクセルソイル（壁面緑化基盤材），シ
イタケ生産
社　　　歴　昭和20年10月農機具の製造を
目的とし，現在地に前会長の生本實個人
経営にてみのる農産工業所の名称で工場
を開設。24年7月資本金50万円をもって
みのる産業㈱設立。28年9月事業拡充に
伴い資本金100万円に増額。以後29年，
31年，36年，41年，56年と増資し現在に
至る。

ヤンマー農機製造㈱

〒702-8515　岡山市中区江並428
電　　　話　086-276-8111
Ｆ　Ａ　Ｘ　086-276-8314
Ｕ　Ｒ　Ｌ
http://www.yanmar.co.jp/ynm/
代　表　者　池　内　　導
設立年月日　平成14年7月1日
資　本　金　9,000万円
決　算　期　3月
売　上　高　557億円
銀　　　行　りそな銀行
工　　　場　岡山工場：本社と同／高知工
場：〒782-0041　香美市土佐山田町八
王子263　☎0887-57-0111／鹿児島事業
所：〒899-2513　日置市伊集院町麦生田
681-8　☎099-245-8787／伊吹工場：〒
521-0233　米原市野一色931　☎0749-
55-1111
役　　　員
代表取締役社長　　　　池　内　　導
専務取締役　　　　　　小　竹　敏　郎
取締役　　　　　　　　井　上　昌　昭
　〃　　　　　　　　　菅　野　貴　志
　〃　　　　　　　　　田　村　純　一
　〃　　　　　　　　　増　田　長　盛
監査役　　　　　　　　安　藤　和　典
従　業　員　788名
取扱い品目　トラクタ，コンバイン，田植
機，バインダー，耕うん機，籾すり機，
トランスミッション
社　　　歴　平成14年7月㈱神崎高級工機
製作所伊吹工場とヤンマー㈱木之本工場
のトラクタ製造部門が統合，滋賀県米原
市に設立。17年6月田植機の生産をセイ
レイ工業㈱に移管。25年4月セイレイ工
業㈱と合併，本社を現在地に移転。30年
2月文明農機㈱より製造関連の事業譲渡
を受け鹿児島事業所を新設。

〔広　島　県〕

㈱北川鉄工所

〒726-8610　府中市元町77-1
電　話　0847-45-4560
ＦＡＸ　0847-45-0589
ＵＲＬ　http://www.kiw.co.jp
代表者　北川祐治
創業年月日　昭和16年11月28日
資本金　86億4,000万円
決算期　3月
売上高　554億2,100万円
営業所　札幌：〒062-0933　札幌市豊平区平岸三条5-4-22-306　☎011-812-2425／仙台：〒984-0042　仙台市若林区大和町4-15-13　☎022-232-6732／新潟：〒950-0812　新潟市東区豊2-7-11　☎025-273-9171／東京：〒111-0041　東京都台東区元浅草2-6-6　☎03-3845-3135／名古屋：〒454-0873　名古屋市中川区上高畑2-62　☎052-363-0378／大阪：〒559-0011　大阪市住之江区北加賀屋3-2-9　☎06-6685-9131／四国：〒763-0071　丸亀市田村町126-1　☎0877-22-3339／九州：〒812-0888　福岡市博多区板付7-6-39　☎092-592-5571／沖縄：〒902-0067　沖縄市安里1-8-20　☎098-860-3855
従業員　1,297名
取扱い品目　もみがら撹潰装置，もみがら成形機，ペレット製造装置，粉砕乾燥機，農業資材造粒ミキサー，プラント

黒田工業㈱

〒721-0951　福山市新浜町2-4-28
電　話　084-954-0246
ＦＡＸ　084-954-0545
ＵＲＬ
　http://www.kuroda-dryer.co.jp
代表者　黒田治寿
創業年月日　昭和21年
資本金　3,000万円
株主数　6名
決算期　8月
売上高　3億2,000万円
銀　行　広島銀行
工　場
　本社工場：土地6,600・建物990
従業員　30名
取扱い品目　椎茸乾燥機，食品用乾燥機，魚類乾燥機，珍味加工用乾燥機，工業用特殊乾燥機
社　歴　昭和21年9月，福山市地吹町で黒田鉄工所を創立押麦機を製造。27年9月，㈲黒田鉄工所と法人改組。38年椎茸乾燥機，海苔乾燥機，バーナー，40年魚類乾燥機，46年金属洗浄機，超音波応用機器販売。61年6月，福山市新浜町に本社，工場移転，現在に至る。

㈱啓文社製作所

〒731-0523　安芸高田市吉田町山手739-6
電　話　0826-43-1201
ＦＡＸ　0826-43-1768
ＵＲＬ　http://keibuntech.com
代表者　柴田修明
創業年月日　昭和32年4月1日
資本金　2,000万円
決算期　6月
売上高　8億4,900万円
銀　行　広島銀行，商工中金
工　場　本社工場：敷地7,710・建物3,741／中国工場（寧波市快播農業機械有限公司）：浙江省寧波市
役　員
代表取締役会長　　手塚弘三
代表取締役社長　　柴田修明
取締役　　　　　　手塚淳三
監査役　　　　　　村上正臣
従業員　41名
取扱い品目　育苗器，水稲用播種機，真空野菜播種機，軽量コンベヤー，コーティングマシン，冷暖房発芽器，腰掛けノンキー，他
社　歴　昭和32年4月1日㈱啓文社広島支店内に商事部として農薬農具の製造販売を開始。39年3月1日電熱育苗機の製造販売を開始。43年5月15日広島市東観音町15-12に移転。44年7月31日㈱啓文社製作所(資本金2,000万円)を設立して商事部の事業一切を継承。45年3月1日広島市楠木町2-3-15に本社及び工場を新築し移転。46年10月広島県高田郡吉田町に吉田工場を新設。57年本社・工場を吉田工場に統合。平成16年7月，取締役社長に髙И道生就任。19年11月中国浙江省寧波市に寧波市快播農業機械有限公司（独資）設立。24年10月中国工場拡張移転（増資）し，中国国内向け本格生産を開始。27年4月代表取締役社長に柴田修明就任。

㈱サタケ

広島本社：
〒739-8602　東広島市西条西本町2-30
電　話　082-420-0001
ＦＡＸ　082-420-0004
東京本社：
〒101-0021　千代田区外神田4-7-2
電　話　03-3253-3111
ＦＡＸ　03-5256-7130
ＵＲＬ
　https://www.satake-japan.co.jp
代表者　佐竹利子
創業年月日　明治29年3月
資本金　2億8,000万円
決算期　2月
売上高　481億円
　（グループ連結）

佐竹利子

銀　行　三井住友銀行，三菱UFJ銀行，広島銀行，みずほ銀行，農林中央金庫
事業所・営業所　北海道事業所・北海道営業所：〒003-0813　札幌市白石区菊水上町3条2-52-254　☎011-812-3666／東北事業所・北上営業所：〒024-0032　北上市川岸1-16-1　☎0197-64-0111／秋田営業所：〒010-1423　秋田市仁井田中谷地121-2　☎018-839-0891／仙台営業所：〒984-0013　仙台市若林区六丁の目南町2-20　☎022-287-2733／関東事業所・東京営業所：〒101-0021　東京都千代田区外神田4-7-2　☎03-3253-3112／柏営業所：〒277-0813　柏市大室1153　☎04-7132-1181／小山営業所：〒323-0822　小山市駅南町4-31　☎0285-27-5060／新潟営業所：〒950-0932　新潟市中央区長潟3-8-16　☎025-287-0177／中部事業所・名古屋営業所：〒491-0023　一宮市赤見3-10-6　☎0586-73-2177／北陸営業所：〒924-0052　白山市源兵島町793-1　☎076-277-2085／関西事業所・大阪営業所：〒561-0854　豊中市稲津町2-5-1　☎06-6867-6015／中四国事業所・広島営業所：〒739-8602　東広島市西条西本町2-30　☎082-420-8575／松山営業所：〒799-3122　伊予市場485-1　☎089-982-6990／九州事業所：〒812-0007　福岡市博多区東比恵4-12-12　☎092-412-0411／福岡営業所：〒818-0132　太宰府市国分1-7-1　☎092-921-6111／熊本営業所：〒861-8029　熊本市東区西原3-3-29　☎096-382-2727
役　員
代表　　　　　　佐竹利子
取締役副社長　　福森　武
専務取締役　　　木原和由
常務取締役　　　松島秀昭
　〃　　　　　　松本伸宏
取締役　　　　　佐々木講介
　〃　　　　　　丸山秀春
　〃　　　　　　木谷博郁
　〃　　　　　　松本和久
監査役　　　　　田中康雄
　〃　　　　　　古浦哲哉
常務執行役員　　増川和義
　〃　　　　　　古賀秀一
執行役員　　　　古屋慎一郎
　〃　　　　　　水野英則

製造業者編＝広島県＝

執行役員	下中　裕司
"	友保　義正
"	宗貞　　健
"	森　　和行

従業員　1,000名
取扱い品目　食品産業総合機械及び食品の製造販売：精米機・大型精米設備の設計施工，カントリーエレベーター・ライスセンター等プラント設計施工，乾燥機・籾摺機・光選別機・計量機等乾燥調製機械の製造販売，ギャバライス・マジックライス等加工食品の製造販売，家庭用精米機，モーター，LED照明

社　　歴　明治29年創業，日本で最初の動力精米機を考案，製造販売を開始。昭和30年パールマスター精米機を発売。31年農家用ワンパス精米機を発売。32年ワンパス精米機で業界として最初，かつ異例のGマークグッドデザイン賞を受賞。37年コンパス精米機を発売。大型精米設備の独占供給を開始。39年我が国初のカントリーエレベーター3か所を独占受注。41年従来の10倍の乾燥速度をもつテンパリング乾燥機を開発。46年農家用電動式米選別機ライスグレーダーを開発，発売。49年籾すり機ライスマスターを開発，発売。61年世界初の食味計測システム「食味計」を開発，発売。平成8年インスタントライス「マジックライス」発売。10年中国蘇州工場開業。11年光選別機マジックソーター発売。12年新精米加工システム「NTWP」発表。13年㈱サタケに社名変更。14年小型無洗米製造装置発表。16年小泉首相来訪，中国蘇州工場増設。17年クリスタルラボラトリー竣工。DNA品種判定装置発売。18年「サタケ東北ショールーム」オープン。業務用IH炊飯器炊飯マイスターを発売。業界初圃場育成診断システムアグリビューを発売。19年世界初の胴割選別機を発売。日本初連続式温湯消毒設備機発売。20年「選別加工総合センター」オープン，インターネットショップを開設，小型製粉機を発売。21年「マジックパスタ」発売。農家用小型光選別機「ピカ選」発売，「パックご飯(レトルト)」加工設備開発，山本製作所と包括的提携契約締結。22年「ピカ選」が食品産業技術功労賞を受賞。新型光選別機「ピカ選グランド」を発売。23年LED照明「SOLAPIKA(ソラピカ)」を発売。GABAライスを使ったおむすび店舗「おむすびのGABA西条店」を新規開店。24年韓国の機械メーカー「DAEWON GSI Co., Ltd.(デウォン社)」と包括的提携契約締結，電気多目的乾燥機「ソラーナCUBE」を発売。25年「おむすびのGABA秋葉原店」開店。26年「おむすびのGABAそごう広島店」開店。27年「おむすびのGABAワイキキ店」開店。「マジックミル"ギャバミル"」を発売，豪州デニーズ社を買収，農業生産法人㈱賀茂プロジェクト」を設立。27年トルコの製粉機メーカーアラパラ社と包括的提携契約締結，「無洗米GABAライス」機能性表示食品届出が公表(受理)。28年「おむすびのGABA台湾姉妹店」開店，業務用精米機「ミルコンボ・摩擦3段タイプ」発売，ミャンマーにサタケ製品のショールーム開設，多用途ベルト式光選別機「ベルトゥーザ　ゼノ」発売。GABA測定装置「GABAlyzer」を発売，地域の再生・活性化事業「豊栄プロジェクト」発足。29年搬送機付精米機「ハイクリーンワンパス」を発売，新型「穀粒判別器」を発売，「小型製粉ユニット」を発売，「サタケiネットワークサポートシステム」サービスを開始，「豊栄くらす」開店，「豊栄ごはんくらす」開店。30年「豊栄おむすびくらす」開店。

佐藤農機鋳造㈱

農機事業所：
〒721-0964　福山市港町2-3-21
電　　話　084-922-4540
F　A　X　084-922-4542
U　R　L　http://www.satonouki.co.jp
本社・鋳造工場：
〒721-0966　福山市手城町3-25-25
電　　話　084-922-3811
F　A　X　084-925-3362
U　R　L　http://www.310imono.co.jp
代表者　佐藤明三
創業年月日　昭和12年2月
資本金　1,500万円
決算期　9月
売上高　17億9,000万円（鋳造含）
銀　　行　みずほ銀行，三菱UFJ銀行，中国銀行，広島銀行
役　　員
代表取締役社長　　　佐藤　明三
専務取締役　　　　　草田　定巳
常務取締役　　　　　檀原　一樹
取締役工場長　　　　佐藤　壮倫
取締役　　　　　　　佐藤　成倫
取締役顧問　　　　　佐藤　義明
従業員　75名
取扱い品目　果実・野菜形状選別機，重量選別機，果実，野菜磨機，野菜洗浄機，根茎皮剥機，コンテナ関連機，下葉とり機，各種鋳造品
代表者略歴　佐藤明三
昭和38年立命館大学理工学部機械科卒業，同年4月工業技術院名古屋工業試験所入所。40年4月佐藤農機取締役，45年4月佐藤鋳造設立と同時に常務に就任。平成6年12月佐藤鋳造代表取締役社長。10年4月社団法人日本鋳物工業会理事，福山地方鋳造工業協同組合理事長，広島県中小企業団体中央会理事。14年4月佐藤農機代表取締役に就任（兼任）。15年10月佐藤農機鋳造㈱代表取締役に就任。

社　　歴　昭和12年2月元会長，佐藤賢一が福山市寺町に佐藤鉄工所を設立，製縄機，縄仕上機，ワラ打機などのワラ加工機の製造販売を開始。18年3月より資材統制でワラ加工機製造を中止し，現三菱重工業㈱三原製作所の協力工場として軍事車輌部品の生産にあたる。20年8月，戦災，その後事務所，工場を新築，操業全面開始。22年鋳造工場新設。23年7月，事業発展により法人組織に変更，同年9月には農林省，通産省重要指定工場として飛躍。24年石川県，25年広島県農試にて，サトー式製縄機が最優秀機として受賞。27年四日市博，北海道博において連続最高位金牌を受領し全国屈指のワラ加工機メーカーに成長。以後，新製品開発を積極的に行い，38年葉たばこ連編機，梱包機，選別機の製造販売を開始，40年には画期的な連続ひも苗方式の田植機開発に成功。45年鋳造工場が佐藤鋳造㈱として独立，さらに新たな分野へ挑戦。同年ミカン撰果機，ウメ，クリ，ナシ，トマト，キュウリ，ミニトマト，ニンジン等の撰別機，47年メロン磨き機，スイカ，トマト，ジャガイモ，コンニャクイモ等の磨き機及び土落機，49年ダイコン洗浄機，サツマイモ，ニンジン，カボチャ，カブ，ゴボウ等の洗浄機，55年ギンナン皮剥機，56年ゴボウ根切機，平成3年下葉取り機，4年魚自動給餌機，9年黒大豆手選別機及び選粒機，12年ポリ容器バケツ洗浄機，13年コンテナリフターを製造販売。15年10月佐藤農機㈱と佐藤鋳造㈱が合併し，果菜選別機・野菜洗浄機・各種鋳造品の総合メーカーとして発足。同年11月黒大豆脱粒機，17年コンテナ洗浄機，ブラシ・動噴スプレー方式の新芋・貯蔵芋兼用洗浄機，金具付きコンテナリフター，18年ブルーベリー選別機，20kgコンテナ専用バッテリーリフター，小型ホッパー昇降機，19年人参重量選別機の新型及び同機にセットして最適量を自動的に送る人参オートホッパー，20年に20kgコンテナ専用の縦型バッテリリフター，21年梅洗浄ゴミ取機，インキバケツ洗浄機，22年ニンジン水漕コンベア，ニンジン連続洗浄機，ニンジン200kg溜洗機，23年傷つきやすいミカン用としてローラーコンベア式昇降機付コンテナリフター，24年3月ウメ用の大型選果ライン対応の昇降機，ゴミ取洗浄機，選別コンベアおよび選果

佐藤　明三

製造業者編＝広島県，香川県，愛媛県＝

機，10月満杯になったコンテナを先に送り空のコンテナを補充するコンテナチェンジャー，25年新型の柑橘水洗装置，小型ニンジン連続洗浄装置（小型水槽コンベア，小型ニンジン洗浄機セット型），26年11月波乗り選別機構によるミニトマト選別機を製造販売し，今日に至る。

㈲福千製作所

〒720-1264　福山市芦田町福田742-3
電　　話　084-958-4318
Ｆ　Ａ　Ｘ　084-958-5048
Ｕ　Ｒ　Ｌ
　http://www.amy.hi-ho.ne.jp/teraoka/
代 表 者　寺　岡　哲　夫
創業年月日　昭和55年7月1日
資 本 金　1,000万円
決 算 期　9月30日
銀　　行　中国銀行
取扱い品目　常温煙霧機，産業用噴霧散布機
社　　歴　昭和52年より常温煙霧機を生産販売。55年7月1日製作所福千，平成4年5月1日㈲福千製作所に改称。

㈱宮丸アタッチメント研究所

〒721-0961　福山市明神町2-2-22
電　　話　084-931-3855
Ｆ　Ａ　Ｘ　084-926-3611
Ｕ　Ｒ　Ｌ　http://www.miyamaru.co.jp
代 表 者　宮　丸　雅　博
設立年月日　昭和39年3月
資 本 金　1,000万円
決 算 期　9月
売 上 高　5億円
銀　　行　広島銀行，もみじ銀行，商工組合中央金庫，山口銀行
支　　店　東北営業所：〒963-6313　福島県石川郡玉川村川辺宮ノ前268　☎0247-57-4468／九州営業所：〒839-0863　久留米市国分町1466-3　☎0942-21-9543
役　　員
　取締役社長　　　　　宮　丸　雅　博
　専務取締役　　　　　宮　丸　　　洋
従 業 員　28名
取扱い品目　管理機用各種ローター，各種培土器，溝浚器，一輪管理機用アタッチメント

〔香　川　県〕

㈱イナダ

〒769-1502　三豊市豊中町笠田笠岡3915-3
電　　話　0875-62-5858
Ｆ　Ａ　Ｘ　0875-62-5898
Ｕ　Ｒ　Ｌ　http://www.inadainc.co.jp
代 表 者　稲　田　　　覚
創業年月日　大正7年
資 本 金　2,000万円
決 算 期　4月
銀　　行　三菱UFJ銀行，百十四銀行，香川銀行，観音寺信用金庫
支　　店　関東支店：☎362-0001　上尾市上1043-31　☎048-782-6921／仙台支店：☎981-3121　仙台市泉区上谷刈2-7-40　☎022-772-3306／大阪支店：☎544-0024　大阪市生野区生野西4-21-12　☎06-6711-5805
役　　員
　代表取締役会長　　　稲　田　喜代茂
　代表取締役社長　　　稲　田　　　覚
　専務取締役　　　　　稲　田　　　衛
従 業 員　50名
取扱い品目　特殊運搬車両，マニュアスプレッダー，トラック及びクレーン部品，橋梁部材，バッテリー，ハンドテーブルリフト，ハンドパレットリフト，各種企画事業

㈱ニシザワ

〒764-0022　仲多度郡多度津町北鴨3-1-50
電　　話　0877-33-2438
Ｆ　Ａ　Ｘ　0877-33-2440
Ｕ　Ｒ　Ｌ　http://www.nishizawanet.jp
代 表 者　西　澤　准　一
創業年月日　明治13年
資 本 金　2,000万円
決 算 期　3月
売 上 高　3億円
銀　　行　中国銀行，百十四銀行
役　　員
　代表取締役社長　　　西　澤　准　一
　取締役　　　　　　　馬　渕　智　光
従 業 員　20名
取扱い品目　野菜洗浄機，野菜選別機，野菜磨機，野菜収穫機，食品及び工業関係省力機器，レジャー関係・省力機器
社　　歴　明治13年農機具刃物業を創業。昭和24年西沢農機㈱を設立。唐鍬，ワラ切機など農具刃物から耕うん機，トラクター用のアタッチメントを製造。46年に「連続式野菜洗浄機」を国内で初めて開発。その他，果菜磨機，選別機などを商品化。農業関係のほか食品・工業・水産などの分野で洗浄機，その他商品を開発。平成6年に本社工場が完成し，7年に社名を株式会社ニシザワに変更。16年には㈱クリアと基本提携し，クリア・ニシザワグループを結成，製造元㈱ニシ

ザワ，総販売元㈱クリアとして発足し，現在に至る。
販 売 網　㈱クリア：〒140-0011　東京都品川区東大井6-11-9　☎03-3767-7711　Fax.03-3767-7717

〔愛　媛　県〕

㈱アテックス

〒791-8524　松山市衣山1-2-5
電　　話　089-924-7161
Ｆ　Ａ　Ｘ　089-925-0771
Ｕ　Ｒ　Ｌ　http://www.atexnet.co.jp/
代 表 者　村　田　雅　弘
創業年月日
　昭和9年3月
資 本 金　6,080万円
主 株 主
　村田奨学会
決 算 期　1月
売 上 高　47億円
銀　　行　伊予銀行，愛媛銀行，みずほ銀行，商工組合中央金庫
支　　店　部品センター：〒799-2655　松山市馬木町899-6　☎089-979-5910／関東支店：〒306-0313　茨城県猿島郡五霞町元栗橋6633　☎0280-84-4231／中四国支店：本社と同　☎089-924-7162／東北営業所：〒025-0301　花巻市北湯口字2地割1-14　☎0198-29-6322／中部営業所：〒503-0931　大垣市本今5-128　☎0584-89-8141／九州営業所：〒869-1102　熊本県菊池郡菊陽町原水156-17　☎096-292-3076
工　　場　本社工場：本社と同　☎089-924-7161／第2工場：〒791-8025　松山市衣山2-1-16　☎089-925-7181
役　　員
　代表取締役会長　　　村　田　裕　司
　代表取締役社長　　　村　田　雅　弘
　取締役　　　　　　　森　本　雄　二
　監査役　　　　　　　松　田　　　宰
従 業 員　210名
取扱い品目　動力運搬車，小型特殊自動車，電動三・四輪車，定置カッター，自動選別計量器，コンバインカッター，穀粒搬送機，マニュア散布車
社　　歴　昭和9年創業者村田栄一が衣山鋳造所を設立。16年㈲四国製作所設立。21年足踏み脱穀機，製縄機を生産。24年四国号米選機を開発。28年エンジンモーターによる動力脱穀機を開発。31年ムラタ式定置カッター開発。36年㈱四国製作所に組織変更。42年本社事務所新設。工

場増設。運搬車の製造に着手。56年運輸省より小型特殊自動車の認定を受ける。57年自動選別計量器ライストリートメントを開発。ワラ，牧草梱包機（ロールベーラー）を開発。60年第二工場新設。63年電動三輪車マイピアを開発。平成4年関西支店，東北営業所開設。6年㈱アテックスに社名を変更。関東支店開設。10年九州営業所開設。10年ISO9001取得。13年ISO14001取得。

井関農機㈱

〒799-2692　松山市馬木町700
電　　話　089-979-6111
本社事務所：
〒116-8541　東京都荒川区西日暮里5-3-14
電　　話　03-5604-7602
Ｆ　Ａ　Ｘ　03-5604-7701
Ｕ　Ｒ　Ｌ　http://www.iseki.co.jp
代　表　者　木下　榮一郎
創業年月日　大正15年8月
資　本　金　233億4,474万円
株　主　数　19,203名
主　株　主　日本トラスティ・サービス信託銀行，みずほ銀行，農林中央金庫，三井住友信託銀行，ヰセキ株式保有会，日本マスタートラスト信託銀行，伊予銀行，損害保険ジャパン日本興亜，井関営業・販社グループ社員持株会
決　算　期　12月
売　上　高　1,584億円（連結）
　　　　　　　929億円（単体）
銀　　行　みずほ銀行，農林中央金庫，三井住友信託銀行，伊予銀行
研　修　所　ISEKIグローバルトレーニングセンター：〒300-2346　つくばみらい市青木560　☎0297-58-1111
工　　場　㈱井関松山製造所：〒799-2655　松山市馬木町700　☎089-978-1211／㈱井関熊本製造所：〒861-2231　上益城郡益城町安永1400　☎096-286-5515／㈱井関新潟製造所：〒955-0033　三条市西大崎3-12-23　☎0256-38-5311／P.T. ISEKI INDONESIA：Jalan Kraton Industri Raya No.11 Curahdukuh Pasuruan
役　　員
　代表取締役会長執行役員
　　　　　　　　　　菊池　昭夫
　代表取締役社長執行役員
　　　　　　　　　　木下　榮一郎
　取締役副社長執行役員　冨安　司郎
　　〃　　　　　　　　豊田　佳之
　取締役専務執行役員　兵頭　　修
　取締役常務執行役員　新　　真司
　　〃　　　　　　　　金山　隆文
　　〃　　　　　　　　縄田　幸雄
　取締役執行役員　　　神野　修一
　取締役（社外）　　　岩崎　　淳
　　〃　　　　　　　　田中　省二
従　業　員　5,760名（連結）・730名（単体）
代表者略歴　木下　榮一郎
昭和27年7月16日生まれ。熊本県出身。昭和52年3月熊本大学工学部卒。52年4月井関農機㈱入社。平成14年1月筑波研究室長，16年6月野菜移植技術部長，18年10月開発推進部長，19年3月㈱井関熊本製造所代表取締役社長，20年10月井関農機㈱執行役員開発製造本部副本部長，21年12月常務執行役員開発製造本部長，24年6月代表取締役専務取締役兼専務執行役員，28年3月代表取締役社長執行役員（現在）。

木下榮一郎

取扱い品目　農用トラクター，耕うん機，管理機，芝刈機，田植機，野菜移植機，コンバイン，バインダー，ハーベスター，脱穀機，乾燥機，籾摺機，精米機，計量選別機，野菜収穫調製機，乾燥プラント，育苗プラント，選果プラント，太陽光利用型植物工場
社　　歴　大正15年8月松山市に「井関農具商会」を創設。昭和6年6月工場を松山市湊町に移転「株式会社井関製作所」と改称。11年3月「井関農機株式会社」を設立。ヰセキ全自動籾すり機の製造販売を開始。13年3月「ヰセキ式自動送込脱穀機」を完成。21年3月「ヰセキ式全自動脱穀機」製造を開始。24年10月三菱重工業株式会社熊本製作所を買収して熊本工場とし，籾すり機，全自動脱穀機の専門工場とする。28年11月日立精機株式会社足立工場を買収して東京工場とし，動力耕うん機の本格的生産に着手。35年6月東京都中央区八重洲に東京支社を開設。37年4月新潟県三条市に㈱新潟井関製作所を設立，刈取機の専門工場となる。39年8月我国初の動力稲刈結束機を完成，生産販売を開始。42年3月田植機，コンバイン，バインダーが生産販売されて稲作機械化一貫体系を完成。44年2月松山市馬木町に松山和気工場が竣工。46年1月ヨーロッパヰセキを設立，輸出体制を強化。48年11月茨城工場を開設。50年9月熊本（益城）工場竣工。53年1月大型トラクターの生産を開始。55年1月いすゞ自動車との提携により水冷ディーゼルエンジンの生産を開始。同年4月熊本工場を統合。57年11月茨城工場を松山工場に統合。平成8年10月茨城県阿見町に関東センター設置。10年4月関東センター内に筑波技術部を新設。13年4月松山工場と熊本工場を各々㈱井関松山製造所と㈱井関熊本製造所とに分社。16年3月中国で井関農機（常州）有限公司開業。23年8月中国で東風井関農業機械（湖北）有限公司開業。24年10月インドネシアにPT.井関インドネシアを設立。25年10月タイにISEKI SALES (THAILAND) CO.,Ltd（現IST Farm Machinery）を設立。26年5月井関常州と東風井関を事業統合し，東風井関農業機械有限公司を設立。26年7月フランス販売代理店イヴァン・ベアル社を100%子会社化（27年1月ISEKI France S.A.Sに社名変更）。27年9月中国駐在員事務所設立。27年10月茨城県つくばみらい市に夢ある農業総合研究所を設立。28年11月タイにISEKI (THAILAND) CO.,LTDを設立。29年1月茨城県つくばみらい市にISEKIグローバルトレーニングセンターを設立。

㈱井関松山製造所

〒799-2692　松山市馬木町700
電　　話　089-978-1211
Ｆ　Ａ　Ｘ　089-978-6440
代　表　者　田坂　幸夫
設立年月日　平成13年4月1日
資　本　金　9,000万円
株　　主　井関農機㈱
決　算　期　12月
売　上　高　366億円
銀　　行　伊予銀行，みずほ銀行
役　　員
　代表取締役社長　　　田坂　幸夫
　常務取締役　　　　　萩山　卓哉
　　〃　　　　　　　　黒川　浩明
　取締役　　　　　　　菊池　孝夫
　　〃　（非常勤）　　仙波　誠次
　監査役（　〃　）　　岡　　厚志
　　〃　（　〃　）　　大楠　嘉和
　　〃　（　〃　）　　茂川　幸利
従　業　員　561名
取扱い品目　トラクター，乾燥機，芝刈機，乗用管理機，エンジン，管理機，耕うん機，炊飯機，油圧機器

光永産業㈱

〒799-3102　伊予市宮下96-1
電　　話　089-983-1414
Ｆ　Ａ　Ｘ　089-983-1416
代　表　者　大岡　敬一郎
設立年月日　昭和46年5月1日
資　本　金　3,000万円
株　主　数　3名
決　算　期　4月
売　上　高　14億円
銀　　行　伊予銀行，四国銀行

製造業者編＝愛媛県，高知県＝

支　店　関東営業所：☎327-0847　佐野市天神町969-1　☎0283-85-7968／中部営業所：☎485-0077　小牧市西之島雄子野1572　☎0568-73-2722／九州営業所：☎869-0412　宇土市岩古曽町2257-1　☎0964-23-0169

従業員　68名

取扱い品目　土木用モノレール，乗用モノレール，電動モノレール，産業用リフト

社　歴　昭和46年伊予市宮下に光永産業㈱を設立，果樹園用小型モノレールの製造販売を開始。48年伊予郡松前町徳丸へ本社・工場を移転，工場事務所の拡張を図る。創業当初ミカン山の小型モノレールを主力商品とし，愛媛県を中心に四国，九州へ漸次市場エリアを拡大。55年頃よりミカン産業の低迷を受け，新規商品の開発，新規需要の開拓等に積極的に乗り出し，商品構成を果樹園用小型モノレールから土木業界用の大型物流，乗用モノレールに転換。土木用モノレールはゴーリキシリーズ，乗用モノレールはトップライナーシリーズとして各産業分野の幅広い支持を得る。また，軌道装置全般の対応も図っている。

ちぐさ技研工業㈱

〒791-0213　東温市牛渕199-56　重信工業団地内

電　話　089-955-1401

ＦＡＸ　089-955-1066

ＵＲＬ　http://www.chigusa-group.co.jp

代表者　千種英樹

創業年月日　昭和30年6月設立

資本金　7,200万円

株主数　1名

主株主　千種英樹

決算期　3月

売上高　3億円

銀　行　伊予銀行，日本政策金融公庫

工　場　本社と同

代表者略歴　千種英樹　昭和43年9月3日生。平成4年愛媛大学工学部機械工学科卒。同年日本輸送機㈱入社。8年ちぐさ索道㈱入社。16年専務取締役，21年4月代表取締役。

従業員　25名

取扱い品目　汎用モノレール（農用・乗用タイプ），土木工事用モノレール，重量物運搬車

社　歴　昭和21年4月故千種次郎の個人経営として，諸機械の製作・修理工場として発足。24年以降国の急傾斜地農業振興対策に呼応し，農業用索道の設計・施工の一貫作業に専念。30年5月ちぐさ索道㈱設立。42年単軌条モノレールを開

発し，汎用性のある運搬機械として，県内外に販路を拡大。54年営業部門を㈱チグサとして分離独立。平成4年奈良県において全国で初めて「人員輸送用モノレール安全管理基準」が制定され，最初の適合機に認定。以後全国の森林組合に導入される。10年創業地から本社工場を新築移転。社名を「ちぐさ技研工業㈱」に変更。積載重量等大型化ニーズにも呼応し，積載量3トン用を開発，土木工事用リース商品として，全国で好評を博す。21年4月㈱チグサを吸収合併する。

㈱横崎製作所

〒791-0213　東温市牛渕199-57

電　話　089-955-0711

ＦＡＸ　089-955-0712

代表者　横崎公美

創業年月日　昭和38年3月

資本金　2,000万円

決算期　1月

銀　行　愛媛信用金庫，愛媛銀行，百十四銀行，伊予銀行

営業所　札幌営業所：〒067-0051　江別市工栄町21-15　☎011-382-0071

工　場　（本社と同）

従業員　30名

取扱い品目　重量選別機，カメラ式選別機（農産物用・食品加工用）

米山工業㈱

〒791-3131　伊予郡松前町北川原塩屋西1279-1

電　話　089-984-6600

ＦＡＸ　089-984-6699

ＵＲＬ　http://www.yonekou.jp

代表者　米山徹太

創業年月日　昭和36年7月25日

資本金　1,000万円

株主数　3名

主株主　米山徹朗，米山徹太

決算期　12月

売上高　6億5,700万円

銀　行　伊予銀行，みずほ銀行

工　場　第2工場：〒791-0054　松山市空港通4-3-44　☎089-972-0354／第6工場：〒791-3131　伊予郡松前町北川原1279-1　☎089-984-0966

役　員

相談役	米山徹朗	
代表取締役	米山徹太	
監査役	成松勲	

従業員　48名

取扱い品目　モノラック，ツリーラック，ラックリフター，ラック足場

主要取引先　㈱ニッカリ，愛媛農機販売㈱

社　歴　昭和36年愛媛三菱農機販売㈱の製造部門として作業機の製造を開始。41年モノラック，レール製造開始。45年ラックリフター開発。47年公害防止機器開発。54年ツリーラック製造開始。61年より移動足場製造レンタル開始。

〔高知県〕

㈱ササオカ

〒785-0164　須崎市浦ノ内立目717

電　話　0889-49-0341

ＦＡＸ　0889-49-0744

ＵＲＬ　http://www.k-sasaoka.co.jp

代表者　山﨑清

創業年月日　大正3年3月25日

資本金　1,000万円

株主数　20名

主株主　山﨑清

決算期　8月

売上高　13億円

銀　行　四国銀行，商工組合中央金庫，三菱UFJ銀行，高知銀行，日本政策金融公庫

役　員

代表取締役社長	山﨑清	
取締役	笹岡弘和	
〃	梅原一芳	
〃	岡村敏章	
〃	小原拓也	
監査役	谷隆	

従業員　85名

取扱い品目　耕うん刃，耕うん機用各種アタッチメント，芝刈刃，草刈刃，管理機（完成機）

社　歴　大正3年鍛造業開始。昭和28年数種のパテントを得て器具の製造販売開始。32年法人に改組。42年工場用地狭隘のため須崎市神田に移転。43年農業用作業機の製造販売開始。44年芝刈・草刈刃製造販売開始。59年根菜洗浄機の製造販売開始。平成2年工場用地狭隘のため須崎市浦ノ内立目に移転。16年福岡県三井郡に九州営業所を，20年岡山県井原市に西日本営業所を設立。25年中国常州市に中国工場設立。

㈱太陽

〒781-5101　高知市布師田3950

電　話　088-846-1230

ＦＡＸ　088-846-2704

ＵＲＬ　http://www.k-taiyo.co.jp

代表者　久松朋水

創業年月日　大正9年
資本金　6,000万円
株主数　34名
主株主　久松朋水，山埜登，島崎龍昭
決算期　6月
売上高　27億円
銀行　みずほ銀行，四国銀行，高知銀行，商工組合中央金庫，JA高知信連
支店　北海道出張所：〒060-0031 札幌市中央区北一条東12-22-77 ☎011-218-1770／東部営業所：〒321-0904 宇都宮市陽南2-2-7 ☎028-662-0222／中部営業所：〒520-3001 栗東市東坂53-14 ☎077-559-2310／中四国営業所：本社と同／九州営業所：〒861-8046 熊本市東区石原1-11-90 ☎096-380-6881

久松　朋水

役員
代表取締役社長　久松朋水
取締役　森岡良三
〃　吉井利紀生
〃　武智洋実
〃　森信二
監査役　関雅夫
従業員　162名
取扱い品目　耕うん爪，爪軸，刈刃他刃物，野菜類袋詰機，根菜類選別機，農業用アタッチメント，廃油廃液再燃料化システム

社歴　大正9年高知市において小農具，一般金物及び刃物の卸商として久松金物店を創業。昭和13年農用打刃物の生産を開始し，製造販売業として土佐農工具製作所を設立。22年太陽商事㈱設立。25年耕うん爪を開発し実用新案特許を得る。農林省指定の基に全国開拓農業協同組合連合会に納品を開始。社名を太陽金物㈱と改称。28年太陽鍛工㈱を設立，全国初の耕うん爪量産システムを確立し，ロータリー耕うん時代へ供給体制を整える。45年全農本所との取引契約を締結，系統ルートについては一社一元供給が確立。47年社名を㈱太陽に改名。56年画期的な耕うん性能及び耐久性を誇る青い爪を開発し販売開始。61年太陽鍛工㈱新社屋，工場を5月に竣工し，2工場・1倉庫・配送センターを一カ所に集約。62年VAN（付加価値情報通信網）導入，コンピューターによる全国ネットワーク化を図る。63年爪の着脱を容易にしたワンタッチ機構を開発し販売開始。平成2年爪の使用限界が一目で分かり，超寿命のだんだん爪を開発し販売開始。アグリデザイン課を設置，施設園芸資材関連の新商品開発をスタートさせる。4年ワンタッチ爪開発技術で農業機械学会の「森技術賞」を受賞。5年ゴルフボール洗浄機の開発，販売開始。だんだん爪のシリーズ化としてフランジ用を開発し，販売開始。7年日本塑性加工学会技術開発賞受賞。8年「ワンタッチ着脱機構」で科学技術庁長官賞を受賞。プールなど水浄化システムの製造販売開始。9年㈱太陽と太陽鍛工㈱2社が合併で新生太陽としてスタート。12年野菜袋詰め機の開発，販売開始。同年10月ISO9001認証取得。13年アクアフュエル（新オイル燃料製造燃焼装置）販売開始。15年10月野菜類袋詰め機が高知県地場産業大賞を受賞。19年特許庁「知財で元気な企業2007」，経済産業省「明日の日本を支える元気なモノ作り中小企業300社2007年」に選定。21年中部営業所に自動ラック倉庫を増設。25年本社工場に太陽光発電設備（出力300kW）を設置。同年4月インドに現地法人Taiyo India Pvt. Ltd.を設立。26年桜爪を開発，販売開始。28年青い爪をリニューアル。

〔福　岡　県〕

㈱オーレック

〒834-0195　八女郡広川町日吉548-22
電話　0943-32-5002
FAX　0943-32-6551
URL　https://www.orec-jp.com
代表者　今村健二
創業年月日　昭和23年10月15日
資本金　9,500万円
主株主　今村健二
決算期　6月
売上高　136億円

今村　健二

銀行　福岡銀行，りそな銀行，三菱UFJ銀行，中小企業金融公庫
支店　北海道出張所：〒003-0871 札幌市白石区米里1条3-1-5, J-FACE301 FAX011-827-5825／弘前営業所：〒036-8061 弘前市神田4-2-5 ☎0172-40-3077／仙台営業所：〒983-0821 仙台市宮城野区岩切2-1-15 ☎022-255-3009／関東営業所：〒346-0106 久喜市菖蒲町菖蒲6004-1 ☎0480-87-3008／長野営業所：〒381-0001 長野市赤沼1896-50 ☎026-295-0235／名古屋営業所：〒491-0871 一宮市平島1-1-16 ☎0586-77-7002／岡山営業所：〒700-0951 岡山市北区田中123-104 ☎086-245-2568／福岡営業所：〒834-0195 福岡県八女郡広川町日吉548-22 ☎0943-32-4778／鹿児島営業所：〒899-6404 霧島市溝辺町麓843-6 ☎0995-58-3991
工場　広川工場：（本社と同）／城島工場：〒830-0207 久留米市城島町城島23-4 ☎0942-62-3161

役員
代表取締役社長　今村健二
専務取締役　今村晴彦
取締役　諏訪武富
〃　堀田勝義
〃　高野増之
監査役　信岡美枝子

代表者略歴　今村健二　昭和27年7月5日生。福岡県出身。明治大学工学部機械科卒業。昭和55年7月関東営業所所長，59年4月本社企画室長，60年8月常務取締役に就任，63年8月代表取締役社長に就任。
従業員　317名
取扱い品目　芝及び雑草刈機，畑作管理作業機，水田除草機
社歴　昭和23年今村隆起会長が実弟と大橋農機を設立し，地域性のあるバーチカルポンプ，泥土揚機の製造と農機の修理業を開始。39年土入中耕機，40年動力運搬車，47年中耕管理機，49年自走式刈取機（オートモアー），平成に入りあぜ草刈機，乗用草刈機等を開発。

親和工業㈱

〒811-2114　粕屋郡須恵町上須恵1291-2
電話　092-933-3264
FAX　092-933-7225
代表者　入江敏明
創業年月日　昭和45年4月1日
資本金　4,950万円
株主数　8名
主株主　入江敏明，乙須恵美子，入江友市
決算期　8月
売上高　10億円
銀行　北九州銀行，福岡銀行
従業員　60名
取扱い品目　農業施設関連機器の設計・製造・施工，穀物コンテナ（米・麦・大豆・そば），農業施設用粉塵処理装置の設計・製造・施工，排風機・送風機・防音設置の設計・製作・施工，環境機器の販売，太陽光発電システム・オール電化の販売・施工，鋼材加工，精密鈑金加工一式（塗装・メッキを含む），総合厨房器具設計・製作・施工

㈱ちくし号農機製作所

〒811-2104　粕屋郡宇美町井野29-3
電話　092-932-1662
FAX　092-933-5787
URL　http://www.chikushigo.co.jp
代表者　牛尾威美

製造業者編＝福岡県，佐賀県，長崎県，熊本県＝

創業年月日 昭和43年2月
資 本 金 1,000万円
決 算 期 5月
銀 行 福岡銀行
役 員
社 長 牛尾威美
監査役 牛尾勢津子
専 務 亀山真吾
従業員 20名
取扱い品目 根菜洗浄機（大根・人参・ごぼう・甘藷・果実・メロン・スイカ・かぶ），里いも根切機，かぼちゃ研磨機，ねぎ根切機，重量・形状選別機（柿・ナシ・トマト，他），ミニトマト研磨選別機

㈱筑水キャニコム

〒839-1396 うきは市吉井町福益90-1
電 話 0943-75-2195
FAX 0943-75-4396
URL http://www.canycom.co.jp
代表者 包行良光
創業年月日 昭和23年1月29日
資 本 金 1億円
株主数 55名
主株主 包行均，包行義郎，従業員持株会
決 算 期 12月
売 上 高 60億6,000万円
銀 行 福岡銀行，西日本シティ銀行，みずほ銀行
支 店 東北センター：〒982-0251 仙台市太白区茂庭人来田西8-16 ☎022-281-1255／関東センター：〒379-2233 伊勢崎市平井町1319-1 ☎0270-63-8011／東京事務所：〒105-0012 東京都港区大門1-1-32，御成門エクセレントビル6F ☎03-6402-2621／関西センター：〒675-2241 加西市段下町戸中755-12 ☎0790-42-6031／中国四国センター：〒739-0026 東広島市三永1-10-28 ☎082-426-2401／九州センター（住所：本社と同）☎0943-76-2583／スイス事務所／オーストリア事務所
役 員
代表取締役会長 包行 均
代表取締役社長 包行 良光
取締役 包行 義郎
従業員 234名
取扱い品目 産業用動力運搬車，草刈機，電動車輌
社 歴 昭和30年12月筑水農機販売設立。34年4月動力土入機開発。36年4月農用トレーラー製造開始。39年筑水農機㈱へ社名変更，現在地へ本社，工場移転。44年1月動力運搬車製造開始，59年埼玉工場建設。平成元年9月㈱筑水キャニコムへ社名変更。2年資本金3億4,740万円。13，19年グッドデザイン賞受賞。

㈲横溝鉄工所

〒835-0024 みやま市瀬高町下庄510-1
電 話 0944-62-3190
FAX 0944-63-7619
代表者 横溝茂視
創業年月日 昭和30年4月2日
資 本 金 900万円
銀 行 西日本銀行，筑邦銀行
取扱い品目 精密機器部品，金型設計製作，農林業機具，土壌消毒機，液肥深層施肥機，自動枝打機，座輪，ホースガイド，ハウス内収穫三輪車
従業員 5名
社 歴 昭和30年4月現在地で精密機械及び精密機器の小物部品加工として工場設立。38年2月資本金200万円で㈲横溝鉄工所に組織変更。43年5月資本金300万円に増資，48年11月資本金900万円に増資。54年1月山門郡瀬高町下庄510-1に工場新築移転。57年6月金型部門新設。58年10月上庄工場に農機事業部を新設。平成4年下庄工場に農機事業部を移転。

〔佐 賀 県〕

㈱大 橋

〒842-0065 神埼市千代田町崎村401
電 話 0952-44-3135
FAX 0952-44-3137
URL http://www.ohashi-inc.com
代表者 大橋弘幸
創業年月日 昭和63年5月12日
資 本 金 3,175万円
決 算 期 6月
銀 行 三菱UFJ銀行，福岡銀行，大川信用金庫
売 上 高 10億660万円
代表者略歴 大橋弘幸 昭和31年2月17日生れ。54年3月西南学院大学商学部卒業。63年5月，㈱大橋設立時に取締役専務に就任。平成12年11月代表取締役社長に就任。

大橋 弘幸

従業員 36名
取扱い品目 樹木粉砕機，有機肥料散布器

重松工業㈱

〒849-5131 唐津市浜玉町浜崎1853
電 話 0955-56-6939
FAX 0955-56-6655
URL http://www.shigematu-kougyou.co.jp/
代表者 重松寿充
創業年月日 昭和31年1月
資 本 金 1,200万円
決 算 期 6月
売 上 高 1.3億円
銀 行 佐賀銀行
従業員 11名
取扱い品目 果実用各種選別機，果実仕上機，簡易リフト，コンテナカー

〔長 崎 県〕

田中工機㈱

〒856-0802 大村市皆同町15-1
電 話 0957-55-8181
FAX 0957-55-0432
代表者 田中博
創業年月日 昭和24年4月
資 本 金 1,000万円
決 算 期 12月
銀 行 親和銀行，商工組合中央金庫，十八銀行
役 員
代表取締役社長 田中 博
専務取締役 田中 稔
取締役副社長 田中 秀和
従業員 20名
取扱い品目 じゃがいも植付機，茎葉処理機，掘取機，じゃがいも収穫機，掘取集合機，さつまいも収穫機，にんじん収穫機，さといも収穫機，トラクター，耕うん機，管理機用各種作業機，自走乗用ピッカー

〔熊 本 県〕

㈱井関熊本製造所

〒861-2293 上益城郡益城町安永1400
電 話 096-286-5515
FAX 096-286-7594
代表者 森田秀信
創業年月日 平成13年4月1日
資 本 金 8,000万円
株 主 井関農機㈱
決 算 期 12月

製造業者編＝熊本県，宮崎県，鹿児島県＝

売　上　高　112億6,000万円
銀　　　行　肥後銀行
役　　　員
　代表取締役社長・執行役員
　　　　　　　　　　森　田　秀　信
　常務取締役・執行役員　酒　井　正　弘
　　　〃　　　　　〃　　坂　本　卓　彌
　取締役・執行役員　　淋　　隆一朗
　　　〃　（非常勤）　仙　波　誠　次
　執行役員　　　　　　遠　藤　聡　雄
　　　〃　　　　　　　安　武　寿　顕
　監査役（非常勤）　　川　野　芳　樹
　　　〃　　　〃　　　伊　藤　勝　也
従　業　員　237名
取扱い品目　コンバイン

（宮　崎　県）

南九州農機販売㈱

〒889-1701　宮崎市田野町甲2824-5
電　　　話　0985-86-0144
Ｆ　Ａ　Ｘ　0985-86-2560
代　表　者　中　平　善　博
創業年月日　昭和44年12月
資　本　金　1,000万円
決　算　期　9月
銀　　　行　南日本銀行，宮崎太陽銀行
従　業　員　5名
取扱い品目　大根掘取機，大根洗浄機，里
芋分離機，タバコ残幹処理機

（鹿　児　島　県）

三州産業㈱

〒891-0189　鹿児島市南栄4-11-2
電　　　話　099-269-1821
Ｆ　Ａ　Ｘ　099-269-1862
Ｕ　Ｒ　Ｌ　http://www.sanshu.co.jp
代　表　者　髙　崎　征　忠
創業年月日　昭和23年8月12日
資　本　金　8,000万円
主　株　主　鹿児島県たばこ耕作組合，三
州産業㈱社員持株会
決　算　期　8月
売　上　高　17億3,500万円
銀　　　行　鹿児島銀行，宮崎銀行，南日
本銀行
事　業　所　【九州南部支店　鹿児島営業
　所：〒891-0189　鹿児島市南栄4-11-2
　☎099-269-1821／宮崎営業所：〒880-
　2116　宮崎市細江板川4212-10　☎0985-
　47-2511／沖縄出張所：〒901-1117　島

尻郡南風原町津嘉山1686-102　☎098-
987-1966】／【九州北部支店　福岡営業
所：〒839-0816　久留米市山川野口町
1-44-102　☎0942-43-4691／熊本営業
所：〒861-8045　熊本市東区小山2-1-1
　☎096-380-5522／大分出張所：〒878-
0024　竹田市玉来543-40-303　☎0974-
62-3188】／東日本営業所：〒963-8021
郡山市桜木1-12-18　☎024-991-9250／
三戸出張所：〒039-0505　青森県三戸郡
南部町鳥谷杉沢60-5　☎0178-76-1045／
建設設計部：本社と同
役　　　員
　代表取締役社長　　髙　崎　征　忠
　取締役副社長　　　福　里　宏　美
　代表取締役専務　　藤　村　達　郎
　常務取締役　　　　坂　元　　泉
　取締役　　　　　　村　岡　義　人
　　〃　　　　　　　鹿　倉　秀　文
　　〃　　　　　　　正　岡　道　利
従　業　員　80名
取扱い品目　乾燥機（たばこ・しいたけ・
　薬草・木材・わら・牧草・い草・塩干物），
　ハウス暖房機，たばこ作用作業機，蒸熱
　処理装置，冷凍冷蔵庫，畳乾燥機，減圧
　発酵乾燥機，炭酸ガス発生機

松元機工㈱

〒891-0702　南九州市頴娃町牧之内9325
電　　　話　0993-36-1161
Ｆ　Ａ　Ｘ　0993-36-2829
Ｕ　Ｒ　Ｌ　http://matsumotokiko.co.jp
代　表　者　松　元　雄　二
創業年月日　昭和31年4月
資　本　金　2,000万円
株　主　数　21名
決　算　期　3月
売　上　高　18億3,000万円
銀　　　行　鹿児島銀行，南日本銀行
役　　　員
　代表取締役社長　　松　元　雄　二
　取締役　　　　　　今　西　浩　二
　　〃　　　　　　　大　田　博　幸
　　〃　　　　　　　西牟田　昭　人
　　〃　　　　　　　今　西　良　子
　監査役　　　　　　田　原　義　幸
　　〃　　　　　　　下　窪　正　巳
従　業　員　98名
取扱い品目　乗用型茶摘採機，乗用型野菜
　収穫機，乗用型枝豆収穫機，乗用型茶園
　管理機，さとうきび収穫機，さとうきび
　管理機
社　　　歴　昭和31年バッテリー式回転刃
　型茶摘採機開発。37年茶園トラクター1
　号完成。43年乗用型茶園中刈機開発，45
　年乗用型茶摘機・防除機完成。56年大型
　輸出用茶摘採機開発。61年中小企業庁長

官奨励賞，平成3年県民表彰，8年南日
本文化賞，14年知財功労賞（特許庁長官
表彰），16年文部科学大臣賞（科学技術
振興功績賞）受賞。22年旭日双光章受賞。

商社編

〔北海道〕

㈱IDEC

〒059-1433　勇払郡安平町遠浅746-2
電　　話　0145-22-2237
F A X　0145-22-2518
U R L　http://www.idec-jpn.com
代 表 者　照井　幸広
創業年月日　昭和52年2月
資 本 金　1,200万円
株 主 数　3名
主 株 主　照井幸広，㈱THD
決 算 期　12月
売 上 高　23億4,000万円
銀　　行　北海道銀行
役　　員
　代表取締役　　　　　照井　幸広
　取締役部長　　　　　照井　英樹
　〃　　　　　　　　　台川　　栄
　〃　　　　　　　　　稲垣　美恵子
従 業 員　14名
取扱い品目　ミキサー，シーダー，マニュアスプレッダー，ミルクメーター

インタートラクターサービス㈱

〒080-2463　帯広市西23条北1-5-1
電　　話　0155-37-3291
F A X　0155-38-7233
代 表 者　有城　博己
創業年月日　昭和57年9月30日
資 本 金　4,000万円
株 主 数　64名
決 算 期　2月
売 上 高　36億円
銀　　行　北海道銀行，みずほ銀行，帯広信用金庫
従 業 員　61名
取扱い品目　輸入トラクター，輸入農機
社　　歴　小松インターナショナル製造㈱の事業撤退に伴い設立，ケースアイエッチブランドの販売とアフターサービスが主業務を主業務としている。

エム・エス・ケー農業機械㈱

〒061-1405　恵庭市戸磯193-8
電　　話　0123-33-3100
F A X　0123-33-3123
U R L　http://www.mskfm.co.jp
代 表 者　石川　善太
創業年月日　昭和47年12月23日
資 本 金　3億円
株 主 数　1社
主 株 主　三菱商事㈱
決 算 期　3月
売 上 高　248億円
銀　　行　三菱UFJ銀行，農林中央金庫，三菱UFJ信託銀行
支　　社　拠点数：全国5支社，37営業所，1サービスセンター，1駐在所，1出張所
役　　員
　代表取締役　　　　　石川　善太
　取締役　　　　　　　伊藤　　弘
　〃　　　　　　　　　仲村　洋一
　〃　　　　　　　　　窪田　哲也
　〃　　　　　　　　　大西　博文
　〃　　　　　　　　　高橋　　満
　〃　（非常勤）　　　浦野　輝虎
　〃　　〃　　　　　　吉田　勝一
　監査役　　　　　　　相磯　哲夫
　　　（非常勤）　　　田中　浩一

代表者略歴　石川善太
昭和43年3月9日生まれ。東京大学工学部産業機械工学科卒業。平成3年4月三菱商事㈱入社，自動車第三部インドネシアチーム。7年10月自動車第五部インドネシアチーム。8年10月インドネシアPT. KRAMAYUDHA TIGA BERLIAN MOTORS。12年3月インドネシアPT. STACO TIGA BERLIAN FINANCE。14年6月三菱商事㈱自動車第一ユニットインドネシアチーム。16年2月独国三菱商事㈱フランクフルト自動車事務所。16年7月英国THE COLT CAR COMPANY, DIRECTOR。22年10月三菱商事㈱自動車アセアン南西アジアユニットインドネシアMMCチームチームリーダー。24年9月機械GCEOオフィス経営計画ユニットユニットマネージャー。27年4月自動車北アジア部，同年5月自動車北アジア部長。28年4月エム・エス・ケー農業機械㈱取締役就任。30年6月代表取締役就任。

石川　善太

従 業 員　480名
取扱い品目　トラクター(MF)，コンバイン（クラース），各種作業機（輸入，国産），農業施設，畜産施設の総合設計施工
社　　歴　昭和47年12月設立。前身の東急自動車㈱農業機械営業部門を分離継承し営業展開。48年8月建設業許可を受け農畜産施設施工の総合請負を開始。49年8月一級建築士事務所を開設。50年2月埼玉県上尾市に事業所を開設，商品の組立・検査・流通の一貫体制を敷く。52年2月特定建設業許可を受ける。平成14年11月社名を変更。24年8月本社機構を北海道恵庭市に移転。

㈱コーンズ・エージー

〒061-1433　恵庭市北柏木町3-104-1
電　　話　0123-32-1452
F A X　0123-32-7052
U R L　http://www.cornesag.com
代 表 者　南部谷　秀人
創業年月日　昭和43年2月1日
資 本 金　1億5,000万円
株 主 数　1名
主 株 主　コーンズ・アンド・カンパニー・リミテッド
決 算 期　3月
銀　　行　北洋銀行，日本政策投資銀行，みずほ銀行，農林中央金庫，三井住友銀行，三菱UFJ銀行，北海道銀行，北陸銀行
事 業 所　中標津支店：〒086-1153 北海道標津郡中標津町桜ヶ丘2-53 ☎0153-72-3251／標茶支店：〒088-2304 北海道川上郡標茶町平和19-3 ☎015-485-1170／釧路支店：〒088-0311 北海道白糠郡白糠町西1条南1-2-61 ☎01547-6-0777／帯広支店：〒082-0004 北海道河西郡芽室町東芽室北1線14-1 ☎0155-62-5588／大樹支店：〒089-2127 北海道広尾郡大樹町字振別2-2 ☎01558-9-6160／興部支店：〒098-1604 北海道紋別郡興部町字興部85-7 ☎0158-82-2056／遠軽支店：〒099-0404 北海道紋別郡遠軽町大通北10-1-23 ☎0158-46-3626／豊富支店：〒098-4110 北海道天塩郡豊富町大通り12 ☎0162-82-1439／浜頓別営業所：〒098-5725 北海道枝幸郡浜頓別町大通6-2 ☎01634-8-7011／北見支店：〒099-1402 北海道常呂郡訓子府町穂波67-6 ☎0157-47-4780／札幌支店：〒061-1433 恵庭市北柏木町3-104-4 ☎0123-34-8711／八雲営業所：〒049-3123 北海道二海郡八雲町立岩55-16 ☎0137-62-2600／東北支店：〒020-0676 滝沢市鵜飼八人打29-1 ☎019-699-3535／栃木支店：〒329-2742 那須塩原市東赤田387-2 ☎0287-53-7201／高崎支店：〒370-0854 高崎市下之城町493-1 ☎027-325-3667／九州支店　〒861-

商社編＝北海道，栃木県＝

8045　熊本市東区小山7-4-15 ☎096-389-1065／南九州支店：〒885-0017 都城市年見町5-5 ☎0986-46-6690
従業員　211名
取扱い品目　トラクター，搾乳ロボット，牛舎自動換気システム，ミルキングパーラー，パワーハロー，グラスシーダー，ブロードキャスター，ディスクモア，モアコンディショナー，テッダー，レーキ，ロールベーラー，サイレージカッター，ミキサーフィーダー，自動給餌機，餌寄ゼロボット，哺乳ロボット，パイプラインミルカー，発情検知システム，バルククーラー，ミルク冷却システム，牛舎照明，電動カウブラシ，スラリースプレダ，バーンクリーナー，スクレッパー，糞尿搬送ポンプ，固液分離機，牛舎施設品，バイオガス関連プラント等

国際農機㈱

〒006-0832　札幌市手稲区曙2条4-4-15
電　話　011-681-5931
ＦＡＸ　011-682-5931
ＵＲＬ　http://www.kokusainohki.com
代表者　松本孝美
創業年月日　昭和42年9月
資本金　4,510万円
決算期　9月
売上高　9億5,000万円
銀　行　北陸銀行
事業所　帯広センター：☎080-2463 帯広市西23条北1-3-53
代表者略歴　松本孝美　昭和49年4月三井建設㈱入社。53年9月調布自動車学校入社。平成6年5月同社長就任。17年国際農機㈱社長就任。
従業員　21名
取扱い品目　サルキー社：ブロードキャスター，シードドリル，パワーハロー／リブローモノセム社：バキュームシーダー／コカリン社：グラスシーダー／FIMAKS社：コーンハーベスター／ボルアグリ社：ベールカッター／スガリボルディ社：フィーダー／スパレックス社：汎用部品／ベンツイ社：PTOシャフト
主取引先　ヤンマー㈱，㈱クボタ，三菱マヒンドラ農機㈱，MSK農業機械㈱

㈱札幌オーバーシーズ コンサルタント

〒060-0004　札幌市中央区北4条西11 SOCビル
電　話　011-231-6547
ＦＡＸ　011-231-6595
ＵＲＬ　http://www1.odn.ne.jp/~soc/
代表者　滝沢靖六
創業年月日　昭和44年5月15日

資本金　4,000万円
決算期　3月
売上高　12億円
銀　行　北洋銀行，北海道銀行
事務所　東北／九州
従業員　20名
取扱い品目　農業機械，輸入作業機，部品，畜産農業機械，畜肉加工処理機器，建材

㈱サンスイ興業

〒090-0001　北見市小泉413-10
電　話　0157-61-7631
ＦＡＸ　0157-61-7634
代表者　高橋　弘
創業年月日　昭和56年3月
資本金　1,000万円
決算期　1月
売上高　1億円
銀　行　北見信用金庫，北海道銀行，北洋銀行
営業所　札幌営業所：〒001-0028 札幌市北区北28条西3-2-3 ☎011-688-8808
従業員　6名
取扱い品目　オルガニックリーダー（自走式散水機），イリマックリーダー（自走式散水機），ブームスプリンクラー，ネルソンビッグガン，レインバードレインガン，スプリンクラー（ヒドロ，レインバード，ES），ハウス細霧システム，モノレール式全自動散水機，マイクロスプリンクラー，フィルター，かんすいチューブ，カルイキャナルポンプ，ブースターポンプ，各種継手，各種ホース（サニー・ハイサニー・ヘビーデューティー），多目的給水栓（50・75PS）

㈱トーチク

〒082-0005　河西郡芽室町東芽室基線3-1
電　話　0155-61-2221
ＦＡＸ　0155-61-2212
代表者　佐藤良秀
創業年月日　昭和30年5月30日
資本金　4,000万円
銀　行　三井住友銀行
支　店　茨城営業所：〒301-0017 龍ケ崎市姫宮町139 ☎0297-60-0307
従業員　10名
取扱い品目　搾乳施設，糞尿処理施設，飼料給餌施設

日本ニューホランド㈱

〒060-0001　札幌市中央区北1条西13-4
電　話　011-221-2130
ＦＡＸ　011-221-2025
ＵＲＬ　http://www.nh-hft.co.jp

代表者　芝本政明
設立年月日　昭和45年6月1日
資本金　2億4,000万円
株主数　2社
主株主　CNHグローバル社，芝本産業㈱
決算期　3月
売上高　290億円
銀　行　北洋銀行，三菱UFJ銀行，三井住友銀行
支　店　東京支店：〒104-0043 東京都中央区湊1-1-12，HSB鐵砲洲6F ☎03-3552-2790／苫小牧デポ：〒053-0055 苫小牧市新明町1-4-3 ☎0144-55-2121／北海道営業部：（本社と同）／本州営業部：（東京支店と同）
役　員
代表取締役会長　芝本尚武
代表取締役社長　芝本政明
常務取締役　寺島秀明
取締役　James T. Matt
〃　向井博之
〃　境　志彦
〃　坂倉珠夫
〃　得永和良
監査役　島　信隆
代表取締役　Stefano Pampalone
取締役　Vincent De Lassagne
〃　Luca Mainardi
〃　Damiano Cretarola
〃　Mark Brinn
従業員　611名
取扱い品目　トラクター，大型高性能機械（自走式収穫機=輸入品），国産作業機全般，海外輸入作業機（世界21カ国）
社　歴　昭和27年フォード社製農耕用トラクターの取扱いを開始。45年米国フォード社との合弁で現在の営業体制となる。平成7年3月社名を北海フォードトラクター㈱から現社名に変更。北海道から九州まで，全国ネットの販売を展開。

芝本　政明

〔栃　木　県〕

㈱スチール

〒329-0524　栃木県河内郡上三川町多功2570-1
電　話　0285-51-1400
ＦＡＸ　0285-51-1419
ＵＲＬ　https://www.stihl.co.jp
代表者　スピッツァー マリオ

創業年月日
平成2年8月
資本金 9,000万円
決算期 12月
銀　　行 みずほ銀行，三井住友銀行
役員
代表取締役　　ノーベルト・ピック
代表取締役社長　スピッツァー マリオ
常務取締役　　渡邊昭夫
従業員 65名
取扱い品目 チェンソー，刈払機，ソーチェン，エンジンオイル，チェーンオイル，ルートカッター，エンジンカッター，高圧洗浄機，ヘッジトリマー，ブロワー，高枝カッター，ロゴソール，林業用品，防護用品

スピッツァー マリオ

（埼　玉　県）

㈱ビコンジャパン

〒335-0011　戸田市下戸田2-25-9
電　　話 048-444-1073
F A X 048-444-1069
U R L http://www.viconjapan.com
代表者 森　泰人
創業年月日
昭和150年12月
資本金 4,650万円
主 株 主 ㈱ブイジーホールディング
決算期 11月
売上高 35億円
銀　　行 三菱UFJ銀行，足利銀行，日本政策金融公庫
事業所 関東営業所：〒969-0101 福島県西白河郡泉崎村泉崎第一工業団地 ☎0248-53-4121／札幌営業所：〒066-0077 千歳市上長都1121-2 ☎0123-26-2241／帯広営業所：〒082-0005 北海道河西郡芽室町東芽室基線19-1 ☎0155-62-6401／東北営業所：〒028-3621 岩手県紫波郡矢巾町広宮沢10-520-11 ☎019-614-9520／九州営業所：〒861-2236 熊本県上益城郡益城町広崎1586-8 ☎096-237-7766
役員
代表取締役会長　石川　享
代表取締役社長　森　泰人
取締役　　　　広田喜久雄
従業員 37名
取扱い品目 モアー，モアーコンディショナー，ブロードキャスター，ベーラー，テッダーレーキ，パワーハロー，ブームモアー

森 泰人

（千　葉　県）

ハンナインスツルメンツ・ジャパン㈱

〒261-0023　千葉市美浜区中瀬1-6，エム・ベイポイント幕張14F-EN
電　　話 043-216-2601
F A X 043-216-2602
U R L http://www.hanna.co.jp
代表者 月形　晋
創業年月日 昭和63年6月15日
資本金 1,000万円
決算期 12月
売上高 2億円
銀　　行 三菱UFJ銀行，みずほ銀行，三井住友銀行
従業員 10名
取扱い品目 pH計，EC計，イオン計，溶存酸素計，デジタル糖度計，温度計

（東　京　都）

㈱阿部商会

〒101-0053　千代田区神田美土代町3
電　　話 03-3233-2213
F A X 03-3233-2244
U R L http://www.abeshokai.co.jp
代表者 阿部文保
創業年月日 昭和23年9月11日
資本金 4,734万円
決算期 3月
売上高 115億375万円（単体）
銀　　行 三菱UFJ銀行，三井住友銀行
営業所 札幌営業所：〒003-0012 札幌市白石区中央二条4-4-21 ☎011-805-3555／仙台営業所：〒984-0012 仙台市若林区六丁の目中町8-10 ☎022-288-3915／関東営業所：（本社と同）☎03-3233-2222／名古屋営業所：〒485-0082 小牧市村中1581-5 ☎0568-76-8551／大阪営業所：〒579-8036 東大阪市鷹殿町7-22 ☎0729-86-9700／広島営業所：〒732-0056 広島市東区上大須賀町16-4 ☎082-568-2510／福岡営業所：〒816-0057 福岡市博多区月見1-4-32 ☎092-432-9940／新宿物流センター：〒164-0014 東京都中野区南台2-22-12 ☎03-5385-4381／神田物流センター：（本社同）☎03-3233-2240／部品センター：〒336-0026 さいたま市南区辻5-9-24 ☎048-615-1270／千葉物流センター：〒263-0002 千葉市稲毛区山王町371-2 ☎043-424-2174／鹿沼物流センター：〒322-0026 鹿沼市茂呂28-1 ☎0289-76-4251／小牧物流センター：☎485-0082 小牧市村中1581-5 ☎0568-76-7121／大阪物流センター：☎579-8036 東大阪市鷹殿町7-22 ☎072-986-9702
従業員 179名
取扱い品目 トレルボルグ農耕用タイヤ，BKT農耕用タイヤ，ヘラー凡用ランプ

㈱ISEKIアグリ

〒116-0013　荒川区西日暮里5-3-14 FSビル9F
電　　話 03-3803-7951
F A X 03-3806-2386
代表者 山田　浩
創業年月日 平成9年2月12日
資本金 8,000万円
主 株 主 井関農機㈱
決算期 12月
売上高 57億円
銀　　行 みずほ銀行
支　　店 関西事業所：〒651-2113 神戸市西区伊川谷町有瀬842-12 ☎078-977-1170／関東事業所：〒365-0028 鴻巣市鴻巣1202 ☎048-543-3620／北海道・東北営業所：〒989-2421 岩沼市下野郷字新南長沼1-2，井関農機㈱東北支店内 ☎0223-25-5682／関西営業所：〒523-0015 近江八幡市上田町1320，☎0748-38-0131／中四国営業所：〒739-2105 東広島市高屋町檜山921-5 ☎082-434-7161／九州営業所：〒861-2297熊本県上益城郡益城町安永1400，井関農機㈱九州支店内 ☎096-286-8888
役員
代表取締役会長　山田　浩
代表取締役社長　安積　央
取締役　　　　海老原　嘉
〃　　　　　　加藤　剛史
〃　　　　　　越川　進
監査役　　　　渡部幸治
〃　　　　　　木元誠剛
執行役員　　　加藤幸夫
従業員 62名
取扱い品目 刈払機，草刈機，防除機，耕耘機，管理機，精米機，ポンプ，モアー
社　歴 井関農機の小型農機専門の販売会社として平成9年2月に設立。

㈱ISEKIトータルライフサービス

〒116-8540　荒川区西日暮里5-3-14
電　　話 03-3805-7955
F A X 03-3805-7952
U R L http://www.iseki-tls.co.jp
代表者 富久　誠
創業年月日 昭和36年6月8日
資本金 8,000万円

商社編＝東京都＝

決 算 期　12月
売 上 高　24億円
銀 行　みずほ銀行
支 店　【保険事業】北海道営業所：
岩見沢市，東日本支店：岩沼市，東京支
店：本社，名古屋営業所：名古屋市，中
四国支店：松山市，九州支店：熊本市【ラ
イス機器事業】東京支店：本社，関西支
店：近江八幡市，福岡支店：久留米市【不
動産事業】松山建設部：松山市
従 業 員　70名
取扱い品目　保険事業，ライフ事業，厨房
機器，印刷事業，建設業

イワタニアグリグリーン㈱

〒111-0051　台東区蔵前3-1-9
電 話　03-5687-0751
Ｆ Ａ Ｘ　03-3862-5147
Ｕ Ｒ Ｌ　http://www.agri-g.co.jp
代 表 者　林原 達朗
創業年月日　昭和63年4月1日
資 本 金　7,500万円
主 株 主　岩谷産業㈱
決 算 期　3月
売 上 高　47億万円
営 業 所　大阪営業部：〒541-0053　大
阪市中央区本町3-4-8-8F ☎06-4705-
3290／名古屋営業部：〒470-1141　豊明
市阿野町三本木121 ☎0562-85-3787／
福岡営業部：〒812-0024　福岡市博多区
綱場町5-28 ☎092-263-5303
取扱い品目　施設園芸用設備，各種農業機
械，種苗設備，グリーン資材，緑化植物，
温室ハウス，アルミ製台車

インターファームプロダクツ㈱

〒176-0022　練馬区向山4-35-1
電 話　03-3998-0602
Ｆ Ａ Ｘ　03-3998-0617
代 表 者　関谷 昇
創業年月日　昭和47年4月
資 本 金　1,000万円
銀 行　三菱UFJ銀行
従 業 員　29名
取扱い品目　家庭用小型精米機，ホンダ発
電機，ヤマハ発電機，ヤマハ除雪機，ハ
スクバーナチェンソー，エンジンポン
プ，小型溶接機，ドイツソロ社製品，鋳
物薪ストーブ，小型ミキサー，電動式サ
イレントシュレッダー，エンジン式粉砕
機，薪割機，エンジン芝刈機，刈払機

㈱ケービーエル

〒140-0004　品川区南品川2-2-10
南品川Ｎビル

電 話　03-3472-1425
Ｆ Ａ Ｘ　03-3472-0651
Ｕ Ｒ Ｌ　http://www.kbl-ltd.co.jp
代 表 者　長坂 卓
創業年月日　昭和25年12月13日
資 本 金　5,000万円
売 上 高　107億円
営 業 所　東京，札幌，仙台，前橋，名
古屋，大阪，福山，福岡
従 業 員　246名
取扱い品目　各種機械部品，ゴムクローラ
等

サージミヤワキ㈱

〒141-0022　品川区東五反田1-19-2
電 話　03-3449-3711
Ｆ Ａ Ｘ　03-3443-5811
Ｕ Ｒ Ｌ　http://www.surge-m.co.jp
代 表 者　宮脇 豊
創業年月日　昭和33年3月
資 本 金　3,600万円
決 算 期　8月
銀 行　三菱UFJ銀行
営 業 所　札幌営業所：〒061-0213
石狩郡当別町東裏1338-10 ☎0133-25-
2222
取扱い品目　畜産用資材，獣害対策電気
柵，動物用フェンス，動物用識別器具，
牧草地管理機器

㈱サンホープ

〒153-0061　目黒区中目黒1-1-71
電 話　03-3710-5675
Ｆ Ａ Ｘ　03-3791-7119
Ｕ Ｒ Ｌ　http://www.sunhope.com
代 表 者　益満 ひろみ
創業年月日　昭和52年11月2日
資 本 金　2,200万円
株 主 数　3名
主 株 主　益満ひろみ，益満アヤ
決 算 期　10月
売 上 高　5億円
銀 行　みずほ銀行
事 業 所　宮崎営業所：〒885-0055　都
城市早鈴町1309-1 ☎0986-25-1280
従 業 員　22名
取扱い品目　かんがい機器，スプリンク
ラー，ドリップ，ミスト，緑化園芸資材，
細霧冷房，凍霜害防止装置，自動散水タ
イマー，薬液自動混入器，簡易養液土耕
装置，フィルター，ホース，チューブ，
ポリエチレンパイプ，継手，バルブ類

ジオサーフ㈱

〒106-0047　港区南麻布2-11-10

電 話　03-5419-3761
Ｆ Ａ Ｘ　03-5419-3762
Ｕ Ｒ Ｌ　http://www.geosurf.net
代 表 者　竹添 明生
創業年月日　平成14年2月
資 本 金　3,100万円
決 算 期　3月
売 上 高　9億円
銀 行　三菱UFJ銀行，三井住友銀
行，商工中金，城南信用金庫
取扱い品目　モバイルマッピング・ソリュー
ション，精密農業ソリューションの開
発・販売・コンサルティング

東邦貿易㈱

〒152-0031　目黒区中根2-13-10
電 話　03-3723-7181
Ｆ Ａ Ｘ　03-3724-1412
Ｕ Ｒ Ｌ　http://www.tohoboeki.com
代 表 者　牧山 清昭
創業年月日　昭和28年10月19日
資 本 金　1,000万円
決 算 期　6月
売 上 高　4億2,000万円
銀 行　三菱UFJ銀行，みずほ銀行，
城南信用金庫
営 業 所　北海道営業所：〒080-0047
帯広市西17条北2-37-9 ☎0155-34-3126
役 員
取締役　　　　　　牧 山 雅 子
　〃 　　　　　　牧 山 清 美
監査役　　　　　　牧 山 昌 樹
従 業 員　13名
取扱い品目　ミルキングシステム，フィー
ドミキサー，自動配餌車，給水器，連動
カスタンチョン，糞尿発酵堆肥化促進シ
ステム，グリーンストールイージー，石
炭散布機，酵素脱臭剤，遮熱塗料，畜産
資材等

㈱トプコン

〒174-8580　板橋区蓮沼町75-1
電 話　03-3966-3141
Ｆ Ａ Ｘ　03-3558-2654
Ｕ Ｒ Ｌ　http://www.topcon.co.jp
代 表 者　平野 聡
創業年月日　昭和7年9月1日
資 本 金　166億1,456万円
決 算 期　3月
売 上 高　1,456億円（連結）
銀 行　三井住友銀行
従 業 員　4,723名（連結）
取扱い品目　ポジショニング（GNSS，
マシンコントロールシステム，精密農
業），スマートインフラ（測量機器，
3次元計測，BIM），アイケア（眼科

商社編＝東京都，神奈川県，新潟県＝

用検査・診断・治療機器，眼科用ネットワークシステム，眼鏡店向け機器）等の製造・販売

日本クリントン㈱

〒121-0836　足立区入谷5-7-8
電　　話　03-3854-8221
ＦＡＸ　03-3854-8228
ＵＲＬ　http://www.clinton.co.jp
代 表 者　林　　雅　巳
創業年月日　昭和29年4月
　　　　　　（設立：昭和34年12月）
資 本 金　1,000万円
決 算 期　12月
売 上 高　19億5,000万円
主 株 主　㈱共栄社
銀　　行　三井住友銀行，三菱UFJ銀行
従 業 員　30名
取扱い品目　芝刈機，草刈機，ゴルフ場管
　理機械，グランド管理機械，発電機，ト
　ラクタPTO発電機

㈱ホームクオリティ

〒105-0023　港区芝浦1-3-3
　　　　　　浜松町ライズスクエア2Ｆ
電　　話　03-5442-7333
ＦＡＸ　03-5442-7334
代 表 者　宮　形　定　征
創業年月日　平成4年2月
資 本 金　1,000万円
主 株 主　宮形定征
決 算 期　10月
銀　　行　三菱UFJ銀行，東日本銀行，
　商工中金
営 業 所　長崎営業所：〒859-3725　長
　崎県東彼杵郡波佐見町長野郷398-3　☎
　0956-59-9737／中・四国営業所：〒770-
　0874　徳島市南沖洲3-7-29，パレス南沖
　洲103　☎088-624-7789
役　　員
　代表取締役　　　　　　宮 形 定 征
　取締役　　　　　　　　宮 形 弘 美
　　〃　　　　　　　　　川 渕 孝 順
従 業 員　16名
取扱い品目　電動三輪車，電動四輪車，電
　動グリスガン，スイーパー，高圧洗浄機
社　　歴　平成4年創業，通販事業を展
　開。平成24年から農業用電動運搬車を開
　発販売。

㈱モチヅキ

〒154-0003　世田谷区野沢3-20-3
電　　話　03-3410-6111
ＦＡＸ　03-3410-6117
ＵＲＬ　http://www.moti-gm.com

代 表 者　湯　田　博　文
創業年月日　昭和3年3月
資 本 金　2,000万円
株 主 数　11名
決 算 期　12月
売 上 高　13億円
銀　　行　みずほ銀行
営 業 所　首都圏営業部：〒243-0426
　海老名市門沢橋2-16-16　☎046-238-1205
　／静岡営業所：〒420-0816　静岡市葵区
　杳谷6-9-16　☎054-261-3341／関東営業
　部：〒308-0103　筑西市辻西原2063　☎
　0296-21-5500／東北営業所：〒025-0042
　花巻市円万寺中村89-7　☎0198-28-2274
従 業 員　33名
取扱い品目　小型噴霧機，人力噴霧機，
　ホース，Ｖベルト，もみすりロール，草
　刈刃，クローラー，タイヤ，噴霧機部品，
　播種機，バッテリー，アルミ製品，ポリ
　タンク，餅つき機

ヤナセ産業機器販売㈱

〒104-0033　中央区新川2-13-11
電　　話　03-3553-4270
ＦＡＸ　03-3553-4275
ＵＲＬ
　http://www.yanase-sanki.co.jp
代 表 者　正　木　幸　三
創業年月日　平成16年7月1日
資 本 金　5,000万円
決 算 期　4月
売 上 高　10億円
銀　　行　荘内銀行
営 業 所　東京営業所：本社と同／札幌
　営業所：〒060-0032　札幌市中央区北2
　条東9-90-32　☎011-231-2313／東北営業
　所：〒997-0011　鶴岡市宝田2-10-20　☎
　0235-23-0319
従 業 員　11名
取扱い品目　除雪機，その他産業機械

和光商事㈱

〒141-0031　品川区西五反田7-17-7
　　　　　　五反田第1noteビル
電　　話　03-5434-2751
ＦＡＸ　03-5434-2597
ＵＲＬ　http://wako-shoji.jp
代 表 者　今　井　康　之
設立年月日　昭和42年1月
資 本 金　1,500万円
銀　　行　りそな銀行，みずほ銀行
支　　社　札幌営業所：〒007-0805
　札幌市東区東苗穂5条3-3　☎011-784-
　0311／東北営業所：〒020-0862　盛岡市
　東仙北1-12-25　☎019-635-0824／東京営
　業所：〒336-0033　さいたま市南区曲本

5-9-20　☎048-845-0025／大阪営業所：
〒563-0024　池田市鉢塚1-5-7　☎072-
734-6500／九州営業所：〒862-8001熊本
市北区武蔵ヶ丘9-2-40　☎096-338-1260
従 業 員　35名
取扱い品目　ドルマーチェンソー，根切り
　チェンソー，充電式電動剪定ハサミ，木
　登り器と作，刈払機，草焼バーナー，マ
　キ割機，竹割機，除雪機，農業機材，園
　芸機材，木山林業用品

〔神　奈　川　県〕

ブラント・ジャパン㈱

〒220-6212　横浜市西区みなとみらい
　　　　　　2-3-5　クイーンズタワーＣ棟12Ｆ
電　　話　045-682-4433
ＦＡＸ　045-682-4434
ＵＲＬ
　http://www.oregonproducts.jp
代 表 者　伊　藤　純　子
創業年月日　昭和47年5月1日
資 本 金　5,000万円
決 算 期　12月
銀　　行　三菱UFJ銀行
従 業 員　16名
取扱い品目　［オレゴン］ソーチェーン，
　バー，スプロケット，その他アクセサ
　リー，防護服

㈱ボブキャット

〒222-0033　横浜市港北区新横浜3-17-5
電　　話　045-548-4445
ＦＡＸ　045-548-4450
代 表 者　三　澤　真　一
創業年月日　平成6年8月
資 本 金　3億円
株 主 数　1名
主 株 主　Doosan Bobcat
決 算 期　12月
従 業 員　13名
銀　　行　三菱UFJ銀行
取扱い品目　ボブキャットローダー及び関
　連商品

〔新　潟　県〕

㈱ハセガワ

〒959-1276　燕市小池5250-4
電　　話　0256-66-2211
ＦＡＸ　0256-66-2214

商社編＝新潟県，長野県，愛知県，大阪府，兵庫県＝

代 表 者　長谷川　　泰
創業年月日　昭和59年6月
資 本 金　1,000万円
決 算 期　12月
銀　　　行　第四銀行
取扱い品目　除草剤散布機（らくらくサン
　　パー），乗用田植機用2連溝切機，フレ
　　コンサポートテーブル（1tパック用架
　　台），プール育苗用資材，消音集塵機，
　　ダストル，排風ダクト，コンバインカ
　　バー，らくらくハンガー，もみがら粉砕
　　機，除雪機

（長　野　県）

GEAオリオンファームテクノロジーズ㈱

〒382-8502　須坂市幸高246
電　　　話　026-248-5360
Ｆ Ａ Ｘ　026-248-5363
代 表 者　太 田 哲 郎
創業年月日　平成元年5月
資 本 金　5,000万円
株 主 数　2名
決 算 期　3月
銀　　　行　八十二銀行，みずほ銀行
役　　　員
　　取締役副社長　　　　鶴 田 定 男
　　取締役　　　　　　　金 子　　享
　　　〃　　　　アーミン・ティーツェン
　　　〃　　　　　　　　ギド・ヒルド
　　　〃　　　　　　　　辻 村 征 紀
従 業 員　17名
取扱い品目　搾乳ロボット，搾乳機器，原
　　乳冷却機器，畜産環境機器等の酪農機
　　械・器具

（愛　知　県）

京セラインダストリアル
ツールズ販売㈱

〒468-8512　名古屋市天白区久方1-145-1
電　　　話　052-806-5111
Ｆ Ａ Ｘ　052-806-5141
代 表 者　平 田 博 史
設立年月日　昭和32年2月
資 本 金　4億9,500万円
従 業 員　344名
取扱い品目　ガーデン機器，清掃装置など
　　パワーツールの開発及び販売

（大　阪　府）

昭和貿易㈱　包装機材部

〒550-0002　大阪市西区江戸堀1-18-27
電　　　話　06-6441-5504
Ｆ Ａ Ｘ　06-4803-6085
Ｕ Ｒ Ｌ
　　http://www.showa-boeki.co.jp
代 表 者　末 野 晶 彦
創業年月日　明治10年9月23日
資 本 金　8,000万円
決 算 期　9月
売 上 高　85億円
銀　　　行　三井住友銀行，みずほ銀行
支　　　店　東京支社：〒101-0032　東京
　　都千代田区岩本町1-10-5-6F／札幌営業
　　所：〒065-0022　札幌市東区北22条東
　　2-1-20-502 ☎06-6441-5504／名古屋営
　　業所：〒462-0853　名古屋市北区志賀本
　　通1-21-5F-C ☎06-6441-5504／福岡営
　　業所：〒812-0013　福岡市博多区博多駅
　　東1-14-25-5F ☎092-481-1021
従 業 員　80名
取扱い品目　米麦器材（穀物用袋・アゼ
　　シート・育苗箱，生産資材（ハウス関連
　　資材・保温資材・育苗シート・農業用パ
　　イプ・防風網），出荷機材，包装機材，
　　物流機器，シート，カバー

（兵　庫　県）

㈱カワサキモータースジャパン

〒673-8666　明石市川崎町1-1
電　　　話　078-927-2844
Ｆ Ａ Ｘ　078-924-6885
Ｕ Ｒ Ｌ
　　http://www.kawasaki-motors.com
代 表 者　寺 西　　猛
設立年月日　昭和28年12月15日
資 本 金　1億円
主 株 主　川崎重工業㈱
銀　　　行　三井住友銀行，みずほ銀行，
　　百十四銀行，三菱UFJ銀行
役　　　員
　　代表取締役社長　　　寺 西　　猛
　　常務取締役　　　　　柘 植 輝 司
　　取締役　　　　　　　清 水 泰 博
　　　〃　　　　　　　　佐 伯 健 児
　　監査役　　　　　　　桑 田 雅 史
従 業 員　203名
取扱い品目　オートバイ，ジェットス
　　キー，汎用小型エンジン

㈱ツムラ

〒673-0443　三木市別所町巴46
電　　　話　0794-82-0771
Ｆ Ａ Ｘ　0794-82-5509
代 表 者　津 村 慎 吾
創業年月日　昭和52年6月
資 本 金　1,000万円
売 上 高　8億8,000万円
銀　　　行　三井住友銀行，日新信用金庫
役　　　員
　　代表取締役社長　　　津 村 慎 吾
　　専務取締役　　　　　津 村 貴 士
　　取締役　　　　　　　津 村 美智子
　　監査役　　　　　　　津 村 裕太朗
従 業 員　6名
取扱い品目　丸鋸・チップソー，農機具部
　　品一般，チップソー研磨機
全 国 会　ツムラ角鳩会
　　　　　　　会長・長谷川雅光

長田通商㈱

〒650-0034　神戸市中央区京町77-1
　　　　　　神栄ビル4F
電　　　話　078-331-6421
Ｆ Ａ Ｘ　078-332-4437
Ｕ Ｒ Ｌ　http://www.d-nagata.co.jp
代 表 者　長 田 庄太郎
創業年月日
　　明治12年10月
資 本 金　6,500万円
主 株 主　㈱ナガタ
　　ホールディングス，
　　長田庄太郎，長田洋
　　介，長田真
決 算 期　6月
銀　　　行　三井住友銀行，三菱UFJ銀
　　行，りそな銀行
支　　　店　東京事務所：〒108-0073　港
　　区三田3-13-16，三田43MTビル ☎03-
　　6899-2269
海外事業所　シカゴ：Nagata Technology,
　　Inc 400 Lively Boulevard Elk Grove
　　Village, IL60007, USA　☎+1-847-439-
　　0321／パリ：Worms Entreprises S.A.S.
　　ZAC de Lamirault, 39 rue de Lamirault
　　77090 Collegien, France　☎+33-1-
　　6476-2950／クアラルンプール：Palace
　　Chemical (Malaysia) Sdn.Bhd. E5.02,
　　Plaza 138,138 Jalan Ampang 50450,
　　Kuala Lumpur, Malaysia ☎+60-3-2732-
　　2217
長田　庄太郎
役　　　員
　　代表取締役社長　　　長 田 庄太郎
　　専務取締役　　　　　長 田 洋 介
　　常務取締役　　　　　長 田　　真
　　執行役員　　　　　　天 野 正 美

商社編＝兵庫県，岡山県，香川県，福岡県，熊本県＝

執行役員　　　　　　宮坂行則
監査役　　　　　　　荒金直行
従業員　50名
取扱い品目　多目的作業車，トラクター，
　トラクターＰＴＯ発電機，農業用・酪農
　畜産用諸機器

（岡　山　県）

三陽サービス㈱

〒719-0392　浅口郡里庄町新庄3858
電　　話　0865-64-4301
Ｆ　Ａ　Ｘ　0865-64-2874
Ｕ　Ｒ　Ｌ　http://www.sanyokiki.co.jp
代　表　者　川平英広
創業年月日　昭和55年10月1日
資　本　金　1,000万円
株　　主　三陽機器㈱
決　算　期　5月
売　上　高　3億円
銀　　行　三井住友銀行，中国銀行，北
　海道銀行，七十七銀行，常陽銀行，肥後
　銀行
支　　店　札幌営業所：〒007-0806
　札幌市東区東苗穂6条2-14-20　☎011-
　781-8777／仙台営業所：〒984-0002　仙
　台市若林区卸町東1-9-23　☎022-236-
　8581／関東営業所：323-0827　小山市
　神鳥谷222-1　☎0285-22-2901／大阪・
　岡山営業所：719-0392　岡山県浅口郡
　里庄町新庄3858　☎0865-64-4301／熊本
　営業所：〒861-3106　熊本県上益城郡嘉
　島町上島2500-3　☎096-237-2007
役　　員
　代表取締役社長　　　川平英広
　取締役　　　　　　　山口幸隆
　　〃　　　　　　　　赤沢　実
　監査役　　　　　　　佐々木正有
従業員　14名
取扱い品目　ドッキングローダ，ミニロー
　ダ，ローダ用各種先端アタッチメント，
　JL300乗用ローダ，各種油圧機器，気圧
　リフター，ワイヤーリフター，ツインモ
　アーTM・ZM（トラクタ用アーム式草
　刈機）シリーズ，ハンマーナイフモアー
　（トラクタ用アーム式草刈機，油圧ショ
　ベル用草刈機），グリーンフレーカ（樹
　木破砕機），ホールディガー（ビニール
　ハウス用支柱穴あけ機），まきわり機

（香　川　県）

日本ブレード㈱

〒760-0026　高松市磨屋町5-1
電　　話　087-821-5872
Ｆ　Ａ　Ｘ　087-821-7433
Ｕ　Ｒ　Ｌ　http://www.nihonblade.co.jp
代　表　者　久松朋水
創業年月日　昭和47年10月25日
資　本　金　2,500万円
株　主　数　8名
主　株　主　小橋工業，太陽，ササオカ，
　小野製作所
決　算　期　6月
売　上　高　36億円
銀　　行　みずほ銀行，中国銀行，四国
　銀行，日本政策金融公庫，三菱UFJ銀行
支　　店　京都支店：〒613-0022　京
　都府久世郡久御山町市田新珠城18　☎
　0774-46-5989／物流センター：〒701-
　0206　岡山市南区箕島中之町278-4　☎
　086-282-2583／小山商品センター：〒
　323-0819　小山市横倉新田470-11　五十
　鈴倉庫㈱内　☎0285-27-8457
役　　員
　代表取締役社長　　　久松朋水
　常務取締役　　　　　川本　守
　取締役　　　　　　　小野　衛
　　〃　　　　　　　　山崎　清
　　〃　　　　　　　　稲本勝司
　監査役　　　　　　　小橋健志
従業員　37名（2017年9月29日現在）
取扱い品目　耕うん用爪，ボルト，刈刃，
　ブリッジ，ヘキサバッテリー，葉面散布
　液，除草剤，アトラスバッテリー，オプ
　ティマバッテリー

（福　岡　県）

平城商事㈱

〒830-0055　久留米市上津1-10-35
電　　話　0942-21-6388
Ｆ　Ａ　Ｘ　0942-22-0048
代　表　者　平城賢三
創業年月日　昭和40年
資　本　金　1,000万円
決　算　期　11月
売　上　高　16億550万円
銀　　行　筑邦銀行，西日本シティ銀
　行，福岡銀行
役　　員
　代表取締役社長　　　平城賢三
　代表取締役会長　　　平城正之

　常務取締役　　　　　辻　満義
代表者略歴　平城賢三　阪南大学卒業。平
　成18年6月代表取締役就任。
従業員　37名
取扱い品目　農業関連商品，資材，部品

（熊　本　県）

㈱ナカヤマ

〒862-0949　熊本市中央区国府3-16-53
電　　話　096-362-2215
Ｆ　Ａ　Ｘ　096-363-6585
代　表　者　中山琢磨
創業年月日　昭和39年1月
資　本　金　2,000万円
決　算　期　7月
売　上　高　13億5,000万円
銀　　行　西日本シティ銀行，肥後銀行
従業員　19名
取扱い品目　チェンソー，刈払機，防除
　機，ポンプ，アルミブリッジ，野菜洗機，
　NGKプラグ，育苗資材，選果機，製粉
　機，管理機，刈払機用刃

部品・資材業者編＝北海道，秋田県，山形県，茨城県，埼玉県＝

部品・資材業者編

〔北 海 道〕

北海バネ㈱

〒047-0261　小樽市銭函町2-54-8
電　　話　0134-62-3521
Ｆ Ａ Ｘ　0134-62-6086
Ｕ Ｒ Ｌ
　http://www.hokkai-bane.co.jp
代 表 者　岸　俊之
創業年月日　昭和36年5月16日
資 本 金　3,000万円
決 算 期　3月
売 上 高　10億円
銀　　行　りそな銀行，北洋銀行，小樽
　信用金庫，三菱UFJ銀行
事 業 所　本社営業部・☎0134-62-3716
　／綾瀬工場・営業部・〒252-1125　綾瀬
　市吉岡東2-3-23　☎0467-77-4661
従 業 員　75名
取扱い品目　農機用スプリング及びスパイ
　ラル，降雪センサー，ルーフセンサー

〔秋 田 県〕

東北製綱㈱

〒011-0901　秋田市寺内大小路207-13
電　　話　018-845-1101
Ｆ Ａ Ｘ　018-845-1100
代 表 者　小林　真喜雄
創業年月日　昭和15年7月3日
資 本 金　4,500万円
決 算 期　5月
売 上 高　18億円
銀　　行　秋田銀行
工　　場　本社工場・青森工場：〒030-
　0811　青森市青柳1-16-61　☎017-734-
　4451
従 業 員　60名
取扱い品目　バインダー用ひも，ベーラー
　トワイン，育苗箱，ストレッチフィルム，
　頭絡，漁業用関連資材

〔山 形 県〕

東北打刃物㈱

〒990-0057　山形市宮町5-1-16
電　　話　023-631-4431
Ｆ Ａ Ｘ　023-631-4432
代 表 者　細川　伸一
創業年月日　昭和25年6月1日
資 本 金　1,000万円
決 算 期　12月
銀　　行　きらやか銀行
支　　店　岩手営業所：〒020-0841　盛
　岡市羽場14-42　☎019-637-4161
取扱い品目　打刃物

日本刃物㈱

〒992-0021　米沢市花沢3166-1
電　　話　0238-21-1111
Ｆ Ａ Ｘ　0238-21-1117
Ｕ Ｒ Ｌ　http://www.n-hamono.jp
代 表 者　大友　久雅
創業年月日　昭和17年5月
資 本 金　3,200万円
決 算 期　9月
売 上 高　8億円
銀　　行　山形銀行，商工組合中央金
　庫，日本政策金融公庫
役　　員
　代表取締役社長　　　大 友 久 雅
　取締役　　　　　　　佐 藤 　 仁
　　〃　　　　　　　　佐々木 　 智
　　〃　　　　　　　　菅 野 惠 子
　　〃　　　　　　　　山 本 惣 一
　　〃　　　　　　　　池 田 哲 雄
　監査役　　　　　　　髙 野 欽 一
従 業 員　60名
取扱い品目　農業機械用刃物（定置式カッ
　ター刃・その他），木工機械用刃物，園
　芸機器用刃物，弱電機器用精密ツール，
　その他機械用刃物一般，精密部品加工
社　　歴　明治初期に創業，鎌，鍬等鍛
　造小農具の製造に従事。合資会社大友利
　三郎商店を母体とし昭和17年米沢鎌工業
　㈱設立，経営及び設備の近代化を図る。
　31年農業の機械化時代に対処し，農業機
　械用刃物の製造開始。37年日本刃物㈱と
　社名変更，45年工業用刃物の生産を開始。
　49年業容の拡大と生産合理化のため，現
　在地に新工場を建設し移転。53年大工機
　械用刃物の生産を開始し，更に設備の近

代化と拡充を図る。60年電子機器用精密
部品の生産を開始。平成11年機械部品加
工を開始した。

〔茨 城 県〕

松井ワルターシャイド㈱

〒306-0121　古河市駒込937-5
電　　話　0280-75-1321
　　　　　0280-75-1322（営業）
Ｆ Ａ Ｘ　0280-76-6700
Ｕ Ｒ Ｌ　http://www.m-w.co.jp
代 表 者　原　茂行
創業年月日　昭和55年7月1日
資 本 金　6,000万円
主 株 主　松井製作所，GKNワルター
　シャイド社（ドイツ）
決 算 期　3月
売 上 高　17億5,000万円
銀　　行　三菱UFJ銀行
役　　員
　代表取締役　　　　　原 　 茂 行
　取締役　　　　　　　高 橋 弘 充
　　〃　　　　　ステファン・セナェプ
　　〃　　　　　　　　吉 岡 隆 之
　　〃　　　　　　　　生 川 淳 之
　監査役　　　　　　　可 児 俊 男
従 業 員　31名
取扱い品目　PTOドライブシャフト，各
　種駆動軸と駆動システム，他
社　　歴　昭和55年，親会社である㈱松
　井製作所の農業機械部門を分離し，農
　業用PTOドライブシャフトの専門メー
　カーとしてドイツGKNワルターシャ
　イド社と合弁会社として発足。

〔埼 玉 県〕

小原歯車工業㈱

〒332-0022　川口市仲町13-17
電　　話　048-255-4871
Ｆ Ａ Ｘ　048-256-2269
Ｕ Ｒ Ｌ　http://www.khkgears.co.jp
代 表 者　小原　敏治
創業年月日　昭和10年1月
資 本 金　9,900万円
株 主 数　20名

決算期 6月
売上高 44.6億円
銀行 埼玉りそな銀行，三井住友銀行
事業所 大阪営業所：〒540-0012 中央区谷町5-6-32 ☎06-6763-0641／名古屋営業所：〒465-0093 名古屋市名東区一社3-96 ☎052-704-1681
【関連会社】㈱KHK野田 〒270-0237 野田市中里143 ☎04-7129-4921／KHK㈱：〒332-0022 川口市仲町13-15 ☎048-254-1744, KHK USA Inc：259 Elm Place Mineola NY 11501 USA ☎01-516-248-3850
役員
代表取締役社長 小原敏治
専務取締役 小原健嗣
取締役 益田太
〃 小原哲司
〃 牧田謙一
〃 和田重夫
監査役 小原信治
従業員 117名
取扱い品目 KHK標準歯車の設計・製造・販売，各種オーダー歯車の受注製造
社歴 昭和10年川口市において小原富蔵が小原歯車工所を設立。29年旋盤用替歯車を標準化し製造販売開始。30年歯車専用メーカーとして「KHK標準歯車」の企画・製造・販売を本格始動。平成5年㈱KHK野田設立。17年川口工場完成，埼玉県知事より経営革新計画の承認を受ける。19年元気なモノ作り中小企業300社に選定される。

㈱セイブテクノ

〒351-0001 朝霞市上内間木107
電話 048-456-0934
FAX 048-456-3204
URL http://www.seibutechno.co.jp
代表者 市川泰之
創業年月日 昭和46年7月13日
資本金 2,000万円
決算期 9月
銀行 商工組合中央金庫，武蔵野銀行，埼玉りそな銀行，三井住友銀行，埼玉縣信用金庫
工場 朝霞工場：（本社と同）／千葉工場：〒283-0044 東金市小沼田1781 ☎0475-52-5231 FAX0475-52-5233
従業員 50名
取扱い品目 農業用・林業用機械部品加工および組立，医療用機器，食品加工機械・遊技機用・製菓機用部品製造

大起理化工業㈱

〒365-0001 鴻巣市赤城台212-8
電話 048-568-2500
FAX 048-568-2505
URL http://www.daiki.co.jp
代表者 大石正行
創業年月日 昭和16年3月
資本金 2,000万円
株主数 1名
決算期 9月
売上高 3億7,400万円
銀行 三菱UFJ銀行，みずほ銀行，群馬銀行，埼玉りそな銀行
営業所 西日本営業所：〒520-0801 大津市におの浜2-1-21 ☎077-510-8550
工場 本社と同
役員
代表取締役会長 大島忠男
代表取締役社長 大石正行
従業員 17名
取扱い品目 土壌物理性測定器，土壌・地下水調査機器，特殊試験装置
社歴 創業以来，「土と水」を守るを経営理念として，環境保全に関する様々な計測機器の開発・製造・販売を続ける。

〔東京都〕

飯田電機工業㈱

〒181-0013 三鷹市下連雀8-1-4
電話 0422-43-3171
FAX 0422-42-6551
URL http://www.iidadenki.co.jp
代表者 兵藤嘉彦
創業年月日 昭和21年11月30日
資本金 5,000万円
銀行 三菱UFJ銀行，三井住友銀行
従業員 70名
取扱い品目 マグネトー，UTCIユニット，ローター，イグニッションコイル，コンタクトブレーカー

㈱協同

〒130-0005 墨田区東駒形4-20-2
電話 03-3625-1371
FAX 03-3623-5656
URL http://www.kyodo-rubber.co.jp
代表者 斉藤浩史
創業年月日 昭和14年9月1日
資本金 1,200万円
主株主 斉藤守弘，斉藤浩史，斉藤剛

史
決算期 12月
売上高 51億2,330万円
銀行 みずほ銀行，三菱UFJ銀行
事業所 協同西東京：〒409-0112 上野原市上野原8154-27 ☎0554-20-9030／東北営業所：〒024-0083 北上市柳原2-3-38 ☎0197-65-0684
従業員 76名
取扱い品目 船外機部品，半導体関連製品，工業用ゴム製品，農林機器，ロボット機器

KYB㈱

〒105-6111 港区浜松町2-4-1 世界貿易センタービル
電話 03-3435-3511
FAX 03-3436-6759
URL http://www.kyb.co.jp
代表者 中島康輔
創立年月日 昭和10年3月10日
資本金 276億4,760万円
株主数 11,847名
決算期 3月
売上高 3,923億9,400万円（連結）
銀行 みずほ銀行，三菱UFJ銀行
事業所 オートモーティブコンポーネンツ事業本部第2営業部：〒430-0931 浜松市中区神明町315-1 ☎053-454-5321／名古屋支店：〒450-0002 名古屋市中村区名駅3-11-2 ☎052-587-1760／大阪支店：〒564-0063 吹田市江坂町1-23-20 ☎06-6387-3221／広島営業所：〒732-0052 広島市東区光町1-12-16 ☎082-567-9166／福岡支店：〒812-0013 福岡市博多区博多駅東2-6-26 ☎092-411-2066
工場 岐阜北工場：〒509-0298 可児市土田2548 ☎0574-26-5111／岐阜南工場：〒509-0297 可児市土田505 ☎0574-26-1111／岐阜東工場：〒509-0206 可児市土田60 ☎0574-26-2135／相模工場：〒252-0328 相模原市南区麻溝台1-12-1 ☎042-746-5511／愛川工場：〒243-0303 愛甲郡愛川町中津字桜台4025-2／熊谷工場：〒369-1193 深谷市長在家2050 ☎048-583-2341
従業員 連結14,754名，単独3,775名
取扱い品目 油圧緩衝器，油圧機器，システム製品

スターテング工業㈱

〒167-0034 杉並区桃井4-4-4
電話 03-3399-0141〜6
FAX 03-3396-8902
URL http://www.starting.co.jp
代表者 高橋隆雄

創業年月日　昭和25年12月14日
資　本　金　1億円
株　主　数　45名
主　株　主　東京中小企業投資育成, 原田正夫
決　算　期　5月
銀　　　行　みずほ銀行, 三井住友銀行
工　　　場　高崎工場：〒370-0072　高崎市大八木町777　☎027-361-0278／海外4工場：米国ミズーリ州, タイ国, 中国上海市・東莞市
役　　　員
取締役会長　　　　　　原　田　正　夫
代表取締役社長　　　　高　橋　隆　雄
常務取締役　　　　　　滝　口　　　修
　〃　　　　　　　　　贄　田　清　一
取締役　　　　　　　　上　野　　　誠
　〃　　　　　　　　　大　野　勝　彦
監査役（非常勤）　　　本　橋　喜久雄
　　　　　　　　　　　吉　田　素　紀

代表者略歴　高橋隆雄
昭和25年9月5日生れ。秋田県出身。平成11年スターテング工業㈱入社。15年取締役, 19年常務取締役, 25年専務取締役, 27年代表取締役社長に就任。

高橋　隆雄

取扱い品目　リコイルスターター, 各種操作レバー, ロータリーカッター, 建設機械用部品, 建築金物, 照明器具用昇降器, 園芸用製品

スプレーイングシステムジャパン(同)

〒141-0022　品川区東五反田5-10-25
電　　　話　03-3445-6031
Ｆ Ａ Ｘ　03-3444-5688
Ｕ Ｒ Ｌ　http://www.spray.co.jp
代 表 者　鴨原英樹
創業年月日　昭和51年
資　本　金　1億円
営　業　所　東京営業所：本社と同　☎03-3449-6061／神奈川営業所：〒224-0037　横浜市都筑区茅ヶ崎南2-20-16　☎045-948-5363／静岡営業所：〒417-0057　富士市瓜島町130-2　☎0545-51-5671／名古屋営業所：〒462-0854　名古屋市北区若葉台1-32　☎052-910-8281／大阪営業所：〒577-0013　東大阪市長田中1-3-8　☎06-6784-2700／九州営業所：〒812-0041　福岡市博多区吉塚8-1-14　☎092-627-1715
工　　　場　八日市場工場：〒289-2131　匝瑳市みどり平2-4　☎0479-73-3157
取扱い品目　各種産業用スプレーノズル, エアーノズル, 農業用ノズル, 洗浄・コーティング等各種装置, ミスト冷房システム, ノズル周辺機器
社　　　歴　スプレーノズル専業として75年の事業実績と9万アイテム超の開発実績を有する。日本を含めた世界各国でノズルのリーディングカンパニーとして, 自動車, 電気・電子, 化学, 食品, 医薬, 環境, 農業, 鉄鋼, 製紙, アミューズメント等多くの産業にノズル及び装置を供給している。

ソフト・シリカ㈱

〒160-0004　新宿区四谷2-1　四谷ビル
電　　　話　03-3353-3651
Ｆ Ａ Ｘ　03-3353-3188
Ｕ Ｒ Ｌ　http://www.softsilica.com
代 表 者　阪本純子
創業年月日　昭和36年8月3日
資　本　金　1,000万円
工　　　場　八木沢工場：〒013-0561　横手市大森町八木沢字坂ノ下60-2　☎0182-26-2256
取扱い品目　土壌改良材, 水質改良資材, 飼料の製造販売

太産工業㈱

〒146-8666　大田区池上5-23-13
電　　　話　03-3753-0121
Ｆ Ａ Ｘ　03-3753-8989
代 表 者　千葉泰常
資　本　金　1億円
従 業 員　140名
取扱い品目　電磁ポンプ, 自動温度制御装置, 各種給油装置

中央精工㈱

〒105-0013　港区浜松町1-9-9
電　　　話　03-3436-1151
Ｆ Ａ Ｘ　03-3433-1912
Ｕ Ｒ Ｌ　http://www.chuo-sk.co.jp
代 表 者　室田一昭
創業年月日　昭和22年12月8日
資　本　金　5,000万円
株　主　数　35名
決　算　期　4月
売　上　高　171億円
銀　　　行　三菱UFJ銀行, みずほ銀行, 三井住友銀行, りそな銀行
事　業　所　仙台営業所：〒981-3213　仙台市泉区南中山2-12-9-105　☎022-346-7686／長野営業所：〒386-0018　上田市常田2-20-26　☎0268-75-9801／小山営業所：〒329-0201　小山市粟宮1-9-40　☎0285-23-2461／茨城営業所：〒300-0043　土浦市中央1-1-26　☎029-825-0811／浦和営業所：〒336-0931　さいたま市緑区原山1-32-4　☎048-887-0001／システム技術部：〒336-0931　さいたま市緑区原山1-32-4　☎048-887-0490／神奈川営業所：〒243-0013　厚木市泉町13-6　☎046-228-1910／京浜営業所：〒211-0016　川崎市中原区市ノ坪637　☎044-422-1613／名古屋営業所：〒460-0011　名古屋市中区大須4-11-50　☎052-253-6656／北陸営業所：〒923-0803　小松市宝町イ62　☎0761-22-3109／大阪営業所：〒567-0034　茨木市中穂積1-2-10　☎072-625-6060
役　　　員
代表取締役会長　　　　室　田　昭　三
代表取締役社長　　　　室　田　一　昭
取締役専務執行役員　　中　川　真　一
　〃　　　　　　　　　長谷川　　　聡
取締役常務執行役員　　寺　内　浩　美
　〃　　　　　　　　　石　井　　　塁
取締役執行役員　　　　谷　口　長　浩
執行役員　　　　　　　大　島　志　郎
　〃　　　　　　　　　福　澤　裕　二
　〃　　　　　　　　　上仮屋　　　航
監査役　　　　　　　　近　藤　一　之
従 業 員　130名
取扱い品目　軸受関連, フルードパワー関連, 電気・電子制御関連製品の販売, 各種プラント設備用搬送装置等の設置・施工

司化成工業㈱

〒110-0006　台東区秋葉原1-1　秋葉原ビジネスセンター3階
電　　　話　03-3258-0761
Ｆ Ａ Ｘ　03-3258-0766
Ｕ Ｒ Ｌ　http://www.tksc.com
代 表 者　西村猛史
創業年月日　昭和43年12月6日
資　本　金　2億円
主　株　主　司化成工業持株会, 三菱商事プラスチック㈱, SCIENTEX
決　算　期　11月
売　上　高　158億円
主取引銀行　常陽銀行, みずほ銀行, 三井住友銀行, 三菱UFJ銀行
事　業　所　札幌支店：〒060-0807　札幌市北区北7条西4-4-3　☎011-707-1151／大阪支店：〒533-0033　大阪市東淀川区東中島1-18-22　☎06-6329-9833／福岡支店：〒812-0053　福岡市東区箱崎4-10-1　☎092-643-9591
工　　　場　つくば工場・つくばテクニカルセンター：〒300-2311　つくばみらい市野堀476-12　☎0297-58-1821／うしく工場：〒300-1211　牛久市柏田町262　0298-72-7930
従 業 員　98名
取扱い品目　結束ヒモ, 梱包用バンド, ス

部品・資材業者編＝東京都＝

トレッチフィルム，シュリンクフィルム，エア緩衝材製造機，ストレッチ包装機，農業用・牧草用資材，その他

東日興産㈱

〒154-0003　世田谷区野沢3-2-18
電　　話　03-3424-1021
Ｆ　Ａ　Ｘ　03-3424-1223
Ｕ　Ｒ　Ｌ　http://tonicon.co.jp
代 表 者　鶴岡耕平
創業年月日　昭和32年7月4日
資 本 金　9,000万円
決 算 期　3月
売 上 高　76億円
銀　　行　三菱UFJ銀行，東京都民銀行
事 業 所　東京支店：本社と同／札幌営業所：〒061-1111　北広島市北の里3-15　☎011-372-5701／仙台営業所：〒981-3117　仙台市泉区市名坂御釜田144-6　☎022-371-4581／群馬営業所：〒370-3101　高崎市箕郷町柏木沢1654 ☎027-360-7040／大阪営業所：〒550-0013　大阪市西区新町4-1-4，新なにわ筋中川ビル7F ☎06-7220-3900／福岡営業所：〒811-2231　福岡県糟屋郡志免町別府東3-2-9 ☎092-688-9550
従 業 員　100名
取扱い品目　建設機械用部品，コンバイン用ゴムクローラー
社　　歴　創業以来，半世紀以上にわたって建設機械に使用される様々な部品を販売。日本全国に3,000社以上の顧客を持つ。建機部品の製造・販売の経験をもとに平成18年より農機関連の部品（特にコンバイン用ゴムクローラー）の販売を始めた。

㈱東日製作所

〒143-0016　大田区大森北2-2-12
電　　話　03-3762-2452
Ｆ　Ａ　Ｘ　03-3761-3852
Ｕ　Ｒ　Ｌ　https://www.tohnichi.co.jp/
代 表 者　辻　　修
創業年月日　昭和24年5月
資 本 金　3億1,000万円
決 算 期　11月
取扱い品目　トルクレンチ，トルク計測機器

日東工器㈱

〒146-8555　大田区仲池上2-9-4
電　　話　03-3755-1111
Ｆ　Ａ　Ｘ　03-3754-3731
Ｕ　Ｒ　Ｌ　http://www.nitto-kohki.co.jp
代 表 者　小形明誠

創業年月日　昭和31年10月22日
資 本 金　18億5,032万円
株 主 数　5,635名
決 算 期　3月
売 上 高　264億6,000万円（単体）
　　　　　282億1,300万円（連結）
事 業 所　大阪支店：〒537-0001　大阪市東成区深江北2-10-10 ☎06-6973-5501／名古屋支店：〒465-0092　名古屋市名東区社台3-173-2 ☎052-726-9041／札幌営業所：〒003-0005　札幌市白石区東札幌五条1-3-10 ☎011-823-6346／仙台営業所：〒984-0015　仙台市若林区卸町3-2-4 ☎022-238-4711／新潟営業所：〒950-0943　新潟市中央区女池神明3-4-10 ☎025-285-6050／北関東営業所：〒372-0054　伊勢崎市柳原町76-1 ☎0270-25-1957／埼玉営業所：〒331-0812　さいたま市北区宮原町3-215 ☎048-662-5235／静岡営業所：〒420-0816　静岡市葵区杏谷6-15-4 ☎054-655-5100／三河営業所：〒444-0806　岡崎市緑丘3-8-7 ☎0564-71-6750／北陸営業所：〒939-1104　高岡市戸出町3-1-26 ☎0766-63-0155／岡山営業所：〒700-0976　岡山市北区辰巳17-101 ☎086-243-6850／広島営業所：〒733-0005　広島市西区三滝町3-1 ☎082-537-2521／高松営業所：〒760-0079　高松市松縄町51-13 ☎087-815-0851／福岡営業所：〒812-0896　福岡市博多区東光寺町1-12-9 ☎092-433-2890／シンガポール支店：10 Ubi Crescent #01-62, Ubi Techpark Lobby D, Singapore 408564 ☎+65-6227-5360
従 業 員　415名（単体），932名（連結）
取扱い品目　迅速流体継手（カプラ），省力化機械工具，リニア駆動ポンプとその応用製品，建築機器（ドアクローザ）

花岡産業㈱

〒101-0032　千代田区岩本町1-8-15-4F
電　　話　03-5821-2311
Ｆ　Ａ　Ｘ　03-5821-2317
Ｕ　Ｒ　Ｌ　http://www.hanaoka-sg.co.jp
代 表 者　花岡直児
創業年月日　昭和37年4月1日
資 本 金　8,000万円
決 算 期　12月
売 上 高　20億円
銀　　行　みずほ銀行
従 業 員　50名
工　　場　韮崎工場：〒407-0011　韮崎市韮崎町上ノ山3742-1 ☎0551-22-8711／小山工場：〒323-0823　小山市向原新田98-59 ☎0285-38-8082
取扱い品目　タイヤ・ホイール組立，ゴム

クローラー油圧／ビールホース，物流機器，板金・溶接部品

㈲双葉発條工業所

〒171-0044　豊島区千早1-21-6
電　　話　03-3973-4111
Ｆ　Ａ　Ｘ　03-3959-3806
代 表 者　市川弥恵子
創業年月日　昭和31年11月1日
資 本 金　300万円
決 算 期　11月
売 上 高　3億円
従 業 員　20名
取扱い品目　コイルバネ，板バネ，バネ座金，各種座金，プレス加工，各種金型，機械加工，線加工

㈱ブリヂストン

〒104-8340　中央区京橋3-1-1
電　　話　03-6836-3001
代 表 者　津谷正明
資 本 金　1,263億5,400万円
決 算 期　12月
売 上 高　3兆6,434億円（連結）
銀　　行　三井住友銀行，三菱UFJ銀行，みずほ銀行
従 業 員　13,706名（単独）
取扱い品目　タイヤ，チューブ，タイヤ関連用品，ゴムクローラ，高圧ホース，他

ボッシュ㈱

〒150-8360　渋谷区渋谷3-6-7
電　　話　03-3400-1551
Ｕ　Ｒ　Ｌ　http://www.bosch.co.jp
代 表 者　クラウス・メーダー
創業年月日　昭和14年7月17日
資 本 金　170億円
決 算 期　12月
売 上 高　3,060億円（連結）
従 業 員　6,003名（連結）
取扱い品目　ディーゼルおよびガソリン用エンジンマネジメントシステム・コンポーネント，乗用車向けブレーキシステム，トランスミッション制御，エアバッグ用コントロールユニット，自動車用センサー類の開発・製造・販売。自動車機器アフターマーケット製品，自動車整備機器，電動工具の輸入販売・サービス等

三菱ケミカルアグリドリーム㈱

〒103-0021　中央区日本橋本石町1-2-2　三菱ケミカル日本橋ビル
電　　話　03-3279-3241
Ｆ　Ａ　Ｘ　03-3279-6757

部品・資材業者編＝東京都，神奈川県＝

ＵＲＬ http://www.mc-agri.co.jp
代 表 者 狩野 光博
資 本 金 ３億円
売 上 高 101億円
従 業 員 138名
取扱い品目 農業用フィルムの製造・販売，灌水資材・ベタがけ資材等の農業資材・施設資材の販売，養液栽培システムの製造・販売

㈱緑マーク

〒111-0043 台東区駒形2-1-5
電 話 03-3843-2011
ＦＡＸ 03-3843-2019
代 表 者 緑川 國夫
創業年月日 昭和10年４月
資 本 金 6,400万円
決 算 期 11月
銀 行 三菱UFJ銀行，武蔵野銀行，三井住友銀行，商工組合中央金庫，他
支 店 新潟営業所：〒955-0046 三条市興野2-16-29 ☎0256-35-6658／名古屋営業所：〒461-0026 名古屋市東区赤塚町3-15 ☎052-931-4064／大阪営業所：〒564-0052 吹田市広芝町9-12 ☎06-6330-8512
工 場 川口工場：〒332-0034 川口市並木4-19-15 ☎048-251-1311／福島工場：〒969-0237 福島県西白河郡矢吹町牡丹平150 ☎0248-45-2216
従 業 員 120名
取扱い品目 ステッカー，プリント配線，メンブレンスイッチ，タッチパネル，EL，電子ペーパーPOP

㈱ユーシン

〒105-0012 港区芝大門1-1-30，芝NBFタワー
電 話 03-5401-4670
ＦＡＸ 03-5401-4680
ＵＲＬ http://www.u-shin-ltd.com
代 表 者 岡部 哉慧
創業年月日 大正15年７月
資 本 金 153億円（2018年８月31日現在）
決 算 期 12月
売 上 高 1,686億円（2017年12月期）
銀 行 三井住友銀行，りそな銀行，三菱UFJ銀行
従 業 員 6,760名（臨時従業員を除く）
取扱い品目 自動車用部品，農機・建機・工機用部品，住宅用鍵

㈱ユニック

〒105-0001 港区虎ノ門1-4-9
ユニックビル

電 話 03-3519-6084
ＦＡＸ 03-3519-6085
ＵＲＬ http://www.unyck.co.jp
代 表 者 樗澤 靖彦
創業年月日 昭和26年２月12日
資 本 金 4,620万円
従 業 員 14名
取扱い品目 生分解性マルチフィルム（キエ丸：野菜用，ユニグリーン：葉たばこ用）

（神 奈 川 県）

大久保歯車工業㈱

〒243-0282 厚木市上依知3030
電 話 046-285-1131
ＦＡＸ 046-285-7039
ＵＲＬ http://www.okubo-gear.co.jp
代 表 者 大久保 利昭
創業年月日 昭和13年２月11日
資 本 金 ２億3,800万円
主 株 主 大久保機器販売，社員持株会，大久保利彦，三菱UFJ信託銀行，横浜銀行，大久保恵美
決 算 期 ５月
売 上 高 172億2,233万円
銀 行 横浜銀行，商工組合中央金庫，三菱UFJ信託銀行
従 業 員 452名
取扱い品目 歯車・軸及びカービックカップリング，カム，変減速機，アクスル，PTO，ATC
社 歴 昭和13年２月㈲大久保鉄工所として創立。22年同社を解散し大久保歯車工業㈱設立。43年４月厚木工場の機械工場，熱処理工場建設，造機・油圧部門を移転。45年５月全設備移転完了。46年７月精密加工の精密工場建設。49年11月厚木第２工場建設。50年８月厚木第１工場へ本社移転。

㈱オオハシ

〒230-0051 横浜市鶴見区佃野町10-1 タクトホーム鶴見ビル２Ｆ
電 話 045-502-0241
ＦＡＸ 045-502-3053
ＵＲＬ http://www.oohasi.co.jp
代 表 者 塩野 武男
創業年月日 昭和25年６月
資 本 金 2,500万円
株 主 数 ７名
決 算 期 ３月
銀 行 三菱UFJ銀行，三井住友銀行
工 場 鹿沼工場：〒322-0026 鹿沼市茂呂1858-89 ☎0289-64-3847／西沢

工場：〒322-0344 鹿沼市西沢町2031 ☎0289-77-3261
役 員
代表取締役 塩野 武男
〃 大橋 律子
取締役 大橋 武雄
〃 駒場 久三
監査役 塩野 豊子
従 業 員 33名
取扱い品目 プラスチック製敷板「リピーボード®」，プラスチック製U字溝「U字路®」，再生ポリエチレンペレット，PVC粉砕品，ナゲット銅
主要取引先 富士資材加工㈱，㈱中北電機，㈱ホーシン，秋田エコブラッシュ㈱，ヤンマー産業㈱
社 歴 昭和45年２月横浜市鶴見区に㈲大橋金属工業設立，59年８月大橋産業㈲に商号変更，平成８年３月㈱オオハシに商号変更，20年３月樹脂製敷板「リピーボード」製造販売開始。

㈱ファインスティールエンジニアリング

〒222-0033 横浜市港北区新横浜2-3-4 クレセントビル４Ｆ
電 話 045-471-3181
ＦＡＸ 045-471-3183
ＵＲＬ http://www.fine-steel.co.jp
代 表 者 今泉 敏明
創業年月日 平成２年３月１日
資 本 金 1,000万円
株 主 数 10名
主 株 主 今泉敏明，今泉敏雄，今泉龍太郎，今泉桂次郎
決 算 期 ８月末
銀 行 三井住友銀行，東日本銀行，横浜銀行
支 店 中部営業所：〒446-0074 安城市井杭山町高見5-11，ACTビル２階C号室 ☎045-594-9114／研究開発センター：〒292-1152 君津市日渡根187-1 ☎045-548-3618／韓国：#562, Hyowon Bldg 5F, 97, Jungdae-ro, Songpa-gu, Seoul, Korea／Changzhou Fine Steel Machinery Parts Co., Ltd：B-3-2504, Wanda Square, Xinbei District, Changzhou Jiangsu, China
工 場 君津工場：〒292-1152 君津市日渡根187-1 ☎045-548-3618
役 員
代表取締役社長 今泉 敏明
執行役員 今泉 龍太郎
〃 今泉 桂次郎
取扱い品目 農機具用部品，自動車用部品，刈払機用伝動軸，チェンソー用クラッチドラム，小型エンジン用部品，刈払機用ナイロンコードカッター

部品・資材業者編＝神奈川県，石川県＝

フローテック㈱

〒230-0071　横浜市鶴見区駒岡2-5-32
電　　話　045-586-2619
Ｆ　Ａ　Ｘ　045-580-1695
Ｕ　Ｒ　Ｌ　http://www.flotec.jp
代 表 者　三　田　英　一
創業年月日　昭和55年12月18日
資 本 金　6,000万円
株 主 数　20名
決 算 期　9月
売 上 高　10億円
銀　　行　三菱UFJ銀行，横浜銀行
従 業 員　25名
取扱い品目　ボールバルブ（油圧及び水圧
　用低圧・高圧），ポンプ，モータ，カッ
　プリング，攪拌機，流量計，高温耐熱素
　材，グラップル，カッター

マイクロ化学技研㈱

〒213-0012　川崎市高津区坂戸3-2-1
　　　　　　KSP西棟713A
電　　話　044-811-6521
Ｆ　Ａ　Ｘ　044-814-5545
Ｕ　Ｒ　Ｌ　http://www.i-mt.co.jp
代 表 者　田　中　勇　次
創業年月日　平成13年5月1日
資 本 金　2億6,500万円
決 算 期　3月
売 上 高　1億円
従 業 員　6名
取扱い品目　残留農薬検査キット，マイク
　ロ化学チップ，マイクロELISA装置

（石　　川　　県）

㈱江沼チヱン製作所

〒922-8678　加賀市上河崎町300
電　　話　0761-72-0286
Ｆ　Ａ　Ｘ　0761-72-1377
Ｕ　Ｒ　Ｌ　http://www.enuma.co.jp
代 表 者　佐　藤　龍　吉
創業年月日　昭和16年3月
資 本 金　2億8,500万円
株 主 数　45名
決 算 期　5月
売 上 高　36億1,100万円
銀　　行　北陸銀行，福井銀行，三菱
　UFJ銀行，北国銀行，三井住友銀行
営 業 所　名古屋営業所：〒460-0008
　名古屋市中区栄1-22-16　☎052-221-8451
工　　場　本社工場：本社と同／二子塚
　工場：〒922-0325　加賀市二子塚町ヌ35
　☎0761-76-4165

役　　員
代表取締役社長　佐　藤　龍　吉
常務取締役　　　佐　藤　義　隆
　〃　　　　　　山　下　郁　夫
取締役　　　　　与四田　和　則
　〃　　　　　　寺　田　久　雄
監査役　　　　　村　井　政　次
　〃　　　　　　小中出　佳津良
従 業 員　194名
取扱い品目　各種伝動用ローラーチェー
　ン，農業機械用チェーン，フィード
　チェーン，スプロケットホイール，コン
　ベヤーチェーン，搬送用特殊チェーン，
　コンベア装置

オリエンタルチエン工業㈱

〒924-0016　白山市宮永市町485
電　　話　076-276-1155
Ｆ　Ａ　Ｘ　076-274-9030
Ｕ　Ｒ　Ｌ　http://www.ocm.co.jp
代 表 者　西　村　　　武
創業年月日　昭和22年8月
資 本 金　10億6,695万円
株 主 数　1,781名
主 株 主　オリエンタルチエン取引先持
　株会，第一生命保険，北陸銀行
決 算 期　3月
売 上 高　34億1,329万円
銀　　行　北陸銀行，三菱UFJ銀行，日
　本政策金融公庫，農林中央金庫，商工組
　合中央金庫
営 業 所　東京営業所：〒130-0021　東
　京都墨田区緑4-22-11　☎03-3846-0811
　／名古屋営業所：〒456-0013　名古屋市
　熱田区外土居町9-14　☎052-683-0571／
　大阪営業所：〒550-0015　大阪市西区
　南堀江2-2-6　☎06-6541-1992／広島営
　業所：〒731-0113　広島市安佐南区西
　原3-16-22　☎082-850-1450／金沢営業
　所：本社と同　☎076-276-4231
工　　場　本社工場：本社と同
役　　員
代表取締役　　　　　西　村　　　武
取締役　　　　　　　澤　守　　　忠
　〃　　　　　　　　伊　藤　克　之
　〃　監査等委員　　種　本　篤　博
社外取締役　〃　　　米　本　光　男
　〃　　　　〃　　　田　中　祥　介
　〃　　　　〃　　　梅　林　邦　彦
従 業 員　168名
取扱い品目　伝動用ローラチェーン，コン
　ベヤチェーン，スプロケット，金属射出
　成形部品，他

大同工業㈱

〒922-8686　加賀市熊坂町イ197

電　　話　0761-72-1234
Ｆ　Ａ　Ｘ　0761-72-6458
Ｕ　Ｒ　Ｌ　http://www.did-daido.co.jp
代 表 者　新　家　康　三
創業年月日　昭和8年5月25日
資 本 金　35億3,651万円
株 主 数　3,280名
主 株 主　日本トラスティサービス信託
　銀行，㈱飯田，北國銀行，日本マスター
　トラスト信託銀行，日本生命保険相互会
　社，加賀商工㈱，大同生命保険
決 算 期　3月
売 上 高　239億7,200万円
銀　　行　北國銀行，みずほ銀行，三菱
　UFJ銀行，三井住友信託銀行，三井住友
　銀行，北陸銀行，りそな銀行
事 業 所　東京支社：〒103-0013　東
　京都中央区日本橋人形町3-5-4　☎03-
　3808-0781／札幌営業所：〒065-0018
　札幌市東区北18条東18-1-3　☎011-782-
　1800／大阪営業所：〒542-0081　大阪市
　中央区南船場2-12-12　☎06-6251-2026
　／栃木営業所：〒321-0953　宇都宮市東
　宿郷4-2-20　☎028-610-1020／名古屋営
　業所：〒450-0003　名古屋市中村区名
　駅南4-9-7　☎052-586-7200／浜松営業
　所：〒433-8105　浜松市北区三方原町
　1130-2　☎053-522-7313／西日本営業
　所：〒812-0016　福岡市博多区博多駅南
　1-3-6　☎092-415-3131／熊本営業所：
　〒869-1205　菊池市旭志川辺1074-1　☎
　0968-37-3165
工　　場　本社工場：本社と同／福田
　工場：〒922-0002　加賀市大聖寺下福
　田町ソ20　☎0761-72-3331／動橋工場：
　〒922-0331　加賀市動橋町キ22-1　☎
　0761-74-7657
従 業 員　665名
取扱い品目　ローラーチェーン，コンベ
　ヤーチェーン，コンベヤーシステム，リ
　ム，ホイール，スポーク，アルミめっき
　加工品，車いす用階段昇降機，いす式階
　段昇降機

高千穂工業㈱

〒920-0025　金沢市駅西本町5-3-32
電　　話　076-221-5303
Ｆ　Ａ　Ｘ　076-221-2241
代 表 者　古　川　博　之
創業年月日　昭和32年4月21日
資 本 金　1,000万円
株 主 数　6名
決 算 期　5月
売 上 高　6億6,787万円
銀　　行　北国銀行，北陸銀行，北陸信
　用金庫
事 業 所　湊工場：〒920-0211　金沢市

部品・資材業者編＝石川県，長野県，愛知県，三重県，大阪府＝

湊1-71　☎076-238-7881／堀川工場：〒
920-0847　金沢市堀川町18-15　☎076-221-5301
従業員　35名
取扱い品目　ギヤ・シャフト加工，農業機械・産業機械組立

〔長　野　県〕

アルプス計器㈱

〒381-2411　長野市信州新町竹房285
電　話　026-262-2111
Ｆ　Ａ　Ｘ　026-262-2627
Ｕ　Ｒ　Ｌ　http://www.alpskeiki.co.jp
代表者　黒岩孝喜
創業年月日　昭和40年7月
資　本　金　6,500万円
決　算　期　3月
売　上　高　6億5,000万円
銀　　行　八十二銀行，北陸銀行，日本政策金融公庫
事　業　所　東京営業所：〒171-0021　豊島区西池袋5-8-10　☎03-3982-3321／名古屋営業所：〒492-8084　稲沢市下津南山町106，中部オリオン㈱内　☎080-3585-6073
工　　場　千曲工場：〒387-0018　千曲市新田836-4　☎026-214-3485／佐久工場：〒385-0007　佐久市新子田1864　☎0267-66-6151
従業員　61名
取扱い品目　各種業務用充電器，自動車用充電器，二輪車用充電器，特殊電源，消防法認定直流電源装置

〔愛　知　県〕

協和工業㈱

〒474-0011　大府市横根町坊主山1-31
電　話　0562-47-1241
Ｆ　Ａ　Ｘ　0562-48-0550
Ｕ　Ｒ　Ｌ　http://www.kyowa-uj.com
代表者　鬼頭佑治
創業年月日　昭和17年
工　　場　長浜工場：〒526-0802　長浜市東上坂町367-2　☎0749-65-2951／タイ工場：タイ国プラチンブリ県304工業団地内／中国工場：中国江蘇省昆山市花橋経済開発区内
取扱い品目　ユニバーサルジョイント，ステアリングジョイント，インタミシャフト

㈱スズキブラシ

〒442-0856　豊川市久保町向田1-2
電　話　0533-88-3511
Ｆ　Ａ　Ｘ　0533-88-3512
Ｕ　Ｒ　Ｌ　http://www.suzukibrush.com
代表者　井保呂信
創業年月日　昭和28年7月1日
資　本　金　2,000万円
株主数　4名
主株主　井保呂和夫，井保呂友子，井保呂信
決　算　期　7月
工　　場　木工場：豊川市八幡町
銀　　行　三菱UFJ銀行，岡崎信用金庫
役　員
　代表取締役会長　　　井保呂　和　夫
　代表取締役社長　　　井保呂　　　信
従業員　9名
取扱い品目　農業機械用各種ブラシ（野菜洗浄用ブラシ・播種機用チャンネルブラシ・苗箱洗機用ブラシ・砕土機用ブラシ），その他各種ブラシ（食品用・コンベヤー用・製パン機用・目土用・フロアークリーナー用，シャッター防虫用，他）

〔三　重　県〕

㈱北村製作所

〒514-1255　津市庄田町1953-3
電　話　059-256-5511
Ｆ　Ａ　Ｘ　059-256-5512
Ｕ　Ｒ　Ｌ　http://www.kitamura-ss.com
代表者　北村清司
創業年月日　昭和45年2月
資　本　金　1,000万円
決　算　期　7月
銀　　行　三重銀行
従業員　30名
取扱い品目　刈払機用安定板「ジズライザー」シリーズ，集草補助具「さらい君」シリーズ，野菜植付メジャー「ベジタルメジャー」シリーズ

〔大　阪　府〕

田中産業㈱

〒561-0817　豊中市浜1-26-21
電　話　06-6332-7185
Ｆ　Ａ　Ｘ　06-6336-2623
Ｕ　Ｒ　Ｌ
　http://www.tanakasangyo.com

代表者　田中達也
創業年月日　昭和29年12月27日
資　本　金　9,000万円
株主数　7名
主株主　田中達也，田中靖子，谷口満範
売　上　高　10億円
銀　　行　みずほ銀行，三菱UFJ銀行，池田泉州銀行，山陰合同銀行，京都銀行，紀陽銀行
支　　店　東北営業所：〒981-0132　宮城郡利府町花園3-24-1　☎022-290-0876／関東営業所：〒327-0817　佐野市伊勢山町1440-1　☎0283-86-8600／大阪営業所：本社と同　☎06-6332-7162／中部営業所：本社と同　☎06-6332-7162／中四国営業所：〒720-0067　福山市西町1-15-11　☎084-923-8850／九州営業所：〒862-0926　熊本市中央区保田窪1-3-18　☎096-382-4228
役　員
　代表取締役社長　　　田　中　達　也
　取締役　　　　　　　伊良皆　弘　勝
　　〃　　　　　　　　田　中　靖　子
　監査役　　　　　　　土　屋　恵　李
従業員　30名
取扱い品目　DXライスロン（網状コンバイン袋），らくらくパック（両把手付コンバイン袋），ヌカロン（網状モミガラ収納袋），グレンバッグ，スタンドバッグスター，スタンドバッグ角スター，スタンドバッグ角プロ，グレンバッグユーススター，ゴアワークスーツサンステラ，簡易堆肥器タヒロン，フレコン米麦用・帽子・円管服・SP企画

㈱永田製作所

〒555-0013　大阪市西淀川区千舟1-5-41
電　話　06-6473-0835
Ｆ　Ａ　Ｘ　06-6472-6280
代表者　田中寿和
創業年月日　昭和29年12月6日
資　本　金　9,000万円
株　主　数　104名
決　算　期　11月
売　上　高　18億円
銀　　行　三井住友銀行，三菱UFJ銀行
支　　店　㈱北海道永田：〒007-0847　札幌市東区北47条東16-1-8　☎011-784-3881／㈱東北永田：〒960-8116　福島市春日町1-34　☎024-534-1451／㈱永田東海：〒420-0835　静岡市葵区横田町7-12　☎054-251-1566／㈱永田名古屋：〒455-0055　名古屋市港区品川町1-41　☎052-651-5599／㈱和歌山永田：〒649-6551　紀の川市上田井1125-5　☎0736-73-4907／㈱永田製作所中国：〒709-

部品・資材業者編＝大阪府，兵庫県＝

0614　岡山市東区竹原1142-1　☎086-297-6623／㈱永田製作所四国：〒790-0942　松山市古川北1-23-2　☎089-956-8131／㈱九州永田：〒861-4106　熊本市南区南高江町6-3-28　☎096-357-2602
工　　場　本社工場：本社同　☎06-6475-3171／神鍋工場：〒669-5365　豊岡市日高町十戸字野15-1　☎0796-44-1521
従業員　85名
取扱い品目　噴霧機付属部品及び周辺器具，スプリンクラー灌水機器，灌水ポンプ，洗浄機用高圧ノズル，傾斜地用モノレール，ホース巻取機

㈱報商製作所

〒544-0002　大阪市生野区小路2-18-2
電　　話　06-6751-1621
Ｆ　Ａ　Ｘ　06-6754-3818
代表者　三津山　慈晴
創業年月日　昭和59年6月
資本金　1,000万円
決算期　12月
売上高　12億8,000万円
銀　　行　近畿大阪銀行，三菱UFJ銀行
従業員　40名
取扱い品目　消防用ホース製造販売，消防・散水・船舶用消防器具製造販売

吉光鋼管㈱

〒530-0002　大阪市北区曾根崎新地2-1-15
電　　話　06-6344-4631
Ｆ　Ａ　Ｘ　06-6344-4635
Ｕ　Ｒ　Ｌ　http://www.yoshimitsust.co.jp
代表者　太田　武
設立年月日　昭和29年2月24日
資本金　4,800万円
決算期　1月
売上高　16億円
銀　　行　りそな銀行，三菱UFJ銀行，商工中金
支　　店　名古屋営業所：〒454-0932　名古屋市中川区中島新町4-2301　☎052-383-1388／浜松営業所：〒431-1112　浜松市西区大人見町1850　☎053-482-2388／工場：台湾（高雄県）
従業員　18名
取扱い品目　冷間仕上継目無鋼管，熱間継目無鋼管，電縫管，ステンレスパイプ，角パイプ，SCM，SUJ2，ほか特殊材質鋼管，磨きシャフト，アルミパイプ，機械部品の海外調達
社　　歴　昭和20年10月太田正光個人にて各種鋼管の販売を開始。54年2月現社名に変更。平成3年4月太田武社長に就任。16年12月台湾工場稼働。20年12月ISO9001，21年12月ISO14001認証取得。

〔兵　庫　県〕

三陽金属㈱

〒673-0456　三木市鳥町301-1
電　　話　0794-82-0188
Ｆ　Ａ　Ｘ　0794-83-6009
Ｕ　Ｒ　Ｌ　http://www.sanyo-mt.co.jp
代表者　五本上　照正
創業年月日　昭和38年10月4日
資本金　3,000万円
株主数　6名
決算期　12月
売上高　21億円
銀　　行　日本政策金融公庫，三井住友銀行，日新信用金庫
工　　場　本社：敷地3,319・建物1,995／巴工場：〒673-0443　三木市別所町巴21-2　☎0794-83-5100　敷地6,753・建物3,255／巴第一工場：〒673-0443　三木市別所町巴28-2　☎0794-70-8980　敷地7,213・建物2,006
役　　員
会　　長　　　　　田　中　好　行
社　　長　　　　　五本上　照正
従業員　105名
取扱い品目　刈払機用チップソー，刈刃，トリマーカッター刃，ベットナイフ，園芸用刃物，芝生管理用刃物，サイディングチップソー，剪定鋸，鋏，ナイロンカッター，ナイロンコード，各種機械刃物

山陽利器㈱

〒675-1344　小野市下来住町976
電　　話　0794-63-4321
Ｆ　Ａ　Ｘ　0794-63-4938
Ｕ　Ｒ　Ｌ　http://www.sanyoriki.co.jp
代表者　田　中　安　則
創業年月日　大正8年11月4日
資本金　9,900万円
株主数　130名
決算期　9月
売上高　20億6,000万円
銀　　行　三井住友銀行，商工組合中央金庫，みなと銀行
支　　店　宇都宮営業所：〒329-1104　宇都宮市下岡本町2418　☎028-673-0288
工　　場　敷地15,840・建物7,652
従業員　60名
取扱い品目　農機用刃物（バインダー用刈取刃・コンバイン用刈取刃・コンバイン用及びハーベスター用丸カッター刃及びシリンダーカッター刃・牧草用刈取刃・その他各種），園芸機械用刃物，食品用刃物，梱包機用カッター，一般機械刃物，

複合鋼材，圧延異型鋼材

津村鋼業㈱

〒673-0443　三木市別所町巴46
電　　話　0794-82-0771
Ｆ　Ａ　Ｘ　0794-82-5509
代表者　津村　慎吾
創業年月日　昭和36年6月1日
資本金　4,500万円
決算期　9月
売上高　7億7,000万円
銀　　行　三井住友銀行，日新信用金庫
工　　場　本社工場・本社と同　第二工場・三木金属工業センター
役　　員
代表取締役社長　　　　津　村　慎　吾
取締役　　　　　　　　津　村　貴　士
　〃　　　　　　　　　津　村　美智子
　〃　　　　　　　　　黒　田　淳　也
監査役　　　　　　　　津　村　裕太朗
従業員　40名
取扱い品目　丸鋸（電動工具用・刈払機用），チップソー
社　　歴　昭和34年6月電動工具丸鋸の製造を始め，36年6月資本金500万円で同社を設立。39年通産省よりJISマーク表示許可工場の認可を受け，41年，兵庫県優良推奨モデル工場の指定を受ける。51年チップソーの製造販売を開始し，52年㈱ツムラを設立し商業部門を独立させる。53年，浜松津村鋼業㈱を設立。55年刈払機用刈刃のJIS表示許可工場の認定を受け，56年㈲三栄製作所を新設。平成5年8月本社新事務所落成。

日本フレックス工業㈱

〒664-0845　伊丹市東有岡3-64
電　　話　072-782-6521
Ｆ　Ａ　Ｘ　072-782-6535
Ｕ　Ｒ　Ｌ　http://www.nichifule.co.jp
代表者　寺浦　栄一
創業年月日　昭和37年3月23日
資本金　8,349万円
株主数　14名
主株主　寺浦栄一，ヨロズ・シマノ，寺浦崇行，寺浦正人
決算期　3月
売上高　30億円
銀　　行　三井住友銀行，日本政策金融公庫，りそな銀行，みなと銀行，北おおさか信用金庫
従業員　140名
取扱い品目　コントロールケーブル，埋設管探傷装置

部品・資材業者編＝兵庫県，岡山県，福岡県＝

バンドー化学㈱

〒650-0047　神戸市中央区港島南町4-6-6
電　話　078-304-2923
ＦＡＸ　078-304-2983
ＵＲＬ　www.bando.grp.com
代表者　吉井満隆
創業年月日　明治39年4月14日
資本金　109億円（2018年3月31日現在）
株主数　7,444名（2018年3月31日現在）
主株主　バンドー共栄会，三井住友銀行，三菱UFJ信託銀行，明治安田生命保険，みずほ銀行
決算期　3月
売上高　912億6,300万円（連結）
銀　行　三井住友銀行，みずほ銀行，三菱UFJ銀行，日本政策投資銀行
支　店　東京支店：〒104-0031　東京都中央区京橋2-13-10　☎03-6369-2100／名古屋オフィス：〒450-0002　名古屋市中村区名駅1-1-1　☎052-582-3254／大阪オフィス：〒532-0011　大阪市淀川区西中島6-1-1　☎06-7175-7420
工　場　足利工場：〒326-0832　足利市荒金町188-6　☎0284-72-4121／南海工場：〒590-0526　泉南市男里5-20-1　☎072-482-7711／加古川工場：〒675-0198　加古川市平岡町土山字コモ池の内648　☎078-942-3232／和歌山工場：〒649-6111　紀の川市桃山町最上1242-5　☎0736-66-0999
役　員　（2018年6月21日現在）
代表取締役社長　　　吉井満隆
取締役　　　　　　　柏田真司
　〃　　　　　　　　染田　厚
　〃　　　　　　　　畑　克彦
取締役（監査等委員）（常勤）
　　　　　　　　　　中村恭祐
取締役（監査等委員）松坂隆廣
　〃　　　　〃　　　重松　崇
　〃　　　　〃　　　清水春生
従業員　4,128名（連結）
取扱い品目　自動車部品，産業資材，高機能エラストマー製品

三ツ星ベルト㈱

神戸本社：
〒653-0024　神戸市長田区浜添通4-1-21
電　話　078-671-5071
ＦＡＸ　078-685-5670
東京本社：
〒103-0027　東京都中央区日本橋2-3-4
電　話　03-5202-2500
ＦＡＸ　03-5202-2520
ＵＲＬ　http://www.mitsuboshi.co.jp
代表者　垣内　一
創業年月日　大正8年10月10日

資本金　81億5,025万円
株主数　4,535名
主株主　日本トラスティ・サービス信託銀行㈱，トヨタ自動車㈱，㈱三菱UFJ銀行，小田欽造，西松建設㈱，星友持株会，三ツ星ベルト持株会，三井物産㈱
決算期　3月
売上高　695億9,400万円（連結）
銀　行　三菱UFJ銀行，三井住友銀行，三菱UFJ信託銀行，三井住友信託銀行
事業所　神戸事業所：本社と同／綾部事業所：〒623-0003　綾部市城山町7-1　☎0773-43-3051／札幌営業所：〒062-0902　札幌市豊平区豊平二条3-1-17　☎011-841-9135／福岡営業所：〒812-0888　福岡市博多区板付1-3-1　☎092-441-4451／浜松事務所：〒433-8122　浜松市中区上島3-27-10　☎053-411-7100／広島事務所：〒738-0004　廿日市市桜尾2-2-39　☎0829-32-9223
工　場　名古屋工場：〒485-0077　小牧市西之島1818　☎0568-72-4121／四国工場：〒769-2401　さぬき市津田町津田2893　☎0879-42-3181／滋賀工場：〒520-1834　高島市マキノ町寺久保100-2　☎0740-27-0133
従業員　4,263名（連結）
取扱い品目　伝動ベルト及び関連機器，搬送システム及び関連製品，エンジニアリングプラスチック，発泡射出成形品，防水遮水材，ガラス用塗料，金属ナノ粒子関連製品

（岡山県）

㈱水内ゴム

〒703-8222　岡山市中区下461
電　話　086-279-3211
ＦＡＸ　086-279-3216
ＵＲＬ　http://www.mzr.co.jp
代表者　水内雄一
創業年月日　大正8年10月1日
資本金　2,000万円
主株主　水内雄一，水内淳一，水内克子
決算期　1月
売上高　16億円
銀　行　中国銀行，三菱UFJ銀行，商工組合中央金庫
支　店　大阪営業所：〒587-0012　堺市美原区多治井382-1　☎072-363-3120
工　場　本社工場：本社と同
　敷地36,000・建物11,000

水内　雄一

従業員　90名
取扱い品目　籾すり用ゴムロール各種，耕うん機用尾輪，農工業用ゴム製品，工業用ロール，プレス成形品

（福岡県）

㈱井上ブラシ

〒811-2207　粕屋郡志免町南里4-7-1
電　話　092-936-4555
ＦＡＸ　092-936-4557
代表者　井上俊一
創業年月日　昭和32年10月1日
資本金　3,000万円
株主数　4名
決算期　7月
売上高　3億7,350万円
銀　行　福岡銀行，佐賀銀行
営業所　大阪営業所：〒538-0053　大阪市鶴見区鶴見3-11-25　☎06-6913-8190
役　員
代表取締役　　　　井上俊一
常務取締役　　　　井上貴之
監査役　　　　　　井上ふみ子
従業員　28名
取扱い品目　農業用ブラシ，工業用ブラシ，工業用チャンネルブラシ
社　歴　昭和29年，井上ブラシ工業として発足。46年，㈲井上ブラシ製作所設立。58年，チャンネルブラシ製造に伴い大阪工場製造開始。平成3年，㈱井上ブラシ設立。6年，大阪工場閉鎖，本社工場にて一貫生産開始。

佐藤産業㈱

〒811-2126　糟屋郡宇美町障子岳南3-1-26
電　話　092-932-5431
代表者　佐藤隆寛
創業年月日　昭和47年4月
資本金　1,000万円
銀　行　北九州銀行，商工中金，福岡銀行
従業員　35名
取扱い品目　一般産業用スプリング・農業用ハウス部品の製造販売

販売業者編＝北海道＝

販売業者編

[注] 掲載要領：都道府県別に，クボタ，ヤンマー，井関農機，三菱マヒンドラ農機の各系列販社順。その後は，各社名50音順。記事掲載事項：社名，郵便番号，所在地，☎電話番号，FAX番号，代表者名，販＝支店・営業所・出張所等名称，銘＝主取扱銘柄。

[北海道]

㈱北海道クボタ：〒063-0061・北海道札幌市西区西町北16-1-1・☎011-661-2491・FAX011-665-2359・渡邉弥

中央支社：〒068-2165・三笠市岡山1067-9・☎01267-3-1122

　三笠営業所：(中央支社と同)・☎01267-2-4271

　岩見沢営業所：〒069-0376・岩見沢市中幌向町71・☎0126-26-3573

　江別営業所：〒067-0051・江別市工栄町6-1・☎011-383-1543

　当別営業所：〒061-0215・石狩郡当別町対雁20-17・☎0133-23-2409

　新篠津営業所：〒068-1100・石狩郡新篠津村第42線北13・☎0126-57-2003

　南幌営業所：〒069-0216・空知郡南幌町南16線西12・☎011-378-2036

　由仁営業所：〒069 1203・夕張郡由仁町東栄23・☎0123-83-2026

　長沼営業所：〒069-1347・夕張郡長沼町北町1-2-1・☎0123-88-2701

　鵡川営業所：〒054-0052・勇払郡むかわ町大成1-39・☎0145-42-2206

　厚真営業所：〒059-1605・勇払郡厚真町本郷243-1・☎0145-27-3310

　月形営業所：〒061-0500・樺戸郡月形町緑町170-7・☎0126-53-2555

　滝川営業所：〒073-0045・滝川市有明町4-3-39・☎0125-23-4218

　奈井江営業所：〒079-0305・空知郡奈井江町茶志内1009-4・☎0125-65-4433

　深川営業所：〒074-0015・深川市深川町メム8号線本通5081・☎0164-22-5670

　北竜営業所：〒078-2503・雨竜郡北竜町碧水42-2・☎0164-34-2121

　羽幌営業所：〒078-4123・羽幌町栄町54-1・☎0164-62-1723

　恵庭営業所：〒061-1405・恵庭市戸磯345-12・☎0123-32-3844

　日高営業所：〒055-0104・沙流郡平取町紫雲古津40-18・☎01457-2-2659

旭川支社：〒079-8413・旭川市永山3条8-2-1・☎0166-48-1288

　旭川営業所：(旭川支社と同)

　旭川東営業所：〒071-1425・上川郡東川町西町1-5-6・☎0166-82-6006

　美瑛営業所：〒071-0215・上川郡美瑛町扇町421-10・☎0166-92-2022

　富良野営業所：〒076-0006・富良野市字西扇山の1・☎0167-23-5125

　士別営業所：〒095-0029・士別市大通西20-464-11・☎01652-3-1184

　風連営業所：〒098-0502・名寄市風連町北栄町175-14・☎01655-3-2147

　美深営業所：〒098-2252・中川郡美深町西町40-4・☎01656-2-1436

　歌登営業所：〒098-5205・枝幸郡枝幸町歌登桧垣町136-29・☎01636-8-2414

　天塩営業所：〒098-3315・天塩郡天塩町天塩3669-26・☎01632-2-1218

　豊富営業所：〒098-4100・天塩郡豊富町上サロベツ3228-20・☎0162-82-1438

道東支社：〒082-0005・河西郡芽室町東芽室基線11-1・☎0155-62-5221

　帯広中営業所：(道東支社と同)

　帯広北営業所：(道東支社と同)

　幕別営業所：〒089-0621・中川郡幕別町相川476-10・☎0155-54-6001

　大樹営業所：〒089-2138・広尾郡大樹町柏木町11-35・☎01558-6-2333

　足寄営業所：〒089-3727・足寄郡足寄町郊南1-12-8・☎0156-25-4309

　標茶営業所：〒088-2313・川上郡標茶町常盤4-8・☎015-485-2872

　釧路営業所：〒084-0905・釧路市鳥取南5-4-8・☎0154-55-3130

　茶内営業所：〒088-1360・厚岸郡浜中町茶内橋北27・☎0153-65-2313

　中標津営業所：〒086-1165・標津郡中標津町緑町北1-2・☎0153-72-3288

　別海営業所：〒086-0200・野付郡別海町別海上町141・☎0153-75-2660

北見支社：〒090-0001・北見市小泉420-2・☎0157-24-6256

　北見営業所：(北見支社と同)

　美幌営業所：〒092-0027・網走郡美幌町稲美224-24・☎0152-73-3448

　小清水営業所：〒099-3641・斜里郡小清水町元町1-35-28・☎0152-62-2630

　遠軽営業所：〒099-0401・紋別郡遠軽町学田2-12-5・☎01584-2-2855

　興部営業所：〒098-1604・紋別郡興部町興部85-5・☎01588-2-2446

札幌支店：〒063-0061・札幌市西区西町北16-1-1・☎011-661-2491

　余市営業所：〒046-0003・余市郡余市町黒川町1168-7・☎0135-22-1801

　羊蹄営業所：〒044-0077・虻田郡倶知安町比羅夫219-8・☎0136-22-0171

　伊達営業所：〒052-0013・伊達市弄月町20-7・☎0142-23-3302

　北斗営業所：〒041-1213・北斗市開発227-12・☎0138-77-6600

　厚沢部営業所：〒043-1116・檜山郡厚沢部町上の山92-4・☎0139-64-3241

　今金営業所：〒049-4331・瀬棚郡今金町田代29-3・☎0137-82-0370

　八雲営業所：〒049-3123・二海郡八雲町立岩55-14・☎0137-64-2633

ヤンマーアグリジャパン㈱（本社：大阪府）

北海道支社：〒067-0051・江別市工栄町10-6・☎011-381-2300・FAX011-381-2330・島宏

　富川支店：〒055-0007・沙流郡日高町富川西2-6-3・☎01456-2-0118

　厚真支店：〒059-1605・勇払郡厚真町本郷195-5・☎0145-27-2314

　栗山支店：〒069-1523・夕張郡栗山町共和12-9・☎0123-72-1531

　長沼支店：〒069-1522・夕張郡長沼町北町1-2-2・☎0123-88-2053

　江別支店：(本社と同)・☎011-381-3500

　函館支店：〒041-1215・北斗市萩野33-68・☎0138-77-7121

　今金支店：〒049-4331・瀬棚郡今金町田代62-5・☎0137-82-0430

　倶知安支店：〒044-0076・虻田郡倶知安町高砂87-13・☎0136-22-3317

　蘭越支店：〒048-1305・磯谷郡蘭越町大谷・☎0136-57-5608

　浦臼支店：〒061-0611・樺戸郡浦臼町浦臼内185-5・☎0125-68-2331

　岩見沢支店：〒079-0181・岩見沢市岡山町305・☎0126-22-3572

　美唄支店：〒079-0261・美唄市茶志内町2区・☎0126-65-4061

　滝川支店：〒073-0033・滝川市流通団地3-7-34・☎0125-24-6146

　深川支店：〒074-0022・深川市北光町2丁目・☎0164-22-6555

　沼田支店：〒078-2201・雨竜郡沼田町旭町41-3・☎0164-35-2141

　妹背牛支店：〒079-0505・雨竜郡妹背牛町妹背牛226-17・☎0164-32-3070

　旭川支店：〒078-8273・旭川市工業団地3条1-264・☎0166-36-0010

　士別支店：〒095-0025・士別市西5条12-

販売業者編＝北海道＝

29-27・☎0165-23-5291

東神楽支店：〒071-1544・上川郡東神楽町14号北1・☎0166-83-2324

芦別支店：〒075-0015・芦別市北七条西5-4-14・☎0124-22-2036

富良野支店：〒076-0027・富良野市花園町1-3・☎0167-22-2365

豊富支店：〒098-4131・天塩郡豊富町東豊富・☎0162-82-2366

美深支店：〒098-2214・中川郡美深町敷島45・☎01656-2-1484

北見支店：〒090-0001・北見市小泉475-4-7・☎0157-24-8221

美幌支店：〒092-0002・網走郡美幌町美禽170-4・☎0152-73-1231

小清水支店：〒099-3602・斜里郡小清水町東野37-18・☎0152-62-2876

遠軽支店：〒099-0413・紋別郡遠軽町寿町29-3・☎0158-42-1201

紋別支店：〒099-5171・紋別市渚滑町5-250・☎0158-24-2866

別海支店：〒086-0216・野付郡別海町別海118-11・☎0153-75-2104

中標津支店：〒086-1100・標津郡中標津町南中5-2・☎0153-72-1563

標茶支店：〒088-2314・川上郡標茶町平和18-53・☎015-485-3124

帯広支店：〒082-0004・河西郡芽室町東芽室北一線24-11・☎0155-62-7722

本別支店：〒089-3321・中川郡本別町上本別9-14・☎0156-22-4111

大樹支店：〒089-2138・広尾郡大樹町柏木町10・☎01558-6-4061

士幌支店：〒080-1189・河東郡士幌町士幌西二線93-30・☎01564-7-4441

幕別支店：〒089-0612・中川郡幕別町明野208・☎0155-55-2727

㈱キセキ北海道：〒068-0014・岩見沢市東町2条7-1004-1・☎0126-22-3388・FAX0126-25-5645・土屋勝

旭川営業所：〒071-8111・旭川市東鷹栖東1条1-119-1・☎0166-57-4573

当麻営業所：〒078-1315・上川郡当麻町5条東2-1-13・☎0166-84-2554

士別営業所：〒095-0025・士別市西5条12・☎0165-23-3178

美深営業所：〒098-2214・中川郡美深町敷島100-3・☎0165-62-1385

東神楽営業所：〒071-1503・上川郡東神楽町南2条西1-1-25・☎0166-83-2601

美瑛営業所：〒071-0206・上川郡美瑛町北町3-234-7・☎0166-92-1450

富良野営業所：〒076-0021・富良野市緑町13-1・☎0167-22-4141

天塩営業所：〒098-3314・天塩郡天塩町更岸1126・☎0163-22-1988

羽幌営業所：〒078-4123・苫前郡羽幌町

栄町118・☎0164-62-1527

興部営業所：〒098-1600・紋別郡興部町興部129-1・☎0158-82-2503

北竜営業所：〒078-2503・雨竜郡北竜町碧水67・☎0164-34-3121

深川営業所：〒074-0004・深川市4条18-4・☎0164-23-3588

妹背牛営業所：〒079-0500・雨竜郡妹背牛町妹背牛223・☎0164-32-2488

滝川営業所：〒073-0044・滝川市西町4-1-7・☎0125-22-3408

芦別営業所：〒075-0006・芦別市北6条西1-6-2・☎0124-22-2766

美唄営業所：〒072-0022・美唄市西1条北9-1217-10・☎0126-63-4338

月形営業所：〒061-0502・樺戸郡月形町北農場1・☎0126-53-3818

岩見沢営業所：〒068-0115・岩見沢市栗沢町最上2・☎0126-45-2115

札幌営業所：〒067-0051・江別市工栄町27-1・☎011-382-2076

当別営業所：〒061-0215・石狩郡当別町対雁30-15・☎0133-23-2142

新篠津営業所：〒068-1100・石狩郡新篠津村894-43・☎0126-57-2039

恵庭営業所：〒061-1433・恵庭市北柏木町3-83-2・☎0123-35-4488

長沼営業所：〒069-1336・夕張郡長沼町栄町1-11-28・☎0123-88-2438

由仁営業所：〒069-1202・夕張郡由仁町古川337-2・☎0123-83-2626

鵡川営業所：〒054-0063・勇払郡むかわ町駒場216・☎0145-42-2315

厚真営業所：〒059-1605・勇払郡厚真町本郷246-1・☎0145-27-3840

静内営業所：〒056-0014・日高郡新ひだか町静内古川町2-3-7・☎0146-42-1589

岩内営業所：〒048-2201・岩内郡共和町前田135-27・☎0135-73-2264

倶知安営業所：〒044-0077・虻田郡倶知安町比羅夫64-4・☎0136-22-0295

蘭越営業所：〒048-1305・磯谷郡蘭越町大谷176-18・☎0136-57-5583

伊達営業所：〒052-0013・伊達市弄月町59-9・☎0142-23-3633

今金営業所：〒049-4331・瀬棚郡今金町田951-34-7・☎0137-82-1866

八雲営業所：〒044-0077・二海郡八雲町野田生165-1・☎0137-66-2513

江差営業所：〒043-1117・檜山郡厚沢部町美和1229-2・☎0139-64-3250

函館営業所：〒049-0101・北斗市追分6-4-15・☎0138-49-0096

木古内営業所：〒049-0451・上磯郡木古内町新道99-1・☎0139-22-2552

帯広東営業所：〒080-2462・帯広市西22条北1-13・☎0155-37-3462

帯広西営業所：（帯広西営業所と同）

清水営業所：〒080-2462・上川郡清水町南8条6-8-1・☎0156-62-2268

大樹営業所：〒089-2127・広尾郡大樹町振到37-9・☎0155-86-2400

本別営業所：〒089-3305・中川郡本別町共栄47-7・☎0156-22-4105

北見営業所：〒090-0001・北見市小泉382-3・☎0157-24-6134

佐呂間営業所：〒093-0504・常呂郡佐呂間町西富230-11・☎0158-72-3101

美幌営業所：〒092-0002・網走郡美幌町美禽358-1・☎0152-72-2220

小清水営業所：〒099-3641・斜里郡小清水町元町1-34-30・☎0152-62-3004

中標津営業所：〒086-1004・標津郡中標津町東4条南11-1・☎0153-72-2979

標茶営業所：〒088-2304・川上郡標茶町平和8-72・☎0154-85-3578

三菱農機販売㈱（本社：埼玉県）

北海道支社：〒066-0077・千歳市上長都1046・☎0123-22-1234・FAX0123-26-3101・長縄康弘

江差営業所：〒043-1117・檜山郡厚沢部町美和1413-1・☎0139-67-2423

士別営業所：〒095-0024・士別市西4条1丁目・☎0165-23-3548

函館営業所：〒041-1214・北斗市東前72-1・☎0138-77-2631

長沼営業所：（北海道支社と同）・☎0123-22-3797

岩見沢営業所：〒068-0003・岩見沢市3条東14-12-1・☎0126-23-3553

帯広営業所：〒082-0004・河西郡芽室町東芽室北1-20-25・☎0155-62-6661

美瑛営業所：〒071-0215・上川郡美瑛町扇町421-8・☎0166-92-1443

小清水営業所：〒099-3641・斜里郡小清水町元町1-31-5・☎0152-62-2879

中標津営業所：〒086-1125・標津郡中標津町西5条2丁目・☎0153-72-2131

㈱暁プラントサービス：〒074-0012・深川市西町10-25・☎0164-22-1698

㈱旭川シバウラ：〒071-8112・旭川市東鷹栖2条1・☎0166-57-5923・FAX0166-57-5924・鈴木康之・銘＝ヤンマー

あらい機械店：〒059-1511・勇払郡安平町安平441-6・☎0145-23-2506・FAX0145-23-2506・新居武雄

安東産業㈱：〒079-8412・旭川市永山2条12-50・☎0166-47-1811・FAX0166-48-8148・安東一英・銘＝ヤンマー・販＝深川営業所：〒074-0004・深川市四条16-4・☎0164-23-4101，岩見沢営業所：〒079-0181・岩見沢市岡山町12-4・☎0126-22-0893，滝川営業所：〒073-0003・滝川市滝の川町西5・☎0125-23-3679

販売業者編＝北海道＝

㈲五十嵐農機：〒048-1301・磯谷郡蘭越町蘭越町97・☎0136-57-5426・FAX0136-57-6776・五十嵐年和・銘＝三菱

㈲石狩農機：〒061-3361・石狩市八幡5-15-11・☎0133-66-3568・FAX0133-66-3561・竹内教晃・銘＝三菱

㈱岩佐商会：〒041-0808・函館市桔梗2-36-8・☎0138-47-2000・FAX0138-47-0200・岩佐哲雄・販＝仁木店：〒048-2405・余市郡仁木町北村10-10・☎0135-32-2535、札幌店：〒007-0826・札幌市東区東雁来6条2-7-20・☎011-787-1800

㈲A.M.I小林：〒078-4131・苫前郡羽幌町寿町510-3・☎0164-62-3442・FAX0164-62-3935・小林孝彦・銘＝三菱

遠藤産業㈱：〒001-0037・札幌市北区北37条西9-1-26・☎011-726-6294・FAX011-726-6295・遠藤隆・販＝島松営業所：〒061-1354・恵庭市島松旭町1-5-1・☎0123-36-8208

㈲遠藤農機：〒098-0132・上川郡和寒町西町1-9・☎0165-32-3283・遠藤弘

㈲遠藤農機：〒073-1105・樺戸郡新十津川町花月192・☎0125-74-2010・FAX0125-74-2035・遠藤雅人

押野商会：〒093-0504・常呂郡佐呂間町西富8-50・☎01587-2-3254・銘＝ホンダ

㈱オビトラ：〒082-0005・河西郡芽室町東芽室基線16-4・☎0155-62-1107・FAX0155-62-1172・西上勝義

金野機械：〒096-0034・名寄市西4条北4-11-8・☎01654-2-3435・銘＝ホンダ

金山機械㈱：〒069-1201・夕張郡由仁町北栄176・☎0123-83-2126・FAX0123-83-2127・金山徳哉

金田農機㈱：〒069-1320・夕張郡長沼町市街地旭町・☎0123-88-2469・FAX0123-88-2469・金田久一

㈲鎌田農機具製作所：〒088-2302・川上郡標茶町富士5-1・☎015-485-2013・鎌田正一

㈱君島商会：〒068-0833・岩見沢市南町8条2-15・☎0126-22-4613・FAX0126-22-3162・君島恵子・銘＝ヤンマー・販＝志文支社：〒068-0842・岩見沢市志文本町2条3-11・☎0126-22-5813

㈲京極産業：〒044-0101・虻田郡京極町京極511・☎0136-42-2701・FAX0136-42-3027・久保貞俊・銘＝ヤンマー

㈱共和商事：〒041-1122・亀田郡七飯町大川1-1-4・☎0138-65-6046・高橋哲雄

㈲釧路鎌田農機：〒084-0906・釧路市鳥取大通6-9-4・☎0154-51-2830・FAX0154-51-2606・鎌田晃一・銘＝ホンダ

ケーオ農機㈲：〒073-1103・樺戸郡新十津川町中央7-47・☎0125-76-2644・帰山務

小坂機械㈱：〒056-0026・日高郡新ひだか町静内御幸町末広町1-2-14・☎0146-42-1421・FAX0146-42-0153・小坂靖志・銘＝三菱，ホンダ

㈲ササキ機械：〒098-3543・天塩郡遠別町本町3・☎01632-7-2015・FAX01632-7-2789・佐々木光正

佐藤鉄工所：〒091-0551・常呂郡佐呂間町若佐143・☎0158-72-8202・佐藤政喜

㈲佐藤農機：〒052-0021・伊達市末永町198-24・☎0142-23-3046・FAX0142-23-4219・銘＝三菱

㈲三栄機工：〒079-0462・滝川市江部乙町西12-5-17・☎0125-75-2528

㈱篠原商事：〒070-0026・旭川市東6条7-1-17・☎0166-26-1407・FAX0166-22-5500

シバタ設備機工：〒049-3123・二海郡八雲町立岩71-2・☎01376-2-3405

城ケ崎産業㈱：〒045-0122・岩内郡共和町発足123-11・☎0135-74-3301・FAX0135-74-3302・木原勝男・銘＝ヤンマー

知床農機サービス：〒099-4117・斜里郡斜里町青葉町25・☎0152-23-0423・小沼清純

㈱新栄機工サービス：〒068-1100・石狩郡新篠津村第46線北14・☎0126-58-3141・FAX0126-58-3948・酒井勝昭・銘＝ヤンマー

㈱新興農機：〒061-0231・石狩郡当別町六軒町6-1・☎0133-23-3566・FAX0133-23-0388・菊池克己・銘＝三菱

㈱菅原金物店：〒094-0001・紋別市北浜町3-6-2・☎0158-24-4330・FAX0158-24-3016・銘＝ホンダ

㈲杉浦工作所：〒049-4501・久遠郡せたな町北檜山区北檜山154・☎0137-84-5634・FAX0137-84-5733・真柄克紀

㈱砂田興産：〒069-1512・夕張郡栗山町松風3-109・☎0123-72-0628・FAX0123-72-0633・砂田正樹・銘＝三菱・販＝島松支店：〒061-1351・恵庭市島松東町1-2-1・☎0123-36-8706

㈱清野機械店：〒078-1300・上川郡当麻町3条西3-11-7・☎0166-84-2103・FAX0166-84-2238・清野陽一・銘＝三菱

空知農材㈱：〒068-0048・岩見沢市西川町539・☎0126-22-0829・FAX0126-22-5407・大岩義行

高梨農機㈱：〒088-3211・川上郡弟子屈町中央3-5-14・☎015-482-2218・FAX015-482-2254・高梨耕二

㈲谷脇産業：〒074-0004・深川市4条5-7・☎0164-23-2845・谷脇伸幸

㈲中央アグリ：〒061-0617・樺戸郡浦臼町浦臼内184-107・☎0125-68-2119・氏家博

堤機械店：〒091-0017・北見市留辺蘂町瑞穂28・☎0157-44-2159・FAX0157-44-2159・堤昭二

坪田農機販売㈱：〒061-1352・恵庭市島松仲町1-11-6・☎0123-36-7853・FAX0123-37-0015・坪田秀嗣・銘＝ヤンマー

㈱道南農機：〒049-5603・虻田郡洞爺湖町入江175-24・☎0142-76-3204・武井和夫

㈲常磐商事：〒075-0018・芦別市常磐町516・☎0124-22-3266・野原彬

㈲内藤農機：〒098-0322・上川郡剣淵町市街地本町・☎0165-34-2065・FAX0165-34-2189・吉野利男

㈲内藤農機：〒095-0011・士別市東1条8・☎0165-23-3154・山本祐松

ナカザワ・アグリマシーン㈱：〒099-5171・紋別郡渚滑町7-39-6・☎0158-24-5678・FAX0158-23-5531・中沢義隆

㈱中沢機械店：〒090-0001・北見市小泉222・☎0157-24-6662・FAX0157-25-5042・中沢貞夫

㈱ナカヤマ：〒049-4501・久遠郡せたな町北檜山区北檜山211-16・☎0137-84-4957・FAX0137-84-6255・中山修身・販＝函館営業所：〒041-1214・北斗市東前15-34・☎0138-77-6755、レンタルセンター：〒049-4501・久遠郡せたな町北檜山区北檜山240・☎0137-84-6354

西尾農機㈲：〒098-0300・上川郡剣淵町市街地本町・☎0165-34-2652・FAX0165-34-2612・西尾政男・銘＝クボタ

橋元農機㈱：〒069-1507・夕張郡栗山町旭台1-10・☎0123-72-1639・FAX0123-72-1687・橋元宣雄

パブリックマシーンイケダ㈱：〒056-0027・日高郡新ひだか町静内駒場6-35・☎0146-42-2378・FAX0146-42-2377・池田吉哉

浜口農機商会：〒041-0812・函館市昭和3-24-13・☎0138-41-3598・FAX0138-41-3517・銘＝三菱

㈱広部鉄工場：〒083-0090・中川郡池田町大通4-13・☎015-572-2270・FAX015-572-5332・広部英行

㈱廣島商店：〒059-3231・日高郡新ひだか町三石本桐254・☎0146-34-2301・銘＝クボタ

北央共立販売㈱：〒068-0015・岩見沢市東町697-3・☎0126-22-6262・FAX0126-22-6225・渋谷正義・販＝奈井江支店：〒079-0300・空知郡奈井江町字奈井江茶志内三区・☎0125-65-5115

㈱ホクノウ機器販売：〒049-4331・瀬棚郡今金町田代62-6・☎0137-82-0227・FAX0137-82-0237・岡本優・銘＝三菱

北洋機販㈱：〒071-1201・上川郡鷹栖町南1条4-1-1・☎0166-87-3377・FAX0166-87-4562・側英二

北海道ノダ㈱：〒068-0852・岩見沢市大和2条4-1・☎0126-22-0236・FAX0126-22-5649・橘栄治・銘＝ホンダ・販＝滝川営業所：〒073-0045・滝川市有明町3-1-

販売業者編＝北海道，青森県＝

49・☎0125-23-3001

北海道ホンダ販売㈱：〒062-0051・札幌市豊平区月寒東1条17-5-20・☎011-856-5000・FAX011-856-6060・佐藤晃・銘＝ホンダ・販＝ホンダドリーム札幌：〒003-0834・札幌市白石区北郷4条2-2-1・☎011-871-0055，ホンダウイル旭川店：〒078-8372・旭川市旭町2条5-7-14・☎0166-69-4488，ホンダウイル帯広店：〒089-0536・中川郡幕別町札内西町60・☎0155-24-1775，ホンダウイル北見店：〒090-0001・北見市小泉495・☎0157-61-3137，ホンダウイル倶安店：〒044-0077・虻田郡倶知安町比羅夫55-13・☎0136-21-2100

北海道みのる販売㈱：〒068-2165・三笠市岡山214-6・☎01267-2-4559・FAX01267-2-4019・生本純一

前田商会：〒080-0837・帯広市南の森西7-5-8・☎0155-48-6284・FAX0155-47-1987・銘＝ホンダ

㈱正喜商会：〒078-4110・苫前郡羽幌町北大通1・☎0164-62-2207・FAX0164-62-1265・立野正一・銘＝ヤンマー・販＝留萌支店：〒077-0031・留萌市幸町3丁目・☎0164-42-2028

丸山農機：〒068-0353・夕張郡栗山町継立177-26・☎0123-75-2304・丸山勝久

㈲水留農機商会：〒095-0371・士別市上士別町16線北1・☎0165-24-2153・水留俊明・銘＝クボタ

㈱湊機械店：〒099-6324・紋別郡上湧別町中湧別110-7・☎01586-2-3132・FAX01586-2-4509・湊和憲・銘＝三菱・販＝北見支店：〒090-0001・北見市小泉259-2・☎0157-24-6220

㈲三野農機：〒044-0201・虻田郡喜茂別町喜茂別417・☎0136-33-2231・FAX0136-33-2232・三野隆夫・銘＝ヤンマー

㈲妙島機械店：〒078-4105・苫前郡羽幌町南5条2・☎0164-62-2243・FAX0164-62-5002・妙島則弘

㈱守田商会：〒071-0543・空知郡上富良野町中町2-4-2・☎0167-45-3117・FAX0167-45-4511・守田秀男

㈲森田商会：〒078-3301・留萌郡小平町小平565-3・☎0164-59-1659・FAX0164-59-1417・森田民夫・銘＝三菱

㈲山田機械商会：〒043-1113・檜山郡厚沢部町新町36-11・☎0139-64-3056・山田千代子・銘＝ヤンマー

㈲ユウセイ機工：〒079-0462・滝川市江部乙町西12-1520・☎0125-75-2780

余市精菱機械㈱：〒046-0003・余市郡余市町黒川町9-147・☎0135-22-2555・FAX0135-22-6700・前田隆志・銘＝三菱

㈲横石農機：〒049-3512・山越郡長万部町中の沢13-1・☎01377-2-3777・FAX01377-2-4530・横石幹夫・銘＝三菱

吉田商会：〒041-1111・亀田郡七飯町本町4-5-14・☎0138-65-6388

㈱菱農：〒078-2204・雨竜郡沼田町西町3-11・☎0164-35-2205・FAX0164-35-1070・筒井鉄也・銘＝三菱・販＝深川支店：〒074-0022・深川市北光町2-15-44・☎0164-22-1275

ロイヤル農機商会：〒048-1631・虻田郡真狩村真狩29-10・☎0136-45-2031・FAX0136-45-2032・大平雅彦・銘＝ホンダ

和寒農機㈱：〒098-0133・上川郡和寒町北町61・☎0165-32-2481・神原寛継

［青森県］

㈱みちのくクボタ（本社：岩手県）

青森事務所：〒038-1214・南津軽郡藤崎町常盤字五西田72-4・☎0172-65-3500・FAX0172-65-2300

木造店：〒038-3105・つがる市柏広須宮井139-2・☎0173-25-3855

鰺ヶ沢店：〒038-2761・西津軽郡鰺ヶ沢町舞戸町字東阿部野114-13・☎0173-72-2731

稲垣店：〒037-0106・つがる市稲垣町沼崎久米川27-56・☎0173-46-2033

五所川原店：〒037-0091・五所川原市太刀打字早蕨85・☎0173-34-2525

中里店：〒037-0305・北津軽郡中泊町中里字宝森105-5・☎0173-57-2740

金木店：〒037-0204・五所川原市金木町嘉瀬萩元239-1・☎0173-52-2364

常盤店：〒038-1214・南津軽郡藤崎町常盤字五西田72-4・☎0172-65-3000

弘前店：〒036-8094・弘前市外崎5-9-3・☎0172-27-3486

岩木店：〒036-1321・弘前市熊嶋字亀田160-4・☎0172-82-4051

高杉店：〒036-8302・弘前市高杉字五反田244-3・☎0172-95-3759

板柳店：〒038-3645・北津軽郡板柳町辻字岸田43-28・☎0172-73-3246

黒石店：〒036-0357・黒石市追子野木1-188・☎0172-52-2277

平賀店：〒036-0104・平川市柏木町東田353-5・☎0172-44-2375

青森店：〒030-0111・青森市荒川字柴田180-9・☎017-762-4411

十和田店：〒034-0071・十和田市赤沼字沼袋175-3・☎0176-23-5191

十和田南店：〒034-0041・十和田市相坂字小林17-3・☎0176-23-7541

七戸店：〒039-2522・上北郡七戸町倉越26-1・☎0176-62-3010

上北店：〒039-2404・上北郡東北町上北2-24-99・☎0176-56-4286

乙供店：〒039-2661・上北郡東北町上笹橋37-37・☎0175-63-2221

野辺地店：〒039-3141・上北郡野辺地町鳴沢30-1・☎0175-64-3226

むつ店：〒035-0033・むつ市横迎町1-17-7・☎0175-22-3154

横浜店：〒039-4141・上北郡横浜町三保野109-3・☎0175-78-2057

八戸店：〒039-1121・八戸市卸センター2-7-25・☎0178-21-2230

三戸店：〒039-0141・三戸郡三戸町川守田字雀舘33-1・☎0179-23-3465

五戸店：〒039-1538・三戸郡五戸町古街道長根44-1・☎0178-62-4121

戸来店：〒039-1801・三戸郡新郷村戸来字中野5-16・☎0178-78-2206

六戸店：〒039-2371・上北郡六戸町犬落瀬字高屋敷19-1・☎0176-55-2157

三沢店：〒033-0134・三沢市大津1-219-306・☎0176-54-2800

百石店：〒039-2205・上北郡おいらせ町深沢平174-1・☎0178-52-7118

ヤンマーアグリジャパン㈱（本社：大阪府／東北支社：宮城県）

津軽事務所：〒038-3124・つがる市木造朝日10-1・☎0173-42-3285・FAX0173-42-3283

木造支店：（津軽事務所と同）・☎0173-42-3140

藤崎支店：〒038-3804・南津軽郡藤崎町葛野字岡元10-4・☎0172-89-7788

黒石支店：〒036-0345・黒石市中川字篠村9-2・☎0172-53-4115

五所川原支店：〒037-0091・五所川原市太刀打字常盤134-2・☎0173-35-2273

中里支店：〒037-0305・北津軽郡中泊町中里字宝森173-6・☎0173-57-2153

岩木支店：〒036-1323・弘前市真土字前田118-1・☎0172-82-5500

青森支店：〒038-0057・青森市西田沢字浜田387-3・☎017-788-4095

青森事務所：〒039-2372・上北郡六戸町折茂字沖山10-117・☎0176-70-1230・FAX0176-55-2160

十和田支店：〒034-0041・十和田市相坂字下前川原180-1・☎0176-23-2838

十和田湖支店：〒034-0302・十和田市沢田字簡場125-4・☎0176-73-2331

六戸支店：〒039-2371・上北郡六戸町犬落瀬字午刈田21-6・☎0176-55-3741

三沢支店：〒033-0123・三沢市三沢字横沢79-4・☎0176-54-3313

上北支店：〒039-2404・上北郡東北町上北北3-32-77・☎0176-56-3041

甲地支店：〒039-2632・上北郡東北町日影林ノ上山873-14・☎0175-62-2013

十和田北支店：〒034-0107・十和田市洞内字井戸頭144-525・☎0176-22-0224

七戸天間支店：〒039-2701・上北郡七戸町中野12-1・☎0176-68-4015

販売業者編＝青森県＝

野辺地支店：〒039-3141・上北郡野辺地町鳴沢50-23・☎0175-64-4516

五戸支店：〒039-1539・三戸郡五戸町中の沢41-1・☎0178-62-6978

百石支店：〒039-2128・上北郡おいらせ町染屋94-18・☎0178-56-2593

八戸支店：〒039-1107・八戸市櫛引字沢田2-4・☎0178-27-9151

三戸支店：〒039-0121・三戸郡三戸町豊川字下原4-1・☎0179-23-5777

㈱キセキ東北（本社：宮城県）
青森支社：〒030-0131・青森市問屋町2-11-23・☎017-738-1331・FAX017-738-8834

中里営業所：〒037-0305・北津軽郡中泊町中里字平山266-20・☎0173-57-4027

金木営業所：〒037-0202・五所川原市金木町玉水201-10・☎0173-53-2778

つがる営業所：〒038-3124・つがる市木造朝日13-1・☎0173-42-4146

鯵ヶ沢営業所：〒038-2761・西津軽郡鯵ヶ沢町舞戸町東阿部野121-4・☎0173-72-6382

黒石営業所：〒036-0514・黒石市富田139-1・☎0172-52-4355

平賀営業所：〒036-0104・平川市柏木町柳田6-2・☎0172-44-2248

弘前営業所：〒036-8316・弘前市石渡4-17-4・☎0172-37-0076

東青営業所：〒038-0057・青森市西田沢字沖津321-2・☎017-763-1351

むつ営業所：〒035-0021・むつ市田名部字前田6-19・☎0175-22-3314

天間林営業所：〒039-2828・上北郡七戸町森ヶ沢310-7・☎0176-68-2121

三沢営業所：〒033-0022・三沢市三沢字流平69-257・☎0176-54-2080

上北営業所：〒039-2404・上北郡東北町上北2-33-130・☎0176-56-2150

十和田営業所：〒034-0001・十和田市三本木西金崎11-2・☎0176-22-5931

六戸営業所：〒039-2371・上北郡六戸町犬落瀬長漕3-3・☎0176-55-3170

三戸営業所：〒039-0141・三戸郡三戸町川守田八百屋28-5・☎0179-22-2474

三菱農機販売㈱（本社：埼玉県／東北支社：宮城県）
青森支店：〒034-0002・十和田市元町西3-1-6・☎0176-23-7635・FAX0176-23-7640

十和田営業所：（青森支店と同）・☎0176-23-2639

黒石営業所：〒036-0345・黒石市中川字篠村45-3・☎0172-53-4380

青森駐在所：〒038-0042・青森市新城字福田53-2・☎017-788-4983

三沢営業所：〒033-0022・三沢市三沢字上屋敷31-5・☎0176-54-4740

五戸営業所：〒036-1563・三戸郡五戸町沢23-4・☎0178-62-4878

㈲青森農機：〒030-0151・青森市高田川瀬447-62・☎017-739-3913・FAX017-739-7657・今泉文則

㈲赤平農機商会：〒036-0103・平川市本町北柳田1-4・☎0172-44-2179・FAX0172-44-2235・赤平雄司・銘＝三菱・販＝弘前支店：〒036-8315・弘前市船水1-2-1・☎0172-39-2345

アキオ機械：〒039-3321・東津軽郡平内町小湊字新道29-6・☎017-755-3795・銘＝クボタ

㈲秋庭農機商会：〒038-3672・北津軽郡板柳町灰沼玉川40-7・☎0172-73-5235・FAX0172-73-5235・秋庭文芳

盛農商会：〒038-2761・西津軽郡鯵ヶ沢町舞戸町上富田120-1・☎0173-72-2326・FAX0173-72-2326・盛藤吉郎

荒井農機：〒039-1166・八戸市根城3-14-9・☎0178-22-1866・FAX0178-46-2538・荒井英雄

生田農機：〒038-3521・北津軽郡鶴田町菖蒲川笹田23-1・☎0173-22-6354・FAX0173-22-6409・銘＝キセキ

石川工機：〒036-8124・弘前市石川字石川7-4・☎0172-92-3650・銘＝キセキ

石戸谷商会：〒036-8316・弘前市石渡1-18-6・☎0172-32-6166

栄山農機：〒038-0023・青森市細越栄山222-1・☎0177-39-6999・FAX0177-39-6999・銘＝キセキ

小田桐農機店：〒036-0212・平川市尾上栄松57・☎0172-57-2569

小寺農機商会：〒038-3283・つがる市木造館岡上沢辺144-65・☎0173-45-3130・FAX0173-45-3472・銘＝キセキ

小原農機：〒039-2525・上北郡七戸町七戸110-2・☎0176-62-3258・FAX0176-62-3258・小原勇

小原農機店：〒039-2661・上北郡東北町上笹橋15-2・☎0175-63-2820・FAX0175-63-2820・小原一博

おやま農機サービス：〒036-8312・弘前市三世寺鳴瀬62-8・☎0172-95-3632・銘＝キセキ

㈱ガスデン：〒030-0113・青森市第二問屋町4-2-26・☎017-739-7422・銘＝ホンダ

カミヤマコーポレーション：〒030-1262・青森市後潟大原12・☎017-754-3513・神山昌則

川嶋農機商会：〒038-3125・つがる市木造鶴泊4-1・☎0173-42-2249・川嶋欽一

共栄農機㈱：〒034-0041・十和田市相坂小林18-13・☎0176-23-2711・牧内福次郎

㈲共和農機商会：〒036-0524・黒石市緑ヶ丘65・☎0172-53-2688・中田伸一

㈲工藤農機：〒038-0042・青森市新城山田553・☎017-788-4250・FAX017-788-1379・工藤日出吉・銘＝キセキ

㈲クボタ七和商会：〒037-0621・五所川原市大字豊成字団子ノ浦54-3・☎0173-29-3163・銘＝クボタ

㈲小関機械：〒039-3313・東津軽郡平内町沼館家岸68-1・☎017-755-2628

㈲小山農機：〒039-3321・東津軽郡平内町小湊家の下25-4・☎017-755-2334・FAX017-755-2208・小山昇

㈲近田機工：〒039-0134・三戸郡三戸町同心町上川原2-1・☎0179-23-4617・近田力

齊藤農機：〒038-3681・北津軽郡板柳町野中竹田175・☎0172-73-5873・FAX0172-73-5879・銘＝キセキ

㈱佐藤農機：〒030-1271・青森市六枚橋磯打301-2・☎017-754-3521・FAX017-754-2655・佐藤直弥・銘＝クボタ

佐藤農機：〒038-3683・北津軽郡板柳町赤田桂4-4・☎0172-73-5558・FAX0172-73-5558・佐藤富士夫

沢野農機具店：〒038-3661・北津軽郡板柳町福野田増田1-34・☎0172-73-2871・FAX0172-73-2874・沢野武彦

サンクラブ青森：〒039-1104・八戸市田面木字王城林19-15・☎0178-23-3412・FAX0178-23-3412・銘＝ホンダ

下山農機：〒036-3615・弘前市青女子桜苑270-12・☎0172-73-5380・FAX0172-73-5451・下山正二・銘＝キセキ

㈲しゃりき農機センター：〒038-3305・つがる市牛潟町鷺野坪29-397・☎0173-56-3402・FAX0173-56-3404・銘＝キセキ

㈲車力盛農商会：〒038-3303・つがる市車力町隠川14-1・☎0173-56-2159・FAX0173-56-4071・木村嘉四郎・銘＝ヤンマー

㈲昭和農機工業所：〒036-1325・弘前市一町田村元643-3・☎0172-82-2021・FAX0172-82-3537

㈲白鳥農機具：〒036-8264・弘前市悪戸鳴瀬52-7・☎0172-32-8374・FAX0172-32-8375・白鳥秀明・銘＝三菱

㈲鈴木農機商会：〒039-1533・三戸郡五戸町野月13-21・☎0178-62-2167・鈴木弁一

鈴木農機商会：〒038-3511・北津軽郡鶴田町横萢森口48-3・☎0173-28-3063・FAX0173-28-2782・銘＝ヤンマー

須藤農機商会：〒038-1311・青森市浪岡稲村27-4・☎0172-62-2607・須藤幸美・銘＝キセキ

㈲外川農機商会：〒038-3661・北津軽郡板柳町福野田字実田18-14・☎0172-73-4001・FAX0172-73-1121・外川輝和

㈲竹内商事：〒037-0064・五所川原市下平井町203-1・☎0173-34-2744・竹内悦子

竹内農業機械店：〒036-8357・弘前市馬

販売業者編＝青森県，岩手県＝

屋 町2・☎0172-32-2681・FAX0172-32-2671・竹内直衛

㈲田澤農機：〒038-3802・南津軽郡藤崎町藤崎西浅田39-1・☎0172-75-5031・田澤豊治

田澤農機商会：〒038-3614・弘前市種市木幡135-1・☎0172-73-2613・FAX0172-73-2726・田澤昇

㈲津軽インタートラクター販売：〒038-3103・つがる市柏上古川八重崎47-8・☎0173-25-3579

㈲つがる農販：〒038-3142・つがる市木造赤根9-9・☎0173-42-3496・FAX0173-42-3496・銘＝ヰセキ

鶴田農機：〒038-3503・北津軽郡鶴田町鶴田字鷹ノ尾9-26・☎0173-22-6052・FAX0173-22-6052

㈱東北農機：〒034-0001・十和田市三本木北平71-7・☎0176-23-6665・FAX0176-23-4879・高橋保夫

東洋農機商会：〒036-8336・弘前市栄町1-2-12・☎0172-34-6371・FAX0172-34-6371・佐藤公男

㈱斗ケ沢農機商会：〒039-0141・三戸郡三戸町川守田沖中1-4・☎0179-22-1171・FAX0179-22-1170・立波吉夫・銘＝ヰセキ

㈲中里機械：〒031-0011・八戸市田向字デントウ平20-12・☎0178-96-3851・FAX0178-96-3819・中里憲一

中里農機：〒037-0308・北津軽郡中泊町深郷田早田362-9・☎0173-57-3771

㈲中田商会：〒036-0374・黒石市泉町54・☎0172-52-3553・FAX0172-53-3503・中田伸一

中村機械店：〒035-0021・むつ市寺崎ノ内北女館11-102・☎0175-22-2358・FAX0175-22-7191・銘＝三菱

中村農機工場：〒038-2812・つがる市森田町下相野野田59・☎0173-42-2503・中村明広

中山機械店：〒031-0037・八戸市鍛冶町58・☎0178-22-1596・中山富治

七ッ館盛農商会：〒037-0025・五所川原市七ッ館鶴ヶ沼156-26・☎0173-28-2039

西谷農機具店：〒036-0212・平川市尾上栄松67・☎0172-57-3546

㈲沼村農機：〒033-0044・三沢市古間木68-132・☎0176-53-2816・沼村春松・銘＝クボタ

㈲野原：〒039-1201・三戸郡階上町道仏野附縊6-20・☎0178-87-3344・FAX0178-89-2502・川上祥太郎・銘＝三菱

野宮農機商会：〒037-0092・五所川原市沖飯詰男鹿156-3・☎0173-36-3558・FAX0173-36-2753・野宮武・銘＝ヰセキ

㈱橋本機械店：〒035-0031・むつ市柳町2-8-56・☎0175-22-2126・FAX0175-22-1343・橋本春治・銘＝ホンダ

八戸ノダ農機商会：〒031-0841・八戸市鮫町大草離12-56・☎0178-35-3624

花田農機店：〒038-0221・南津軽郡大鰐町虹貝篠塚40-8・☎0172-48-2685・FAX0172-48-5864・花田弘一

原子農機商会：〒038-0202・南津軽郡大鰐町長峰前田561-2・☎0172-47-5258・原子金一

弘前工機㈲：〒036-8083・弘前市新里中里見43-6・☎0172-27-5200・成田修

弘前ヤンマー商会：〒036-8004・弘前市大町2-10-7・☎0172-32-3355・工藤喜代作

㈲フクシ：〒037-0632・五所川原市高野北原144-2・☎0173-29-2026・FAX0173-29-2786・福士朝夫

福士農機商会：〒038-3645・北津軽郡板柳町辻松元80-29・☎0172-73-3921・FAX0172-73-3921・福士金悦

福島農機商会：〒036-8313・弘前市中崎野脇147-11・☎0172-95-3219

藤田農機商会：〒036-8324・弘前市浜の町西3-5-1・☎0172-33-1651・FAX0172-34-2120・藤田中

富士農機商会：〒036-8264・弘前市悪戸鳴瀬147・☎0172-35-4184・FAX0172-35-4352・後藤昭敏

㈲フタバ機械：〒039-1518・三戸郡五戸町下モ沢向24-3・☎0178-62-5117・FAX0178-62-6719・角浜公一・銘＝クボタ

㈲古川商会：〒037-0632・五所川原市高野広野131-3・☎0173-29-2036・FAX0173-29-2824・古川博徳・銘＝ヤンマー

細川農機店：〒039-3321・東津軽郡平内町小湊字愛宕72-60・☎0177-55-5246・FAX0177-55-5246・銘＝三菱

㈲本郷農機：〒030-1505・東津軽郡今別町大川平村元245-2・☎0174-35-2123・FAX0174-35-2176・本郷鉄男・銘＝クボタ

町田農機店：〒036-8381・弘前市独孤石田1-1・☎0172-95-3360・銘＝クボタ

松山農機：〒038-2735・西津軽郡鰺ヶ沢町姥袋町大磯25-2・☎0173-72-3081・FAX0173-72-3181・銘＝ヰセキ

丸義農機店：〒038-1323・青森市浪岡本郷松元8-1・☎0172-62-4557・FAX0172-62-4557・白戸義明

三浦農機具店：〒038-1202・南津軽郡藤崎町富柳福岡281・☎0172-65-2083・三浦秀美

みかみ農機店：〒036-0357・黒石市追子野木2-299・☎0172-52-4013

みちのく農機サービス：〒038-1311・青森市浪岡平野61-1・☎0172-62-2063

㈱宮本農機：〒039-0612・三戸郡南部町剣吉大坊7-1・☎0178-75-1000・FAX0178-75-1121・宮本晃季・銘＝クボタ，ホンダ・販＝五戸営業所：〒039-1536・三戸郡五戸町愛宕後2-4・☎0178-62-2641

村上農機工業：〒036-0315・黒石市寿町2・☎0172-52-3609

八木橋農機商会：〒038-1143・南津軽郡田舎館村境森佃136-1・☎0172-58-2083・FAX0172-58-2083・八木橋文夫

［岩手県］

㈱みちのくクボタ：〒025-0003・花巻市東宮野目第13地割9・☎0198-23-5321・FAX0198-22-2104・高橋豊

九戸店：〒028-6501・九戸郡九戸村荒谷第14-78-4・☎0195-42-4073

二戸店：〒028-5711・二戸市金田一字上田面176・☎0195-27-2521

軽米店：〒028-6302・九戸郡軽米町軽米14-17-1・☎0195-46-3131

洋野店：〒028-8802・九戸郡洋野町大野68-13-14・☎0194-77-2700

久慈：〒028-0051・久慈市川崎町15-10・☎0194-52-2831

一戸店：〒028-4306・岩手郡岩手町御堂3-113・☎0195-36-1155

八幡平店：〒028-7112・八幡平市田頭37-147-26・☎0195-76-2516

安代店：〒028-7535・八幡平市清水136-1・☎0195-63-1088

岩手町店：〒028-4303・岩手郡岩手町江刈内1-11-7・☎0195-62-2571

玉山店：〒028-4131・盛岡市芋田字武道113・☎019-683-2911

盛岡店：〒020-0837・盛岡市津志田町2-1-11・☎019-638-1417

紫波店：〒028-3307・紫波郡紫波町桜町字中屋敷12-1・☎019-676-2666

雫石店：〒020-0544・岩手郡雫石町柿木153・☎019-692-3023

矢巾店：〒028-3603・紫波郡矢巾町西徳田5-77-9・☎019-697-4946

宮古店：〒027-0055・宮古市長根2-6-16・☎0193-62-6368

石鳥谷店：〒028-3101・花巻市石鳥谷町好地4-121・☎0198-45-2043

花巻店：〒025-0072・花巻市四日町3-22-8・☎0198-23-6361

花巻南店：〒025-0043・花巻市上根子字欠端144-1・☎0198-22-2068

遠野店：〒028-0542・遠野市早瀬町3-107-5・☎0198-62-4018

東和店：〒028-0114・花巻市東和町土沢6区165-1・☎0198-42-2829

和賀店：〒024-0333・北上市和賀町長沼1-132・☎0197-73-5136

北上店：〒024-0082・北上市町分第3割131-2・☎0197-65-1601

北上南店：〒024-0056・北上市鬼柳町笊渕29・☎0197-71-2411

金ヶ崎店：〒029-4501・胆沢郡金ヶ崎町

販売業者編＝岩手県＝

六原東町378-2・☎0197-44-3211
江刺店：〒023-1131・奥州市江刺愛宕字滑111-1・☎0197-35-6111
江刺東店：〒023-1134・奥州市江刺玉里字青篠243-4・☎0197-36-2188
水沢店：〒023-0003・奥州市水沢佐倉河字鐙田38-1・☎0197-24-4768
胆沢店：〒023-0402・奥州市胆沢小山字峠132・☎0197-47-0412
前沢店：〒029-4208・奥州市前沢竹沢101-1・☎0197-56-5534
一関店：〒029-4102・西磐井郡平泉町平泉字正法1-8・☎0191-46-4170
一関南店：〒021-0041・一関市赤萩字亀田154-1・☎0191-25-2957
花泉店：〒029-3205・一関市花泉町涌津字下原308-1・☎0191-82-2123
千厩店：〒029-0803・一関市千厩町千厩字上駒場287-5・☎0191-52-3019
いわい店：〒029-0523・一関市大東町摺沢字百目木243-2・☎0191-75-2125
気仙店：〒029-2311・気仙郡住田町世田米字小府金47-2・☎0192-46-2616
大船渡店：〒022-0004・大船渡市猪川町字中井沢18-3・☎0192-27-2333

ヤンマーアグリジャパン㈱（本社：大阪県／東日本支社：宮城県）
岩手事務所：〒023-0003・奥州市水沢佐倉河字竃堂116・☎0197-22-8080・FAX0197-24-5047
　北上支社：〒024-0072・北上市北鬼柳3地割35-2・☎0197-77-5451
　奥州支店：（岩手事務所と同）・☎0197-24-5717
　一関支店：〒029-4102・西磐井郡平泉町平泉字宿54-2・☎0191-46-3215
　一関東支店：〒029-0523・一関市大東町摺沢字八幡前29-1・☎0191-75-2187
　宮古支店：〒027-0024・宮古市磯鶏1-5-16・☎0193-64-5151
　気仙支店：〒029-2203・陸前高田市竹駒町字館7-1・☎0192-54-2165
　花巻支店：〒025-0312・花巻市二枚橋第3地割168-1・☎0198-26-1611
　東和支店：〒028-0114・花巻市東和町土沢6区83-3・☎0198-42-3530

㈱キセキ東北（本社：宮城県）
岩手支社：〒025-0311・花巻市卸町9-2・☎0198-26-4611・FAX0198-26-4796
　軽米営業所：〒028-6301・九戸郡軽米町上舘第15地割字岩崎33-1・☎0195-46-2209
　岩手営業所：〒028-4304・岩手郡岩手町子抱第5地割字笹川久保44-4・☎0195-62-2145
　西根営業所：〒028-7405・八幡平市平舘

第9地割171-1・☎0195-74-2311
　雫石営業所：〒020-0544・岩手郡雫石町柿木61-1・☎019-692-2545
　盛岡営業所：〒020-0862・盛岡市東仙北2-15-23・☎019-635-1234
　紫波営業所：〒028-3307・紫波郡紫波町桜町字才ノ土地70-12・☎019-672-2214
　花巻営業所：（岩手支社と同）・☎0198-26-5005
　遠野営業所：〒028-0541・遠野市松崎町白岩15-4-6・☎0198-62-2017
　北上営業所：〒024-0071・北上市上江釣子第6地割38-1・☎0197-77-5005
　水沢営業所：〒023-0827・奥州市水沢太日通り1-4-11・☎0197-25-7311
　胆沢営業所：〒023-0402・奥州市胆沢小山字菅合地570-1・☎0197-47-0811
　一関営業所：〒029-4102・西磐井郡平泉町平泉宿8-1・☎0191-46-5308

三菱農機販売㈱（本社：埼玉県／東北支社：宮城県）
　奥州営業所：〒023-1131・奥州市江刺愛宕観音堂沖61・☎0197-35-6551

北岩手菱農㈱：〒020-0062・盛岡市長田町18-9・☎019-651-5753・FAX019-623-4139・小林眞一郎
　盛岡支店：〒020-0063・盛岡市材木町7-38・☎0196-24-4358
　安代支店：〒028-7532・八幡平市小柳田186-1・☎0195-72-2247
　岩手町支店：〒028-4303・岩手郡岩手町江刈内6-8-26・☎0195-62-2038
　玉山支店：〒028-4132・盛岡市渋民字大前田47-2・☎019-683-2124
　西根支店：〒028-7111・八幡平市大更21-44-9・☎0195-76-3416
　大迫支店：〒028-3203・花巻市大迫町大迫51-2・☎0198-48-2629
　遠野支店：〒028-0555・遠野市土渕町土渕22-15-1・☎0198-62-9841

㈲相澤商会：〒024-0063・北上市九年橋3-6-35・☎0197-65-1755・FAX0197-65-1785・相澤真輝・銘＝キセキ
アグリメンテナンス：〒023-0171・奥州市江刺田原大日前25-1・☎0197-35-1083・FAX0197-35-1083・銘＝キセキ
阿部商会：〒021-0102・一関市萩荘高梨東14-3・☎0191-24-2458・銘＝クボタ
阿部農機㈱：〒028-6101・二戸市福岡下中町23-1・☎0195-23-2181・FAX0195-25-4522・阿部裕一・銘＝ヤンマー，キセキ・販＝一戸支店：〒020-0891・二戸郡一戸町高善寺字大川鉢16-2・☎0195-32-2439，田子支店：〒039-0201・三戸郡田子町大字田子字柏木田5-1・☎0179-32-

2369，浄法寺支店：〒028-6852・二戸市浄法寺町樋田40-1・☎0195-38-2526，中山支店：〒028-5133・二戸郡一戸町中山字大塚112-7・☎0195-35-2921，九戸支店：〒028-6502・九戸郡九戸村伊保内第27地割字中野田17-1・☎0195-42-2130，軽米支店：〒028-6302・九戸郡軽米町軽米第8地割156-5・☎0195-46-3129，安代支店：〒028-7534・八幡平市荒屋新町97・☎0195-72-2808
㈲伊幸商会：〒023-0003・奥州市水沢佐倉河後樋23-1・☎0197-24-1157・FAX0197-22-3435・伊藤幸成
㈱イトウ：〒028-4307・岩手郡岩手町五日市8-100-5・☎0195-62-2380・FAX0164-62-5805・銘＝ヤンマー，キセキ
伊藤農機㈱：〒028-7111・八幡平市大更第21地割12-29・☎0195-76-3514・佐々木孝雄・銘＝ヤンマー
今村商店：〒028-7405・八幡平市平舘第11地割9-2-1・☎0195-74-3202・今村茂則
㈲岩泉マッカラー商会：〒027-0501・下閉伊郡岩泉町太田10-5・☎0194-22-2866・FAX0194-22-2722・銘＝キセキ
岩手農業開発㈱：〒020-0122・盛岡市みたけ町2-6-8・☎019-647-8223
岩手農蚕㈱：〒020-0891・紫波郡矢巾町流通センター南1-4-8・☎019-637-2424・FAX019-637-2430・松田博之・銘＝ヤンマー・販＝農機センター：〒020-0891・紫波郡矢巾町流通センター南2-6-13・☎019-638-1000，花北営業所：〒024-0004・北上市村崎野16地割287-4・☎0197-66-3769，大東営業所：〒029-0523・一関市大東町摺沢字礼田44・☎0191-75-3123，二戸営業所：〒028-6106・二戸市仁左平矢沢7・☎0195-23-8101
岩花機械㈱：〒028-0012・久慈市新井田3-43-5・☎0194-52-1122・FAX0194-53-5510・岩花長吉・銘＝キセキ
㈱Ｈ．Ｅ．Ｓ農機部：〒023-0841・奥州市水沢真城字中林下245・☎0197-24-0922・FAX0197-24-0925・銘＝キセキ
勝又商会：〒028-6721・二戸市似鳥加沢8-2・☎0195-26-2834・銘＝キセキ
㈱カワシリ農機：〒029-5521・和賀郡西和賀町小繋沢55地割158-59・☎0197-82-3735・FAX0197-82-3536・高橋利行・銘＝ヤンマー
菅野商会：〒023-0401・奥州市胆沢南都田字四ツ柱96・☎0197-46-2495・銘＝キセキ
菊要商店：〒023-1131・奥州市江刺愛宕字橋本230-1・☎0197-35-2509・菊地良平・銘＝クボタ・販＝前沢支店：〒029-4208・奥州市前沢七日町15・☎0197-56-4809
共栄農機商会：〒029-3207・一関市花泉

販売業者編＝岩手県，宮城県＝

町油島内別当65・☎0191-82-4033・FAX0191-82-4033・銘＝ヤンマー

久慈クボタ農機店：〒028-0033・久慈市畑田第26地割154-5・☎0194-52-4141・銘＝クボタ

工藤機械：〒027-0507・下閉伊郡岩泉町字二升石45-6・☎0194-22-4163・銘＝キセキ

工藤農機具店：〒029-4332・奥州市衣川古戸370-2・☎0197-52-3607・FAX0197-52-3621・工藤武彦・銘＝キセキ

㈱小岩産業：〒021-0815・一関市要害84-2・☎0191-23-9628・FAX0191-23-9638・銘＝クボタ，キセキ，ホンダ

㈲公明商会：〒029-5617・和賀郡西和賀町沢内長瀬川19-49-18・☎0197-85-3243・高橋勉

㈲小軽米：〒028-6801・二戸市浄法寺町漆沢中前田21-7・☎0195-38-2521・FAX0195-38-2598・小軽米淳・銘＝キセキ，ホンダ

ささき商会：〒028-1111・上閉伊郡大槌町大槌23地割36-6・☎0193-42-7548・銘＝キセキ

㈲佐々木農機：〒029-2205・陸前高田市高田町森の前28-1・☎0192-55-2031・FAX0192-54-5061・銘＝三菱

㈱佐々木農機商会：〒029-2501・気仙郡住田町上有住八日町169・☎0192-48-2411・佐々木良平

㈱佐々長：〒029-4208・奥州市前沢五合田15-1・☎0197-56-6327・FAX0197-56-6300・佐々木敏昭

㈲佐々長農機：〒029-3101・一関市花泉町花泉袋8・☎0191-82-2120・FAX0191-82-2120・銘＝ヤンマー

佐貞商店：〒023-0402・奥州市胆沢小山峠107・☎0197-47-0402・FAX0197-47-1490・佐藤和彦

佐藤農機商会：〒028-3308・紫波郡紫波町平沢野田43・☎0196-76-3481・FAX0196-76-3481・銘＝キセキ

㈲紫波農材：〒028-3307・紫波郡紫波町桜町下川原73・☎019-676-6445・FAX019-676-6445・銘＝ヤンマー

㈲下村農機店：〒021-0902・一関市萩荘高梨東21-1・☎0191-24-2106・FAX0191-24-3202・下村正之・銘＝三菱

㈱修工社：〒023-1102・奥州市江刺八日町1-9-55・☎0197-35-2333・FAX0197-35-2333・佐藤和也

白坂商会：〒028-6852・二戸市浄法寺町樋田110-111・☎0195-38-2414・FAX0195-38-3789・白坂正幸・銘＝キセキ

㈲杉新商店：〒020-0526・岩手郡雫石町35地割上町19・☎019-692-2342・FAX019-692-6072・階健司・銘＝キセキ

鈴木商店：〒023-1104・奥州市江刺豊田

町2-1-5・☎0197-35-4556・FAX0197-35-4556・銘＝キセキ

鈴木農機㈱：〒020-0891・紫波郡矢巾町流通センター南3-10-18・☎019-637-2476・FAX019-638-2544・鈴木満・銘＝ヤンマー・販＝盛岡支店：〒020-0891・紫波郡矢巾町流通センター南2-6-9・☎019-638-5762，平舘支店：〒028-7405・八幡平市平舘第25地割46-1・☎0195-74-3625，遠野支店：〒028-0517・遠野市上組町11-16・☎0198-62-2501，久慈支店：〒028-0011・久慈市湊町第15地割37-2・☎0194-53-3193，石鳥谷支店：〒028-3311・紫波郡紫波町犬渕字谷地田83-1・☎019-672-2221，雫石営業所：〒020-0517・岩手郡雫石町黒沢川22-3・☎019-692-2440，玉山営業所：〒028-4131・盛岡市芋田字下武道30-6・☎019-683-2717，紫波営業所：〒028-3306・紫波郡紫波町日詰西6-6-6・☎019-672-3547，葛巻営業所：〒028-5402・岩手郡葛巻町葛巻8-1-4・☎0195-66-2122，沼宮内営業所：〒028-4301・岩手郡岩手町大字沼宮内38-1-2・☎0195-62-2170

㈲ダイヤサービス：〒029-3207・一関市花泉町油島向山8-3・☎0191-82-5454・FAX0191-82-5455・高橋敏幸・銘＝キセキ，三菱

高田機械：〒029-2206・陸前高田市米崎町字地竹沢196-1・☎0192-55-5959・銘＝キセキ

高野農機商会：〒023-0101・奥州市水沢黒石町鶴城112・☎0197-26-3205・FAX0197-26-3205・高野義博

千田農機：〒023-0401・奥州市胆沢南都田外記63・☎0197-46-2218・FAX0197-46-3542・銘＝クボタ，キセキ

東和農機㈱：〒024-0061・北上市大通4-8-40・☎0197-63-2686・小原寛一

㈲斗ヶ沢ホンダ農発：〒020-0125・盛岡市上堂3-2-7・☎019-646-3144・FAX019-646-6917・銘＝キセキ

㈲ニューク花巻：〒025-0036・花巻市中根子不動31-1・☎0198-24-3227・FAX0198-23-4189・高橋与蔵・銘＝ホンダ

㈲ノーキサービス：〒023-1131・奥州市江刺愛宕観音堂沖68-5・☎0197-35-4439・FAX0197-35-4859・菅原健一・銘＝クボタ，ホンダ

㈲野里農機：〒028-5311・二戸郡一戸町高善寺野田24-4・☎0195-32-2648・FAX0195-33-2648・野里実

ハスクバーナ宮古：〒027-0053・宮古市長町1-2-11・☎0193-63-0431・銘＝キセキ

㈲藤井農機商会：〒023-0816・奥州市水沢西町6-23・☎0197-25-6711・FAX0197-25-5181・藤井勇・銘＝クボタ，キセキ

㈱フジテック岩手：〒029-3405・東磐井

郡藤沢町大母216-9・☎0191-63-3194・FAX0191-63-2110・千葉登美夫・銘＝クボタ，キセキ，ホンダ

㈱松尾鉄工所：〒020-0536・岩手郡雫石町八卦52-5・☎019-692-2067・FAX019-692-3315・松尾勝男・銘＝ヤンマー

松本機械㈱：〒023-1111・奥州市江刺大通り1-25・☎0197-35-4472・FAX0197-35-4472・松本秀英・銘＝キセキ

丸正商事㈱：〒028-3304・紫波郡紫波町二日町字北久保246・☎019-676-2824

松原農機具店：〒028-5402・岩手郡葛巻第8地割6-29・☎0195-66-2247・銘＝キセキ

㈲水沢機械商会：〒023-0132・奥州市水沢羽田町芦ケ沢53・☎0197-24-2655・FAX0197-25-3607・小野寺一雄・銘＝ヤンマー

㈱水沢農薬：〒023-0001・奥州市水沢卸町3-3・☎0197-24-7733・佐藤剛

㈱宮古農機センター：〒027-0058・宮古市千徳第10地割2-5・☎0193-62-1422・佐々木ふさ子

㈲ムラカミ車輌：〒023-0827・奥州市水沢太日通り1-6-16・☎0197-25-6523

㈲明治産業：〒021-0883・一関市新大町127・☎0191-23-3577・緑川昭

㈱明治商会：〒028-3163・花巻市石鳥谷町八幡3-162・☎019-820-0192・FAX019-820-0338・高原茂

㈱山一本店：〒029-0803・一関市千厩町千厩下駒164-1・☎0191-52-5021・FAX0191-53-2440・田中和彦・銘＝三菱・販＝一関支店：〒021-0041・一関市赤荻月町196-2・☎0191-33-2600

㈱山清商店：〒020-0861・盛岡市仙北2-25-9・☎019-636-0125・FAX019-635-3820・前沢清

［宮城県］

㈱南東北クボタ：〒981-1221・名取市田高字原182-1・☎022-384-0678・FAX022-384-0688・鈴木豊章

仙南営業所：（本社と同）・☎022-383-7112

大河原営業所：〒989-1321・柴田郡村田町沼辺天神崎10・☎0224-51-9422

㈱五十嵐商会：〒984-8525・仙台市若林区卸町5-1-4・☎022-236-2525・FAX022-235-3381・五十嵐善正

仙台営業所：〒984-0032・仙台市若林区荒井字前谷地14-2・☎022-288-7655

仙台南営業所：〒981-1222・名取市上余田字市の坪150-8・☎022-384-3355

仙台西営業所：〒989-3124・仙台市青葉区上愛子字橋本6-4・☎022-392-3226

仙台北営業所：〒981-0111・宮城郡利府

販売業者編＝宮城県＝

町加瀬字北窪31-6・☎022-767-7355

吉岡営業所：〒981-3621・黒川郡大和町吉岡字上柴崎88-1・☎022-345-5141

鹿島台営業所：〒989-4106・大崎市鹿島台大迫字57番屋敷9-1・☎0229-56-2876

白石営業所：〒989-0247・白石市八幡町8-32・☎0224-26-2337

角田営業所：〒981-1523・角田市梶賀字高畑北77・☎0224-62-1244

丸森営業所：〒981-2152・伊具郡丸森町字鳥屋167-1・☎0224-72-1662

柴田営業所：〒989-1606・柴田郡柴田町船岡字上大原170・☎0224-55-3021

蔵王営業所：〒989-0821・刈田郡蔵王町円田字西浦上4-2・☎0224-33-2240

亘理営業所：〒989-2205・亘理郡山元町小平字北93-4・☎0223-37-5710

古川営業所：〒989-6255・大崎市古川休塚字新西田24・☎0229-28-3761

気仙沼営業所：〒988-0152・気仙沼市松崎外ヶ沢99-2・☎0226-21-1058

気仙沼北営業所：〒988-0852・気仙沼市松川412-1・☎0226-25-6477

涌谷営業所：〒987-0107・遠田郡涌谷町字六軒町裏172-2・☎0229-42-3918

石巻営業所：〒986-1111・石巻市鹿又字扇平145-3・☎0225-75-2100

佐沼営業所：〒987-0511・登米市迫町佐沼字萩洗2-2-8・☎0220-22-2264

豊里営業所：〒987-0362・登米市豊里町東待井下19-1・☎0225-76-3461

栗駒営業所：〒989-5401・栗原市鶯沢袋島巡44-76・☎0228-55-3773

若柳営業所：〒989-5505・栗原市若柳福岡谷畑浦60-1・☎0228-35-1811

岩出山営業所：〒989-6412・大崎市岩出山下野目字新小泉28・☎0229-73-1333

加美営業所：〒981-4418・加美郡加美町小泉字本宿1-1・☎0229-68-4321

南方営業所：〒987-0431・登米市南方町太田22-1・☎0220-29-7888

ヤンマーアグリジャパン㈱（本社：大阪府）

東北支社：〒984-0011・仙台市若林区六丁の目西町8-1、斎喜センタービル4F・☎022-288-8451・FAX022-288-8452・中島偉雄

宮城事務所：〒989-6252・大崎市古川荒谷字新芋川37-1・☎0229-28-1911・FAX0229-28-2365

栗駒支店：〒989-5301・栗原市栗駒町岩ヶ崎神南59・☎0228-45-1448

若柳支店：〒989-5502・栗原市若柳字川南袋180-1・☎0228-32-3941

迫支店：〒987-0402・登米市南方町松島屋敷165・☎0220-58-4631

豊里支店：〒987-0354・登米市豊里町沼

田200・☎0225-76-4510

涌谷支店：〒987-0132・遠田郡涌谷町蔵人沖名266-1・☎0229-42-2477

古川支店：（宮城事務所と同）・☎0229-28-2194

吉岡支店：〒981-3419・黒川郡大和町まいの1-2-6・☎022-345-3062

仙南支店：〒989-2422・岩沼市空港南1-3-9・☎0223-25-8138

㈱キセキ東北：〒989-2421・岩沼市下野郷字新南長沼1-2・☎0223-24-1111・FAX0223-24-2240・金福美

宮城支社：（本社と同）・☎0223-24-6067・FAX0223-24-6310

仙南営業所：〒981-1523・角田市梶賀字高畑北380-1・☎0224-62-0882

仙台営業所：（本社と同）・☎0223-36-9855

石巻営業所：〒986-1111・石巻市鹿又字道的前囲330-2・☎0225-75-2206

古川営業所：〒989-6255・大崎市古川休塚字南田34・☎0229-28-2214

加美営業所：〒981-4265・加美郡加美町矢越10-1・☎0229-64-4777

築館営業所：〒987-2203・栗原市築館下宮野町浦1・☎0228-22-2615

佐沼営業所：〒987-0601・登米市中田町宝江黒沼字町80・☎0220-34-6671

三菱農機販売㈱（本社：埼玉県）

東北支社：〒984-0002・仙台市若林区卸町東3-1-1・☎022-207-3711・FAX022-207-3715・松村博夫

南東北支社：（東北支社と同）

石巻河南営業所：〒987-1101・石巻市前谷地字筒頭58-1・☎0225-72-4220

仙南営業所：〒989-0701・刈田郡蔵王町宮字井戸井44-3・☎0224-32-2141

㈱赤羽商会：〒986-0815・石巻市中里3-2-8・☎0225-96-2031・FAX0225-96-2062・鎌田敏和・銘＝ヤンマー

赤羽農機㈱：〒987-0005・遠田郡美里町北浦新町7・☎0229-32-2330・FAX0229-32-4805・赤羽忠住・銘＝ヤンマー，ホンダ

阿部商会：〒987-1101・石巻市前谷地西横須賀25-2・☎0225-72-3141・FAX0225-72-3270・阿部輝夫・銘＝ヤンマー

五十嵐亀男商会（五十嵐農機具店）：〒987-0511・登米市迫町佐沼鉄砲丁58-4・☎0220-22-3090・FAX0220-22-3090・五十嵐喜一

伊藤農機：〒989-5501・栗原市若柳川北埣柳8-7・☎0228-32-5787・FAX0228-32-2386・伊藤央行

㈱イワサ：〒981-1523・角田市梶賀高畑南431・☎0224-63-3421・FAX0224-63-

3422・岩佐哲昭・銘＝ヤンマー・販＝蔵王営業所：〒989-0821・刈田郡蔵王町円田棚村道上12-1・☎0224-22-7511

岩佐農機商会：〒989-2436・岩沼市吹上1-15-57・☎0223-22-2895・FAX0123-22-4824・岩佐孝夫

氏家農機店：〒981-3521・黒川郡大郷町中村屋舗2-16・☎022-359-2777・FAX022-359-3371

㈱エンドー商会：〒989-1214・柴田郡大河原町甲子町4-12・☎0224-52-1556・FAX0224-53-8325・遠藤一良・銘＝クボタ

荻野商会：〒989-6426・大崎市岩出山東御名掛137-1・☎0229-72-0221・FAX0229-72-0221・荻野彰・銘＝クボタ

小野軍農機店：〒988-0113・気仙沼市松崎片浜35-2・☎0226-22-2150・FAX0226-23-2583・小野寺松男

㈲角栄農機店：〒989-1305・柴田郡村田町村田町53・☎0224-83-2148・FAX0224-83-2148・森正博・銘＝クボタ

金政農機商会：〒989-5171・栗原市金成沢辺町59・☎0228-42-1155・FAX0228-42-1155・平憲充・銘＝ホンダ

鎌田商会：〒986-0863・石巻市向陽町3-20-9・☎0225-95-7462

北上機器サービス：〒986-0132・石巻市小船越二子北下108-1・☎0225-62-2071・FAX0225-62-2679・銘＝ヤンマー

㈲木村商会：〒987-0331・登米市米山町中津山鹿の畑6-1・☎0220-55-2510・FAX0220-55-2668・木村義夫・銘＝ヤンマー，三菱

㈲工藤商会：〒986-0761・本吉郡南三陸町志津川廻館前60-1・☎0226-46-3357・FAX0226-46-3838・工藤昭彦

㈲栗南商会：〒989-5503・栗原市若柳下畑岡内谷川126・☎0228-33-2741・FAX0228-33-2580・銘＝ヤンマー

㈲気仙沼農機：〒988-0114・気仙沼市松崎浦田86-4・☎0226-22-6171・FAX0226-24-6131・銘＝ヤンマー

㈲小泉農機店：〒981-0503・東松島市矢本河戸19-2・☎0225-82-3137・FAX0225-82-3137・小泉英喜・銘＝クボタ

興国産業㈱：〒983-0034・仙台市宮城野区扇町4-6-16・☎022-235-9311・FAX022-284-9765・相沢美智雄・銘＝ヤンマー，三菱・販＝総合整備センター：〒984-0001・仙台市若林区鶴代町5-50・☎022-283-2091

今埜機工：〒989-6123・大崎市古川下中目新小路浦230・☎0229-23-1723・FAX0229-23-1723・今埜勝俊

㈲金野商会：〒989-4703・登米郡石越町南郷愛宕5・☎0228-34-3587・FAX0228-34-3933・銘＝キセキ

今野農機商会：〒989-5501・栗原市若柳川北新町15・☎0228-32-3252・FAX0228-32-

91

販売業者編＝宮城県＝

3820・今野清勝・銘＝三菱，ホンダ

斎藤商店：☎989-1500・柴田郡川崎町前川本町56・☎0224-84-2079・FAX0224-84-2079・斉藤守

㈱佐幸：☎986-0102・石巻市成田小塚宅地42・☎0225-62-3054・FAX0225-62-3069・佐々木勝也・銘＝クボタ

佐々木自転車店：☎987-1304・大崎市松山千石字亀田425・☎0229-55-2053・銘＝ヤンマー

㈲佐々木農機商会：☎987-2176・栗原市高清水西善光寺61・☎0228-58-3135・FAX0228-58-3136・佐々木義則・銘＝クボタ

㈱佐々木農機商会：☎986-0132・石巻市小船越下谷地28・☎0225-62-3112・FAX0225-62-3171・佐々木昭吉

㈱佐藤農機具商会：☎987-2308・栗原市一迫真坂清水西浦5-6・☎0228-52-2531・FAX0228-52-3110・瀬能忠昭・銘＝ヤンマ

佐藤農機具店：☎981-3621・黒川郡大和町吉岡上柴崎8-2・☎022-345-2725・FAX022-345-3775・佐藤勉・銘＝三菱

㈲佐藤農機商会：☎989-4807・栗原市金成赤児原沖33・☎0228-44-2507・FAX0228-44-2042・佐藤孝悦・銘＝クボタ

㈲三栄商会：☎981-4203・加美郡加美町菜切谷清水1-34-4・☎0229-63-4835・FAX0229-63-4833・佐々木三男・銘＝ヤンマー，三菱

㈱鹿野商会：☎987-0161・遠田郡涌谷町川原町下20・☎0229-43-2631・FAX0229-43-2632・鹿野浩一

㈲島蔵：☎989-0821・刈田郡蔵王町円田西浦上15-1・☎0224-33-2937・FAX0224-33-2937・銘＝ヤンマー

白鳥農機：☎987-2253・栗原市築館町青野4-22・☎0228-22-3765・FAX0228-22-3765・銘＝三菱

㈲真山機械：☎989-6401・大崎市岩出山上真山機織4-3・☎0229-77-2331・FAX0229-77-2070

菅原農機商会：☎987-0601・登米市中田町石森室木136-2・☎0220-34-2786・FAX0220-34-7178・銘＝ヤンマー

㈲菅原農機店：☎987-0511・登米市迫町佐沼西佐沼133・☎0220-22-3136・FAX0220-22-0367・菅原良

㈱鈴木農機店：☎987-0511・登米市迫町佐沼駒木袋1-1・☎0220-22-2851・鈴木文司

㈱鈴木農機具商会：☎987-2205・栗原市築館宮野中央1-4-1・☎0228-22-2010・FAX0228-22-1652・鈴木高雄・銘＝クボタ

㈱スズブン：☎985-0874・多賀城市八幡4-5-75・☎022-364-3033・FAX022-364-3070・銘＝ヤンマー，三菱

㈲高栄商会：☎989-1305・柴田郡村田町村田松崎44・☎0224-83-2414・FAX0224-83-5124・高橋栄喜・銘＝ヤンマー

㈱竹内農機商会：☎989-2351・亘理郡亘理町西郷261-1・☎0223-34-1835・FAX0223-34-5096・竹内富士夫・銘＝クボタ

只野農機㈱：☎987-2212・栗原市築館木戸17-70・☎0228-22-3238・FAX0228-22-3438・只野利男・銘＝ヤンマー

田中機械：☎988-0066・気仙沼市東新城3-10-16・☎0226-24-4117・FAX0226-24-4117・銘＝三菱

㈱田村農機商会：☎989-4103・大崎市鹿島台平渡新屋敷1-3・☎0229-56-2216・FAX0229-56-3963・田村敏規・銘＝ヤンマー

千坂商会：☎989-4531・栗原市瀬峰筒ケ崎48-3・☎0228-38-4202・FAX0228-38-4312・銘＝ヤンマー

千葉農機商会：☎989-5605・栗原市志波姫北郷糠塚前52-8・☎0228-25-2282・FAX0228-25-0995・銘＝ヤンマー

千葉農機具店：☎989-1751・柴田郡柴田町槻木新町1-5-18・☎0224-56-1015・FAX0224-56-4308・千葉清・銘＝クボタ

㈱千葉農機商会：☎987-0361・登米市豊里町新田町170・☎0225-76-3135・FAX0225-76-2185・千葉久穂

㈲登米農機商会：☎987-0511・登米市迫町佐沼錦80・☎0220-22-5125・FAX0220-22-5125・中嶋直衛・銘＝クボタ

中條農機商会：☎987-1102・石巻市和渕佐沼川153-1・☎0225-72-2614・FAX0225-72-2614・中條達雄

畠山工機：☎988-0253・気仙沼市波路上原8-1・☎0226-26-1355・FAX0226-26-1335・銘＝ホンダ

㈲早坂農機商会：☎989-4205・遠田郡美里町木間塚砂押37-1・☎0229-58-0187・FAX0229-58-0754・早坂好弘・銘＝クボタ

㈲はんざわ：☎989-2351・亘理郡亘理町上茨田26-2-4・☎0223-34-4814・FAX0223-34-7313・半沢清・銘＝クボタ

平間商会：☎989-0701・刈田郡蔵王町宮中丸前8-1・☎0224-32-3319・FAX0224-32-3319・銘＝三菱

㈱福原農機商会：☎981-4261・加美郡加美町字町裏108-1・☎0229-63-2062・FAX0229-63-2853・福原秀剛・銘＝クボタ・販＝鬼首出張所：☎989-6941・大崎市鳴子温泉鬼首字田野原31・☎0229-86-2800

㈱双葉商会：☎989-1245・柴田郡大河原町新南60-36・☎0224-53-3320・FAX0224-52-2839・銘＝ヤンマー

㈲保原屋商店：☎986-0825・石巻市穀町14-5・☎0225-96-6661・FAX0225-96-6662・浅野興一・銘＝ヤンマー

ホンダ農機サービス仙台南：☎981-1232・名取市大手町5-12-6・☎022-384-2261・銘＝ホンダ

㈲マルナカ商会：☎989-6105・大崎市古川福沼3-7-19・☎0229-22-0999・FAX0229-22-0900・佐々木敬・銘＝ヤンマー

㈱三菱農機石巻：☎986-0825・石巻市穀町3-19・☎0225-22-2249・FAX0225-96-6180・吉田みつ・銘＝三菱

㈲峰浦商会：☎989-4308・大崎市田尻沼部新富岡19-1・☎0229-39-0203・FAX0229-39-1527・峰浦正俊・銘＝クボタ・販＝米山営業所：☎987-0331・登米市米山町中津山字筒場埣400-1・☎0220-55-2258，瀬峰営業所：☎987-2200・栗原市瀬峰桃生田21-1・☎0228-38-3883

㈱宮城ヤンマー商会：☎984-0825・仙台市若林区古城3-10-33・☎022-285-1594・FAX022-285-3844・佐藤裕二・銘＝ヤンマー・販＝小牛田支店：☎987-0004・遠田郡美里町牛飼字清水江10-2・☎0229-32-3307，仙台支店：☎984-0825・(本社と同)・☎022-286-1011，古川支店：☎989-6323・大崎市古川沢田字舞台42・☎0229-28-5585，槻木支店：☎989-1751・柴田郡柴田町槻木新町1-5-7・☎0224-56-1257，大河原支店：☎989-1264・柴田郡大河原町字新青川12-6・☎0224-53-2478，蔵王支店：☎989-0851・刈田郡蔵王町大字曲竹字川原田28-7・☎0224-33-2719，川崎支店：☎989-1501・柴田郡川崎町前川字中道北4-1・☎0224-84-2468，石巻支店：☎986-1111・石巻市鹿又字山下西8-1・☎0225-74-2675，名取支店：☎981-1226・名取市植松字錦田38-4・☎022-384-3611，小野田支店：☎981-4323・加美郡加美町石原1-1・☎0229-67-3046，角田支店：☎981-1522・角田市佐倉字萱場115-1・☎0224-63-2144，米山支店：☎987-0321・登米市米山町西野字立野110・☎0220-55-4913，黒川支店：☎981-3302・黒川郡富谷町三ノ関字三枚橋40-3・☎022-358-4564，亘理支店：☎989-2381・亘理郡亘理町逢隈上郡字上84・☎0223-34-6011，築館支店：☎987-2203・栗原市築館下宮野大仏45-1・☎0228-25-3833

㈲未来設備工業：☎987-2216・栗原市築館伊豆1-8-40・☎0228-22-3218・FAX0282-22-9274・柿崎啓一

㈱メカニック氏家：☎981-3521・黒川郡大郷町中村字黒鋪2-2・☎022-359-2777・FAX022-359-3371・銘＝三菱

本木農機商会：☎987-2203・栗原市築館下宮野王橋91-1・☎0228-22-4405・FAX0228-22-4475・銘＝ヤンマー

㈱本吉クボタ：☎986-0767・本吉郡南三陸町志津川字中瀬町37・☎0220-34-3352・FAX0220-35-3541・銘＝クボタ

モリタ商会：☎981-4334・加美郡加美町字町屋敷1-36-7・☎0229-67-3108・

FAX0229-67-3108・森田均

森田農機商会：〒989-6103・大崎市古川江合寿町1-7-20・☎0229-22-1007・森田作蔵

㈱森田農機商会：〒981-4231・加美郡加美町百目木1-2-5・☎0229-63-3145・FAX0229-63-3146・森田克彦

㈱安田商会：〒989-2433・岩沼市桜3-14-39・☎0223-22-2239・FAX0223-24-4805・安田勝信・銘＝ヤンマー

山一商会：〒987-0902・登米市東和町米谷古舘9・☎0220-42-2866・FAX0220-42-2866・銘＝三菱

米澤機械：〒986-1111・石巻市鹿又小金袋44-6・☎0225-74-2489・FAX0225-74-2489・米沢満・銘＝三菱

［秋田県］

㈱秋田クボタ：〒011-0901・秋田市寺内字神屋敷295-38・☎018-845-2121・FAX018-845-6600・白石光弘

鹿角営業所：〒018-5336・鹿角市十和田錦木字冠山37-1・☎0186-35-3101

大館営業所：〒017-0838・大館市山館字八幡下43・☎0186-42-5965

鷹巣営業所：〒018-3301・北秋田市綴子字田中表147-3・☎0186-62-2156

森吉営業所：〒018-4301・北秋田市米内沢字鶴田中俣190-1・☎0186-72-4718

能代支店：〒016-0171・能代市河戸川字南西山205-1・☎0185-55-0380

三種営業所：〒018-2104・山本郡三種町鹿渡字西小瀬川81-6・☎0185-87-3366

大潟営業所：〒010-0444・南秋田郡大潟村字南1-40・☎0185-45-2277

大久保営業所：〒018-1415・潟上市昭和豊川竜毛字開沢56-2・☎018-877-2150

男鹿営業所：〒010-0341・男鹿市船越字一向63-1・☎0185-35-2371

秋田営業所：（本社と同）・☎018-845-8717

秋田南営業所：〒010-1415・秋田市御所野湯本2-1-19・☎018-839-6177

本荘支店：〒015-0041・由利本荘市薬師堂字谷地14-3・☎0184-22-1592

協和営業所：〒019-2411・大仙市協和境岸館72・☎018-892-3435

大曲支店：〒014-0001・大仙市花館字葛野127-1・☎0187-62-4511

角館営業所：〒014-0369・仙北市角館町上菅沢466-1・☎0187-54-2425

中仙営業所：〒014-0205・大仙市鑓見内字幕林206-1・☎0187-56-3131

横手営業所：〒013-0061・横手市横手町字下真山12-1・☎0182-32-1653

雄物川営業所：〒013-0208・横手市雄物川町沼館字高畑390-1・☎0182-22-3173

十文字営業所：〒019-0521・横手市十文字町西53-4・☎0182-42-1316

湯沢営業所：〒012-0855・湯沢市愛宕町3-2-14・☎0183-73-3212

羽後営業所：〒012-1131・雄勝郡羽後町西馬音内329・☎0183-62-3940

ヤンマーアグリジャパン㈱（本社：大阪府／東北支社：宮城県）

秋田事務所：〒010-0941・秋田市川尻町字大川反170-47・☎018-862-8155・FAX018-863-6358

鹿角支店：〒018-5336・鹿角市十和田錦木字室田30-1・☎0186-35-3206

大館支店：〒017-0837・大館市餌釣字前田451・☎0186-43-1404

北秋田支店：〒018-4211・北秋田市川井字横呑沢14-1・☎0186-78-5231

能代支店：〒016-0171・能代市河戸川字上長沼布1-3・☎0185-52-4808

八郎潟支店：〒018-1602・南秋田郡八郎潟町浦大町字下谷地28-1・☎0188-75-2054

男鹿支店：〒010-0341・男鹿市船越字一向59-1・☎0185-35-2231

大潟支店：〒010-0444・南秋田郡大潟村南1-36・☎0185-45-2282

秋田支店：〒010-1201・秋田市雄和田草川太田44-1・☎018-886-3312

由利本荘支店：〒015-0061・由利本荘市二十六木字岡本46-1・☎0184-24-5662

角館支店：〒014-0366・仙北市角館町下菅沢154-4・☎0187-54-3121

横手支店：〒013-0051・横手市大屋新町字中野353-1・☎0182-32-1387

湯沢支店：〒012-0051・湯沢市深堀鎌切61-1・☎0183-72-3622

羽後支店：〒012-1126・雄勝郡羽後町杉の宮大道端46-1・☎0183-62-0123

六郷支店：〒019-1404・仙北郡美郷町六郷字小安門125-1・☎0187-84-1652

㈱キセキ東北（本社：宮城県）

秋田支社：〒011-0908・秋田市寺内字大小路207-49・☎018-845-0001・FAX018-846-5899

大館営業所：〒017-0836・大館市池内字池内103-3・☎0186-42-5423

鹿角営業所：〒018-5201・鹿角市花輪字諏訪野106・☎0186-25-3403

北秋田営業所：〒018-4221・北秋田市下杉字上清水沢103・☎0186-67-6201

能代営業所：〒016-0122・能代市扇田字西扇田347-2・☎0185-58-5588

八竜営業所：〒018-2401・山本郡三種町鵜川字昼根下2-5・☎0185-85-2643

大潟営業所：〒010-0442・南秋田郡大潟村字東4-63・☎0185-45-2481

八郎潟営業所：〒018-1613・南秋田郡八郎潟町上昼根223-2・☎018-875-4044

男鹿営業所：〒010-0341・男鹿市船越字サッピ93・☎0185-35-2325

秋田営業所：（秋田支社と同）・☎018-845-0006

秋田南営業所：〒010-1423・秋田市仁井田字川久保4-2・☎018-839-6564

本荘営業所：〒015-0067・由利本荘市三条字三条谷地145・☎0184-23-3911

大曲営業所：〒014-0001・大仙市花館字葛野206-1・☎0187-63-7110

角館営業所：〒014-0201・大仙市下鶯野字羽場127・☎0187-55-2175

横手営業所：〒013-0060・横手市大屋新町字中野555-1・☎0182-32-2601

三菱農機販売㈱（本社：埼玉県／東北支社：宮城県）

秋田支店：〒011-0905・秋田市寺内字神屋敷295-28・☎018-846-6530・FAX018-846-6539

南秋営業所：〒010-0341・男鹿市船越字根木104・☎0185-35-3369

横手営業所：〒013-0071・横手市八幡字上長田4・☎0182-32-1776

大曲営業所：〒014-0103・大仙市高関上郷字不動堂160-4・☎0187-62-1367

本荘駐在所：〒015-0873・由利本荘市鶴沼34・☎0184-22-0929

能代営業所：〒016-0884・能代市卸町5-2・☎0185-52-2364

大館駐在所：〒017-0837・大館市餌釣字前田165・☎0186-49-3456

大潟村営業所：〒010-0444・南秋田郡大潟村南1-39・☎0185-45-2572

㈱秋田コンマ：〒013-0061・横手市横手町上真山14-1・☎0182-32-1899・FAX0182-32-1875・二田紀義・銘＝ヰセキ

㈲有坂鐵工：〒019-2112・大仙市刈和野425・☎0187-75-0519・FAX0187-75-0090・有坂健勇・銘＝ヰセキ

有坂農機店：〒014-0103・大仙市高関上郷野際188-7・☎0187-62-3331・有坂勝

飯坂農機具店：〒016-0104・能代市下関151-2・☎0185-58-2223・FAX0185-58-2706・飯坂行雄

伊藤忠農機㈱：〒014-0369・仙北市角館町上菅沢512-3・☎0187-54-4311・FAX0187-54-4587・伊藤忠従

羽後農機具店：〒014-0031・大仙市大曲開谷地11-3・☎0187-62-0093・FAX0187-62-0093・佐々木利夫

㈱ウチヤ機械テック：〒015-0404・由利本荘市矢島町七日町曲渕152-1・☎0184-56-2501・FAX0184-56-2729・打矢正敏・銘

販売業者編＝秋田県＝

＝ヤンマー

㈲栄光物産：〒014-0066・大仙市川目月山224・☎0187-62-5255・FAX0187-62-5888・銘＝ヰセキ，ホンダ

㈲大久保機械店：〒019-1402・仙北郡美郷町野中宮崎83-4・☎0187-84-0987・FAX0187-84-0997・大久保繁・銘＝クボタ

㈱おおもり：〒018-3331・北秋田市鷹巣帰道46-8・☎0186-62-3366・FAX0186-62-3251・大森光信

雄勝総合機械㈱：〒019-0205・湯沢市小野東古戸72・☎0183-52-4331・FAX0183-52-4710・銘＝ヰセキ

㈱角昌機械店：〒018-5201・鹿角市花輪合ノ野125・☎0186-23-2346・FAX0186-23-3624・阿部千恵子・銘＝クボタ，ホンダ・販＝扇田支店：〒018-5701・大館市比内町扇田字白砂58-3・☎0186-55-0496

鎌田鉄工所：〒018-1624・南秋田郡八郎潟町中久保14-2・☎018-875-2506・FAX018-875-2506・鎌田梅・銘＝クボタ

菊地農機サービス：〒019-0517・横手市十文字町腕越字佐吉開2-18・☎0182-42-3919・FAX0182-42-3919

木村機材㈱：〒019-0501・秋田市八橋大畑1-3-8・☎018-824-3111・FAX018-824-3114・中田直康・銘＝ホンダ・販＝大潟営業所：〒010-0443・南秋田郡大潟村中央4-6・☎0185-45-2418

木村雄蔵商店：〒019-0521・横手市十文字町西下54-1・☎0182-42-0319・FAX0182-42-5319・木村雄蔵・銘＝ホンダ

工藤農機具店：〒016-0012・能代市比八田中台47-1・☎0185-54-8096・FAX0185-74-5096・銘＝ヰセキ

黒沢農機：〒019-0511・横手市十文字町鼎字新処35-2・☎0182-42-3206・FAX0182-42-3206・銘＝ヰセキ

㈱黒丸農機店：〒014-0203・大仙市北長野野口前60-4・☎0187-56-3201・FAX0187-56-3202・黒丸敬治・銘＝ヤンマー

川越農機具店：〒014-1412・大仙市藤木大保100・☎0187-65-2613・FAX0187-65-2209

今野農機商会：〒019-1846・大仙市南外梨木田341・☎0187-73-1221・FAX0187-73-1222・今野盛幸・銘＝ヰセキ

今野農機店：〒019-2413・大仙市協和上淀川東町後14-1・☎018-892-3164・FAX018-892-3164・今野正治

斎藤農機具店：〒018-0112・にかほ市象潟町家の後109-1・☎0184-43-3173

斎藤農機店：〒012-0801・湯沢市岩崎南一条65-6・☎0183-73-3238・FAX0183-73-3238

佐々木農機㈱：〒010-1341・秋田市雄和新波本屋敷186-2・☎018-887-2121・FAX018-887-2122・佐々木斌・銘＝クボタ

佐藤農機具店：〒013-0042・横手市横手町上真山41-3・☎0182-38-8277・FAX0182-38-8277・佐藤満

㈱佐藤農機商会：〒012-1123・雄勝郡羽後町貝沢拾三本塚1-14・☎0183-62-2248・FAX0183-62-1289・佐藤辰雄

佐藤農機店：〒019-0514・横手市十文字町谷地新田字中村109-1・☎0182-44-5537・FAX0182-44-5537・銘＝ヰセキ

下夕村農機サービス：〒019-0702・横手市増田町亀田上掵38-1・☎0182-45-3987・FAX0182-45-3987・銘＝ヰセキ

渋谷農機具店：〒019-1400・仙北郡美郷町糠渕21-2・☎0187-82-1103・FAX0187-82-1103・銘＝ヰセキ

スガ農機サービス：〒019-0402・湯沢市相川字外ノ目4-1・☎0183-79-3262・FAX0183-79-3262・銘＝ヰセキ

鈴木農機具店：〒014-0047・大仙市大曲須和町2-6-3・☎0187-62-5203・FAX0187-62-3326・鈴木均・銘＝ヰセキ

大東農機商会：〒014-0207・大仙市北長野漆窪72-6・☎0187-56-2580・FAX0187-56-2584・銘＝ヰセキ

㈱高橋農機商会：〒019-2112・大仙市刈和野302・☎0187-75-1300・FAX0187-75-0227・高橋貞彦・銘＝ヤンマー，ヰセキ

高橋農機店：〒012-0864・湯沢市上関新処80-1・☎0183-79-3155・FAX0183-79-2821・銘＝ヰセキ

ツルガヤ農機商会：〒010-1416・秋田市四ツ小屋末戸松本坂ノ上55・☎018-829-2733・FAX018-829-2733・銘＝ヰセキ

㈱ティーエーエス：〒018-3122・能代市二ツ井町飛根高清水320・☎0185-75-2744・FAX0185-75-2470・大高岩敏・銘＝クボタ

TMKトレーディング㈱：〒012-0104・湯沢市駒形町八面村上60・☎0183-42-3985・FAX0183-42-2425・川村友樹・銘＝ヰセキ

㈱東振農機商会：〒013-0102・横手市平鹿町醍醐四ツ屋3-4・☎0182-25-4016・FAX0182-25-4066・鈴木勝・銘＝クボタ

東洋産業㈱：〒014-0001・大仙市花館字中台119・☎0187-63-1300・FAX0187-63-1301・木村友博

㈲ナガサワ農機：〒018-1706・南秋田郡五城目町下夕町132・☎018-852-3204・FAX018-852-3901・長澤安真・銘＝クボタ

中安農機店：〒013-0502・横手市大森町袴形北越前林179-3・☎0182-26-3209・FAX0182-26-3219・中安則光・銘＝クボタ

㈾西久商店：〒017-0841・大館市大町55・☎0186-42-0211・FAX0186-42-0309・西村文男・銘＝クボタ

㈾八丸商店：〒014-0315・仙北市角館町下新町6-3・☎0187-55-1214

花田農機店：〒018-3331・北秋田市鷹巣愛宕下44-7・☎0186-62-0759・FAX0186-62-5759・花田二三男・銘＝ホンダ

林鉄工所：〒013-0324・横手市大雄根田谷地41-5・☎0182-52-2901・FAX0182-52-2901・林義雄

半田農機店：〒018-1503・潟上市飯田川町和田妹川出張31-1・☎018-877-4852・FAX018-877-4852

㈲平鹿農機商会：〒013-0106・横手市平鹿町中吉田清水ノ上85・☎0182-24-1487・FAX0182-24-1487・柿崎堅司

藤井機械工業所：〒018-5201・鹿角市花輪月竹沢52-4・☎0186-23-2399・FAX0186-23-7337・藤井秀一・銘＝三菱

藤原農機具店：〒019-2112・大仙市刈和野431・☎0187-75-0062・FAX0187-75-0062・銘＝ヰセキ

藤原農機商会：〒013-0212・横手市雄物川町造山十足馬場221・☎0182-22-4245・FAX0182-22-5804・藤原信雄・銘＝ヰセキ

㈲フタダ：〒018-1723・南秋田郡五城目町上樋口中川原173-1・☎018-852-3155・FAX018-852-3256・二田紀義・銘＝ホンダ

古谷農機店：〒013-0377・横手市大雄八柏中村家間102・☎0182-52-2045・FAX0182-52-3030・古谷広一

㈲細谷設備：〒013-0105・横手市平鹿町浅舞覚町後169-3・☎0182-24-0159・細谷満喜子

㈲前田機械：〒018-4515・北秋田市阿仁前田陣場岱78-1・☎0186-75-2335・FAX0186-75-2466・織田博

真壁農機具店：〒014-1413・大仙市角間川町中町頭81・☎0187-65-2512・FAX0187-65-2562・真壁レイ子

㈲牧農機商会：〒015-0417・由利本荘市矢島町元町字大川原123・☎0184-55-3659・銘＝クボタ

㈱丸大工機商会：〒012-0857・湯沢市千石町4-2-50・☎0183-73-8111・FAX0183-73-3813・大高直幹・銘＝三菱

三浦農機店：〒015-0417・由利本荘市矢島町元町字大川原74・☎0184-57-3316・FAX0184-57-3316・銘＝ヰセキ

㈲皆川農機：〒013-0204・横手市雄物川町谷地新田堤添1-3・☎0182-22-4182・FAX0182-22-2378・皆川良一・銘＝ヤンマー，ヰセキ

㈱三輪農機：〒019-1404・仙北郡美郷町六郷新町87・☎0187-84-0263・FAX0187-84-0268・三輪重則・銘＝クボタ

㈱山田農機：〒019-0701・横手市増田町増田土肥館200・☎0182-45-3229・FAX0182-45-3227・山田文雄・銘＝ヤンマー

山田農機店：〒012-1241・雄勝郡羽後町田代琴85・☎0183-67-2014・FAX0183-67-2069・銘＝ヰセキ

米澤農機店：〒014-0047・大仙市大曲須和

町2-3-24・☎0187-62-1984・FAX0187-62-1954・米澤信雄・銘＝ヰセキ

和賀農機・〒012-1131・雄勝郡羽後町西馬音内橋場24・☎0183-62-3556・FAX0183-62-3556・銘＝ヰセキ

［山形県］

㈱南東北クボタ（本社：宮城県）

山形エリア事業所：〒990-0071・山形市流通センター3-3-3・☎023-622-1133

　新庄営業所：〒996-0002・新庄市金沢字中関屋737-6・☎0233-22-1104

　鮭川営業所：〒999-5202・最上郡鮭川村佐渡字鶴田野2077-1・☎0233-55-2480

　舟形営業所：〒999-4601・最上郡舟形町舟形字大堀2079-1・☎0233-32-3432

　尾花沢営業所：〒999-4221・尾花沢市尾花沢字下新田1400-1・☎0237-22-0138

　楯岡営業所：〒995-0015・村山市楯岡二日町5-40・☎0237-53-2908

　東根営業所：〒999-3709・東根市六田字楯ノ越766・☎0237-43-3413

　天童営業所：〒994-0013・天童市老野森2-9-5・☎023-653-3045

　河北営業所：〒999-3513・西村山郡河北町谷地字元岡113-3・☎0237-72-2531

　寒河江営業所：〒991-0021・寒河江市中央2-10-1・☎0237-84-2018

　山形北営業所：（山形エリア事業所と同）・☎023-666-6890

　山形営業所：〒990-0853・山形市西崎75-12・☎023-644-2133

　上山営業所：〒999-3124・上山市金生東2-17-45・☎023-672-0095

　南陽営業所：〒999-2261・南陽市蒲生田寺屋敷853-3・☎0238-47-4431

　長井営業所：〒993-0081・長井市緑町12-45・☎0238-84-1685

　川西営業所：〒999-0121・東置賜郡川西町上小松字美女木1141-1・☎0238-42-3070

　米沢営業所：〒992-0011・米沢市中田町字高橋壱620・☎0238-37-4334

　米沢南営業所：〒992-0063・米沢市泉町2-2779・☎0238-38-2783

　遊佐営業所：〒999-8302・飽海郡遊佐町吉出字横道4-3・☎0234-72-2611

　本楯営業所：〒999-8134・酒田市本楯字地正免134-1・☎0234-28-2125

　酒田営業所：〒998-0875・酒田市東町1-1-3・☎0234-22-8344

　平田営業所：〒999-6711・酒田市飛鳥字堂の後78-1・☎0234-52-2175

　三川営業所：〒997-1321・東田川郡三川町押切新田字対馬366-1・☎0235-66-3945

　余目営業所：〒999-7713・東田川郡庄内町常万字助惣16・☎0234-42-2251

　田川営業所：〒999-7675・鶴岡市宝徳字北田2-8・☎0235-64-2388

　田川南営業所：〒997-0334・鶴岡市丸岡字鳥飼37-20・☎0235-57-2211

　鶴岡南営業所：〒997-0845・鶴岡市下清水字内田元28-8・☎0235-24-3257

ヤンマーアグリジャパン㈱（本社：大阪府／東北支社：宮城県）

山形事務所：〒991-0042・寒河江市高屋字台下1727-1・☎0237-85-3551・FAX0237-85-3563

　山形中央支店：（山形事務所と同）・☎0237-85-3211

　東置賜支店：〒992-0478・南陽市竹原字上加津木沢3300-4・☎0238-47-6176

　藤島支店：〒999-7601・鶴岡市藤島字中細杖15-1・☎0235-64-4121

　尾花沢支店：〒999-4200・尾花沢市新町1-1-15・☎0237-22-0166

　村山支店：〒995-0005・村山市たも山4600-140・☎0237-55-5055

　新庄支店：〒996-0001・新庄市五日町字清水川1323・☎0233-22-8121

㈱ヰセキ東北（本社：宮城県）

山形支社：〒990-0408・東村山郡中山町字金田2008-3・☎023-674-0077・FAX023-674-0088

　遊佐営業所：〒999-8301・飽海郡遊佐町遊佐字堰端2-2・☎0234-72-2265

　庄内中央営業所：〒999-7776・酒田市新堀字豊森210-33・☎0234-93-2810

　鶴岡営業所：〒997-0012・鶴岡市大字道形字二ツ屋61-3・☎0235-22-8230

　真室川営業所：〒999-5312・最上郡真室川町新町387-2・☎0233-62-3094

　新庄営業所：〒996-0001・新庄市五日町上小月野1384・☎0233-22-3960

　村山営業所：〒995-0005・村山市櫛山字金谷原4600-67・☎0237-58-2214

　山形中央営業所：（山形支社と同）・☎023-674-0066

　長井営業所：〒993-0042・長井市平山字古車340-9・☎0238-84-1151

　置賜営業所：〒999-2174・東置賜郡高畠町福沢字福沢4-899・☎0238-57-5009

三菱農機販売㈱（本社：埼玉県／東北支社：宮城県）

　南陽営業所：〒999-2221・南陽市椚塚字渋田361-1・☎0238-43-3250

　天童営業所：〒994-0101・天童市山口字旦の前720-1・☎023-657-3141

　山形営業所：〒990-2334・山形市蔵王成沢字町浦2964-2・☎023-688-7061

㈲相沢商会：〒999-2241・南陽市郡山1196-3・☎0238-43-6662・FAX0238-43-2689・相沢裕一

アイティー農機商会：〒995-0204・村山市稲下819-5・☎0237-56-3161・FAX0237-56-3161

青木機械㈱：〒993-0041・長井市九野本2283・☎0238-88-2431・FAX0238-88-4136・銘＝ホンダ

㈱青柳商会：〒997-0034・鶴岡市本町3-10-7・☎0235-22-6162・FAX0235-22-6133・青柳正美・銘＝三菱

青柳農機商会：〒995-0035・村山市中央1-4-31・☎0237-53-2907・FAX0237-53-2907・青柳重蔵

㈲赤川農機：〒997-0167・鶴岡市羽黒町赤川地蔵俣212・☎0235-62-3458・FAX0235-62-3103・佐藤一夫・銘＝ヰセキ・販＝藤島支店：〒999-7604・鶴岡市藤浪1-35-8・☎0235-64-2556

㈲赤湯殖産舘：〒999-2242・南陽市中ノ目291-1・☎0238-43-4408・FAX0238-43-2058・高橋政善・銘＝ヤンマー

㈱阿部農機店：〒999-5312・最上郡真室川町新町216-16・☎0233-62-2651・FAX0233-62-2759・阿部慎一・銘＝ヤンマー

五十嵐農機店：〒990-1304・西村山郡朝日町大谷1237-1・☎0237-68-2515・FAX0237-68-2545・銘＝ヰセキ，ホンダ

石井農機具店：〒992-0832・西置賜郡白鷹町荒砥2950・☎0238-85-2915

㈱石川兄弟商会：〒995-0033・村山市楯岡新町1-11-6・☎0237-55-2611・伊藤佐喜千

石川商会：〒992-0351・東置賜郡高畠町高畠荒町1025・☎0238-52-4848・FAX0238-52-0609・銘＝三菱

㈲石川農機：〒995-0006・村山市林崎74・☎0237-55-2819・FAX0237-55-2812・石川恵士・銘＝ヤンマー，ヰセキ

㈱伊藤商会：〒996-0002・新庄市金沢582-1・☎0233-22-2744・FAX0233-22-4745・伊藤隆雄

伊藤商会：〒999-0144・東置賜郡川西町時田97-1・☎0238-42-6348・FAX0238-42-6348・銘＝ヰセキ

伊藤農機商会：〒998-0101・酒田市坂野辺新田葉萱218・☎0234-92-3204

伊藤農機商会：〒999-0214・東置賜郡川西町吉島3693-2・☎0238-44-2647・FAX0238-44-2647・伊藤文義・銘＝ヰセキ

岩城農機店：〒992-0342・東置賜郡高畠町竹森517-4・☎0238-52-4095・FAX0238-52-4095・岩城金蔵

上野農機商会：〒997-0813・鶴岡市千石町9-24・☎0235-22-0044

㈲内山農機商会：〒992-0011・米沢市中田町277-1・☎0238-37-2050・FAX0238-37-

販売業者編＝山形県＝

6215・高橋文雄・銘＝ヤンマー

(有)梅津農機商会：☎998-0112・酒田市浜中乙251・☎0234-92-3402・FAX0234-92-3402・梅津寿喜

(有)ウメツ農機店：☎999-3771・東根市長瀞1133・☎0237-43-3184・FAX0237-43-7456・銘＝クボタ，三菱

江俣農機商会(有)：☎990-0881・山形市瀬波3-7-38・☎023-681-8068・FAX023-681-8069・森谷弘・銘＝三菱

えんどう農機：☎992-0472・南陽市宮内368・☎0238-47-3798・FAX0238-47-3899・銘＝ヰセキ

(株)大城農機：☎992-0601・東置賜郡川西町西大塚2447-1・☎0238-42-2058・FAX0238-42-2066・大城忠一・銘＝ヰセキ

大八木農機具店：☎997-0814・鶴岡市城南町6-38・☎0235-24-0983・大八木茂

(株)大山機械：☎997-0841・鶴岡市白山西野162・☎0235-24-3301・小田誠太郎

オカノ興産：☎990-0831・山形市西田2-2-7・☎023-643-1321・FAX023-643-1322・岡野吉蔵・銘＝三菱

(株)置農農機商会：☎992-0044・米沢市春日3-3-5・☎0238-23-2840・FAX0238-21-2360・高木祐輔・銘＝ホンダ

(株)押切：☎996-0211・最上郡大蔵村合海32・☎0233-75-2039・FAX0233-75-2047・押切建一

小野寺商会：☎999-7776・酒田市新堀豊森3・☎0234-93-2009・FAX0234-93-2009・小野寺保孝

金井商会(有)：☎990-0073・山形市大野目町322-1・☎023-622-5586・FAX023-622-5588・大沢好徳

かねまる商会：☎999-3719・東根市中央西8-28・☎0237-42-1827

(有)鎌上農機具店：☎990-0406・東村山郡中山町柳5-2・☎023-662-2027・FAX023-662-2027・鎌上敬治・銘＝ヰセキ

(株)川瀬農機：☎990-0405・東村山郡中山町金沢104・☎023-662-2843・FAX023-662-2307・川瀬晴男

(株)カワタ：☎990-2175・山形市中野目286-1・☎023-684-7721・FAX023-684-7604・川田栄三郎

(有)菊地農機商会：☎991-0004・寒河江市西根北町9-7・☎0237-84-2819・FAX0237-84-2830・菊地准一・銘＝ヤンマー

(株)木村農機：☎992-0053・米沢市松が岬3-6-19・☎0238-23-0121・FAX0238-23-0121・木村孝一

共和産業(有)：☎991-0041・寒河江市寒河江三条146・☎0237-86-3158・FAX0237-86-3159・野口信一郎・銘＝三菱

(有)草苅農機具店：☎999-3144・上山市石崎1-4-24・☎023-672-0644・FAX023-672-0644・銘＝三菱

工藤農機店：☎999-0133・東置賜郡川西町小松357-2・☎0238-42-6730・FAX0238-42-6732・銘＝三菱

栗本農機店：☎997-1121・鶴岡市大山砂押123・☎0235-33-4304・FAX0235-33-4397・栗本明

黒川農機商会：☎997-0311・鶴岡市黒川滝の上238・☎0235-57-3582・剣持喜一

黒田農機具店：☎992-0112・米沢市浅川611・☎0238-37-2430・FAX0238-37-2430・黒田良昭

釼持農機：☎997-0342・鶴岡市三千刈清和53-2・☎0235-57-2836・FAX0235-57-2836・剣持新一・銘＝ヰセキ

(株)光輝：☎999-3776・東根市羽入2131-1・☎0120-053-222

(有)越井商会：☎992-0472・南陽市宮内3037-2・☎0238-47-2213・FAX0238-47-2268・鈴木義司・銘＝ヰセキ

後藤農機修理店：☎999-3533・西村山郡河北町西里905・☎0237-72-4542・FAX0237-72-7616・銘＝三菱

後藤農機商店：☎999-8235・酒田市観音寺町後45-2・☎0234-64-2101

斉藤商会：☎999-6815・酒田市臼ケ沢大割1-2・☎0234-62-3535・斎藤光也

(株)斎藤商会：☎990-0835・山形市やよい2-1-50・☎023-643-6222・FAX023-645-3096・斎藤誠・銘＝ヤンマー

坂野農機店：☎992-0058・米沢市木場町5-17・☎0238-23-4521・FAX0238-21-4378・坂野稔・銘＝ヤンマー

佐々木商店：☎999-6101・最上郡最上町向町699-1・☎0233-43-3667・FAX0233-43-3966・佐々木重四郎

佐々木農機具店：☎999-7781・東田川郡庄内町余目東谷地78・☎0234-42-3274・FAX0234-42-3274・佐々木國夫・銘＝ヰセキ

サトウ商会：☎990-1121・西村山郡大江町藤田37-1・☎0237-62-3846

佐藤春吉商店：☎998-0031・酒田市浜田2-6-15・☎0234-22-1001・佐藤正春

(株)佐藤政助商店：☎999-4224・尾花沢市新町1-14-1・☎0237-22-1431・FAX0237-22-0538・佐藤信一

佐藤農機店：☎999-1511・西置賜郡小国町玉川361-3・☎0238-64-2320・FAX0238-64-2322・佐藤靖彦

(株)三共農機：☎990-0021・山形市小白川町5-6-28・☎0120-388-760・横田めぐみ

(株)山工社：☎990-0057・山形市宮町3-2-8・☎023-622-0933・FAX023-622-0963・橋本健助

設楽機械：☎990-1121・西村山郡大江町藤田122-21・☎0237-62-4304・FAX0237-62-4304・銘＝三菱

柴田農機具修理工所：☎999-3511・西村山郡河北町谷地十二堂99-11・☎0237-73-4810・FAX0237-73-4830・銘＝ヰセキ

島貫農機店：☎999-0142・東置賜郡川西町堀金1410・☎0238-42-5456

(有)下山商会：☎999-6212・最上郡最上町志茂249-14・☎0233-44-2637・FAX0233-32-0120・銘＝ヰセキ

(株)荘内機械商会：☎997-0011・鶴岡市宝田3-2-30・☎0235-22-0333・丸谷良夫

殖産機械サービス：☎993-0086・長井市十日町2-6-26・☎0238-84-1125・FAX0238-84-1128・伊藤彰

白崎農機具店：☎999-7601・鶴岡市藤島村前207-1・☎0235-64-2458・FAX0235-64-2458・白崎源三・銘＝ヰセキ

(有)菅原農機：☎997-1321・東田川郡三川町押切新田街道表197・☎0235-66-3420・FAX0235-66-3420・菅原信弥・銘＝クボタ

菅原農機商会：☎999-3722・東根市泉郷乙1893・☎0237-44-2517・FAX0237-44-2518・菅原賢一・銘＝ヰセキ

鈴木農機：☎990-1144・西村山郡大江町十八才甲111・☎0237-62-4433・FAX0237-85-0233・銘＝ヰセキ

(株)鈴木兼隆商店：☎997-0028・鶴岡市山王町13-20・☎0235-22-0796・鈴木博

平農機店：☎993-0072・長井市五十川1586・☎0238-84-0091・FAX0238-84-0091・銘＝三菱

(有)第一アグリサービス：☎990-2171・山形市七浦555-1・☎023-684-5766

(有)第一産業機械：☎997-0034・鶴岡市本町3-19-23・☎0235-23-4804・FAX0235-23-4626・菅原茂晴・銘＝ホンダ

(株)大昭農機商会：☎999-2205・南陽市新田405・☎0238-49-7317・FAX0238-49-7318

大東工業(株)：☎998-0005・酒田市宮海南砂畑2-6・☎0234-34-2336・伊藤元一

(有)高橋農機商会：☎999-4221・尾花沢市鶴巻田631-12・☎0237-28-2743・FAX0237-28-2112・高橋正広・銘＝三菱，ホンダ

高橋農機商会：☎992-0004・米沢市窪田町小瀬440-1・☎0238-37-2750・FAX0238-37-2750・高橋金助

(有)田村農機商会：☎999-7676・鶴岡市宝徳北田30-2・☎0235-64-6345・FAX0235-64-2578・田村伸一

土屋農機店：☎992-0031・米沢市大町5-1-11・☎0238-23-8004・FAX0238-23-8134・土屋正憲

土屋農機店：☎999-1361・西置賜郡小国町栄町28・☎0238-62-2214・FAX0238-62-2214・銘＝三菱

(株)堤商店：☎990-0828・山形市双葉町2-5-28・☎023-644-2405・FAX023-644-2406・堤孝雄・銘＝ホンダ

(有)東北部品：☎997-0813・鶴岡市千石町9-66・☎0235-22-0895

㈱東北共栄社：〒998-0024・酒田市御成町14-20・☎0234-23-5757・FAX0234-23-5779・関本正五郎

飛塚農機具店：〒990-0301・東村山郡山辺町山辺1990・☎023-664-5267・FAX023-664-5267・飛塚重男

㈱長沢建設：〒999-0121・東置賜郡川西町上小松3261・☎023-842-4155・FAX023-846-2044・長沢武・銘＝キセキ

㈲ナミワ機販：〒999-3716・東根市蟹沢1404-12・☎0237-43-4622・FAX0237-43-6045・浪波貞

難波農機店：〒997-0361・鶴岡市民田天王前28-5・☎0235-23-8831・FAX0235-23-8831・難波勇・銘＝ヤンマー

農機オート辰之助商店：〒999-8231・酒田市麓荒町12-9・☎0234-64-3171

野口農機商会：〒990-0525・寒河江市米沢788-2・☎0237-87-1912・FAX0237-87-1912・野口孝司・銘＝三菱

㈲のぞみ農機店：〒990-2174・山形市灰塚493-7・☎023-684-8354・FAX023-684-8360・小関清・銘＝ヤンマー

㈲能登山物産中古農機流通センター：〒997-0341・鶴岡市下山添一里塚162-15・☎0235-57-5057・FAX0235-57-5058

㈱白田農機：〒991-0041・寒河江市寒河江鶴田8・☎0237-86-7283・FAX0237-86-7247・白田正志・銘＝キセキ

橋本農機修理所：〒990-0066・山形市印役町4-5-4・☎023-642-0850・FAX023-642-0850・橋本和雄

㈲浜屋農機商会：〒990-0301・東村山郡山辺町山辺199・☎023-664-5231・FAX023-664-5231・村山俊一

㈲藤五商会：〒999-6311・最上郡戸沢村津谷1640・☎0233-72-2442・FAX0233-72-2641・二戸部正

星機械サービス：〒992-0118・米沢市上新田1172-1・☎0238-37-3711・FAX0238-37-3711・星啓一郎

細谷農機商会：〒999-2174・東置賜郡高畠町福沢1107-1・☎0238-57-2295・FAX0238-57-3836・細谷兵寿・銘＝キセキ

㈱細谷農機商会：〒990-0051・山形市銅町2-25-1・☎023-623-3304・FAX023-625-5085・細谷亮吉

㈲ほんま：〒998-0875・酒田市東町1-7-22・☎0234-24-2600・本間辰治

松浦農機具店：〒999-3701・東根市本丸西4-1-19・☎0237-43-3441・FAX0237-43-3444・松浦好二

㈲松田農機具店：〒992-0037・米沢市本町2-2-48・☎0238-23-1280・FAX0238-23-1280・松田喜代夫・銘＝三菱

丸川農機具店：〒992-0772・西置賜郡白鷹町横田尻1629-1・☎0238-85-0290・FAX0238-85-0290・銘＝三菱

丸信商会：〒999-2178・東置賜郡高畠町上平柳2092-21・☎0238-57-3483・FAX0238-57-3975・銘＝キセキ

㈱丸徳ふるせ：〒999-6101・最上郡最上町向町555・☎0233-43-2368・FAX0233-43-3680・菅義治

㈲ミネタ：〒990-1442・西村山郡朝日町宮宿1026-36・☎0237-67-2214

㈲三桝商会：〒990-2483・山形市上町2-4-11・☎023-643-7431・FAX023-643-7431・奥出隆一・販＝神町支店：〒999-3763・東根市神町中央1-10-2・☎0237-47-0249

㈲ミヤマ農機商会：〒998-0811・酒田市手蔵田蔵南29・☎0234-26-1355・荘司啓悦

㈲村上農機店：〒993-0064・長井市勧進代873-1・☎0238-84-7189・FAX023-884-7181・村上高・銘＝クボタ，キセキ

㈱村山商工：〒992-0011・米沢市中田町1040-2・☎0238-37-2338・FAX0238-37-2393・村山順弥・銘＝ヤンマー，ホンダ

村山農機商会㈲：〒995-0052・村山市名取25・☎0237-55-6718・銘＝ホンダ

百瀬農機工業㈲：〒997-1301・東田川郡三川町横山城下158-5・☎0235-66-3932・FAX0235-66-3932・百瀬正義

㈲森谷農機商会：〒999-3771・東根市長瀞932・☎0237-42-1209・FAX0237-42-1209・森谷隆義・銘＝三菱・販＝谷地店：〒999-3511・西村山郡河北町谷地甲83-1・☎0237-72-3007

㈲八巻商会：〒995-0033・村山市楯岡新町1-6-28・☎0237-53-2936・FAX0237-53-2956・八巻広彦・銘＝三菱

㈲山形汎用：〒998-0859・酒田市大町2-32・☎0234-22-6311・FAX0234-22-6312・銘＝ホンダ

㈲山喜三浦農機：〒997-0856・鶴岡市山田油田85-7・☎0235-33-2244・FAX0235-33-2275・三浦喜一郎・銘＝ヤンマー

山口農機店：〒999-7681・鶴岡市平形前田元65・☎0235-64-2409・山口光男

山口農拓：〒999-4201・尾花沢市高橋125-1・☎0237-22-2347・FAX0237-22-2736・銘＝三菱

㈱山本商会：〒994-0034・天童市本町1-4-30・☎023-653-5611・FAX023-653-5028・山本昌平・銘＝ヤンマー・販＝置賜営業所：〒999-0142・東置賜郡川西町堀金357-1・☎0238-42-5200，村山営業所：〒995-0035・村山市中央1-2-16・☎0237-55-2418

山本農機店：〒992-0082・米沢市広幡町小山田1061-3・☎0238-37-6319・FAX0238-37-6489・山本博・銘＝三菱

㈲油井農機具店：〒992-0831・西置賜郡白鷹町荒砥甲916-7・☎0238-85-2210・FAX0238-85-2227・銘＝ホンダ

㈲ヨコヤマ商事：〒999-1511・西置賜郡小国町玉川46・☎0238-64-2226・FAX0238-64-2225・横山留夫

吉泉農機具店：〒999-7772・酒田市門田寿福115・☎0234-93-2027・FAX0234-93-2027・吉泉登美雄

渡辺農機店：〒991-0021・寒河江市中央2-7-17・☎0237-84-2431

［福島県］

㈱南東北クボタ（本社：宮城県）

福島エリア事業所：〒963-0531・郡山市日和田町高倉字杉下16-1・☎024-958-4444

相馬営業所：〒976-0016・相馬市沖の内3-10-25・☎0244-35-3517

鹿島営業所：〒979-2442・南相馬市鹿島区横手町田54-1・☎0244-46-5608

原町営業所：〒975-0033・南相馬市原町区高見町1-123-3・☎0244-24-1525

飯館営業所：〒960-1802・相馬郡飯館村深谷字二本松前3-1・☎0244-42-0316

双葉営業所：〒979-0513・双葉郡楢葉町山田岡字五里内1-1・☎0240-23-6210

保原営業所：〒960-0633・伊達市保原町二井田字加丁64-1・☎024-575-1056

福島中央営業所：〒960-0405・伊達市一本木17-1・☎024-583-3500

福島営業所：〒960-2102・福島市荒井北1-2-3・☎024-593-1118

川俣営業所：〒960-1408・伊達郡川俣町羽田字平1-1・☎024-565-2717

いわき営業所：〒979-0204・いわき市四倉町細谷字民野町14-1・☎0246-34-2085

植田営業所：〒974-8232・いわき市錦町江栗大町42-1・☎0246-63-9337

小野町営業所：〒963-3401・田村郡小野町小野新町字八反田34-4・☎0247-72-2729

石川営業所：〒963-7835・石川郡石川町草倉町71-9・☎0247-26-3360

棚倉営業所：〒963-5672・東白川郡棚倉町八槻字大道95-1・☎0247-33-6542

白河営業所：〒961-0041・白河市結城65・☎0248-22-1511

二本松営業所：〒969-1404・二本松市油井字川口71・☎0243-23-3036

本宮営業所：〒969-1101・本宮市高木字中丸30-1・☎0243-33-5555

田村営業所：〒963-4312・田村市船引町船引字遠表42-1・☎0247-81-2120

郡山営業所：〒963-8071・郡山市富久山町久保田字久保田35・☎024-932-0380

郡山南営業所：〒963-0121・郡山市三穂田町川田字小幡37-1・☎024-945-8221

郡山東営業所：〒963-1246・郡山市田村町谷田川字畑14-2・☎024-955-4455

矢吹営業所：〒969-0206・西白河郡矢吹

販売業者編＝福島県＝

町赤沢864・☎0248-44-4808
湖南営業所：〒963-1633・郡山市湖南町福良字車ノ上8502-1・☎024-983-2418
猪苗代営業所：〒969-3133・耶麻郡猪苗代町千代田字前田373・☎0242-62-2843
喜多方営業所：〒966-0014・喜多方市関柴町西勝字西原268-5・☎0241-23-2422
坂下営業所：〒969-6521・河沼郡会津坂下町金上字畑添14-1・☎0242-83-4210
塩川営業所：〒969-3541・河沼郡湯川村浜崎字城東1600-1・☎0241-23-7350
西会津営業所：〒969-4406・耶麻郡西会津町野沢字古町甲1088-1・☎0241-45-2253
会津若松営業所：〒965-0052・会津若松市町北町始字根柄82・☎0242-22-1080
高田営業所：〒969-6251・大沼郡会津美里町永井野字岩ノ神2119・☎0242-54-3368
田島営業所：〒967-0004・南会津郡南会津町田島字田部原72-7・☎0241-62-1693

ヤンマーアグリジャパン㈱（本社：大阪府／東北支社：宮城県）
郡山事務所：〒963-0725・郡山市田村町金屋字下夕川原68-1・☎024-943-2424・FAX024-942-3399
　郡山支店：（郡山事務所と同）・☎024-943-1696
郡山西支店：〒963-0213・郡山市逢瀬町多田野字十文字23-3・☎024-957-2901
本宮支店：〒969-1103・本宮市仁井田字桝形39-27・☎0243-33-1165
棚倉支店：〒963-5663・東白川郡棚倉町流字屋中田1-11・☎0247-33-2216
矢吹支店：〒969-0222・西白河郡矢吹町八幡町793-2・☎0248-42-2585
いわき支店：〒970-0221・いわき市平下高久字牛転135-2・☎0246-39-4616
福島支店：〒960-1108・福島市成川字上谷地11-1・☎024-539-7017
白河支店：〒961-0021・白河市関辺字引目橋43-10・☎0248-27-4321
原町支店：〒975-0024・南相馬市原町区下北高平字古舘351-3・☎0244-22-3365
須賀川支店：〒962-0043・須賀川市岩渕字笠木151-10・☎0248-62-7451
会津事務所：〒965-0846・会津若松市門田町飯寺字村西531-1・☎0242-27-6182・FAX0242-29-3242
　若松支店：（会津事務所と同）・☎0242-26-0318
喜多方支店：〒966-0002・喜多方市岩月町宮津字西田窪5352-1・☎0241-22-

3091
坂下支店：〒969-6576・河沼郡会津坂下町牛川字西新町283-1・☎0242-83-2674
西会津支店：〒969-4406・耶麻郡西会津町野沢字北松原甲1031-29・☎0241-45-3468
猪苗代支店：〒969-3133・耶麻郡猪苗代町千代田字柳田44-2・☎0242-62-3436
田島支店：〒967-0004・南会津郡南会津町田島字北下原214-1・☎0241-62-0384
西部支店：〒967-0622・南会津郡南会津町宮床字岩下1・☎0241-72-2771
塩川支店：〒969-3541・河沼郡湯川村浜崎字城東1548・☎0241-27-2135
会津高田支店：〒969-6261・大沼郡会津美里町字高田道上2848-1・☎0242-54-3883

㈱キセキ東北（本社：宮城県）
福島支社：〒963-0107・郡山市安積4-293-1・☎024-945-4661・FAX024-945-4668
会津中央営業所：〒969-3544・河沼郡湯川村清水田字村前375・☎0241-27-8331
高田営業所：〒969-6204・大沼郡会津美里町字宮ノ腰3961・☎0242-54-5023
猪苗代営業所：〒969-3132・耶麻郡猪苗代町堅田字妻神1457-1・☎0242-62-2058
喜多方営業所：〒966-0015・喜多方市関柴町上高額字広面657-6・☎0241-22-3052
田島営業所：〒967-0004・南会津郡南会津町田島字東荒井甲2512-1・☎0241-62-0387
福島営業所：〒960-0113・福島市北矢野目字成田小屋22-2・☎024-553-6761
保原営業所：〒960-0672・伊達市保原町字下野崎47-3・☎024-575-2264
郡山北営業所：〒963-0531・郡山市日和田町高倉字藤坦1-8・☎024-958-3281
郡山営業所：〒963-0112・郡山市安積町成田字島ノ後31-4・☎024-945-1442
須賀川営業所：〒969-0403・岩瀬郡鏡石町久来石字南174-2・☎0248-62-1186
長沼営業所：〒962-0125・須賀川市堀込字浦通南75・☎0248-68-2057
滝根営業所：〒963-3601・田村市滝根町菅谷字入水538・☎0247-78-3711
石川営業所：〒963-7827・石川郡石川町新屋敷字新覚90・☎0247-26-3224
白河中央営業所：〒961-0413・白河市表郷三森字都々古下8・☎0248-32-3078
相馬中央営業所：〒979-2442・南相馬市鹿島区横手字北ノ内96・☎0244-46-4781
いわき営業所：〒970-8021・いわき市平中神谷字刈置16-3・☎0246-34-5331

いわき南営業所：〒971-8184・いわき市泉町黒須野字早稲田59・☎0246-56-1177
原町出張所：〒975-0062・南相馬市原町区本陣前1-53-3・☎0244-23-6296

会田農機店：〒963-3521・田村郡小野町大字飯豊字柿人35・☎0247-72-6233
会津菱機㈱：〒969-6515・河沼郡会津坂下町福原前甲4098-6・☎0242-83-3480，FAX0242-83-3481・渡部芳崇・銘＝三菱・販＝若松営業所：〒965-0057・会津若松市町北町字薬室横道115-2・☎0242-24-4024，喜多方営業所：〒966-0086・喜多方市西四ツ谷322・☎0241-22-1224，坂下営業所：〒969-6515・（本店と同）・☎0242-83-3421，高田営業所：〒969-6261・大沼郡会津美里町高田道上2846-4・☎0242-54-2846
天倉農機商会：〒969-0101・西白河郡泉崎村八斗蒔90・☎0248-53-2727・銘＝三菱
㈲猪狩農機具店：〒972-0161・いわき市遠野町上遠野白幡49・☎0246-89-2052，FAX0246-89-2052・猪狩勝之・銘＝三菱
石井鉄工所：〒963-8308・石川郡古殿町千石叶神18・☎0247-53-2245・FAX0247-53-2283・銘＝三菱
㈲石田商店：〒961-0041・白河市結城65・☎0248-22-1511・FAX0248-22-2592・石田捷一・銘＝クボタ
㈲伊豆農機店：〒963-8811・郡山市方八町2-5-19・☎024-944-3100・FAX024-944-3173・岡部正志
㈲伊豆屋農機本店：〒962-0839・須賀川市大町241・☎0248-75-0155・FAX0248-75-0155・北山正
㈱板倉鉄工所：〒979-2123・南相馬市小高区大町1-18・☎0244-44-2125・FAX0244-44-2773・板倉英明・銘＝ヤンマー
㈲伊藤農機サービス：〒960-0658・伊達市保原町古川端55・☎024-576-3763・FAX024-576-3660・伊藤祐治
㈱今井農機商会：〒960-8162・福島市南町53・☎024-546-4921・FAX024-546-5835・斉藤明・銘＝三菱
いわき機械㈱：〒974-8251・いわき市中岡町3-11-17・☎0246-63-3306・FAX0246-63-3306・猪狩安富・銘＝三菱
㈲岩佐商会：〒969-0211・西白河郡矢吹町北町194-5・☎0248-42-2448・FAX0248-44-5903・岩佐孝信・銘＝ヤンマー
㈲梅津：〒963-6312・石川郡玉川村小高南畷2-4・☎0247-57-3127・FAX0247-57-3128・溝井光秋
㈱A&A：〒965-0058・会津若松市町北町中沢字大道西上甲1806-1・☎0242-24-2901・FAX0242-24-2902・宇内広信
㈲大内農機具店：〒960-8074・福島市西中

央5-32-1・☎024-534-1232・FAX024-531-3799・大内昇・銘＝ヰセキ，三菱，ホンダ

㈲大久保農機店：〒963-0534・郡山市日和田町日和田257・☎024-958-2051・FAX024-958-5385・大久保佳勝

㈲大津屋商店：〒965-0045・会津若松市西七日町1-12・☎0242-24-0479・銘＝ホンダ

大友農機店：〒964-0903・二本松市根崎2-41・☎0243-23-0876・FAX0243-23-0879・大友孝一・銘＝ヤンマー

㈱大場鉄工所：〒975-0002・南相馬市原町区東町3-54・☎0244-22-7765・FAX0244-23-4502・大場善一郎

岡村機械㈱：〒964-0911・二本松市亀谷1-240・☎0243-23-3939・FAX0243-23-4196・岡村晋

㈲小木農機店：〒963-7817・石川郡石川町立ケ岡436-2・☎0247-26-1282・FAX0247-26-1332・小木義成・銘＝クボタ

㈱カゲヤマ：〒963-0211・郡山市片平町大山南2-16・☎024-951-0356・FAX024-951-1184・影山昭・銘＝三菱，ホンダ

㈲笠間農機商会：〒963-0211・郡山市片平町東47・☎024-951-1019・笠間義勝

㈲金澤工業所：〒963-5118・東白川郡矢祭町東舘舘本44-2・☎0247-46-3181・FAX0247-46-3182・金澤立夫・販＝大子支店：〒319-3526・久慈郡大子町大子848-3・☎0295-72-0530

㈲草野商事：〒963-3314・田村郡小野町塩庭字神山56・☎024-772-4505・FAX024-772-4755・草野孝一

㈲国見農機商会：〒969-1761・伊達郡国見町藤田字一丁田三14-2・☎024-585-2421・FAX024-585-3141・小柴勝四郎

熊澤農機店：〒962-0028・須賀川市茶畑町35・☎0248-73-2448・FAX0248-76-1230・熊澤守兴・銘＝クボタ

㈲県南農機：〒961-0403・白河市表郷番沢大仙88-2・☎0248-32-3993・FAX0248-32-3994・本宮清一・銘＝ヤンマー

㈲光陽産業：〒963-4323・田村市船引町要田字稲場受地195-1・☎0247-62-7258・銘＝ホンダ

㈲五箇アグリ：〒961-0013・白河市舟田水口5-1・☎0248-29-2307・FAX0248-29-2308・鈴木好市・銘＝クボタ

㈲国分農機商会：〒963-8071・郡山市富久山町久保田梅田106・☎024-932-1292・FAX024-932-1292・国分泰勝・銘＝クボタ

㈲斎藤農機種苗店：〒972-0161・いわき市遠野町上遠野本町101・☎0246-89-2134・FAX0246-89-2524・齋藤一佳・銘＝ヤンマー

坂内農機店：〒965-0053・会津若松市町北町上荒久田古屋敷131・☎0242-22-4936・FAX0242-22-4936・坂内伸仁・銘＝ヤンマー

㈲さかもと：〒969-0241・西白河郡矢吹町天開680・☎0248-45-2628・FAX0248-45-2681・坂本孝広

作山機械㈱・玉川事務所：〒963-6302・石川郡玉川村南須釜字荻野田118-2・☎0247-57-3133・FAX0247-57-3133・作山貴博・銘＝ヤンマー

㈲櫻井武雄機械店：〒960-8043・福島市中町3-10・☎024-522-7412・FAX024-522-7412・銘＝ヰセキ

桜屋機械㈱：〒960-0102・福島市鎌田字蛭川2-5・☎024-553-0145・FAX024-553-9481・林敬哲・銘＝三菱・販＝原町営業所：〒975-0007・南相馬市原町区南町1-97・☎0244-23-3708

㈲三東農機：〒964-0111・二本松市太田若宮59-1・☎0243-47-3737・FAX0243-47-3767・三宅清一

鴫原機械商会：〒963-0666・郡山市安原町宮ノ後116-3・☎024-944-5806・鴫原豊

常磐菱農㈱：〒979-1513・双葉郡浪江町大添21・☎0240-35-3333・FAX0240-34-3626・高野一英・銘＝三菱・販＝都路営業所：〒963-4701・田村市都路町古道字新町67・☎0247-75-2033，相馬営業所：〒976-0042・相馬市中村字妙子田138-1・☎0244-35-2781，富岡営業所：〒979-1121・双葉郡富岡町仏浜字釜田295・☎0240-22-4323，平営業所：〒970-0111・いわき市平原高野字百目木34-4・☎0246-34-5996，原町営業所：〒975-0038・南相馬市原町区日の出町189・☎0244-22-5631，津島営業所：〒979-1756・双葉郡浪江町下津島字沼80・☎0240-36-2150

㈲信和農機商会：〒960-0757・伊達市梁川町幸町65・☎024-577-5962・FAX024-577-7411・岡崎信

スズキアムテック㈱：〒963-5119・東白川郡矢祭町小田川春田18・☎0247-46-2812・斉藤兼夫・銘＝クボタ

㈲鈴木商会：〒963-7704・田村郡三春町熊耳字南原53-1・☎0247-62-1404・FAX0247-62-1254・鈴木政一・銘＝ヤンマー

鈴木農機店：〒961-0302・白河市東上野出島反町79・☎0248-34-2373・FAX0248-34-2980・鈴木ミキ・銘＝クボタ

スズキ農機店：〒969-3545・河沼郡湯川村桜町中町240・☎0241-27-8449・FAX0241-27-8449・鈴木健次・銘＝ヰセキ

㈱鈴木メンテナンスサービス：〒969-0261・西白河郡矢吹町弥栄435・☎0248-41-2526・FAX0248-41-2811・鈴木浅継

㈱スズトメ：〒965-0064・会津若松市神指町黒川街道西366-1・☎0242-22-6101・FAX0242-24-4957・古川昭・銘＝ヤンマー

須藤農機サービス：〒970-0115・いわき市平北神谷砂田3・☎0246-34-3566

㈲瀬戸農機商会：〒960-0116・福島市宮代字田中56・☎024-553-2508

先崎農機商会：〒963-3525・田村郡小野町吉野辺字早渡188-1・☎0247-73-2765・FAX0247-73-2783・先崎正幸

相馬ホンダ農機商会：〒976-0015・相馬市塚ノ町2-6-20・☎0244-35-3051・FAX0244-35-3051・平沼英成・銘＝ホンダ

添田農機店：〒961-8081・西白河郡西郷村鶴生字段ノ原180・☎0248-25-1427・FAX0248-25-5534・添田政紀・銘＝クボタ

㈱そのべ：〒974-8232・いわき市錦町中迎2-7-1・☎0246-63-0612・FAX0246-63-0611・園部宏文

大一農機店：〒969-6251・大沼郡会津美里町永井野字岩ノ神2096・☎0242-54-2433・FAX0242-54-2582・小川正明

㈲大和農機店：〒960-0747・伊達市梁川町町裏65-1・☎024-577-0168・FAX024-577-0168・長谷川英助・銘＝ホンダ

㈲高寺農機店：〒969-6582・河沼郡会津坂下町高寺字舟渡4609-1・☎0242-85-2111・FAX0242-85-2112・鈴木治・銘＝クボタ

㈲田母神農機店：〒963-0101・郡山市安積町日出山2-115・☎024-944-2812・FAX024-944-8577・田母神正至・銘＝クボタ

中央農機二本松：〒964-0987・二本松市冠木77-6・☎0243-23-3676・FAX0243-24-1301・佐藤豊一

㈲トウツミ農機店：〒963-7759・田村郡三春町大町115-8・☎0247-62-3313・FAX0247-62-3313・藤泉昭一

㈲東和農機店：〒960-1301・福島市飯野町前原田19-13・☎024-562-4019・高槻盛雄・銘＝ホンダ

栃窪農機㈱：〒960-0116・福島市宮代鍋屋敷20-7・☎024-553-0535・FAX024-553-8874・栃窪博明・銘＝ヤンマー

冨田農機店：〒961-0309・白河市東深仁井田刈敷坂89・☎0248-34-2643・FAX0248-34-2643・富田要一・銘＝クボタ

中条商会：〒969-1155・本宮市本宮反町51・☎0243-34-4227・FAX0243-33-6972・中條裕

浪江ヤンマー商会：〒979-1500・双葉郡浪江町新町65・☎0240-35-3334・FAX0240-35-3334・吉田充子

ノーキ工房：〒969-6521・河沼郡会津坂下町金上字東村67・☎0242-82-2590・FAX0242-82-2590

㈲橋本農機商会：〒963-7711・田村郡三春町桜ヶ丘3-2-5・☎0247-62-5100・FAX0247-62-5170・橋本盛光・銘＝ヤンマー，ホンダ

橋本農機店：〒969-0401・岩瀬郡鏡石町鏡沼311・☎0248-62-2355・FAX0248-62-

販売業者編＝福島県，茨城県＝

7274・橋本正孝

㈲服部農機：〒969-1404・二本松市油井中田32・☎0243-22-2190・FAX0243-22-2388・服部新次・銘＝クボタ

原農機具店：〒960-0633・伊達市保原町二井田泉畑138・☎024-576-3681・FAX024-576-3681・原勇治

㈲菱沼商会：〒963-8042・郡山市不動前1-50・☎024-922-1783・FAX024-922-1783・菱沼宏次

㈲深澤農機店：〒969-1629・伊達郡桑折町西町26・☎024-582-2160・FAX024-582-2161・深沢善大

ふかだ農機店：〒960-0501・伊達市伏黒南屋敷1-1・☎0245-83-2277・FAX0245-83-5650・銘＝三菱

深谷農機：〒963-8061・郡山市富久山町福原東苗内27-1・☎024-933-0656・深谷末次

㈱フクトウ：〒960-0113・福島市北矢野目字小原田西21-2・☎024-553-2910・FAX024-553-2118・福地雅人

福菱機器販売㈱：〒963-8832・郡山市山根町2-5・☎024-932-1557・FAX024-945-0370・千代田弘二・銘＝三菱・販＝白河支店：〒961-0082・白河市飯沢81-1・☎0248-24-1371，福島南営業所：〒963-1234・福島市松川町水原字中ノ内28・☎024-567-6019

藤島商事㈱：〒963-7808・石川郡石川町双里桜町4-1・☎0247-26-2581・FAX0247-26-1426・藤島嘉一

藤島農機㈱：〒962-0052・須賀川市西川坂ノ下113・☎0248-76-2111・FAX0248-76-2115・藤島邦宏・銘＝クボタ

㈲船引農機店：〒963-4312・田村市船引町船引時の宮77-3・☎0247-82-1216・FAX0247-82-1181・橋本定樹・銘＝ヤンマー

㈲ホシ・アグリサービス：〒969-6213・大沼郡会津美里町勝原字竹原355・☎0242-54-7010・FAX0242-54-7010・星良一・銘＝クボタ

㈲星農機商会：〒963-0534・郡山市日和田町蛇ケ森14-5・☎024-958-2610・FAX024-958-3602・星広任

ホンダサンフィールド若林：〒968-0601・南会津郡只見町小林字上照岡806・☎0241-86-2539・FAX0241-86-2825・若林茂昭・銘＝ホンダ

㈲本多農機：〒963-5405・東白川郡塙町塙材木町47-1・☎0247-43-0472・FAX0247-43-0472・本多昌雄

正金商会：〒970-8026・いわき市平材木町8・☎0246-25-2931

マシン・サービス・ホシ：〒967-0003・南会津郡会津町水無字稲荷原31・☎0241-62-3125・FAX0241-62-3125

㈲マスヤ：〒967-0634・南会津郡南会津町下山田中100・☎0241-73-2234・FAX0241-73-2235・馬場政次・銘＝クボタ

㈲松本商会：〒963-6131・東白川郡棚倉町棚倉中居野96-8・☎0247-33-4407・FAX0247-33-4409・松本光世・銘＝キセキ

㈱丸徳：〒966-0014・喜多方市関柴町西勝五百苅208-3・☎0241-24-2888・武藤勇次郎

㈱丸山商会：〒969-1151・本宮市本宮千代田84-1・☎0243-33-3861・FAX0243-33-1334・丸山京男・銘＝クボタ・販＝中台整備工場：〒969-1165・本宮市本宮中台1-11・☎0243-33-5736

㈲向井農機：〒961-0102・西白河郡中島村滑津御蔵場23・☎0248-52-2256・FAX0248-52-2256・向井俊幸・銘＝クボタ

㈲村上農機商会：〒963-7857・石川郡石川町当町113-5・☎0247-26-2678・FAX0247-26-2681・村上良定

㈲本宮ヤンマー商会：〒969-1128・本宮市本宮舘町158-1・☎0243-33-2441・FAX0243-33-2441・朝比奈一・銘＝ヤンマー

矢内農機商会：〒960-2101・福島市さくら3-1-7・☎024-593-3431・FAX024-593-3431・矢内茂

矢内農機具：〒963-7858・石川郡石川町下泉11-2・☎0247-26-2652・FAX0247-26-2684・矢内隆広

柳沼農機具店：〒963-4111・田村市大越町上大越古町153・☎0247-79-2298・FAX0247-79-2155・柳沼一男・銘＝ホンダ

矢吹機械店：〒963-7808・石川郡石川町双里桜町30-2・☎0247-26-4015・FAX0247-26-4015・矢吹和男

㈲山本農機店：〒962-0727・須賀川市小作田梨子木内55・☎0248-79-3151・FAX0248-79-3290・山本達哉・銘＝ヤンマー，ホンダ・販＝長沼営業所：〒962-0203・須賀川市長沼北町16・☎0248-67-2275

㈲結城農機：〒976-0033・相馬市新田南城158-1・☎0244-36-8955・FAX0244-36-8955・結城一夫

㈲蓬田農機商会：〒969-1603・伊達郡桑折町上町58・☎024-582-3221・FAX024-582-1236・蓬田豊和

㈲霊山機械：〒960-0808・伊達市霊山町下小国道割堂1・☎024-586-2317・FAX024-586-2317・阿部仁一

㈱ロビン福島：〒964-0865・二本松市杉田町3-65-1・☎0243-22-2024

㈱渡辺機械：〒960-1403・伊達郡川俣町大綱木上台5-1・☎024-565-2484・FAX024-565-4688・渡辺信一・銘＝ヤンマー・販＝飯野営業所：〒960-1304・福島市飯野町大久保字二本柳2・☎024-562-4147，

岩代営業所：〒964-0304・二本松市西新殿字野竹内22・☎0243-57-2130

㈲渡辺鉄工所：〒962-0402・須賀川市仁井田北和久16・☎0248-75-3719・FAX0248-75-4308・渡辺義之

㈲渡辺農機商会：〒960-1241・福島市松川町本町16・☎024-567-2052・FAX024-567-2052・渡辺春喜・銘＝クボタ

㈲渡辺農機店：〒960-0801・伊達市霊山町掛田町田24・☎024-586-1235・FAX024-586-1265・渡辺洋三

㈲渡部農機商会：〒965-0862・会津若松市本町8-16・☎0242-27-0341・FAX0242-27-0341・渡部健司

［茨城県］

㈱関東甲信クボタ（本社：埼玉県）

茨城事務所：〒300-2402・つくばみらい市坂野新田12-42・☎0297-52-1111

つくば営業所：〒300-4354・つくば市国松3262・☎029-866-2588

下妻営業所：〒304-0023・下妻市大串117-1・☎0296-44-3874

境営業所：〒306-0404・猿島郡境町長井戸170・☎0280-87-1320

谷田部営業所：（茨城事務所と同）・☎0297-52-1520

結城営業所：〒307-0043・結城市武井1256-5・☎0296-20-9500

古河営業所：〒306-0014・古河市下山町2-5・☎0280-32-1520

水海道営業所：〒300-2505・常総市中妻町2614・☎0297-22-7177

取手営業所：〒302-0017・取手市桑原220-2・☎0297-72-3311

鉾田営業所：〒311-1423・鉾田市滝浜332-11・☎0291-37-3431

東営業所：〒300-0603・稲敷市伊佐部2400-2・☎0299-79-0891

稲敷営業所：〒300-1416・稲敷市角崎1100・☎0297-87-3211

ヤンマーアグリジャパン㈱（本社：大阪府／関東甲信越支社：埼玉県）

水海道支店：〒300-2505・常総市北浦2609・☎0297-22-9330

竜ヶ崎支店：〒301-0816・竜ヶ崎市大徳町1103-1・☎0297-62-2503

稲敷支店：〒300-0509・稲敷市江戸崎野々入甲1209・☎029-892-1785

つくば伊奈支店：〒305-0854・つくば市上横場444-9・☎029-836-8003

下妻支店：〒304-0075・下妻市南原字南原48-3・☎0296-43-2484

東支店：〒300-0603・稲敷市伊佐部710・☎0299-79-2196

水戸支店：〒311-3122・東茨城郡茨城町

上石崎4693-28・☎029-293-6801

北つくば支店：〒308-0811・筑西市茂田北原1735-37・☎0296-25-5774

㈱ヰセキ関東：〒300-0331・稲敷郡阿見町阿見4818・☎029-887-6131・FAX029-887-6145・石本德秋

茨城事務所：（本社と同）・☎029-891-2251・FAX029-887-6170

水戸営業所：〒311-0111・那珂市後台2082・☎029-295-4483

大洗営業所：〒311-1125・水戸市大場町4541-1・☎029-269-3517

石岡営業所：〒319-0126・小美玉市大谷282-10・☎0299-46-4426

真壁営業所：〒300-4417・桜川市真壁町飯塚976・☎0296-55-0370

土浦営業所：〒300-4115・土浦市藤沢3552・☎029-862-1500

県西営業所：〒308-0855・筑西市下川島417-1・☎0296-32-5271

常総つくば営業所：〒304-0045・下妻市山尻福畑388-2・☎0296-47-1020

藤代営業所：〒300-1535・取手市清水103・☎0297-82-5715

東営業所：〒300-0734・稲敷市結佐1249-2・☎0299-78-2821

霞ヶ浦営業所：〒300-0331・稲敷郡阿見町大字阿見4818-1・☎029-880-3120

稲敷営業所：〒300-1412・稲敷市柴崎364・☎0297-87-2147

麻生営業所：〒311-3832・行方市麻生1561-11・☎0299-72-3000

波崎営業所：〒314-0254・神栖市太田4649・☎0479-46-6680

鉾田営業所：〒314-0254・鉾田市柏熊398-1・☎0291-33-4105

県央営業所：〒311-1511・小美玉市小岩戸1298-2・☎0299-48-1381

三菱農機販売㈱（本社：埼玉県／関東甲信越支社：埼玉県）

茨城支店：〒311-0133・那珂市鴻巣1135-1・☎029-353-2140・FAX029-353-2141

ダイヤプラザ那珂：（茨城支店と同）・☎029-298-1269

ダイヤプラザ太田：〒313-0004・常陸太田市馬場町359-2・☎0294-72-0341

ダイヤプラザ茨城：〒311-3138・東茨城郡茨城町城之内727-33・☎029-293-6525

㈲青木農機：〒307-0033・結城市山川新宿124・☎0296-35-0031・FAX0296-35-0262・銘＝ヤンマー，三菱

㈲赤城商会：〒308-0007・筑西市折本540-15・☎0296-22-3384・FAX0296-25-1010・赤城啓之

㈲安喰農機商会：〒306-0004・古河市雷電町9-55・☎0280-32-1687・銘＝ヰセキ

㈱足立商会：〒315-0016・石岡市柿岡3353-3・☎0299-44-1062・FAX0299-44-1063・足立敏廣・銘＝三菱

㈲安達農機：〒310-0813・水戸市浜田町451・☎029-221-6193・FAX029-233-0338・安達俊雄・銘＝ヤンマー

荒木農機具店：〒307-0053・結城市新福寺4-1-6・☎0296-33-3672・FAX0296-33-4023・荒木勝久・銘＝三菱

㈱飯島興産：〒306-0307・猿島郡五霞町小福田1235-25・☎0280-84-0023・FAX0280-84-4178・飯島昭夫・銘＝クボタ

飯島農機店：〒314-0035・鹿嶋市根三田164-3・☎0299-82-1250・FAX0299-82-1007・飯島信信

飯田機械製作所：〒300-2642・つくば市高野441・☎029-847-2316・銘＝クボタ

池田機械店：〒307-0044・結城市田間1490-3・☎0296-35-0560・銘＝クボタ

石黒機械店：〒307-0026・結城市芳ヶ崎347-1・☎0296-35-0248・石黒昭夫・銘＝クボタ

和泉商会：〒311-4613・常陸大宮市長倉1389-1・☎0295-55-2303・FAX0295-55-2261・和泉正典・銘＝クボタ

㈱伊藤機械店：〒311-2424・潮来市潮来1028-3・☎0299-62-2485・FAX0299-62-2487・伊藤吉雄・銘＝ヰセキ

㈱伊藤農機：〒300-0849・土浦市中番外12-9・☎029-841-0312・FAX0298-42-0588・伊藤隆司・銘＝ヤンマー，ホンダ

㈲糸賀機械店：〒301-0816・龍ヶ崎市大徳町235・☎0297-62-0928・FAX0297-62-0958・糸賀士郎・銘＝ヤンマー

いなば農機サービス：〒306-0107・古河市東間中橋28-3・☎0280-76-0322

㈱イバノウ：〒312-0035・ひたちなか市枝川2356-2・☎029-225-2786・FAX029-224-9540・小沼和之・銘＝クボタ

茨城菱農㈱：〒300-4201・つくば市寺具1332-9・☎029-869-1045・FAX029-869-1047・渡辺和己・銘＝三菱・販＝土浦営業所：〒300-0835・土浦市大岩田1309-12・☎029-821-1398，下館営業所：〒308-0021・筑西市甲201・☎0296-22-4055，下妻営業所：〒300-4201・つくば市寺具1332-9・☎0296-43-2568

岩井農機：〒306-0615・坂東市大口82-4・☎0297-39-2898・FAX0297-39-2898・銘＝三菱

㈲岩倉農機：〒319-3531・久慈郡大子町上岡2874-2・☎0295-72-2802・FAX0295-72-2802・岩倉和一・銘＝ヰセキ，三菱

牛久ホンダ販売：〒300-1233・牛久市栄町5-32・☎0298-72-5632・銘＝クボタ

㈲海野農機商会：〒311-0105・那珂市菅

谷604-1・☎029-298-0524・FAX029-295-4009・海野一夫・銘＝ヤンマー

大内農機商会：〒311-1101・ひたちなか市田中後37-11・☎029-262-3739・FAX029-262-3739・大内弘一・銘＝クボタ

大里機械店：〒311-2435・潮来市上戸2282・☎0299-64-5780・FAX0299-64-5565・大里要・銘＝ヤンマー

大和田農機店：〒311-1517・鉾田市鉾田2012・☎0291-32-2761・FAX0291-32-2320・大和田勝雄・銘＝クボタ

㈱岡田農機具店：〒300-4223・つくば市小田1882-1・☎029-867-0097・FAX029-867-0784・岡田一郎・銘＝クボタ，ホンダ・販＝真壁営業所：〒300-4422・桜川市真壁町亀熊155-3・☎0296-55-0503

岡野機械店：〒307-0003・結城市富士見町11457-1・☎0296-23-1574・銘＝クボタ

小瀬屋農機：〒313-0014・常陸太田市木崎二町2004・☎0294-72-5181・FAX0294-72-5182・藤田道成

小田部機械店：〒309-1111・筑西市上星谷65-2・☎0296-57-2109・FAX0296-57-2717・小田部勝敏・銘＝クボタ

落合農機店：〒306-0223・古河市上砂井112・☎0280-92-0309・銘＝クボタ

㈲小野瀬農機店：〒311-1504・鉾田市安房1231・☎0291-32-2329・FAX0291-32-2919・小野瀬正美・銘＝ヤンマー

小野屋農機販㈲：〒311-1311・東茨城郡大洗町大貫町281・☎029-266-1602・FAX029-267-7050・小野瀬薫一・銘＝クボタ

㈲柿沼農機：〒306-0046・古河市牧野地町414-2・☎0280-22-0508・銘＝ヰセキ

桂農機商会：〒311-4323・東茨城郡城里町上坪4320・☎029-289-2523

金井農機：〒366-0052・深谷市上柴町西6-6-14・☎048-572-3270

金久保農機具店：〒306-0505・板東市菅谷1027・☎0280-88-0687・FAX0280-88-0691・銘＝三菱

金子農機店：〒300-3555・結城郡八千代町芦ケ谷655-5・☎0296-48-0078・金子重利・銘＝クボタ

㈱カマリ：〒310-0836・水戸市元吉田町1267-4・☎029-304-3366・FAX029-247-7766・小島義行・銘＝クボタ・販＝谷中営業所：〒310-0902・水戸市渡里町上河原461-3・☎029-221-2249，奥谷カマリ：〒311-3156・東茨城郡茨城町奥谷36-1・☎029-292-0259，鯉渕カマリ：〒319-0323・水戸市鯉淵町2919-2・☎029-259-2231，東海カマリ：〒319-1111・那珂郡東海村舟石川246-4・☎029-282-8423，太田カマリ：〒313-0013・常陸太田市山下町1431-7・☎0294-72-0468

神郡農機：〒304-0031・下妻市高道祖桜塚4245-171・☎0296-43-1799・FAX0296-43-

販売業者編＝茨城県＝

1986・神郡一治・銘＝三菱

㈲川崎農機商会：〒310-0844・水戸市住吉町107-4・☎029-248-5635・FAX029-246-3993・川崎秀雄

㈱川又商会：〒319-0123・小美玉市羽鳥2687・☎0299-46-0523・FAX0299-46-0489・川又忠志・銘＝クボタ

菊田農機店：〒306-0053・古河市中田2208・☎0280-48-1884・FAX0280-48-6607・銘＝三菱

㈱菊地鉄工所：〒300-0812・土浦市下高津2-5-22・☎029-821-0879・FAX029-821-9407・菊地治樹・銘＝クボタ，ヤンマー

㈲キタザワ：〒301-0005・龍ヶ崎市川原代町3263-4・☎0297-61-5051・銘＝クボタ

北澤機械店：〒301-0005・龍ヶ崎市川原代町5530-3・☎0297-62-0921・銘＝クボタ

㈱北畠農機商会：〒309-1454・桜川市上城壱丁三反231-1・☎0296-75-2401・FAX0296-76-1601・北畠進・銘＝クボタ

木村機械店：〒306-0645・坂東市長須4576-1・☎0297-35-1379・FAX0297-35-2434・木村二郎

㈲木村農機店：〒311-3423・小美玉市小川1757・☎0299-58-2216・銘＝ヰセキ

久保田機械店：〒300-2633・つくば市遠東408・☎029-847-2551・FAX029-847-2598・久保田博之

㈲熊野屋製作所：〒300-0044・土浦市大手町5-14・☎029-821-0244・FAX029-823-5025・市川大蔵・銘＝クボタ

国利農機具㈱：〒311-3423・小美玉市小川1327・☎0299-58-2705・FAX0299-58-2842・鈴木庸正・銘＝三菱

倉持農機サービス：〒300-2301・つくばみらい市高岡689-1・☎0297-58-8073・銘＝クボタ

㈲倉持農機商会：〒306-0624・坂東市矢作972-7・☎0297-38-2723・銘＝クボタ

小沼商会：〒300-2747・常総市坂房2622・☎0297-43-7448・銘＝クボタ，ホンダ

㈲小沼農機商会：〒311-1517・鉾田市鉾田2389-1・☎0291-32-2348・FAX0291-32-2484・小沼眞祐

㈱小林農機：〒306-0104・古河市恩名734-3・☎0280-78-0133・小林弘実・銘＝クボタ

㈲小林農機具店：〒309-1611・笠間市笠間311・☎0296-72-0444・FAX0296-72-5821・生井照男・銘＝クボタ，ヰセキ

小松崎機械㈱：〒314-0036・鹿嶋市大船2528・☎0299-82-1253・FAX0299-82-6809・小松崎孝

㈱榊原機械店：〒311-2421・潮来市辻255・☎0299-62-3121・FAX0299-62-4022・榊原義雄

㈲島製作所：〒311-4303・東茨城郡城里町石塚2211-2・☎029-288-3289・FAX029-288-3212・島清・銘＝ヤンマー

㈲島田機械：〒307-0028・結城市今宿105・☎0296-35-2933・銘＝クボタ

㈱嶋田農機：〒300-3544・結城郡八千代町若996・☎0296-48-1025・FAX0296-48-2952・嶋田徹・銘＝クボタ，ヤンマー

㈲清水農機商会：〒318-0002・高萩市高戸122・☎0293-22-2309・FAX0293-22-2364・清水基文・銘＝クボタ，ヰセキ，ホンダ・販＝勿来支店：〒974-8232・いわき市錦町中迎1-5-13・☎0246-62-3077

㈲霜多産業：〒302-0033・取手市米ノ井44-3・☎0297-78-8025・FAX0297-78-1875・霜多英一

㈴集栄社：〒311-2116・鉾田市札600-1・☎0291-39-3007・FAX0291-39-3722・藤枝一久・銘＝クボタ

㈱新萬工舎：〒311-2436・潮来市牛堀560-1・☎0299-64-2646・FAX0299-64-2160・岡野伸弥・銘＝三菱

新菱農機㈱：〒306-0433・猿島郡境町1407-2・☎0280-87-0045・FAX0280-87-0067・長澤一夫・銘＝三菱

㈲鈴機：〒315-0014・石岡市国府5-2-25・☎0299-22-3010・銘＝クボタ

㈱スズキアムテック：〒319-3526・久慈郡大子町大子651・☎0295-72-0063・FAX0295-72-0630・石沢正雄・銘＝クボタ・販＝那珂営業所：〒311-0134・那珂市飯田2684・☎029-298-3384

鈴木機械店：〒306-0645・坂東市長須2155・☎0297-35-0714・銘＝クボタ

㈲ストー：〒308-0123・筑西市関本上中195-1・☎0296-37-3233・FAX0296-37-7180・須藤博・銘＝クボタ

高橋農機店：〒311-1406・鉾田市田崎4010・☎0291-37-1634・FAX0291-37-3927・高橋清一・銘＝クボタ

高野機械店：〒311-3515・行方市井上1697・☎0299-56-0117・FAX0299-56-0117・高野幸一

㈲タチハラ機販：〒310-0912・水戸市見川5-1225-2・☎029-251-9431・FAX029-252-4509・立原重夫・銘＝クボタ

㈱塚田商店：〒300-2617・つくば市吉沼1118・☎029-865-1022・FAX029-865-1507・塚田啓一

㈲塚原農機：〒306-0127・古河市下片田337-1・☎0280-76-0792・銘＝クボタ

㈲塚本農機具店：〒300-2613・つくば市西高野896・☎029-865-0028・FAX029-865-1236・塚本みよ

㈱塚本農機商会：〒300-1273・つくば市下岩崎1349・☎029-876-0115・FAX029-876-0116・塚本英男・銘＝ヰセキ

土浦農芸㈱：〒300-0802・土浦市飯田2098・☎029-824-4024・銘＝ホンダ

東海農工㈱：〒319-1101・那珂郡東海村石神外宿2570-3・☎029-282-2786・FAX029-282-2795・川崎譲治

㈲富永機械：〒300-3265・つくば市長高野1983・☎0298-64-3330・銘＝クボタ

㈱中川農機具店：〒308-0865・筑西市山崎1433・☎0296-22-2281・FAX0296-25-2353・中川清三郎・銘＝ヰセキ・販＝下館営業所：〒308-0014・筑西市羽方1209・☎0296-22-6784

長岡機械店：〒300-0044・土浦市大手町4-14・☎029-821-1178・長岡勝次

長沢農機店：〒306-0617・坂東市神田山2169-15・☎0297-35-7656・銘＝クボタ

長嶋商社農機部：〒311-4613・常陸大宮市長倉831・☎0295-55-2228・FAX0295-55-2228・増子久・銘＝三菱

中島ホンダ㈱：〒300-1225・牛久市新地町266・☎029-872-0819・FAX029-872-0807・銘＝ホンダ

㈲長浜農機電気商会：〒306-0233・古河市西牛谷1199・☎0280-32-2025・FAX0280-32-5794・長浜勘治・銘＝三菱

㈲中村農機：〒300-0504・稲敷市江戸崎甲2760-3・☎029-892-2419・FAX029-892-2419・中村眞一

㈲長山機械店：〒309-1611・笠間市笠間1619-2・☎0296-72-0312・FAX0296-72-0903・長山茂・銘＝クボタ，三菱

南総ディーゼル販売㈱：〒306-0607・坂東市弓田2397・☎0297-35-1521・FAX0297-35-1538・渡辺正一・銘＝クボタ，ヰセキ

㈲沼田農機：〒306-0114・古河市山田770-9・☎0280-76-1036・FAX0280-76-1036・沼田貞雄・銘＝ヤンマー

根本農機商会：〒309-1211・桜川市岩瀬347-1・☎0296-75-2112・FAX0296-75-2276

野口屋機械：〒300-4231・つくば市北条4017・☎029-867-0088・FAX029-867-1047・吉沢辰男

㈲野寺農機商会：〒308-0126・筑西市関本中108-2・☎0296-37-6129・FAX0296-37-5680・野寺始・銘＝ヰセキ

㈲ノベキカイシステム：〒307-0001・結城市結城541・☎0296-33-3626・FAX0296-33-6281・野辺昇栄・銘＝三菱

㈲塙農機具店：〒311-3505・行方市浜今宿197-2・☎0299-55-0503・FAX0299-55-2866・塙栄治・銘＝ヤンマー

㈲浜野機械店：〒300-1514・取手市宮和田46-1・☎0297-82-3001・FAX0297-82-3126・浜野幸子

針谷農機：〒306-0654・坂東市上出島20-6・☎0297-34-3798・銘＝クボタ

㈲隼農機商会：〒313-0063・常陸太田市内堀町2379・☎0294-72-0553・FAX0294-73-1343・舟橋勝利・銘＝ヤンマー

原品工業設備㈱：〒300-4242・つくば市中菅間1223・☎029-866-0447

㈲日向農機具店：〒309-1106・筑西市新治1967-52・☎0296-57-2155・FAX0296-57-4931・日向昭典・銘＝三菱

㈱平賀機工：〒309-1703・笠間市鯉淵6520-67・☎0296-77-0183・FAX0296-77-0184・平賀照雄・銘＝ヤンマー

㈲広瀬機械店：〒300-4231・つくば市北条83・☎029-867-0015・FAX029-867-3424・広瀬仁司・銘＝クボタ，ヤンマー，ホンダ

広瀬産業㈱：〒300-0332・稲敷郡阿見町中央1-5-33・☎029-887-1116・FAX029-887-8438・広瀬和己

藤沢農機具店：〒309-1101・筑西市小栗1922・☎0296-57-2753・藤沢力夫

古沢農機具店：〒300-3525・結城郡八千代町沼森809・☎0296-48-0337・銘＝クボタ

古谷農機店：〒300-2521・常総市大生郷町2682・☎0297-24-7086・銘＝クボタ

マシーンハウスヤジマ：〒304-0061・下妻市下妻丙213-5・☎0296-43-9085・銘＝クボタ

松沼農機：〒300-3572・結城郡八千代町菅谷468-3・☎0296-48-0195・FAX0296-48-0195・松沼啓次・銘＝三菱

㈲丸勝農機商会：〒307-0001・結城市結城2370・☎0296-32-2352・FAX0296-32-4517・野辺勝臣

丸越機械店：〒311-2421・潮来市辻281-2・☎0299-62-2153・FAX0299-62-2186・堀越重樹・銘＝ヤンマー

㈲三国屋農機具店：〒319-2264・常陸大宮市栄町1298-19・☎0295-52-0377・FAX0295-53-2779・水沼昌晃・銘＝ヤンマー

水ノ口農機：〒300-3564・結城郡八千代町水ノ口413・☎0296-48-0720・銘＝クボタ

㈲三藤農工：〒301-0824・龍ヶ崎市下町5009-1・☎0297-62-2340・FAX0297-62-2317・佐藤吉彦・銘＝クボタ

宮川農機具店：〒300-0723・稲敷市境島588-6・☎0299-78-2952・FAX0299-78-2952・宮川正治

宮久保鉄工所：〒300-1514・取手市宮和田331・☎0297-82-3249・銘＝クボタ

㈲宮田機械店：〒308-0126・筑西市関本中109・☎0296-37-6726・FAX0296-37-4745・宮田四朗・銘＝クボタ

㈲村屋農機：〒311-2116・鉾田市札647-2・☎0291-39-3006・FAX0291-39-2838・札康・銘＝ヤンマー，キセキ

㈲明光社：〒314-0036・鹿嶋市大船津2542・☎0299-82-1729・FAX0299-82-1995・内田博道

安田農機店：〒309-1231・桜川市本木1424-2・☎0296-58-6058・銘＝クボタ

谷中商会：〒309-1215・桜川市御領2-13・☎0296-75-3325・FAX0296-75-3325・谷中隆

㈲谷中商会本店：〒300-2706・常総市新石下1019-1・☎0297-42-2700・FAX0297-42-2579・谷中昭夫・銘＝ヤンマー

㈲谷中農機：〒300-2707・常総市本石下6-2・☎0297-42-2200・FAX0297-42-2214・谷中正司・銘＝三菱

山口農機具店：〒306-0632・坂東市辺田1513・☎0297-35-2032・銘＝クボタ

山崎機械サービス：〒301-0035・竜ヶ崎市稗柄町11-6・☎0297-66-3325・FAX0297-66-3325・山崎努

㈲山田農機：〒311-0107・那珂市額田南郷355-2・☎029-298-4152・山田幹男・銘＝クボタ

山田農機具店：〒306-0023・古河市本町3-2-35・☎0280-32-2363・FAX0280-32-2372・銘＝三菱

山田農機具店：〒319-2136・常陸大宮市上村田1209-1・☎0295-52-1843・FAX0295-52-1843・銘＝三菱

山名農機店：〒319-1723・北茨城市関本町関本中68-4・☎0293-46-5362・FAX0293-46-5384・銘＝三菱

結城農機：〒307-0043・結城市武井1968-53・☎0296-35-1211

ユワイ産機㈱：〒313-0031・常陸太田市岡田町1587-3・☎0294-74-5060・FAX0294-74-5064・小祝亨・銘＝ヤンマー

横島農機：〒306-0642・坂東市長谷2460-2・☎0297-35-1808・銘＝クボタ

㈲横山農機店：〒311-4343・東茨城郡城里町下阿野沢705・☎029-289-3012・FAX029-289-3009・横山猛・銘＝クボタ，キセキ

吉村農機店：〒300-3572・結城郡八千代町菅谷1018・☎0296-48-0167・吉村高志・銘＝クボタ

㈱鹿行シバウラ：〒311-3832・行方市麻生713-5・☎0299-72-1441・FAX0299-72-1459・羽生国弘・銘＝ヤンマー

若井㈱：〒301-0012・龍ヶ崎市上町2915-3・☎0297-62-0201・FAX0297-62-0978・若井毅・銘＝クボタ，ホンダ

㈲若栗鉄工所：〒300-0500・稲敷市江戸崎2724-1・☎029-892-2220・FAX029-892-6822・若栗進

㈲渡辺機械店：〒300-4503・真壁郡明野町宮後1371-5・☎0296-52-2841・銘＝クボタ

[栃木県]

㈱関東甲信クボタ（本社：埼玉県）
北関東事務所：〒321-0905・宇都宮市平出工業団地28-2・☎028-689-2341

　黒磯営業所：〒325-0001・那須郡那須町高久甲宮ノ前118-15・☎0287-69-6160

　西那須野営業所：〒329-2744・那須塩原市西赤田323・☎0287-37-6825

　大田原営業所：〒324-0021・大田原市若草1-716-6・☎0287-22-2765

　矢板営業所：〒329-1574・矢板市乙畑1796-6・☎0287-48-4511

　宇都宮営業所：〒329-1102・宇都宮市白沢町1667-1・☎028-673-7727

　芳賀営業所：〒321-3423・芳賀郡市貝町市塙2289-4・☎0285-68-4801

　真岡営業所：〒321-4304・真岡市東郷166-1・☎0285-84-6932

　小山営業所：〒323-0008・小山市小薬70-5・☎0285-37-2221

　佐野営業所：〒327-0006・佐野市上台町2090・☎0283-22-6834

ヤンマーアグリジャパン㈱（本社：大阪府／関東甲信越支社：埼玉県）

　那須野ヶ原支店：〒329-2745・那須塩原市三区町518-15・☎0287-36-6403

　芳賀支店：〒321-3312・芳賀郡芳賀町下延生1729-2・☎028-678-1766

　高根沢支店：〒329-1204・塩谷郡高根沢町文挾108・☎028-676-0824

　栃木鹿賀支店：〒322-0536・鹿沼市磯町27-4・☎0289-75-2722

㈱キセキ関東（本社：茨城県）
栃木事務所：〒321-0112・宇都宮市屋板町651-1・☎028-656-9660・FAX028-656-9666

　黒磯営業所：〒325-0025・那須塩原市下厚崎5-200・☎0287-62-0902

　矢板営業所：〒329-2142・矢板市木幡1061・☎0287-43-0761

　氏家営業所：〒329-1323・さくら市卯の里4-52-2・☎028-682-5151

　小川営業所：〒324-0502・那須郡那珂川町三輪146-1・☎0287-96-2102

　鹿沼営業所：〒322-0002・鹿沼市千渡2315-66・☎0289-65-3366

　小山営業所：〒329-0214・小山市乙女858-10・☎0285-45-8548

　宇都東営業所：〒321-0903・宇都宮市下平出町1599-9・☎028-664-0577

　真岡営業所：〒321-4304・真岡市東郷484-5・☎0285-82-2238

　栃木営業所：〒328-0024・栃木市樋ノ口町427-10・☎0282-22-5765

三菱農機販売㈱（本社：埼玉県／関東甲信越支社：埼玉県）

　栃木支店：〒329-1233・塩谷郡高根沢町宝積寺字山中2248-60・☎0286-75-7321・FAX0286-75-7552

　高根沢営業所：〒329-1207・塩谷郡高根沢町花岡1462-7・☎0286-76-0240

販売業者編＝栃木県＝

那須野が原営業所：〒324-0004・大田原市富池字湯泉前299-10・☎0287-20-2788

矢板営業所：〒329-2123・矢板市上町597-2・☎0287-43-5563

愛農舎：〒329-1311・さくら市氏家1847-5・☎028-682-2308・FAX028-682-2308・石原正文・銘＝ヰセキ，三菱

青島農具店：〒323-0007・小山市松沼386-2・☎0285-37-0854・FAX0285-37-2106・青島弘

赤松農機具店：〒329-4411・栃木市大平町横堀144・☎0282-23-0164・FAX0282-23-0241・赤松茂・銘＝ヰセキ

秋山商会：〒320-0038・宇都宮市星ヶ丘2-1-7・☎028-621-3643

㈲阿久津金物店：〒329-2221・塩谷郡塩屋町玉生665・☎0287-45-0029・銘＝クボタ

阿部農機：〒323-1105・栃木市藤岡町甲2043・☎0282-62-4422・銘＝クボタ

㈲安藤農機：〒327-0325・佐野市下彦間町201-1・☎0283-65-0116

㈲飯田農機具店：〒329-0524・河内郡上三川町多功1862・☎0285-53-0355・FAX0285-53-0355・飯田眞・銘＝ヰセキ

飯野農機具店：〒328-0014・栃木市泉町8-20・☎0282-22-1653・FAX0282-22-1653・飯野武・銘＝三菱

池田農機㈲：〒322-0045・鹿沼市上殿町227・☎0289-65-4006・FAX0289-65-4007・池田信秋・銘＝クボタ

石居一郎商店：〒321-0104・宇都宮市台新田1-4-23・☎028-658-2466・FAX028-658-2466・石居章伍

石岡農機商会：〒321-2351・日光市塩屋室76-3・☎0288-26-8239

㈲石川：〒321-3426・芳賀郡市貝町赤羽3494-2・☎0285-68-1151・FAX0285-68-1152・石川明・銘＝三菱

石塚農機：〒321-4522・芳賀郡二宮町長島14・☎0285-74-2373

石塚農機具店：〒321-4106・芳賀郡益子町七井20-1・☎0285-72-2453・FAX0285-72-6420・石塚松男

㈲石橋農機具店：〒320-0841・宇都宮市六道町12-31・☎028-633-5755・FAX028-634-2531・石橋秀夫

磯機械工業：〒329-2706・那須塩原市睦104・☎0287-36-0371

磯農機具店：〒324-0011・大田原市北金丸1546-2・☎0287-23-4890

㈲市村農機店：〒324-0501・那須郡那珂川町小川102・☎0287-96-3144・FAX0287-96-3343・市村正久・銘＝ヤンマー

今市ヤンマー㈲：〒321-2335・日光市森友702・☎0288-21-1585・FAX0288-21-

1592・小池清久・銘＝ヤンマー

岩崎農機店：〒321-3426・芳賀郡市貝町赤羽3294・☎0285-68-0837・銘＝ヰセキ

㈱上野：〒323-0012・小山市羽川777-26・☎0285-23-5212・FAX0285-23-4146・上野照男

㈲上野農具店：〒321-4541・芳賀郡二宮町上谷貝159・☎0285-74-3255・FAX0285-74-3126・銘＝三菱

㈲宇賀神農機：〒322-0026・鹿沼市茂呂320・☎0289-76-6366・FAX0289-76-6366・宇賀神英雄・銘＝三菱

梅田農機具店：〒321-0528・那須烏山市小倉424・☎0287-88-2596・FAX0287-88-9846・銘＝三菱

㈲大坂屋農機：〒324-0055・大田原市新富町2-4-23・☎0287-22-2325・FAX0287-22-2328・室井亨三・銘＝ヤンマー

㈲大塚機械店：〒321-4217・芳賀郡益子町益子1438・☎0285-72-1188・FAX0285-72-1188・大塚英郎

大塚鉄工所：〒321-4106・芳賀郡益子町七井66・☎0285-72-2431・銘＝ヰセキ

㈲大貫機械店：〒329-2161・矢板市扇町1-16-3・☎0287-43-0366・FAX0287-43-6574・大貫英一

㈲大場農機具店：〒329-1413・さくら市葛城1177・☎028-686-4856・銘＝クボタ

㈱オオモリ：〒322-0305・鹿沼市口粟野724-2・☎0289-85-2195・FAX0289-85-2198・大森晃吉・銘＝クボタ

大山農機具店：〒321-4217・芳賀郡益子町益子799・☎0285-72-3312・銘＝ヰセキ

㈲岡田商店：〒325-0116・那須塩原市木綿畑620・☎0287-68-0123・FAX0287-68-0640・岡田芳夫

㈲岡農産サービスセンター：〒324-0611・那須郡那珂川町小砂3881・☎0287-93-0819

岡本農機：〒320-0012・宇都宮市山本1-3-32・☎028-622-6205・銘＝クボタ

岡本農機店：〒329-1233・塩谷郡高根沢町宝積寺2366-31・☎028-675-0114・FAX028-675-0114・岡本幸一

㈲小此木農機店：〒326-0845・足利市大前町2-207・☎0284-62-2065・FAX0284-62-2386・小此木孝三・銘＝三菱

小山農機具店：〒323-0025・小山市城山町1-8-21・☎0285-22-0907・FAX0285-22-0972・青木繁・銘＝クボタ

片柳農機店：〒324-0234・大田原市前田142・☎0287-54-2115・FAX0287-54-2156・片柳健一・銘＝ヰセキ

加藤鉄工所：〒324-0051・大田原市山の手2-6-25・☎0287-22-2944・加藤正士

加藤農機㈲：〒321-0347・宇都宮市飯田町211-8・☎028-648-5565・FAX028-648-8612・加藤充・銘＝クボタ

㈲加藤農機店：〒324-0052・大田原市城山2-15-4・☎0287-23-4114・FAX0287-23-7665・加藤利男・銘＝クボタ

加藤農機商会：〒329-1402・さくら市下河戸143-1・☎028-686-2219・FAX028-686-3832・加藤弘光

金沢農機具店：〒324-0032・大田原市佐久山1981・☎0287-28-0046・FAX0287-28-2480・金沢正

㈲金澤農機商会：〒324-0031・大田原市藤沢305・☎0287-28-0903・FAX0287-28-0903・金沢民子

㈲金子農機店：〒321-0217・下都賀郡壬生町至宝1-9-33・☎0282-82-3429・FAX0282-82-0268・金子茂

神永農機具店：〒328-0025・栃木市仲仕上町76-1・☎0282-23-2454・FAX0282-25-3708・神永真之輔・銘＝ヰセキ

軽部農機具店：〒321-0228・下都賀郡壬生町大師町5-40・☎0282-82-0260・FAX0282-82-0260・軽部哲朗

㈲川田農機具店：〒326-0328・足利市県町1448-4・☎0284-71-6319・FAX0284-73-1200・川田宣雄・銘＝クボタ

キジガオ農機具店：〒324-0501・那須郡那珂川町小川2589・☎0287-96-3105・FAX0287-96-3925・笹崎元喜知・銘＝クボタ

㈲岸野農機具店：〒322-0045・鹿沼市上殿町265・☎0289-62-3497・FAX0289-65-5659・岸野泰明・銘＝ヤンマー，三菱

㈲君島機械店：〒321-2335・日光市森友39-65・☎0288-22-3547・銘＝ヰセキ

㈲木村農機具店：〒321-3413・芳賀郡市貝町文谷1410・☎0285-68-0110・FAX0285-68-0083・木村英男・銘＝ヤンマー

㈲熊田農機商会：〒329-1102・宇都宮市白沢町686・☎028-673-3256・FAX028-673-3256・熊田利夫・銘＝三菱

㈱黒須商事：〒321-0624・那須烏山市旭2-11-20・☎0287-84-1550・FAX0287-84-1557・黒須常夫・銘＝ヤンマー

郡司農機店：〒324-0501・那須郡那珂川町小川2639・☎0287-96-3150・銘＝ヰセキ

羽生川機械工業：〒321-0215・下都賀郡壬生町壬生乙1722-2・☎0282-82-2089・FAX0282-82-2089・羽生川浩

㈲小菅農機製作所：〒329-0511・下野市石橋171・☎0285-53-0062・FAX0285-52-2644・小菅昭一・銘＝三菱

㈲小平農機商会：〒321-1261・日光市今市107-22・☎0288-21-0845・FAX0288-21-0912・小平一信・銘＝ヤンマー

児玉農機具店：〒324-0403・大田原市湯津上2988・☎0287-98-3721・児玉好男

後藤農機商会：〒329-3215・那須郡那須町寺子乙3935・☎0287-72-0081・FAX0287-72-0081・後藤勝美

販売業者編＝栃木県＝

(有)五味田農機具店：〒329-1301・さくら市箱森新田407-2・☎028-682-6040・五味田寛・銘＝キセキ

(有)斎藤農機商会：〒329-2161・矢板市扇町1-11-19・☎0287-43-0475・FAX0287-43-0475・斎藤昇

坂井農機具店：〒323-0056・小山市上泉185・☎0285-38-0062・FAX0285-38-0062・坂井清澄・銘＝クボタ

(有)坂本商店：〒329-0511・下野市石橋282・☎0285-53-0055・FAX0285-53-5590・坂本弘明・銘＝ヤンマー

(有)佐瀬農機具店：〒329-4304・下都賀郡岩舟町静12384-4・☎0282-55-2063・FAX0282-55-2063・佐瀬一男・銘＝クボタ

佐藤農機具店：〒320-0051・宇都宮市上戸祭町3-2-9・☎028-624-6704・FAX028-624-6790・佐藤文雄

(有)佐藤農機商会：〒329-1321・さくら市馬場1234-5・☎028-682-8947・FAX028-682-8948・西由紀夫・銘＝クボタ

佐取農機(株)：〒327-0045・佐野市高橋町2109-1・☎0283-23-6921・FAX0283-85-9021・銘＝クボタ

(株)ジノー：〒321-0124・宇都宮市下横田町157・☎028-653-2055

篠崎農機具店：〒329-1207・塩谷郡高根沢町花岡1530-2・☎028-676-0019・FAX028-676-0075・篠崎隆教・銘＝クボタ

(有)柴崎農機具店：〒321-2116・宇都宮市徳次郎町255・☎028-665-0016・FAX028-665-0450・柴崎俊幸・銘＝クボタ

(有)柴田農機店：〒321-2335・日光市森友928-2・☎0288-21-0776・FAX0288-21-0155・柴田チヨ・銘＝クボタ

渋井機械店：〒329-3443・那須郡那須町芦野577・☎0287-74-0453・銘＝キセキ

島田商会：〒321-3315・芳賀郡芳賀町西高橋2041・☎028-678-0734・FAX028-678-0734・銘＝三菱

(有)嶋田農機具店：〒329-4214・足利市多田木町61・☎0284-91-0302・FAX0284-91-0545・嶋田恵司・銘＝ヤンマー，キセキ

上伸ホンダ(株)：〒320-0856・宇都宮市砥上町968・☎028-601-0033・FAX028-601-0034・上田久美雄

(有)シライシ：〒323-1106・栃木市藤岡町都賀1771-3・☎0282-62-3360・FAX0282-62-9936・白石孝紀・銘＝クボタ

伸栄農機販売：〒321-4217・芳賀郡益子町益子3135・☎0285-72-3328・FAX0285-72-8503・小薬伸也・銘＝三菱

(有)末広農機具店：〒321-4217・芳賀郡益子町益子2775-7・☎0285-72-3139・FAX0285-72-6982・小薬正雄・銘＝三菱

鈴木機械(株)：〒321-0218・下都賀郡壬生町落合1-8-5・☎0282-82-1615・FAX0282-82-9458・鈴木賢

鈴木農機店：〒321-0143・宇都宮市南高砂町10-14・☎028-653-1744・FAX028-653-1744・銘＝クボタ

(株)鈴木屋商店：〒329-0205・小山市間々田1290・☎0285-45-0070・FAX0285-45-8680・山崎祐夫・銘＝クボタ

須藤農機具店：〒327-0317・佐野市田沼町536・☎0283-62-0428・銘＝キセキ

(有)須藤農具店：〒328-0024・栃木市樋ノ口町396-12・☎0282-22-0339・FAX0282-23-5248・須藤祐一

(有)砂川農機：〒326-0323・足利市瑞穂野町1-495・☎0284-71-9033・FAX0284-71-9033・砂川宗三郎・銘＝クボタ

(有)せききかいや：〒329-1413・さくら市葛城206-1・☎028-686-6300・FAX028-686-4100・関信行・銘＝三菱

関口農機具店：〒329-0227・小山市中里871・☎0285-38-1054・FAX0285-38-1054・関口好正・銘＝クボタ

(有)ダイフク：〒324-0057・大田原市住吉町2-11-14・☎0287-23-7228・FAX0287-23-9783・永森忠樹

(有)タカエ：〒324-0501・那須郡那珂川町小川2755・☎0287-96-3107・FAX0287-96-3588・高江輝男・銘＝三菱

高田酪農機(株)：〒321-3236・宇都宮市竹下町1101-11・☎028-667-2825・FAX028-667-5207・高田泰男・銘＝クボタ・販＝栃木営業所：〒328-0123・栃木市川原田町127-1・☎0282-24-5517，那須営業所：〒329-3133・那須塩原市埼掛439-8・☎0287-65-1288

(有)高橋機械：〒321-3536・芳賀郡茂木町神井80・☎0285-63-1801・FAX0285-63-1801・高橋収

高橋農機具店：〒329-0223・小山市下生井1225・☎0280-56-1482・FAX0280-56-1482・高橋実

(有)高久商会：〒321-0605・那須烏山市滝田996-3・☎0287-82-3434・FAX0287-84-3335・高久竹一

高松農業機械サービスセンター：〒321-4322・真岡市東大島750-4・☎0285-84-0694・FAX0285-84-0755・銘＝三菱

(有)高山農具店：〒321-0112・宇都宮市屋板町489-2・☎028-656-1285

(有)竹井農機商会：〒321-0914・宇都宮市下桑島町403・☎028-656-3888・FAX028-656-3889・竹井正浩・銘＝クボタ

竹内農機：〒328-0071・栃木市大町33-36・☎0282-24-7508・FAX0282-24-7508・竹内文雄・銘＝キセキ

(有)田代農機商会：〒321-4521・真岡市久下田742・☎0285-74-0551・銘＝クボタ

(有)タテノ：〒329-0414・下野市小金井132・☎0285-44-0277・FAX0285-44-7381・舘野正明

田沼農機具店：〒329-4423・栃木市大平町西水代1898-14・☎0282-43-2256・FAX0282-43-2256・田沼好一・銘＝キセキ

鶴見農機：〒329-0611・河内郡上三川町上三川4944・☎0285-56-2173・FAX0285-56-2173・鶴見至宏

(有)トーキヤ：〒321-3312・芳賀郡芳賀町下延生1721・☎028-678-1384・FAX028-678-0564・赤沢勝利

栃木アグリ(有)：〒320-0074・宇都宮市細谷町675・☎028-650-4038

栃木農機：〒325-0023・那須塩原市豊浦16-24・☎0287-63-0679・銘＝三菱

(有)直井農機店：〒329-0413・下野市駅東3-7-2・☎0285-44-0444・FAX0285-44-0444・直井利市

ナカジマ農機：〒326-0003・足利市名草下町4498-1・☎0284-42-8515・FAX0284-41-9262・中島誠司

(有)長島商会：〒321-3562・芳賀郡茂木町馬門1006・☎0285-63-0516・FAX0285-63-0516・銘＝ホンダ

(有)長島農機：〒326-0331・足利市福富町387-3・☎0284-71-1952・FAX0284-71-1952・長島忠男・銘＝クボタ

(有)仲田農機商会：〒321-3531・芳賀郡茂木町茂木1732・☎0285-63-0161・FAX0285-63-0971・仲田長生・銘＝クボタ

(有)中発産業機械：〒326-0141・足利市小俣町1374・☎0284-62-1085・FAX0284-62-9035・中島昇・銘＝キセキ，ホンダ

中村農機店：〒324-0053・大田原市元町1-2-18・☎0287-22-3324・FAX0287-22-3324・中村正志

(有)中村農機商会：〒321-4415・真岡市下籠谷4741・☎0285-83-0803・銘＝クボタ

(有)那須農機商会：〒329-3436・那須郡那須町伊王野1800・☎0287-75-0652・FAX0287-75-0681・天倉年男・銘＝クボタ

(有)西海農機：〒324-0057・大田原市住吉町2-11-10・☎0287-22-2638・銘＝クボタ

野部商事(株)：〒327-0312・佐野市栃本町2038-5・☎0283-62-0151・FAX0283-62-8441・野部祐司・銘＝ヤンマー

(有)野部農機設備工業：〒327-0513・佐野市牧町590・☎0283-85-3071・FAX0283-86-4699・野部良紀・銘＝キセキ

羽石商会：〒324-0613・那須郡那珂川町馬頭405・☎0287-92-2043・FAX0287-92-1215・羽石磨

橋本農機(有)：〒323-0023・小山市中央町2-7-3・☎0285-22-0711・FAX0285-22-0065・橋本要三・銘＝クボタ

橋本農機具店：〒324-0037・大田原市上石上29-3・☎0287-29-0340・銘＝クボタ

(有)菱沼商会：〒321-3531・芳賀郡茂木町茂木1121-1・☎0285-63-2947・FAX0285-63-2951・菱沼仁郎・銘＝キセキ

販売業者編＝栃木県，群馬県＝

㈲菱沼農機商会：〒321-0626・那須烏山市初音1130・☎0287-84-2230・FAX0287-84-1325・菱沼浩之・銘＝ヰセキ

㈲ファームマシーン平沢：〒327-0825・佐野市飯田町247-1・☎0283-22-8315・FAX0283-22-1981・平澤秀人・銘＝三菱

㈱福田機械店：〒321-0962・宇都宮市今泉町32-1・☎028-622-2164・FAX028-624-9463・福田幸司・銘＝ヤンマー

防木農機具店：〒329-1104・宇都宮市下岡本町4195・☎028-673-2077・FAX028-673-2077・防木直行

北条農機具店：〒329-0611・河内郡上三川町上三川4944・☎0285-56-2149・FAX0285-56-2149・北条孝一

㈲星野農機具店：〒321-0221・下都賀郡壬生町藤井1252-3・☎0282-82-3080・FAX0282-82-3379・星野利雄・銘＝クボタ

㈲本多商会：〒324-0613・那須郡那珂川町馬頭100・☎0287-92-4678・FAX0287-92-3865・本多政之

牧野農機：〒322-0603・栃木市西方町本郷544・☎0282-92-2472・銘＝ヰセキ

㈲松本農機：〒321-4326・真岡市島287-5・☎0285-82-2610・FAX0285-82-2610・松本雅雄・銘＝ヤンマー

松本農機具店：〒328-0011・栃木市大宮町1683-2・☎0282-27-3806・FAX0282-27-3947・松本行央・銘＝ヰセキ

㈲丸越商会：〒329-2704・那須塩原市新南郷屋35-9・☎0287-36-0193・FAX0287-36-3022・越divide勉・銘＝クボタ，三菱

㈱瑞穂商会：〒320-0056・宇都宮市戸祭4-1-16・☎028-622-6822・FAX028-622-4674・梅沢孝平・銘＝ヤンマー

㈲三田農機具店：〒326-0338・足利市福居町641・☎0284-71-1612・FAX0284-71-1693・三田猪一郎・銘＝ヰセキ

㈲室井農機商店：〒324-0052・大田原市城山1-6-37・☎0287-22-2818・FAX0287-22-2818・室井敏一

㈱柳田機械：〒326-0052・足利市相生町395・☎0284-71-1303・FAX0284-72-6615

㈱柳田商会：〒329-0617・河内郡上三川町上蒲生23・☎0285-56-2162・FAX0285-56-8606・柳田正喜

㈲柳田農機：〒329-0611・河内郡上三川町上三川3189-9・☎0285-56-2148・FAX0285-56-2350・柳田重徳・銘＝クボタ，三菱

ヤナギ農機店：〒321-3232・宇都宮市水室町898-2・☎028-667-4069

ヤナシマ農機商会：〒321-0158・宇都宮市西川田本町4-17-30・☎028-658-9469

㈲山口農機：〒321-4361・真岡市並木町4-22-2・☎0285-82-5511・FAX0285-82-3734・山口正・銘＝三菱

㈱山田農機具店：〒329-0217・小山市南乙女2-16-14・☎0285-45-0051・FAX0285-

45-7432・山田保蔵・銘＝三菱

山本機械店：〒329-1225・塩谷郡高根沢町石末1595・☎028-676-2413・FAX028-676-2413・山本孝・銘＝クボタ

㈱山本農機具店：〒326-0814・足利市通5-3199・☎0284-21-4636・FAX0284-21-3950・須藤廣志

山本農機販売㈱：〒327-0824・佐野市馬門町1931・☎0283-22-5528・FAX0283-22-5570・山本好一・銘＝ヤンマー，ホンダ

㈲横田農機商会：〒329-0215・小山市網戸622・☎0285-45-8326・FAX0285-45-4168・横田芳昭・銘＝ヤンマー

横山農機㈲：〒321-0626・那須烏山市初音3-15・☎0287-82-2364・FAX0287-84-3033・横山昭・銘＝クボタ

㈲吉新機械店：〒321-1261・日光市今市1147-11・☎0288-21-1348・FAX0288-22-1348・吉新昭・銘＝三菱

吉住農機具店：〒321-3426・芳賀郡市貝町赤羽3655・☎0285-68-2105・FAX0285-68-0898・冨田孝夫

㈲吉成農機商会：〒329-3436・芳賀郡那須町伊王野3297・☎0287-75-0427

㈲和室農機具店：〒329-3151・那須塩原市北和田871-16・☎0287-65-0913・FAX0287-65-0913・和室長一・銘＝ヰセキ

[群馬県]

㈱関東甲信クボタ（本社：埼玉県）
　群馬事務所：〒379-2154・前橋市天川大島町1364-1・☎0272-90-6010
　前橋営業所：（群馬事務所と同）・☎0272-61-6000
　群馬西部営業所：〒370-3521・高崎市棟高町1284-4・☎0273-73-6050
　群馬東部営業所：〒379-2203・伊勢崎市曲沢町565-1・☎0270-62-7488
　嬬恋営業所：〒377-1613・吾妻郡嬬恋村大笹1650・☎0279-96-0227

㈱群馬クボタ：〒370-0071・高崎市小八木町1518・☎027-361-3391・FAX027-361-3397・沢田佳紀
　伊勢崎営業所：〒372-0015・伊勢崎市鹿島町433-1・☎0270-25-0699
　大間々営業所：〒376-0102・みどり市大間々町桐原36-1・☎0277-72-1091
　高崎営業所：（本社事務所と同）・☎027-361-3998
　富岡営業所：〒370-2452・富岡市一ノ宮278-5・☎0274-62-3541
　前橋営業所：〒371-0007・前橋市上泉町1625-5・☎027-269-5248
　安中営業所：〒379-0135・安中市郷原789・☎027-380-2151

ヤンマーアグリジャパン㈱（本社：大阪府／関東甲信越支社：埼玉県）
　前橋支店：〒371-0103・前橋市富士見町小暮280-1・☎027-288-7077
　前橋南支店：〒379-2131・前橋市西善町801・☎027-266-0858
　大泉支店：〒370-0514・邑楽郡大泉町朝日3-17-14・☎0276-63-7015
　沼田支店：〒378-0002・沼田市横塚町1345・☎0278-23-6774

群馬ヰセキ販売㈱：〒379-2154・前橋市天川大島町116・☎027-263-3211・FAX027-263-1154・木村英男
　前橋営業所：（本社と同）・☎027-263-1161
　高崎営業所：〒370-1212・高崎市木部町356-1・☎027-346-2071
　太田営業所：〒373-0033・太田市西本町40-35・☎0276-31-2301
　嬬恋営業所：〒377-1613・吾妻郡嬬恋村大笹188-1・☎0279-96-0411
　伊勢崎営業所：〒372-0812・伊勢崎市連取町1815・☎0270-25-1816
　渋川営業所：〒377-0004・渋川市半田2730-3・☎0279-24-3605
　館林営業所：〒374-0107・邑楽郡板倉町西岡400-1・☎0276-77-0322
　宮城営業所：〒371-0246・前橋市柏倉町371・☎027-283-4285
　赤堀営業所：〒379-2215・伊勢崎市赤堀今井町2-1286-5・☎0270-62-2252
　昭和村営業所：〒379-1203・利根郡昭和村糸井6441-40・☎0278-24-7221
　西部営業所：〒370-2307・富岡市藤木字日影257-1・☎0274-70-2720

三菱農機販売㈱（本社：埼玉県／関東甲信越支社：埼玉県）
　群馬支店：〒379-2114・前橋市上増田町961-3・☎027-280-8811・FAX027-267-1212
　群馬中央営業所：（群馬支店と同）・☎027-280-8833
　西群馬営業所：〒379-0127・安中市磯部2-157-1・☎027-380-6366
　中之条営業所：〒377-0425・吾妻郡中之条町西中之条223・☎0279-75-3676
　沼田営業所：〒378-0005・沼田市久屋原町131-3・☎0278-22-2007
　嬬恋営業所：〒377-1524・吾妻郡嬬恋村鎌原字田小路922-1・☎0279-80-2500

㈱アオキ：〒379-1305・利根郡みなかみ町後閑316-1・☎0278-62-2705・FAX0278-62-2868・青木誠・銘＝クボタ，三菱

赤石農機サービス：〒379-2217・伊勢崎市磯町34-2・☎0270-63-0312・FAX0270-63-0928・銘＝ヰセキ，三菱

販売業者編＝群馬県＝

秋葉車輌㈱：〒370-3534・高崎市井出町1499-1・☎027-373-2162・銘＝ヰセキ

㈲阿部農機商会：〒370-0513・邑楽郡大泉町東小泉2-8-26・☎0276-63-8888・FAX0276-63-8888・阿部宏作・銘＝ヰセキ，ホンダ

荒井農機：〒374-0001・館林市大島町5425・☎0276-77-1708・FAX0276-77-1721・銘＝クボタ

有賀農機店：〒370-0504・邑楽郡千代田町舞木31・☎0276-86-3712・FAX0276-86-3712・有賀茂明

飯島農機具店：〒379-2106・前橋市荒子町87-4・☎027-268-2659・FAX027-268-2659・銘＝三菱

石井農園㈱：〒370-2452・富岡市一ノ宮1360・☎0274-62-2036・FAX0274-62-1238・石井治・銘＝ヤンマー

石川農機商会：〒371-0244・前橋市鼻毛石町177-3・☎027-283-2330・FAX027-283-2330

㈲板倉機械：〒374-0134・邑楽郡板倉町籾谷1470-1・☎027-682-1545・銘＝クボタ

乾農機：〒370-3344・群馬郡榛名町中里見31・☎027-374-1032・FAX027-374-1032・銘＝三菱

宇田川農機㈲：〒370-1132・佐波郡玉村町下新田485-1・☎0270-65-2506・FAX0270-65-2206・宇田川嘉明

内山農機具店：〒372-0804・伊勢崎市稲荷町697-4・☎0270-25-1172・銘＝ヰセキ

永楽農工社：〒370-0503・邑楽郡千代田町赤岩216-4・☎0276-86-2006・FAX0276-86-2006・有賀悦司

㈲遠藤農機店：〒379-2115・前橋市笂井町13-3・☎027-263-2956・FAX027-263-2956・遠藤幸宏

大岡農機具店：〒370-2343・富岡市七日市194-1・☎0274-63-7002・FAX0274-62-1047・大岡忠吉

㈲太田農益社：〒373-0851・太田市飯田町913・☎0276-45-5801・FAX0276-45-5801・銘＝三菱

大槻農機：〒370-0401・太田市尾島町199・☎0276-52-0509・FAX0276-52-0509・大槻真三・銘＝ヰセキ

大野農機具店：〒371-0811・前橋市朝倉町2-2-7・☎027-263-2239・銘＝三菱

㈲岡田農蚕機商店：〒378-0054・沼田市西原新町93・☎0278-22-4488・FAX0278-22-4489・岡田好正・銘＝クボタ，ヰセキ

尾崎農機：〒374-0132・邑楽郡板倉町板倉1314-1・☎0276-82-0126・FAX0276-82-0126・尾崎紀義

小曽根自動車整備工場：〒374-0009・館林市千塚町161・☎0276-77-1663・銘＝クボタ

㈲小野田農機：〒374-0122・邑楽郡板倉町

大高嶋1200・☎0276-82-1323・FAX0276-82-0665・小野田裕司郎・銘＝ヤンマー

㈲鬼石農機：〒375-0035・藤岡市保美1506-1・☎0274-24-2299・FAX0274-22-7967・八木禮子・銘＝ホンダ

㈲笠原農園：〒377-0008・渋川市渋川904-37・☎0279-22-0841・FAX0279-22-0841・笠原光穂

加藤商会：〒370-3402・高崎市倉淵町三ノ倉49-1・☎027-378-2556・銘＝クボタ

カナイ産業㈱：〒378-0004・沼田市下久屋1111・☎0278-24-1000・FAX0278-24-1593・金井正樹・銘＝ヤンマー，ホンダ

㈲亀井農機商会：〒376-0101・みどり市大間々558-4・☎0277-73-2655

㈲カミックス・つちや：〒377-1411・吾妻郡長野原町応桑1543-287・☎0279-85-2053・FAX0279-85-2530・土屋勝文・銘＝クボタ

川辺自動車：〒374-0103・邑楽郡板倉町細谷甲1895-1・☎0276-77-0089・FAX0276-77-0791・銘＝三菱

㈲関東農機商会：〒374-0001・館林市大島町5408-1・☎0276-77-1634・FAX0276-55-4997・銘＝クボタ，三菱

㈲共栄：〒370-2343・富岡市七日市827-1・☎0274-64-1234・FAX0274-64-1236・下山桧佐夫・銘＝ヤンマー

久保田農機：〒370-0032・高崎市宿大類町1415・☎027-352-0760・久保田敬三

㈱クワバラ：〒379-1305・利根郡みなかみ町後閑1322・☎0278-62-2702・FAX0278-62-6332・銘＝クボタ，ホンダ

群馬機販：〒376-0007・桐生市浜松町2-7-13・☎0277-44-6347・銘＝ホンダ

㈲群馬トラクター商事：〒371-0007・前橋市上泉町1779-5・☎027-269-3033・FAX027-269-9499・藤井元治

㈲群馬農機商会：〒370-0346・太田市新田上田中町114-1・☎0276-56-1226・FAX0276-56-1382・舟田正治・銘＝クボタ，ヰセキ

㈲ケーオ商会：〒374-0014・館林市赤生田本町2470-2・☎0276-74-0802・FAX0276-73-2812・山田久太郎・銘＝クボタ

小池自動車農機：〒371-0205・前橋市粕川町中12-13・☎027-285-2303・FAX027-285-2303・銘＝三菱

小池商店：〒378-0054・沼田市西原新町1875・☎0278-22-3042・銘＝ヰセキ

こいけ農機商会：〒370-3404・高崎市倉渕町岩氷209-1・☎027-378-2210・FAX027-378-2210・銘＝ホンダ

小板橋農機㈱：〒379-0100・安中市安中2-6-17・☎027-381-0370・小板橋金里

㈲児島農機商会：〒370-0524・邑楽郡大泉町古海540・☎0276-62-2705・FAX0276-61-0775・児島清・銘＝クボタ

小林商会：〒370-3607・北群馬郡吉岡町小倉318・☎0279-25-8972・FAX0279-25-8972・銘＝三菱

小林農機：〒379-2312・みどり市笠懸町久宮631-3・☎0277-76-8224・FAX0277-76-2553・小林道春・銘＝三菱

㈱埼群トラクター：〒370-1115・佐波郡玉村町五料205-1・☎0270-65-7337・FAX0270-65-7317・高橋登・銘＝クボタ

斎藤農機商会：〒370-0518・邑楽郡大泉町城之内1-8-23・☎0276-63-3776・FAX0276-63-5116・斎藤詔一

㈲坂西商会：〒377-0423・吾妻郡中之条町伊勢町862・☎0279-75-2534・FAX0279-75-6423・坂西克義・銘＝クボタ

桜井農機具店：〒376-0125・桐生市新里町山上1327-4・☎0277-74-8096・FAX0277-74-8096・銘＝クボタ

佐藤商会：〒370-3342・高崎市下室田町2371-1・☎027-374-1091・FAX027-374-1091・佐藤三郎・銘＝クボタ，ヰセキ

㈲三栄商会：〒370-0069・高崎市飯塚町745・☎027-361-3799・FAX027-361-3799・佐藤洋一

塩澤サービス：〒371-0114・前橋市富士見町田島696-1・☎027-288-4579・FAX027-288-4579・銘＝クボタ，三菱

㈲清水農機：〒370-3336・高崎市神戸町387-1・☎027-343-4314・FAX027-343-4314・清水登・銘＝三菱

清水農機：〒374-0046・館林市上三林町1486・☎0276-72-4923・FAX0276-72-4923・銘＝クボタ

㈲下田農機商会：〒370-3504・北群馬郡榛東村広場3801・☎0279-54-7288・FAX0279-54-7288・下田信義・銘＝クボタ

下田農機具店：〒371-0104・前橋市富士見町時沢547-2・☎027-288-2070・FAX027-288-2927・横山和可・銘＝ヰセキ

伸栄農機：〒370-1104・佐波郡玉村町上福島570-4・☎0270-65-3494・銘＝ヰセキ

関上農機商会：〒378-0045・沼田市材木町1183・☎0278-22-2814・FAX0278-22-3802・関上隆一

㈲関口：〒370-1301・高崎市新町531-8・☎0274-42-3456・FAX0274-42-3110・関口幸雄・銘＝クボタ

関口農機水道：〒379-2231・伊勢崎市東町2279-5・☎0270-62-0718・銘＝ヰセキ

反町農機㈲：〒378-0056・沼田市高橋場町2100-4・☎0278-22-5396・FAX0278-22-5396・反町敏雄・銘＝ヰセキ

高木農機商会：〒370-0113・伊勢崎市境三ツ木236-21・☎0270-76-3050・銘＝ヰセキ

㈲高草木農機商会：〒376-0125・桐生市新里町山上93-1・☎0277-74-8713・FAX0277-74-8713・高草木四郎・銘＝ヰセキ

販売業者編＝群馬県，埼玉県＝

㈱タカセ：〒374-0025・館林市緑町2-21-20・☎0276-72-1345・FAX0276-75-2181・高瀬容明・銘＝三菱，ホンダ

高橋農機：〒379-0223・安中市松井田町二軒在家583-1・☎027-393-3336・FAX027-393-5206・高橋一夫・銘＝ヰセキ

㈲高見澤農蚕機店：〒379-0133・安中市原市2-2-16・☎027-385-6824・FAX027-385-1806・高見沢昌・銘＝ヤンマー

田篠農機具店：〒374-0024・館林市本町2-13-6・☎0276-72-1133・FAX0276-72-1133・銘＝三菱

田口農機商会：〒373-0812・太田市東長岡町523-1・☎0276-46-1676・田口実

㈲館林農機パレス：〒374-0016・館林市松原2-1-12・☎0276-74-1817・FAX0276-75-2258・高橋幸生・銘＝ヤンマー

高草農機販売：〒376-0121・桐生市新里町新川638-3・☎0277-74-1668・FAX0277-74-1668・高草木末吉・銘＝ヰセキ

㈲田中商店：〒377-0424・吾妻郡中之条町中之条町984・☎0279-75-2095・FAX0279-75-6386・田中尚郎

土屋商店：〒377-1403・吾妻郡嬬恋村鎌原544・☎0279-97-2174・FAX0279-97-3203・土屋幸雄

㈲土屋モータース：〒370-1613・多野郡上野村勝山14・☎0274-59-2011・FAX0274-59-2258・銘＝三菱

角田農機商会：〒378-0041・沼田市榛名町4088-2・☎0278-23-0184・FAX0278-23-0184・銘＝クボタ，三菱

㈲トーショウ機械販売：〒373-0056・太田市八幡町16-1・☎0276-25-3707・FAX0276-25-2671・折茂秀雄

利根川農機商会：〒371-0821・前橋市上新田町978・☎027-251-6985・銘＝ヰセキ

中里農機商会：〒375-0023・藤岡市本郷2020-3・☎0274-23-1990・FAX0274-24-6160・銘＝三菱

中澤商事㈱：〒370-3608・北群馬郡吉岡町下野田788・☎0279-54-2821・FAX0279-54-2741・中澤寛剛・銘＝ヤンマー，ホンダ・販＝渋川支店：〒377-0203・渋川市吹屋593-1☎0279-23-0573，高崎支店：〒370-3531・高崎市足門町1700-2・☎0273-73-1539

長島農機具店：〒370-0712・邑楽郡明和町矢島412・☎0276-84-2135・銘＝クボタ

㈲長田農機商会：〒370-0103・伊勢崎市境下渕甲1831・☎0270-76-0255・FAX0270-76-0331・長田壮・銘＝ヰセキ

中林農機商会：〒379-2147・前橋市亀里町397-1・☎027-265-0117・FAX027-265-0117・中林昭雄・銘＝三菱

農業機械FGO-12（ファームガレージ大間々）：〒376-0101・みどり市大間々町大間々996・☎0277-72-1123・岩﨑進・

銘＝三菱

野村農機：〒370-0615・邑楽郡邑楽町篠塚4008-3・☎0276-88-2840・FAX0276-88-2840・野村昇

㈲信秀：〒375-0023・藤岡市本郷778-8・☎0274-22-0834・FAX0274-24-4685・宇佐見信夫・銘＝クボタ，ヤンマー

㈲深町農機：〒372-0842・伊勢崎市馬見塚町1390・☎0270-32-0226・FAX0270-32-1730・深町恵三郎・銘＝クボタ

北毛農材：〒378-0017・沼田市坊新田町1101・☎027-822-3194・銘＝クボタ

細田農機：〒370-0708・邑楽郡明和町新里619・☎0276-84-2238・FAX0276-84-2238・細田モヨ子・銘＝ヰセキ

堀越農機：〒370-0332・太田市新田中江田町468-3・☎0276-56-5740・FAX0276-56-5741・銘＝三菱

㈲本郷農機具店：〒374-0101・邑楽郡板倉町除川387-8・☎0276-77-0921・FAX0276-77-0921・本郷重攻・銘＝三菱

㈱本間商店：〒377-1613・吾妻郡嬬恋村大笹355・☎0279-96-0026・FAX0279-96-1326・本間信夫・銘＝クボタ

㈲正木屋：〒370-0078・高崎市上小鳥町169・☎027-361-1133・銘＝ヰセキ，三菱

松本農機：〒379-0217・安中市松井田町土塩628-1・☎027-393-2025・FAX027-393-5327・銘＝クボタ

丸岡農機：〒370-3104・高崎市箕郷町上芝1124-2・☎027-371-2255・FAX027-371-2255・銘＝三菱

美濃輪農機店：〒372-0016・伊勢崎市本関町1168-9・☎0270-25-7470・銘＝ヰセキ

㈲宮下農機具店：〒377-0032・渋川市白井988-1・☎0279-24-0654・FAX0279-24-3001・銘＝クボタ

宮下農機店：〒370-0401・太田市尾島町99・☎0276-52-0252・FAX0276-52-5666・宮下芳郎

武藤農機店：〒379-2311・みどり市笠懸町阿左美2053・☎0277-76-3017・武藤宗治・銘＝ヰセキ

㈲武藤農機具店：〒373-0063・太田市鳥山下町696・☎0276-22-2665・FAX0276-22-2671・武藤貞夫・銘＝クボタ

㈲武藤農機商会：〒370-2132・高崎市吉井町吉井川352-4・☎027-387-2547・FAX027-387-2547・武藤三好・銘＝クボタ

武藤農機店：〒379-2123・前橋市山王町1-25-5・☎027-266-0488・FAX027-266-0448・武藤二郎

森田農機商会：〒371-0054・前橋市下細井町129・☎027-231-1534・FAX027-231-1534・森田良春

矢島農機：〒370-0034・高崎市下大類町647-3・☎027-352-0403・銘＝クボタ

やなぎや農機：〒370-0069・高崎市飯塚

町209・☎027-362-3633・FAX027-362-3368・柳谷信太郎・銘＝ヰセキ，三菱

山口農機商会：〒370-3519・高崎市冷水町144・☎027-373-3322・FAX027-373-3322・銘＝三菱

㈲山田農機具店：〒374-0065・館林市西本町6-23・☎0276-72-0567・FAX0276-74-6015・山田裕嗣・銘＝クボタ

山本農機販売㈱：〒373-0056・太田市八幡町38-25・☎0276-22-6715・FAX0276-25-7433・須藤蔵治・銘＝クボタ，ホンダ

吉田農機商会：〒374-0133・邑楽郡板倉町岩田2298・☎0276-82-0296・FAX0276-82-0296・吉田富也

渡辺商会：〒371-0812・前橋市広瀬町3-34-2・☎027-266-2199・FAX027-266-8009・渡辺喜代次・銘＝ヰセキ

［埼玉県］

㈱関東甲信クボタ：〒338-0832・さいたま市桜区西堀5-2-36・☎048-767-3521・大和經宜
埼玉事務所：〒350-0032・川越市大仙波935-1・☎049-222-0646
川越営業所：（埼玉事務所と同）・☎049-222-3516
鴻巣営業所：〒365-0014・鴻巣市屈巣3847-1・☎048-568-2525

㈱群馬クボタ（本社：群馬県）
児玉営業所：〒367-0244・児玉郡神川町八日市1324-6・☎0495-77-1985

ヤンマーアグリジャパン㈱（本社：大阪府）
関東甲信越支社：〒360-0026・熊谷市久下上分1243-1・☎048-527-8811・FAX048-527-8823・大橋昭彦
宮代支店：〒345-0802・南埼玉郡宮代町中島932-2・☎0480-32-2352
川島支店：〒350-0131・比企郡川島町平沼一丁目1203・☎0492-97-2251
鴻巣支店：〒365-0023・鴻巣市笠原882-1・☎048-543-2326
妻沼支店：〒360-0201・熊谷市妻沼1592-1・☎048-588-0058
本庄支店：〒367-0021・本庄市東台4-7-18・☎0495-24-1145

㈱ヰセキ関東（本社：茨城県）
埼玉事務所：〒365-0028・鴻巣市鴻巣1167-1・☎048-542-6362・FAX048-543-1378
鴻巣営業所：（埼玉支社と同）・☎048-542-6378
川越営業所：〒350-0001・川越市古谷上987-1・☎049-235-5175
加須営業所：〒347-0043・加須市馬内433・☎0480-62-1521

幸手営業所：〒340-0126・幸手市下吉羽1520-3・☎0480-48-1485

深谷営業所：〒366-0014・深谷市藤野木98-1・☎048-598-8770

三菱農機販売㈱：〒340-0203・久喜市桜田2-133-4・☎0480-58-9524・FAX0480-58-2450・小林宏志
関東甲信越支社：(本社と同)・☎0480-58-9521・FAX0480-58-7820・南雲照夫
南関東支店：〒360-0023・熊谷市佐谷田983-1・☎048-524-6891・FAX048-524-1093
熊谷営業所：(南関東支店と同)・☎048-524-1091

㈲青木農機商会：〒355-0324・比企郡小川町青山625・☎0493-72-0393・FAX0493-74-4740・青木忠勝

アキオ商会：〒350-0111・比企郡川島町大字谷中258-89・☎049-297-2425・銘＝クボタ

秋山商会：〒349-1147・北埼玉郡大利根町北大桑438-2・☎0480-72-3537・FAX0480-72-3537・山中仁・銘＝三菱

㈱秋山農機：〒360-0232・熊谷市道ケ谷戸311-3・☎048-588-1210・FAX048-588-1210・秋山興平・銘＝三菱

㈱アグリベータ：〒359-0011・所沢市南永井292・☎04-2968-3427・FAX04-2968-3427・銘＝クボタ

㈲浅野産業：〒340-0111・幸手市北2-14-23・☎0480-42-1803・FAX0480-23-1928・浅野正廣・銘＝キセキ

荒井農機商会：〒349-0131・蓮田市根金1034・☎048-766-1725・FAX048-766-1161・荒井正男・銘＝三菱

㈲石井アグリ：〒355-0303・比企郡小川町奈良梨528-1・☎0493-72-7796・FAX0493-74-2485

石井機械店：〒343-0838・越谷市蒲生1-14-11・☎048-986-4963・石井勇

㈲石井商事：〒343-0045・越谷市下間久里415・☎048-975-2911・FAX0489-76-6800・伊藤八郎・銘＝三菱

石井農機：〒355-0806・比企郡滑川町伊古1028・☎0493-56-2723・石井卓雄・銘＝三菱

㈱石井農機：〒338-0813・さいたま市桜区在家65-1・☎048-854-7403・FAX048-854-7415・若林勇・銘＝クボタ，キセキ・販＝川越営業所：〒350-0001・川越市古谷上5673-2・☎049-235-4055

石川商会：〒331-0048・さいたま市西区清河寺768-3・☎048-624-6710・FAX048-623-6754・銘＝三菱

石川農機具店：〒340-0217・久喜市鷲宮5-11-1・☎0480-58-0074・銘＝クボタ

㈲石塚農機商会：〒346-0025・久喜市樋ノ口536-1・☎0480-22-8008・FAX0480-24-0703・石塚晴男・銘＝クボタ，キセキ

㈱イシワタ：〒365-0003・鴻巣市北根1643・☎048-569-0613・FAX048-569-1561・石渡倉蔵・銘＝キセキ・販＝行田支店：〒361-0032・行田市佐間1585・☎048-556-1575，鴻巣支店：〒365-0075・鴻巣市宮地2-6-21・☎048-541-8382

糸井農機店：〒340-0114・幸手市東4-4-14・☎0480-42-0236・FAX0480-43-8466・糸井昭司

㈱伊藤商会：〒355-0011・東松山市加美町11-18・☎0493-22-0473・FAX0493-24-7906・伊藤一久・銘＝ヤンマー，三菱，ホンダ

宇田川商会：〒369-1203・大里郡寄居町寄居978-6・☎048-581-0018・宇田川健次

㈲内田農機具店：〒347-0054・加須市不動岡755-1・☎0480-61-0604・FAX0480-62-6594・内田慶之助・銘＝クボタ

㈲内田農機具店：〒347-0105・加須市騎西1239・☎0480-73-0001・FAX0480-73-0061・内田雅夫・銘＝キセキ

㈲内沼機械：〒357-0046・飯能市阿須151・☎042-972-6848・FAX042-974-6685・内沼敏・銘＝クボタ

梅沢農機㈱：〒369-1202・大里郡寄居町桜沢336・☎048-581-0152・FAX048-581-0173・梅沢健介・銘＝三菱，ホンダ

㈲大越農機商会：〒369-1202・大里郡寄居町桜沢1344・☎048-581-1221・銘＝キセキ

大沢農機具店：〒355-0355・比企郡ときがわ町馬場343-1・☎0493-65-0505・FAX0493-65-0505・銘＝三菱

大谷農機具店：〒355-0073・東松山市上野本1759・☎0493-23-3558・FAX0493-24-9688・大谷昭治・銘＝三菱

㈲大塚商会：〒355-0314・比企郡小川町中爪420-1・☎0493-72-1206・FAX0493-74-5215・大塚允治・銘＝クボタ

㈾岡田商会：〒342-0015・吉川市中井1-117・☎048-982-2913・FAX0489-81-2201・岡田幸明・銘＝キセキ

岡田鉄工㈲：〒360-0852・熊谷市東別府627・☎048-532-1332・岡田作男

小沢商会：〒361-0025・行田市埼玉4671・☎048-559-2348・FAX048-559-2348・銘＝クボタ

㈱小和瀬農機商会：〒369-1108・深谷市田中877・☎048-583-2452・FAX048-583-5732・小和瀬栄一・銘＝クボタ

㈱柿崎商店：〒347-0105・加須市騎西493-1・☎0480-73-1198・FAX0480-73-1362・柿崎義之・銘＝クボタ

カキザキ農機㈱：〒347-0013・加須市北篠崎22-2・☎0480-68-5808・FAX0480-68-6818・柿崎輝次・銘＝ヤンマー

柿沼農機具店：〒348-0048・羽生市下新田364・☎048-562-0257・FAX048-562-2976・銘＝三菱

㈲笠原鉄工所：〒369-1108・深谷市田中62・☎048-583-2018・FAX048-583-5667・笠原信一・銘＝キセキ

㈲加藤農機：〒355-0110・比企郡吉見町東野2-15-10・☎0493-54-0104・FAX0493-54-3581・加藤義久・銘＝クボタ，キセキ

㈲加藤農機：〒366-0042・深谷市東方町3-1-4・☎048-571-3234・FAX048-574-7767・加藤勇・銘＝ヤンマー

㈲椛田：〒365-0003・鴻巣市北根1364・☎048-569-0634・FAX048-569-2338・銘＝クボタ

㈲カネコ：〒345-0824・南埼玉郡宮代町山崎65・☎0480-32-1321・銘＝キセキ

カネコアグリサービス：〒349-1135・加須市北平野171-7・☎0480-72-3369・FAX0480-72-3369・大塚正身

金井農機：〒366-0052・深谷市上柴町西6-6-14・☎048-572-3270・銘＝クボタ

金子自動車整備工場：〒345-0824・南埼玉郡宮代町山崎65・☎0480-32-1321・FAX0480-35-1258・金子充男

金子農機具店：〒361-0061・行田市和田125-3・☎048-556-7439・FAX048-556-7439・金子幸二・銘＝クボタ

叶内農機：〒349-1202・加須市小野袋1081-4・☎0280-62-1947・銘＝クボタ

㈲賀山工業：〒348-0017・羽生市今泉790・☎048-565-2844・FAX048-565-3888・賀山信衛・銘＝クボタ

川越農機商会：〒350-1161・川越市大塚新田522-2・☎049-243-5735・FAX049-242-4441・牛窪勝・銘＝ヤンマー，三菱

㈲川島工業・羽生営業所：〒348-0015・羽生市北荻島391・☎048-565-3969・FAX048-565-3969・川島克己・銘＝クボタ

川島農機店：〒350-0238・坂戸市浅羽1363・☎049-284-1359・FAX049-284-1359・川島平吉・銘＝三菱

川尻農機店：〒343-0011・越谷市増林6793-9・☎048-965-3551・FAX048-965-3552・川尻正重

㈲吉川農機製作所：〒343-0855・越谷市西新井1228-1・☎048-960-5155・FAX048-960-5156・吉川弘司

菊地農機店：〒343-0025・越谷市大沢3-10-8・☎048-976-5904・FAX048-976-5904・菊地稔・銘＝クボタ

㈱木村農機：〒347-0063・加須市久下1679・☎0480-67-2611・FAX0480-65-5517・木村利夫・銘＝クボタ

㈲木村農機：〒361-0013・行田市真名板2197・☎048-559-3926・FAX048-559-3928・銘＝三菱

㈲熊井農機：〒334-0013・川口市南鳩ヶ谷

販売業者編＝埼玉県＝

1-1-10・☎048-284-5531・銘＝クボタ

倉林機械産業㈱：〒367-0211・本庄市児玉町吉田林375・☎0495-72-0121・FAX0495-72-1023・倉林正太郎・銘＝クボタ・販＝深谷営業所：〒366-0825・深谷市深谷町6-7・☎048-571-2050

倉林車輌工業㈱：〒360-0853・熊谷市玉井269-3・☎048-523-0921・FAX048-523-0922・倉林正蔵・銘＝クボタ

倉林農機㈱：〒368-0026・秩父市相生町14-2・☎0494-22-1024・FAX0494-22-1025・倉林厳・銘＝ヰセキ，ホンダ・販＝寄居営業所：〒369-1202・大里郡寄居町桜沢2957-1・☎048-581-1000

栗原農機具店：〒355-0803・比企郡滑川町福田1727-4・☎0493-56-2040・FAX0493-56-4748・栗原健一・銘＝三菱

栗原農機具店：〒347-0115・加須市上種足946・☎0480-73-0088・栗原達夫

寿建設㈱：〒345-0025・北葛飾郡杉戸町清地2-6-2・☎0480-32-0946・銘＝クボタ

小林鉄工所：〒350-0124・比企郡川島町三保谷宿256・☎049-297-0781・FAX049-297-0781・小林孝行・銘＝クボタ，ヰセキ

小峰農機具店：〒350-1167・川越市大袋新田864-2・☎049-242-7333・FAX049-242-7333・銘＝三菱

小柳農機店：〒342-0041・吉川市保106-3・☎048-982-0340・FAX0489-82-0344・林正次・銘＝三菱

齊藤農機店：〒350-0436・入間郡毛呂山町川角689・☎049-294-1378・FAX049-295-5805・銘＝三菱

㈲埼玉地引農機：〒342-0041・吉川市保25-8・☎048-982-0149・FAX048-982-9113・小林渡

㈲埼玉セヤマ：〒361-0025・行田市埼玉5435-6・☎048-559-4034・銘＝ヰセキ

㈱斎藤商会：〒350-1319・狭山市広瀬2-16-5・☎04-2952-3768・FAX042-954-0033・斉藤仙太郎

斎藤内燃機㈱：〒344-0006・春日部市八丁目458-1・☎048-752-2133・斉藤博之・銘＝クボタ

斎藤農機具店：〒360-0218・熊谷市八ツ口905-2・☎048-588-0381・FAX048-588-0381・斉藤泰三・銘＝クボタ

㈲埼北ヰセキ：〒360-0801・熊谷市中奈良714・☎048-522-3343・FAX048-526-7425・小谷野浩・銘＝ヰセキ

ササクボ農機店：〒339-0034・さいたま市岩槻区笹久保39-1・☎048-798-0358

佐藤農機店：〒352-0021・新座市あたご2-2-9・☎048-477-3697・銘＝クボタ

㈲柴崎商会：〒367-0217・本庄市児玉町八幡山12・☎0495-72-2361・銘＝ヰセキ

㈱シムラ：〒369-0114・鴻巣市筑波1-2-

25・☎048-548-0216・FAX048-548-0061・志村憲一・銘＝ヰセキ

志村農機：〒350-0115・比企郡川島町一本木42・☎049-297-3261・銘＝クボタ

㈱白鳥機工：〒337-0053・さいたま市見沼区大和田町1-799・☎048-683-2602・銘＝クボタ

㈱スギヤマ：〒350-0002・川越市古谷本郷553-7・☎049-235-9977・FAX049-235-9977・銘＝クボタ

鈴木商会：〒350-1213・日高市高萩505・☎042-989-0237・FAX042-989-0385・鈴木正春・銘＝クボタ

㈲鈴木農機：〒339-0073・さいたま市岩槻区上野27-4・☎048-794-2203・銘＝クボタ

鈴木農機具店：〒344-0122・春日部市樋篭336-2・☎048-754-1540・FAX048-761-5614・銘＝三菱

㈲スダ農機商会：〒352-0005・新座市中野2-4-33・☎048-477-1218・FAX048-481-8511・須田實・銘＝ヤンマー

㈲須永商会：〒332-0006・川口市末広2-13-4・☎048-222-2422・須永広光

㈲関口商事：〒347-0111・加須市鴻茎2097-1・☎0480-73-0272・関口浩一・銘＝クボタ

関口農機具店：〒361-0084・行田市南河原1486-2・☎048-557-3297・FAX048-557-3439・関口一幸・銘＝三菱

㈲関口ファームテック：〒360-0201・熊谷市妻沼2551-1・☎048-567-3600・FAX048-567-3606・関口眞佐美・銘＝クボタ

関農機㈱：〒367-0004・本庄市本町979-1・☎0495-24-3321・FAX0495-24-3323・関静雄・銘＝クボタ，ヰセキ，三菱

㈲瀬山農具製作所：〒361-0012・行田市下須戸967・☎048-559-3731・FAX048-559-2400・瀬山文孝・銘＝ヰセキ

㈲大東農機：〒350-1118・川越市豊田本1193-1・☎049-245-8988・銘＝クボタ

高瀬商会：〒348-0052・羽生市東4-1-15・☎048-561-0577・FAX048-561-0577・高瀬一雄・銘＝クボタ

高橋農機：〒350-0266・坂戸市北浅羽230・☎049-281-1779・FAX049-281-2664・高橋勝利・銘＝クボタ

㈲武井農機具店：〒345-0025・北葛飾郡杉戸町清地3-17-3・☎0480-32-0253・FAX0480-32-0320・武井敏夫・銘＝ヤンマー，ヰセキ，三菱

㈱武井農機商店：〒330-0854・さいたま市大宮区桜木町2-323・☎048-641-0550・FAX048-641-4652・武井邦則・銘＝三菱

㈲竹内農機：〒347-0102・加須市日出安342-1・☎0480-73-2906・FAX0480-73-4988・竹内信雄・銘＝クボタ，ホンダ

㈲竹ノ谷農機：〒350-0061・川越市喜多

町2-13・☎049-222-1885・FAX049-226-2840・竹ノ谷一弘・銘＝ヤンマー

㈲竹村農機：〒365-0062・鴻巣市箕田3815・☎048-596-3282・銘＝クボタ

たじま農機：〒367-0212・本庄市児玉町児玉1764-1・☎0495-72-0331・FAX0495-72-2562・田島淳・銘＝三菱

㈱谷澤商会：〒354-0003・富士見市南畑新田202・☎049-251-3421・FAX049-254-1314・谷澤誠・銘＝クボタ，三菱，ホンダ・販＝狭山営業所：〒350-1312・狭山市広兼46-1・☎0429-58-9828

堤農機店：〒350-0152・比企郡川島町上伊草759-1・☎049-297-0171・FAX049-297-0171・堤久男・銘＝クボタ

㈲常岡機械店：〒356-0002・ふじみ野市清見2-1-5・☎049-264-0055・FAX049-264-0055・常岡延行・銘＝クボタ，ヰセキ

㈲寺田商会：〒366-0826・深谷市田所町4-24・☎048-571-0340・FAX048-571-6852・寺田健哉・銘＝三菱

テラダ商会：〒367-0031・本庄市北堀657-5・☎0495-22-3958・FAX0495-22-4727・銘＝三菱

㈲東部農機：〒360-0843・熊谷市三ヶ尻1750・☎048-533-2085・FAX048-533-2056・大久保一雄・銘＝三菱

㈱戸口興業：〒350-0431・入間郡毛呂山町苦林321・☎049-294-1787・戸口昌光

㈲トネガワ：〒350-0166・比企郡川島町戸守796・☎049-297-1755・FAX049-297-1899・利根川義治・銘＝クボタ，ヰセキ

㈱トミタモータース：〒346-0001・久喜市古久喜58-1・☎0480-21-0183・FAX0480-23-1141・冨田英則・銘＝クボタ・販＝北川辺営業所：〒349-1201・北埼玉郡北川辺町柳生2784-1・☎0280-62-2330，行田営業所：〒361-0056・行田市持田533-3・☎048-555-3500

㈱中島農機：〒344-0031・春日部市一の割3-2-36・☎048-735-3913・銘＝クボタ

中島農機：〒360-0835・熊谷市大麻生1077-5・☎048-532-3093・FAX048-532-3069

㈲中嶋農機商会：〒369-1216・大里郡寄居町富田44-4・☎048-582-0039・FAX048-582-0039・中嶋治男

長島農機店：〒346-0115・久喜市菖蒲町小林131-2・☎0480-85-0082・FAX0480-85-0899・長島千美・銘＝クボタ

㈲長島農機：〒350-0228・坂戸市元町18-32・☎049-281-0076・FAX049-289-0134・長島博・銘＝ヰセキ

㈱中農機商会：〒369-1412・秩父郡皆野町皆野1352-6・☎0494-62-1113・FAX0494-62-3500・中英二・銘＝クボタ

中野農機商会：〒361-0084・行田市南河原1732・☎048-557-0158・FAX048-557-

110

0158・中野直治・銘＝クボタ

中原農機店：〒340-0133・幸手市惣新田778・☎0480-48-1302・銘＝クボタ

㈲中村農機：〒348-0052・羽生市東4-7-5・☎048-561-3960・FAX048-561-3960・中村要・銘＝キセキ

㈱七海農機具店：〒365-0011・鴻巣市新井230-1・☎048-569-0676・FAX048-569-1277・七海堯

㈲ナムロ：〒360-0811・熊谷市原島1183-3・☎048-522-4856・FAX048-524-3226・南室文雄・銘＝キセキ

奈良農機店：〒348-0017・羽生市今泉253-5・☎048-565-1001・奈良敬・銘＝クボタ

新高農機：〒360-0801・熊谷市中奈良1269-10・☎048-523-1394・FAX048-523-1394・銘＝クボタ

㈲新島商会：〒350-0154・比企郡吉見町南吉見344・☎0493-54-1433・銘＝クボタ

根岸農機：〒369-0305・児玉郡上里町神保原町562・☎0495-33-2904・FAX0495-33-2904・根岸五郎・銘＝クボタ

㈲根岸農機店：〒360-0201・熊谷市妻沼1877-1・☎048-588-1246・FAX048-588-7675・根岸隆道

野口機械：〒340-0136・幸手市細野136-1・☎0480-48-2412・FAX0480-48-2676・野口和男・銘＝三菱

野中農機具店：〒347-0001・加須市大越1955・☎0480-68-6593

㈲萩原農機：〒361-0067・行田市下池守660-4・☎048-556-3813・FAX048-555-2771・萩原勉・銘＝クボタ，キセキ

㈲萩原農機：〒365-0028・鴻巣市鴻巣1334・☎048-541-3628・FAX048-543-7755・萩原栄・銘＝キセキ

㈲萩原農機商会：〒346-0114・久喜市菖蒲町上栢間4470・☎0480-85-0486・FAX0480-85-0486・萩原昇・銘＝キセキ

橋本電機商会：〒350-1105・川越市今成2-11-9・☎049-224-9789・銘＝キセキ

㈲秦野農機具店：〒343-0025・越谷市大沢3-10-15・☎048-976-5993・FAX048-974-2828・秦野悦夫・銘＝クボタ

㈲浜田農機：〒349-0218・南埼玉郡白岡町白岡1580-1・☎0480-92-2119・銘＝クボタ

浜中薬専：〒352-0024・新座市道場2-13-14・☎048-478-4310・FAX048-478-4310・銘＝クボタ

原島商店：〒368-0005・秩父市大野原670-1・☎0494-22-3395

春田農機具店：〒361-0062・行田市谷郷1-17-23・☎048-555-1225・FAX048-556-7799・春田晃男・銘＝キセキ

平井農機：〒345-0833・南埼玉郡宮代町西粂原672・☎0480-32-2029・FAX0480-32-8014・平井福男・銘＝キセキ

蛭沼農機店：〒347-0063・加須市久下3-426・☎0480-65-0477・FAX0480-66-2798・蛭沼高男・銘＝キセキ

㈲蛭間農機兄弟商会：〒347-0045・加須市富士見町4-36・☎0480-61-0218・蛭間利雄

㈲深谷農機：〒350-0823・川越市神明町12-6・☎049-222-1834・FAX049-224-4161・深谷民男・銘＝クボタ，キセキ

㈲フクシマ商会：〒355-0206・比企郡嵐山町越畑1342・☎0493-62-2709・FAX0493-62-2709・銘＝三菱

㈱藤倉農機：〒345-0035・北葛飾郡杉戸町内田1-5-43・☎0480-32-1761・FAX0480-32-1724・藤倉和彦・銘＝クボタ

藤倉農機具店：〒348-0034・羽生市下川崎1265-2・☎048-561-8679

㈲北栄：〒367-0023・本庄市寿1-15-11・☎0495-24-1911

細田農機㈱：〒353-0001・志木市上宗岡1-2-38・☎048-471-1678・FAX048-471-1678・細田昭喜・銘＝ヤンマー，三菱

細田農機㈱：〒363-0011・桶川市北1-2-6・☎048-773-1711・FAX048-773-2348・細田康・銘＝ヤンマー・販＝川越営業所：〒350-0036・川越市小仙波町2-16-1・☎0492-22-2429，菖蒲営業所：〒346-0106・久喜市菖蒲町菖蒲311・☎0480-85-0104，深谷営業所：〒366-0818・深谷市萱場町74-1・☎0485-71-3208

㈱ホソダ：〒344-0006・春日部市八丁目1593・☎048-754-5276・FAX048-761-7485・河口淳子・銘＝クボタ・販＝岩井支店：〒306-0631・坂東市岩井4106・☎0297-35-0328，羽生営業所：〒348-0045・羽生市下岩瀬580-1・☎048-561-3782

細田農機商会：〒350-1206・日高市南平沢437・☎042-989-0116・細田武夫

誉商会：〒350-0115・比企郡川島町一本木287・☎049-297-0268・FAX049-297-7739・清水武治・銘＝三菱

堀口商店：〒355-0303・比企郡小川町奈良梨99-1・☎0493-72-1289・FAX0493-72-5735・堀口雄太郎

㈲本多農機：〒352-0035・新座市栗原2-3-36・☎042-475-3233・FAX042-475-3230・本多康雄・銘＝クボタ，ホンダ

㈱益岡成幸商店：〒332-0001・川口市朝日3-1-4・☎048-222-6041・益岡繁男

㈲増田農機：〒348-0022・羽生市下手子林2148・☎048-565-3012・FAX048-565-2919・増田義明・銘＝クボタ，キセキ

増田農機商会：〒349-1202・加須市小野袋616・☎0280-62-0702・FAX0280-62-3831

松村農機具店：〒347-0041・加須市串作244・☎0480-62-3124・FAX0480-62-3124・銘＝クボタ

㈲松本農機：〒343-0111・北葛飾郡松伏町松伏692-1・☎048-991-2441・FAX0489-91-2522・松本健一・銘＝クボタ

㈲丸岡農機店：〒360-0233・熊谷市八木田683-1・☎048-588-0205・銘＝キセキ

㈲三澤凡用機械：〒356-0051・ふじみ野市亀久保1865-25・☎049-261-1986・三澤昌弘・銘＝クボタ，三菱

三尻農機具店：〒360-0843・熊谷市三ケ尻560-5・☎048-533-0875・FAX048-533-7456・富田松二・銘＝クボタ

㈲水野機械：〒347-0006・加須市上三俣1271-1・☎0480-62-3085・FAX0480-62-3081・水野晃

㈲峯尾農機：〒364-0002・北本市宮内7-264-1・☎048-591-2247・FAX048-591-2890・峯尾要助・銘＝クボタ

㈱ミヤザキ：〒360-0134・熊谷市高本38・☎0493-39-2386・FAX049-339-2501・宮崎忠・銘＝三菱

㈲明升堂：〒368-0026・秩父市相生町6-18・☎0494-22-0750・明石弘一

武藤農機店：〒337-0012・さいたま市見沼区東宮下551・☎048-683-2576・FAX048-683-2576・銘＝クボタ

㈲茂木商会：〒360-0822・熊谷市宮本町5・☎048-521-0925・FAX048-521-0987・茂木鋭治・銘＝クボタ

㈲森勇蔵商店：〒366-0824・深谷市西島町3-13-7・☎048-571-0238・FAX048-571-0238・銘＝クボタ

八木農機店：〒369-0302・児玉郡上里町黛65-1・☎0495-33-1839・八木紀雄

矢島農機商会：〒365-0062・鴻巣市箕田549・☎048-596-0338・FAX048-596-0338・矢島政雄

柳田機械：〒331-0077・さいたま市西区中釘2142-5・☎048-624-9829・銘＝クボタ

㈲山岸農機：〒350-1305・狭山市入間川1-10-20・☎042-952-2330・FAX042-952-6250・山岸孝志・銘＝ヤンマー

㈱山口農機：〒360-0813・熊谷市円光1-2-15・☎048-521-0686・FAX048-526-2190・山口輝明・銘＝クボタ

山口農機店：〒350-0305・比企郡鳩山町泉井434・☎0492-96-1209・FAX0492-96-5519・銘＝クボタ

㈱山口義雄商店：〒360-0012・熊谷市上之684-5・☎048-524-6531・FAX048-525-6235・山口義雄・銘＝ヤンマー

㈲山崎機械：〒359-0001・所沢市下富601・☎04-2942-0328・FAX04-2943-5535・山崎義治・銘＝クボタ

山崎農機具店：〒340-0016・草加市中央1-6-24・☎048-922-1960・FAX048-922-1961・山崎茂男

㈱ヤマダ：〒367-0023・本庄市寿1-15-11・☎0495-24-1911・FAX0495-24-4554・

販売業者編＝埼玉県，千葉県＝

山田土雄

㈲ヤマモリ農機商会：〒365-0022・鴻巣市郷地473-1・☎048-541-0150・FAX048-543-5154・山本郁夫・銘＝ヰセキ，三菱

横田商会：〒350-1224・日高市田木99-2・☎042-989-1810・FAX042-985-4183・横田洋・銘＝クボタ

吉澤農機：〒350-0844・川越市鴨田671-3・☎049-223-2708・FAX049-223-2708・銘＝クボタ

吉沢農機具店：〒346-0038・久喜市上清久240-1・☎0480-22-2950・銘＝クボタ

吉沢農機具店：〒347-0002・加須市外野738-1・☎0480-68-6854・FAX0480-68-6854・銘＝三菱

㈲吉田農機：〒369-0112・鴻巣市鎌塚4-3-2・☎048-549-0888・FAX048-549-0882・吉田清人・銘＝クボタ

㈲吉田農機商会：〒350-0165・比企郡川島町中山1186・☎049-297-0030・FAX049-297-0030・吉田英幸

若山商会：〒355-0131・比企郡吉見町荒子871・☎0493-54-2395・FAX0493-54-2395・若山祥雄・銘＝クボタ

渡辺機械水道店：〒363-0027・桶川市川田谷1057-1・☎048-787-0138・渡辺恭一・銘＝クボタ

[千葉県]

㈱関東甲信クボタ（本社：埼玉県）

南関東事務所：〒260-0808・千葉市中央区星久喜町176-4・☎043-261-5151

神崎営業所：〒289-0202・香取郡神崎町郡259-1・☎0478-72-2653

小見川営業所：〒289-0331・香取市羽根川49-1・☎0478-83-3325

多古営業所：〒289-2306・香取郡多古町十余三267-12・☎0479-75-0536

横芝光営業所：〒289-1727・山武郡横芝光町宮川6585-1・☎0479-85-1131

旭営業所：〒289-2501・旭市新町441・☎0479-63-7551

芝山営業所：〒289-1608・山武郡芝山町岩山2313-1・☎0479-77-1931

成東営業所：〒289-1326・山武市成東560-1・☎0475-82-5195

松尾営業所：〒289-1531・山武郡松尾町木刀1227-5・☎0479-86-3511

大網営業所：〒299-3237・大網白里市仏島123・☎0475-72-0309

印西営業所：〒270-1318・印西市小林2512・☎0476-97-0027

㈱関東甲信クボタ（本社：埼玉県）

千葉営業所：（南関東事務所と同）・☎043-266-4947

市原営業所：〒290-0252・市原市相川

30-2・☎0436-36-6666

君津営業所：〒292-0403・君津市三田123-6・☎0439-29-6301

みなみ営業所：〒299-2514・南房総市西原1227-1・☎0470-46-4311

大町出張所：〒272-0801・市川市大町453・☎047-338-1210

ヤンマーアグリジャパン㈱（本社：大阪府／関東甲信越支社：埼玉県）

千葉事務所：〒283-0824・東金市丹尾18-1・☎0475-55-2141・FAX0475-55-2142

旭支店：〒289-2714・旭市三川セ626・☎0479-57-2841

東金支店：（千葉事務所と同）

館山支店：〒294-0006・館山市薗381-1・☎0470-24-5511

木更津支店：〒292-0054・木更津市長須賀924-1・☎0438-22-6251

鴨川支店：〒296-0121・鴨川市大川面前川田810-1・☎04-7097-1888

佐原神崎支店：〒289-0221・香取郡神崎町神崎本宿882・☎0478-72-3331

夷隅支店：〒298-0123・いすみ市苅谷336・☎0470-86-3100

㈱ヰセキ関東（本社：茨城県）

千葉事務所：〒283-0812・東金市福俵906-1・☎0475-52-3393・FAX0475-52-3888

茂原営業所：〒297-0074・茂原市小林2545-2・☎0475-23-1018

東金営業所：（千葉支社と同）・☎0475-54-1082

横芝営業所：〒289-1732・山武郡横芝光町横芝1164-3・☎0479-82-0534

八街営業所：〒289-1124・八街市山田台960-3・☎043-445-3886

夷隅営業所：〒298-0121・いすみ市島494-1・☎0470-86-5034

成田営業所：〒286-0819・成田市久住中央1-6-4・☎0476-36-1127

佐倉営業所：〒285-0017・佐倉市城内町93・☎043-485-8327

布佐営業所：〒270-1102・我孫子市都5-5・☎047-189-2727

市原営業所：〒290-0258・市原市神代230-1・☎0436-36-0365

三菱農機販売㈱（本社：埼玉県／関東甲信越支社：埼玉県）

千葉支店：〒289-1133・八街市吉倉菜飯506-21・☎043-445-6141・FAX043-445-6143

㈲相川農機商会：〒263-0002・千葉市稲毛区山王町381-8・☎043-422-5008・FAX043-421-3247・相川喜由

秋葉農機：〒285-0811・佐倉市表町3-7-6・☎043-484-1258・FAX043-484-1258・秋

葉保・銘＝ヰセキ

㈲秋山農機：〒273-0862・船橋市駿河台2-18-1・☎047-422-1018・FAX047-423-2117・秋山英一・銘＝クボタ

㈲アダチ：〒260-0112・千葉市中央区本町2-9-13・☎043-222-6083・FAX043-222-4050・足立徹

㈲姉崎農機：〒299-0115・市原市不入斗1492-1・☎0436-61-2056・FAX0436-61-2056・清水光一・銘＝ヰセキ

㈱安房農機：〒294-0027・館山市西長田29・☎0470-22-3630・FAX0470-22-3644・鈴木千景

安房菱農㈱：〒296-0001・鴨川市横渚305-2・☎04-7093-1311・FAX04-7093-3429・長谷川雅紀・銘＝三菱

㈲井合農機店：〒273-0047・船橋市藤原5-22-31・☎047-439-5477・FAX047-439-5477・井合明義・銘＝クボタ

飯島産業：〒289-0107・成田市猿山188-1・☎0476-96-2322・FAX0476-96-2322・飯島和博・銘＝クボタ，ヰセキ

㈲飯沼商会：〒294-0051・館山市正木1777・☎0470-27-3201・FAX0470-27-3242・飯沼正明・銘＝ヰセキ

㈲イガラシ農機商会：〒270-1327・印西市大森4426・☎0476-42-4735・FAX0476-42-8185・五十嵐勇・銘＝クボタ

㈲生井沢農機：〒262-0019・千葉市花見川区朝日ヶ丘5-28-64・☎043-273-7533・FAX043-273-8478・生井沢誠・銘＝ホンダ

㈱石井商会：〒285-0038・佐倉市弥勒町92・☎043-484-0768・FAX043-486-1791・石井照之・銘＝ホンダ

㈱石井鉄工：〒299-4218・長生郡白子町関4549-2・☎0475-33-3528・FAX0475-33-6413・石井利・銘＝クボタ

石井電機商店：〒294-0042・館山市上野原294-5・☎0470-22-0542・FAX0470-22-0593・銘＝クボタ

㈱石川商会：〒289-2516・旭市口1247・☎0479-63-3115・FAX0479-63-7592・小関邦夫・銘＝ヰセキ，ホンダ・販＝旭営業所：〒289-2505・旭市鎌数1389-1・☎0479-63-3111，八日市場営業所：〒289-2146・匝瑳市八日市場ホ1124-1・☎0479-73-2233，小見川営業所：〒289-0321・香取市阿玉川87-1・☎0478-82-2315，銚子営業所：〒288-0861・銚子市芦崎町944-1・☎0479-33-3121

㈱石川商会：〒298-0004・いすみ市大原9404・☎0470-62-0027・FAX0470-62-9288・安達貴道・銘＝クボタ・販＝夷隅店：〒298-0133・いすみ市引田241-7・☎0470-86-3659，大網店：〒299-3203・大網白里市四天木乙891・☎0475-77-3303

㈱石田機械店：〒270-0176・流山市加6-1545・☎04-7158-1257・FAX04-7159-

販売業者編＝千葉県＝

4719・石田克己・銘＝三菱

㈲石塚農機：〒270-0222・野田市木間ヶ瀬6117-7・☎04-7198-2488・銘＝クボタ

㈲伊勢豊商会：〒286-0212・富里市十倉131-15・☎0476-94-0121・FAX0476-94-0122・横山茂・銘＝キセキ

市津産業㈱：〒290-0171・市原市潤井戸1059-1・☎0436-75-2516・FAX0436-74-2935・近藤光節・銘＝キセキ

㈲五木田農機：〒289-2247・香取郡多古町水戸1012・☎0479-76-2665・FAX0479-76-7665・銘＝クボタ

伊藤産業機械㈱：〒290-0034・市原市島野1978・☎0436-22-1743・FAX0436-22-5065・伊藤正臣・銘＝三菱

伊藤農機：〒289-0612・香取郡東庄町石出2640-1・☎0478-86-0793・FAX0478-86-2327・伊藤平

㈱稲葉農機：〒289-0314・香取市野田511-1・☎0478-82-2815・FAX0478-82-2819・稲葉昌一・銘＝三菱

㈲井上農機商会：〒299-4501・いすみ市岬町椎木1793・☎0470-87-2823・FAX0470-87-2233・井上和政・銘＝三菱，ホンダ

今関農機㈱：〒297-0026・茂原市茂原252・☎0475-22-2441・FAX0475-24-2209・今関武人・銘＝キセキ

㈱梅沢農機店：〒278-0043・野田市清水15・☎04-7122 2251・FAX04-7122-2375・梅沢和弘・銘＝三菱

㈲江口機械：〒277-0902・柏市大井1873・☎04-7191-4636・FAX04-7191-0287・江口正洋・銘＝クボタ，三菱

㈱大竹産業：〒286-0041・成田市飯田町1-6・☎0476-22-2333・FAX0476-22-2334・大竹美佐男・銘＝クボタ

大竹農機㈱：〒289-1115・八街市八街ほ244・☎043-444-0225・FAX043-443-7705・大竹忠一・銘＝三菱

大塚農機㈲：〒270-0222・野田市木間ヶ瀬3209・☎04-7198-0238・銘＝クボタ

㈲大塚農機：〒283-0103・山武郡九十九里町田中荒生628-2・☎0475-76-2788・FAX0475-76-9427・銘＝クボタ

㈲大野機械店：〒287-0003・香取市佐原イ38-7・☎0478-52-3637・FAX0478-52-5228・大野保明・銘＝三菱

大野農機㈱：〒270-1327・印西市大森3343・☎0476-42-2039・FAX0476-42-7574・大野圭三・銘＝三菱

㈲大町農機：〒272-0801・市川市大町453・☎047-338-1210・FAX047-339-3552・進藤幸子・銘＝クボタ

小川農機㈲：〒289-1624・山武郡芝山町小池908-14・☎0479-77-0061・FAX0479-77-2201・小川正宏

小倉産業：〒283-0062・東金市家徳877・☎0475-58-5769・銘＝キセキ

押農機：〒299-1742・富津市豊岡1743-2・☎0439-68-1140・FAX0439-68-1140・押啓二

㈲尾高機械店：〒299-1603・富津市更和105-2・☎0439-67-0078・FAX0439-67-0953・尾高賢治・銘＝ヤンマー

㈲柿崎農機：〒278-0033・野田市上花輪848・☎04-7124-6195・FAX04-7124-2350・柿崎弘久・銘＝クボタ，キセキ

上総農機㈲：〒292-0502・君津市平山754・☎0439-29-2421・FAX0439-29-2421・伊藤素夫・銘＝クボタ

㈲加藤農機商会：〒285-0811・佐倉市表町3-14-10・☎043-484-0265・FAX043-484-0295・加藤進・銘＝ヤンマー

金久保機械店：〒278-0031・野田市中根69・☎0471-22-4301・金久保七五三造

金杉商会：〒289-0511・旭市鏑木1795・☎0479-68-4323・FAX0479-68-4323・金杉説夫

加茂ヤンマー：〒290-0545・市原市田淵旧日竹131-1・☎0436-96-0056・FAX0436-96-0311・山田光男

神原農機店：〒289-2511・旭市イ1288-3・☎0479-63-1891・FAX0479-63-6398・神原正男

㈲木嶋機工：〒289-1104・八街市文違301-2603・☎043-442-2071・銘＝キセキ

㈲木嶋商店：〒289-1115・八街市八街ほ378-14・☎043-444-0227・FAX043-443-6858・木嶋勝之

北崎農機：〒289-1732・山武郡横芝光町横芝532-1・☎0479-82-5165・北崎博久・銘＝三菱

小関機械店：〒289-1115・八街市八街ほ35・☎043-444-0007・FAX043-443-7708・小関信・銘＝クボタ，ホンダ

㈲小林商会：〒276-0046・八千代市大和田新田169-20・☎047-450-8374・FAX047-480-3026・銘＝クボタ

㈱小松屋農機商会：〒298-0214・夷隅郡大多喜町新丁32・☎0470-82-2324・FAX0470-82-2328・斎藤昇・銘＝キセキ

㈱近藤農工舎：〒290-0008・市原市古市場347・☎0436-41-3723・FAX0436-41-4369・近藤正義・銘＝ヤンマー・販＝潤井戸営業所：〒290-0171・市原市潤井戸277-6・☎0436-75-2112

㈱斎田農機店：〒287-0204・成田市伊能1242・☎0476-73-5252・FAX0476-73-6955・斉田敬之・銘＝三菱，ホンダ

㈱齋藤農機商会：〒292-0036・木更津市菅生1059-2・☎0438-98-0111・FAX0438-98-0112・斎藤勝美・銘＝クボタ，キセキ

斎藤農機：〒287-0221・成田市官林389-20・☎0476-73-3166・斎藤正行

㈲斉藤農進会：〒289-1733・山武郡横芝町光町栗山2431-5・☎0479-82-0351・

FAX0479-82-0351・斉藤秀夫

逆井農機店：〒270-0222・野田市木間ヶ瀬3661・☎04-7198-1245

㈲佐久間農機店：〒292-0036・木更津市菅生45-1・☎0438-98-0654・FAX0438-98-0654・佐久間晴子

㈲ササガワ：〒289-1603・山武郡芝山町大里16-4・☎0479-78-1227・FAX0479-78-0543・笹川繁義・銘＝キセキ

㈱佐々木商会：〒294-0037・館山市長須賀123・☎0470-22-1166・FAX0470-22-1157・佐々木喜久子・銘＝クボタ，ヤンマー

㈱佐々木商店：〒296-0001・鴨川市横渚292・☎04-7092-1323・FAX04-7092-1677・瀧口宗孝・銘＝キセキ

㈲笹曽根農機：〒289-2135・匝瑳市高野898・☎0479-72-0781・FAX0479-73-0779・大木一利

佐藤商店：〒289-2713・旭市萩園1701・☎0479-57-2406・銘＝三菱

㈱佐野農機：〒288-0854・銚子市茶畑町51・☎0479-33-3733・FAX0479-33-2498・飯田勝大・銘＝クボタ，三菱

沢辺農機㈱：〒293-0057・富津市亀田542・☎0439-66-0121・FAX0439-66-0820・沢辺十久治

㈱三和商会：〒289-2504・旭市二2080・☎0479-62-0430・FAX0479-63-2116・善当平吉・銘＝ヤンマー

菅谷機械店：〒289-0313・香取市小見川730・☎0478-82-2538・FAX0478-82-0607・菅谷治夫・銘＝ヤンマー

杉木鉄工㈱：〒297-0029・茂原市高師1536・☎0475-22-4587・FAX0475-25-1434・杉木範行

㈲鈴木商店：〒286-0006・成田市北須賀189・☎0476-26-2451・FAX0476-26-9020・鈴木満雄・銘＝クボタ

㈲鈴木農機：〒283-0046・東金市上谷956-2・☎0475-52-4511・FAX0475-55-2657・鈴木孝行・銘＝クボタ

㈲鈴木農機店：〒290-0225・市原市牛久1105-2・☎0436-92-0059・FAX0436-92-3845・鈴木信弘・銘＝キセキ

㈲泉田農機：〒270-1604・印西市山田3526-1・☎0476-98-0255・FAX0476-98-0255・泉田定雄

㈲染井金物店：〒270-1151・我孫子市本町3-8-12・☎04-7182-2375・FAX04-7182-2376・染井泰裕・銘＝三菱

㈲タカノ小見川：〒289-0321・香取市阿玉川670・☎0478-83-6005・FAX0478-83-6040・銘＝クボタ

㈲高橋機械：〒271-0092・松戸市松戸1877-1・☎047-362-0101・FAX047-362-3636・高橋卓志・銘＝クボタ

㈲高橋農機：〒273-0047・船橋市藤原8-3-

25・☎047-438-4411・FAX047-438-4408・高橋行雄・銘＝三菱

㈲高橋農機商会：〒287-0003・香取市佐原イ3253・☎0478-52-341・銘＝ヰセキ

㈲田川農機：〒290-0535・市原市朝生原851・☎0436-96-0332・FAX0436-96-0547・田川平一郎・銘＝クボタ

㈱竹塚機械店：〒278-0033・野田市上花輪849・☎04-7125-1711・FAX04-7125-6601・竹塚賢・銘＝ヤンマー，ホンダ

竹山商会：〒287-0236・成田市津富浦1105・☎0476-73-3418・FAX0476-73-3120・岩沢伸一郎

㈱地引：〒277-0034・柏市藤心896-30・☎04-7173-2253・宮本康孝・銘＝クボタ

㈲土子機械店：〒287-0037・香取市与倉73-5・☎0478-58-1134・FAX0478-58-1863・土子恵一

常泉鉄工㈱：〒299-4123・茂原市下太田194-4・☎0475-34-3630・FAX0475-34-2957・常泉幸代

㈲東條機械：〒297-0029・茂原市高師500・☎0475-22-5416・FAX0475-22-4863・東條三郎・銘＝ヰセキ

㈲戸塚農機店：〒270-0221・野田市古布内1700・☎04-7196-0130・銘＝クボタ

冨沢農機具店：〒287-0003・香取市佐原イ42・☎0478-52-3745

長嶋農機商店：〒270-1318・印西市小林731・☎0476-97-0023

㈱中村発動機商会：〒298-0003・いすみ市深堀1601・☎0470-62-0158・FAX0470-63-0901・中村嘉昭・銘＝ヤンマー

㈱中村文男商店：〒270-1327・印西市大森3277・☎0476-42-2453・FAX0476-42-4744・中村真一・銘＝クボタ

㈱中屋商会：〒289-2146・匝瑳市八日市場ホ452・☎0479-72-1161・FAX0479-72-1164・大木茂喜・銘＝ヤンマー

㈲並木鉄工所：〒289-2306・香取郡多古町十余三384・☎0479-75-1555・FAX0479-75-1556・並木一之・銘＝ヤンマー

成田加藤農機㈲：〒286-0021・成田市土屋1375-1・☎0476-22-0579・FAX0476-22-0597・加藤剛

㈱南総ヤンマー：〒290-0221・市原市馬立1593・☎0436-95-1611・FAX0436-95-0224・山中秀昭

㈲根本商会：〒286-0801・成田市竜台584・☎0476-37-1211・FAX0476-37-1213・根本勝三・銘＝クボタ

㈲野田農機：〒290-0541・市原市平野182・☎0436-96-0013・FAX0436-96-1683・海老沢更正

㈲野平農機：〒270-1504・印旛郡栄町麻生字柳作470-1・☎0476-95-3277・野平弘明・銘＝ヰセキ

㈲長谷川商店：〒294-0043・館山市安布

里742・☎0470-22-6561・FAX0470-22-4541・長谷川徹・銘＝三菱

㈲林田商店：〒270-2324・印西市中根2007・☎0476-97-1121・FAX0476-97-1124・林田弘・銘＝ヰセキ

㈱林農機商会：〒289-0612・香取郡東庄町石出1618・☎0478-86-0484・FAX0478-86-5148・林繁・銘＝ヤンマー

㈲東モータース商会：〒297-0132・長生郡長南町給田296・☎0475-47-0011・FAX0475-47-0007・古市正和

㈲光港屋商会：〒289-1727・山武郡横芝光町宮川5460-1・☎0479-84-0611・FAX0479-84-0934・八角脩八郎・銘＝ヰセキ

富士農機㈱：〒277-0922・柏市大島田147-1・☎04-7191-5111・FAX04-7191-5113・根本和夫・銘＝ヤンマー

文平産業㈱：〒270-1422・白井市復1454-12・☎047-491-2241・FAX047-491-4651・佐藤文昭・銘＝クボタ・販＝八街営業所：〒289-1103・八街市朝日梅里471-3・☎043-444-1155，岬営業所：〒299-4623・いすみ市岬町中滝1546-5・☎0470-87-4541，佐原営業所：〒287-0027・香取市返田616-2・☎0478-59-2011，木更津営業所：〒292-0014・木更津市高柳2129・☎0438-25-0658，土浦営業所：〒315-0056・かすみがうら市上稲吉1941-6・☎0299-59-5666

平和機械㈱：〒299-3266・山武郡大網白里市北横川115-4・☎0475-72-0345・FAX0475-72-6526・朝倉平・銘＝ヤンマー，ヰセキ

㈲ホーエイ：〒272-0132・市川市湊新田5-4・☎047-357-2237・FAX047-357-1726・石田豊

㈱北総機械：〒270-1516・印旛郡栄町安食3562-2・☎0476-95-1704・FAX0476-95-3044・銘＝クボタ

北総工業㈱：〒270-0164・流山市流山2-25・☎04-7159-1161・FAX04-7150-2340・吉場純一

㈱ホシノ：〒289-0221・香取郡神崎町神崎本宿2153-8・☎0478-72-2101・FAX0478-72-4114・星野元俊・銘＝三菱

㈲星野農機：〒292-0216・木更津市根岸52-3・☎0438-53-3065・FAX0438-53-3065・星野忠衛

ホンダショップ館山：〒294-0051・館山市正木1247-1・☎0470-27-3711

㈲前田兄弟商会：〒274-0824・船橋市前原東4-9-2・☎047-476-2536・FAX047-476-2565・前田栄一・銘＝ヤンマー

㈱松美商事：〒270-0108・流山市深井新田389・☎04-7152-1464・FAX04-7153-6369・吉田実・銘＝ヰセキ

マルテン産業機械㈱：〒293-0001・富津市大堀1434・☎0439-87-0052・FAX0439-87-

2776・平野由夫・銘＝クボタ，ホンダ

㈱マルマン：〒287-0003・香取市佐原イ481・☎0478-54-5895・FAX0478-54-6064・根本茂孝・銘＝クボタ

水谷農機具店：〒288-0863・銚子市野尻町15・☎0479-33-0086・FAX0479-33-0269・銘＝三菱

皆川農機商会：〒272-0814・市川市高石神33-21・☎047-334-1254・FAX047-334-1359・皆川孝雄・銘＝ホンダ

㈲港屋農機商会：〒283-0005・東金市田間2132・☎0475-52-2246・FAX0475-52-4914・八角亘・銘＝クボタ，ヰセキ

宮内機工：〒286-0211・富里市御料69-8・☎0476-93-5793・FAX0476-92-6987・銘＝クボタ

㈱茂原富国社：〒297-0029・茂原市高師1038-6・☎0475-25-0325・FAX0475-22-2324・井上徳夫・銘＝三菱

㈱茂原ヤンマー：〒297-0037・茂原市早野1150・☎0475-24-7878・FAX0475-22-5688・弓削知忍

㈲柳堀農機商会：〒289-0611・香取郡東庄町新宿1395・☎0478-86-1029・FAX0478-86-2825・柳堀猛二・銘＝クボタ

㈲山木農機商会：〒296-0115・鴨川市松尾寺444・☎04-7097-0040・FAX04-7097-0103・山木はな

㈲山木農機店：〒294-0052・館山市亀ケ原835・☎0470-36-2021・FAX0470-36-2012・山木順一

山倉商会：〒289-2313・香取郡多古町次浦1540・☎0479-75-1125・FAX0479-75-0013・銘＝三菱，ホンダ

㈲八日市場農機：〒289-2144・匝瑳市八日市場イ780-1・☎0479-72-1287・FAX0479-73-5715・渡辺菊夫・銘＝クボタ

㈲吉田機械店：〒277-0014・柏市東1-3-31・☎04-7167-4201・吉田賛郎・銘＝ヰセキ

㈲良栄社商会：〒299-1151・君津市中野4-15-18・☎0439-52-0035・FAX0439-54-8450・島田安雄・銘＝クボタ

㈲若梅商会：〒289-2504・旭市ニ2444-6・☎0479-63-0531・FAX0479-62-1875・若梅伸男

㈲渡辺農機商会：〒289-2169・匝瑳市吉田5319・☎0479-72-0678・FAX0479-72-0683・渡辺信一・銘＝クボタ

[東京都]

㈲青木農機具店：〒197-0821・あきる野市小川821・☎042-558-3816・FAX042-559-9173・青木且夫・銘＝三菱

オーエス商事㈱：〒189-0011・東村山市恩多町3-19-10・☎042-391-6411・FAX042-396-2494・銘＝ホンダ

販売業者編＝東京都，神奈川県＝

青梅産業㈱：〒190-1222・西多摩郡瑞穂町箱根ケ崎東松原6-24・☎042-557-0572・FAX042-557-4375・神山欣也・銘＝ヤンマー，ホンダ

大沢機械：〒191-0043・日野市平山6-2-1・☎0425-91-1588・FAX0425-93-7481・銘＝三菱

カナエ産業㈱：〒194-0215・町田市小山ケ丘3-7-10・☎042-798-7181・FAX042-798-7180・山林征治

木村農機店：〒133-0073・江戸川区鹿骨2-45-7・☎03-3670-4346・FAX03-3670-4347・木村伸行

㈲角福農蚕機商会：〒191-0034・日野市落川1129・☎042-591-0600・銘＝ヰセキ

㈲古宮農蚕機商会：〒192-0051・八王子市元本郷町1-5-5・☎042-625-2328・FAX042-625-2722・古宮泰造・銘＝クボタ

㈲東京農機：〒186-0012・国立市泉4-7-5・☎042-576-1478・FAX042-573-1478・柳沢英一

橋本機械㈱：〒190-0144・あきる野市山田565・☎042-596-0434・FAX042-596-2194・橋本和巳・銘＝ホンダ

深沢農機商会：〒196-0004・昭島市緑町3-6-26・☎042-543-2759・FAX042-543-2759・深澤公和

㈱宮本農機：〒192-0066・八王子市木町27-8・☎042-622-9191・FAX042-622-9441・宮本弥三雄・銘＝ホンダ

㈲森農機電気商会：〒206-0802・稲城市東長沼1917・☎042-377-5066・FAX042-378-4398・森久雄

㈲ヤグチキカイ：〒133-0065・江戸川区南篠崎町1-31-13・☎03-3679-2280・FAX03-3679-2021・谷口光邦・銘＝ヰセキ，ホンダ

山本農機：〒157-0062・世田谷区南烏山3-24-4・☎03-3300-6491・FAX03-3300-5705・山本栄子

㈲ヤマロク本店：〒192-0055・八王子市八木町3-16・☎042-622-8291・FAX0426-22-8292・榎本雅明

㈲横山産業：〒182-0034・調布市下石原1-2-1・☎0424-85-2727・横山利治

㈲吉沢菊治郎商店：〒190-0022・立川市錦町6-22-15・☎042-524-4006・FAX042-524-9176・吉沢一郎

吉沢原動機㈱：〒114-8588・北区東田端2-8-6・☎03-3810-2700・FAX03-3810-2723・吉澤博明

［神奈川県］

㈱関東甲信クボタ（本社：埼玉県）
平塚営業所：〒254-0003・平塚市下島304-1・☎0463-53-1852

㈱ヰセキ関東（本社：茨城県）
神奈川事務所：〒243-0806・厚木市下依知1-4-1・☎046-244-2723・FAX046-244-2724
平塚支店：〒259-1212・平塚市岡崎4268・☎0463-58-1481
小田原支店：〒250-0211・小田原市鬼柳860・☎0465-37-1161

㈱秋元房次郎商店：〒254-0036・平塚市宮松町6-9・☎0463-21-2020・FAX0463-21-2033・秋元一秀・販＝韮山営業所：〒410-2114・伊豆の国市南條1233・☎055-949-5176

㈲飯田工業：〒257-0052・秦野市上今川町7-8・☎0463-81-1448

㈱石井商会：〒250-0123・南足柄市中沼579-1・☎0465-74-3125・FAX0465-73-2936・石井篤・銘＝ヤンマー

㈱井上動力：〒252-0821・藤沢市用田1067-3・☎0466-48-1024・FAX0466-48-5669・井上良信・銘＝ヤンマー

今井商店：〒238-0225・三浦市小網代1585-13・☎046-881-3277・FAX046-881-3277・今井三由紀

上原商会：〒259-1217・平塚市長持341・☎0463-32-1604・上原玖三

㈲大木ヤンマーディーゼル商会：〒252-0423・相模原市中央区上溝5-12-4・☎042-762-0137・FAX042-761-5811・大木良允

㈲大貫商会：〒242-0013・大和市深見台4-11-6・☎046-261-0853・FAX046-261-5181・大貫元春

㈲オクツ機械：〒252-0027・座間市座間1-2998・☎046-251-0007・FAX046-252-7880・奥津洋一

㈲奥津農機具商会：〒252-0801・藤沢市長後843・☎0466-44-0143・FAX0466-44-0143・奥津秀夫

㈲加藤機械：〒258-0113・足柄上郡山北町山北2049・☎0465-75-1641・FAX0465-75-1642・加藤盛人

加藤産商㈱：〒230-0011・横浜市鶴見区上末吉5-11-7・☎045-582-0100・FAX045-581-3117・加藤成郎

㈲神奈川屋：〒250-0001・小田原市扇町2-7-13・☎0465-34-5265・FAX0465-34-5241・横溝良平・銘＝ホンダ

㈱川瀬鉄工：〒259-0151・足柄上郡中井町井ノ口1843・☎0465-81-2204・FAX0465-81-5463・川瀬祐司・銘＝ヤンマー

㈱岸田農機商会：〒259-1131・伊勢原市伊勢原1-7-18・☎0463-95-0121・FAX0463-92-0118・岸田和夫・銘＝ヤンマー，三菱

㈲クシダ商会：〒243-0003・厚木市寿町2-4-5・☎046-221-0394・FAX046-223-8940・串田賢忠

光陽機械㈱：〒224-0024・横浜市都筑区東山田町1426・☎045-591-1223・FAX045-591-1241・竹前務

㈲座間商事：〒252-0335・相模原市港区下溝2605・☎042-778-0173・FAX042-778-3763・座間永治

杉田商工㈱：〒250-0212・小田原市西大友335-1・☎0465-36-6620・FAX0465-36-6621・杉田謙一

㈱鈴木農機具店：〒253-0113・高座郡寒川町大曲3-5-1・☎0467-74-3988・FAX0467-74-3988・鈴木重男・銘＝ヤンマー

鈴木農機サイクル：〒250-0021・小田原市早川81・☎0465-22-5517

㈱鈴野農機：〒252-0826・藤沢市宮原1348・☎0466-48-1048・FAX0466-48-4887・鈴野成昭・銘＝クボタ，ホンダ

㈱関農機具商会：〒238-0315・横須賀市林3-1-12・☎046-856-1040・FAX046-856-3033・関寿久

㈲たちばな農機サービス店：〒256-0806・小田原市小船100-1・☎0465-43-0643・FAX0465-43-3235・溝田一美・銘＝ヰセキ，ホンダ・販＝湯河原店：〒259-0313・足柄下郡湯河原町鍛冶屋931・☎0465-63-4817

㈱田中農機商会：〒252-0807・藤沢市下土棚444-10・☎0466-44-2005・FAX0466-44-9968・田中利和・銘＝三菱

㈲谷田商会：〒238-0114・三浦市初声町和田2629・☎046-888-1119・FAX046-888-1116・河田良男・銘＝ヤンマー，三菱

㈲戸塚農機：〒244-0813・横浜市戸塚区舞岡町288・☎045-410-6025

㈲中里機販：〒252-0143・相模原市緑区橋本2-22-17・☎042-772-2513・FAX042-772-2514・中里好男・銘＝三菱，ホンダ

㈲二宮機械：〒258-0112・足柄上郡山北町岸456・☎0465-75-0512・二宮武

㈱能條農機店：〒243-0203・厚木市下荻野1273・☎046-241-1157・FAX046-242-3731

㈲馬場商会：〒243-0303・愛甲郡愛川町中津739・☎046-285-0027・FAX046-285-5121・馬場洋一郎・銘＝クボタ

㈱林農機具店：〒251-0052・藤沢市藤沢2-1-18・☎0466-22-3107・FAX0466-28-0351・林建一

㈲広田農機商会：〒226-0011・横浜市緑区中山町305-15・☎045-931-1157

別府商店：〒245-0016・横浜市泉区和泉町6406・☎045-803-0853・別府武人

㈲幕田造園土木：〒250-0002・小田原市寿町5-1-29・☎0465-34-8241

㈲三ツ起機械：〒211-0035・川崎市中原区井田1-32-3・☎044-766-5176・FAX044-777-8063・田辺洋一・銘＝ホンダ

㈲森長：〒254-0041・平塚市浅間町5-27・☎0463-31-2195・FAX0463-31-2619・森光則・銘＝三菱

山根賢三商店：〒241-0023・横浜市旭区本宿町77・☎045-391-6048・FAX045-391-6048・山根賢三

㈲山根商会：〒221-0802・横浜市神奈川区六角橋6-5-14・☎045-491-9603・FAX045-491-1436・山根富士男

［新潟県］

㈱新潟クボタ：〒950-8577・新潟市中央区鳥屋野331・☎025-283-0111・FAX025-283-0121・吉田至夫

村上営業所：〒958-0269・村上市古渡路627-2・☎0254-56-2211

胎内岩船営業所：〒959-2808・胎内市東牧776-5・☎0254-39-4121

東新発田営業所：〒957-0356・新発田市岡田1804-3・☎0254-21-2180

西新発田営業所：〒957-0082・新発田市佐々木2442-7・☎0254-21-5500

阿賀野営業所：〒959-2012・阿賀野市天神堂374-1・☎0250-61-2121

津川営業所：〒959-4403・東蒲原郡阿賀町平堀980・☎0254-94-1121

豊栄営業所：〒950-3304・新潟市北区木崎尾山前852-3・☎025-384-1121

五泉村松営業所：〒959-1834・五泉市木越518・☎0250-41-1211

新津営業所：〒956-0015・新潟市秋葉区川口乙580-17・☎0250-21-1211

白根営業所：〒950-1232・新潟市南区十五間265-1・☎025-371-1121

新潟営業所：〒950-2121・新潟市西区槇尾877・☎025-264-2211

巻営業所：〒953-0041・新潟市西蒲区巻甲4880・☎0256-70-1211

金井営業所：〒952-1212・佐渡市泉587-1・☎0259-61-1121

保内営業所：〒955-0021・三条市下保内字鎌田313-1・☎0256-31-5211

分水営業所：〒959-0116・燕市新興野11-6・☎0256-91-3211

長岡営業所：〒940-2111・長岡市三ッ郷屋2-7-19・☎0258-21-3211

栃尾営業所：〒940-0205・長岡市栄町3-5-38・☎0258-52-3823

小出営業所：〒946-0031・魚沼市原虫野379-3・☎025-792-0682

十日町営業所：〒948-0055・十日町市高山丙81-1・☎025-750-1121

六日町営業所：〒949-6615・南魚沼市西泉田161・☎025-772-2129

頚北営業所：〒942-0111・上越市頚城区片津854・☎025-530-2345

上越中央営業所：〒943-0858・上越市岡原88・☎025-522-2001

妙高営業所：〒944-0009・妙高市東陽町2-18・☎0255-72-2505

ヤンマーアグリジャパン㈱（本社：大阪府／関東甲信越支社：埼玉県）

新潟事務所：〒950-1101・新潟市西区山田222・☎025-231-7730・FAX025-231-7765

水原支店：〒959-2062・阿賀野市市野山大野233-1・☎0250-62-2461

新潟中央支店：（新潟事務所と同）・☎025-265-1610

佐渡支店：〒952-0028・佐渡市加茂歌代335・☎0259-27-2963

長岡支店：〒940-0871・長岡市北陽2-14-10・☎0258-24-8621

小出支店：〒946-0024・魚沼市中原293・☎025-792-1213

柏崎支店：〒945-0114・柏崎市藤井西沖1437-3・☎0257-23-5404

新発田支店：〒957-0011・新発田市島潟266-1・☎0254-22-4671

新潟南支店：〒956-0112・新潟市秋葉区新保377-1・☎0250-38-5188

六日町支店：〒949-7312・南魚沼市九日町3049-1・☎025-780-4108

塩沢支店：〒949-6435・南魚沼市塩沢町目来田88・☎025-782-1387

十日町支店：〒949-8603・十日町市下条1-22-2・☎0257-55-2317

阿賀北支店：〒950-3312・新潟市北区笠柳16-2・☎025-388-7070

中条支店：〒959-2621・胎内市並槻820-1・☎0254-43-3646

村上支店：〒958-0821・村上市山辺里252-1・☎0254-53-4603

弥彦支店：〒959-0301・西蒲原郡弥彦村えび穴362-1・☎0256-94-5781

頚北支店：〒942-0216・上越市頚城区日根津2911・☎025-530-3885

㈱キセキ信越：〒950-1296・新潟市南区北田中字堀留780-12・☎025-362-1161・FAX025-362-1175・伊藤勝

新潟支社：（本社と同）

村上営業所：〒959-3406・村上市下助渕字金曲1187-1・☎0254-66-7194

胎内営業所：〒959-2664・胎内市柴橋字中谷地405-1・☎0254-43-3217

新発田営業所：〒957-0017・新発田市新富町3-5-12・☎0254-22-2013

新潟営業所：〒950-0837・新潟市東区若葉町2-17-28・☎025-277-3220

五泉営業所：〒959-1835・五泉市今泉161・☎0250-43-4360

西川営業所：〒959-0411・新潟市西蒲区善光寺940・☎0256-88-3716

白根中央営業所：〒950-1296・新潟市南区北田中字堀留780-12・☎025-371-2018

白根営業所：〒950-1455・新潟市南区新飯田字寺屋敷2694-2・☎025-374-2543

三条加茂営業所：〒959-1361・加茂市下条甲466・☎0256-52-1619

長岡営業所：〒940-0006・長岡市東高見1-1-5・☎0258-24-3591

魚沼営業所：〒949-7104・南魚沼市寺尾1199-1・☎025-776-7771

十日町営業所：〒948-0008・十日町市尾崎71-1・☎025-752-6034

柏崎営業所：〒949-3233・上越市柏崎区柳ケ崎字柳田120-1・☎025-536-2351

頚城営業所：〒942-0164・上越市頚城区潟口127・☎025-530-2192

上越営業所：〒943-0201・上越市四辻町2354・☎025-524-5560

佐渡営業所：〒952-1212・佐渡市泉507-1・☎0259-63-3137

三菱農機販売㈱（本社：埼玉県／関東甲信越支社：埼玉県）

新潟支店：〒950-3306・新潟市北区内島見浦2505・☎025-388-3611・FAX025-388-3680

豊栄営業所：（新潟支店と同）・☎025-386-7921

上越営業所：〒943-0824・上越市北城町1-8-26・☎0255-25-5561

長岡営業所：〒940-1146・長岡市下条町710・☎0258-23-7030

㈲青柳工業：〒950-2263・新潟市西区坂田743・☎025-239-2106・FAX025-239-2108・青柳哲夫・銘＝クボタ

秋元修理加工所：〒946-0064・魚沼市池平823・☎025-792-6344・FAX025-792-8576・銘＝三菱

アグリパートナータカハシ：〒959-1134・三条市鬼木新田339-1・☎0256-45-3996・FAX0256-45-3996・高橋勉・銘＝ヤンマー

浅賀農機店：〒959-1117・三条市帯織3471・☎0256-45-2069・FAX0256-45-5001・浅賀宏・銘＝三菱

㈲朝日サービス：〒942-0143・上越市頚城区下三分一490-1・☎025-530-3855・FAX025-530-3870・小林福夫・銘＝三菱

旭屋農機：〒949-4523・長岡市城之丘95・☎0258-74-2086・小林昇

㈲安達農機：〒944-0092・妙高市飛田433-1・☎0255-72-6528・FAX0255-72-6528・安達俊次・銘＝三菱

安達農機店：〒947-0101・小千谷市片貝町5069-1・☎0258-84-2241・安達功治

㈱姉崎農機：〒954-0053・見附市本町4-5-30・☎0258-62-4121・姉崎慎一郎・銘＝クボタ

新井鉄工所：〒944-0116・上越市板倉区関田上関田3373-1・☎0255-78-2514・FAX0255-78-2950・新井啓一・銘＝三菱

㈲有坂農機：〒959-1283・燕市廿樹木

1494-3・☎0256-62-5939・FAX0256-62-5876・有坂英一・銘＝クボタ

㈱あんてい：〒950-3102・新潟市北区島見町5066・☎025-278-6077・FAX025-278-6078

㈱五十嵐商店：〒941-0023・糸魚川市上覚124-3・☎0255-555-2505・FAX0255-555-3752・五十嵐豊・銘＝クボタ，ヰセキ，ホンダ・販＝糸魚川営業所：〒941-0064・糸魚川市上刈6-2-14・☎025-552-0891

五十嵐農機：〒953-0061・新潟市西蒲区馬堀6226-1・☎0256-73-2548・FAX0256-73-2527・五十嵐正・銘＝ヤンマー

五十嵐農機店：〒950-1304・新潟市南区月潟77・☎025-375-2661・五十嵐栄一

五十嵐農機店：〒950-3343・新潟市北区上土地亀955-2・☎025-387-2519・五十嵐一昭

井口農機店：〒942-0241・上越市上吉野204・☎025-520-2421・井口幸雄

㈲石勝：〒949-7302・南魚沼市浦佐5655-1・☎025-777-2156・井口正之・銘＝三菱

石田農機商会：〒953-0022・新潟市西蒲区仁箇804・☎0256-72-3070・FAX0256-72-3098・石田幸直・銘＝三菱

㈲イシノ：〒949-2216・妙高市東四ツ屋新田206-6・☎0255 82-2214・FAX0255-82-3977・石野昭一・銘＝クボタ，ホンダ

和泉屋農機整備店：〒946-0076・魚沼市井口新田159-5・☎025-792-1072・星良雄

㈲伊勢屋農機店：〒946-0109・魚沼市和田76-1・☎025-799-2030・FAX025-799-2573・星京・銘＝クボタ

㈲伊藤鉄工所：〒952-0024・佐渡市上横山178・☎0259-27-6816・伊藤行雄

㈲伊藤農機商会：〒940-2473・長岡市芹川町1316-1・☎0258-27-5268・FAX0258-27-5307・伊藤昇・銘＝クボタ

伊藤農機店：〒956-0046・新潟市秋葉区出戸53・☎0250-22-3013・FAX0250-23-5292・伊藤智明

猪爪農機店：〒945-1117・柏崎市宮之窪3390-21・☎0257-29-2466・FAX0257-29-3280・猪爪幸一・銘＝ヤンマー

伊比商会：〒949-4113・柏崎市西山町上山田399-2・☎0257-47-2626・FAX0257-47-2619・銘＝ヰセキ

今泉商店：〒954-0124・長岡市中之島19-1・☎0258-66-3059・今泉三男・銘＝クボタ

㈲今川農機店：〒942-0061・上越市春日新田1-5-9・☎025-543-2823・FAX025-543-2239・今川修

岩田農機店：〒949-8725・小千谷市豊久新田72-2・☎0258-86-2056・岩田音治

岩野農機店：〒942-1103・上越市大島区大平192・☎025-594-3258・岩野一高

㈱岩橋農機：〒950-0833・新潟市東区下場本町4-3・☎025-276-0944・岩橋友衛

岩村農機店：〒940-1143・長岡市片田町1-1・☎0258-22-2513・FAX0258-22-0686・岩村直人・銘＝三菱

インター商会㈲：〒945-1353・柏崎市平井2149-3・☎0257-22-0366・FAX0257-22-0366・銘＝ヰセキ

植木機械商会：〒943-0423・上越市高津311-2・☎025-528-4021・FAX025-528-4788・植木徹

㈲臼木農機：〒952-0306・佐渡市四日町352・☎0259-55-3128・FAX0259-55-4228・臼木孝久・銘＝ヤンマー

薄田四郎商店：〒950-1213・新潟市南区能登1-4-6・☎025-372-3731・FAX025-372-2366・薄田隆・銘＝ヰセキ

㈲ウツノミヤ：〒954-0142・長岡市灰島新田845・☎0258-66-3265・FAX0258-66-8233・宇都宮松一・銘＝クボタ

遠藤農機具店：〒954-0214・長岡市中条新田654・☎0256-97-2848・遠藤信次・銘＝ヰセキ

㈲大掛農機：〒945-1103・柏崎市藤橋895-1・☎0257-23-3336・FAX0257-23-3335・大掛健一・銘＝三菱

大久保農機：〒954-0164・長岡市中野中2213・☎0258-66-2547・大久保学・銘＝三菱

㈲大崎勉治商店：〒940-0205・長岡市栄町2-2-4・☎0258-52-2653・大崎勉治・銘＝ヰセキ

大沢農機店：〒950-1345・新潟市西蒲区羽黒1633・☎025-375-3056・大沢新二郎

大島機械：〒948-0041・十日町市北新田168-12・☎025-752-7292・銘＝三菱

㈱大島商会：〒950-2251・新潟市西区中権寺2279-8・☎025-262-0073・FAX025-263-3795・大島紘三・銘＝ヰセキ

㈲大島鉄工所：〒940-2306・長岡市脇野町2268-2・☎0258-42-2239・FAX0258-42-2591・大島健・銘＝クボタ，ホンダ

㈲大墨商会：〒956-0011・新潟市秋葉区車場909・☎0250-24-1811・FAX0250-25-1791・大墨直人

大関農機店：〒954-0111・見附市今町1-10-14・☎0258-66-2143・大関龍男

大谷商店：〒949-4353・三島郡出雲崎町川西25-7・☎0258-78-2241

大谷農機具店：〒949-4331・三島郡出雲崎町稲川27・☎0258-78-2086・大谷哲子

㈱大桃商会：〒955-0803・三条市月岡4-24-11・☎0256-32-2954・FAX0256-35-6555・大桃久夫・銘＝クボタ

㈱大屋商会：〒959-0124・燕市五千石2038-2・☎0256-97-2227・FAX0256-98-3087・大屋吉治郎・銘＝ヰセキ

㈲岡農機：〒959-1311・加茂市加茂新田

6302・☎0256-52-2962・FAX0256-53-0415・岡憲司・銘＝ヰセキ

小川商店：〒959-2021・阿賀野市中央町1-13-48・☎0250-62-4820・小川英博

小川鉄工所：〒959-0423・新潟市西蒲区旗屋538・☎0256-88-2168・小川章

小川農機具店：〒959-2337・新発田市竹俣万代89・☎0254-24-2184・FAX0254-24-2184・小川博・銘＝三菱

㈲小野農機：〒959-3435・村上市宿田362-10・☎0254-66-5069・FAX0254-66-5069・小野篤・銘＝クボタ

小幡農機：〒949-7111・南魚沼市麓475-5・☎025-776-2640・FAX025-776-3640・小幡進・銘＝ヤンマー，三菱

海作農機製作所：〒947-0026・小千谷市上ノ山3-3-34・☎0258-82-2423・FAX0258-82-3342・海発達夫・銘＝ヤンマー

海藤農機：〒950-1348・新潟市西蒲区打越甲2616・☎025-375-3049・海藤昭治

㈲カイハツ：〒944-0047・妙高市白山町3-2-16・☎0255-72-3524・開発規恵

㈱角田商店：〒940-0097・長岡市山田1-7-7・☎0258-32-0901・FAX0258-33-0194・角田武男・銘＝クボタ

㈱片桐寅蔵商店：〒948-0062・十日町市泉94・☎025-757-0003・FAX025-757-0800・片桐時男・銘＝ヰセキ，三菱

㈱カトウAM：〒954-0111・見附市今町4-8-24・☎0258-66-2650・FAX0258-66-2072・加藤正・銘＝クボタ，ヰセキ

加藤農機店：〒950-3304・新潟市北区木崎2480・☎025-386-2107・銘＝ヰセキ

㈲金内商会：〒947-0201・長岡市山古志種苧原3891・☎0258-59-3276・FAX0258-59-3276・銘＝三菱

金子機工：〒959-1142・三条市今井野新田148-1・☎0256-34-2264・FAX0256-32-8685・金子政栄

金子車輌工業：〒940-1117・長岡市横枕町220-1・☎0258-37-3811・銘＝三菱

㈱金子商店：〒959-0211・燕市富永247・☎0256-92-5157・FAX0256-92-7735・金子愉孝・銘＝クボタ

金子農機：〒950-2261・新潟市西区赤塚4497-1・☎025-239-2062・金子久江

金子農機店：〒959-1104・三条市東光寺2470-1・☎0256-45-3295・金子隆四

かね清農機店：〒950-1142・新潟市江南区楚川乙1-1・☎025-280-6476・FAX025-280-6476・銘＝ヰセキ

㈲加納農機具商会：〒940-1105・長岡市摂田屋4-3-36・☎0258-33-1625・FAX0258-33-2318・加納正樹・銘＝ヰセキ

㈲川崎農機商会：〒950-1425・新潟市南区戸石373-13・☎025-372-4011・FAX025-372-3799・川崎和雄

㈱川茂商会：〒955-0045・三条市一ノ門

1-3-4・☎0256-33-0334・星野茂

北商会：〒959-2146・阿賀野市小島333・☎0250-67-3154

北野屋農機具店：〒949-4525・長岡市島崎458・☎0258-74-2109・FAX0258-74-3774・笠原栄

キネフチ商会：〒945-0075・柏崎市大和町9-36・☎0257-23-2390

㈲機販イマイ：〒959-1834・五泉市木越312-1・☎0250-43-3459・FAX0250-43-5351・今井聡・銘=三菱

機販サービス三条：〒955-0051・三条市鶴田4-5-25・☎0256-39-0013・FAX0256-39-0013・銘=ヰセキ

機販サービス中之島：〒954-0216・長岡市中之島中条丙29・☎0258-66-5250・FAX0258-66-5250・久保秀司・銘=ヰセキ

㈱キョヅカ：〒946-0024・魚沼市中原78-2・☎025-792-5920・FAX025-792-7706・清塚長徳・銘=ヰセキ

共栄鉄工所：〒949-4353・三島郡出雲崎町川西25-7・☎0258-78-2241・FAX0258-78-2241・大谷清一・銘=ヰセキ

㈲熊倉商会：〒950-0324・新潟市江南区酒屋町721-1・☎025-280-2077・FAX025-280-2184・熊倉富朗・銘=クボタ，ホンダ

㈱コーポレーション森：〒949-6608・南魚沼市美佐島1617-1・☎025-773-6477・FAX025-773-2144・森洋一・銘=クボタ，ホンダ

古泉農機店：〒950-0143・新潟市江南区元町1-5-5・☎025-381-3214・古泉弘

小須戸農機：〒956-0112・新潟市秋葉区新保1261・☎0250-38-2164・本間護

古関農機店：〒955-0842・三条市島田2-9-2・☎0256-34-5500・FAX0256-34-5500・古関謹作・銘=三菱

㈱コニシ：〒949-7504・長岡市東川口1979-65・☎0258-89-2069・小西俊行

㈱コバヤシ：〒940-2042・長岡市宮本町1丁目甲843・☎0258-46-3251・FAX0258-47-1624・小林一三

㈱小林庄吉商店：〒950-1455・新潟市南区新飯田709・☎025-374-2116・FAX025-374-2265・小林康・銘=クボタ

小林農機㈲：〒940-2413・長岡市与板町吉津1094・☎0258-72-3713・FAX0258-72-3318・小林英男・銘=ヰセキ

小林農機店：〒959-2321・新発田市池ノ端1037・☎0254-22-4489・FAX0254-22-4484・小林一秀・銘=三菱

小林農機店：〒955-0841・三条市由利6-9・☎0256-32-1983・FAX0256-34-1611・小林藤郎

小林農機店：〒943-0134・上越市下稲塚85-6・☎025-522-1901・FAX025-522-1942・小林昭三・銘=三菱

小山鉄工所：〒959-0423・新潟市西蒲区旗屋621・☎0256-88-2087・FAX0256-88-2087・小山一久・銘=三菱

㈲コヨシ：〒950-1325・新潟市西蒲区小吉1141-1・☎025-375-2157・五百川修二

コンドウ農機：〒959-0421・新潟市西蒲区鱸107・☎0256-88-2190・近藤正司

㈲斉藤農機：〒949-8551・十日町市馬場丙1547-1・☎025-758-3794・FAX025-758-3393・斉藤清政・銘=ヤンマー

酒井農機：〒940-0128・長岡市上塩797-6・☎0258-52-2734・FAX0258-52-3799・酒井勝・銘=ヤンマー

佐久間農機店：〒959-1821・五泉市赤海413-2・☎0250-43-4798・FAX0250-42-3678・佐久間久平・銘=ヤンマー

笹川農機具店：〒953-0072・新潟市西蒲区鷲ノ木296・☎0256-72-7605・笹川光則

㈲笹川誠商店：〒953-0023・新潟市西蒲区竹野町1533・☎0256-72-2097・FAX0256-72-2180・笹川誠志・銘=ヤンマー，ヰセキ

捧農機商会：〒955-0042・三条市下坂井8-7・☎0256-38-5503・捧保

㈲佐藤機械店：〒959-0154・長岡市寺泊五分一2983・☎0256-97-1255・FAX0256-98-6333・佐藤忠・銘=クボタ

佐藤サービス：〒949-4352・三島郡出雲崎町大門683-16・☎0258-78-4514・FAX0258-78-3875・佐藤保

㈲佐藤種苗農機：〒955-0852・三条市南四日町3-8-43-5・☎0256-35-1004・FAX0256-35-1052・佐藤昇作・銘=クボタ

佐藤商店：〒954-0216・長岡市中之島中条甲900・☎0258-66-5040・佐藤健次

佐藤鉄工所：〒959-1874・五泉市横町1-6-31・☎0250-43-3858・佐藤彦一

佐藤農機：〒958-0231・村上市布部1810・☎0254-72-1310・FAX0254-72-1310・銘=三菱

㈱佐藤農機サービス：〒959-2454・新発田市早道場925・☎0254-29-2627・FAX0254-29-3366・佐藤直三郎・銘=クボタ

㈲佐渡農機商会：〒952-1209・佐渡市千種丙322・☎0259-63-2779・FAX0259-63-3697・本間章久・銘=クボタ

㈱佐和田機械：〒952-1325・佐渡市窪田900・☎0259-52-3230・FAX0259-52-5738・児玉久美・銘=三菱

㈲三宮農機商会：〒945-0214・柏崎市曽地820・☎0257-28-2440・FAX0257-28-2448・三宮郁子・銘=クボタ，ヰセキ

三昌機工㈱：〒953-0041・新潟市西蒲区巻甲458・☎0256-72-3125・阿部太一

㈱塩原商会：〒955-0071・三条市本町3-9-25・☎0256-33-1407・FAX0256-33-1498・塩原徹・銘=ヰセキ

㈲渋一農機：〒958-0844・村上市長井町1-1・☎0254-52-2486・FAX0254-52-5985・渋谷勝・銘=ヰセキ

清水農機店：〒950-1226・新潟市南区白根四ツ興野13-51・☎025-372-2434・清水喜代市

清水ホンダ販売：〒943-0512・上越市清里区馬屋657・☎025-528-3883・FAX025-528-3883・銘=三菱

㈲昭英商事：〒955-0842・三条市島田2-8-17・☎0256-32-3105・内山英雄

白倉農機店：〒950-1446・新潟市南区庄瀬6545・☎025-372-2996・白倉信夫

㈲白羽毛ドリームファーム：〒949-8427・十日町市白羽毛辰680-1・☎025-763-3738・FAX025-763-3710・樋口利一・銘=ヰセキ

㈱新興：〒959-1288・燕市燕1135-2・☎0256-63-5210・FAX0256-63-5314・石川忠・銘=クボタ

㈲新興機械：〒955-0046・三条市興野1-10-28・☎0256-33-3076・渡辺昇

神保利八商店：〒959-1241・燕市小高780・☎0256-62-2967・神保利一郎

真保農機具店：〒950-1446・新潟市南区庄瀬6495・☎025-372-2937・FAX025-372-1329・真保龍一郎・銘=三菱

新六農機㈱：〒954-0201・長岡市大沼新田225・☎0256-98-4733・FAX0256-98-4765・高橋道弘・銘=クボタ

杉本農機具店：〒954-0124・長岡市中之島4418・☎0258-66-2282・杉本春治

杉山農機具店：〒959-2123・阿賀野市姥ケ橋350・☎0250-67-2530・FAX0250-67-2530・銘=ヰセキ

鈴木農機店：〒959-1200・燕市東太田3558・☎0256-62-4069

㈱関口商店：〒959-2021・阿賀市中央町2-13-5・☎0250-62-2509・関口眞佐治

関商会：〒949-7246・南魚沼市穴地新田115-1・☎025-779-2900・FAX025-779-2900・関雅彦・銘=三菱

セキヤ農機：〒959-1135・三条市鬼木2877-2・☎0256-45-2096・FAX0256-47-5510・関合勢二・銘=クボタ

袖山農機具店：〒959-0501・新潟市西蒲区井随3953・☎0256-86-2735・袖山一省

㈲曽根商会：〒959-0422・新潟市西蒲区曽根4791・☎0256-88-2663・FAX0256-88-2910・山形敏昭・銘=ヤンマー

高倉機械店：〒943-0227・上越市三和区番町1607・☎025-532-2018・高倉勇

㈲多賀重修理工場：〒959-0432・新潟市西蒲区川崎875-4・☎0256-88-2108・FAX0256-88-3508・多賀重則・銘=ヤンマー

㈱高正：〒959-1303・加茂市後須田506-1・☎0256-52-6050・FAX0256-52-6414・高橋正

高橋農機店：〒959-1117・三条市帯織

8671・☎0256-45-2027・FAX0256-45-5644・三本哲也・銘=クボタ

(有)滝川機械店：〒949-1331・糸魚川市大沢544-7・☎025-566-2762・FAX025-566-2743・滝川照也・銘=三菱

(資)竹内鉄工所：〒959-0161・長岡市寺泊竹森337・☎0256-97-2279・FAX0256-98-3414・竹内俊彦・銘=クボタ

(有)竹内農機店：〒959-2807・胎内市黒川1160-1・☎0254-47-2462・竹内健太郎・銘=キセキ

竹野農機：〒959-0262・燕市吉田若生町2-28・☎0256-93-2362・FAX0256-92-7004・竹野勝衛・銘=キセキ

(有)田中機械店：〒959-1204・燕市長所3802・☎0256-62-4491・FAX0256-62-4530・田中勲・銘=クボタ

田中サービス：〒950-2125・新潟市西区中野小屋1552-1・☎025-261-1848・FAX025-261-1848・田中文英・銘=キセキ

田中鉄工所：〒959-0421・新潟市西蒲区鑪1168・☎0256-88-2073・FAX0256-88-2073・田中一雄

田辺機械：〒940-0133・長岡市巻渕2-3-5・☎0258-52-4319・FAX0258-52-4319・銘=三菱

(有)谷口農機：〒947-0017・小千谷市東吉谷甲770・☎0258 82-4730・FAX0258-82-0186・谷口英未・銘=三菱

田村商会：〒950-2252・新潟市西区谷地1914-6・☎025-239-2900・FAX025-239-2900・銘=三菱

(有)中央機械：〒943-0805・上越市木田2-14-24・☎025-522-2833・FAX025-522-2833・銘=キセキ

(株)中部キセキ：〒959-0130・燕市分水桜町3-5-4・☎0256-97-3311・FAX0256-97-3792・梁瀬静治・銘=キセキ

(有)長場機械店：〒950-3338・新潟市北区長場2271・☎025-387-3373・FAX025-387-5573・銘=キセキ

築地農機：〒959-2712・胎内市築地1786・☎0254-45-2386・横山久

(有)寺泊工芸社：〒940-2523・長岡市寺泊田頭1163・☎0258-75-3617・FAX0258-75-3731・本合正司・銘=キセキ

(株)富樫農機：〒950-3344・新潟市北区浦木2487・☎025-386-7394・FAX025-388-3646・富樫正太郎・銘=キセキ

冨樫農機商会：〒958-0821・村上市山辺里745・☎0254-53-2397・富樫芳和

外川機械店：〒955-0832・三条市直江町1-7-55・☎0256-33-1799・FAX0256-33-1828・外川鉄平・銘=三菱

徳間商会：〒945-0114・柏崎市藤井1786・☎0257-22-4460・FAX0257-24-2276・徳間俊雄・銘=クボタ

前423・☎025-387-3043・FAX025-387-5889・長井俊郎・銘=クボタ

長尾機械店：〒959-1842・五泉市能代1004-1・☎0250-42-5350・FAX0250-42-5307・長尾久

中澤農機店：〒945-0852・柏崎市中浜1-2-5・☎0257-22-2075・FAX0257-22-2075・中澤五郎

中島鉄工所：〒949-3376・上越市柿崎区岩手1040・☎025-536-5403

長沼農機店：〒950-1342・新潟市西蒲区福島924・☎025-375-3061・FAX025-375-3840・長沼利則・銘=クボタ

(有)ナカノサービス：〒940-2465・長岡市成沢町593・☎0258-27-6783・FAX0258-27-7127・中野鉄弥・銘=クボタ

中原農機店：〒953-0125・新潟市西蒲区和納1-16-8・☎0256-82-3214・中原幸男

(有)中村農機店：〒940-0063・長岡市旭町1-3-2・☎0258-32-2411・FAX0258-32-2422・中村明彦・銘=クボタ

中村農機店：〒949-1352・糸魚川市能生87-19・☎025-566-2116・中村俊策

(有)中村農機：〒943-0892・上越市寺町1-3-13・☎025-523-3423・FAX025-523-4251・中村文司・銘=ヤンマー

(有)ナカヤ：〒943-0178・上越市戸野目中島回743・☎025-523-3819・FAX025-524-3161・中屋保雄

名地農機(株)：〒949-8201・中魚沼郡津南町下船渡丁2452・☎025-765-2025・FAX025-765-3241・名地泰三・銘=キセキ, 三菱 販=長岡営業所：〒940-0041・長岡市学校町3-11-36・☎0258-32-4406

ナリサワサービス：〒959-0508・新潟市西蒲区五之上572-1・☎025-372-1251・銘=キセキ

(有)新潟ハッタサービス商会：〒959-0511・新潟市西蒲区大原3243-3・☎0256-86-2901

新津商会：〒956-0861・新潟市秋葉区北上2-631-1・☎0250-24-7596・熊倉泰栄・銘=キセキ

西インター商会：〒945-0032・柏崎市田塚1-2-9・☎0257-23-2499・銘=キセキ

(有)西條機械店：〒943-0311・上越市三和区島倉2175-2・☎025-532-2062・FAX025-532-3856・西條裕

楡井農機店：〒959-0222・燕市下粟生津1268・☎0256-93-2741・FAX0256-93-2741・楡井司郎・銘=キセキ

農建商会：〒959-0130・燕市分水桜町2-8-15・☎0256-97-2323・FAX0256-98-2201・銘=キセキ

(有)能見農機具店：〒959-3124・村上市金屋2758・☎0254-62-2062・能見毅

(有)野澤農機商会：〒942-0223・上越市頸城区森本568・☎025-530-2122・FAX025-530-2266・野澤三郎・銘=キセキ

橋本鉄工所：〒950-2261・新潟市西区赤塚965・☎025-262-0761・FAX025-263-6202・橋本進

(有)長谷川商会：〒959-1862・五泉市旭町3-1・☎0250-42-5825・FAX0250-43-7307・長谷川兵次・銘=三菱

長谷川農機店：〒950-0922・新潟市中央区二ツ4-17-14・☎025-286-6905・FAX025-286-6905・長谷川吉平・銘=ヤンマー

長谷川農機店：〒950-1412・新潟市南区臼井1436・☎025-373-5208・FAX025-373-5208・長谷川恵通・銘=キセキ

浜首屋農機：〒959-0181・燕市上諏訪1-8・☎0256-97-2463・三富洋治

早川農機店：〒959-0101・燕市佐善2924・☎0256-93-3477・早川笑子

(有)林鉄工所：〒956-0862・新潟市秋葉区新町3-5-5・☎0250-24-5007・FAX0250-22-9000・林鉄雄・銘=クボタ

原農機商会：〒950-1412・新潟市南区臼井1321・☎025-373-5500・FAX025-373-5229・原誠

(有)春川商会：〒952-0604・佐渡市小木町244・☎0259-86-3155・FAX0259-86-3156・諸橋数誉・銘=ホンダ・販=赤泊支店：〒952-0706・佐渡市徳和2376-5・☎0259-87-2059, 羽茂支店：〒952-0504・佐渡市羽茂本郷1924-2・☎0259-88-2273

伴自動車：〒950-0324・新潟市江南区酒屋町382・☎025-280-2057・FAX025-280-3057・銘=キセキ

(有)樋口鉄工所：〒950-2021・新潟市西区小針藤山1-10・☎025-266-2926・FAX025-266-2909・樋口徹・銘=キセキ

(有)平賀機械店：〒954-0052・見附市学校町2-1-51・☎0258-62-0781・FAX0258-62-0781・平賀忠夫

広田農機店：〒949-7141・南魚沼市青木新田897・☎025-776-2845・FAX025-776-3635・廣田辰男・銘=三菱

平山農機店：〒943-0154・上越市稲田3-5-9・☎025-523-2286・平山芳雄

(資)藤田商店：〒949-3423・上越市吉川区東田中721-2・☎025-548-2281・FAX025-548-2291・藤田重雄・銘=キセキ

藤村製作所：〒942-0300・上越市浦川原区大印内新田105・☎025-599-2530・FAX025-599-2530・藤村英雄

(資)藤文商会：〒947-0101・小千谷市片貝町6390・☎0258-84-2237・FAX0258-84-2173・藤塚文吉

北越農事(株)：〒953-0041・新潟市西蒲区巻甲2517・☎0256-72-3223・FAX0256-72-7886・鈴木春次・銘=ヤンマー・販=農機センター：〒953-0065・新潟市西蒲区

販売業者編＝新潟県＝

下和納3141・☎0256-72-1900
㈲北陸農機商会：〒950-1403・新潟市南区犬帰新田496・☎025-280-4891・FAX025-280-4891・長谷川智
星鉄商会：〒947-0212・小千谷市南荷頃3078・☎0258-59-3561・銘＝三菱
星野商事㈱：〒945-0307・刈羽郡刈羽村刈羽684・☎025-745-2271・FAX0257-45-2272・星野進・銘＝クボタ，三菱，ホンダ
星野農機商会：〒950-1218・新潟市南区白根魚町4-3・☎025-372-2464・星野友三郎
細川農機具店：〒954-0111・見附市今町4-2-23・☎0258-66-2017・高井裕一・銘＝クボタ
㈱ホソヤマ：〒945-0816・柏崎市田中27-12・☎0257-23-2885・FAX0257-22-0226・細山勝・銘＝クボタ
㈱ほった：〒953-0054・新潟市西蒲区漆山7936・☎0256-76-2002・FAX0256-76-2226・堀田博・銘＝キセキ
㈱堀農機店：〒944-0048・妙高市下町4-6・☎0255-72-2345・FAX0255-72-3331・堀俊幸・銘＝キセキ
ホンダ汎用販売新潟（㈱ホンダパーツ日商）：〒940-2127・長岡市新産2-2-7・☎0258-94-5005・FAX0258-94-5010・銘＝ホンダ
本間農機：〒959-3905・村上市堀ノ内309-1・☎0254-77-2121
㈱前田商会：〒942-1526・十日町市松代3254-2・☎025-597-2072・FAX025-597-3824・関合馨・銘＝三菱
巻鉄工所：〒953-0041・新潟市西蒲区巻甲4769・☎0256-72-2509・FAX0256-72-2582・久保田ミツ・銘＝キセキ
㈲政尾機械店：〒952-0604・佐渡市小木町846・☎0259-86-2111・FAX0259-86-2111・政尾亨・銘＝三菱
マサダヤ機械店：〒942-1103・上越市大島区大平1903-2・☎025-594-3213・FAX025-594-3339・丸田新一
㈱桝屋本店：〒942-0261・上越市三和区末野新田341・☎025-532-2340・FAX025-532-2609・石塚賢一郎・銘＝三菱，ホンダ
間瀬農機店：〒949-4353・三島郡出雲崎町川西1043-1・☎0258-78-2738・間瀬鴻越・銘＝三菱
㈲松井農機商会：〒950-1111・新潟市西区大野町2983・☎025-377-2264・FAX025-377-2689・松井弘光・銘＝キセキ
マツムラ農機：〒959-3425・村上市山田39-9・☎0254-66-6551・FAX0254-66-6716・松村忠一・銘＝クボタ，三菱
㈱松崎商会：〒950-1342・新潟市西蒲区河間囲内126-1・☎025-375-3724・FAX025-375-5530・松崎正男
松田鉄工所：〒959-0265・岩船郡関川村下

関1331-2・☎0254-64-0462・FAX0254-64-1264・松田正一・銘＝キセキ
㈱松葉：〒949-8201・中魚沼郡津南町下船渡丁2189-15・☎025-765-3135・FAX025-765-3891・石田努・銘＝ヤンマー
㈲丸作鉄工所：〒950-1112・新潟市西区金巻839-1・☎025-377-2163・丸山昇平
マルサ農機店：〒959-2005・阿賀野市山口町2-7・☎0250-62-2893・志村正・銘＝キセキ
㈱丸新商会：〒959-2015・阿賀野市北本町10-1・☎0250-62-2459・FAX0250-62-0693・新保凱久
丸信商会：〒942-1213・上越市大島区棚岡1560・☎025-594-2057・FAX025-594-2058・南雲信治・銘＝三菱
㈱丸富：〒959-1105・三条市若宮新田697-1・☎0256-32-1341・FAX0256-41-1200・柴山昌彦・銘＝ヤンマー・販＝新潟営業所・〒950-0823・新潟市東区東中島2-18-35・☎025-288-6708
㈱マルトミ：〒943-0873・上越市西田中236-9・☎025-524-1181・FAX025-524-1184・富取満・銘＝ヤンマー，ホンダ・販＝糸魚川営業所・〒941-0067・糸魚川市横町2-3-38・☎0255-52-0654
丸山農機店：〒944-0058・妙高市西菅沼新田276・☎0255-72-1620・FAX0255-72-1620・銘＝三菱
丸山農機店：〒959-1274・燕市柳山711・☎0256-64-2222・FAX0256-66-3422・丸山一義・銘＝クボタ
㈲水品商会：〒945-0325・刈羽郡刈羽村赤田北方704-2・☎0257-28-2681・FAX0257-28-2182・水品照幸・銘＝クボタ
㈱ミズワ商会：〒949-8603・十日町市下条1-128-1・☎025-756-2144・FAX025-756-2148・水落和夫・銘＝ヤンマー
三林農機：〒950-3353・新潟市北区長戸呂362・☎025-387-3305・FAX025-386-7482・三林哮・銘＝クボタ
㈲三和商会：〒947-0051・小千谷市三仏生3700-1・☎0258-82-3909・FAX0258-82-0312・和田茂範・銘＝三菱
㈱三ツ和：〒944-0047・妙高市白山町3-1-7・☎0255-72-3255・FAX0255-72-9717・太田恵久・銘＝ヤンマー
皆木農機商会：〒955-0053・三条市北入蔵1-7-31・☎0256-38-3016・皆木数志
南沢農機工所：〒959-1801・五泉市羽下6-3・☎0250-42-0417・FAX0250-42-0417・南沢徹
宮尾商店：〒950-3365・新潟市北区太子堂253-1・☎025-387-4668・FAX025-387-4668・宮尾正平・銘＝三菱
㈲宮崎農機具店：〒943-0227・上越市三和区番町1608・☎025-532-2051・FAX025-532-4078・宮崎眞・銘＝ヤンマー

深雪商事：〒946-0043・魚沼市青島1120-5・☎025-792-1529・FAX025-792-1529・銘＝ヤンマー，三菱
㈲村田農機商会：〒947-0004・小千谷市栄2-7-28・☎0258-82-2167・FAX0258-82-4696・村田清蔵・銘＝クボタ
村山農機店：〒950-0871・新潟市東区山木戸6-2-25・☎025-273-2379・村山善次郎
村山農機具店：〒959-1972・阿賀野市山倉新田90・☎0250-62-3680・FAX0250-62-3676・村山与三郎
村山農機具店：〒942-1353・十日町市室野717・☎025-598-2031・FAX025-598-2031・村山繁一
㈲八子機械店：〒959-0322・西蒲原郡弥彦村走出174・☎0256-94-2203・FAX0256-94-4237・八子建悟・銘＝クボタ
㈲やしま商会：〒946-0001・魚沼市日渡新田57-6・☎025-792-2069・FAX025-792-2323・八島昭三・銘＝三菱，ホンダ
㈱ヤシロ：〒940-0004・長岡市高見町1050・☎0258-24-2460・FAX0258-24-7432・屋代健
㈲柳電機商会：〒948-0062・十日町市泉28・☎025-752-2769
柳農機商会：〒950-1224・新潟市南区上下諏訪木80-9・☎025-373-3151・柳久三郎
㈲山賀式農機製作所：〒950-0323・新潟市江南区嘉瀬2178・☎025-280-2064・山賀昭司
㈲山賀モータース：〒942-1526・十日町市松代3649・☎025-597-2121・FAX025-597-2267・銘＝三菱
㈲ヤマギン：〒958-0851・村上市羽黒町3-24・☎0254-53-2837・FAX0254-53-3065・田村正美・銘＝クボタ
㈱山口欽雄商店：〒955-0053・三条市北入蔵2-8-5・☎0256-64-7517・山口克也
㈱山崎岩作商店：〒954-0124・長岡市中之島1169-2・☎0258-66-2113・FAX0258-66-0669・山崎上
山崎農機店：〒959-1201・燕市灰方396・☎0256-62-3734・FAX0256-62-3790・山崎孝治・銘＝キセキ
山田商会：〒959-1764・五泉市宮野下6192-2・☎0250-58-3813・FAX0250-58-8816・山田輝夫・銘＝三菱
㈲山太：〒950-1324・新潟市西蒲区高野宮1882-2・☎025-375-2140・FAX025-375-5107・山宮薫・銘＝ヤンマー
㈲山田農機：〒949-8124・中魚沼郡津南町上郷子種新田385-2・☎025-766-2271・FAX025-766-2273・山田勲・銘＝キセキ，三菱
㈱山田農機具商店：〒940-2058・長岡市河根川町459・☎0258-27-2511・FAX0258-27-1018・山田和夫・銘＝クボタ
㈱よしこし：〒944-0032・妙高市小出雲

販売業者編＝新潟県，富山県＝

1-2-10・☎0255-72-2240・FAX0255-72-7379・吉越義英

㈲吉田金物農機店：〒949-3445・上越市吉川区原之町1377・☎025-548-2012

㈲吉田農具店：〒950-1136・新潟市江南区曽川甲54-8・☎025-280-6415・野上忠松

吉村農機具店：〒959-2004・阿賀野市南安野町4-18・☎0250-62-3255・FAX0250-62-3255・銘＝ヰセキ

㈲吉村農機店：〒940-2402・長岡市与板町与板乙1246-1・☎0258-72-2203・FAX0258-72-4703・吉村芳秀・銘＝クボタ，三菱

脇田商会：〒953-0061・新潟市西蒲区馬堀6469-1・☎0256-73-2310・FAX0256-73-2373・脇田五三郎・銘＝ヰセキ

㈲ワタセイ商会：〒959-1503・南蒲原郡田上町原ケ崎新田1175・☎0256-57-2077・FAX0256-57-2753・渡辺征司

㈱ワタデン：〒959-2335・新発田市本田3930・☎0254-32-2806・FAX0254-32-3876・銘＝ヰセキ

㈲渡辺機工：〒940-1142・長岡市豊詰町18-1・☎0258-23-1832・FAX0258-23-1239・渡辺敏美・銘＝ヤンマー

㈲渡辺農機具店：〒945-1343・柏崎市城塚1-6・☎0257-24-4726・FAX0257-22-4278・渡辺正則・銘＝ヰセキ

㈱渡辺農機商会：〒959-3131・村上市藤沢239-16・☎0254-62-2116・FAX0254-62-4594・長浜洋一

㈲渡辺農機商会：〒959-2221・阿賀野市保田1734・☎0250-68-2143・FAX0250-68-2378・渡辺孝・銘＝ヤンマー

渡辺農機店：〒950-1456・新潟市南区茨曽根3603-3・☎025-375-2036・FAX025-375-2118・渡辺一由・銘＝三菱

渡辺農機店：〒959-2015・阿賀野市北本町22-40・☎0250-62-2155・FAX0250-25-7152

渡辺農機販売：〒947-0026・小千谷市上ノ山2-2-16・☎0258-83-2325・FAX0258-82-2527・渡辺俊雄・銘＝三菱

渡義農機店：〒959-2047・阿賀野市上中80-1・☎0250-62-2704・FAX0250-62-7370・渡辺忠雄・銘＝ヰセキ

［富山県］

㈱北陸近畿クボタ（本社：石川県）
富山事務所：〒933-0824・高岡市西藤平蔵1540・☎0766-63-5800・FAX0766-63-5789
　高岡営業所：〒933-0824・高岡市西藤平蔵469・☎0766-63-3961
　小杉営業所：〒939-0306・射水市手崎166・☎0766-55-0087
　大門営業所：〒939-0271・射水市大島北野145-1・☎0766-52-0242
　氷見営業所：〒935-0051・氷見市十二町4322・☎0766-91-4815
　砺波営業所：〒939-1308・砺波市三郎丸338-1・☎0763-32-3393
　戸出営業所：〒939-1118・高岡市戸出栄町14・☎0766-63-0093
　福岡営業所：〒939-0132・高岡市福岡町大滝219・☎0766-64-2454
　井波営業所：〒932-0212・南砺市山斐113-1・☎0763-82-5060
　小矢部営業所：〒932-0833・小矢部市綾子484・☎0766-67-2041
　南砺営業所：〒939-1732・南砺市荒木678-2・☎0763-52-0247
　婦中営業所：〒939-2706・富山市婦中町速星995・☎076-465-2700
　富山西営業所：〒933-0207・射水市白石6-1・☎0766-59-2911
　八尾営業所：〒939-2304・富山市八尾町黒田470-3・☎076-454-3534
　富山営業所：〒939-8185・富山市二俣317・☎076-429-4414
　立山営業所：〒930-0212・中新川郡立山町沢端67・☎076-462-2281
　魚津営業所：〒937-0011・魚津市木下新278・☎0765-31-7500
　新川営業所：〒936-0864・滑川市金屋1672・☎076-476-0044
　針原営業所：〒931-8437・富山市宮町296-3・☎076-451-2530
　入善営業所：〒939-0642・下新川郡入善町上野1299-2・☎0765-74-1074

ヤンマーアグリジャパン㈱（本社：大阪府／中部近畿支社：滋賀県）
砺波事務所：〒939-1327・砺波市五郎丸1008・☎0763-33-7154・FAX0763-33-7155
　黒部支店：〒938-0801・黒部市荻生1052・☎0765-57-0051
　立山支店：〒930-0224・中新川郡立山町西芦原2-1・☎076-462-1638
　高岡支店：〒933-0838・高岡市北島1377-2・☎0766-23-1558
　戸出支店：〒939-1131・高岡市醍醐781-2・☎0766-63-5255

㈱ヰセキ北陸（本社：石川県）
富山事務所：〒939-8183・富山市小中137・☎076-429-5161・FAX076-429-0957
　黒部営業所：〒938-0013・黒部市沓掛637・☎0765-57-3321
　高岡営業所：〒939-1105・高岡市戸出伊勢領2521・☎0766-63-6203
　砺波営業所：〒939-1327・砺波市五郎丸133-1・☎0763-33-6641

三菱農機販売㈱（本社：埼玉県／中部支社：福井県）
　富山営業所：〒930-0905・富山市五本榎1・☎076-451-2851
　福野営業所：〒939-1507・南砺市二日町2178-3・☎0763-22-2438

明石農機販売㈱：〒937-0806・魚津市友道2270・☎0765-24-0696・FAX0765-24-3682・明石兵衛・銘＝ヤンマー，三菱・販＝入善支店：〒939-0626・下新川郡入善町入膳3511-3・☎0765-72-0706

朝内農機㈱：〒939-8231・富山市下熊野290・☎076-429-2933・FAX076-429-2934・朝内友希夫

㈱荒井農機：〒939-2255・富山市長附251-1・☎076-467-0541・FAX076-467-0541・荒井宏育

㈱荒永農機：〒932-0134・小矢部市平桜6208・☎0766-69-8221・FAX0766-69-8818・荒永悦雄・銘＝ヤンマー，三菱

石川農機具店道坂工場：〒937-0031・魚津市道坂166・☎0765-32-8822・FAX0765-32-8822・石川伸次

上田農機具店：〒939-0626・下新川郡入善町入膳3801-2・☎0765-72-0020・FAX0765-72-0020・上田健一

上野農機鉄工：〒939-0714・下新川郡朝日町桜町3066・☎0765-82-0557・FAX0765-82-0557・上野道徳

㈲浦野農機商会：〒939-2371・富山市八尾町翠尾153・☎076-454-3212・FAX076-455-3420・浦野浩治・銘＝ヤンマー

大屋農機具店：〒939-1375・砺波市中央町6-21・☎076-332-2529・大屋久雄

沖鉄工所：〒939-0302・射水市大江525・☎0766-55-0476

折橋商会：〒930-2222・富山市八幡555・☎076-435-3145・FAX076-435-3185・折橋秋市・銘＝ヤンマー

㈲鍛冶伊：〒935-0011・氷見市中央町2-41・☎0766-74-0271・FAX0766-74-0272・鍛冶茂・銘＝ヤンマー・販＝バイパス店：〒935-0025・氷見市鞍川41-1・☎0766-74-2662

㈱カミイチ：〒930-0315・中新川郡上市町若杉新44-1・☎076-472-3296・FAX076-472-3931・堀賢二

カミハザ農機整備：〒935-0024・氷見市窪439-1・☎0766-91-4725・FAX0766-91-5481・上招正・銘＝三菱，ホンダ

㈱川合兄弟商会：〒939-1532・南砺市寺家879-1・☎0763-22-3681・FAX0763-22-2335・川合敏雄

㈲河合嵩農機店：〒939-1506・南砺市高儀134・☎0763-22-2413・FAX0763-22-2754・河合賢

川合農機商会：〒939-1561・南砺市福野1680・☎0763-22-2660・FAX0763-22-2556・川合義信・銘＝ヤンマー

販売業者編=富山県，石川県=

㈱川崎商店：☎939-2603・婦中町羽根933-1・☎076-469-5580・FAX076-469-5731・銘＝ヤンマー

㈱清田工業：☎936-0808・滑川市追分3576・☎076-477-1401・FAX076-471-2447・清田由孝・銘＝ヤンマー

黒東農機商会：☎939-0642・下新川郡入善町上野1358-3・☎0765-72-0536・FAX0765-72-0536・目沢勇

黒部農機商会：☎938-0003・黒部市六天857・☎0765-56-8398・FAX0765-56-8398・前島一雄

㈱小出農機：☎939-8205・富山市新根塚町1-9-41・☎076-424-1801・FAX076-491-5132・小出一夫・銘＝ヤンマー，三菱，ホンダ・販＝八尾SC：☎939-2304・八尾町黒田5474・☎076-455-2400，月岡SC：☎939-8134・富山市上千俵町673-1・☎076-429-2400，大沢野SC：☎939-2251・富山市下大久保2425・☎076-468-2400，テクノサイドKOIDE：☎939-8224・富山市友杉1585・☎076-429-8182

サービスセンターたけうち：☎933-0204・射水市加茂中部809-3・☎0766-59-2767

笹本農機商会：☎932-0041・小矢部市東福町8-23・☎0766-67-1416・FAX0766-67-2006・笹本隆

沢井農機：☎935-0002・氷見市阿尾67-2・☎0766-72-0879・FAX0766-72-0879・沢井俊明

高田農機商会：☎932-0042・小矢部市西福町3-3・☎0766-67-0904・銘＝ホンダ

高村農機：☎930-0361・中新川郡上市町湯上野14-2・☎076-473-3294・FAX076-473-3294・高村一正・銘＝三菱

武田政一商店：☎930-0325・中新川郡上市町三日市43・☎076-472-0557・FAX076-472-6778・武田猛・銘＝ヤンマー

竹林農機具販売：☎939-1438・砺波市安川2000・☎0763-37-0186・FAX0763-37-0181・銘＝三菱

田辺産業：☎939-1368・砺波市本町11-14・☎0763-32-2260・田辺外茂雄

㈲田辺農機：☎930-3265・中新川郡立山町米沢2-7・☎076-463-0205・FAX076-461-5236・田辺欣治・銘＝三菱

友井農機商会：☎937-0055・魚津市中央通り2-6-7・☎0765-22-0232・FAX0765-22-7327・友井秀男

㈱中村商店：☎930-0871・富山市下野3058・☎076-422-3565・FAX076-491-5127・中村広也・銘＝ヤンマー

中屋農機商会㈲：☎936-0807・滑川市四ツ屋101・☎076-475-6418・FAX076-475-6418・山本大造・銘＝ヤンマー，三菱

濱谷農機：☎939-1811・南砺市北野理休1766・☎0763-62-0163・FAX0763-62-0163・浜谷栄治

広瀬商店：☎930-0202・中新川郡立山町若宮82・☎076-463-4135・FAX076-463-4267

古池農機㈱：☎939-1702・南砺市吉江中1270・☎0763-52-0361・FAX0763-52-5630・古池進・銘＝ヤンマー・販＝井波支店：☎932-0255・南砺市五領島3698・☎0763-82-5065

㈲堀田農機：☎930-0241・中新川郡立山町道源寺1367・☎076-463-0338・FAX076-463-0338・堀田与秋・銘＝ヤンマー

堀総業サービスセンター：☎939-0553・富山市水橋小出1259・☎076-478-0305・FAX076-478-0211・堀敏子

前島農機商会：☎938-0031・黒部市三日市3685・☎0765-52-0062・FAX0765-52-0703・前島邦昭

松倉商会：☎938-0801・黒部市荻生新堂6910-10・☎0765-54-2550・FAX0765-54-2550・銘＝三菱

溝口農機㈱：☎939-1732・南砺市荒木1504-1・☎0763-52-1112・FAX0763-52-5176・溝口友和・銘＝ホンダ

㈲嶺乗農機：☎939-0117・高岡市福岡町福岡新670-1・☎0766-64-2024・FAX0766-64-2024・嶺乗俊明・銘＝ヤンマー

村上農機商会：☎939-2713・富山市婦中町上轉田37・☎076-465-5383・FAX076-465-7031・銘＝ヤンマー

室田商会：☎932-0044・小矢部市新富町8-20・☎0766-67-0415・FAX0766-67-0415・銘＝ヤンマー

㈱森井農機：☎930-0235・中新川郡立山町榎10・☎076-462-1411・FAX076-462-2054・森井英治

［石川県］

㈱北陸近畿クボタ：☎924-0038・白山市下柏野町956-1・☎076-275-9555　上田峻

ヤンマーアグリジャパン㈱（本社：大阪府／中部近畿支社：滋賀県）

北陸事務所：☎924-0051・白山市福留町615-1・☎076-277-3950・FAX076-277-3955

白山支店：（北陸事務所と同）・☎076-277-1797

津幡支店：☎929-0332・河北郡津幡町中須加ろ45・☎076-288-3887

押水支店：☎929-1303・羽咋郡宝達志水町河原ヒ57・☎0767-28-3857

白山支店河内出張所：☎920-2306・白山市河内町吉岡東44・☎076-273-1414

加賀支店：☎922-0014・加賀市中代町19-3・☎0761-77-5957

㈱キセキ北陸：☎920-8628・金沢市間屋町1-32・☎076-237-1515・FAX076-252-2754・森田太

金沢営業所：☎920-0001・金沢市千木町り42-1・☎076-257-6623

小松営業所：☎923-0001・小松市大島町丙185・☎0761-21-3232

能登営業所：☎929-2102・七尾市舟尾町ら18・☎0767-68-2110

三菱農機販売㈱（本社：埼玉県／中部支社：福井県）

小松営業所：☎923-0964・小松市今江町9-229・☎0761-24-2340

㈲浅市農機具店：☎927-1207・珠洲市正院町小路14-2・☎0768-82-0864・FAX0768-82-0483・浅市忠男・銘＝ヤンマー

穴水農機店：☎927-0027・鳳珠郡穴水町川島ワ68-3・☎0768-52-2373・FAX0768-52-2516・高尾昇・銘＝ヤンマー

石川スズエ販売㈱：☎921-8051・金沢市黒田2-373・☎076-249-0221・FAX076-249-0224・杭田節夫・銘＝クボタ

岩城農機店：☎929-2241・七尾市中島町浜田耕11-1・☎0767-66-1828・FAX0767-66-8828・岩城留吉・銘＝ヤンマー

上野農機具店：☎927-1204・珠洲市蛸島町ナ115・☎0768-82-5102・FAX0768-82-5102・上野政紀・銘＝ヤンマー

垣内農産商会：☎926-0014・七尾市矢田町1-226・☎0767-53-6000・FAX0767-53-6000・垣内健志

㈱柏木農機店：☎920-3122・金沢市福久町ハ60・☎076-258-0002・FAX076-257-5010・柏木俊一・銘＝ヤンマー，三菱，ホンダ・販＝鹿島営業所：☎929-1704・鹿島郡中能登町末坂10-47・☎0767-74-2111

㈲カワシマ商事：☎925-0605・羽咋市宇土野町イ10・☎0767-26-1213・FAX0767-26-1213・河島秀明・銘＝ホンダ

川島農機店：☎928-0024・輪島市山岸町へ15-2・☎0768-22-3278・FAX0768-22-3295・川島慶一・銘＝ヤンマー

北川商店：☎921-8025・金沢市増泉1-31-17・☎076-247-0019

北川農機具商会：☎921-8815・野々市市本町1-33-6・☎076-248-0004・FAX076-248-0411・北川隆・銘＝ヤンマー

坂本農機商会：☎927-1461・珠洲市三崎町伏見ワ15・☎0768-88-2873・FAX0768-88-2118・銘＝三菱

佐々木農機具店：☎927-0433・鳳珠郡能登町宇出津タ23-2・☎0768-62-0212・FAX0768-62-3078・佐々木信広・銘＝キセキ

杉山機械店：☎926-0044・七尾市相生町85-3・☎0767-52-3801・FAX0767-53-4280・渡辺英夫・銘＝ヤンマー

㈱鈴八農機商会：☎923-0031・小松市高

堂町ハ5・☎0761-22-5980・FAX0761-22-6716・鈴大八・銘＝ヤンマー

㈲高田農機：〒925-0611・羽咋市上江町110・☎0767-26-2518・FAX0767-26-2519・高田雅広・銘＝三菱

㈱辻商会：〒923-0854・小松市大領町ね77・☎0761-21-8322・FAX0761-21-3189・辻宏伸・銘＝ヤンマー，ホンダ

中幸農機：〒923-1252・能美郡川北町中島ヲ115・☎076-277-5000・FAX076-277-5030・中川平和・販＝松任営業所：〒924-0841・白山市平松町51-1・☎076-275-6549

㈲七尾物産商会：〒926-0012・七尾市万行町31-108・☎0767-52-1221・FAX0767-52-6910・浜岸武春・銘＝三菱

中野農機：〒927-0602・鳳珠郡能登町松波14-69・☎0768-72-0155・FAX0768-72-2140・中野良作・銘＝ヤンマー

西出農機：〒922-0414・加賀市片山津町オ31・☎0761-74-6501

原田農機㈱：〒922-0304・加賀市分校町ヌ107・☎0761-74-0626・FAX0761-74-0626・原田洋子・銘＝三菱

広瀬農機店：〒927-1221・珠洲市宝立町金峰寺寅1-1・☎0768-84-1805・FAX0768-84-1805・広瀬松雄・銘＝ヤンマー

三波農機商会：〒927-0441・鳳珠郡能登町藤波ノ30-1・☎0768-62-1084・FAX0768-62-4456・佐々木康行・銘＝ヤンマー

三宅農機商会：〒922-0316・加賀市松山町イ78-1・☎0761-76-1638・FAX0761-77-4626・三宅清・銘＝ヤンマー

宮崎商会：〒923-1261・能美郡川北町土室サ14・☎076-277-1199・FAX076-277-3746・宮崎千市・銘＝三菱

㈲毛利農機：〒925-0141・羽咋郡志賀町高浜町ク13-7・☎0767-32-0090・FAX0767-32-0196・毛利幸正・銘＝クボタ，三菱

門前柏木農機店：〒927-2151・輪島市門前町走出8-61-1・☎0768-42-0204・FAX0768-42-1577・柏木隆秀・銘＝ヤンマー

㈲谷中農機店：〒928-0305・鳳珠郡能登町久田20字6・☎0768-76-1042・FAX0768-76-1480・銘＝三菱

㈱山本商会：〒925-0154・羽咋郡志賀町末吉暇72・☎0767-32-1133・FAX0767-32-1134・山本一範・銘＝ヤンマー・販＝羽咋支店：〒925-0025・羽咋市太田町ヘ15・☎0767-22-2232，富来支店：〒925-0446・羽咋郡志賀町富来地頭町9-320・☎0767-42-1123

吉田農機店：〒928-0001・輪島市河井町2-86-1・☎0768-22-0487・FAX0768-22-6754・吉田義盛

米林農機商会：〒924-0865・白山市倉光7-107・☎076-275-0278・米林盈

［福井県］

㈱北陸近畿クボタ（本社：石川県）

福井事務所：〒910-0843・福井市西開発2-304・☎0776-54-1255・FAX0776-53-5386

福井営業所：〒910-0842・福井市開発4-209・☎0776-54-2525

あわら営業所：〒919-0632・あわら市春宮2-26-17・☎0776-73-0225

坂井営業所：〒919-0526・坂井市坂井町上兵庫58・☎0776-72-2228

福井南営業所：〒919-0321・福井市下河北町11-7-1・☎0776-38-3165

永平寺営業所：〒910-1222・吉田郡永平寺町諏訪間2-16・☎0776-63-2738

大野営業所：〒912-0022・大野市陽明町3-908・☎0779-66-3700

勝山営業所：〒911-0043・勝山市荒土町新保12-307・☎0779-89-7700

鯖江営業所：〒916-0029・鯖江市北野町11-28・☎0778-51-2444

武生営業所：〒915-0816・越前市小松1-7-17・☎0778-22-2796

南越営業所：〒915-0006・越前市杉崎町7-4-1・☎0778-27-7711

二州営業所：〒914-0823・敦賀市杏見156-28・☎0770-22-2483

小浜営業所：〒917-0241・小浜市遠敷47-3-2・☎0770-56-0072

ヤンマーアグリジャパン㈱（本社：大阪府／中部近畿支社：滋賀県）

大野支店：〒912-0016・大野市友江29-11-1・☎0779-65-5900

勝山支店：〒911-0034・勝山市滝波町5-1002・☎0779-87-2377

福井支店：〒919-0327・福井市大土呂町2-8-1・☎0776-38-7777

鯖江支店：〒916-0043・鯖江市定次町23-4-5-1・☎0778-51-0191

丸岡支店：〒910-0304・坂井市丸岡町今福2-2-1・☎0776-67-5555

㈱キセキ北陸（本社：石川県）

福井事務所：〒910-0813・福井市中新田町第9-5・☎0776-54-2500・FAX0776-53-5022

福井営業所：（福井事務所と同）

坂井営業所：〒919-0473・坂井町本堂22・☎0776-51-5542

奥越営業所：〒912-0004・大野市中津川31-11-2・☎0779-66-4100

丹南営業所：〒915-0057・越前市矢船町13-9-20・☎0778-22-0324

鯖江営業所：〒916-0022・鯖江市水落町1-12-18・☎0778-42-5260

敦賀営業所：〒914-0814・敦賀市木崎西子8-3・☎0770-25-1355

若狭営業所：〒917-0241・小浜市遠敷8-8-1，若狭農協内・☎0770-56-3222

三菱農機販売㈱（本社：埼玉県）

中部支社：〒918-8231・福井市問屋町2-38・☎0776-27-3078・FAX0776-21-2120・山中正雄

福井営業所：（中部支社と同）・☎0776-22-1968

芦原営業所：〒910-4115・あわら市国影12-22-4・☎0776-78-7111

奥越営業所：〒912-0011・大野市南新在家10-24・☎0779-65-0038

㈱有田農機商会：〒919-0503・坂井市坂井町長屋36-15・☎0776-66-0588・FAX0776-67-0478・有田敬治・銘＝ヤンマー

㈲井上農機サービスセンター：〒915-0893・越前市片屋町20-72・☎0778-22-7971・FAX0778-22-7971・井上俊幸・銘＝三菱

いはら機械：〒917-0024・小浜市和久里19-2・☎0770-56-3102・FAX0770-56-3103

㈲海松鉄工設備：〒910-0236・坂井市丸岡町本町3-34・☎0776-66-0526・FAX0776-66-2938・海松孝治・銘＝ヤンマー

岡田農機：〒910-4272・あわら市北潟25-26・☎0776-79-1338・FAX0776-79-1339・銘＝ヤンマー

㈱小川屋機械：〒918-8057・福井市加茂河原1-1-8・☎0776-36-4824・FAX0776-36-4862・小川高至・銘＝ヤンマー

小浜ヤンマー㈱：〒917-0077・小浜市駅前町15-6・☎0770-52-3431・FAX0770-52-4537・中嶋雄三・銘＝ヤンマー・販＝上中店：〒919-1541・三方上中郡若狭町市場22-1-1・☎0770-62-1177，美方店：〒919-1314・三方上中郡若狭町能登野4-7・☎0770-45-0772，みはま店：〒919-1132・三方郡美浜町佐柿56-20-1・☎0770-77-1808，おおい店：〒919-2103・大飯郡おおい町尾内32-3-1・☎0770-77-1808，敦賀サービスセンター：〒914-0146・敦賀市金山99号9-1・☎0770-24-0330

小柳農機商会：〒915-0026・越前市五分市町2-11・☎0778-27-1276・小柳昭雄

カトー機械工業所：〒916-0061・鯖江市平井町60-14・☎0778-62-1346・FAX0778-62-2604・加藤隆二

上中機械：〒919-1542・三方上中郡若狭町井ノ口33-23・☎0770-62-0069・FAX0770-62-1769・松宮吉彦

来田農機商会：〒916-0141・丹生郡越前町西田中14-25・☎0778-34-0224・FAX0778-34-0224・来田孝雄

木村農機㈱：〒919-0482・坂井市春江町中

販売業者編＝福井県，山梨県＝

庄39-23・☎0776-51-0567・FAX0776-51-6009・木村直敬・銘＝ヤンマー

㈲桑田機械：〒919-2114・大飯郡大飯町野尻18-22・☎0770-77-2650・FAX0770-77-1323・銘＝三菱

㈲五井八商店：〒919-1303・三方上中郡若狭町三方44-4-2・☎0770-45-0313・FAX0770-45-2775・五井八良・銘＝三菱，ホンダ

㈱坂井農機：〒919-0621・あわら市市姫2-16-33・☎0776-73-1313・FAX0776-73-1851・坂井好海・銘＝三菱

㈲定池農機製作所：〒913-0021・坂井市三国町楽円59-16-1・☎0776-82-1200・FAX0776-82-1201・定池潤一郎・銘＝ヤンマー

㈲志田農機：〒910-0254・坂井市丸岡町一本田8-4-3・☎0776-66-0387・FAX0776-66-5679・志田博紀・銘＝三菱

杉原商店：〒914-0066・敦賀市元町8-2・☎0770-22-0441

田中商事：〒915-1201・越前市安養寺町85-60・☎0778-28-1635・FAX0778-28-1688・田中寿倫

田中モータース：〒919-1521・三方上中郡若狭町下夕中33-12-1・☎0770-62-0516・FAX0770-62-1681・田中修巳

玉邑農機㈱：〒916-0041・鯖江市東鯖江1-3-13・☎0778-51-0048・FAX0778-52-3197・玉邑雅之・銘＝ヤンマー

土橋電機農機商会：〒910-3633・福井市上天下町2-58・☎0776-98-3067・FAX0776-98-3974・銘＝ヤンマー

東武興産㈲：〒915-0051・越前市帆山町12-32・☎0778-24-0616・FAX0778-24-0696・山口正仁・銘＝三菱，ホンダ

㈱中島機械：〒919-0409・坂井市春江町定広13-13・☎0776-72-1177・FAX0776-72-1482・中島正行・銘＝ヤンマー，三菱

服部商会：〒917-0063・小浜市小浜酒井1-32・☎0770-52-0409・FAX0770-52-7035・服部達雄

㈲春江鈴木農機商会：〒919-0412・坂井市春江町江留中39-8・☎0776-51-0116・FAX0776-51-0116・鈴木榮治・銘＝ヤンマー

㈲ベスト農機店：〒910-3633・福井市上天下町22-9-1・☎0776-98-4417・FAX0776-98-3651・銘＝ホンダ

㈲前田技工：〒917-0352・小浜市深谷19-7・☎0770-59-0242・FAX0770-59-0241

マエダ商店：〒917-0241・小浜市遠敷4-808・☎0770-56-0160・FAX0770-56-3830・前田武夫

㈲松田商会：〒910-0246・坂井市丸岡町西瓜屋9-11-2・☎0776-66-0393・FAX0776-66-0812・吉川幹夫

マルフク機械：〒915-0801・越前市家久

町74-31・☎0778-22-3788・FAX0778-22-3788・福住英一

水嶋農機商会：〒916-1113・鯖江市戸口町18-16・☎0778-65-1131・FAX0778-65-2878・水嶋清実・銘＝ヤンマー，ホンダ

㈱みずの：〒915-0801・越前市家久町107-3-3・☎0778-24-4555・FAX0778-23-0663・水野裕司・銘＝ヤンマー

水野農機商会：〒910-0039・福井市三ツ屋町14-17・☎0776-23-2665・FAX0776-21-6922・水野豊・銘＝ヤンマー

宮腰農機商会：〒912-0053・大野市春日1-1-7・☎0779-65-3854・宮腰謙二

森下農機店：〒916-0255・丹生郡越前町江波88-2・☎0778-32-2121・FAX0778-32-3390・森下貞夫

㈲矢田商店：〒912-0023・大野市中荒井1-407・☎0779-66-4661・FAX0779-66-4780・矢田周一・銘＝ホンダ

山田農機具店：〒917-0232・小浜市東市場53-7-1・☎0770-56-0079・FAX0770-56-0079・山田治

山本機械：〒914-0272・敦賀市赤崎44-11-6・☎0770-22-1212・FAX0770-22-2013・山本繁男・銘＝ヤンマー

㈱ヨシミ商会：〒910-0802・福井市大和田町22-14-1・☎0776-52-7285・FAX0776-52-7286・吉田耕司・銘＝ヤンマー，三菱

鷲田機械㈱：〒916-0071・鯖江市持明寺町14-5・☎0778-62-2000・FAX0778-62-1026・鷲田秀樹・銘＝ヤンマー，三菱

㈱ワシタ機械サービス：〒916-0047・鯖江市柳町4-6-34・☎0778-51-3142

㈲鷲田商会：〒911-0032・勝山市芳野町1-1-13・☎0779-88-0116・FAX0779-88-0441・鷲田政憲・銘＝ホンダ

［山梨県］

㈱関東甲信クボタ（本社：埼玉県）
甲府営業所：〒400-1508・甲府市下曽根町424-1・☎055-298-6800
長坂営業所：〒408-0034・北杜市長坂町大八田3922-1・☎0551-32-2405
韮崎営業所：〒407-0024・韮崎市本町4-7-30・☎0551-22-2544

ヤンマーアグリジャパン㈱（本社：大阪府／関東甲信越支社：埼玉県）
南アルプス支店：〒400-0304・南アルプス市吉田北原944-1・☎055-288-7000

㈱キセキ信越（本社：新潟県／長野支社：長野県）
山梨支店：〒400-0113・甲斐市富竹新田1567-2・☎055-276-8011

アムズ：〒400-0222・南アルプス市飯野

3612-5・☎055-284-1150・FAX055-284-1128

安藤機械店：〒400-0117・甲斐市西八幡3553・☎055-276-3179・FAX055-276-3285・安藤照雄

㈲安藤農機商会：〒401-0013・大月市大月1-21-17・☎0554-22-0685・FAX0554-22-0685・安藤致康

石井農機商会：〒406-0842・笛吹市境川町石橋11-4・☎055-266-4274・FAX055-266-4274・石井莞爾

岩間農機㈱：〒409-1306・甲府市勝沼町山814-1・☎0553-44-1122・FAX0553-44-1123・岩間英雄・銘＝ヤンマー，三菱

内川農機商会：〒406-0027・笛吹市石和町下平井22・☎055-262-2823・FAX055-262-2823・内川和彦

小沢農機：〒406-0842・笛吹市境川町石橋2308-3・☎055-266-4670・FAX055-266-4670・小沢聰一

㈲小澤農機具商会：〒405-0015・山梨市下石森570-1・☎0553-22-9180・FAX0553-22-1112・小沢英治・銘＝ホンダ

長田商会：〒400-1507・甲府市下向山町1505・☎055-266-3102・FAX055-266-3102・長田君雄

㈲川崎屋農機商会：〒400-0845・甲府市上今井町1050・☎055-241-3132・FAX055-241-3136・川崎俊二・銘＝ヤンマー

㈱ケィ・シィ・ジィ：〒406-0832・笛吹市八代町竹居1955・☎055-265-3112・FAX055-265-2035・五味利夫・銘＝三菱，販＝御坂営業所：〒406-0815・笛吹市御坂町尾山336-7・☎055-261-7858・FAX055-261-7859

峡北農機：〒408-0302・北杜市武川町牧原721・☎0551-26-3443・FAX0551-26-3377・金丸芳人・銘＝三菱

窪田工業：〒408-0111・北杜市須玉町穴平53・☎0551-42-2203・FAX0551-42-3530・窪田幸二

寿機具店：〒400-0112・甲斐市名取488-1・☎055-279-1288・FAX055-279-5888・高階昭人

㈱斉藤農機：〒400-0222・南アルプス市飯野2837・☎055-282-2289・FAX055-283-4613・斉藤俊一・銘＝ホンダ

三協農機商会：〒404-0042・甲州市塩山上於曽1046・☎0553-33-2622・銘＝ホンダ

篠原農機店：〒408-0021・北巨摩郡長坂町長坂上条2077・☎0551-32-2530・FAX0551-32-2301・銘＝ヤンマー

㈲シミズシステムズ：〒400-0214・南アルプス市百々2909・☎055-285-0426・FAX055-285-5350・清水保英

杉本商店機械部：〒402-0023・都留市大野1892・☎0554-43-1881・FAX0554-43-8660・銘＝ホンダ

曽根農機具店：〒405-0011・山梨市三ケ所466・☎0553-22-3254・FAX0553-22-3254・曽根孝春

高根機械センター：〒408-0002・北杜市高根町村山甲割2120・☎0551-47-2189・FAX0551-47-2189・原正

竹井農機店：〒404-0047・甲州市塩山三日市場1657・☎0553-33-5350・FAX0553-33-5995・竹井一雄・銘＝三菱

内藤農機店：〒408-0114・北杜市須玉町藤田寺前267-1・☎0551-42-2920・FAX0551-42-4480・内藤達夫

㈲中村農機商会：〒404-0014・山梨市牧丘町隼2392・☎0553-35-3773・FAX0553-35-2136・里吉増三

南部農機：〒409-2217・南巨摩郡南部町本郷1358・☎0556-64-3901・FAX0556-64-3910・若林一雄

萩原商会：〒404-0003・山梨市牧丘町倉科345-5・☎0553-35-2147・FAX0553-35-4410・萩原一似・販＝山梨営業所：〒405-0041・山梨市北58-4・☎0553-22-5539

ハタヤ農機：〒406-0003・笛吹市春日居町桑戸1369・☎0553-26-4065・FAX0553-26-4422・畑谷忠・銘＝三菱

深沢農機㈱：〒400-0035・甲府市飯田4-1-32・☎055-226-7631・FAX055-228-9101・深沢英雄・銘＝ホンダ・販＝山梨市本店：〒405-0006・山梨市小原西柿木田78-4・☎0553-22-0447，十日市場店：〒400-0336・南アルプス市十日市場982・☎055-283-2141

富士機械：〒407-0005・韮崎市一ツ谷1813・☎0551-22-6762・FAX0551-23-5444・早川正紀・銘＝ホンダ

双葉商事㈱：〒406-0802・笛吹市御坂町金川原1187-8・☎055-263-3145・FAX055-263-2679・丸山啓次・銘＝ヤンマー

㈲堀内農機：〒403-0005・富士吉田市上吉田7-5-9・☎0555-22-0993・FAX0555-22-7337・堀内廣雄・銘＝ホンダ

㈱マイサン農機：〒405-0073・笛吹市一宮町末木397・☎0553-47-0522・FAX0553-47-0276・伊奈善一郎・銘＝三菱

武藤商会：〒404-0036・甲州市塩山熊野283-1・☎0553-33-4273・FAX0553-33-8250・武藤勝明

武藤商会：〒403-0004・富士吉田市下吉田2-26-17・☎0555-22-0381・FAX0555-22-8858・武藤傳太郎

山梨機材㈱：〒400-0113・甲斐市富竹新田793-2・☎055-276-0011・FAX055-276-0023・重見一豊

山梨スチール㈱：〒400-0047・甲府市徳行4-13-5・☎055-226-3656

㈲山梨農芸：〒400-0862・甲府市朝気1-8-15・☎055-232-3121・FAX055-232-3123・森屋智章

やまろく農機店：〒409-0112・上野原市上野原559・☎0554-63-0469・FAX0554-63-0653・小山晴英・銘＝ホンダ

㈱ヨダ兄弟商会：〒400-0601・西八代郡市川三郷町上野2352-1・☎055-268-2714・FAX055-268-2724・依田孝一・銘＝三菱，ホンダ・販＝岩間店：〒409-3244・西八代郡市川三郷町岩間4791・☎0556-32-2121

㈲渡辺農機：〒405-0025・山梨市一町田中303・☎0553-22-1109・FAX0553-22-6004・渡辺鉄雄

［長野県］

㈱関東甲信クボタ（本社：埼玉県）

中部事務所：〒390-1242・松本市和田3967-8・☎0263-48-1234

　大北営業所：〒398-0004・大町市常盤3799-91・☎0261-22-4841

　あづみ営業所：〒399-8304・安曇野市穂高柏原2843-1・☎0263-82-3530

　松本営業所：（中部事務所と同）・☎0263-48-1250

　塩尻営業所：〒399-0703・塩尻市広丘高出1552-3・☎0263-52-0369

　麻績出張所：〒399-7701・東筑摩郡麻績村麻3464-5・☎0263-67-2319

　木曽営業所：〒397-0001・木曽郡木曽町福島2864・☎0264-22-3512

　飯山営業所：〒389-2253・飯山市飯山5289-6・☎0269-62-2093

　信濃町営業所：〒389-1314・上水内郡信濃町穂波1967-1・☎026-255-4632

　中野営業所：〒383-0051・中野市七瀬314-1・☎0269-22-4651

　長野営業所：〒388-8006・長野市篠ノ井御幣川1006-1・☎026-292-3155

　上田営業所：〒386-0412・上田市御嶽堂2515-8・☎0268-42-4000

　佐久営業所：〒385-0025・佐久市塚原1068・☎0267-68-2220

　小海営業所：〒384-1103・南佐久郡小海町豊里2008-1・☎0267-92-2500

　川上営業所：〒384-1405・南佐久郡川上村大深山1124-4・☎0267-97-2558

　豊丘営業所：〒399-3202・下伊那郡豊丘村神稲9298・☎0265-35-6510

　駒ヶ根営業所：〒399-4117・駒ケ根市赤穂497-585・☎0265-82-2511

　伊那みのわ営業所：〒399-4501・伊那市西箕輪7154-2・☎0265-72-4550

　茅野営業所：〒391-0003・茅野市本町4985-1・☎0266-72-0655

ヤンマーアグリジャパン㈱（本社：大阪府／関東甲信越支社：埼玉県）

甲信事務所：〒390-1301・東筑摩郡山形村

北野尻8129-1・☎0263-97-3100・FAX0263-97-3366

　松本支店：（甲信事務所と同）・☎0263-97-3333

　伊那支店：〒396-0010・伊那市境1403・☎0265-72-5228

　諏訪支店：〒391-0011・茅野市玉川字子の神5230-1・☎0266-72-7600

　駒ヶ根支店：〒399-4117・駒ケ根市赤穂15660-23・☎0265-82-3312

　松島支店：〒399-4601・上伊那郡箕輪町中箕輪8850・☎0265-79-2312

　豊丘支店：〒399-3102・下伊那郡高森町吉田2322・☎0265-35-2561

　塩尻支店：〒399-6462・塩尻市洗馬太田315-1・☎0263-52-6535

　大町支店：〒398-0004・大町市常盤5831-10・☎0261-22-5268

　東信支店：〒384-0095・小諸市御影新田谷地原2416-2・☎0267-25-1171

　野辺山支店：〒384-1302・南佐久郡南牧村海ノ口野辺山2082-1・☎0267-98-2800

　あづみ野支店：〒399-8301・安曇野市穂高有明9660-1・☎0263-84-4060

　飯山支店：〒389-2255・飯山市静間282-1・☎0269-62-6270

㈱キセキ信越（本社：新潟県）

長野支社：〒381-2221・長野市川中島町御厨字八乙女1536-6・☎026-283-1680・FAX026-283-1692

　小布施支店：〒381-0212・上高井郡小布施町小布施字吉島2894-10・☎026-257-4752

　小諸支店：〒384-0061・小諸市大字加増字尾尻480-1・☎0267-23-2828

　野辺山支店：〒384-1302・南佐久郡南牧村大字海の口字二手2194-4・☎0267-98-2763

　松本支店：〒399-0033・松本市笹賀4337-3・☎0263-58-2335

　飯田支店：〒395-0001・飯田市座光寺3846-1・☎0265-23-9047

　伊那営業所：〒399-4431・伊那市西春近7566-2・☎0265-76-1455

　箕輪営業所：〒399-4601・上伊那郡箕輪町中箕輪字小清水11413-1・☎0265-79-3176

三菱農機販売㈱（本社：埼玉県／関東甲信越支社：埼玉県）

長野支店：〒381-2212・長野市小島田町2126-1・☎026-283-1124・FAX026-283-0740

朝川農機具店：〒385-0022・佐久市岩村田住吉町1164-10・☎0267-67-3661・FAX0267-

販売業者編＝長野県＝

67-3661・朝川正武・銘＝ヤンマー

浅間農機具店：〒389-0515・東御市常田714-2・☎0268-62-1623・FAX0268-62-4157・小林正巳

飯田サトー農機販売：〒395-0044・飯田市本町2-9・☎0265-22-2770・FAX0265-22-2337・宮下篤司・銘＝三菱

㈲飯山エコー：〒389-2601・飯山市照岡2134-3・☎0269-69-2516・FAX0269-69-2269・久保田幸治・銘＝ホンダ

㈲イクマ農機：〒388-8006・長野市篠ノ井御幣川1225・☎026-292-0262・FAX026-292-0262・杵淵広司・銘＝三菱，ホンダ

㈱イチムラ：〒383-0053・中野市草間1046-2・☎0269-26-2612・市村哲三

㈱伊那北工機：〒399-4511・上伊那郡南箕輪村田畑6205・☎0265-72-4628・FAX0265-72-9497・原敏弘・銘＝三菱

㈲イワセ農機：〒386-0155・上田市蒼久保388-2・☎0268-35-0668・FAX0268-35-0855・岩瀬保・銘＝ホンダ

㈲岩波機械店：〒392-0011・諏訪市赤羽根3-12・☎0266-52-0645・FAX0266-52-3350・岩波義一

㈲岩波工機：〒392-0015・諏訪市中洲4847-2・☎0266-58-8685・FAX0266-58-8643・岩波一勇

㈲内山農機：〒389-1107・長野市豊野町南郷2335・☎026-257-3495

エヌワイ産業㈱：〒381-0022・長野市大豆島5080・☎026-221-7333・FAX026-221-1095・石井眞澄

江森農機：〒390-1243・松本市神林6000-2・☎0263-58-1726

大島農機：〒381-1231・長野市松代町松代中町623・☎026-278-2512・大島義雄

㈲大島農機：〒381-1231・長野市松代町松代1436・☎026-278-2253・FAX026-278-5511・大島稔

㈱岡田機械店：〒399-8303・安曇野市穂高1377・☎0263-82-2344・FAX0263-82-2646・岡田政治

荻原農機㈱：〒384-0016・小諸市八幡町1-5-30・☎0267-23-1841・FAX0267-23-1840・荻原守・銘＝三菱

㈲小布施鉄工所：〒381-0203・上高井郡小布施町大島50-2・☎026-247-2127・FAX026-247-3022・荒井毅・銘＝ヤンマー，ホンダ

折井機械㈱：〒390-0851・松本市島内高松1666-487・☎0263-47-2039・FAX0263-47-3039・折井健司・銘＝ヤンマー

影山農機具店：〒389-2253・飯山市飯山神明町3123・☎0269-62-2432・FAX0269-62-2432・影山光直

河西農機：〒399-7102・安曇野市明科中川手3748・☎0263-62-2413・河西昌明

金子農機：〒383-0013・中野市中野306-10・☎0269-26-2569・FAX0269-26-2936・金子秀明

㈱唐沢農機サービス：〒389-0512・東御市滋野乙3012-1・☎0268-62-5262・FAX0268-63-7085・唐澤健之・銘＝三菱

木曽ロビン農機：〒397-0001・木曽郡木曽町福島中組2407-1・☎0264-22-3284・FAX0264-24-2872・池井宏・銘＝三菱

北野屋自動車㈱：〒384-1304・南佐久郡南牧村板橋字小丸57-1・☎0267-98-2558

㈲キタミ商事：〒390-1702・松本市梓川梓小室6745・☎0263-78-2440・FAX0263-78-3037・北沢勝三

㈲木下農機具店：〒399-4601・上伊那郡箕輪町中箕輪木下12303-1・☎0263-62-2413・FAX0263-62-2413・有賀義武

倉田農機具店：〒381-3165・長野市七二会甲1532・☎026-229-2019・FAX026-229-3460・倉田盈・銘＝ヤンマー

㈲小池農機：〒391-0003・茅野市本町西18-19・☎0266-72-2247・FAX0266-72-1536・小池恒男・銘＝クボタ

㈲小池農機：〒382-0017・須坂市日滝相森町2243-5・☎026-245-1350・FAX026-245-1404・小池宏

こくめや金物店：〒389-2253・飯山市飯山田町2958・☎0269-62-2241・FAX0269-62-4662・家塚裕久

小嶋機械店：〒381-4102・長野市戸隠豊岡6394-1・☎026-252-2133・FAX026-252-2133・小嶋高行

小平農機：〒386-1212・上田市富士山4633・☎0268-38-3648・FAX0268-38-8547・銘＝三菱

㈲小林機械：〒399-0214・諏訪郡富士見町落合富里10020・☎0266-62-2173・FAX0266-62-2141・小林幸臣

㈲小林工機：〒389-2234・飯山市木島956-3・☎0269-62-2656・FAX0269-62-2656・小林友善

小林農機具店：〒385-0052・佐久市原518-3・☎0267-63-0341・FAX0267-62-1610・小林丈人・銘＝三菱

㈲坂田農機：〒382-0016・須坂市日滝高橋町1209-13・☎026-245-1133・FAX026-245-1371・坂田常夫・銘＝クボタ

桜井農機具店：〒384-0085・小諸市釜神15-1・☎0267-22-1723・FAX0267-25-9246・桜井柾志

佐藤農機工業所：〒382-0015・須坂市須坂太子町954-5・☎026-245-1967・FAX026-245-1967・佐藤重太郎

沢木農業機械店：〒399-5608・木曽郡上松町荻原倉本369-6・☎0264-52-4484・FAX0264-52-5584・沢木公夫

信越農機㈱：〒386-0005・上田市古里743-5・☎0268-24-3566・FAX0268-24-3580・宮下馨・銘＝ヰセキ

㈲新光商会：〒391-0104・諏訪郡原村払沢12671-1・☎0266-79-2681・FAX0269-79-6141・菊池勇

㈲スコー農機研究所：〒382-0045・須坂市井上2216・☎026-245-0771・FAX026-245-0771・多留広純

関農機具店：〒384-1105・南佐久郡小海町千代里2408・☎0267-92-2173・FAX0267-92-4572・関一久

高野農機㈱：〒389-1206・上水内郡飯綱町普光寺970-3・☎026-253-2560・FAX026-253-8147・高野茂樹・銘＝三菱

タカハシ農機：〒383-0065・中野市田麦791-1・☎0269-22-7371・FAX0269-22-7382・高橋初・銘＝ホンダ

㈲タカフ機器販売：〒381-3302・上水内郡小川村高府8555-3・☎026-269-2055・FAX026-269-2055・大日方辰夫

㈲滝沢鉄工所：〒381-0101・長野市若穂綿内8517-1・☎026-282-2215・FAX026-282-2243・滝沢茂・銘＝クボタ

㈲滝澤農機商会：〒382-0076・須坂市須坂馬場町1207・☎026-245-0143・FAX026-245-0143・滝沢治一

㈱竹内農機：〒383-0015・中野市吉田2-6・☎0269-26-2441・FAX0269-26-0955・竹内修一・銘＝三菱

田中機械㈱：〒381-0201・上高井郡小布施町小布施伊勢町1170・☎026-247-2063・FAX026-247-5213・田中良実・銘＝ヰセキ

田中ヤンマー商会：〒386-0033・上田市御所560・☎0268-22-1987・FAX0268-22-1987・田中万之

㈲田端薬局：〒381-2413・長野市信州新町下市場354・☎026-262-2178・銘＝ヰセキ

㈱チクマスキ：〒399-0038・松本市小屋南1-38-15・☎0263-58-2055・FAX0263-57-2861・開島均・銘＝三菱

土屋農機：〒389-0206・北佐久郡御代田町御代田2780-2・☎0267-32-4075・FAX0267-32-4075・土屋時雄

㈲東光機械：〒391-0001・茅野市ちの上原1454-1・☎0266-72-3415・FAX0266-72-4446・岩波治郎

㈲富井商会：〒389-2502・下高井郡野沢温泉村豊郷中尾4461-2・☎0269-85-2489・FAX0269-85-4355・富井繁雄

㈱豊本：〒399-1504・下伊那郡阿南町西條717-1・☎0260-22-3111・FAX0260-22-3113・塩沢浩司・銘＝ホンダ

中島農機具店：〒384-1405・南佐久郡川上村大深山517-1・☎0267-97-2519・FAX0267-97-3880・中島維人・銘＝ヤンマー

中島農機サービス：〒384-0016・小諸市八幡町甲2-6-9・☎0267-23-4151・FAX0267-26-1718・中島一男

販売業者編＝長野県，岐阜県＝

㈲ながみね：〠386-2201・上田市真田町長7300-35・☎0268-72-3726

㈲永峯農機具店：〠383-0046・中野市片塩585・☎0269-22-2671・FAX0269-22-5420・永峯昇・銘＝クボタ

中村農機店：〠399-5608・木曽郡上松町荻原1309-3・☎0264-52-4878・FAX0264-52-4878・中村秀司

七久保農機：〠399-3705・上伊那郡飯島町七久保5180-2・☎0265-86-5765

中山通商㈲：〠390-0823・松本市中山柏木3557-4・☎026-325-9829・FAX026-325-9815・銘＝クボタ，ホンダ・販＝寿店：〠399-0012・松本市寿白瀬淵2127-16・☎026-386-9520

㈲西澤農機：〠383-0064・中野市新井387-2・☎0269-26-5991

㈲橋本農機：〠383-0041・中野市岩船438-1・☎0269-22-4111・FAX0269-22-8220・橋本和男

畑野農機具店：〠386-0025・上田市天神1-6-3・☎0268-22-1693・FAX0268-25-1868・畑野延正

㈲羽生田農機：〠389-1206・上水内郡飯綱町普光寺75・☎026-253-2226・FAX026-253-2226・銘＝ホンダ

㈲原農蚕具店：〠395-0054・飯田市箕瀬町3-2488-2・☎0265-22-0061・FAX0265-22-0061・原峻一

㈲東農機具店：〠389-1102・長野市豊野町大倉2031-2・☎026-257-2202・FAX026-257-2202・東和義

㈲平林農機：〠399-8205・安曇野市豊科本村1827-1・☎0263-72-2960・FAX0263-72-4770・平林克敏・銘＝キセキ・販＝松本支店：〠390-1702・松本市梓川梓2982-1・☎0263-31-0140

藤沢商会㈲：〠399-7201・東筑摩郡生坂村7713-1・☎0263-69-2046・FAX0263-69-2777・藤沢政文・銘＝ホンダ

㈱藤沢農機：〠382-0077・須坂市須坂北横町1671-1・☎026-245-0995・FAX026-245-0995・藤沢正忠・銘＝クボタ

古田エコーＳＳ：〠383-0045・中野市江部1298・☎0269-22-2843

北信農機具㈲：〠381-0001・長野市赤沼1934・☎026-296-9443・FAX026-296-9443・中村正一

細井農機具店：〠395-0001・飯田市座光寺3478・☎0265-22-1422・FAX0265-22-1422・銘＝三菱

㈲本つる園：〠381-0200・上高井郡小布施町小布施林2024・☎026-247-3226・FAX026-247-5950・鶴田昭博・銘＝三菱

㈲牧内農機：〠395-0812・飯田市松尾代田1756・☎0265-22-2170・牧内靖幸・銘＝キセキ

松木鉄工所：〠380-0802・長野市上松5-2-3・☎026-241-1607

㈱マツシマ：〠399-4601・上伊那郡箕輪町中箕輪松島8750・☎0265-79-2115・FAX0265-79-9765・小林誠・銘＝三菱，ホンダ・販＝伊那営業所：〠396-0022・伊那市御園71-1・☎0265-72-4553

㈱マルモ機械：〠391-0003・茅野市本町西9-56・☎0266-72-2288・FAX0266-72-3544・丸茂明・銘＝三菱，ホンダ・販＝原営業所：〠391-0108・諏訪郡原村中新田15369・☎0266-79-2919，たてしな店：〠391-0213・茅野市豊平山寺3131・☎0266-73-4455

ミツワヤンマー㈱：〠380-0928・長野市若里4-18-28・☎026-227-2545・FAX026-227-2589・渡辺敬六・銘＝ヤンマー

㈲ミヤザワ：〠399-3304・下伊那郡松川町大島2314・☎0265-36-3387・FAX0265-36-6321・宮沢久一

㈲宮本農機：〠399-8501・北安曇郡松川村東松川5723-138・☎0261-62-4036・FAX0261-62-9524・宮本義男・銘＝三菱，ホンダ

美義機械㈲：〠396-0005・伊那市野底7672・☎0265-76-0344・FAX0265-76-2345・平澤一良・銘＝キセキ

㈲望月鉄工所：〠381-0400・下高井郡山ノ内町平穏3211・☎0269-33-2674・FAX0269-33-5797・望月健治・銘＝ホンダ

㈲森真商会：〠389-2303・下高井郡木島平村上木島1471・☎0269-82-2071・FAX0269-82-4124・森正仁

㈲ヤブハラ農機：〠389-2254・飯山市南町1-10・☎0269-62-2214・FAX0269-62-2572・下取進

大和屋農機具店：〠385-0022・佐久市岩村田相生町640-1・☎0267-67-3426・FAX0267-67-3426・沢野文男

由井機械㈱：〠397-0001・木曽郡木曽町福島中平3075-1・☎0264-24-3001・FAX0264-24-3014・由井成篤・販＝中津川支店：〠509-9131・中津川市千旦林1245-1・☎0573-68-2550

横山農機店：〠389-1214・上水内郡飯綱町黒川1300-7・☎026-253-2119・FAX026-253-2567・横山裕行

㈲吉田農林機械：〠398-0002・大町市大町三日町1662-4・☎0261-22-1503・FAX0261-22-1503・吉田美江子

林業笠原造園㈱：〠380-0803・長野市三輪10-15-7・☎026-243-2648・銘＝メカニックサービスセンター：〠381-2203・長野市真島町川合1456-1・☎026-241-6701

渡辺機械：〠399-8301・安曇野市穂高有明7413-32・☎0263-83-1105

㈱渡辺作意商店：〠384-0006・小諸市与良町2-3-9・☎0267-22-3290・FAX0267-26-2224・渡辺英世・銘＝キセキ

ワタナベ商会：〠381-0086・長野市田中1289-1・☎026-217-7244・FAX026-217-7922・渡辺直樹

［岐阜県］

㈱東海近畿クボタ（本社：兵庫県）

大垣営業所：〠503-0803・大垣市小野4-3-1・☎0584-71-6636

揖本営業所：〠501-0523・揖斐郡大野町下方上之丁140-2・☎0585-34-1188

養老営業所：〠503-1184・養老郡養老町下笠字中島482-1・☎0584-34-1305

海津営業所：〠503-0651・海津市海津町平原257-4・☎0584-53-0118

岐阜営業所：〠500-8367・岐阜市宇佐南2-8-5・☎058-272-7116

羽島営業所：〠501-6233・羽島市竹鼻町飯柄字西折戸95-1・☎058-391-6611

関営業所：〠501-3972・関市寺内町26・☎0575-22-1645

美濃加茂営業所：〠505-0006・美濃加茂市蜂屋町上伊瀬字元円満寺624-1・☎0574-25-2076

土岐営業所：〠509-5132・土岐市泉町大富181-1・☎0572-55-2231

恵那営業所：〠509-7204・恵那市長島町永田字木ノ下546-18・☎0573-25-2839

高山営業所：〠506-0818・高山市江名子町3857-1・☎0577-34-5266

飛騨営業所：〠509-4254・飛騨市古川町上町531-1・☎0577-73-2900

ヤンマーアグリジャパン㈱（本社：大阪府／中部近畿支社：滋賀県）

岐阜事務所：〠503-1324・養老郡養老町大跡251・☎0584-33-0135・FAX0584-34-3205

本巣支店：〠501-0471・本巣市政田字天神前1082-1・☎058-324-9821

美濃加茂支店：〠505-0009・美濃加茂市蜂屋町矢田15-2・☎0574-25-0121

養老支店：（岐阜事務所と同）

郡上支店：〠501-4610・郡上市大和町島5321・☎0575-88-3319

㈱キセキ東海（本社：愛知県）

岐阜支社：〠503-0956・大垣市大外羽3-25・☎0584-89-1330・FAX0584-89-2501

羽島営業所：〠501-6105・岐阜市柳津町梅松4-154・☎058-388-0188

岐阜営業所：〠501-1178・岐阜市上西郷3-2・☎058-234-4325

大垣営業所：〠503-0956・大垣市大外羽3-25・☎0584-89-6194

揖斐営業所：〠503-2416・揖斐郡池田町萩原字中道185・☎0585-44-0477

海津営業所：〠503-0654・海津市海津町

販売業者編＝岐阜県＝

高須599・☎0584-53-4163

郡上営業所：〒501-4234・郡上市八幡町五町4-9-10・☎0575-65-6382

東濃営業所：〒509-9132・中津川市茄子川1624-1・☎0573-68-7272

高山営業所：〒506-0041・高山市下切町242・☎0577-34-7281

益田営業所：〒509-2514・下呂市萩原町中呂488-4・☎0576-52-2349

中濃営業所：〒501-3206・関市塔ノ洞2481-2・☎0575-22-0009

輪之内営業所：〒503-0204・安八郡輪之内町四郷五反田2554・☎0584-68-1177

三菱農機販売㈱（本社：埼玉県／中部支社：福井県）

岐阜営業所：〒501-1132・岐阜市折立枇杷966-4・☎058-239-0421

西濃営業所：〒503-1251・養老郡養老町石畑藪之内1638・☎0584-32-0524

㈲畦畑農機商会：〒506-0825・高山市石浦町7-89・☎0577-32-0848・FAX0577-32-5106・畦畑勝彦・銘＝ヤンマー

石本農機：〒506-2131・高山市丹生川町町方2578-3・☎0577-78-2006・FAX0577-78-0046・銘＝クボタ

梅本㈲：〒509-7506・恵那市上矢作町本郷1837-1・☎0573-47-2511・FAX0573-47-2512・梅本勝司・銘＝ヤンマー

恵那ディーゼル㈱：〒509-7321・中津川市阿木1491-3・☎0573-63-2216・FAX0573-63-3113・佐藤富士男・銘＝キセキ・販＝恵那営業所：〒509-7203・恵那市長島町正家2-1-2・☎0573-25-2601

エビス商店　農機部：〒501-2575・岐阜市太郎丸中島270-1・☎058-229-3422・FAX058-229-6782・古田昌稔・銘＝クボタ，ヤンマー

㈲遠藤機械：〒509-7207・恵那市笠置町河合418-4・☎0573-27-3131・FAX0573-27-3204・遠藤要・銘＝三菱・販＝恵那店：〒509-7205・恵那市長島町中野1186-1・☎0573-26-3121・FAX0574-26-0810

㈲大島工機：〒509-1622・下呂市金山町金山2081・☎0576-32-2252・FAX0576-32-3922・大島義雄

大橋ヤンマー産業㈱：〒503-0413・海津市南濃町羽沢1082-3・☎0584-55-0013・FAX0584-55-1903・大橋利・銘＝ヤンマー

大原商店：〒501-5115・郡上市白鳥町恩地728-1・☎0575-84-1053・FAX0575-84-1819・大原正利・銘＝クボタ，キセキ

小川農機店：〒501-0312・瑞穂市美江寺620-6・☎058-328-2708・銘＝キセキ

㈱各務原機械商会：〒504-0933・各務原市神置町1-100・☎058-389-4356・FAX058-389-4364・銘＝三菱

河上車輌㈱：〒506-0053・高山市昭和町3-72・☎0577-32-0528・FAX0577-32-3959・河上正彦・銘＝ヤンマー，ホンダ

河田機工㈱：〒500-8281・岐阜市東鶉2-37・☎058-274-3168・FAX058-274-3143・河田康文

㈲源丸屋：〒509-2313・下呂市野尻298-2・☎0576-26-2047・FAX0576-26-2978・曽我康弘・銘＝クボタ，三菱

岐阜農機販売㈱：〒501-0521・揖斐郡大野町黒野604-2・☎0585-32-0065・FAX0585-32-0612・大野忠・銘＝キセキ，三菱

久世機械㈱：〒501-1121・岐阜市古市場116・☎058-239-0153・FAX058-239-0263・久世公治・銘＝キセキ

恵北農機具店：〒508-0351・中津川市付知町野尻7862-8・☎0573-82-2328・FAX0573-82-2328・水野利春

㈱弘農社：〒503-0943・大垣市横曽根町4-31・☎0584-89-3200・FAX0584-89-3200・今津清治・銘＝クボタ

㈲小木曽農機：〒509-7403・恵那市岩村町山上2540-1・☎0573-43-3751・FAX0573-43-3210・小木曽敏之・銘＝クボタ，三菱

ごとう農業機械販売サービスショップ：〒501-3947・関市上白金669-2・☎0575-28-2684・銘＝キセキ

児玉農機商会：〒503-2304・安八郡神戸町丈六道322・☎0584-27-2104・FAX0584-27-9823・児玉和之・銘＝キセキ

㈱駒月農機具店：〒501-0623・揖斐郡揖斐川町和田455-11・☎0585-22-0235・FAX0585-22-0234・駒月康雄・銘＝クボタ，ヤンマー

㈲小室商会：〒509-0141・各務原市鵜沼各務原町1-224・☎058-384-0505・FAX058-384-6686・小室賢治・銘＝三菱

坂口機械：〒501-3306・加茂郡富加町大山7-5・☎0574-54-3956・銘＝キセキ

三幸農機商会：〒501-0223・瑞穂市穂積1454-1・☎058-326-3088・FAX058-326-3088・井上正美

㈱ジイー・エイチ・ジイー：〒501-6001・羽島郡岐南町上印食6-25・☎058-245-8856・FAX058-245-8892

㈱シマダ：〒506-0054・高山市岡本町1-76-8・☎0577-33-0763・FAX0577-33-0780・嶋田稔彦

白木農機商会：〒501-0521・揖斐郡大野町黒野834-7・☎0585-32-0055・FAX0585-32-0055・白木儀一

㈲真興ヤンマー：〒507-0041・多治見市太平町4-12・☎0572-22-1889・FAX0572-22-5147・小池真澄

鈴木順治商店：〒509-7403・恵那市岩村町西町789-3・☎0573-43-2062・FAX0573-43-2038・鈴木基章・銘＝クボタ

㈱ソーゴ：〒500-8263・岐阜市茜部新所1-214・☎058-273-3283・鈴木唯剛

㈲大八機械サービス：〒506-0802・高山市松之木町227-1・☎0577-35-1186・銘＝クボタ

高津農機商会：〒509-7604・恵那市山岡町釜屋416-2・☎0573-56-3364・FAX0573-56-3364・高津政臣

高橋農機：〒501-6315・羽島市下中町石田336・☎058-398-2827・FAX058-398-2827・銘＝クボタ

㈲孝弘商店：〒501-3601・関市上之保川合下15172-2・☎0575-47-2030・FAX0575-47-2030・加納藤吉・銘＝クボタ

田中農機㈱：〒505-0121・可児郡御嵩町中2494・☎0574-67-0118・FAX0574-67-1346・田中幹三郎・銘＝クボタ，ヤンマー

所機械：〒501-1532・本巣市根尾越卒495・☎0581-38-2758・銘＝三菱

長澤農機具店：〒503-2112・不破郡垂井町綾戸412・☎0584-22-0511・FAX0584-22-0687・長沢孝一・銘＝キセキ

中嶋農機具商会：〒501-4517・郡上市和良町沢1053-1・☎0575-77-2301・FAX0575-77-2301・銘＝クボタ

中津川キセキサービス：〒509-9132・中津川市茄子川13-5・☎0573-68-6665・堀井誠・銘＝キセキ

中津川動力㈱：〒508-0036・中津川市東宮町4-50・☎0573-66-0801・FAX0573-66-0804・田口啓示・銘＝ヤンマー

㈱西川商会：〒501-5126・郡上市白鳥町向小駄良1004-10・☎0575-82-2200・FAX0575-82-5599・西川亨・銘＝クボタ，三菱

西川農機：〒501-4224・郡上市八幡町城南町246-11・☎0575-65-2717・FAX0575-65-6633

長谷川農機具店：〒509-0207・可児市今渡1326-2・☎0574-25-2418・FAX0574-25-9708・長谷川彰・銘＝キセキ

㈲服部農機：〒501-3804・関市円保通2-3-13・☎0575-22-6239・FAX0575-22-6139・服部武司・銘＝ヤンマー

㈱馬場農機商会：〒506-0842・高山市下二之町62・☎0577-32-0907・FAX0577-33-5468・宮原亮・銘＝キセキ，三菱

㈲林農機商会：〒509-7204・恵那市長島町永田469-2・☎0573-26-0707・FAX0573-25-5789・林嘉一・銘＝ヤンマー

林農機センター：〒501-2105・山県市高富1368-1・☎0581-22-3532・FAX0581-22-3532・銘＝クボタ

㈲飛騨農機：〒506-0059・高山市下林町858-1・☎0577-32-0334・FAX0577-32-0334・大坪和芳・銘＝キセキ

㈱ファインフィールド：〒501-3207・関市黒屋宮前825-2・☎0575-22-0741・FAX0575-23-7054・高田敏治・銘＝ヤンマー

福農機店：〒509-2313・下呂市野尻1304・

☎0576-26-3788・FAX0576-26-3788・銘＝クボタ

㈲伏見農機商会：〒501-6091・羽島郡笠松町松栄町173・☎058-387-2934・FAX058-387-2934・伏見繁・銘＝ヤンマー

二村商会：〒509-9131・中津川市千旦林1955-2・☎0573-68-3925

細江農機店：〒509-9131・下呂市門和佐1450・☎0576-27-1303・FAX0576-27-1303・銘＝三菱

細野農機具店：〒501-0601・揖斐郡揖斐川町北方1681-1・☎0585-22-1408・FAX0585-22-6118・細野豊・銘＝キセキ

㈲松井商店農機部：〒503-2121・不破郡垂井町1101-6・☎0584-22-4184・FAX0584-22-4152・松井隆・銘＝ヤンマー

㈱松原屋：〒508-0005・中津川市日の出町9-28・☎0573-66-6868・FAX0573-66-2625・安藤公樹・銘＝クボタ，三菱，ホンダ

松本農機具店：〒508-0015・中津川市手賀野西沼216-16・☎0573-65-2693・松本義弘

丸武機械サービス：〒503-2417・揖斐郡池田町本郷1334-1・☎0585-45-4041・FAX0585-45-4041・矢橋武夫

㈲丸八農機：〒501-4224・郡上市八幡町城南町267-4・☎0575-65-6339・FAX0575-65-6340・八木博徳・販＝大和支店：〒501-4612・郡上市大和町剣81-9・☎0575-88-3359，白鳥支店：〒501-5124・郡上市白鳥町大島1542-1・☎0575-82-5839

丸八和良農機：〒501-4517・郡上市和良町沢990-1・☎0575-77-2631・銘＝キセキ

丸平商会：〒505-0017・美濃加茂市下米田町小山77-2・☎0574-26-0929・FAX0574-26-0810・渡辺隆明・銘＝三菱

マルヨシサービス：〒509-4113・高山市国府町木曽垣内126-9・☎0577-72-3870・銘＝三菱

瑞穂キセキ農会：〒509-6135・瑞浪市薬師町5-4・☎0572-68-7023・FAX0572-67-0712・岡田友徳・銘＝キセキ

㈲瑞穂農機具商会：〒501-1163・岐阜市西改田米野36・☎058-239-2151・FAX058-239-2152・高井二千六

美濃農機：〒501-6333・羽島市堀津町東山7・☎058-398-6536・FAX058-398-5594・大橋桂

ミヤタ農機サービス：〒509-0105・各務原市鵜沼場町7-241・☎058-370-8832・FAX058-370-8732・宮田浩聡・銘＝クボタ

㈱武藤機械商会：〒500-8231・岐阜市前一色西町7-20・☎058-245-0513・FAX058-245-0599・武藤正則・銘＝ヤンマー，キセキ

森機械店：〒509-8301・中津川市蛭川田原区4907-13・☎0573-45-3128・銘＝三菱

㈱森農機：〒509-6101・瑞浪市土岐町1178・☎0572-67-1656・FAX0572-68-2621・森泰之・銘＝クボタ，ヤンマー，ホンダ

㈲矢島農機商会：〒502-0002・岐阜市粟野東5-536・☎058-237-3928・FAX058-237-6811・矢島保彦

安江農機：〒509-0303・加茂郡川辺町石神188-3・☎0574-53-2156・FAX0574-53-2156・安江好行

若原農機商会：〒501-0418・本巣市七五三646-1・☎0585-32-1032・FAX058-323-2822・若原幸雄・銘＝キセキ

［静岡県］

㈱関東甲信クボタ（本社：埼玉県）

静岡事務所：〒411-0817・三島市八反畑100・☎055-972-0800

修善寺営業所：〒410-2412・伊豆市瓜生野200・☎0558-72-1385

御殿場営業所：〒412-0042・御殿場市萩原915・☎0550-89-6677

三島営業所：（静神事務所と同）・☎055-972-0180

根方営業所：〒410-0304・沼津市東原257・☎055-966-5055

遠州森営業所：〒437-0223・周智郡森町中川455-1・☎0538-48-7201

ヤンマーアグリジャパン㈱（本社：大阪府／中部近畿支社：滋賀県）

静岡事務所：〒437-0066・袋井市山科池ノ谷2953・☎0538-44-4680・FAX0538-44-4667

㈱キセキ東海（本社：愛知県）

静岡支社：〒420-0804・静岡市葵区竜南1-24-34・☎054-246-8430・FAX054-247-9532

静岡営業所：（静岡支社と同）・☎054-246-8429

浜松営業所：〒431-3104・浜松市貴平町55-2・☎053-433-2311

富士営業所：〒416-0941・富士市十兵衛351・☎0545-64-1300

三菱農機販売㈱（本社：埼玉県／中部支社：福井県）

浜松営業所：〒434-0004・浜松市浜北区宮口4570-3・☎053-582-3001

㈲相澤農機具商会：〒431-3107・浜松市東区笠井町134-1・☎053-434-1359・FAX053-434-6309・相沢徹

青木農機商会：〒426-0084・藤枝市寺島648・☎054-641-6709・FAX054-641-6788・青木章

㈱赤池商会：〒418-0051・富士宮市淀師1523-3・☎0544-26-8188・FAX0544-26-4562・赤池啓二・銘＝三菱

浅羽農機商会：〒437-1126・袋井市長溝311・☎0538-23-3067・FAX0538-23-3067・織田繁樹・銘＝キセキ

アサハラ農機：〒421-3213・静岡市清水区蒲原中491・☎054-388-2609・FAX054-388-2609・朝原伸明

秋山農機：〒417-0809・富士市中野20-5・☎0545-35-1434・FAX0545-35-1497・秋山初雄

㈲イイダ農機：〒421-0421・牧之原市細江6046-3・☎0548-22-0433・FAX0548-22-6868・銘＝クボタ

飯田ユニパー㈱：〒424-0203・静岡市清水区興津東町570-1・☎054-369-0055・FAX054-369-3355・飯田良一郎

引佐農機：〒431-2212・浜松市北区引佐町井伊谷2380-3・☎053-542-0288・FAX053-542-0288・新田克良・銘＝キセキ

井口農機㈱：〒431-1414・浜松市北区三ヶ日町三ヶ日104-3・☎053-525-0375・FAX053-525-0375・井口裕之

㈲石原工業所：〒431-1402・浜松市北区三ケ日町都筑1626・☎053-526-7116・FAX053-526-7108・石原鶴治

㈲いすゞ産業：〒434-0042・浜松市浜北区小松3395・☎053-586-3002・FAX053-586-6660・鈴木宗信

㈱伊鈴商会：〒415-0035・下田市東本郷2-7-24・☎0558-22-1096・FAX0558-23-2452・鈴木一仁・銘＝キセキ，三菱

㈲一木機械店：〒437-0213・周智郡森町睦実2591-1・☎0538-85-3148・FAX0538-85-1561・一木均

㈲生駒農機商会：〒439-0018・菊川市本所1443-9・☎0537-35-2358・FAX0537-35-2444・岡田桂

植野噴霧機店：〒424-0041・静岡市清水区高橋4-7-19・☎05-4366-0524・FAX05-4366-4858・植野和俊

㈱内山商会：〒436-0054・掛川市城西1-15-10・☎0537-24-2311・FAX0537-24-2414・内山隆

㈲内山農機具店：〒431-1303・浜松市北区細江町三和172-1・☎053-542-1105・FAX053-542-0605・内山三郎・銘＝ホンダ

㈱遠興農機部：〒437-1302・掛川市大渕10703・☎0537-48-3311・FAX0537-48-5705・渡邉則夫・銘＝クボタ

遠藤農機トキワ：〒419-0317・富士宮市内房3864-1・☎0544-65-1380・FAX0544-65-1547・常磐修一

大伊豆産業㈱：〒410-2416・伊豆市修善寺302-2・☎0558-72-3138・FAX0558-72-3139・遠藤正寿・銘＝ホンダ

販売業者編＝静岡県＝

㈲大場農機：〒438-0112・磐田市下野部294-5・☎0539-62-2167・FAX0539-62-6025・大場末吉・銘＝ヰセキ

大森農機商会：〒422-8072・静岡市駿河区小黒2-10-38・☎054-283-7849・FAX054-283-7849・大森健右

岡本商会：〒437-1302・掛川市大渕4234-1・☎0537-48-4656・FAX0537-48-4656・岡本誠・銘＝ヰセキ

小田農具店：〒439-0004・菊川市和田397・☎0537-35-2318・飯塚利彦・銘＝ヰセキ

角替機械店：〒437-1431・掛川市入山瀬2235-2・☎0537-74-3130・FAX0537-74-3130・角替光雄

角替農機：〒437-1438・掛川市中方464-1・☎0537-74-2167・FAX0537-74-2167・角替三郎

㈲カクモ商会：〒430-0808・浜松市中区天神町2-17・☎053-461-3370・FAX053-461-3371・鈴木勝・銘＝クボタ

片山商店：〒421-0206・焼津市上新田1098-1・☎054-622-1171・FAX054-622-1171・片山萬爾・銘＝ヰセキ

勝間田機械商事㈱：〒412-0045・御殿場市川島田523・☎0550-82-1523・FAX0550-82-3114・勝間田元・銘＝ヤンマー，ホンダ

㈲加藤農機店：〒431-1414・浜松市北区三ケ日町三ケ日781-2・☎053-525-0248・FAX053-525-0248・加藤勝久

㈲甲子商会：〒439-0019・菊川市半済1133-1・☎0537-35-3035・FAX0537-35-3100・銘＝クボタ，三菱・販＝商会分店：〒421-0304・笠榛原郡吉田町神戸1673-11・☎0548-32-0686

㈲木下農機：〒431-1414・浜松市北区三ヶ日町三ヶ日864-3・☎053-525-0307・FAX053-525-0307・木下長吉・銘＝ヰセキ

㈱ケーオー商会：〒410-0036・沼津市平町5-20・☎055-963-2311・FAX0559-63-2313・銘＝三菱

㈲児玉産業：〒428-0017・島田市金谷栄町346-13・☎0547-45-2529・FAX0547-45-2701・児玉廣次

後藤商会：〒431-3121・浜松市東区有玉北町80・☎053-434-2689・FAX053-434-2689・後藤和男

後藤農機店：〒418-0052・富士宮市淀平町909・☎0544-27-4105・FAX0544-27-3476・後藤巧・銘＝クボタ

壽内燃機㈱：〒425-0052・焼津市田尻280・☎054-624-6783・FAX054-624-7067・粳田剛・銘＝ヤンマー

㈲コマツ商会：〒434-0042・浜松市浜北区小松3306・☎053-587-0258・FAX053-587-1400・原田廣・銘＝ヰセキ

五味機械産業：〒412-0041・御殿場市茱萸沢70-8・☎0550-89-0668・FAX0550-88-2127・五味利雄

㈲栄産業：〒437-0223・周智郡森町中川1660-1・☎0538-49-0566・竹内栄二

㈲佐野商店：〒417-0801・富士市大淵2478-7・☎0545-35-3906・FAX0545-35-3708・佐野祐市・銘＝ヰセキ

㈲沢田農機商会：〒431-2102・浜松市北区都田町115-23・☎053-428-2738・FAX053-428-4373・沢田八郎・銘＝ホンダ

澤井農機具店：〒424-0041・静岡市清水区高橋2-1-1・☎054-364-3068・FAX054-366-3068・沢井久明・銘＝ホンダ

㈱塩沢機械店：〒436-0079・掛川市掛川133・☎0537-24-2404・FAX0537-24-2417・塩沢敏和

㈱静岡ヤンマー農機浜松：〒430-0926・浜松市中区砂山町660-1・☎053-452-1389・FAX053-452-1361・銘＝ヤンマー・販＝サービスセンター：〒430-0842・浜松市南区大柳町318・☎053-488-8826,浅羽支店：〒437-1119・袋井市初越197-1・☎0538-23-6241

柴田機械店：〒437-0213・周智郡森町睦実1712-2・☎0538-85-3007・FAX0538-85-1207・柴田進・銘＝ヰセキ

柴田農機店：〒431-0431・湖西市鷲津690-1・☎053-576-0460・FAX053-575-1936・柴田文雄

㈲渋川平成自動車：〒431-2537・浜松市北区引佐町渋川2338-7・☎053-545-0311・FAX053-545-0312・銘＝三菱

清水農機店：〒437-1604・御前崎市佐倉1040-1・☎0537-86-2351・FAX0537-85-2169・清水英明・銘＝ヰセキ

杉山農機商会：〒424-0051・静岡市清水区北脇新田615-3・☎054-345-3761・FAX054-345-3772・杉山静男

㈲杉山農機商会：〒410-1326・駿東郡小山町用沢407-3・☎0550-78-0562・FAX0550-78-0562・杉山明

㈲鈴勝産業：〒438-0086・磐田市見付5999・☎0538-35-1823・FAX0538-35-1823・鈴木勝二

㈲スズキ機械：〒428-0007・島田市島202-7・☎0547-45-5135・銘＝ヰセキ

鈴木機械店：〒426-0051・藤枝市大洲1-14-4・☎054-635-2926・FAX054-635-2926・鈴木敏次・銘＝クボタ

鈴機商会：〒411-0838・三島市中田町8-21・☎055-975-0705

鈴木農機：〒410-2501・伊豆市下白岩303・☎0558-83-2017・FAX0558-83-3546・銘＝ヰセキ

鈴保商会：〒426-0036・藤枝市上青島528-2・☎054-641-3778・FAX054-641-3849・鈴木保・銘＝ヰセキ

関工機店：〒416-0906・富士市本市場177・☎0545-61-0658・FAX0545-61-0679・関博昌・銘＝クボタ

㈱セキヤンマー：〒411-0817・三島市八反畑104・☎055-975-9074・FAX055-973-2680・関芳夫・銘＝ヤンマー

㈲芹沢機器商会：〒419-0125・田方郡函南町肥田372・☎055-978-3624・FAX055-978-7920・芹沢和年・銘＝三菱

㈱タカノ：〒427-0038・島田市稲荷3-10-1・☎0547-35-4321・FAX0547-35-4337・長田久男・銘＝クボタ

㈲高橋機械産業：〒425-0081・焼津市大栄町2-10-1・☎054-627-1456・FAX054-627-2669・高橋陽一

㈱高橋農機商会：〒412-0004・御殿場市北久原461-1・☎0550-82-2590・FAX0550-83-0273・高橋高義・銘＝ヰセキ

高柳農具店：〒431-0451・湖西市白須賀3985-2796・☎053-579-0903・FAX053-579-1135・高柳弥四郎・銘＝三菱

宝屋農機商会：〒434-0003・浜松市浜北区新原3843-2・☎053-586-2265・FAX053-586-2265・村松忠男

田川産業㈱：〒431-1112・浜松市西区大人見町1851・☎053-485-6221・FAX053-485-6400・田川けい・銘＝ヤンマー

滝沢農機：〒410-2114・伊豆の国市南條135-6・☎055-949-2556・FAX055-949-2556・滝沢敏司

瀧機機具店：〒424-0302・静岡市清水区小河内1154・☎054-393-2097・FAX054-393-3141・瀧光

竹原産業㈱：〒437-0064・袋井市川井865-5・☎0538-42-2188・FAX0538-42-2180・竹原義雄・銘＝ヰセキ

竹原産業磐田㈲：〒438-0077・磐田市国府台25-21・☎0538-35-4745・FAX0538-35-4747・竹原悦次・銘＝ヰセキ

竹原産業掛川㈲：〒436-0053・掛川市弥生町14・☎0537-24-2657・FAX0537-24-2651・竹原康好・銘＝ヰセキ

㈲タズミ機械：〒420-0873・静岡市葵区籠上26-9・☎054-271-3949・FAX054-271-3964・銘＝クボタ

㈱谷井農機：〒410-1124・裾野市水窪159-13・☎055-993-3684・FAX055-993-3684・谷井洋行・銘＝ヤンマー

中遠農機：〒438-0035・磐田市東新屋283・☎0538-32-8937・FAX0538-38-1620・山下市郎・銘＝ヰセキ

㈱塚本：〒438-0806・磐田市東名31・☎0538-34-5463・FAX0538-34-5585・銘＝三菱

土屋商会：〒410-3304・伊豆市小下田1729・☎0558-99-0049・FAX0558-99-0778・土屋正志

㈲筒井機械製作所：〒418-0073・富士宮市弓沢町276・☎0544-26-2743・FAX0544-26-6422・筒井政雄・銘＝ヰセキ

販売業者編＝静岡県，愛知県＝

常木農機商会：〒420-0837・静岡市葵区日出町10-6・☎054-253-2801・FAX054-253-2853・常木健太郎・銘＝クボタ

寺田農機商会：〒437-0222・周智郡森町飯田1862-4・☎0538-48-6572・FAX0538-48-6572・寺田孝・銘＝ヰセキ

㈲東海トラクター：〒437-0013・袋井市新屋4-6-2・☎0538-42-5330・飯田繁

㈲戸塚産業：〒426-0088・藤枝市堀之内1-2-19・☎054-644-0227・FAX054-644-0232・銘＝三菱

㈲豊岡農業機械センター：〒438-0125・磐田市松之木島575-6・☎0539-62-4717・FAX0539-62-4808・銘＝三菱

豊浜商会：〒437-1201・磐田市豊浜中野678-5・☎0538-55-3964・銘＝ヰセキ

鳥居農機店：〒431-2211・浜松市北区引佐町花平307-1・☎053-542-4822

中上農機具店：〒437-1421・掛川市大坂2629・☎0537-72-2546・FAX0537-72-6362・中上富夫・銘＝三菱

㈲永井機械：〒438-0074・磐田市二之宮1407・☎0538-32-2397・FAX0538-32-5886・永井不三男・銘＝クボタ

長野農機具店：〒421-0523・牧之原市波津1-32・☎0548-52-0430

㈱ナルシマ：〒410-0318・沼津市平沼553-1・☎055-966-2027・FAX0559-67-5277・成島安司・銘＝ヤンマー

㈱新村農機：〒425-0014・焼津市中里721-6・☎054-628-2032・FAX054-628-2932・新村真基・銘＝ヰセキ

㈲仁藤農機商会：〒421-0526・牧之原市大沢12-1・☎0548-52-0608・FAX0548-52-0867・仁藤雅臣・銘＝クボタ

韮山農機：〒410-2123・伊豆の国市四日町555-3・☎055-949-3080・銘＝ヰセキ

ハイバラ農機販売㈲：〒421-0421・牧之原市細江4290-1・☎0548-22-1100・FAX0548-22-6888・朝日奈甲子男・銘＝クボタ

原品商会：〒431-1304・浜松市北区細江町中川7172-55・☎053-523-1177・FAX053-523-2285・原品安宏

平出農機：〒437-0064・袋井市川井1397-1・☎0538-42-8316・FAX0538-42-9815・平出保男・銘＝ヰセキ

ヒラタ農機：〒435-0002・浜松市東区白鳥町915-2・☎053-421-8123

㈲福島農機商会：〒412-0022・御殿場市清後481-1・☎0550-83-0575・FAX0550-83-0761・福島孝尚・銘＝三菱

㈲双葉産業：〒434-0015・浜松市浜北区於呂143-1・☎053-588-2328・FAX053-588-1625・銘＝ヤンマー

㈲双葉農機商会：〒432-8056・浜松市南区米津町442・☎053-441-7841・FAX053-442-5231・守屋利富二・銘＝ヤンマー

㈲古橋産業：〒431-1204・浜松市西区白洲町3216・☎053-487-0146・FAX053-487-3460・古橋慊司・銘＝三菱

㈲堀内機械店：〒436-0064・掛川市北門88・☎0537-24-3338・FAX0537-24-3339・堀内貞雄

堀内機械店：〒436-0342・掛川市上西郷2103-12・☎0537-28-0604・銘＝ヰセキ

牧田農機商会：〒424-0043・静岡市清水区永楽町4-5・☎054-366-6046・FAX054-366-6046・牧田通弘

正木商会：〒410-3209・伊豆市門野原140-2・☎0558-85-0800・FAX0558-85-1781・銘＝三菱

増井農機㈱：〒431-0451・湖西市白須賀1427・☎053-579-0107・FAX053-579-0374・増井一三・銘＝ヰセキ

増井農機具店：〒431-0303・湖西市新居町浜名1522-3・☎053-594-0821・FAX053-594-6551・増井昭男・銘＝ヰセキ

㈱松井農機製作所：〒417-0061・富士市伝法1601-2・☎0545-52-0613・FAX0545-51-0833・松井猛紀・銘＝クボタ，ホンダ

松浦農機：〒436-0342・掛川市上西郷2585・☎0537-28-0900

マル久鉄工所：〒431-1304・浜松市北区細江町中川6396-1・☎053-522-0474・FAX053-522-0474・石原久市

丸柴商会：〒420-0803・静岡市葵区千代田1-14-18・☎054-246-8464・FAX054-246-8408・柴田清

㈱丸武農機商会：〒417-0061・富士市伝法1491-3・☎0545-52-5224・FAX0545-53-2119・松井元和・銘＝三菱

丸山販売㈱：〒420-0816・静岡市葵区杏谷5-4-3・☎054-261-8933・FAX054-261-5827・平井義泰・銘＝三菱・販＝浜松連絡所：〒430-0852・浜松市中区領家3-9-9・☎053-411-5515

㈲水口農機：〒432-8001・浜松市西区西山町2417-2・☎053-485-2417・FAX053-485-7463・水口太加人・銘＝ホンダ

村越農機店：〒426-0201・藤枝市下薮田74-4・☎054-638-3016・FAX054-638-3016・村越博

㈱村松商会：〒438-0072・磐田市鳥之瀬153・☎0538-32-2291・FAX0538-32-9548・村松茂弘

㈱望月商会：〒424-0204・静岡市清水区興津中町1127・☎054-369-2355・FAX054-369-4671・望月省二

望月農機具店：〒419-0317・富士宮市内房3300・☎0544-65-0244

本杉農機具店：〒421-0422・牧之原市静波1336-14・☎0548-22-0487・FAX0548-22-0487・本杉靖郎・銘＝ヰセキ

森田商会：〒432-8051・浜松市南区若林町229・☎053-447-4991・FAX053-447-4991・中村忠雄

森山農機：〒422-8034・静岡市駿河区高松2695・☎054-238-7040・銘＝ヰセキ

八木農機：〒437-1207・磐田市蛭池133・☎0538-58-1298・FAX0538-58-1385・八木俶敏・銘＝ヰセキ

矢崎農機販売：〒436-0022・掛川市上張943・☎0537-22-9019・FAX0537-22-9019・銘＝三菱

矢部農機商会：〒418-0043・富士宮市泉町480・☎0544-26-4453・FAX0544-26-1302・矢部次郎・銘＝ヤンマー

山下農機店：〒437-0614・浜松市天竜区春野町長蔵寺464-4・☎0539-86-0513

ヤマダ機械店：〒421-0526・牧之原市大沢514-2・☎0548-52-1219・FAX0548-52-1219・山田眞一・銘＝クボタ

㈲山田農機：〒437-1505・菊川市高橋3407-1・☎0537-73-2328

山中農機具店：〒425-0033・焼津市小川3227-1・☎054-624-3500・FAX054-624-3500・山中利作

㈱山本産業：〒438-0833・磐田市弥藤太島532・☎0538-35-5252・FAX0538-34-0223・西野浩市・銘＝クボタ，ホンダ

横井フンムキ店：〒420-0067・静岡市葵区幸町6-11・☎054-255-6264・FAX054-255-6264・横井利郎

吉川機械：〒424-0402・静岡市清水区清池489-1・☎054-395-2336・FAX054-395-2337・吉川津代至

㈲吉崎農機商会：〒436-0342・掛川市上西郷346-1・☎0537-24-5689・FAX0537-22-8688・吉崎昌弘・銘＝ヤンマー

渡辺農機店：〒417-0832・富士市名中柏原新田130・☎0545-33-0138・FAX0545-33-0417・渡辺秀一

渡辺農機商会：〒430-0803・浜松市東区植松町66-10・☎053-461-0093・FAX053-461-0093・渡辺敏明

[愛知県]

㈱東海近畿クボタ（本社：兵庫県）

一宮営業所：〒491-0031・一宮市観音町1-1・☎0586-52-7220

安城営業所：〒446-0008・安城市今本町西大塚9-1・☎0566-98-3151

知多営業所：〒470-3235・知多郡美浜町野間字新町90-1・☎0569-87-2711

岡崎営業所：〒444-0226・岡崎市中島町井ノ上8-1・☎0564-43-4666

豊橋営業所：〒441-8134・豊橋市植田町関取5-1・☎0532-25-3327

豊橋東営業所：〒441-3113・豊橋市細谷町中尾138-1・☎0532-29-1530

田原東営業所：〒441-3413・田原市六連町南枯木川45-1・☎0531-27-0704

新城営業所：〒441-1302・新城市富永字

販売業者編＝愛知県＝

新知77-3・☎0536-23-3243

尾張北営業所：〒482-0035・岩倉市鈴井町上新田108-3・☎0587-65-7778

尾張南営業所：〒490-1402・弥富市五斗山4-23-2・☎0567-56-5566

吉良営業所：〒444-0516・西尾市吉良町吉田須原26・☎0563-65-0072

三河営業所：〒444-3523・岡崎市藤川町西沖田40・☎0564-66-3411

ヤンマーアグリジャパン㈱（本社：大阪府／中部近畿支社：滋賀県）

東海事務所：〒446-0051・安城市箕輪町権現141-4・☎0566-71-2611・FAX0566-71-2623

大型推進事務所：〒496-0016・津島市白浜町字林造68-1・☎0567-31-1220

稲沢支店：〒492-8266・稲沢市横地4-59-1・☎0587-24-3633

江南支店：〒483-8114・江南市天王町駒野66・☎0587-54-3633

安城支店：（東海事務所と同）・☎0566-76-7501

アグリショップみよし：〒470-0224・みよし市三好町半野木1-47・☎0561-32-1130

㈱キセキ東海：〒444-1221・安城市和泉町大北61・☎0566-92-7221・FAX0566-92-7226・佐竹浩

愛知支社：（本社と同）

瀬戸営業所：〒489-0916・瀬戸市平町1-10・☎0561-82-8077

津島営業所：〒496-0012・津島市大坪町蛤田64・☎0567-32-0666

十四山営業所：〒490-1405・弥富市神戸4-6-1・☎0567-52-1485

尾張西部支店：〒492-8128・稲沢市治郎丸中町43・☎0587-23-1331

春日井営業所：〒486-0817・春日井市東野町9-7-5・☎0568-81-2554

岡崎営業所：〒444-0215・岡崎市中村町字殿海道5・☎0564-43-4022

矢作営業所：〒444-0904・岡崎市西大友町字諏訪4・☎0564-31-3262

安城営業所：（本社と同）・☎0566-92-3611

豊田営業所：〒471-0846・豊田市田代町5-15-1・☎0565-32-3199

野田営業所：〒441-3432・田原市野田町壱本松1-1・☎0531-24-5565

渥美営業所：〒441-3614・田原市保美町西原633・☎0531-33-0517

西尾営業所：〒444-0403・西尾市一色町味浜中長割31・☎0563-74-3350

知多営業所：〒475-0838・半田市旭町2-8-1・☎0569-21-3545

阿久比営業所：〒470-2203・知多郡阿久比町板山イモジヤ13-1・☎0569-48-5906

㈲愛文商店：〒498-0046・弥富市三好2-18・☎0567-68-8213・FAX0567-68-5567・林格夫

赤塚農機具店：〒491-0353・一宮市萩原町萩原253・☎0586-68-0006・FAX0586-68-0006・赤塚元彦

荒川農機商会：〒441-1348・新城市市場台3-1-3・☎0536-23-3251・FAX0536-23-7535・荒川修吉・銘＝クボタ

㈱安城動力農具普及会：〒446-0062・安城市明治本町13-17・☎0566-75-1215・FAX0566-75-1216・夏目裕史・銘＝クボタ，三菱

飯田農機商会：〒445-0852・西尾市花ノ木町3-15・☎0563-54-5548・FAX0563-54-5548・飯田晃三

石川農機㈱：〒445-0072・西尾市徳次町小薮52・☎0563-56-3240・FAX0563-56-2686・石川英伸・銘＝キセキ

㈲一宮ヤンマー：〒442-0821・豊川市当古町本郷前46・☎0533-89-7749・FAX0533-89-7769・佐々木悠次

イチヤナギトラクター：〒480-0105・丹羽郡扶桑町南山名前の前2-2・☎0587-93-8523・FAX0587-93-1100・一柳忠男

㈱伊藤農工社：〒442-0854・豊川市国府町流霞194・☎0533-87-3240・FAX0533-87-3751・伊藤逸朗・銘＝キセキ

㈲稲垣商会：〒445-0861・西尾市吾妻町89・☎0563-57-2521・稲垣朋則

㈲犬山農機商会：〒484-0071・犬山市内田東町1-24・☎0568-61-0433・FAX0568-61-0433・三輪政明

上田農機店：〒441-1115・豊橋市石巻本町東野16-34・☎0532-88-0058・FAX0532-88-0945・上田八束・銘＝クボタ

ウシダ農具商会：〒492-8145・稲沢市正明寺1-7-25・☎0587-32-0650・FAX0587-32-0650・牛田孝明

梅田機械：〒444-0703・西尾市西幡豆町高根12・☎0563-62-4193・FAX0563-62-4193・銘＝クボタ，三菱

㈲英昌社：〒477-0031・東海市大田町的場72・☎0562-33-2188・FAX0562-32-7877・銘＝三菱

㈲英昌社勝川農機具店：〒486-0927・春日井市柏井町5-199・☎0568-81-2254・FAX0568-81-2254・銘＝三菱

英昌産業㈱：〒444-0516・西尾市吉良町吉田桐杭36・☎0563-32-0490・FAX0563-32-0497・兵藤春雄・銘＝クボタ，ホンダ

英昌農機商会：〒470-1216・豊田市和会町南山39-2・☎0565-21-1725・FAX0565-21-1725・伊藤邦弘

大池農機商会：〒487-0013・春日井市高蔵寺町5-14-20・☎0568-51-0141・FAX0568-51-0761・銘＝クボタ

岡田英昌社：〒478-0021・知多市岡田開戸43-1・☎0562-55-3555・FAX0562-56-2870・伊井宏一・銘＝キセキ

㈱オザワ農機センター：〒441-1342・新城市石田黒坂5-1・☎0536-23-3456・FAX0536-22-0359・小沢政典・銘＝キセキ・販＝豊川店：〒442-0826・豊川市牛久保町高原152-2・☎0533-86-5567，作手店：〒441-1414・新城市作手清岳字道下5-1・☎0536-37-2052

㈲糟谷機械：〒470-0431・豊田市西中山町榎前79-2・☎0565-76-4104・FAX0565-76-4341・糟谷昌市・銘＝クボタ

㈲加藤商会：〒440-0803・豊橋市曲尺手町111・☎0532-52-4449・FAX0532-52-4449・加藤隆義・銘＝キセキ・販＝小松原センター：〒441-3123・豊橋市小松原町出口104・☎0532-21-1711

㈲加藤農機商会：〒470-0374・豊田市伊保町大島居53-1・☎0565-45-0322・FAX0565-45-2596・加藤芳市・銘＝ヤンマー

金子機械販売㈱：〒441-8073・豊橋市大崎町伊豆沢53-1・☎0532-25-1186・FAX0532-25-0352・山本重夫・銘＝キセキ，ホンダ・販＝田原店：〒441-3413・田原市相川町数原前2・☎0531-23-1186

㈲亀井農機：〒444-1154・安城市桜井町土取11・☎0566-92-1010・FAX0566-92-5353・亀井定秋・銘＝クボタ，ヤンマー

㈲河合農機サービスセンター：〒441-3503・田原市池尻町宮脇46・☎0531-45-3281・FAX0531-45-3820・河合克太郎・銘＝クボタ，ホンダ

川合農機販売㈱：〒444-2424・豊田市足助町今岡20-7・☎0565-62-0224・FAX0565-62-1104・川合立彦・銘＝クボタ・販＝豊田支店：〒444-2204・豊田市鵜ヶ瀬町渡瀬30-5・☎0565-58-0169，西広瀬支店：〒470-0309・豊田市西広瀬町登303・☎0565-42-1126

㈱キマタ：〒495-0012・稲沢市祖父江町本甲神明北64・☎0587-97-0250・FAX0587-97-6181・木全正則・銘＝クボタ，ホンダ

㈱木村機械：〒492-8233・稲沢市奥田町6470・☎0587-32-2018・FAX0587-21-5023・木村進・銘＝クボタ

㈱金星商会：〒456-0021・名古屋市熱田区夜寒町1-1・☎052-681-8686・FAX052-671-2806・鈴木健司・販＝豊橋営業所：〒440-0092・豊橋市瓜郷町前川38・☎0532-54-5366

栗木農機商会：〒481-0042・北名古屋市野崎字宮前1・☎0568-25-7162・銘＝クボタ

晃栄農機：〒492-8441・稲沢市福島町中浦45・☎0587-36-2716・FAX0587-36-2716・

販売業者編＝愛知県＝

奥田光秋・銘＝キセキ

㈲コヤマ：〒441-1946・新城市副川大貝津22-1・☎0536-35-0216・FAX0536-35-0079・小山英樹・銘＝ホンダ

近藤商会：〒441-3502・田原市高松町実相16-1・☎0531-45-3477・銘＝クボタ

㈲坂田農機商会：〒472-0031・知立市桜木町桜木134・☎0566-81-0341・坂田静夫・銘＝三菱

さくま農機：〒477-0031・東海市大田町上浜田18-3・☎0562-33-2022・FAX0562-33-2022・銘＝三菱

佐藤農機店：〒441-1338・新城市一鍬田畠中86-2・☎0536-22-0463・銘＝クボタ

㈱シマダ：〒496-0911・愛西市西保町中田65・☎0567-28-2287・FAX0567-28-2149・島田浩・銘＝クボタ

㈱三立機械販売：〒472-0041・知立市新地町吉良道東38-3・☎0566-81-1383・FAX0566-82-2529・水野吉樹・銘＝クボタ

㈱三立農機商会：〒472-0036・知立市堀切2-48・☎0566-81-0171・FAX0566-81-0169・水野政行・銘＝三菱

篠田農機店：〒470-2102・知多郡東浦町緒川中家左川47-1・☎0562-83-2873・FAX0562-84-2662・篠田俊英・銘＝クボタ，キセキ

㈱柴田営業所：〒451-0044・名古屋市西区菊井2-15-28・☎052-563-0341・FAX052-563-0342・伊藤純治・銘＝三菱

白井農機㈱：〒441-3301・豊橋市老津町丸山7・☎0532-23-3203・FAX0532-23-3208・白井秀明・銘＝クボタ，ヤンマー

杉浦商会：〒447-0074・碧南市上町3-23・☎0566-48-1705・FAX0566-41-7130・杉浦好・銘＝クボタ

杉浦農機具店：〒480-0148・丹羽郡大口町小口字城屋敷9-8・☎0587-95-2455・銘＝クボタ

鈴岡商店：〒441-2301・北設楽郡設楽町田口小具津14-2・☎0536-62-0141・鈴木武男・銘＝キセキ

鈴木農機具店：〒444-0014・岡崎市若宮町3-35・☎0564-21-0521・FAX0564-28-3777・鈴木金次郎

スズヒコ：〒470-0343・豊田市浄水町伊保原138・☎0565-48-3363・銘＝クボタ

住吉商事：〒470-2201・知多郡阿久比町白沢二反ノ田55-1・☎0569-48-0787・FAX0569-48-7597・銘＝ホンダ

左右田農機：〒444-0407・西尾市一色町前野下新田73・☎0563-72-8673・FAX0563-72-8673・左右田彰

大清農機商会：〒485-0032・小牧市掛割町11・☎0568-76-2414・銘＝クボタ

㈱高岡ヤンマー：〒473-0914・豊田市若林東町東山40-8・☎0565-52-6658・FAX0565-52-9025・柴田律雄・銘＝ヤンマ

一・販＝刈谷営業所：〒448-0014・刈谷市青山町3-71-1・☎0566-25-6078，小原営業所：〒470-0531・豊田市小原町コイダワ1029・☎0565-65-3861

高木農機商会：〒496-0865・津島市馬場町6・☎0567-26-2577・FAX0567-26-2577・高木賢蔵・銘＝クボタ

㈲高橋農機：〒498-0052・弥富市稲荷1-149-2・☎0567-68-8833・FAX0567-68-8833・高橋智・銘＝キセキ

高柳農機具店：〒441-3121・豊橋市西山町西山174-2・☎0532-21-1385・FAX0532-21-3091・高柳賢次郎・銘＝三菱

竹本農機商会：〒472-0002・知立市来迎寺町天白1・☎0566-83-0754・銘＝キセキ

知多機械店：〒474-0043・大府市米田町1-305・☎0562-47-8090・銘＝クボタ

塚崎農機：〒470-0224・みよし市三好町八和田100-9・☎0561-32-1454・FAX0561-32-1454・塚崎剣二・銘＝クボタ

㈱ツゲ農機：〒482-0026・岩倉市大地町長田45・☎0587-37-0813・FAX0587-37-4799・拓植康守・銘＝キセキ

ツヅキ機械：〒444-0113・額田郡幸田町菱池矢尻52・☎0564-62-0077・FAX0564-62-0077・銘＝クボタ

㈱テラシマ機械：〒468-0002・名古屋市天白区焼山2-1403・☎052-801-8124・FAX052-801-8279・浅井昆貴・銘＝三菱

寺嶋商店：〒470-0451・豊田市藤岡飯野町坂口885・☎0565-76-2709・FAX0565-76-0515・銘＝三菱

徳倉農機：〒444-0403・西尾市一色町松木島中切142-4・☎0563-72-8573・FAX0563-72-3780・徳倉孝志

豊明農具製作所：〒470-1141・豊明市阿野町明定100・☎0562-97-0144・FAX0562-97-0144・清水孝治・銘＝キセキ

㈲豊橋ヂーゼル商会：〒441-3114・豊橋市三弥町元屋敷58-1・☎0532-41-4888・FAX0532-41-6282・浅野六郎・銘＝ヤンマー・販＝八町店：〒440-0806・豊橋市八町通5-21・☎0532-52-6621・銘＝クボタ

トヨミツ機械：〒480-0201・西春日井郡豊山町青山下屋敷357・☎0568-28-1154

㈲トリイ産業：〒446-0051・安城市箕輪町新田146・☎0566-74-1588・FAX0566-76-2874・鳥海正巳

中川農機㈱：〒454-0957・名古屋市中川区かの里3-1502・☎052-301-2011・FAX052-303-6811・林直樹・銘＝キセキ・販＝佐織サービスセンター：〒496-8014・愛西市町方三角141・☎0567-22-0211

永谷農機㈱：〒444-0315・西尾市徳永町東側55・☎0563-59-6548・FAX0563-59-5669・永谷繁雄・銘＝クボタ・販＝一色店：〒444-0422・西尾市一色町味浜上浜17-1・☎0563-72-7508

中野農機商会：〒440-0083・豊橋市下地町境田121-4・☎0532-52-7930・FAX0532-52-7933・中野茂

長浜農機：〒441-8154・豊橋市西高師町小谷38-1・☎0532-45-1755・FAX0532-45-5398・長濱通弘・銘＝キセキ

㈲中村農機商会：〒442-0824・豊川市下長山町北側25・☎0533-86-2795・FAX0533-86-3428・中村光雄・銘＝クボタ，三菱，ホンダ

㈲西山農機店：〒441-8133・豊橋市大清水町大清水155-2・☎0532-25-1024・FAX0532-25-1075・西山創・銘＝クボタ，キセキ

農機のマツ井：〒441-3425・田原市大草町茶園8・☎0531-22-3824・FAX0531-22-3824・銘＝三菱

㈲農進社：〒477-0034・東海市養父町2-57・☎0562-32-5265・銘＝クボタ・販＝大府店：〒474-0074・大府市共栄町8-2-33・☎0562-46-0311

野田農機サービス：〒441-3432・田原市野田町甲田105・☎0531-25-0500・FAX0531-25-0937・原昌弘・銘＝クボタ

㈱橋本商会：〒496-0902・愛西市須依町須賀割2096-10・☎0567-24-3619・FAX0567-26-9098・橋本敏克・銘＝ヤンマー

林農具店：〒496-0001・津島市青塚町1-30・☎0567-28-2369・FAX0567-28-3265・林登

㈲原田商会：〒441-2431・北設楽郡設楽町大字西納庫字戸ノ貝津6-8・☎0536-65-0722

㈲原農機店：〒441-1331・新城市庭野東植田30-1・☎0536-22-1505・FAX0536-23-4188・原育男・銘＝ヤンマー

原農機㈱：〒441-3614・田原市保美町字段土266-3・☎0531-33-0555・FAX0531-33-0557・原功一・銘＝クボタ，ホンダ

㈱広瀬商会：〒441-1212・豊川市金沢町宮北6-3・☎0533-93-5154・銘＝クボタ

福田農機㈱：〒490-1427・弥富市西蜆1-96-1・☎0567-52-2888・FAX0567-52-3232・成田ひとみ・銘＝クボタ

福安農機具店：〒470-0124・日進市浅田町上ノ山38・☎052-801-5370・FAX052-801-5370・福安弘三・銘＝キセキ

星野農機店：〒441-1115・豊橋市石巻本町初坂5-15・☎0532-88-0555・FAX0532-88-1860・星野吉伸・銘＝ヤンマー

㈲ホンマ農機：〒442-0044・豊川市二見町26-2・☎0533-86-3700・FAX0533-89-1250・本馬賢・銘＝ヤンマー

増井農機㈱：〒441-3124・豊橋市寺沢町寺瀬戸39・☎0532-21-1122・銘＝キセキ

㈲マスヤ：〒470-0451・豊田市藤岡飯野町593-4・☎0565-76-2260・FAX0565-76-4841・勝野重徳・銘＝キセキ

販売業者編＝愛知県，三重県＝

丸中農機商会：〒472-0046・知立市弘法町弘法山24-3・☎0566-81-0607・青山中京・銘＝キセキ

水谷農機店：〒498-0046・弥富市三好5-21・☎0567-68-3131・FAX0567-68-3132・水谷繁夫・銘＝キセキ

㈲都農機：〒470-0214・みよし市明知町河田5・☎0561-32-0407・FAX0561-32-0443・都築貞二

㈱宮田機械店：〒484-0061・犬山市前原東野畔37-1・☎0568-61-0284・FAX0568-62-8314・宮田智明・銘＝クボタ，キセキ，ホンダ・販＝大口営業所：〒480-0132・丹羽郡大口町秋田1-390-2・☎0587-96-0357，各務原営業所：〒509-0104・各務原市各務苧ヶ瀬町9-178・☎058-384-0913

㈱ミワ機械：〒490-1204・あま市花長下町田26-1・☎052-443-2131・FAX052-443-2132・太田修・銘＝クボタ

村瀬鉄工農機：〒470-0122・日進市蟹甲町池下67-22・☎0561-72-0210・FAX0561-72-0210・村瀬信義

村松農機店：〒441-2601・北設楽郡設楽町津具中野沢13-4・☎0536-83-2947・FAX0536-83-2124・村松克紀

師定㈱：〒450-0003・名古屋市中村区名駅南1-1-11・☎052-583-1311・FAX052-571-0616・高松正敏

㈲メンテナンス宮地：〒444-0305・西尾市平坂町七良清水21-2・☎0563-59-2069・FAX0563-59-3116・宮地富二・銘＝キセキ

森下農機：〒441-3618・田原市小中山町新田一本松下126-5・☎0531-32-0418・FAX0531-32-1162・森下均

㈲森下農機商会：〒470-1151・豊明市前後町五軒屋1581-3・☎0562-97-1228・FAX0562-97-1229・森下繁・銘＝クボタ

山本機械販売㈱：〒444-0068・岡崎市井田南町1-8・☎0564-21-0246・FAX0564-21-4379・山本隆一・銘＝クボタ，三菱，ホンダ

山本農機：〒444-0014・岡崎市若宮町2-66・☎0564-21-2101・FAX0564-21-2102・山本恭義・銘＝ヤンマー

㈲山本農機具センター：〒444-0007・岡崎市大平町欠下117-1・☎0564-21-2207・FAX0564-21-2207・山本龍城・銘＝クボタ

㈱山本農機商会：〒441-3427・田原市加治町宮下45-3・☎0531-23-2300・FAX0531-23-2384・山本好明・銘＝キセキ

㈱ヨシカマ：〒485-0001・小牧市久保一色東1-41・☎0568-73-8155・FAX0568-76-1815・吉野克己・銘＝ヤンマー

㈱吉田製作所：〒441-3617・田原市福江町浜田21・☎0531-32-2403・FAX0531-32-3362・吉田洋平・銘＝三菱

㈱吉田農機具店：〒481-0012・北名古屋市久地野権現45・☎0568-26-6655・FAX0568-

26-6660・吉田康弘・銘＝ヤンマー

渡辺機械：〒490-1323・稲沢市平和町前平75・☎0567-46-0365・FAX0567-46-2431・渡辺真朗・銘＝キセキ

わにべ農機：〒478-0018・知多市佐布里台1-115・☎0562-55-4852・銘＝キセキ

［三重県］

㈱東海近畿クボタ（本社：兵庫県）
木曽岬営業所：〒498-0811・桑名郡木曽岬町栄269・☎0567-68-8355
北勢営業所：〒511-0215・いなべ市員弁町東一色847-3・☎0594-41-3550
鈴鹿営業所：〒513-0034・鈴鹿市須賀2-1-10・☎059-382-0113
亀山営業所：〒519-0102・亀山市和田町安蔵745-1・☎0595-82-0067
上野営業所：〒518-0809・伊賀市西明寺有井688-1・☎0595-23-1320
伊賀営業所：〒519-1405・伊賀市野村字安田136-1・☎0595-45-8010
名張営業所：〒518-0603・名張市西原町2754-1・☎0595-66-1181
安濃営業所：〒514-0058・津市安東町字茨2214-1・☎059-226-3194
久居営業所：〒514-0817・津市高茶屋小森町2325-1・☎059-271-6008
玉城営業所：〒519-0404・度会郡玉城町字長更掘829・☎0596-23-4976
松阪営業所：〒515-0027・松阪市朝田町字七見68-1・☎0598-51-1211

ヤンマーアグリジャパン㈱（本社：大阪府／中部近畿支社：滋賀県）
三重事務所：〒515-2122・松阪市久米町1061-2・☎0598-56-5151・FAX0598-56-3084
久居支店：〒514-1255・津市庄田町1912・☎059-255-2140
中勢支店：〒510-0256・鈴鹿市秋永町蔵久670-1・☎059-386-0783
多気支店：〒519-2154・多気郡多気町多気61・☎0598-38-2511
伊勢支店：〒516-0051・伊勢市上地町字中荒切4330・☎0596-28-7251
松阪支店：（三重事務所と同）・☎0598-56-5156
熊野支店：〒519-4324・熊野市井戸町5092-2・☎0597-89-2720
伊賀支店：〒519-1414・伊賀市御代1017-1・☎0595-45-3007

三重キセキ販売㈱：〒514-0821・津市垂水字中境499・☎059-225-2811・FAX059-226-3418・松田英明
四日市営業所：〒510-0012・四日市市羽津字御田295-6・☎059-365-0652

松阪営業所：〒515-0801・松阪市肥留町377・☎0598-31-3222
南勢営業所：〒515-0212・松阪市稲木町惣作939・☎0598-28-2578
伊賀営業所：〒518-0015・伊賀市土橋字六反田50・☎0595-48-6633
伊勢営業所：〒515-0509・伊勢市東大淀町字西大野4941-2・☎0596-37-1912
長島営業所：〒511-1121・桑名市長島町東殿名字宮西988-3・☎0594-41-0150
鈴鹿営業所：〒513-0801・鈴鹿市神戸3-22-16・☎059-382-1085
津営業所：〒514-0073・津市殿村字惣作59・☎059-237-0075
久居営業所：〒514-1255・津市庄田八王子田2084-1・☎059-253-4020
多気営業所：〒51-2156・多気郡多気町西池上字西浦2263-1・☎0598-38-6001
名張営業所：〒518-0615・名張市美旗中村1022・☎0595-65-4356
いなべ営業所：〒511-0272・いなべ市大安町高柳2159・☎0594-88-1011
菰野営業所：〒510-1222・三重郡菰野町大強原字樋之口3404-3・☎059-391-1880

三菱農機販売㈱（本社：埼玉県／中部支社：福井県）
津営業所：〒514-2303・津市安濃町内多2504-1・☎059-267-1010
伊勢駐在所：〒519-0413・度会郡玉城町妙法寺字西浦25-4・☎0596-58-8500

㈲赤塚農機：〒514-2221・津市高野尾町1890-57・☎059-230-0034・FAX059-230-2279・赤塚孝幸・銘＝クボタ

飯嶋農機商会：〒519-0414・度会郡玉城町佐田198・☎0596-58-3139・飯嶋正夫・銘＝キセキ

池田農機販売修理店：〒514-0824・津市神戸1227・☎059-226-0871・FAX059-226-0871・銘＝クボタ

石垣農機：〒511-0241・員弁郡東員町鳥取78・☎0594-76-3236・FAX0594-76-0770・石垣敏幸・銘＝クボタ

㈲井関農業機械センター：〒510-0207・鈴鹿市稲生塩屋1-11-16・☎059-387-4930・FAX059-387-4917・井関洋和・銘＝クボタ

㈱一志キセキ商会：〒514-1107・津市久居中町263・☎059-255-2839・FAX059-255-4156・松尾信幸・銘＝キセキ・販＝三雲支店：〒515-2105・松阪市肥留町469・☎0598-56-4310

一志農機商会：〒515-2516・津市一志町田尻4-1・☎059-293-0037・FAX059-293-0037・大谷慶男・銘＝三菱

㈲伊藤農機具店：〒510-1233・三重郡菰野

町菰野1153-1・☎059-393-2132・FAX059-394-5122・伊藤照夫・銘＝クボタ，ホンダ

岩出農機具店：〒514-1138・津市戸木町2257-3・☎059-255-2513・FAX059-255-2513・岩出昭男

㈱上森農機：〒519-5204・南牟婁郡御浜町阿田和4329・☎05979-2-2355・FAX05979-2-2356・上森健造・銘＝三菱

大阪屋商店：〒511-0102・桑名市多度町香取23・☎0594-48-2131・FAX0594-48-5903・伊藤春行・銘＝クボタ

太田農機具店：〒511-0256・員弁郡東員町南大社996-5・☎0594-76-2163・太田静男

㈲大平商会：〒511-0819・桑名市北別所成徳1815-1・☎0594-22-0374・FAX0594-22-0374・大平一良

オカダ農機㈱：〒512-1212・四日市市智積町1017-1・☎059-326-2439・岡田正弘

㈲岡野商店：〒517-0214・志摩市磯部町迫間1845・☎0599-55-0111・FAX0599-55-2979・岡野俊彦・銘＝クボタ，ホンダ

奥村農機店：〒516-0112・度会郡南伊勢町伊勢路1465・☎0599-65-3028・奥村幸生

小倉農機：〒519-3111・度会郡大紀町大内山1548-1・☎0598-72-2122

㈲加佐登農機：〒513-0011・鈴鹿市高塚町1065-13・☎059-378-0340・FAX059-378-6457・松宮正・銘＝ヤンマー

㈲カトウ機械販売：〒511-1143・桑名市長島町西外面1323-3・☎0594-42-2112・加藤正人

神谷農機店：〒511-0261・いなべ市大安町丹生川上431・☎0594-78-0116・神谷修・銘＝キセキ

北川農機具店：〒515-0818・松阪市川井町1196-6・☎0598-21-1572・北川貞男

北川農機商会：〒515-2122・松阪市久米町1272-1・☎0598-56-2239

国保農機：〒519-0312・鈴鹿市椿一宮町2924・☎059-371-1212・国保博

熊本農機㈱：〒518-0226・伊賀市阿保1637-7・☎0595-52-0032・FAX0595-52-1130・熊本亮太・銘＝ヤンマー

近藤機械㈱：〒519-0323・鈴鹿市伊船町2573・☎059-371-1340・FAX059-371-0973・近藤裕二・銘＝キセキ

酒井機械：〒515-0322・多気郡明和町上村111-9・☎0596-52-1484・酒井重喜・銘＝キセキ

㈲酒井農機店：〒519-0142・亀山市天神2-1-3・☎0595-82-0503・酒井まさの

サトウ機械：〒510-1311・三重郡菰野町永井2608・☎059-396-2087・佐藤正幸・銘＝キセキ

㈱柴山商会：〒515-0084・松阪市日野町795-5・☎0598-21-3173・柴山直人

清水商会：〒519-5202・南牟婁郡御浜町志原964-8・☎0597-92-0029・銘＝クボタ，キセキ

㈱神勢社：〒513-0034・鈴鹿市須賀1-2-12・☎059-382-0122・井上宏

杉本農機㈱：〒513-0801・鈴鹿市神戸1-13-15・☎059-382-0526・FAX059-382-0941・杉本弘治

ススキ産機㈲：〒515-0025・松阪市和屋231-5・☎0598-28-3000・FAX0598-28-5700・銘＝三菱

たかお：〒515-1411・松阪市飯南町粥見746-2・☎0598-32-4675・FAX0598-32-4675・銘＝クボタ

㈲高木商店：〒515-0033・松阪市垣鼻町772-7・☎0598-21-1589・高木宗春・銘＝クボタ

東海物産㈱：〒512-0923・四日市市高角町2997・☎059-326-3931・FAX059-326-6758・青木貴行

㈲床長農機店：〒515-0346・多気郡明和町前野671-5・☎0596-55-2211・FAX0596-55-4278・南出武・銘＝クボタ

中世古物産：〒515-2321・松阪市嬉野中川町713-6・☎0598-42-1133・中世古清吉・銘＝キセキ

㈱中西商会：〒518-0719・名張市栄町2934-8・☎0595-63-0586・FAX0595-64-4189・中西隆喜・銘＝ヤンマー・販＝上野営業所：〒518-0121・伊賀市上之庄字池ノ尻1542-3・☎0595-26-3036，比自岐営業所：〒518-0105・伊賀市比自岐678-1・☎0595-37-0507

中村機械店：〒514-0326・津市香良洲町川原442-1・☎059-292-3102・中村吉政

㈲中屋：〒510-1225・三重郡菰野町下村1700-1・☎059-394-2262・FAX059-393-2595・川村和人・銘＝ヤンマー

㈱ナリッシュ：〒519-0221・亀山市辺法寺町231・☎0595-85-0519・FAX0595-85-0513・小野光・銘＝ホンダ

野村農機商会：〒519-2203・多気郡多気町片野2352-1・☎0598-49-2067・銘＝キセキ

早川農機：〒515-0325・多気郡明和町竹川334-15・☎0596-52-3008・FAX0596-52-3129・早川洋・銘＝クボタ

㈲早川農機具店：〒511-0811・桑名市東方1094・☎0594-22-0689・FAX0594-21-3374・早川八十夫・銘＝三菱

林農機具店：〒519-2423・多気郡大台町新田197・☎0598-85-0146・林吉太郎

日沖農具店：〒511-0284・いなべ市大安町梅戸1903-1・☎0594-77-0481・日沖利夫

藤森農機店：〒518-1322・伊賀市玉滝5556-1・☎0595-42-1138・藤森宏真・銘＝キセキ

北勢機械㈱：〒511-0427・いなべ市北勢町麻生田3607・☎0594-72-2672・FAX0594-72-4147・足立孝雄・銘＝クボタ

北勢農機商会：〒511-0428・いなべ市北勢町阿下喜2119-1・☎0594-72-3263・近藤厳

㈲堀内農機商事：〒510-1223・三重郡菰野町諏訪1883・☎059-393-1250・FAX0593-93-3985・堀内勝

堀口農機具店：〒516-0037・伊勢市岩渕1-5-14・☎0596-25-8832・FAX0596-23-3486・堀口時男・銘＝クボタ

㈲前田農機：〒519-2427・多気郡大台町上楠234・☎0598-83-2911・FAX0598-83-2494・前田弘史

㈲前田農機：〒510-0255・鈴鹿市磯山2-14-24・☎059-386-1062・FAX059-386-6793・前田康行・銘＝クボタ

松林兄弟商会：〒515-0205・松阪市豊原町1085-11・☎0598-28-2427・FAX0598-28-2427・松林孝・銘＝三菱

㈲松宮商会：〒513-0006・鈴鹿市和泉町28-1・☎059-378-0528・FAX059-370-3573・松宮信之

㈲マルデン産業：〒519-0433・度会郡玉城町勝田3209・☎0596-58-4553・FAX0596-58-2249・坂出博章・銘＝クボタ

三宅農機商会：〒515-0205・松阪市豊原町877・☎0598-28-2216・三宅房夫

㈲宮崎商会：〒510-0261・鈴鹿市御園町5322-2・☎059-372-0323・FAX059-372-0329・宮崎隆茂・銘＝クボタ

宮本農機店：〒515-2342・松阪市大阿坂町820・☎0598-58-1461・宮本直・銘＝キセキ

村田農機商会：〒519-0503・伊勢市小俣町元町990-1・☎0596-22-2490・村田清・銘＝キセキ

森上農機具商会：〒511-0428・いなべ市北勢町阿下喜1501-2・☎0594-72-3171・FAX0594-72-3171・森上吉美・銘＝クボタ

㈲もりぐち商会：〒519-0124・亀山市東御幸町238-11・☎0595-82-5918・FAX0595-82-0827・森口道夫・銘＝キセキ

㈲モリコウ商会：〒515-0041・松阪市上川町2708-3・☎0598-28-7171・森裕司

森農機：〒512-1105・四日市市水沢本町2405-3・☎059-329-2174・FAX059-329-2174・銘＝クボタ

㈱森山商会：〒515-2603・津市白山町川口2195-3・☎059-262-0002・FAX059-262-5417・森山廣文・銘＝三菱

諸岡機械：〒510-1324・三重郡菰野町田光1111・☎059-396-0651・諸岡定

山崎農機店：〒518-0001・伊賀市佐那具町849-1・☎0595-23-3171・FAX0595-23-4090・山崎篁弘・銘＝キセキ

大和産機商会：〒516-0037・伊勢市岩渕3-1-21・☎0596-25-6818・阿部光栄

販売業者編＝三重県，滋賀県＝

山中農機店：〒518-0818・伊賀市荒木339-1・☎0595-21-1290・FAX0595-23-7272・山中仙也・銘＝三菱

山中農機(有)：〒518-0711・名張市東町1630・☎0595-63-0170・FAX0595-64-3920・山中輝一・銘＝三菱，ホンダ

(有)山本農機店：〒515-3132・津市白山町北家城304・☎059-262-3716・山本誠・銘＝ヰセキ

［滋賀県］

㈱北陸近畿クボタ（本社：石川県）

滋賀事務所：〒526-0103・長浜市曽根町1399・☎0749-72-8667

　安曇川営業所：〒520-1211・高島市安曇川町常磐木1261-1・☎0740-32-0484

　今津マキノ営業所：〒520-1611・高島市今津町弘川1595・☎0740-22-2395

　湖北営業所：〒526-0103・長浜市曽根町1399・☎0749-72-3351

　浅井営業所：〒526-0231・長浜市北池町字岡西459・☎0749-74-3711

　彦根営業所：〒521-1105・彦根市田原町360-4・☎0749-43-2496

　湖東営業所：〒529-1444・東近江市五個荘石塚町185・☎0748-48-8075

　東近江営業所：〒527-0057・東近江市岡田町115・☎0748-22-0300

　日野営業所：〒529-1645・蒲生郡日野町十禅師650-1・☎0748-52-0005

　甲賀営業所：〒528-0052・甲賀市水口町宇川字立原1338-1・☎0748-62-0580

　田上営業所：〒520-2275・大津市枝3-4-14・☎077-546-1918

　湖南営業所：〒520-2435・野洲市乙窪499-1・☎077-589-1150

ヤンマーアグリジャパン㈱（本社：大阪府）

中部近畿支社：〒524-0041・守山市勝部2-3-9・☎077-582-9300・FAX077-582-9299・塩谷和久

　湖北支店：〒529-0212・長浜市高月町井口1415-1・☎0749-85-2005

　長浜支店：〒526-0831・長浜市宮司町1065・☎0749-63-6006

　湖南支店：〒524-0103・守山市洲本町1154-5・☎077-584-2662

　湖東支店：〒527-0051・東近江市林田町野田2012・☎0748-23-0006

　湖西支店：〒520-0102・大津市苗鹿3-2-5・☎077-579-8205

㈱ヰセキ関西（本社：兵庫県）

滋賀支社：〒523-0016・近江八幡市千僧供町大橋602-1・☎0748-37-7131・FAX0748-37-0484

　長浜営業所：〒526-0044・長浜市下坂中町303-1・☎0749-63-8191

　湖東営業所：〒521-1241・東近江市乙女浜町599・☎0748-45-0175

　八日市営業所：〒527-0034・東近江市沖野5-1649-3・☎0748-22-2353

　中央営業所：（滋賀支社と同）・☎0748-37-6676

　水口営業所：〒528-0055・甲賀市水口町植309・☎0748-62-0732

　湖南営業所：〒520-2423・野洲市西河原1047・☎077-589-5391

　草津営業所：〒525-0046・草津市追分町66・☎077-562-0316

　湖西営業所：〒520-0355・大津市伊香立生津町972・☎077-598-3721

滋賀三菱農機販売㈱：〒521-1215・東近江市佐生町335・☎0748-42-0811・FAX0748-42-5119・福永昌由

　彦根営業所：〒522-0027・彦根市東沼波町767・☎0749-22-2763

　湖東営業所：〒527-0171・東近江市池之尻354-2・☎0749-46-0120

　八日市営業所：〒527-0091・東近江市小脇町2336・☎0748-22-1337

　近江八幡営業所：〒523-0816・近江八幡市西庄町1803-2・☎0748-32-2935

㈱朝日商社：〒526-0828・長浜市加田町468-1・☎0749-62-1500・FAX0749-64-0552・家森裕雄・銘＝ヤンマー，三菱，ホンダ・販＝木之本営業所：〒529-0212・長浜市高月町井口1433・☎0749-85-3011

池田商会：〒525-0061・草津市北山田町797-2・☎077-562-0935・FAX077-562-0935・池田茂光

㈱池田農機商会：〒520-2304・野洲市永原34・☎077-587-0779・FAX077-588-3600・池田正道・銘＝ヤンマー，ヰセキ

(有)石部農機：〒520-3106・湖南市石部中央4-3-65・☎0748-77-2839・FAX0748-77-4006・北村博信・銘＝ヰセキ

㈱伊関商会：〒521-1123・彦根市肥田町377・☎0749-43-3044・FAX0749-43-6231・伊関新一・銘＝ヤンマー・販＝彦根支店：〒522-0046・彦根市甘呂町285・☎0749-25-1155，稲枝中央支店：〒521-1105・彦根市田原町315・☎0749-43-3556

ヰセキ能登川サービスセンター：〒521-1242・東近江市福堂町3270・☎0748-45-0090・山脇研治

(有)磯村商会：〒520-1102・高島市野田1072・☎0740-36-0273・FAX0740-36-0279・磯村正則・銘＝三菱

㈱一谷農機：〒529-0142・長浜市田村98・☎0749-73-2395・FAX0749-73-2350・一谷敏明・銘＝ヤンマー

(有)市富：〒524-0042・守山市焔魔堂町257・☎077-582-2064・FAX077-582-0555・銘＝三菱

市長商店：〒524-0042・守山市焔魔堂町54・☎077-582-2013・FAX077-582-2385・市村長一・銘＝ヰセキ

㈱伊藤農機：〒521-0003・米原市入江1672・☎0749-52-0452・FAX0749-52-5226・伊藤博正・銘＝ヰセキ

(有)今村商店：〒525-0004・草津市上寺町327-1・☎077-568-1832・FAX077-568-0608・今村久三

㈱大久保：〒526-0226・長浜市東主計町11-1・☎0749-74-1142・FAX0749-74-0309・大久保仁司・銘＝ヤンマー

大津農機商会：〒520-2276・大津市里1-11-33・☎077-546-1209・FAX077-546-1228・西勇雄・銘＝ヰセキ

大西農機㈱：〒521-1111・彦根市稲里町1248・☎0749-43-2203・FAX0749-43-6811・大西和弥・銘＝ヰセキ・販＝秦荘営業所：〒529-1233・愛知郡愛荘町東出89-1・☎0749-37-2329

(有)大堀機鋼：〒529-1644・蒲生郡日野町内池334-2・☎0748-52-0259・FAX0748-52-0274・大堀清司・銘＝三菱

㈱奥清商店：〒520-2115・大津市新免2-1-3・☎077-549-0157・FAX077-549-1192・奥村清雄・銘＝三菱

奥野農機：〒528-0053・甲賀市水口町宇田6-11・☎0748-62-0339・FAX0748-62-0714・銘＝ヤンマー

笠縫農機具修理工場：〒525-0021・草津市川原4-1-18・☎077-562-1203・FAX077-562-1203・木村幸夫

㈱片桐商店：〒529-0144・長浜市大寺町585・☎0749-73-3210・FAX0749-73-2215・片桐誠人・銘＝ヰセキ

片淵農機店：〒520-3422・甲賀市甲賀町和田96・☎0748-88-3578

桂田農機(有)：〒520-1652・高島市今津町福岡908-8・☎0740-22-2053・FAX0740-22-4466・桂田重支朗・銘＝ヰセキ・販＝安曇川営業所：〒520-1213・高島市安曇川町五番領6-2・☎0740-32-1564

(有)加藤農機具店：〒523-0855・近江八幡市縄手町末27・☎0748-32-2103・FAX0748-32-8866・加藤悠一

蒲生農機サービス：〒529-1551・東近江市宮川町345・☎0748-55-0815・FAX0748-55-3078・熊本昭・銘＝ヰセキ

(有)川庄：〒527-0021・東近江市八日市東浜町5-19・☎0748-22-3519

(有)北川農機：〒529-1435・東近江市五個荘伊野部町718・☎0748-48-4059・FAX0748-48-5493・北川三義・銘＝クボタ

(有)北川農機センター：〒529-1163・犬上郡豊郷町雨降野1623・☎0749-35-0030・

販売業者編＝滋賀県，京都府＝

FAX0749-35-0033・銘＝ヤンマー

木津農機㈲：〒520-1112・高島市永田338-1・☎0740-36-0136・FAX0740-36-1933・藤野務

㈱木俣商会：〒521-1311・近江八幡市安土町下豊浦4711-1・☎0748-46-2068・FAX0748-46-4810・木俣善公・銘＝ヤンマ

楠亀農機商会：〒527-0136・東近江市南菩提寺町570-2・☎0749-45-2020・FAX0749-45-2516・楠亀博史・銘＝ヰセキ

小島農機㈲：〒520-1221・高島市安曇川町青柳1217・☎0740-32-0277・FAX0740-32-0274・小島正俊・銘＝ヤンマー

寿農機㈱：〒526-0846・長浜市川崎町368・☎0749-62-1087・FAX0749-65-3428・大橋真・銘＝三菱

小西農機店：〒523-0061・近江八幡市江頭町978・☎0748-36-7383・銘＝ヰセキ

㈲コバヤシワークス：〒520-3005・栗東市御園1927・☎077-558-0451・銘＝ヰセキ

㈱湖北農機：〒529-0341・長浜市湖北町速水1262-3・☎0749-78-2026・FAX0749-78-2026・中澤正和

三興機械㈱：〒520-0242・大津市本堅田5-4-38・☎077-572-0131・FAX077-572-0133・西村雅之・銘＝三菱

㈲島祐農機具店：〒520-3301・甲賀市甲南町寺庄378・☎0748-86-2106・FAX0748-86-7968・木村祐作・銘＝三菱

㈱田神農機商会：〒529-0222・長浜市高月町雨森448-1・☎0749-85-3107・FAX0749-85-3107・田神武士

竹井商会：〒529-1522・東近江市鋳物師町1053・☎0748-55-0413・FAX0748-55-0413・竹井晴雄

田中商会：〒520-0521・大津市和邇北浜65・☎077-594-0064・FAX077-594-0064・田中義昭

塚本機械店：〒521-1243・東近江市栗見新田町1440・☎0748-45-0313・FAX0748-45-0313・塚本剛

辻本農機具店：〒529-1851・甲賀市信楽町長野678-1・☎0748-82-1072

㈲坪井農具製作所：〒521-0226・米原市朝日567・☎0749-55-1006・FAX0749-55-4003・坪井津尚・銘＝三菱

寺田農機店：〒524-0065・守山市山賀町242-3・☎077-585-0075・FAX077-585-0075・寺田始

冨田商会：〒524-0104・守山市木浜町1891-1・☎077-585-1045・FAX077-585-1045・銘＝ホンダ

㈱ナカエ：〒523-0022・近江八幡市馬淵町633-1・☎0748-37-0348・FAX0748-37-0373・中江冨治雄・銘＝クボタ，三菱

長門産業㈲：〒523-0016・近江八幡市千僧供町186・☎0748-37-7027・FAX0748-37-7027・小川高実

㈱成宮機械店：〒529-1314・愛知郡愛荘町中宿13・☎0749-42-2133・FAX0749-42-3983・成宮嘉蔵

西坂農機㈱：〒520-1212・高島市安曇川町西万木832-6・☎0740-32-0026・FAX0740-32-0458・西坂良一・銘＝ヤンマー・販＝今津営業所：〒520-1655・高島市今津町日置前430-1・☎0740-22-3479，整備センター：〒520-1212・高島市安曇川町西万木323-1・☎0740-32-2626

㈱フカオ：〒523-0856・近江八幡市音羽町40・☎0748-32-2230・FAX0748-33-1496・深尾幸造・銘＝ヤンマー・販＝竜王営業所：〒520-2561・蒲生郡竜王町須恵1071・☎0748-58-1053

㈲福永商会：〒526-0015・長浜市神照町982-9・☎0749-63-5982・FAX0749-62-5701・福永成夫

藤田機械店：〒529-0425・長浜市木之本町木之本1732-3・☎0749-82-2246・FAX0749-82-2316・藤田正次・銘＝ヰセキ

㈱松村機工所：〒528-0002・甲賀市水口町今郷762-3・☎0748-62-3230・FAX0748-62-0703・松村嘉巳・銘＝ヰセキ

㈱マルモト：〒521-0242・米原市長岡1181-1・☎0749-55-0028・FAX0749-55-0135・丸本眞佐雄・銘＝ヤンマー

三品国蔵商店：〒524-0052・守山市大門町90-4・☎077-582-3639・FAX077-582-3639・三品新治・銘＝ヰセキ

㈱水谷実商店：〒528-0212・甲賀市土山町南土山甲550-1・☎0748-66-1415・FAX0748-66-1415・水谷文克

みのり産業：〒520-3311・甲賀市甲南町竜法師2472・☎0748-86-4778・FAX0748-86-6884・青木勝美・銘＝クボタ

宮島機械工業所：〒520-3232・湖南市平松204・☎0748-72-0365・FAX0748-72-6139・宮島一郎

森野興農㈲：〒522-0068・彦根市城町1-6-22・☎0749-22-1153・FAX0749-22-1171・森野アヤ子

安居農機㈱：〒521-1311・近江八幡市安土町下豊浦4626・☎0748-46-2052・FAX0748-46-5477・安居昌廣・銘＝ヰセキ

㈲安原エンジンサービス：〒520-1217・高島市安曇川町田中76・☎0740-32-0413

山下機械：〒520-3201・湖南市下田638-74・☎0748-75-1883・銘＝ヰセキ

㈲山田：〒529-1321・愛知郡愛荘町豊満381・☎0749-42-3505・FAX0749-42-4559・山田英人・銘＝クボタ，ホンダ

吉田農機㈱：〒528-0233・甲賀市土山町市場453-4・☎0748-67-0069・FAX0748-67-0474・吉田行雄・銘＝ホンダ

㈲ヨシックス：〒520-3308・甲賀市甲南町野田548-4・☎0748-86-8386・FAX0748-86-

8387・吉田敏彦・銘＝ヤンマー，ホンダ

［京都府］

㈱北陸近畿クボタ（本社：石川県）
京都事務所：〒623-0031・綾部市味方町アミダジ20-4・☎0773-42-8083
　綾部営業所：（京都事務所と同）・☎0773-42-8085
　福知山営業所：〒620-0061・福知山市荒河東町180・☎0773-22-2402
　舞鶴営業所：〒624-0951・舞鶴市上福井小島1775-4・☎0773-75-1179
　岩滝営業所：〒629-2263・与謝郡与謝野町弓ノ木454-8・☎0772-46-5122
　峰山営業所：〒627-0004・京丹後市峰山町荒山382-3・☎0772-62-0988
　南丹営業所：〒629-0166・南丹市八木町室河原北河原18・☎0771-42-2152
　京都南営業所：〒621-0021・亀岡市曽我部町重利風ノ口40・☎0771-22-1881

ヤンマーアグリジャパン㈱（本社：大阪府／中部近畿支社：滋賀県）
　京都南支店：〒610-0031・京田辺市田辺道場25・☎0774-62-1961
　南丹支店：〒622-0051・南丹市園部町横田6-35・☎0771-62-4471
　福知山支店：〒620-0000・福知山市荒河屋敷1589・☎0773-22-2385
　京丹後支店：〒627-0012・京丹後市峰山町杉谷647-4・☎0772-62-0399

㈱ヰセキ関西（本社：兵庫県）
京都支社：〒613-0024・久世郡久御山町森川端8・☎075-631-3109・FAX075-632-0273
　丹後営業所：〒629-2503・京丹後市大宮町周枳1520-1・☎0772-64-2545
　綾部営業所：〒623-0222・綾部市栗町佃62-2・☎0773-48-0344
　福知山営業所：〒620-0855・福知山市土師新町4-14・☎0773-27-3535
　口丹波営業所：〒629-0166・南丹市八木町室河原上表91・☎0771-42-5122
　洛南営業所：（京都支社と同）・☎075-631-3108
　山城営業所：〒610-0116・城陽市奈島川原口9-2・☎0774-52-1366

㈲朝妻サービス：〒626-0415・与謝郡伊根町井室190・☎0772-32-0002・FAX0772-32-0002・銘＝三菱

㈲井上機械店：〒619-1303・相楽郡笠置町笠置栗栖14-1・☎0743-95-2002・銘＝ヰセキ

㈱大槻農機商会：〒623-0045・綾部市高津町市ノ坪20・☎0773-42-1384・FAX0773-

販売業者編＝京都府，大阪府＝

42-9144・大槻茂昭・銘＝三菱

㈱オガワ：〒600-8156・京都市下京区東町洞院正面下笹屋277・☎075-343-1616・FAX075-343-6844・銘＝ヤンマー・販＝久御山営業所：〒613-0021・久世郡久御山町東一口19・☎075-631-7129

小川農機サービス：〒626-0225・宮津市日置1618・☎0772-27-1915・FAX0772-27-1915・銘＝三菱

片岡機械店：〒603-8017・京都市北区上賀茂壱町口町13・☎075-723-1815・FAX075-723-1816・銘＝ホンダ

㈲片山農機：〒623-0043・綾部市上延町中ノ貝33-4・☎0773-42-1243・FAX0773-42-5554・片山博貴

㈱上林商会：〒625-0035・舞鶴市溝尻97・☎0773-62-3500・FAX0773-63-9371・上林明英・銘＝ヤンマー，ホンダ

塩見機械：〒623-0235・綾部市鍛治屋町宮の前19-1・☎0773-47-1150・FAX0773-47-1150・塩見一幸

志摩機械㈱：〒624-0951・舞鶴市上福井117・☎0773-75-0652・FAX0773-76-5591・志摩敏樹・銘＝クボタ，三菱・販＝東舞鶴営業所：〒625-0020・舞鶴市小倉字オリト433・☎0773-64-3309，中丹営業所：〒620-0803・福知山市観音寺515・☎0773-27-7444，京丹波営業所：〒622-0214・船井郡京丹波町蒲生字蒲生野212-1・☎0771-89-1220，豊岡営業所：〒668-0011・豊岡市上陰字今島182-1・☎0796-22-6274，亀岡営業所：〒621-0036・亀岡市ひえ田野町柿花畑ヶ中76-1・☎0771-22-4461，丹後営業所：〒629-2303・与謝郡与謝野町字石川1528・☎0772-43-0079

㈲シマネ農機：〒623-0053・綾部市宮代町前田5-5・☎0773-42-0152・FAX0773-42-6109・大槻幸記

㈱タナカ：〒619-0244・相楽郡精華町北稲八間寄田長29-1・☎0774-94-2029・FAX0774-93-0504・田中和也・銘＝クボタ・販＝宇治営業所：〒611-0041・宇治市槇島町一ノ坪297-2・☎0774-22-8853，八幡営業所：〒614-8211・八幡市戸津小中代49・☎075-983-4408

㈲田中機械商会：〒622-0203・船井郡京丹波町富田蒲生野143-1・☎0771-82-1598・銘＝キセキ

谷口機械㈱：〒601-8135・京都市南区上鳥羽石橋町1-1・☎075-661-0225・FAX075-671-9133・谷口正伸・銘＝三菱，ホンダ

谷本鉄工所：〒619-1212・相楽郡和束町釜塚上切33・☎0774-78-2056・FAX0774-78-4147・銘＝キセキ，ホンダ・販＝加茂支店：〒619-1103・相楽郡加茂町岡崎落合12・☎0774-76-4855

玉谷産業㈱：〒619-0214・木津川市木津

清水50・☎0774-72-2221・FAX0774-72-3892・玉谷守・銘＝三菱，ホンダ

中地農機：〒627-0012・京丹後市峰山町杉谷983-1・☎0772-62-0409・FAX0772-62-5968・中地弘幸

野村機械：〒629-3574・京丹後市久美浜町市場213・☎0772-85-0337・FAX0772-85-0048・野村文雄

㈱ピア・グレース ツダ農機事業部：〒612-8141・京都市伏見区庚申町62-11・☎075-601-5338・津田禎一郎

日方農機：〒612-8154・京都市伏見区向島津田町126・☎075-601-1651・銘＝キセキ

㈲人見産業：〒621-0851・亀岡市荒塚町2-1-5・☎0771-22-1175・FAX0771-23-8679・人見悟・銘＝三菱

増田機械㈱：〒621-0027・亀岡市曽我部町犬飼地蔵又30-3・☎0771-23-4111・FAX0771-24-2841・増田隆美・銘＝ヤンマー

松島農工㈱：〒604-8412・京都市中京区西ノ京南聖町10-11・☎075-811-2306・FAX075-811-3391・松島和彦

松本商事㈱：〒619-0204・木津川市山城町上狛野日向11-1・☎0774-86-2073・FAX0774-86-5295・松本行平・銘＝ヤンマー，三菱

物部農機商会：〒601-8205・京都市南区久世殿城町56・☎075-921-0771・FAX075-921-0779・物部忠

㈱八木商店：〒621-0031・亀岡市稗田野町太田川ノ上23・☎0771-22-1867・八木秀和

山田機械㈱：〒600-8148・京都市下京区東洞院通り七条上ル飴屋町253・☎075-371-7998・FAX075-343-0707・山田喜一郎

有機企業ＧＥＫＡ：〒621-0043・亀岡市千代川町小林北ン田4・☎0771-22-5339・FAX0771-22-5008・外賀美乗

［大阪府］

㈱東海近畿クボタ（本社：兵庫県）

能勢営業所：〒563-0351・豊能郡能勢町栗栖90-3・☎072-734-0622

北大阪営業所：〒567-0868・茨木市沢良宜西4-3-9・☎072-634-5671

東大阪営業所：〒576-0017・交野市星田北1-50-15・☎072-810-7650

富田林営業所：〒584-0069・富田林市錦織東3-5-13・☎0721-23-3925

堺営業所：〒590-0125・堺市南区鉢ケ峯寺58・☎072-294-0248

泉北営業所：〒596-0101・岸和田市包近町568-1・☎072-441-3001

泉南営業所：〒598-0004・泉佐野市市場南1-8-22・☎072-462-1763

ヤンマーアグリジャパン㈱：〒530-0014・大阪市北区鶴野町1-9，梅田ゲートタワー・☎06-6376-6433・FAX06-6376-6288・増田長盛

（中部近畿支社：滋賀県）

高槻支店：〒569-0011・高槻市道鵜町1-807-3・☎072-669-6538

㈱キセキ関西（本社：兵庫県）

阪和支社：〒587-0012・堺市美原区多治井181-1・☎072-361-8012・FAX072-361-8019

能勢営業所：〒563-0362・豊能郡能勢町森上162-1・☎072-734-1775

茨木営業所：〒567-0822・茨木市中村町17-23・☎072-634-3037

枚方営業所：〒573-0002・枚方市出屋敷元町2-15-15・☎072-848-8056

泉北営業所：〒590-0131・堺市南区梅179-4・☎072-298-2170

泉南営業所：〒598-0036・泉佐野市南中岡本315-1・☎072-465-1361

三菱農機販売㈱（本社：埼玉県／西日本支社：岡山県）

南近畿支店：〒546-0024・大阪市東住吉区公園南矢田3-23-9・☎066-692-2840・FAX066-692-0143

大阪営業所：（南近畿支店と同）

英和農機㈱：〒599-0202・阪南市下出576-5・☎072-472-1725・和田利宏

大阪ヤンマー産業㈱：〒573-1153・枚方市招提大谷2-10-1・☎072-809-8101・FAX072-809-8103・竹田俊一郎・銘＝ヤンマー

沖本商店：〒583-0024・藤井寺市藤井寺1-3-12・☎072-953-0012・FAX072-952-0592・沖本良秀・銘＝ヤンマー

尾崎鉄工所総合商社：〒563-0121・豊能郡能勢町地黄1064・☎072-737-0078・尾崎千代子

㈱川上農機具店：〒596-0825・岸和田市土生町5-11-11・☎072-427-1891・FAX072-427-3513・川上隆・銘＝三菱

河内農機販売：〒578-0966・東大阪市三島1-12-13・☎06-6745-0396・柴村明央・銘＝キセキ

菊農機㈲：〒598-0003・泉佐野市俵屋312・☎072-462-0392・FAX072-464-7391・菊豊

岸谷農機商会：〒563-0050・池田市新町1-15・☎072-751-4141・FAX072-753-6393・岸谷和喜・銘＝ヤンマー

北田商会：〒578-0984・東大阪市菱江6-2-27・☎072-961-3905・銘＝キセキ

㈱キダ：〒580-0032・松原市天美東9-13-10・☎072-331-0264・FAX072-335-5650・

紀田栄重・販＝美原店・〒587-0062・堺市美原区太井86・☎072-361-2040

北牧農機具店・〒573-1125・枚方市養父元町20-3・☎072-857-7028・FAX072-867-1155・北牧信幸

共栄農具製作所・〒573-0112・枚方市尊延寺3-3-1・☎072-858-8030・FAX072-858-0676・吉田美代子・銘＝ヤンマー

㈲サトー機械・松原店・〒580-0015・松原市新堂3-5-5・☎072-332-8847・FAX072-336-8515・佐藤啓輔・販＝堺市美原店・〒587-0002・堺市美原区黒山13-4・☎072-361-5800

㈱辻農機・〒583-0863・羽曳野市蔵之内760・☎072-956-0604・FAX072-958-3728・辻多三郎・銘＝ヰセキ，ホンダ

長岡産業㈱・〒581-0875・八尾市高安町南6-70-1・☎072-997-1331・FAX072-997-1384・長岡稔・銘＝ヰセキ，三菱

㈱永野農機商会・〒599-8247・堺市中区東山533・☎072-235-5550・FAX072-235-5551・永野克巳

二宮農機具店・〒584-0069・富田林市錦織東2-6-3・☎0721-26-3838・FAX0721-26-4462・銘＝ヰセキ，ホンダ

㈱林農機具店・〒585-0011・南河内郡河南町寺田110・☎0721-93-3277・FAX072193-6312・林浩司・銘＝ヰセキ

㈱ヒガシウラ・〒569-0835・高槻市三島江223・☎072-678-0286・FAX072-678-0287・中村保男・銘＝三菱・販＝茨木営業所・〒567-0067・茨木市西福井1-2-1・☎0726-41-1177

㈱増井農機・〒546-0024・大阪市東住吉区公園南矢田3-23-9・☎06-6699-1255・FAX06-6692-0143・増井広美

マツヤ農機・〒598-0013・泉佐野市中町1-6568・☎0724-69-4440・FAX0724-69-4333・銘＝三菱

森田機械㈱・〒561-0882・豊中市南桜塚2-7-20・☎06-6852-5219・FAX06-6849-3352・森田嘉国・銘＝ヰセキ

宮本農機店・〒576-0052・交野市私部6-41-26・☎072-891-1244・FAX0728-91-1285・銘＝三菱

薮下農機店・〒574-0024・大東市泉町2-2-4・☎072-872-0120・銘＝ヰセキ

行商店・〒597-0041・貝塚市清児464-1・☎072-446-0744・FAX072-446-7202・銘＝ヰセキ

㈲吉田屋農機・〒590-0505・泉南市信達大苗代350・☎072-482-0853・FAX072-484-0837・柿花成保・銘＝ヤンマー

和田農機具店・〒594-1115・和泉市平井町18・☎0725-55-0202・FAX0725-55-3737・和田統一郎

[兵庫県]

㈱東海近畿クボタ・〒661-8567・尼崎市浜1-1-1・☎06-6491-6633・FAX06-6491-6677・高橋克夫

丹波事務所・〒669-3461・丹波市氷上町市辺310・☎0795-88-5000

和田山営業所・〒669-5211・朝来市和田山町平野353-1・☎079-672-3471

八鹿営業所・〒667-0032・養父市八鹿町小山142-4・☎079-662-2487

出石営業所・〒668-0221・豊岡市出石町町分95・☎0796-52-3036

日高営業所・〒669-5307・豊岡市日高町松岡153-3・☎0796-42-2628

豊岡営業所・〒668-0864・豊岡市木内228-1・☎0796-22-5141

浜坂営業所・〒669-6745・美方郡新温泉町栃谷72-2・☎0796-82-1809

香住営業所・〒669-6546・美方郡香美町香住区七日市176-6・☎0796-36-2554

篠山営業所・〒669-2346・篠山市西岡屋738-2・☎079-552-0552

城東営業所・〒669-2441・篠山市日置630・☎079-556-2770

氷上営業所・（丹波事務所と同）・☎0795-82-1418

青垣営業所・〒669-3811・丹波市青垣町佐治11-2・☎0795-87-0477

山南営業所・〒669-3145・丹波市山南町野坂147-2・☎0795-77-0078

春日営業所・〒669-4132・丹波市春日町野村1526-1・☎0795-74-1131

市島営業所・〒669-4321・丹波市市島町上垣市島1079-2・☎0795-85-1016

猪名川営業所・〒666-0236・川辺郡猪名川町北田原35-1・☎072-766-0140

三田営業所・〒669-1528・三田市駅前町22-16・☎079-562-2096

三木営業所・〒673-0755・三木市口吉川町大島912-1・☎0794-88-0131

神戸営業所・〒651-2268・神戸市西区平野町黒田145-2・☎078-945-7488

岩岡営業所・〒651-2401・神戸市西区岩岡町岩岡2393-1・☎078-967-5678

東播第1営業所・〒675-1105・加古郡稲美町加古1790-5・☎079-441-8535

東播第2営業所・（東播第1営業所と同）・☎079-492-0302

加古川営業所・〒675-0057・加古川市東神吉町神吉字頓田766-1・☎079-431-6550

一宮営業所・〒671-4131・宍粟市一宮町安積1356-1・☎0790-72-0666

山崎営業所・〒671-2542・宍粟市山崎町船元59-2・☎0790-62-1200

佐用営業所・〒679-5301・佐用郡佐用町佐用1645-6・☎0790-82-0808

姫路営業所・〒679-4233・姫路市林田町下伊勢418-93・☎079-269-1311

福崎営業所・〒679-2214・神崎郡福崎町福崎新字中島451-1・☎0790-22-0553

淡路事務所・〒656-0473・南あわじ市市小井446-4・☎0799-42-0134

育波営業所・〒656-1602・淡路市育波478-9・☎0799-84-1165

津名営業所・〒656-1525・淡路市井手516-2・☎0799-85-2070

五色営業所・〒656-1326・洲本市五色町鮎原下636-1・☎0799-32-0135

洲本営業所・〒656-0051・洲本市物部3-6-48・☎0799-22-0782

広田営業所・〒656-0122・南あわじ市広田広田865-1・☎0799-45-1254

阿万営業所・〒656-0541・南あわじ市阿万上町1080-4・☎0799-55-0131

松帆営業所・（淡路事務所と同）

播州農機販売㈱・〒679-0221・加東市河高2221・☎0795-48-3131・FAX0795-48-3135・本岡大造

滝野営業所・〒679-0221・加東市河高2458-1・☎0795-48-3131

東条営業所・〒673-1311・加東市天神2-1・☎0795-47-0234

社営業所・〒673-1433・加東市松尾262-1・☎0795-42-3768

小野SS・〒675-1317・小野市浄谷町3203・☎0794-62-4772

西脇SS・〒677-0025・兵庫県西脇市大野181-1・☎0795-22-5435

多可営業所・〒679-1114・多可郡多可町中区岸上178-2・☎0795-32-1005

加西SS・〒675-2241・加西市段下町755-12・☎0790-42-0248

市川SS・〒679-2315・兵庫県神崎郡市川町西川辺361・☎0790-26-2678

福崎・姫路営業所・〒679-2101・姫路市船津町4008-1・☎079-232-4074

ヤンマーアグリジャパン㈱（本社・大阪府／中部近畿支社・滋賀県）

加西事務所・〒675-2114・加西市田原町3179-60・☎0790-49-0630・FAX0790-49-0683

はりま支店・（加西事務所と同）・☎0790-49-0635

西脇支店・〒677-0026・西脇市坂本158-1・☎0795-23-2643

三木支店・〒673-0412・三木市岩宮108・☎0794-83-1212

三田支店・〒669-1515・三田市大原字高町78-1・☎079-563-6666

社支店・〒673-1462・加東市藤田70-1・☎0795-42-0076

篠山支店・〒669-2452・篠山市野中

販売業者編＝兵庫県＝

26-1・☎079-594-3477
　北淡路支店：〒656-2131・淡路市志筑1860-1・☎0799-62-0122
　南あわじ支店：〒656-0443・南あわじ市八木養宜上325-1・☎0799-42-0921
（中四国支社：岡山県）
　但馬支店：〒669-6822・美方郡温泉町細田5-1・☎0796-92-0242

㈱キセキ関西：〒675-0103・加古川市平岡町高畑348-1・☎079-424-5357・FAX079-426-1632・加藤敏幸
　兵庫支社：（本社と同）☎079-424-5360・FAX079-424-5390
　加古川営業所：（本社と同）・☎079-424-5670
　神戸西営業所：〒651-2304・神戸市西区神出町小束野字溝端56-188・☎078-965-2010
　あわじ営業所：〒656-0014・洲本市桑間529-3・☎0799-25-2761
　姫路東営業所：〒671-0251・姫路市花田町上原田58-1・☎079-253-3547
　竜野営業所：〒679-4138・たつの市誉田町下沖258・☎0791-67-0374
　赤穂営業所：〒678-1182・赤穂市有年原字原向い177・☎0791-49-3000
　神崎営業所：〒679-2203・神崎郡福崎町南田原字蓮池新田1248-14・☎0790-22-2078
　但馬営業所：〒669-5326・豊岡市日高町池上字細登120・☎0796-42-1771
　朝来営業所：〒679-3431・朝来市新井165-1・☎079-677-0186
　村岡営業所：〒667-1321・美方郡香美町村岡区大糠宮ノ前6-1・☎0796-94-0527
　滝野社営業所：〒679-0221・加東市河高2531-2・☎0795-48-3226
（京都支社：京都府）
　市島営業所：〒669-4321・丹波市市島町上垣1055-30・☎0795-85-2271
　氷上営業所：〒669-3605・丹波市氷上町黒田1005・☎0795-82-0436
（阪和支社：大阪府）
　篠山営業所：〒669-2212・篠山市大沢1-23-4・☎079-594-0154
　北神戸営業所：〒651-1311・神戸市北区有野町二郎388・☎078-981-7315

三菱農機販売㈱（本社：埼玉県／西日本支社：岡山県）
　兵庫支社：〒669-2202・篠山市東吹362-1・☎079-594-2161
　三田営業所：〒669-1506・三田市志手原207-1・☎079-563-1250
　篠山営業所：（兵庫支社と同）
　氷上営業所：〒669-3465・丹波市氷上町

横田11-1・☎0795-82-0520
　但馬営業所：〒668-0221・豊岡市出石町町分375-1・☎0796-52-3551
　日高営業所：〒669-5321・豊岡市日高町土居264-1・☎0796-42-1832
　淡路支店：〒656-0017・洲本市上内膳451-1・☎0799-22-3431
　三原営業所：〒656-0426・南あわじ市榎列大榎列60・☎0799-42-2355

アイワ農機㈱：〒675-0017・加古川市野口町良野1509・☎079-424-2450・FAX079-424-5592・西海喜代次・銘＝ヤンマー
赤松農機店：〒675-0101・加古川市平岡町新在家302・☎079-426-5993・FAX079-422-8478・中田良和
秋山農機具店：〒669-4274・丹波市春日町棚原1562・☎0795-75-0051・FAX0795-75-1938・秋山義明
旭農機サービス：〒679-4017・たつの市揖西町土師986-2・☎0791-66-2312・銘＝キセキ
㈲市川農機具店：〒670-0935・姫路市北条口5-83・☎079-225-0215・FAX079-289-0284・市川廣・銘＝ヤンマー
伊藤農機㈱：〒679-4003・たつの市揖西町小神8-1・☎0791-62-1821・FAX0791-62-1823・伊藤好博・銘＝ヤンマー・販＝網干支店：〒671-1228・姫路市網干区坂出171-1・☎079-274-2323，相生支店：〒678-0082・相生市若狭野町出152・☎0791-28-0007
㈲稲田農具製作所：〒679-5331・佐用郡佐用町平福1412-1・☎0790-83-2324・FAX0790-83-2325・稲田幸雄・銘＝ヤンマー，キセキ，ホンダ・販＝佐用支店：〒679-5303・佐用郡佐用町真盛132・☎0790-82-2450，久崎支店：〒679-5641・佐用郡上月町久崎・☎0790-88-0057
岩本農機㈱：〒675-2242・加西市尾崎町434-1・☎0790-48-2326・FAX0790-48-4020・岩本圭司・銘＝キセキ，ホンダ
上月産業㈱：〒675-0018・加古川市野口町坂元33-1・☎079-424-0561・FAX079-424-0329・上月繁男
植村農機㈱：〒675-2403・加西市小印南町630-1・☎0790-45-0081・FAX0790-45-0025・植村輝夫・銘＝ホンダ・販＝宇仁小学校前営業所：〒675-2402・加西市田谷町855-1・☎0790-45-0888
大島農機㈱：〒678-0239・赤穂市加里屋上町74-6・☎0791-42-2726・FAX0791-45-1256・大島秀信・銘＝クボタ
大西農機具店：〒679-4302・たつの市新宮町香山1108-10・☎0791-77-0123・FAX0791-77-0134・大西保・銘＝キセキ
大山農機：〒656-2131・淡路市志筑1158-2・☎0799-62-0395・FAX0799-62-4594・大

山真範
岡田農機㈱：〒678-0239・赤穂市加里屋新町106-9・☎0791-45-2317・FAX0791-45-0205・岡田昌博・銘＝ヤンマー
加古農機具商会：〒675-1352・小野市復井町1828・☎0794-66-7725・FAX0794-66-7564・加古省三
㈲鍛冶農機：〒673-0028・明石市硯町1-3-17・☎078-922-2097・FAX078-921-2480・鍛冶光敏・銘＝キセキ
㈲柏原農機商会：〒670-0945・姫路市北条梅原町1298-2・☎079-284-0600・FAX079-284-0601・柏原孝秀
㈱梶本農機：〒656-2131・淡路市志筑1758-1・☎0799-62-0152・FAX0799-62-4970・梶本茂樹・銘＝キセキ
㈱鍛冶六農機商会：〒651-2132・神戸市西区森友5-6・☎078-927-0185・FAX078-927-4722・鍛冶倶三・銘＝ヤンマー
川西機械：〒666-0025・川西市加茂6-42-4・☎072-759-9107・FAX072-756-1171・今北保郎・銘＝キセキ
㈱喜多農機：〒675-0057・加古川市東神吉町神吉939-3・☎079-431-3523・FAX079-431-3530・志方美之・銘＝三菱
北但馬産業㈱：〒669-5202・朝来市和田山町東谷1-8・☎079-672-3223・FAX079-672-3145・福井博樹・銘＝三菱
㈱刑部農機：〒656-0515・南あわじ市賀集鍛冶屋470-2・☎0799-54-0550・FAX0799-54-0008・竹谷純・銘＝ヤンマー
㈱橋農機：〒675-1377・小野市葉多町942・☎0794-62-8030・FAX0794-62-8030・銘＝クボタ
工藤農機：〒671-3201・宍粟市千種町千草142・☎0790-76-2072・FAX0790-76-2172・工藤正男・銘＝キセキ
小林農機㈱：〒675-1354・小野市河合西町392・☎0794-66-5400・FAX0794-66-7317・小林正樹・銘＝三菱
駒田農機：〒679-2151・姫路市香寺町香呂52-7・☎079-232-0545・FAX079-232-8862・駒田貞夫・銘＝キセキ
㈱酒井農機商会：〒669-3465・丹波市氷上町横田132-5・☎0795-82-6028・FAX0795-82-5640・酒井克明・銘＝ヤンマー・販＝市島営業所：〒669-4324・丹波市市島町上垣市島1030・☎0795-85-0272
シロタ農機：〒675-2113・加西市網引町831-195・☎0790-49-0722・FAX0790-49-8220・銘＝クボタ
㈱進藤農機店：〒679-4103・たつの市神岡町上横内351・☎0791-65-0081・FAX0791-65-1628・陸野義夫・銘＝ヤンマー
㈱瀬川機械店：〒668-0085・豊岡市宮井1356-1・☎0796-22-5185・FAX0796-24-3954・瀬川廣美・銘＝ヤンマー，ホンダ・販＝八鹿支店：〒667-0022・養父市八鹿

町下網場417-1・☎079-662-2937

㈲高田農機工業所：〒656-0315・南あわじ市松帆高屋乙71・☎0799-36-2160・FAX0799-36-5498・高田克己・銘＝ヤンマー

たきの種苗㈱：〒656-2131・淡路市志筑1637-5・☎0799-62-0251

竹島農機㈱：〒661-0032・尼崎市武庫之荘東1-11-16・☎06-6437-5770・FAX06-6437-5747・竹島新治・銘＝クボタ，キセキ

武田商会：〒656-2223・淡路市生穂1725・☎0799-64-0334・FAX0799-64-0335・武田初子

㈲田中機械店：〒656-0427・南あわじ市榎列松田26-2・☎0799-42-2087・FAX0799-42-4829

㈱田中機械店：〒675-2103・加西市鶉野町46-120・☎0790-49-2178・FAX0790-49-1785・田中正美・銘＝三菱

田中機工㈱：〒673-1232・三木市吉川町金会125・☎0794-72-0037・FAX0794-72-0763・田中正裕・銘＝ホンダ

田中種苗㈱：〒656-0014・洲本市桑間851-1・☎0799-24-1001・FAX0799-23-1001・田中幸江・銘＝ヤンマー

田中農機㈱：〒668-0045・豊岡市城南町10-25・☎0796-23-4147・FAX0796-24-0067・三井俊樹・銘＝三菱

㈱ダンノウ：〒656-0101・洲本市納243-1・☎0799-22-1130・FAX079-923-1491・石田順皓

寺口農機㈱：〒673-0431・三木市本町1-3-18・☎0794-82-0952・FAX0794-82-0978・寺口康平・銘＝キセキ

寺田機械ポンプ店：〒667-0021・養父市八鹿町八鹿762-1・☎079-662-2636・FAX079-662-2636・寺田耕司

㈲飛石頼満商店：〒671-4221・宍粟市波賀町上野857-1・☎0790-75-2027・FAX0790-75-2191・飛石昌顕・銘＝ヤンマー

富田農機㈱：〒669-5103・朝来市山東町矢名瀬878・☎079-676-3050・FAX079-676-2236・富田秀幸・銘＝ヤンマー

㈲南武農機：〒671-0234・姫路市御国野町国分寺533-6・☎079-252-0139・FAX079-252-0139・南武彦・銘＝キセキ

㈱延原商店：〒679-5341・佐用郡佐用町横坂638・☎0790-82-2613・FAX0790-82-2740・延原博

坂東農機：〒656-1335・洲本市五色町広石下559-3・☎0799-35-0514・FAX0799-35-0514・坂東茂明・銘＝キセキ

久後農機：〒675-1301・小野市小田町455・☎0794-67-0337・銘＝キセキ

㈲兵庫スクリュウ商会：〒675-0063・加古川市加古川町平野21-3・☎079-423-0121・FAX079-423-0123・上田豊之

兵庫農機販売㈱：〒651-2313・神戸市西区神出町田井1320・☎078-965-0350・FAX078-965-2434・大石勝喜・銘＝クボタ

福田農機商会：〒678-1233・赤穂郡上郡町大持360-1・☎0791-52-0128・FAX0791-52-2059・福田弘・銘＝ヤンマー

藤岡機械㈱：〒669-5214・朝来市和田山町桑原551-1・☎079-672-2825・FAX079-672-0245・藤岡俊也・銘＝ヤンマー・販＝朝来営業所：〒679-3431・朝来市新井128・☎079-678-1606

藤岡農機商会：〒651-2213・神戸市西区押部谷町福住628-518・☎078-994-0231・FAX078-995-0001・藤岡政弘

藤田農機：〒679-1332・多可郡多可町加美区大袋141-1・☎0795-36-1838・FAX0795-36-1373・銘＝クボタ

フジモト農機販売：〒675-1102・加古郡稲美町草谷551・☎079-495-0295・FAX079-495-0898・藤本幹夫・銘＝キセキ

前川農機：〒679-2421・神崎郡神河町加納337・☎0790-32-0015・FAX0790-32-0226・前川克孝・銘＝クボタ

前川農機㈱：〒656-0401・南あわじ市市新370・☎0799-42-1828・FAX0799-42-0600・前川久光

松井農機商会：〒668-0054・豊岡市塩津町9-38・☎0796-22-3278・FAX0796-24-0405・松井勝己・銘＝ヤンマー

松下機器㈱：〒669-1313・三田市福島420-1・☎079-567-2155・FAX079-567-2112・松下彰夫・銘＝ホンダ

マツダ機械店：〒656-2131・淡路市志筑1631-4・☎0799-62-3646・FAX0799-62-3646・松田寛

水井農機販売：〒673-0423・三木市宿原56-5・☎0794-82-0238・銘＝キセキ

㈱三ツ葉：〒670-0826・姫路市楠町67・☎079-281-8660・FAX079-281-7349・田寺昌幸・銘＝ホンダ

三宅農機商会：〒668-0021・豊岡市泉町2-19・☎0796-22-2614・FAX0796-22-2868・三宅英利

㈱村上機械店：〒670-0933・姫路市平野町50・☎079-288-6221・FAX079-225-0450・村上純一

㈲村上農機：〒679-5133・佐用郡佐用町三日月1156-3・☎0790-79-2020・FAX0790-79-2660・村上明・銘＝ヤンマー

森田機械：〒668-0231・豊岡市出石町川原201-1・☎0796-52-2355・FAX0796-52-2355・森田好和

㈲森田機械：〒656-0511・南あわじ市賀集八幡149-1・☎0799-54-0217・FAX0799-52-3780・森田昌孝

㈱ヤナギハラ：〒678-1182・赤穂市有年原282-1・☎0791-49-3111・FAX0791-49-3490・柳原隆・銘＝クボタ・販＝上郡営業所：〒678-1233・赤穂郡上郡町大持123-1・☎0791-52-3575

柳原農機㈱：〒671-1561・揖保郡太子町鵤58-8・☎079-276-0392・FAX079-277-0392・柳原政富・銘＝クボタ・販＝揖西営業所：〒679-4013・たつの市揖西町北山472-1・☎0791-66-0117，新宮営業所：〒679-4313・たつの市新宮町西町101-2・☎0791-75-0449

山口農機具店：〒670-0028・姫路市岩端町80・☎079-293-8568・FAX079-297-8853・山口武

山口農機店：〒679-2114・姫路市山田町牧野142-1・☎079-263-2025・FAX079-263-2611・山口政彦

㈱山崎農機サービス：〒671-2544・宍粟市山崎町千本屋232-3・☎0790-62-3511・銘＝キセキ

山本農機㈱：〒679-4138・たつの市誉田町下沖258・☎0791-67-0247・FAX0791-67-1173・山本大司・銘＝三菱，ホンダ

夢前農機㈱：〒671-2112・姫路市夢前町塩田101-16・☎079-336-1111・FAX079-336-0103・清水保博・銘＝ヤンマー・販＝神崎支店：〒679-2161・姫路市香寺町溝口1062・☎079-232-3939，山崎支店：〒671-2542・宍粟市山崎町船元18・☎0790-62-0093，姫路支店：〒671-2214・姫路市西夢前台1-76・☎079-266-0125

横山農機：〒675-1341・小野市西脇町1087・☎0794-66-2345・FAX0794-66-2218・横山昭信・銘＝キセキ

吉井農機㈱：〒651-2133・神戸市西区枝吉4-120-1・☎078-928-6322・FAX078-928-8907・吉井琢磨

［奈良県］

㈱東海近畿クボタ（本社：兵庫県）

奈良営業所：〒639-1119・大和郡山市発志院町152・☎0743-56-1681

天理営業所：〒633-0077・桜井市大西30-3・☎0744-43-7565

橿原営業所：〒634-0072・橿原市醍醐町368・☎0744-22-6651

榛原営業所：〒633-0242・宇陀市榛原区篠楽322-1・☎0745-82-0576

五條営業所：〒637-0004・五條市今井町745・☎0747-22-1131

ヤンマーアグリジャパン㈱（本社：大阪府／中部近畿支社：滋賀県）

郡山事務所：〒639-1031・大和郡山市今国府町163-1・☎0743-56-1103・FAX0743-56-9139

奈良支店：〒630-8031・奈良市柏木町192・☎0742-33-4713

天理支店：〒632-0063・天理市西長柄町445・☎0743-67-0777

販売業者編＝奈良県，和歌山県＝

郡山支店：（郡山事務所と同）・☎0743-56-1101

奈良ヰセキ販売㈱：〒635-0014・大和高田市三和町17-29・☎0745-22-8771・FAX0745-23-1826・松原久展
　郡山営業所：〒639-1102・大和郡山市上三橋町174-7・☎0743-52-5031
　田勝本営業所：〒636-0246・磯城郡田原本町千代883-3・☎0744-32-2071
　高田営業所：（本社と同）・☎0745-52-5671
　五條営業所：〒637-0092・五條市岡町2543-1・☎0747-22-3014
　榛原営業所：〒633-0222・宇陀市榛原区上井足1998・☎0745-82-1201

浅山機械：〒633-0007・桜井市外山1037・☎0744-42-9377・FAX0744-42-1022・浅山佳成・銘＝ヰセキ
井岡機械店：〒630-2211・山辺郡山添村北野1279-1・☎0743-86-0122・井岡武博
石井農機商会：〒635-0036・大和高田市旭北町8-15・☎0745-52-2715・FAX0745-25-1500・石井康勝・銘＝ヰセキ
石原農機具店：〒630-8002・奈良市二条町2-3-1・☎0742-33-7686・FAX0742-33-7686・石原嘉夫・銘＝ヰセキ
市田機械店：〒632-0221・奈良市都祁白石町2773-2・☎0743-82-0047・FAX0743-82-1868・市田平治・銘＝ヰセキ
稲垣商店：〒639-1111・大和郡山市石川町527・☎0743-59-0916・FAX0743-59-0916・稲垣滋・銘＝ヰセキ
㈱乾鉄工所：〒630-2205・山辺郡山添村桐山41-17・☎0743-86-0010・FAX0743-86-0423・乾昇治
今井彦一商店：〒632-0121・天理市山田町1319・☎0743-69-2841・FAX0743-69-2931・今井節男
今西機械サービス：〒632-0246・奈良市都祁友田町167・☎0743-82-1111・FAX0743-82-1577・今西重昭
上西農工機械：〒633-2164・宇陀市大宇陀区拾生183-1・☎0745-83-0558・FAX0745-83-2987・上西憲治
梅森機械店：〒631-0842・奈良市菅原町528・☎0742-45-6557・FAX0742-45-6557・梅森弘二・銘＝ヰセキ
㈲大原機械商会：〒630-8144・奈良市東九条町887-1・☎0742-62-7529・大原正美
大原農機㈱：〒630-8224・奈良市角振町23・☎0742-22-7146・FAX0742-22-7177・大原恵美子・銘＝ヤンマー
岡田農機㈱：〒638-0812・吉野郡大淀町檜垣本166-6・☎0747-52-8051・FAX0747-52-7749・岡田健司・銘＝ヤンマー，ホンダ

奥村農機㈱：〒632-0081・天理市二階堂上ノ庄町310・☎0743-64-0026・FAX0743-64-0607・奥村圭司
片岡農機商会：〒632-0068・天理市合場町235-1・☎0743-62-1075・FAX0743-62-0613・片岡成浩
㈱勝井農機：〒636-0217・磯城郡三宅町屏風119・☎0745-44-2881・FAX0745-43-1535・勝井信弘・銘＝三菱
小山農機商会：〒634-0108・高市郡明日香村雷235-3・☎0744-54-2165・FAX0744-54-2553・小山実・銘＝ヰセキ
㈱坂本鉄工所：〒630-2351・山辺郡山添村中峰山1038-1・☎0473-85-0018・FAX0743-85-0215・坂本健作・銘＝クボタ
桜井ヰセキ販売㈱：〒633-0000・桜井市北本町3-138-5・☎0744-42-3282・FAX0744-42-3282・中家昭・銘＝ヰセキ
谷野農園（機械部）：〒639-1123・大和郡山市筒井町697-1・☎0743-56-3410・FAX0743-56-8803・谷野善亮・銘＝ヰセキ，ホンダ
㈲玉井農機：〒632-0007・天理市森本町473-3・☎0743-65-0250
㈱東條機械店：〒639-2305・御所市柳田町478・☎0745-62-2386・FAX0745-63-1021・東條孝史・銘＝クボタ
中島農機店：〒639-3112・吉野郡吉野町立野214-2・☎07463-2-2038・FAX07463-2-2038・中島吉隆
奈良ヤンマー販売㈱：〒634-0832・橿原市五井町228-3・☎0744-22-2333・FAX0744-22-2400・森岡伸嘉・銘＝ヤンマー
西岡機械販売㈱：〒630-2161・奈良市大野町204・☎0742-81-0108・西岡一朗
西谷機械サービス：〒630-2166・奈良市矢田原町749・☎0742-81-0127・FAX0742-81-0812・西谷元宏・銘＝クボタ
林商店：〒632-0078・天理市杉本町408-3・☎0743-63-2022・FAX0743-63-1861・林俊三・銘＝ヤンマー
日置機械店：〒630-1233・奈良市邑地町2480-1・☎0742-94-0153・日置輝
平井機械店：〒632-0122・天理市福住町3779・☎0743-69-2170・FAX0743-69-2170・平井正行
平山農販商会：〒635-0076・大和高田市大谷364・☎0745-53-2131・FAX0745-53-2132・平山芳一
藤本農機：〒635-0814・北葛城郡広陵町南郷226・☎0745-55-3063・FAX0745-55-3277・藤本憲弘
㈱フルタニ機械：〒638-0811・吉野郡大淀町土田299・☎0747-52-1385・FAX0747-52-1805・古谷一三・銘＝クボタ
細田商店：〒634-0817・橿原市寺田町163・☎0744-22-1958・FAX0744-22-1808・細田泰弘・銘＝ヰセキ

松岡機械店：〒630-8315・奈良市中辻町80-12・☎0742-22-7376・FAX0742-22-7376・松岡克巳
松田機械販売：〒636-0242・磯城郡田原本町大木263-3・☎0744-32-2941・FAX0744-32-2941・松田安弘・銘＝ヰセキ
松本農機商会：〒635-0804・北葛城郡広陵町沢910・☎0745-56-2318・FAX0745-57-1353・松本吉生・銘＝ヰセキ
松山産業：〒630-0101・生駒市高山町7234-1・☎0743-78-0440・FAX0743-79-2127・松山修三・銘＝ヰセキ，ホンダ
峯機械店：〒630-1242・奈良市大柳生町4503-5・☎0742-93-0633・FAX0742-93-0755・峯清和・銘＝クボタ
村井農機商会：〒632-0004・天理市櫟本町746-2・☎0743-65-0125・FAX0743-65-0125・村井康悦・銘＝三菱
森脇農機商会：〒636-0003・北葛城郡王子町久度3-18-3・☎0745-72-2457
山口機械㈱：〒630-8127・奈良市三条添川町6-21・☎0742-33-9321・FAX0742-33-8527・山口敏弘
山口機械店：〒632-0113・奈良市都祁馬場町403・☎0743-84-0005・FAX0743-84-0051・山口昭正
湯家谷鉄工所：〒630-2306・奈良市月ケ瀬桃香町4938・☎0743-92-0678・湯家谷俊一
吉田産業サービス：〒639-1065・生駒郡安堵町笠目202-1・☎0743-57-4589・FAX0743-57-5574・吉田宏至
米田機械：〒639-2201・御所市柳原町218-2・☎0745-63-0579・FAX0745-63-0579・銘＝クボタ

[和歌山県]

㈱東海近畿クボタ（本社：兵庫県）
　和歌山事務所：〒640-6335・和歌山市西田井376・☎073-462-9021
　橋本営業所：〒648-0086・橋本市神野々1183-1・☎0736-32-3322
　山口営業所：（和歌山事務所と同）・☎073-462-0196
　和歌山営業所：（和歌山事務所と同）・☎073-462-9023
　貴志川営業所：〒640-0421・紀の川市貴志川町北83・☎0736-64-3697
　御坊営業所：〒644-0014・御坊市湯川町富安1730-5・☎0738-22-3276
　紀南営業所：〒649-2103・西牟婁郡上富田町生馬317・☎0739-47-5645

ヤンマーアグリジャパン㈱（本社：大阪府／中部近畿支社：滋賀県）
　和歌山事務所：〒649-6326・和歌山市和佐中207-1・☎0743-56-4411・FAX0743-56-

2761
和歌山支店：（和歌山事務所と同）

㈱キセキ関西（本社：兵庫県／阪和支社：大阪府）
　岩出営業所：〒649-6232・岩出市荊本106-3・☎0736-62-4306
　和歌山営業所：〒649-6314・和歌山市島246-7・☎073-461-9300
　御坊営業所：〒644-0015・御坊市荊木126-2・☎0738-22-8241

三菱農機販売㈱（本社：埼玉県／西日本支社：岡山県）
　和歌山営業所：〒649-6256・岩出市金池265-3・☎0736-62-6456
　御坊営業所：〒649-1342・御坊市藤田町吉田字中黒772-4・☎0738-22-0550

揚村農機商会：〒640-8482・和歌山市六十谷622・☎073-461-2402・揚村久男
安積商会：〒649-6426・紀の川市下井阪476・☎0736-77-2518・安積邦夫
有田キセキ商会：〒649-0434・有田市宮原新町3324-4・☎0737-88-7398
㈲井端農機店：〒649-7164・伊都郡かつらぎ町窪113-1・☎0736-22-1353・井端幹男
梅下農機具水道商会：〒648-0161・伊都郡九度山町入郷10-1・☎0736-54-2004・梅下喜次
㈱おかい商店：〒649-6531・紀の川市粉河517-6・☎0736-73-3261・岡井孝二
㈲尾崎農機商会：〒643-0066・有田郡広川町名島116-1・☎0737-62-2020・FAX0737-62-4506・尾崎肇
笠松農機店：〒649-2103・西牟婁郡上富田町生馬1497-6・☎0739-47-0474
神谷農機店：〒649-6531・紀の川市粉河451-2・☎0736-73-3022・FAX0736-72-3736・水穂照洋
㈱川合農機具店：〒644-0003・御坊市島743-3・☎0738-22-0245・FAX0738-23-3372・川合治郎・銘＝ホンダ
キーピングサービス塩崎：〒649-1342・御坊市藤田町吉田51・☎0738-24-1417・銘＝キセキ
紀伊農機商会：〒649-6331・和歌山市北野519-5・☎073-461-1122・尾野惟好・銘＝ヤンマー
北原農機商会：〒640-0416・紀の川市貴志川町長山86・☎0736-64-3443
小鯖農機商会：〒643-0004・有田郡湯浅町湯浅1032・☎0737-62-2143・小鯖忠昭
サカイハウス㈱農機事業部：〒649-6431・紀の川市南中270-1・☎0736-77-0100・FAX0736-77-6577・坂井俊文・銘＝ヤンマー
㈲坂本商会：〒640-0403・紀の川市貴志川

町尼寺283-1・☎0736-64-4848・坂本和男
㈲サワイ：〒649-2332・西牟婁郡白浜町栄545-1・☎0739-45-0115・FAX0739-45-2307・沢井常楠・銘＝クボタ，ホンダ・販＝南部営業所：〒645-0011・日高郡みなべ町気佐藤字新殿開173-36・☎0739-84-3345
サンフィールドタイラ：〒646-0216・田辺市下三栖字前代1260-16・☎0739-34-0746・FAX0739-34-0746・銘＝ホンダ
シミズ農機商会：〒649-7206・橋本市高野口町向島19-10・☎0736-42-2838・清水正敬
下林農機商会：〒643-0101・有田郡有田川町徳田188・☎0737-52-3781・FAX0737-52-5941・下林繁
㈱瀬藤農機店：〒643-0152・有田郡有田川町金屋621・☎0737-32-2067・FAX0737-32-4995・瀬藤寿朗
竹中農機㈱：〒643-0025・有田郡有田川町土生321・☎0737-52-2118・竹中良文
田中農機店：〒641-0005・和歌山市田尻47-2・☎073-471-5740・FAX073-471-5798・田中清剛・銘＝キセキ
田辺平和産業：〒646-0005・田辺市秋津町98-3・☎0739-22-2424・銘＝ヤンマー
玉置農機商会：〒640-0364・和歌山市口須佐14-4・☎073-478-2796・FAX070-494-5119・玉置孝利・銘＝クボタ，ホンダ
㈲千葉：〒649-6405・紀の川市東大井228・☎0736-77-3449・千葉實・銘＝キセキ
中井農機店：〒649-6502・紀の川市北長田107・☎0736-73-4351・中井幸一・銘＝キセキ
中西義夫商店：〒640-0441・海南市七山933・☎073-488-0126・中西克仁
中西農機：〒640-0424・紀の川市貴志川町井ノ口681・☎0736-64-2026・中西善一郎
中村農機商会：〒649-5314・東牟婁郡那智勝浦町浜ノ宮387・☎0735-52-0824・中村康男
西野農機店：〒649-7171・伊都郡かつらぎ町大藪176-1・☎0736-22-3399・西野正雄
信定農機店：〒649-6406・紀の川市北大井399・☎0736-77-4120・信定睦祥・銘＝キセキ
㈱ヒエダ：〒646-0021・田辺市あけぼの19-1・☎0739-22-2417・稗田耕弘
㈲伏虎農機：〒640-8403・和歌山市北島499・☎073-455-0327・FAX073-455-0337・半田males男・銘＝三菱
㈱藤原農機：〒645-0006・日高郡みなべ町北道150-2・☎0739-72-2050・FAX0739-72-4532・藤原太一・銘＝ヤンマー，三菱
ベスト・アグリ：〒646-0011・田辺市新庄町2611-52・☎0739-26-3567

㈲三木農機商会：〒649-6262・和歌山市上三毛971・☎073-477-0547・FAX073-477-0547・木富晴・銘＝キセキ
御前農機店：〒649-0311・有田市辻堂324・☎0737-82-3024・御前四郎
味村農機店：〒649-6228・岩出市大町158・☎0736-62-2335・味村孝
宮崎農機店：〒640-0344・和歌山市朝日865-3・☎073-479-0260・宮崎幹郎・銘＝キセキ
宮本農機店：〒640-0421・紀の川市貴志川町北857-2・☎0736-64-2930
森農機商会：〒640-1167・海南市九品寺488-1・☎073-487-3090・森格
山崎農機店：〒649-0133・海南市下津町下281・☎073-492-2169・山崎遵次
山下商会：〒649-6323・和歌山市井ノ口78-1・☎073-477-2610・山下栄
山中農機店：〒640-0424・紀の川市貴志川町井ノ口1286・☎0736-64-2052・山中茂・銘＝キセキ
湯川農機：〒644-0012・御坊市湯川町小松原295・☎0738-22-0534・FAX0738-23-2258・銘＝クボタ
吉田鉄工所：〒649-0434・有田市宮原町新町165・☎0737-88-7072・FAX0737-88-6349・吉田八郎・銘＝ヤンマー，ホンダ

［鳥取県］

㈱中四国クボタ（本社：岡山県）
　米子事務所：〒689-3547・米子市流通町430-12・☎0859-39-3181

ヤンマーアグリジャパン㈱（本社：大阪府／中四国支社：岡山県）
鳥取事務所：〒680-0854・鳥取市正蓮寺56-36・☎0857-22-5113・FAX0857-29-0333
　鳥取支店：（鳥取事務所と同）・☎0857-22-5112
　鳥取西支店：〒680-0905・鳥取市賀露町811-27・☎0857-31-2020
　米子支店：〒689-3537・米子市吉豊千539・☎0859-27-0911
　日野支店：〒689-4201・西伯郡伯耆町溝口155-1・☎0859-63-0680
　中山支店：〒689-3112・西伯郡大山町下甲1008-1・☎0858-58-2433
　倉吉支店：〒682-0946・倉吉市横田39-5・☎0858-28-0401

㈱キセキ中国（本社：広島県）
鳥取支社：〒682-0925・倉吉市秋喜458-2・☎0858-28-0077・FAX0858-28-2887
　鳥取東部営業所：〒689-0426・鳥取市鹿野町寺内125-1・☎0857-84-6510
　倉吉営業所：〒682-0925・倉吉市秋喜

販売業者編＝鳥取県，島根県＝

458-2・☎0858-28-3880
東伯営業所：〒689-2304・東伯郡琴浦町
逢束837-1・☎0858-52-2088
米子営業所：〒689-3544・米子市浦津
523・☎0859-27-2848

浅田農機：〒689-4135・西伯郡伯耆町押
口83-3・☎0859-68-3581・FAX0589-68-
5360・浅田雅明・銘＝キセキ
足羽農機具店：〒689-5211・日野郡日南町
生山897・☎0859-82-0108・足羽功
㈲高野機械：〒683-0804・米子市米原4-5-
61・☎0859-33-1631・FAX0859-33-1633・
高野隆一
幸本農機：〒689-2305・東伯郡琴浦町槻下
843-12・☎0858-53-2600・FAX0858-53-
2600・幸本記世志
坂口商会自動車農機修理工場：〒680-
1157・鳥取市岩坪192・☎0857-55-0062・
FAX0857-55-0062・坂口俊昭
㈲山陰オリンピア工業：〒689-2105・東伯
郡北栄町下神362-8・☎0858-36-3821・
FAX0858-36-3822・三谷昌弘
中嶋農機：〒680-0944・鳥取市布勢436・
☎0857-28-4055・FAX0857-28-4055・中嶋
義晴
藤井農機具店：〒689-2501・東伯郡琴浦町
赤碕1919-59・☎0858-55-0525・藤井斉
㈲松本機械店：〒683-0006・米子市車尾
7-1-13・☎0859-32-1313・松本修策
㈲山根農機商会：〒689-3423・米子市淀江
町小波1038-7・☎0859-56-2614・FAX0859-
56-5515・山根純二・銘＝ヤンマー
山本機械：〒680-8066・鳥取市国府町新通
り3-350-1・☎0857-29-2606・山本強
㈲吉田農機店：〒689-0106・鳥取市福部町
海士327・☎0857-75-2261・FAX0857-75-
2262・吉田亀太郎
㈲米子機械：〒683-0021・米子市石井693-
5・☎0859-26-3201・銘＝キセキ

[島根県]

㈱中四国クボタ（本社：岡山県）
雲南営業所：〒699-1245・雲南市大東町
養賀613-3・☎0854-43-2646
吉賀営業所：〒699-5512・鹿足郡吉賀町
広石234-5・☎0856-77-3088

ヤンマーアグリジャパン㈱（本社：大阪府
／中四国支社：岡山県）
島根事務所：〒690-0038・松江市平成町
182-23・☎0852-20-0800・FAX0852-20-
0803
安来支店：〒692-0003・安来市西赤江町
737-3・☎0854-28-8565
横田支店：〒699-1832・仁多郡奥出雲町
横田1112-1・☎0854-52-2208

雲南支店：〒699-1312・雲南市木次町山
方630-1・☎0854-42-9233
松江支店：（島根事務所と同）・☎0852-
21-2628
いづも支店：〒699-0621・出雲市斐川町
富村1471-3・☎0853-72-3623
赤来支店：〒690-3513・飯石郡飯南町下
赤名364-3・☎0854-76-2011
瑞穂支店：〒696-0224・邑智郡邑南町上
亀谷471-1・☎0855-83-1321
大田支店：〒694-0052・大田市久手町刺
鹿山田515-4・☎0854-82-0344
浜田支店：〒697-0023・浜田市長沢町
296・☎0855-22-3560
益田支店：〒698-0041・益田市高津
7-16-14・☎0856-23-3061
隠岐営業所：〒685-0025・隠岐郡隠岐の
島町平下100・☎08512-2-1937
七日市支店：〒699-5522・鹿足郡吉賀町
七日市473・☎08567-8-0019

㈱キセキ中国（本社：広島県）
島根支社：〒699-0406・松江市宍道町佐々
布868-25・☎0852-66-3883・FAX0852-66-
3878
安来営業所：〒692-0001・安来市赤江町
1038-3・☎0854-28-8432
松江営業所：〒690-0823・松江市西川津
町4238・☎0852-23-1136
雲南営業所：〒699-0406・松江市宍道町
佐々布868-25・☎0852-66-9660
仁多営業所：〒699-1511・仁多郡奥出雲
町三成1288-3・☎0854-54-0227
横田営業所：〒699-1832・仁多郡奥出雲
町横田1121-1・☎0854-52-0126
平田営業所：〒691-0003・出雲市灘分町
1004-5・☎0853-62-3409
出雲営業所：〒693-0054・出雲市浜町
249-1・☎0853-21-2627
大田営業所：〒694-0041・大田市長久町
長久口177-3・☎0854-82-0967
浜田営業所：〒697-0006・浜田市下府町
388-38・☎0855-28-3870

三菱農機販売㈱（本社：埼玉県／西日本支
社：岡山県）
松江営業所：〒699-0101・松江市東出雲
町揖屋621・☎0852-52-4656

いずも農機：〒693-0032・出雲市下古志
町788-7・☎0853-22-7100・FAX0853-22-
1045・銘＝クボタ，キセキ
石見機工商会：〒699-2305・大田市仁摩町
天河内774-3・☎0854-88-2718
石本農機店：〒696-0311・邑智郡邑南町三
日市523・☎0855-83-1231・FAX0855-83-
1232・石本寛・銘＝キセキ
井上農機店：〒692-0206・安来市伯太町

安田949・☎0854-37-0729・FAX0854-37-
1328・井上克己・銘＝ヤンマー
㈲岩井農機商会：〒694-0064・大田市大
田町大田大正東イ454-1・☎0854-82-
0168・FAX0854-82-1342・岩井一征
㈲梅林商会：〒692-0731・安来市広瀬町西
比田1644-3・☎0854-34-0111・FAX0854-
34-0429・梅林幸雄・銘＝キセキ
大家農機㈲：〒694-0433・大田市大代町大
家1529-4・☎0854-85-2913・FAX0854-85-
2225・下垣公人・銘＝ヤンマー
㈲春日機械店：〒693-0006・出雲市白枝
町547・☎0853-21-0566・FAX0853-21-
0611・春日信雄・銘＝ヤンマー
㈲木村農機商会：〒699-1251・雲南市大東
町大東1076-1・☎0854-43-2327・FAX0854-
43-2903・木村昭憲・銘＝キセキ，ホンダ
協和農機店：〒696-0001・邑智郡川本町
川本624・☎0855-72-0461・FAX0855-72-
0461・和田昭・銘＝クボタ
㈱クボタ農機：〒690-0823・松江市西川津
町845-2・☎0852-21-5522・FAX0852-21-
9100・久保田和文・銘＝ホンダ
㈲河野農油店：〒695-0102・浜田市宇野
町487・☎0855-28-2675・FAX0855-28-
2075・河野勝治
㈲酒井農工機商会：〒697-0006・浜田市下
府町327-11・☎0855-22-0383・FAX0855-
22-0751・酒井隆・銘＝クボタ，三菱，ホ
ンダ
㈲三和商会：〒693-0011・出雲市大津町
283-2・☎0853-21-3473・FAX0853-23-
4263・渡部祐久
須谷農機㈲：〒693-0052・出雲市松寄下
町717-1・☎0853-21-0924・FAX0853-21-
8795・須谷達也
石西機器販売㈲：〒698-0025・益田市あけ
ぼの西町4-9・☎0856-22-1765・FAX0856-
22-3204・青木正人・銘＝クボタ
石西産業㈱：〒699-5605・鹿足郡津和野町
寺田451-3・☎0856-72-0911・FAX0856-
72-0912・千థ勝之
㈱水利工材，農機部：〒694-0041・大田市
長久町長久イ526-3・☎0854-82-0483・
FAX0854-82-5302・杉谷雅祥・銘＝クボタ
㈲宝機械商会：〒696-0102・邑智郡邑南町
中野1369-3・☎0855-95-0806・FAX0855-
95-0714・森口和子・銘＝クボタ，キセキ，
三菱
竹部農機㈱：〒696-0603・邑智郡邑南町下
口羽539・☎0855-87-0204・FAX0855-87-
0558・竹部昇・銘＝キセキ
㈲杖田農機店：〒699-3211・浜田市三隅町
三隅1055-12・☎0855-32-0159・FAX0855-
32-0159・杖田吉春・銘＝クボタ
長尾農機：〒690-2104・松江市八雲町熊野
1855・☎0852-54-0058・銘＝キセキ
長嶺農機㈱：〒699-5605・鹿足郡津和野町

販売業者編＝島根県，岡山県＝

後田口277-4・☎0856-72-0520・FAX0856-72-3379・長嶺征昭・銘＝クボタ

福原機器販売㈱（ともちゃん農機）：〒698-0021・益田市幸町1-25・☎0856-22-0459・FAX0856-22-0493・福原知次・銘＝ヰセキ，ホンダ

藤原農機店：〒699-1941・仁多郡奥出雲町大馬木403-1・☎0854-53-0518・FAX0854-53-0533・藤原通夫・銘＝クボタ

㈲前島農機本店：〒699-0108・松江市東出雲町出雲郷705・☎0852-52-3031・FAX0852-52-6256・前島裕悟・銘＝クボタ

前田機工㈲：〒690-0887・松江市殿町212・☎0852-21-3038・FAX0852-55-4200・前田隆男・銘＝クボタ

㈲益田農機：〒697-0034・浜田市相生町3958・☎0855-22-0696・FAX0855-22-0696・増田裕實・銘＝クボタ

㈲松原商会：〒692-0014・安来市飯島町223-5・☎0854-22-2516・FAX0854-22-2901・松原一雄・銘＝ホンダ

㈲三島農機商会：〒691-0003・出雲市灘分町411-3・☎0853-63-2394・FAX0853-63-3044・三島敏雄

㈲みしま：〒690-3401・飯石郡飯南町野萱1015-4・☎0854-76-2314・FAX0854-76-3222・三島昇・銘＝ヰセキ，ホンダ

㈲三刀屋農機：〒690-2403・雲南市三刀屋町下熊谷1409・☎0854-45-2958

宮口技研：〒696-0603・邑智郡邑南町下口羽1311-1・☎0855-87-0848・FAX0855-87-0733・宮口文夫・銘＝クボタ，ホンダ

元吉燃料㈲：〒684-0403・隠岐郡海士町海士1490・☎08514-2-0711・銘＝ヰセキ

安来農機㈲：〒692-0011・安来市安来町加茂町491-2・☎0854-22-4456・FAX0854-22-4456・渡部良・銘＝クボタ

湯川商会：〒694-0011・大田市川合町川合市1246-1・☎0854-82-4878・銘＝ヰセキ

㈱ヨシダ機械店：〒698-0023・益田市常盤町2-19・☎0856-22-3206・FAX0856-22-3207・柳井多兵毅・銘＝ヤンマー

吉田機械店：〒699-3211・浜田市三隅町三隅1333・☎0855-32-0108・銘＝ヰセキ

［岡山県］

㈱中四国クボタ：〒703-8216・岡山市東区宍甘275・☎086-208-4111　林繁雄

岡山事務所：〒708-1125・津山市高野本郷1267-2・☎0868-26-9178・FAX0868-26-2433

　津山東部営業所：〒708-1125・津山市高野本郷1268-4・☎0868-26-0126

　津山西営業所：〒708-0012・津山市下田邑2239-15・☎0868-28-2345

　勝北営業所：〒708-1205・津山市新野東1319・☎0868-36-5640

勝央営業所：〒709-4335・勝田郡勝央町植月中2613-1・☎0868-38-5128

美作営業所：〒707-0015・美作市豊国原1032-1・☎0868-72-1115

大原営業所：〒707-0417・美作市下町191-4・☎0868-78-2937

久米南営業所：〒709-3614・久米郡久米南町下弓削51-1・☎086-728-2121

奈義営業所：〒708-1305・勝田郡奈義町行方433・☎0868-36-4163

岡山営業所：〒702-8025・岡山市南区浦安西町56-3・☎086-263-1551

岡山南営業所：〒704-8164・岡山市東区光津790-4・☎086-948-3855

邑久営業所：〒701-4221・瀬戸内市邑久町尾張1056-1・☎0869-22-3719

東備営業所：〒709-0461・和気郡和気町原202-1・☎0869-93-1153

一宮営業所：〒701-1202・岡山市北区栢津981-10・☎086-284-6182

御津営業所：〒709-2132・岡山市北区御津草生2090-1・☎086-724-5101

蒜山営業所：〒717-0505・真庭市蒜山上長田527-7・☎0867-66-3688

中古農機販売センター：〒708-0872・津山市平福33-3・☎0868-20-1870

ヤンマーアグリジャパン㈱（本社：大阪府）

中四国支社：〒710-0024・倉敷市亀山622・☎086-428-5151・FAX086-428-5182・谷尾精治

中国営業部：（中四国支社と同）・☎086-428-5153・FAX086-428-4723

　倉敷支店：〒710-0024・倉敷市亀山620・☎086-429-1144

　高松支店：〒701-1351・岡山市北区門前字城西400-1・☎086-287-5955

　久米支店：〒709-4614・津山市久米川南585・☎0868-57-2756

　奈義支店：〒708-1315・勝田郡奈義町中島西565-2・☎0868-36-4159

　美咲支店：〒709-3717・久米郡美咲町原田3209-1・☎0868-66-1481

　北房支店：〒716-1421・真庭市下中津井1304-2・☎0866-52-2401

　真庭支店：〒719-3111・真庭市開田306-1・☎0867-52-0111

　林野支店：〒707-0003・美作市明見368-8・☎0868-72-1437

　東備支店：〒701-4233・瀬戸内市邑久町向山134-5・☎0869-24-2956

　岡山南支店：〒704-8165・岡山市東区政津750-1・☎086-948-3900

　津山支店：〒708-1123・津山市下高倉西若宮761・☎0868-29-3611

　佐伯支店：〒709-0514・和気郡和気町佐伯向田61-4・☎0869-88-1555

　矢掛支店：〒714-1224・小田郡矢掛町本堀1149・☎0866-82-2040

　藤田支店：〒701-0221・岡山市南区藤田錦600-6・☎086-296-5238

　真備支店：〒710-1311・倉敷市真備町岡田115・☎086-698-0337

　御津支店：〒709-2121・岡山市北区御津宇垣1449-1・☎0867-24-2411

　U-Agri勝山：〒717-0013・真庭市勝山1240・☎0867-44-3222

㈱キセキ中国（本社：広島県）

岡山支社：〒701-2222・赤磐市町苅田1313-2・☎086-957-9700・FAX086-957-4100

　東備営業所：〒701-4265・瀬戸内市長船町福岡1121-1・☎0869-26-2005

　赤坂営業所：〒701-2222・赤磐市町苅田1313-2・☎086-954-4678

　岡山南営業所：〒701-0221・岡山市南区藤田1421-1・☎086-296-2251

　灘崎営業所：〒709-1211・岡山市南区迫川1-5・☎08636-2-1758

　津山営業所：〒708-1111・津山市栢字塩気444-3・☎0868-29-3456

　勝英営業所：〒707-0002・美作市中尾5-1・☎0868-73-6111

　高梁営業所：〒716-0061・高梁市落合町阿部801-1・☎0866-23-0376

　賀陽営業所：〒716-1554・加賀郡吉備中央町西916-1・☎0866-55-5417

　津山西営業所：〒709-4613・津山市宮尾368-5・☎0868-57-3188

三菱農機販売㈱（本社：埼玉県）

西日本支社：〒701-4254・瀬戸内市邑久町豆田161-1・☎0869-24-0820・FAX0869-24-0826・山本晴一

岡山支店：〒708-0855・津山市金井11-13・☎0868-26-7707・FAX0868-26-7705

　津山営業所：（岡山支店と同）

　江見営業所：〒709-4234・美作市江見422-2・☎0868-75-0237

　久世営業所：〒719-3227・真庭市台金屋316-1・☎0867-42-9011

　一宮営業所：〒701-1221・岡山市北区芳賀2379-1・☎086-284-6543

　岡山東営業所：〒701-4254・瀬戸内市邑久町豆田161-1・☎0869-22-5060

　岡南営業所：〒702-0944・岡山市南区泉田1-6-21・☎086-223-2661

㈲アグリシステム・モリ：〒700-0931・岡山市北区奥田西町12-15・☎086-222-0104・森茂郎

㈱イギ農機商会：〒713-8102・倉敷市玉島道越96-5・☎086-522-2386・FAX086-522-6537・猪木猛

池田商事㈱：〒717-0505・真庭市蒜山上長田490-6・☎0867-66-2531・FAX0867-66-

145

販売業者編＝岡山県＝

7033・池田泰尚・銘＝ヰセキ

池田農機㈱：〒719-3143・真庭市下市瀬1270-3・☎0867-52-1175・FAX0867-52-1178・池田通也・銘＝ヰセキ・販＝勝山営業所：〒717-0005・真庭市横部27-1・☎0867-44-4934

㈲石原農機：〒709-0862・岡山市東区瀬戸内町笹岡712・☎086-952-0168・FAX086-952-2320・石原有仁

井山農機具店：〒719-3503・新見市大佐小阪部1459・☎0867-98-2150・FAX0867-98-2150・井山忠行

植田鉄工所：〒719-3503・新見市大佐小阪部2498・☎0867-98-2706・植田利幸・銘＝ヰセキ

㈲牛窓農機販売：〒701-4301・瀬戸内市牛窓町長浜3801-1・☎0869-34-5136・FAX0869-34-5136・城山直基

㈲英北農機商会：〒707-0407・美作市川東273-1・☎0868-78-3594・FAX0868-78-3521・豊福英樹

㈲遠藤農機商会：〒709-0815・赤磐市立川1084-1・☎086-955-1083・FAX086-955-1610・遠藤栄一

近江農機：〒701-2442・赤磐市広戸715-1・☎086-958-2735・近江朗・銘＝三菱

大河原機械㈱：〒700-0812・岡山市北区出石町1-3-1・☎086-223-1191・FAX086-223-1196・大河原成雄・販＝高松支店：〒761-0301・高松市林町1587-1・☎087-866-9567

大河原農機㈱：〒700-0812・岡山市北区出石町1-9-19・☎086-222-1551・FAX086-222-3066・大河原喬

㈲大沢農機商会：〒718-0003・新見市高尾360・☎0867-72-0651・FAX0867-72-0652・大沢英治・銘＝ヤンマー

㈲大月産業：〒716-1321・高梁市有漢町有漢4206-1・☎0866-57-3245・FAX0866-57-2173・大月孝之

大橋商事㈲：〒719-3151・真庭市一色71-3・☎0867-54-0311・FAX0867-54-0859・銘＝ヤンマー

㈲大森農機商会：〒716-1111・加賀郡吉備中央町田土3959-3・☎0866-54-1525・FAX0866-54-1686・大森國正・銘＝クボタ

㈲大森農工具店：〒704-8194・岡山市東区金岡東町2-14-26・☎086-942-2223・FAX086-942-2228

㈱岡崎商会：〒704-8116・岡山市東区西大寺中3-20-6・☎086-942-3833・FAX086-942-3832・岡崎利則・銘＝ヰセキ・販＝牛窓営業所：〒701-4302・瀬戸内市牛窓町牛窓5325-11・☎086-934-3511，大富営業所：〒701-4234・瀬戸内市邑久町大富645-1・☎086-942-3596

㈲岡農機商会：〒701-0211・岡山市南区東畦491-7・☎086-282-4343・FAX086-281-

2343・岡幹夫

岡本鉄工㈱：〒701-4276・瀬戸内市長船町服部368-1・☎0869-26-2069・FAX0869-26-5831・岡本利行・銘＝ホンダ

岡本農機商会：〒708-1546・久米郡美咲町大戸下140-5・☎0868-62-0355・FAX0868-62-0355・岡本清一

岡山マシナリー㈱：〒700-0962・岡山市北区北長瀬表町1-3-5・☎086-241-9058・FAX086-244-5321・銘＝ホンダ

㈲岡山菱機：〒701-2155・岡山市北区中原444-5・☎086-275-4611・権代隆志

㈲小野商会：〒701-1341・岡山市北区吉備津1935-9・☎086-287-7718・FAX086-287-7712・小野正志・銘＝ヰセキ

かねたか農機：〒716-0201・高梁市川上町地頭1321-1・☎0866-48-2915・FAX0866-48-2270・銘＝ヤンマー

亀岡農機商会：〒719-0301・浅口郡里庄町里見5314-3・☎0865-44-2333・FAX0865-44-2333・亀岡善行

亀山商事㈱：〒716-1551・加賀郡吉備中央町北413-10・☎0866-55-5321・FAX0866-55-5322・亀山勝・銘＝ヤンマー

㈲加茂農機商会：〒709-3923・津山市加茂町桑原268・☎0868-42-2373・FAX0868-42-2370・志水慎治・銘＝ヰセキ

川崎農機商会：〒719-1126・総社市総社2-14-2・☎0866-92-0519・FAX0866-92-0519・川崎義男・銘＝ヤンマー

河内機械：〒717-0743・真庭市月田本606・☎0867-46-2611・FAX0867-46-2611・河内規昌・銘＝クボタ

河田農機商会：〒709-2133・岡山市北区御津金川736・☎086-724-0736・FAX086-724-0737・河田泰祐

㈱木庭：〒701-4272・瀬戸内市長船町八日市175・☎0869-26-2036・FAX0869-26-4612・木庭英雄・銘＝ヤンマー

きはんトライアングル興業㈲：〒707-0434・美作市壬生156・☎0868-78-2919・FAX0868-78-2920・春名信義

㈱櫛田農機商会：〒714-0083・笠岡市二番町2-5・☎0865-63-3811・FAX0865-63-1739・櫛田泰治・銘＝ヤンマー，ホンダ

倉敷河上農機㈱：〒710-0834・倉敷市笹沖1080・☎086-422-5590・FAX086-421-5677・山部修嗣・銘＝クボタ，ヰセキ・販＝真備営業所：〒710-1304・倉敷市真備町尾崎862-2・☎0866-98-4701，井原営業所：〒715-0006・井原市西江原町1121-1・☎0866-62-8500，吉備路営業所：〒701-0101・倉敷市日畑1059-1・☎086-463-2233，興除営業所：〒701-0212・岡山市南区内尾274-2・☎086-281-9200，玉島営業所：〒713-8113・倉敷市玉島八島1703・☎086-525-4451，矢掛営業所：〒714-1223・小田郡矢掛町東川面

394-1・☎0866-82-0827

㈲光元産業：〒709-3113・岡山市北区建部町下神目1720-1・☎0867-22-0462・FAX0867-22-2997・銘＝ヤンマー

㈲児島菱機：〒706-0225・玉野市南七区52・☎0863-51-2038・FAX0863-51-2551・赤木幸雄・銘＝三菱

小見山農機㈲：〒716-0111・高梁市成羽町下原284-1・☎0866-42-3354・FAX0866-42-2468・小見山彰雄・銘＝ヤンマー，ホンダ

近藤農機㈲：〒714-0081・笠岡市笠岡600-15・☎0865-63-0101・FAX0865-63-0103・近藤成美・銘＝ヰセキ

㈱西大寺農機：〒704-8102・岡山市東区久保142-1・☎086-942-7060・FAX086-942-7068・岡本昌義・銘＝三菱

佐小田農機商会：〒701-4246・瀬戸内市邑久町山田庄271-3・☎0869-22-0538・佐小田義雄

㈲サトウ鉄工農機商会：〒701-0221・岡山市南区藤田1042-5・☎086-296-2166・FAX086-296-7226・銘＝ヤンマー

山陽農機商会：〒709-0822・赤磐市岩田537-1・☎086-955-1200・FAX086-955-1206・遠藤國夫

三洋菱機㈱：〒715-0006・井原市西江原町954-1・☎0866-62-0412・FAX0866-63-1807・遠藤晶大・銘＝三菱・販＝矢掛営業所：〒714-1227・小田郡矢掛町小田5151-3・☎0866-84-8209

シバタ農機商会：〒713-8121・倉敷市玉島阿賀崎4-12-28・☎086-525-3181・FAX086-525-3348・柴田栄二郎・銘＝ヤンマー

宿野整機：〒709-4236・美作市川北151-1・☎0868-75-1628

白神農機：〒714-1202・小田郡矢掛町小林55-1・☎0866-82-0573・FAX0866-82-0573・銘＝ヤンマー

瀬戸農機㈱：〒716-1402・真庭市山田1638・☎0866-52-2814・FAX0866-52-2997・瀬戸孝一

㈲高原商会：〒709-0432・和気郡和気町大中山383-1・☎0869-93-1511・FAX0869-93-1512・高原嘉人・銘＝ヤンマー

高森農機：〒716-1422・真庭市上中津井1577・☎0866-52-2364・FAX0866-52-5980・銘＝ヰセキ

㈲武内商会：〒709-0224・備前市吉永町吉永中872-4・☎0869-84-2162・FAX0869-84-2803・武内泰典・銘＝ヰセキ

田辺農機：〒710-1313・倉敷市真備町川辺124-4・☎086-698-0327・田辺醇一

㈲ツシマ：〒701-0111・倉敷市上東311・☎086-462-5864・FAX086-463-3200・津島征夫・銘＝ヤンマー

㈲東郷商会：〒717-0501・真庭市蒜山中福田280-1・☎0867-66-3661・FAX0867-66-

146

販売業者編＝岡山県，広島県＝

3662・東郷務・銘=三菱

㈲戸田商会：☎716-1321・高梁市有漢町有漢3333-3・☎0866-57-3241・戸田一範

㈲中尾農機商会：☎709-3404・久米郡美咲町西川850-22・☎0867-27-2020・FAX0867-27-2050・銘=ヰセキ

㈲ナカシマ：☎710-0132・倉敷市藤戸町天城1502-4・☎086-428-0091・FAX086-428-0097・中島茂樹・銘=ヤンマー

㈲中島商会：☎710-0031・倉敷市有城462・☎086-428-1149・FAX086-428-1193・中島文男・銘=ヤンマー，ホンダ

㈲中芝モータース：☎717-0024・真庭市月田7963-8・☎0867-44-2853・FAX0867-44-2857・中芝純男

長保機械：☎701-0221・岡山市南区藤田185・☎086-296-7879・FAX086-296-7882・長保純

㈲農機ハウス：☎715-0014・井原市七日市町168-1・☎0866-65-1121・FAX0866-65-1120・長谷川昌弘・銘=ヰセキ

㈲長谷川産業：☎710-0042・倉敷市二日市367-4・☎086-422-2419・FAX086-425-3251・長谷川良一

花巻産業：☎710-0833・倉敷市西中新田312-1・☎086-424-3952・FAX086-424-3952・花巻賢・銘=ヤンマー

花巻鉄工所：☎710-0824・倉敷市白楽町182・☎086-422-1316・FAX086-422-1316・銘=ヤンマー

㈲ハヤカワ機械：☎716-1131・加賀郡吉備中央町上竹1693-1・☎0866-54-0155・FAX0866-54-1845・早川浩補・銘=クボタ

㈲日野農機商会：☎709-3626・久米郡久米南町上神田558・☎086-722-2131・FAX086-722-2931・日野秀勝

㈱蒜山農機：☎717-0505・真庭市蒜山上長田527-7・☎0867-66-3688・FAX0867-66-4088・樋口正朋

ビゼン農機：☎709-0626・岡山市東区中尾173・☎086-279-7816・FAX086-279-7851・銘=ヤンマー

福島農機㈱：☎706-0132・玉野市用吉1750-2・☎0863-71-1555・FAX0863-71-1556・福島英一郎・銘=ヤンマー

福島屋農機㈱：☎709-0856・岡山市東区瀬戸町下550-6・☎086-952-0224・FAX086-952-3923・田淵敬也

福田農機㈱：☎708-0333・苫田郡鏡野町古川1038-1・☎0868-54-0046・FAX0868-54-0089・福田幹尚・銘=クボタ

福原商会：☎707-0124・美作市大町777-2・☎0868-77-0783・FAX0868-77-1216・福原昭

藤原農機：☎714-1401・井原市美星町明治5652・☎0866-87-2265・FAX0866-87-2363

ホンダ産機㈱：☎700-0944・岡山市南区泉田349・☎086-244-2121・FAX086-244-3126・栢野寿男・銘=ホンダ

㈲ホンダ農発：☎707-0025・美作市栄町67・☎0868-72-1546・FAX0868-72-1547・山本清・銘=ホンダ

㈲前田潔商店：☎719-1111・総社市長良452-5・☎0866-92-0149・FAX0866-93-2834・前田毅・銘=ヰセキ・販=足守営業所：☎701-1464・岡山市北区下足守1558-1・☎086-295-2081，久代営業所：☎710-1201・総社市久代4592-1・☎0866-96-1822，庄営業所：☎701-0111・倉敷市上東395-1・☎086-463-3360

㈲松坂農機：☎709-4623・津山市桑下1408-2・☎0868-57-3386・FAX0868-57-3386・銘=クボタ

丸善農機㈱：☎709-0841・岡山市東区瀬戸町万富337・☎086-953-0630・FAX086-953-1616・銘=ヤンマー，ヰセキ・販=赤坂支店：☎701-2223・赤磐市東窪田115-1・☎086-957-2705

丸福農機商会：☎709-1211・岡山市南区迫川461・☎086-362-1337・福島清

㈲南農機商会：☎709-3602・久米郡久米南町里方923-4・☎0867-28-2581・FAX0867-28-2502・南直樹

㈱ミヨシサービス：☎701-0221・岡山市南区藤田1032・☎086-296-3043・FAX086-296-7457・二古仲和・銘=三菱

㈱ムネオカ：☎716-0111・高梁市成羽町下原263-4・☎0866-42-2159・FAX0866-42-2162・宗岡巌

森岡農機商会：☎709-3701・久米郡美咲町錦織1362-3・☎0868-66-1282・FAX0868-66-1539・森岡啓明

山下農機商会：☎719-0252・浅口市鴨方町六条院中1854・☎0865-44-3334

山下農機商会：☎701-2503・赤磐市周匝1092-5・☎086-954-0158・FAX086-954-1076・山下清

㈲ヤマダ商会：☎710-1306・倉敷市真備町有井111-1・☎086-698-0106・FAX086-697-7280・山田裏

㈱山谷商会：☎719-1131・総社市中央2-9-26・☎0866-92-0747・FAX0866-93-4683・山谷晴一・銘=クボタ，ヰセキ・販=清音営業所：☎719-1172・総社市清音軽部450・☎0866-94-0121

㈲山室農機商会：☎701-1611・岡山市北区東山内1090-1・☎086-299-0714・FAX086-299-0715・銘=ヤンマー

㈲横川商会：☎709-3121・岡山市北区建部町大田4554-1・☎086-722-0134・FAX086-722-0193・横川一美・銘=ヰセキ

横山農機商会：☎709-2133・岡山市北区御津金川344-17・☎086-724-0207・FAX086-724-1998・銘=ヰセキ

㈲吉井商会：☎700-0065・岡山市北区野殿東町4-40・☎086-253-6355・FAX086-253-6355・銘=ヤンマー

四谷岡崎農機㈱：☎704-8127・岡山市東区西大寺新669-1・☎086-943-5611・FAX086-943-5613・岡崎俊男・銘=三菱

㈲渡辺機械：☎718-0003・新見市高尾2471-8・☎0867-72-2018・FAX0867-72-7281・渡辺輝彦・銘=三菱，ホンダ

［広島県］

㈱中四国クボタ（本社：岡山県）

広島事務所：☎731-0524・安芸高田市吉田町川本1353-2・☎0826-47-2324・FAX0826-43-1888

吉田営業所：（広島事務所と同）・☎0826-47-2001

千代田営業所：☎731-1503・山県郡北広島町有間590・☎0826-72-3044

高田営業所：☎731-0611・安芸高田市美土里町横田2319-1・☎0826-54-0114

向原営業所：☎739-1202・安芸高田市向原町戸坂1929-4・☎0826-46-4175

広島北営業所：☎729-6144・庄原市平和町388-1・☎0824-74-0480

東城営業所：☎729-5125・庄原市東城町川西978-9・☎08477-2-0674

比和営業所：☎727-0312・庄原市比和町木屋原57-1・☎0824-85-2502

加計営業所：☎731-3621・山県郡安芸太田町下筒賀1112-3・☎0826-22-0170

可部営業所：☎731-0231・広島市安佐北区亀山5-9-16・☎082-812-2645

広島営業所：☎731-5116・広島市佐伯区八幡4-4-55・☎082-927-9291

黒瀬営業所：☎739-2613・東広島市黒瀬町楢原221-4・☎0823-82-5566

八本松営業所：☎739-0151・東広島市八本松町原8602・☎082-429-0746

高屋営業所：☎739-2102・東広島市高屋町杵原698-1・☎082-420-4310

三和営業所：☎729-6701・三次市三和町上壱3396-1・☎0824-52-3911

豊栄営業所：☎739-2317・東広島市豊栄町鍛冶屋557-1・☎082-432-2285

甲山営業所：☎722-1114・世羅郡世羅町東神崎186-2・☎0847-22-0411

福山営業所：☎720-2124・福山市神辺町川南1461-1・☎084-963-3228

御調営業所：☎722-0343・尾道市御調町丸河南578-1・☎0848-77-0131

三原営業所：☎729-0419・三原市南方3-1-1・☎0848-86-3900

ヤンマーアグリジャパン㈱（本社：大阪府／中四国支社：岡山県）

広島事務所：☎722-1202・世羅郡世羅町安田甲657-7・☎0847-29-0323・FAX0847-29-0328

販売業者編＝広島県＝

福山支店：〒720-2419・福山市加茂町上加茂281-3・☎084-972-7395

三和支店：〒720-1522・神石郡神石高原町小畠1071-1・☎0847-85-3032

上下支店：〒729-3431・府中市上下町上下字溝下2889-1・☎0847-62-5015

庄原支店：〒727-0022・庄原市上原町496・☎0824-72-2856

大和支店：〒729-1406・三原市大和町下徳良64-1・☎0847-33-0037

三原支店：〒729-0473・三原市沼田西町小原下江尻1486-4・☎0848-86-6584

福山南支店：〒720-0411・福山市熊野町乙1162-6・☎084-959-1185

松永支店：〒729-0104・福山市今津町114-1・☎084-933-5001

甲山支店：〒722-1114・世羅郡世羅町東神崎734-5・☎0847-22-2763

吉田支店：〒731-0521・安芸高田市吉田町常友103-1・☎0826-43-2911

千代田支店：〒731-1531・山県郡北広島町春木茶堂518-1・☎0826-72-2197

三次支店：〒729-6331・三次市下志和地町3017・☎0824-67-3011

西条支店：〒739-0034・東広島市西条町大沢字下南526-1・☎082-425-1613

東城支店：〒729-5124・庄原市東城町川東1350-1・☎0847-72-0231

㈱ヰセキ中国：〒739-0024・東広島市西条町御薗宇727-2・☎082-423-9881・FAX082-423-9885・目黒秀夫

広島支社：〒739-2311・東広島市豊栄町乃美1157-1・☎082-420-3455・FAX082-420-3454

　三和営業所：〒729-6702・三次市三和町敷名4614-1・☎0824-52-3145

　備後営業所：〒720-0843・福山市赤坂町赤坂1486-1・☎084-961-4031

　甲山営業所：〒722-1114・世羅郡世羅町東神崎大田311・☎0847-22-0462

　三原北営業所：〒729-1406・三原市大和町下徳良1894-10・☎0847-33-0172

　備北営業所：〒727-0004・庄原市新庄町249-2・☎0824-72-0663

　西条営業所：（本社と同）・☎082-423-2445

　三原南営業所：〒729-0417・三原市本郷南2-8-20・☎0848-86-2624

　志和営業所：〒739-0269・東広島市志和町志和堀3215-1・☎082-433-2107

　黒瀬営業所：〒739-2612・東広島市黒瀬町丸山1441・☎0823-82-2390

　八本松営業所：〒739-0151・東広島市八本松町原9247-1・☎082-429-0509

　可部営業所：〒731-0211・広島市安佐北区三入1-27-7・☎082-818-3540

　白木営業所：〒739-1414・広島市安佐北区白木町秋山622-1・☎082-828-0571

　千代田営業所：〒731-1533・山県郡北広島町有田塚の本1001-4・☎0826-72-2029

　高田営業所：〒731-0521・安芸高田市吉田町常友下甲山340-4・☎0826-47-2100

　三次営業所：〒728-0017・三次市南畑敷町上掛原822-3・☎0824-62-1678

三菱農機販売㈱（本社：埼玉県／西日本支社：岡山県）

西中国支店：〒739-2101・東広島市高屋町大字造賀1348-4・☎082-430-2270・FAX082-436-1155

東広島営業所：（西中国支店と同）

広島北部営業所：〒727-0014・庄原市板橋町487・☎0824-72-3894

あおの：〒737-0823・呉市海岸4-15-4・☎0823-25-1616・FAX0823-25-1619・銘＝ホンダ

池田農機㈲：〒720-1704・神石郡神石高原町下豊松859-5・☎0847-84-2066・FAX0847-84-2617・池田孝一郎・銘＝クボタ・販＝油木支店：〒720-1812・神石郡神石高原町油木甲1819-12・☎0847-82-2565

㈲池田農機商会：〒739-0024・東広島市西条町御薗宇5799・☎082-423-5050・FAX082-424-3808・池田一義

石井農機商会：〒720-2416・福山市加茂町粟根1014-4・☎084-972-7270・FAX084-972-7632・石井潤一・銘＝三菱

石井農機店：〒722-2411・尾道市瀬戸田町瀬戸田349-20・☎0845-27-0016・FAX0845-27-0016・銘＝ヤンマー

石岡農機：〒726-0012・府中市中須町1501・☎0847-45-4249・FAX0847-45-0120・石岡正之・銘＝ヤンマー，三菱

和泉商会：〒731-3272・広島市安佐南区沼田町吉山586・☎082-839-2682・FAX082-839-2687・銘＝ヤンマー

イセキ若井農機：〒729-4102・三次市甲奴町西野511-1・☎0847-67-2270

㈲伊田農機商会：〒721-0973・福山市南蔵王町6-17-7・☎084-941-8700・FAX084-941-9889・伊田孝一

今川農機商会：〒739-0269・東広島市志和町志和堀3280-9・☎082-433-2338・FAX082-433-2338・今川哲男・銘＝ヤンマー

岩手農機具センター：〒722-1701・世羅郡世羅町小国3406-2・☎0847-37-2233・FAX0847-37-2235・岩手吉則・銘＝クボタ

㈲岩野農機商会：〒731-2104・山県郡北広島町大朝2504・☎0826-82-2136・FAX0826-82-3776・橋詰高福・銘＝クボタ

上野農機商会：〒722-1112・世羅郡世羅町本郷38・☎0847-22-2734・FAX0847-22-2734・上野卓美・銘＝三菱

大森商店㈲：〒723-0132・三原市長谷3-1-25・☎0848-66-3743・FAX0848-66-3934・大森恵三・銘＝三菱

㈲オカダ：〒731-2206・山県郡北広島町移原665-4・☎0826-38-0123・FAX0826-38-0183・岡田芳英・銘＝クボタ，ホンダ

岡田農機商会：〒739-1201・安芸高田市向原町坂160-3・☎0826-46-2154・FAX0826-46-2154・岡田政男・銘＝ヤンマー

梶本機械㈱：〒737-0156・呉市仁方皆実町3-19・☎0823-79-5800・FAX0823-79-1530・梶本修平・銘＝クボタ

賀茂農機㈱：〒739-0025・東広島市西条中央6-5-10・☎082-423-2331・FAX082-423-2333・蔵田一彦・銘＝ヤンマー

㈱かわかく農機：〒720-1812・神石郡神石高原町油木甲2598-1・☎0847-82-2302・FAX0847-82-2060・川角卓司

北川農機㈲：〒720-2115・福山市神辺町下竹田17・☎084-965-0249・FAX084-965-1211・北川源二・銘＝三菱

㈲木本ヤンマー農機：〒738-0513・広島市佐伯区湯来町伏谷1348-13・☎0829-86-0517・FAX0829-86-0517・銘＝ヤンマー

黒永機械サービス：〒727-0017・庄原市戸郷町96-3・☎0824-72-3818・FAX0824-72-3818・銘＝クボタ

桑田農機サービスセンター：〒720-0843・福山市赤坂町赤坂214-1・☎084-951-1322・FAX084-951-6160・桑田敏広・銘＝三菱

圭和産業：〒722-0073・尾道市向島町5880-28・☎0848-45-3228・FAX0848-45-2056・米良雄次郎

㈲郷田農機：〒731-2103・山県郡北広島町新庄1028・☎0826-82-2241・FAX0826-82-2228・郷田桂三

小林農機㈱：〒729-6615・三次市三和町上板木616・☎0824-52-3128・FAX0824-52-3129・小林定雄

小林農機商会：〒720-2115・福山市神辺町下竹田1260・☎084-966-2027・FAX084-966-2027・銘＝ヤンマー

㈲サービスセンター宇坪：〒729-6715・世羅郡世羅町字下津田2370・☎0847-39-1526・FAX0847-39-1733・宇坪實・銘＝三菱

㈱斉藤商会：〒731-2322・山県郡北広島町細見723・☎0826-35-0502・FAX0826-35-0562・斉藤愛生・銘＝ヰセキ

㈲迫農機商会：〒739-2313・東広島市豊栄町清武427・☎082-432-2887・FAX082-432-3286・迫真治・銘＝ヤンマー

繁内農機商会：〒727-0012・庄原市中本町2-11-1・☎0824-72-0219・FAX0824-72-

販売業者編＝広島県，山口県＝

0219・繁内利二・銘＝ヰセキ

㈲新喜商店：☎722-0034・尾道市十四日元町7-3・☎0848-37-4608・FAX0848-37-4583・野村直樹・銘＝ヰセキ，ホンダ・販＝瀬戸田出張所：☎722-2417・尾道市瀬戸田町名荷1407-2・☎0845-27-1378

新ヨーワ㈲：☎731-3810・山県郡安芸太田町戸河内1054・☎0826-28-2768・FAX0826-28-2768・若本洋三

大和農機商会：☎729-1321・三原市大和町和木1649-5・☎0847-34-0036・神須章早

高橋農機㈲：☎720-0003・福山市御幸町森脇441-5・☎084-955-0406・FAX084-955-0406・高橋邦夫・銘＝クボタ

高橋農機具店：☎727-0423・庄原市高野町下門田59-185・☎0824-86-2331・FAX0824-86-2055・高橋努・銘＝ヰセキ

㈲田口農機：☎729-4221・三次市吉舎町清綱19-3・☎0824-43-2870・FAX0824-43-3875・銘＝ヤンマー

武田機械：☎722-0025・尾道市栗原東2-5-8・☎0848-22-3404・FAX0848-22-3404・武田英志

竹原動機㈱：☎725-0013・竹原市吉名町6-2・☎0846-28-0528・FAX0846-28-0526・別祖芳雄・銘＝ヤンマー

竹本機械㈱：☎739-2401・東広島市安芸津町木谷129 11・☎0846-45-0189・FAX0846-45-0487・銘＝クボタ

竹本農機具サービス：☎729-5455・庄原市東城町保田466・☎0847-74-0655・FAX0847-74-0655・銘＝クボタ

田辺農機：☎727-0623・庄原市本村町2999・☎0824-78-2822・FAX0824-78-2822・銘＝ヤンマー

㈱テクノ西日本：☎728-0025・三次市粟屋町2637-2・☎0824-62-4528・FAX0824-62-4662・山本栄・銘＝ヤンマー

㈲豊栄ヤンマー：☎739-2317・東広島市豊栄町鍛治屋575-1・☎0824-32-2512・FAX0824-32-2512・松本良明・銘＝ヤンマー

㈲東光機械：☎729-5125・庄原市東城町川西437-1・☎0847-72-2023・FAX0847-72-2023・三浦淳・銘＝クボタ

東城農機㈱：☎729-5121・庄原市東城町川東1358-4・☎0847-72-1050・内藤勝也

㈲中島農機：☎720-0052・福山市東町2-3-41・☎084-922-3147・FAX084-923-1101・中島彰美・銘＝ヤンマー，ホンダ

㈲永田農機：☎728-0021・三次市三次町1213-3・☎0824-62-3575・FAX0824-62-3575・永田文子

㈱長畠商店：☎722-2415・尾道市瀬戸田町中野408-5・☎0845-27-2277・FAX0845-27-1821・相羽美恵子・銘＝クボタ

西川産業：☎729-1323・三原市大和町大具569・☎0847-34-0644・FAX0847-34-

0874・西川信芳・銘＝クボタ

西谷農機商会：☎739-2503・東広島市黒瀬町南方1415・☎0823-82-3994・FAX0823-82-3994・西谷光雄

農機ハウスモリシタ：☎729-0252・福山市本郷町3446-1・☎0849-36-2072・FAX0849-36-2072・銘＝クボタ，三菱

橋渡サービス：☎731-2104・山県郡北広島町大朝4870-2・☎0826-82-1777・FAX0826-82-1778・橋渡力・銘＝三菱

早志商会：☎739-2303・東広島市福富町久芳3425-2・☎082-435-2070・FAX082-435-2070・早志照和

㈲福山農機製作所：☎720-0824・福山市多治米町2-1-1・☎084-953-0443・FAX084-953-1817・田口千枝子・銘＝ヤンマー，ホンダ・販＝神辺営業所：☎720-2124・深安郡神辺町川南1595-4・☎0849-63-3500

藤井農機：☎728-0021・三次市三次町本町1521・☎0824-63-4171・藤井茂

フジタ農機：☎720-1525・神石郡神石高原町上26-3・☎0847-85-3726・藤田英伸

府中農光舎：☎726-0013・府中市高木町81-2・☎0847-45-6604・FAX0847-45-6604・銘＝三菱

古川農産機械：☎739-2403・東広島市安芸津町風早1313・☎0846-45-1407・FAX0846-45-1407・古川清

㈱マサシロ：☎729-3402・府中市上下町小堀1341・☎0847-62-2774・FAX0847-62-4749・銘＝ヰセキ

松川農機㈲：☎726-0013・府中市高木町1800-2・☎0847-45-3130・FAX0847-45-3128・松川泰也・銘＝クボタ

㈲マツカワ：☎729-1323・三原市大和町大具162・☎0847-34-0801・FAX0847-34-0802・松川一和・銘＝クボタ

㈲松本産業農機販売：☎729-6714・世羅郡世羅町上津田1559・☎0847-39-1749・FAX0847-39-1728・松本脩

三島農機：☎720-2411・福山市加茂町中野260-1・☎084-972-6688・FAX084-972-8550・銘＝三菱

三谷機械㈱：☎729-0141・尾道市高須町2468-2・☎0848-20-2435・FAX0848-20-2439・三谷俊彰・銘＝クボタ

㈱三谷農機：☎729-0417・三原市本郷南6-27-26・☎0848-86-2726・FAX0848-86-0900・川上和則・銘＝クボタ

光成農機：☎720-1142・福山市駅家町上山守1092-2・☎084-976-1553・FAX084-976-1553・光成誠一

向井農機具センター：☎722-0345・尾道市御調町徳永1-1・☎0848-76-2233・FAX0848-76-2527・向井信之・銘＝ヤンマー

森田農機商会：☎738-0016・廿日市市可愛12-7・☎0829-31-1419・FAX0829-31-0024・香川邦郎・銘＝ヰセキ，三菱

㈲矢賀谷農機商会：☎731-0501・安芸高田市吉田町吉田1277・☎0826-42-2051・FAX0826-42-2705・矢賀谷一男

安浦ヰセキ販売：☎737-2512・呉市安浦町安登西1-4-28・☎0823-84-4840・FAX0823-84-4880・畝本顕司・銘＝ヰセキ

㈲安浦農機商会：☎737-2516・呉市安浦町中央2-4-10・☎0823-84-3035・FAX0823-84-2449・香川良人

安田農機サービス：☎725-0003・竹原市新庄町1313-5・☎0846-29-1178・FAX0846-29-1078・安田環・銘＝クボタ，ヤンマー

山内農機センター：☎722-0232・尾道市木ノ庄町木門田755-2・☎0848-48-0302・FAX0848-48-0314・山内悦功・銘＝ヤンマー・販＝三成営業所：☎722-0215・尾道市美ノ郷町三成226-6・☎0848-48-4326

山本農機㈱：☎720-1525・神石郡神石高原町上2617・☎0847-85-2101・FAX0847-85-2127・山本宰士・銘＝クボタ

㈲吉村農機：☎731-1142・広島市安佐北区安佐町飯室3231・☎082-835-0559・FAX082-835-0129・吉村公司・銘＝ヤンマー

若井農機：☎720-2413・福山市駅家町法成寺97-1・☎084-972-5178・FAX084-972-5178・若井惠兆・銘＝ヤンマー

若井農機：☎729-4102・三次市甲奴町西野511-1・☎0847-67-2270

［山口県］

㈱中四国クボタ（本社＝岡山県）

山口事務所：☎753-0252・山口市大内中央1-1-1・☎083-927-5255・FAX083-927-1775

岩国営業所：☎741-0082・岩国市川西3-6-48・☎0827-41-1173

田布施営業所：☎742-1501・熊毛郡田布施町大波野340-1・☎0820-52-1195

大島出張所：☎742-2102・大島郡周防大島町東三蒲字横田718-1・☎0820-74-2415

高森営業所：☎742-0417・岩国市周東町南方1117-1・☎0827-84-1281

光営業所：☎743-0062・光市立野字五反田1390-1・☎0833-77-1126

美和営業所：☎740-1225・岩国市美和町渋前1741-7・☎0827-96-0244

防府営業所：☎747-0836・防府市植松字中村1903-1・☎0835-22-2413

周南営業所：☎744-0041・下松市山田字東松江25-2・☎0833-47-2226

佐波営業所：☎747-0522・山口市徳地島地2181-11・☎0835-54-0103

鹿野営業所：☎745-0303・周南市鹿野中字田原843-1・☎0834-68-5030

周南西営業所：☎745-1131・周南市戸田

販売業者編＝山口県＝

八反田西2756-4・☎0834-83-3525

四辻営業所：〒754-0893・山口市秋穂二島631-1・☎083-987-1011

嘉川営業所：〒754-0896・山口市江崎地免3653-1・☎083-989-3513

宇部営業所：〒759-0134・宇部市善和字東大谷178-2・☎0836-62-5030

厚狭営業所：〒757-0001・山陽小野田市厚狭今市1482-1・☎0836-72-0602

下関営業所：〒750-0322・下関市菊川町楢崎763-1・☎083-288-2530

西市営業所：〒750-0421・下関市豊田町殿敷1623-1・☎083-766-0251

美祢営業所：〒759-2212・美祢市大嶺町東分2917-1・☎0837-52-1008

大田営業所：〒754-0211・美祢市美東町大田近光5483-3・☎08396-2-0223

山口営業所：(山口支社と同)・☎083-927-8700

徳佐営業所：〒759-1512・山口市阿東徳佐中3056-6・☎083-956-0220

江崎営業所：〒759-3113・萩市江崎大沢395-1・☎08387-2-0220

萩営業所：〒758-0061・萩市椿字陣ヶ原2771-1・☎0838-22-1482

長門営業所：〒759-4102・長門市西深川字下川原3158・☎0837-22-0511

油谷営業所：〒759-4504・長門市油谷河原1057-1・☎0837-32-1159

ヤンマーアグリジャパン㈱(本社：大阪府／中四国支社：岡山県)

山口事務所：〒747-0836・防府市植松字川上293-3・☎0835-26-6190・FAX0835-26-6192

周東支店：〒742-0417・岩国市周東町下久原上宇谷2298-1・☎0827-84-2501

柳井支店：〒742-1512・熊毛郡田布施町麻郷奥11-1・☎0820-53-2741

下松支店：〒744-0061・下松市河内二ノ瀬780-3・☎0833-46-2662

鹿野支店：〒745-0302・周南市鹿野上2713-2・☎0834-68-2550

徳地支店：〒747-0231・山口市徳地堀2158-1・☎0835-52-0029

防府支店：(山口事務所と同)・☎0835-22-7170

徳佐支店：〒759-1512・山口市阿東徳佐中3377-1・☎083-956-0033

小郡支店：〒754-0897・山口市嘉川稽古屋1376-1・☎0839-89-2186

山口支店：〒753-0212・山口市下小鯖字北田1091-1・☎0839-27-4591

秋芳支店：〒754-0511・美祢市秋芳町秋吉前山田622-1・☎0837-62-0124

長門大津支店：〒759-4106・長門市仙崎栗坪21-2・☎0837-22-4216

萩 支店：〒758-0011・萩市椿東平方

2935-2・☎0838-25-1281

江崎支店：〒759-3111・萩市上田万2790-4・☎0838-72-0047

菊川支店：〒750-0317・下関市菊川町下岡枝652-5・☎083-287-1425

㈱ヰセキ中国 (本社：広島県)

山口支社：〒754-0895・山口市深溝200-3・☎083-988-1088・FAX083-988-1080

玖珂営業所：〒742-0332・岩国市玖珂町阿山上6229-1・☎0827-82-3591

柳井営業所：〒742-0034・柳井市大字余田小平尾2331-2・☎0820-23-2734

周南営業所：〒744-0072・下松市望町4-11-11・☎0833-45-0131

山口中部営業所：〒747-0836・防府市植松前開作851・☎0835-22-2893

山口営業所：(山口支社と同)・☎083-988-1077

船木営業所：〒757-0216・宇部市船木1059-1・☎0836-67-1504

下関営業所：〒750-0314・下関市菊川町上田部字東が迫2-1・☎083-287-2474

阿東営業所：〒759-1421・山口市阿東地福上2701-1・☎083-952-0031

長門営業所：〒759-4106・長門市仙崎字堤床189-10・☎0837-22-2162

萩営業所：〒758-0011・萩市椿東中ノ倉2211-10・☎0838-22-5546

三菱農機販売㈱ (本社：埼玉県／西日本支社：岡山県)

周南営業所：〒746-0014・周南市古川町1-20・☎0834-62-4118

玖珂営業所：〒742-0336・岩国市玖珂町新市5144-3・☎0827-82-2555

厚狭ロビン販売㈲：〒757-0004・山陽小野田市山川788-10・☎0836-72-0594・FAX0836-72-0174・中原敏子

㈲岩国ヤンマー商会：〒740-0034・岩国市南岩国町4-56-30・☎0827-32-7030・FAX0827-32-7034・市川光義・銘＝ヤンマー，ホンダ

宇部ヤンマー販売㈱：〒755-0011・宇部市昭和町2-2-5・☎0836-31-1188・FAX0836-31-1189・末冨茂樹・銘＝ヤンマー

奥田商事㈱：〒740-1225・岩国市美和町渋前619-4・☎0827-96-1122・FAX0827-96-1124・奥田陽男・銘＝ヤンマー，ホンダ・販＝佐伯支店：〒738-0204・廿日市市河津原865-4・☎0829-74-0079

㈲兼近商会：〒742-2103・大島郡周防大島町西屋代下砂田1644-7・☎0820-74-2522・FAX0820-74-2654・兼近功

㈱ささき：〒753-0043・山口市宮島町12-1・☎083-924-8150・FAX083-924-8155・佐々木秀隆・銘＝ヰセキ・販＝吉

部支店：〒758-0304・萩市吉部上2565-1・☎0838-86-0336

㈲清水農機：〒754-0603・美祢市秋芳町別府2024-1・☎0837-65-2236・FAX0837-65-2640・清水恒夫

㈱末冨商会：〒756-0091・山陽小野田市日の出2-4-3・☎0836-83-2681・FAX0836-83-9505・末冨八博

築山農機具店：〒750-0313・下関市菊川町田部822-1・☎083-287-0203・FAX083-287-0203・銘＝三菱

㈱長宗：〒747-0808・防府市桑山2-12-37・☎0835-24-2424・FAX0835-24-3007・長宗健一郎

㈲萩ホンダ農機：〒758-0061・萩市椿霧口154-4・☎0838-22-0226・FAX0838-22-9565・渡部貞一

㈲永見農機：〒750-0441・下関市豊田町中村468-7・☎083-766-3989・FAX083-766-3989・銘＝ヰセキ

㈲福田商会：〒759-6604・下関市横野町1-13-5・☎083-258-0118・FAX083-258-0661・銘＝ヤンマー，ホンダ

㈲福永商会：〒753-0031・山口市古熊2-1-2・☎083-925-1129・FAX083-922-9029・福永一成・銘＝ヰセキ

豊関農機販売㈱：〒759-5511・下関市豊北町滝部861-6・☎0837-82-0055・FAX0837-82-0848・西村修・銘＝ヤンマー・販＝川棚支店：〒759-6301・下関市豊浦町川棚6268-1・☎0837-72-0025, 西市支店：〒750-0421・下関市豊田町西市・☎0837-66-1150

防府ヤンマー商会：〒747-0014・防府市江泊863-2・☎0835-22-1777

㈱松田商会：〒759-5511・下関市豊北町滝部3699・☎083-782-0111・FAX083-782-1684・松田一誠・銘＝三菱・販＝豊浦営業所：〒759-6311・下関市豊浦町吉永1337-15・☎083-772-1205, 大津営業所：〒759-4501・長門市油谷蔵小田376-2・☎0837-32-1395

三笠産業㈱：〒754-0005・山口市小郡山手上町1-10・☎083-973-0733・FAX083-973-3811・佐伯誠・販＝西部営業所：〒757-0216・宇部市船木680-20・☎0836-69-1515, 東部営業所：〒759-1422・山口市阿東地福下446-9・☎083-952-1170, 柳井営業所：〒742-0021・柳井市新庄578-1・☎0820-22-0031, 広島営業所：〒731-0305・安芸高田市八千代町上根1077-6・☎0826-52-2226, 島根営業所：〒698-0043・益田市中島町口186-1・☎0856-23-6850

山本農機商会：〒755-0241・宇部市東岐波花園2114・☎0836-58-2335・FAX0836-58-2335・山本照男

㈲ヤマリン：〒754-0001・山口市小郡上郷

樫の前1745-6・☎083-972-1000・FAX083-973-2076
㈱四辻農機：〒747-1221・山口市鋳銭司3250-1・☎083-986-2022・FAX083-986-3466・藤井敏男・銘＝ヤンマー

［徳島県］

㈱中四国クボタ（本社：岡山県）
徳島事務所：〒776-0001・吉野川市鴨島町牛島2162・☎0883-22-2022・FAX0883-22-2023
　海部営業所：〒775-0302・海部郡海陽町奥浦字鹿ヶ谷10-1・☎0884-73-1532
　南部営業所：〒779-1510・阿南市新野町城田23・☎0884-36-3275
　阿南営業所：〒774-0045・阿南市宝田町平岡730-4・☎0884-22-5483
　見能林営業所：〒779-1243・阿南市那賀川町上福井南川渕25-3・☎0884-21-2011
　小松島営業所：〒773-0023・小松島市坂野町シヅ田55-11・☎08853-8-2365
　徳島営業所：〒770-8021・徳島市雑賀町西開16・☎088-669-2772
　国府営業所：〒779-3226・名西郡石井町高川原字中楽444-1・☎088-675-0644
　北島営業所：〒771-0201・板野郡北島町北村字大黒27-1・☎088-698-3051
　藍住営業所：〒771-1202・板野郡藍住町奥野字原10-7・☎088-692-5113
　板野営業所：〒779-0108・板野郡板野町犬伏字宮ノ下27-1・☎088-672-0262
　北部営業所：〒771-1507・阿波市土成町吉田字御所屋敷ノ壱72-1・☎088-695-2095
　鴨島営業所：（徳島事務所と同）・☎0883-24-1440
　山川営業所：〒779-3403・吉野川市山川町字若宮88-1・☎0883-42-5591
　美馬営業所：〒779-3600・美馬市脇町木ノ内4060・☎0883-53-8808
　三好営業所：〒771-2502・三好郡東みよし町足代字宮ノ岡3003-1・☎0883-79-3455

ヤンマーアグリジャパン㈱（本社：大阪府／中四国支社：岡山県）
徳島事務所：〒776-0037・吉野川市鴨島町上浦字市久保81-7・☎0883-24-2050・FAX0883-24-3940
　海南支店：〒775-0101・海部郡海陽町浅川字市谷19-10・☎0884-73-2536
　阿南支店：〒779-1401・阿南市内原町亀ヶ前28-3・☎0884-26-0769
　那賀支店：〒773-0022・小松島市大林町字中新田58-1・☎0885-38-1479
　鳴門支店：〒771-0212・板野郡松茂町中喜来稲本193-2・☎0886-99-5194
　板野支店：〒771-1330・板野郡上板町西分字キ々木13-1・☎0886-94-3138
　阿北支店：〒771-1502・阿波市土成町水田字堂ヶ池103-1・☎088-695-3538
　美馬支店：〒771-2103・美馬市美馬町宗の分107・☎0883-63-4581
　鴨島支店：（徳島事務所と同）・☎0883-24-2092

相原機械店：〒771-4266・徳島市八多町金堂85・☎088-645-0038・相原雅雄
阿讃機械㈲：〒771-1402・阿波市吉野町西条出口26-5・☎088-696-4419・FAX088-696-4419・竹内寛
㈲穴吹商会：〒777-0005・美馬市穴吹町穴吹字ノ須21-8・☎0883-52-1280・FAX0883-52-1280・為行健二・銘＝ホンダ
㈲阿波工機：〒771-1320・板野郡上板町神宅堂床8-1・☎088-694-2686・FAX088-694-2844・黒岩義孝・銘＝三菱
㈱阿波菱機販売：〒772-0042・鳴門市大津町備前島横丁ノ越297-2・☎088-685-3067・FAX088-685-3087・井形仁治・銘＝三菱
㈲井内農機商会：〒771-1604・阿波市市場町市場町筋317-4・☎0883-36-2128・FAX0883-36-2128・井内明
いずる機械：〒771-0137・徳島市川内町平石若宮344-2・☎088-665-3574
㈲井上農機商会：〒779-3245・名西郡石井町浦庄上浦231-1・☎088-674-0134・FAX088-674-5459・井上久法・銘＝ヤンマー，ホンダ・販＝三好営業所：〒771-2501・三好郡東みよし町昼間西内2523-1・☎0883-79-3710
上松商店：〒779-2305・海部郡美波町奥河内弁財天67-2・☎0884-77-1854・FAX0884-77-1854・上松肇・銘＝ヤンマー
大あわ農機：〒771-3311・名西郡神山町神領本野間59-4・☎088-676-0510・大粟昭男
大久保農機：〒771-1401・阿波市吉野町柿原小島86-3・☎088-696-2252・FAX088-696-2252・大久保信・銘＝クボタ
㈲大西農機商会：〒779-3243・名西郡石井町浦庄大万128-9・☎088-674-1235・大西正範・銘＝クボタ
㈱大野：〒770-0021・徳島市佐古一番町10-1・☎088-654-8111・FAX088-625-8113・大野佳則・銘＝ヤンマー，ホンダ・販＝鴨島営業所：〒776-0001・吉野川市鴨島町牛島字下瀬803-8・☎0883-24-5530，那賀川営業所：〒779-1232・阿南市那賀川町西原486・☎0884-42-2144，国府営業所：〒779-3102・徳島市国府町西黒田南傍示95-1・☎088-642-5813
㈲尾花工業：〒771-1706・阿波市阿波町南整理200-14・☎0883-35-2329・FAX0883-35-6726・尾花明広・銘＝ヤンマー
蔭山農機：〒779-3620・美馬市脇町野村4476-11・☎0883-52-3737・蔭山勝一
㈲賀茂川鉄工所：〒771-1702・阿波市阿波町伊勢3・☎0883-35-2012・FAX0883-35-2001・中井隆士・銘＝クボタ
川北農機商会：〒779-1114・阿南市那賀川町今津浦免許114・☎0884-42-0733・FAX0884-42-3116・杉本匠
木頭ヤンマー：〒771-6403・那賀郡那賀町木頭和無田イワッシ29・☎0884-68-2038・FAX0884-68-2801・大澤仁
木村農機：〒773-0023・小松島市坂野町天神東12-3・☎0885-37-1561・FAX0885-37-2001・木村昇・銘＝三菱
㈱協和農機商会：〒773-0014・小松島市江田町腰前179-6・☎0885-32-0320・FAX0885-32-3580・椎野耕治・銘＝三菱
桐本農機：〒770-0062・徳島市不動東町4-1627・☎088-679-6766・銘＝クボタ
㈲久米農機：〒779-3232・名西郡石井町石井城ノ内442-1・☎088-674-0340・FAX088-674-8468・銘＝クボタ
㈲西條農機商会：〒779-1510・阿南市新野町馬場2-1・☎0884-36-3169・FAX0884-36-3678・西條稔・銘＝ホンダ
西條ポンプ農機店：〒779-0105・板野郡板野町大寺高樹144-1・☎088-672-0167・豊永守一
酒巻農機商会：〒779-3601・美馬市脇町拝原1341-1・☎0883-52-1574・FAX0883-53-1623・酒巻米子・銘＝三菱
坂本農機商会：〒779-2307・海部郡美波町山河内本村16・☎0884-77-2310・FAX0884-77-0078・坂本義治
佐野商会：〒779-0119・板野郡板野町西中富宮ノ本35・☎088-672-0851・FAX088-672-0851・銘＝三菱
㈱三和農機商会：〒771-1506・阿波市土成町土成前田105・☎088-695-2333・FAX088-695-2355・新見玄幸
島田農機：〒771-2502・三好郡東みよし町足代1716-1・☎0883-79-2447・島田勲
新名農機商会：〒779-4701・三好郡東みよし町加茂1834-3・☎0883-82-2106・FAX0883-82-3875・新名博一
杉本農機商会：〒779-1123・阿南市那賀川町手島長宝地59・☎0884-42-0514・FAX0884-42-0514・杉本芳彦
孝富士農機店：〒771-1505・阿波市土成町郡290・☎088-695-3186・孝富士誠一
竹内工機：〒771-3201・名西郡神山町阿野広野157-1・☎088-678-0181・FAX088-678-0181・竹内省三
徳島三菱農機販売㈱：〒770-8082・徳島市八万町川南51-2・☎088-668-5001・FAX088-668-4446・豊田茂夫・銘＝三菱・

販売業者編＝徳島県，香川県＝

販＝阿南営業所：〒774-0044・阿南市上中町中原83・☎0884-22-2804，阿北営業所：〒771-1401・阿波市吉野町柿原39・☎088-696-4550，松茂クリーンセンター：〒771-0219・板野郡松茂町笹木野字八下15-1・☎088-699-5517

仲村商会：〒775-0415・海部郡海陽町相川中野110-2・☎0884-75-2304・FAX0884-75-2304・仲村章夫

那住ヤンマー㈱：〒779-1101・阿南市羽ノ浦町中庄27-1・☎0884-44-3135・FAX0884-44-3136・那住宗見

㈱西岡商会：〒773-0016・小松島市中郷町前田105-1・☎0885-32-3339・FAX0885-32-3341・西岡均・銘＝キセキ・販＝阿南営業所：〒774-0014・阿南市学原町深田39-1・☎0884-22-1846，北部営業所：〒771-1343・板野郡上板町椎本205-1・☎0886-94-5611

西村農機商会：〒775-0101・海部郡海陽町浅川字鯖瀬口67-6・☎0884-73-1090

㈲野村農機商会：〒779-3404・吉野川市山川町湯立146-3・☎0883-42-2260・FAX0883-42-2735・野村和男

㈲花本商会：〒779-3241・名西郡石井町浦庄諏訪952・☎088-675-0463・FAX088-675-0455・銘＝ヤンマー

㈲浜農機商会：〒771-0203・板野郡北島町中村明神下6-5・☎088-698-2658・FAX088-698-2608・浜弥平・銘＝クボタ

松本農機工場：〒770-0062・徳島市不動東町5-169-12・☎088-631-7965・FAX088-631-2258・松本治

三宅農機商会：〒779-3620・美馬市脇町馬木1545・☎0883-52-2832・三宅富三知

森商店：〒779-0301・鳴門市大麻町姫田大森98・☎088-689-2170・森繁行

㈲山内商店：〒771-5406・那賀郡那賀町延野王子原113・☎0884-62-0026・FAX0884-62-0026・山内昌徳

山田農機商会：〒779-1102・阿南市羽ノ浦町宮倉本村尻内68-4・☎0884-44-2306・FAX0884-44-2306・山田和隆

㈲山本農機商会：〒772-0002・鳴門市撫養町斎田東発37-2・☎088-686-3857・FAX088-685-9218・山本照政・銘＝ヤンマー，ホンダ

横尾農機商会：〒775-0004・海部郡牟岐町川長関35-5・☎0884-72-0353・FAX0884-72-0353・横尾浩紀

吉野サービス：〒775-0205・海部郡海陽町吉野十王堂堤外3・☎0884-73-2220・岡田弘

ロビン徳島販売㈱：〒770-0047・徳島市名東町2-598-1・☎088-631-2232・FAX088-631-9224・門堀利文

和田商会：〒775-0004・海部郡牟岐町川長市宇谷288-1・☎0884-72-0223・FAX0884-72-0223・和田隆

[香川県]

㈱中四国クボタ（本社：岡山県）
高松事務所：〒769-0102・高松市国分寺町国分字向647-3・☎087-874-8500・FAX087-874-8511

ヤンマーアグリジャパン㈱（本社：大阪府／中四国支社：岡山県）
坂出支店：〒762-0012・坂出市林田町下所10-4・☎0877-47-1077
香川中央支店：〒761-8033・高松市飯田町15-1・☎087-881-4451
観音寺支店：〒769-1611・観音寺市大野原町大野原2674-1・☎0875-54-4776
善通寺支店：〒765-0040・善通寺市与北町1978-1・☎0877-62-0381

㈱キセキ四国（本社：愛媛県）
香川支社：〒761-1704・高松市香川町川内原1527-13・☎087-879-0211・FAX087-879-3601
高松営業所：〒761-1704・高松市香川町川内原1574-1・☎087-879-7365
高松東営業所：〒761-0613・木田郡三木町上高岡2446-1・☎087-898-8638
丸亀営業所：〒765-0031・善通寺市金蔵寺町字下所270-1・☎0877-63-7575
綾歌営業所：〒761-2406・丸亀市綾歌町栗熊東1533・☎0877-86-2723
仲多度営業所：〒766-0013・仲多度郡まんのう町高篠512・☎0877-75-0975
坂出営業所：〒762-0023・坂出市加茂町1451-1・☎0877-48-2034
三豊営業所：〒767-0022・三豊市高瀬町羽方354-1・☎0875-57-3170
さぬき営業所：〒761-0902・さぬき市大川町冨田中2127・☎0879-23-2133

朝川産業㈱：〒761-0902・さぬき市大川町富田中1500・☎0879-43-3138・FAX0879-43-3138・朝川悟

㈲岩佐農機：〒769-2901・東かがわ市引田1916-1・☎0879-33-2581・FAX0879-33-2582・岩佐宰子・銘＝ヤンマー，キセキ

㈲植村農機商会：〒761-0322・高松市前田東町1197-6・☎087-847-6186・銘＝キセキ

㈲牛川農機商会：〒761-8044・高松市円座町1029-6・☎087-885-2037・FAX087-885-6330・牛川昇・銘＝キセキ

㈲大西産業：〒761-2101・綾歌郡綾川町畑田255-1・☎087-877-0725・銘＝キセキ

大西農機商会：〒767-0021・三豊市高瀬町佐股894-1・☎0875-74-6343・FAX0875-74-6342・宮﨑利数

香川三菱農機販売㈱：〒766-0013・仲多度郡まんのう町東高篠1-1・☎0877-73-3011・FAX0877-73-4054・高木章二・銘＝三菱・販＝三豊南支店：〒768-0101・三豊市山本町辻1561-4・☎0875-63-2166，高瀬営業所：〒767-0011・三豊市高瀬町下勝間1660-1・☎0875-72-5912，高松支店：〒761-8043・高松市中間町635-1・☎087-885-2564，高松東営業所：〒761-0434・高松市十川東町144-1・☎087-848-1171

カゴイケ農機商会：〒761-8085・高松市寺井町73-1・☎087-889-1278・FAX087-889-2831・眞鍋道雄

㈲柏原農機商会：〒761-8044・高松市円座町795-3・☎087-885-2141・FAX087-885-2142・柏原政信・銘＝三菱

㈲角田農機商会：〒761-0450・高松市三谷町1272-3・☎087-889-0615・FAX087-889-0615・角田安隆

木内農機商会：〒769-2102・さぬき市鴨庄1866・☎087-895-0620・FAX087-895-0631・銘＝三菱

㈱喜多猿八：〒761-0611・木田郡三木町田中2582・☎087-898-1200・FAX087-898-2300・喜多克幸

㈲木太鉄工：〒760-0080・高松市木太町3341・☎087-861-6349・FAX087-861-6497・銘＝三菱

久保農機商会：〒761-0312・高松市東山崎町187-5・☎087-847-6202・久保忠一

㈱久保農機商会：〒769-1611・観音寺市大野原町大野原5362-1・☎0875-52-2526・FAX0875-52-3123・久保貞雄・銘＝キセキ，ホンダ

黒川農機商会：〒761-1612・高松市塩江町安原上東2423・☎087-893-0048・FAX087-893-0678・黒川哲也

合田農機㈱：〒768-0021・観音寺市吉岡町43-1・☎0875-25-0065・FAX0875-25-0064・合田巧・銘＝キセキ，ホンダ

㈲近藤農機：〒766-0003・仲多度郡琴平町五條86-4・☎0877-75-1217・FAX0877-75-3646・近藤寛・銘＝キセキ，ホンダ

近藤農機工業㈲：〒765-0053・善通寺市生野町1021-2・☎0877-62-0577・FAX0877-62-0975・近藤嘉寿・銘＝キセキ

坂井機工：〒769-1506・三豊市豊中町本山甲1397・☎0875-62-4084・FAX0875-62-4155・銘＝三菱

三和機械㈱：〒768-0067・観音寺市坂本町5-4-7・☎0875-25-4655・FAX0875-23-1918・大倉健一・銘＝ヤンマー

妹尾農機㈱：〒761-0701・木田郡三木町池戸2843-8・☎087-898-1525・FAX087-898-7980・妹尾博文・銘＝ヤンマー・販＝香南営業所：〒761-1406・香川郡香南町大字日庄757-1・☎087-879-5202，大川出

販売業者編＝香川県，愛媛県＝

張所：〒761-0901・さぬき市大川町富田西2810-3・☎087-943-5482，川島出張所：〒761-0443・高松市川島東町391-7・☎087-848-0927

千田鉄工㈱：〒766-0021・仲多度郡まんのう町四條364-1・☎0877-75-1177・銘＝ヤンマー・銘＝観音寺支店：〒768-0022・観音寺市本大町1640-1・☎0875-25-0031，善通寺営業所：〒765-0052・善通寺市大麻町1296・☎0877-63-5000

惣田農機㈱：〒762-0021・坂出市西庄町1295-1・☎0877-46-2521・FAX0877-46-2530・惣田敏男

㈱惣田農機丸亀：〒763-0073・丸亀市柞原町492-1・☎0877-22-5147・惣田将裕・銘＝三菱

㈱惣田農機三豊：〒769-1611・観音寺市大野原町大野原2089-1・☎0875-54-5341・惣田貴士・銘＝三菱

高木産業㈱：〒764-0028・仲多度郡多度津町葛原1813-2・☎0877-32-2291・FAX0877-32-2293・高木義雄・銘＝ヤンマー・販＝丸亀営業所：〒763-0094・丸亀市三条町495-1・☎0877-28-7128

高田工業㈲：〒769-1614・観音寺市大野原町萩原1666-4・☎0875-54-2117・銘＝ヰセキ

㈲高松機械：〒761-1701・高松市香川町大野45-1・☎087-889-1933・FAX087-889-1936・田中長市・銘＝ヰセキ

出口産業㈱：〒769-2304・さぬき市昭和3347-9・☎0879-52-3003・FAX0879-52-6143・出口始・銘＝ヰセキ

㈱土井農機商会：〒768-0012・観音寺市植田町1857・☎0875-25-3838・FAX0875-24-0613・土井章弘

㈲時岡商会：〒761-0123・高松市牟礼町原521・☎087-845-3132・時岡貞一

徳田農機：〒761-0123・高松市牟礼町原1997-6・☎087-845-9653・FAX087-845-9653・銘＝三菱

㈲徳永農機商会：〒762-0082・丸亀市飯山町川原554・☎0877-98-2003・FAX0877-98-2513・徳永和夫

㈲橋本農機商会：〒768-0022・観音寺市本大町1040-1・☎0875-27-6101・FAX0875-27-6103・橋本健三

平田農機商会：〒763-0086・丸亀市飯野町西分174-2・☎0877-22-6026・FAX0877-22-6026・平田勉・銘＝三菱

藤川農機商会：〒769-1504・三豊市豊中町上高野692・☎0875-62-3911・FAX0875-62-3911・藤川卓

二川農機商会：〒761-8044・高松市円座町393-2・☎087-885-2306・FAX087-885-2306・二川正則

㈲真鍋農機管工：〒761-1706・高松市香川町川東上569-5・☎087-879-2560・

FAX087-879-2560・真鍋壽雄

㈲真部商会：〒761-0701・木田郡三木町池戸3154-6・☎087-898-1635・FAX087-891-0595・真部清水・銘＝ヤンマー

㈲丸三農機商会：〒769-2104・さぬき市鴨部1193・☎087-895-0303・FAX087-895-1180・池田雅一・銘＝ヰセキ

三島自動車㈱：〒761-4122・小豆郡土庄町上庄1638-1・☎0879-64-6508・FAX0879-64-6509・銘＝ヤンマー

㈲三谷商事：〒762-0082・丸亀市飯山町川原947-6・☎0877-98-2113・FAX0877-98-2114・三谷友規

三豊ヤンマー㈱：〒767-0001・三豊市高瀬町上高瀬391-1・☎0875-72-5841・FAX0875-72-5036・高木高

㈲宮本産業：〒761-0121・高松市牟礼町牟礼2553-1・☎087-845-3023・FAX087-845-7246・宮本産視

三好農機商会：〒762-0084・丸亀市飯山町上法軍寺933-4・☎0877-98-2071・FAX0877-98-2071・三好常夫

㈲ヤシマ農機商会：〒761-0102・高松市新田町甲403-3・☎087-841-5021・FAX087-843-0446・久保田朋幸

㈲山地農機商会：〒761-8074・高松市太田上町969・☎087-865-6254

山本産業㈱：〒761-4141・小豆郡土庄町馬越甲1191・☎0879-65-2301・FAX0879-65-2728・山本正志・銘＝ヰセキ，三菱

米麦農機：〒769-2705・東かがわ市白鳥598・☎0879-25-4728・FAX0879-25-9307・米麦道利・銘＝ホンダ

[愛媛県]

㈱中四国クボタ（本社：岡山県）

愛媛事務所：〒791-3110・伊予郡松前町浜1035-1・☎089-908-6778・FAX089-961-7033

土居営業所：〒799-0712・四国中央市土居町入野866-1・☎0896-74-6177

西条営業所：〒793-0053・西条市洲之内字山崎甲1102-1・☎0897-56-2066

今治営業所：〒799-1511・今治市上徳甲739-6・☎0898-47-5665

北条営業所：〒799-2425・松山市中西外182-2・☎089-992-0355

重信営業所：〒791-0213・東温市牛渕字葛原990-6・☎089-955-1101

森松営業所：〒791-2101・伊予郡砥部町高尾田559-1・☎089-956-0676

久万営業所：〒791-1201・上浮穴郡久万高原町久万288-2・☎0892-21-0407

松山営業所：（愛媛事務所と同）

大洲営業所：〒795-0064・大洲市東大洲929-2・☎0893-25-5510

宇和営業所：〒797-0046・西予市宇和町

上松葉屋敷田25-1・☎0894-62-0059

南宇和営業所：〒798-4341・南宇和郡愛南町蓮乗寺90-1・☎0895-72-3216

広見営業所：〒798-1333・北宇和郡鬼北町永野市471・☎0895-45-0812

東予中古センター：〒793-0051・西条市安知生272-3・☎0897-55-3167

ヤンマーアグリジャパン㈱（本社：大阪府／中四国支社：岡山県）

四国営業部：〒799-1335・西条市石延5-5・☎0898-66-2640・FAX0898-66-2646

西条中央支店：〒799-1335・（四国営業部と同）・☎0898-76-5100

中寺支店：〒794-0840・今治市中寺157-1・☎0898-24-1667

松山支店：〒791-3164・伊予郡松前町中川原字新田413-7・☎089-984-0083

宇和支店：〒797-0046・西予市宇和町上松葉166-1・☎0894-62-4671

広見支店：〒798-1341・北宇和郡鬼北町近永61-1・☎0895-45-0563

㈱ヰセキ四国：〒799-3101・伊予市八倉120-1・☎089-983-5677・FAX089-983-5681・菊池英朗

愛媛支社：（本社と同）・☎089-983-5677・FAX089-983-5510

西条営業所：〒799-1101・西条市小松町新屋敷甲1174-1・☎0898-72-2821

今治営業所：〒794-0840・今治市中寺宇山ノ窪569-4・☎0898-23-2816

城北営業所：〒799-2425・松山市中西外958-3・☎089-993-9605

城南営業所：（本社と同）・☎089-983-5161

東温営業所：〒791-0212・東温市田窪1122・☎089-964-0529

久万営業所：〒791-1205・上浮穴郡久万高原町菅生二番耕地1377-1・☎0892-21-0254

伊予営業所：〒799-3112・伊予市上吾川字市ノ坪平1048-1・☎089-982-0059

大洲営業所：〒795-0073・大洲市新谷字湯之町乙1406・☎0893-25-0700

西予営業所：〒797-0044・西予市宇和町加茂115-1・☎0894-62-1377

宇和島営業所：〒798-1343・北宇和郡鬼北町近永385-2・☎0895-45-3636

三菱農機販売㈱（本社：埼玉県／西日本支社：岡山県）

愛媛支店：〒791-8006・松山市安城寺町1314-1・☎089-979-3002・FAX089-979-3003

北愛媛営業所：（愛媛支店と同）

南愛媛営業所：〒795-0071・大洲市新谷乙1400-1・☎0893-25-7705

153

販売業者編＝愛媛県，高知県＝

㈲青野農機：〒793-0054・西条市中野甲1154・☎0897-55-2915・FAX0897-55-0323・青野秀幸・銘＝ヤンマー

㈱池田喜伴商店：〒796-0048・八幡浜市北浜1-3-5・☎0894-24-5656・FAX0894-24-5655・池田洋一

イナダ農機：〒799-3202・伊予市双海町上灘5349-5・☎089-986-0054・稲田秀秋

今治ヤンマー㈱：〒799-1503・今治市富田新港1-2-6・☎0898-47-4105・FAX0898-47-4555・冠範之・銘＝ヤンマー・販＝松山支店：〒791-1111・松山市高井町1096-1・☎089-975-0362, 新居浜支店：〒792-0031・新居浜市高木町3-11・☎0897-34-5111, 土居支店：〒799-0705・四国中央市土居町野田乙1698-1・☎0896-74-4084, 北条支店：〒799-2438・松山市河野中須賀238-1・☎089-992-5177

岩村農機商会：〒798-4110・南宇和郡愛南町御荘平城3222・☎0895-72-0385・岩村一二三

畦農機店：〒791-3310・喜多郡内子町城廻479・☎0893-44-2383・畦利雄

愛媛農機販売㈱：〒791-0054・松山市空港通4-4-2・☎089-972-2270・FAX089-972-2275・米山尚志・銘＝ヤンマー，三菱・販＝松山営業所：(本社と同)・☎089-972-2271, 重信営業所：〒791-0204・東温市志津川822・☎089-964-2168, 北条営業所：〒799-2432・松山市土手内78-3・☎089-992-0057, 大洲営業所：〒795-0071・大洲市新谷乙398-1・☎0893-25-0310, 中島営業所：〒791-4501・松山市中島大浦1623・☎089-997-2249, 宇和島営業所：〒798-0020・宇和島市高串字イハク909-1・☎0895-22-5890, 伊予営業所：〒799-3123・伊予市中村129-3・☎089-983-0061, 津島営業所：〒798-3302・宇和島市津島町高田甲2737-4・☎0895-32-5711, 西条営業所：〒793-0010・西条市飯岡1908-1・☎0897-55-2235, 南松山営業所：〒799-3102・伊予市宮下99-1・☎089-982-7111

愛媛農商㈱：〒790-0067・松山市大手町2-3-3・☎089-921-2689・FAX089-947-3454・金谷章二

㈱大西農機商会：〒798-4406・南宇和郡愛南町広見2286・☎0895-84-2500・大西忠生

柏木農機店：〒796-8003・八幡浜市古町2-2-37・☎0894-22-2533・柏木明

㈲河本農機商会：〒791-1113・松山市森松町454-5・☎089-956-0062・河本喜彦

㈲クロカワ機械：〒791-0505・西条市丹原町古田甲543-4・☎0898-68-5151・FAX0898-68-5151・銘＝三菱

桑野商店：〒795-0052・大洲市若宮1473-7・☎0893-24-3525・FAX0893-24-3525・銘＝ホンダ

㈲琴平商会：〒796-0170・八幡浜市日土町2-116・☎0894-26-1011・FAX0894-26-0269・菊地貞博・銘＝ホンダ

佐伯農機具店：〒791-0502・西条市丹原町願連寺170-5・☎0898-68-7977・佐伯虎四郎

㈲白石農機：〒793-0072・西条市氷見乙1991-7・☎0897-57-9878・白石豊春・銘＝クボタ

菅機械販売㈲：〒791-0503・西条市丹原町字今井222-1・☎0898-68-7006・FAX0898-68-709・菅真・銘＝三菱

菅農機店：〒799-2305・今治市菊間町松尾775・☎0898-54-3351・菅司郎

鈴木農機商会：〒799-0721・四国中央市土居町上野1714・☎0896-74-2891・鈴木国広

㈲曽我部商店：〒798-0060・宇和島市丸之内5-6-11・☎0895-25-3111・FAX0895-25-3112・山本友子・銘＝ホンダ

㈲玉井農機販売：〒791-0508・西条市丹原町池田451-1・☎0898-64-2548・玉井清隆・銘＝クボタ

㈲タマタニ：〒791-1113・松山市森松町461・☎089-956-0048・玉谷裕一

東予農機㈱：〒799-1321・西条市高田916-10・☎0898-66-5133・FAX0898-66-5473・渡部正人・銘＝クボタ

ナガイ㈱：〒799-3111・伊予市下吾川958-1・☎089-983-1140・FAX089-983-1142・永井東洋・銘＝ホンダ

㈲マシバ：〒796-0001・八幡浜市向灘3081-2・☎0894-22-5061・FAX0894-23-2507・真柴勝昭

㈲宮脇機械商会：〒791-0301・東温市南方255-4・☎089-966-2073・宮脇政明・銘＝クボタ

山田農機商会：〒795-0061・大洲市徳森288-1・☎0893-25-3720・FAX0893-25-4367・銘＝ヤンマー

㈱山本農機商会：〒794-0084・今治市延喜甲298-1・☎0898-23-1010・FAX0898-23-1015・山本敏男・銘＝三菱

好光農機㈱：〒791-1113・松山市森松969-1・☎089-970-2111・好光昌宣

脇農機：〒799-0711・四国中央市土居町土居1894-1・☎0896-74-7480

[高知県]

㈱中四国クボタ（本社：岡山県）
高知事務所：〒780-0086・高知市海老ノ丸12-3・☎088-883-4137・FAX088-883-4140
安田営業所：〒781-6410・安芸郡田野町字東柳谷2797-1・☎0887-38-5018
安芸営業所：〒784-0043・安芸市川北甲1951-1・☎0887-35-2531
野市営業所：〒781-5213・香南市野市町東野1976-1・☎0887-55-5025
嶺北営業所：〒781-3601・長岡郡本山町本山789-1・☎0887-76-3007
南国営業所：〒783-0091・南国市立田両宗705-3・☎088-863-2861
高知営業所：(高知事務所と同)・☎088-856-5116
春野営業所：〒781-0302・高知市春野町弘岡中2524-1・☎088-894-2288
佐川営業所：〒789-1200・高岡郡佐川町上郷甲152-1・☎0889-22-4888
須崎営業所：〒785-0022・須崎市下分字中島262-1・☎0889-42-5160
窪川営業所：〒786-0003・高岡郡四万十町金上野1340-5・☎0880-22-0510
幡多営業所：〒787-0019・四万十市具同6423・☎0880-37-6900
宿毛営業所：〒788-0032・宿毛市錦字錦口1086-11・☎0880-63-0051

ヤンマーアグリジャパン㈱（本社：大阪府／中四国支社：岡山県）
高知事務所：〒783-0005・南国市大埆乙632-1・☎088-864-3195・FAX088-864-1075
中芸支店：〒781-6421・安芸郡安田町安田54-6・☎0887-38-6718
香南支店：〒781-5213・香南市野市町中ノ村320-1・☎0887-55-2587
中央支店：(高知事務所と同)・☎088-863-2018
嶺北支店：〒781-3601・長岡郡本山町本山芝屋敷848-3・☎0887-76-2100
春野支店：〒781-0302・高知市春野町弘岡中枝末1793-2・☎088-894-2011
窪川支店：〒786-0027・高岡郡四万十町東大奈路509-39・☎0880-22-1311
中村支店：〒787-0010・四万十市古津賀1583-1・☎0880-34-5522

㈱キセキ四国（本社：愛媛県）
高知支社：〒783-0047・南国市岡豊町常通寺島122-1・☎088-866-0130・FAX088-866-0140
香南営業所：〒781-5233・香南市野市町大谷405-1・☎0887-56-1519
南国営業所：(高知支社と同)・☎088-866-0303
高岡営業所：〒781-1152・土佐市用石688-1・☎088-852-0490
佐川営業所：〒789-1201・高岡郡佐川町甲323-1・☎0889-22-0386
四万十営業所：〒786-0021・高岡郡四万十町仁井田685-1・☎0880-22-9110
幡多営業所：〒787-0773・四万十市磯ノ川557-1・☎0880-37-5451

販売業者編＝高知県，福岡県＝

三菱農機販売㈱（本社：埼玉県／西日本支社：岡山県）

高知支店：〒786-0006・高岡郡四万十町東町1-9・☎0880-22-0327・FAX0880-22-2080

　高知営業所：〒781-5101・高知市布師田3976-1・☎088-845-5000

　窪川営業所：(高知支店と同)

　佐川営業所：〒789-1203・高岡郡佐川町丙3585-6・☎0889-22-0313

吾川農機：〒789-1202・高岡郡佐川町乙1871-2・☎0889-22-0295

㈲イケザワ：〒784-0005・安芸市港町1-2-6・☎0887-35-2625・FAX0887-35-2626・池沢賢二

㈲池沢農機商会：〒780-8072・高知市曙町2-3-38・☎088-844-1321・FAX088-844-1323・銘＝ヤンマー・販＝佐川支店・〒789-1201・高岡郡佐川町上郷甲438-3・☎0889-22-0435

㈲石原機械販売：〒781-3601・長岡郡本山町本山82-2・☎0887-76-2150・FAX0887-76-2188・石原鐵男

㈲伊藤農機：〒781-2401・吾川郡いの町上八川甲4571・☎088-867-3322・FAX088-867-3030・伊藤多美子・銘＝ホンダ

恩地農機商会：〒786-0504・高岡郡四万十町十川23-8・☎0880-28-5333・FAX0880-28-5334・恩地隆雄・銘＝ホンダ

㈲機会屋：〒786-0531・高岡郡四万十町小野437-1・☎0880-28-5662

㈲甲藤農機：〒781-0013・高知市薊野中町7-28・☎088-846-4738・FAX088-846-4850・甲藤浩幸

㈲葛目農機：〒783-0004・南国市大そね甲805・☎088-864-2491・FAX088-863-0192・葛目浩一・銘＝クボタ

合路製作所：〒789-1301・高岡郡中土佐町久礼4812-1・☎0889-52-4155

西原農機センター：〒789-0315・長岡郡大豊町中村大王3479-17・☎0887-72-0184・FAX0887-72-1358・小笠原一夫

河野農機センター：〒789-1931・幡多郡黒潮町入野3323-1・☎0880-43-1056・FAX0880-43-3568・河野裕

島崎農機：〒785-0610・高岡郡梼原町梼原1179・☎0889-65-0339・FAX0889-65-0339・島崎勝男

下村農機商会：〒788-0784・宿毛市山奈町山田1344・☎0880-66-0700・FAX0880-66-0700・下村忠裕

㈲白木農機：〒781-1105・土佐市蓮池733-6・☎088-852-1058・FAX088-852-1153・白木和夫

大栄商会：〒781-2401・吾川郡いの町上八川甲2068-1・☎088-867-3688

㈲高橋農機：〒781-3102・高知市鏡小

浜122・☎088-896-2911・FAX088-896-2505・高橋達雄

㈲竹内鉄工農機：〒786-0016・高岡郡四万十町大井野633・☎0880-22-0272・FAX0880-22-3727・竹内淳悟・銘＝ホンダ

武田農機商会：〒786-0082・高岡郡四万十町七里甲122・☎0880-23-0008・FAX0880-23-0008・武田雄亘

田中農機商会：〒781-6410・安芸郡田野町604・☎0887-38-2700・FAX0887-38-7480・田中繁穂

田村農機商会：〒787-0804・幡多郡三原村上下長谷310・☎0880-46-2225・FAX0880-46-2225・田村大

チタ商会：〒787-0023・四万十市中村東町2-2-3・☎0880-35-3411・FAX0880-35-3411・茶畑昌司

筒井機械：〒781-2128・吾川郡いの町波川310-3・☎088-893-2820・FAX088-893-5522・筒井隆夫・銘＝ホンダ

㈱デンタキ：〒781-5203・香南市野市町中山田62-1・☎0887-55-2528・FAX0887-55-2528・公文誠

㈲土佐農機：〒781-1105・土佐市蓮池910・☎088-852-3838・FAX088-852-3899・井沢治

㈲トップ農機商会：〒781-3521・土佐郡土佐町田井1463-3・☎0887-82-0037・FAX0887-82-0073・式地建夫

ナカヤマ農機：〒788-0273・宿毛市小筑紫町福良434・☎0880-67-0787

西山機械㈱：〒780-8102・高知市高須本町3-22・☎088-883-5128・FAX088-883-5129・田岡忠直・銘＝クボタ，ホンダ

㈲野瀬農機：〒781-1101・土佐市高岡町甲1999・☎088-852-0559・FAX088-852-1998・野瀬康秀・銘＝クボタ，ホンダ

㈲野々下農機商会：〒782-0032・香美市土佐山田町西本町5-1-15・☎0887-53-2220・FAX0887-53-2285・野々下雄世・銘＝ホンダ

㈲春野農機：〒781-0304・高知市春野町西分1445・☎088-894-3192・佃邦雄

畠山機械：〒789-0303・長岡郡大豊町川口1160-7・☎0887-72-1560

㈲福島農機：〒781-1154・土佐市新居292-3・☎088-856-0418・FAX088-856-0418・福島峰幸

松本農機商会：〒781-7301・安芸郡東洋町野根丙447-3・☎0887-28-1994・FAX0887-28-1894・松本栄一

㈲丸文高ид販売：〒781-1153・土佐市塚地212・☎088-852-7016

㈲三谷農機：〒781-3101・高知市鏡大河内400-2・☎088-896-2330・FAX088-896-2347・三谷裂範・銘＝クボタ

森本農機商会：〒781-2153・高岡郡日高村本郷1652-7・☎0889-24-7494・FAX0889-

24-7494・森本泰彰

山中農機：〒783-0040・南国市岡豊町滝本841-6・☎088-866-4484・FAX088-866-4484・山中嗣男

㈲横田機械：〒789-1203・高岡郡佐川町丙1368-7・☎0889-22-9073・FAX0889-22-9062・横田博行・銘＝ヤンマー

［福岡県］

㈱福岡九州クボタ：〒815-0041・福岡市南区野間1-11-36・☎092-541-2031・FAX092-561-6735・手嶌忠光

　勝山営業所：〒824-0822・京都郡みやこ町勝山黒田915-1・☎0930-32-3400

　行橋営業所：〒824-0032・行橋市南大橋4-9-50・☎0930-22-2295

　犀川営業所：〒824-0205・京都郡みやこ町犀川久冨2107-1・☎0930-42-1992

　苅田営業所：〒800-0331・京都郡苅田町岡崎字ヤシキ田66-6・☎0930-23-0742

　豊前営業所：〒828-0027・豊前市赤熊字桜木346-1・☎0979-82-3220

　豊前東営業所：〒828-0031・豊前市三毛門408-1・☎0979-82-4555

　小倉営業所：〒800-0233・北九州市小倉南区朽網西1-5-12・☎093-471-1704

　大任営業所：〒824-0511・田川郡大任町今任原1711-1・☎0947-63-3348

　田川営業所：〒826-0041・田川市弓削田字渡り手251-5・☎0947-44-1156

　嘉穂営業所：〒820-0301・嘉麻市牛隈1412-4・☎0948-57-3043

　方城営業所：〒822-1212・田川郡福智町弁城3039・☎0947-22-0107

　飯塚営業所：〒820-0071・飯塚市忠隈499-1・☎0948-22-3465

　頴田営業所：〒820-1114・飯塚市口原字撫吉350-6・☎09496-2-3360

　古賀営業所：〒811-3116・古賀市庄123-1・☎092-942-2184

　若宮営業所：〒822-0111・宮若市金丸264-1・☎0949-52-0167

　遠賀川営業所：〒811-4303・遠賀郡遠賀町今古賀497・☎093-293-0793

　直方営業所：〒822-0002・直方市頓野中原1405・☎0949-26-2840

　宗像営業所：〒811-3436・宗像市東郷字向手前1083-4・☎0940-36-2337

　鞍手赤間営業所：〒811-4147・宗像市石丸132-1・☎0940-33-4394

　西福岡営業所：〒811-1103・福岡市早良区四箇2-7-23・☎092-811-0421

　前原営業所：〒819-1563・糸島市高来寺278-1・☎092-321-9833

　糸島営業所：〒819-1105・糸島市潤2-6-14・☎092-322-2482

　二丈営業所：〒819-1613・糸島市二丈町

販売業者編＝福岡県＝

松末1238-5・☎092-325-0552

筑紫営業所：〒818-0066・筑紫野市永岡92-4・☎092-922-3173

南福岡営業所：〒818-0052・筑紫野市武蔵3-10-8・☎092-923-4277

福岡営業所：〒811-1254・筑紫郡那珂川町道善5-43・☎092-953-2808

二日市営業所：〒818-0072・筑紫野市二日市中央1-12-20・☎092-922-3268

東甘木営業所：〒838-0064・朝倉市頓田54・☎0946-22-2820

夜須営業所：〒838-0213・朝倉郡筑前町安野21・☎0946-42-2136

甘木営業所：〒838-0067・朝倉市牛木576-1・☎0946-22-3933

うきは営業所：〒839-1342・うきは市吉井町生葉629-7・☎0943-75-2703

田主丸営業所：〒839-1234・久留米市田主丸町豊城563-5・☎0943-72-2221

三井営業所：〒830-1213・三井郡大刀洗町春日字上命664・☎0942-77-1219

端間営業所：〒838-0126・小郡市二森字間方1333-3・☎0942-72-2625

北野営業所：〒830-1113・久留米市北野町中648-1・☎0942-78-2515

みやま営業所：〒835-0103・みやま市山川町清水655・☎0944-67-0569

筑後営業所：〒833-0001・筑後市一条字千本松1325-1・☎0942-52-3300

羽犬塚営業所：〒833-0043・筑後市庄島字籾町425・☎0942-53-2743

福島営業所：〒834-0034・八女市高塚字島田368-1・☎0943-22-3485

大木営業所：〒830-0403・三潴郡大木町大角1743-4・☎0944-33-1329

立花営業所：〒834-0071・八女市立花町田形字南原野々271-3・☎0943-37-0797

久留米営業所：〒830-0052・久留米市上津町字茶屋の前1935-5・☎0942-21-7905

大和営業所：〒839-0252・柳川市大和町栄字水町239-1・☎0944-76-2901

三池営業所：〒837-0905・大牟田市甘木字池川557-1・☎0944-58-7825

大牟田営業所：〒836-0847・大牟田市八江町51-1・☎0944-52-8979

柳川営業所：〒832-0822・柳川市三橋町下百町44-2・☎0944-73-2181

城島営業所：〒830-0211・久留米市城島町栖津字久保田717-2・☎0942-62-2335

大川西柳川営業所：〒832-0089・柳川市田脇287-3・☎0944-73-0431

ヤンマーアグリジャパン㈱（本社：大阪府）
九州支社：〒833-0001・筑後市一条535-2・☎0942-53-0333・FAX0942-53-0350・渡辺丈

曽根支社：〒800-0242・北九州市小倉南区津田1-14-50・☎093-471-1448

京築支店：〒824-0107・京都郡みやこ町田中字西ノ前549-1・☎0930-33-1010

後藤寺支店：〒826-0043・田川市奈良262-1・☎0947-44-0946

嘉穂支店：〒820-0076・飯塚市太郎丸龍王面778-1・☎0948-24-6824

遠賀支店：〒811-4306・遠賀郡遠賀町旧停2-4-3・☎093-293-1212

福岡北部支店：〒811-3414・宗像市光岡551-1・☎0940-36-2428

糸島支店：〒819-1119・糸島市前原東3-4-10・☎092-322-0535

福岡中央支店：〒818-0065・筑紫野市諸田206-1・☎092-922-2343

小郡営業所：〒838-0141・小郡市小郡1711-1・☎0942-72-3922

甘木支店：〒838-0814・朝倉郡筑前町高田666・☎0946-23-2650

浮羽支店：〒839-1343・うきは市吉井町鷹取228・☎0943-76-5210

久留米支店：〒830-0048・久留米市梅満町下津留250-1・☎0942-37-8300

筑後中央支店：〒830-0111・久留米市三潴町西牟田字穴田5285・☎0942-64-3896

柳川支店：〒832-0827・柳川市三橋町蒲船津390-1・☎0944-72-7181

U-Agriセンター筑後：〒830-0114・久留米市三潴町福光461-1・☎0942-54-6070

㈱キセキ九州（本社：熊本県）
北部支社：〒838-0226・朝倉郡筑前町中牟田1175-2・☎0946-42-1401・FAX0946-42-1379

福岡営業部：（北部支社と同）
甘木営業所：〒838-0067・朝倉市牛木688・☎0946-22-3542

吉井営業所：〒839-1321・うきは市吉井町681-1・☎0943-75-2583

宮田営業所：〒823-0003・宮若市本城451-1・☎0949-32-1260

糸島営業所：〒819-1572・糸島市末永439-11・☎092-331-0020

小郡営業所：〒838-0137・小郡市福童365-3・☎0942-72-3673

大刀洗営業所：〒830-1211・三井郡大刀洗町本郷1997-1・☎0942-77-0050

筑紫営業所：（北部支社と同）・☎0946-42-4692

田主丸営業所：〒839-1234・久留米市田主丸町豊城93-8・☎0943-72-2381

南筑営業所：〒832-0812・柳川市三橋町五拾町186・☎0944-63-7799

筑豊営業所：〒820-0202・嘉麻市山野639-3・☎0948-42-0795

豊築営業所：〒828-0025・豊前市恒富63-1・☎0979-83-3538

遠賀営業所：〒811-4302・遠賀郡遠賀町広渡2103・☎093-293-1133

三菱農機販売㈱（本社：埼玉県／九州支社：佐賀県）
豊前営業所：〒828-0021・豊前市八屋480-1・☎0979-82-5532

田川営業所：〒824-0511・田川郡大任町今任原2574-3・☎0947-63-2059

朝羽営業所：〒838-0051・朝倉市小田1788-1・☎0946-22-3191

黒木営業所：〒834-1213・八女市黒木町本分900-3・☎0943-42-0442

福岡南部営業所：〒835-0011・みやま市瀬高町松田11-1・☎0944-63-2010

柳川営業所：〒832-0063・柳川市茂庵町11-4・☎0944-72-4108

㈱アグリサポート：〒825-0005・田川市糒1854-7・☎0947-45-9820・FAX0947-45-9820・銘＝クボタ

㈱アグリメンテナンス：〒822-1201・田川郡福智町金田839-1・☎0947-22-3252・銘＝クボタ

東屋農機具店：〒822-0017・直方市殿町16-8・☎0949-22-0444・FAX0949-22-0444・蘭英雄・銘＝キセキ

㈲有明農建：〒839-0254・柳川市大和町中島144・☎0944-76-3365・FAX0944-76-1201・西田等・銘＝キセキ

㈱飯田鉄工：〒838-1511・朝倉市杷木池田538-2・☎0946-62-0151・FAX0946-62-0665・飯田弘・銘＝クボタ，キセキ

㈱いいだ農機販売：〒839-1403・うきは市浮羽町東隈上20-1・☎0943-77-3046・銘＝クボタ

石橋勝農機商会：〒831-0033・大川市幡保240-6・☎0944-87-2003・銘＝クボタ

㈱井上建機リース：〒839-0807・久留米市東合川町1-8-32・☎0942-44-4350・FAX0942-44-4355・銘＝クボタ

㈲井上農機商会：〒838-1315・朝倉市入地2819-1・☎0946-52-0084・FAX0946-52-0084・井上喜次・銘＝ヤンマー

植山進商会：〒871-0923・築上郡上毛町大字下唐原2125-1・☎0979-72-2689・銘＝クボタ

㈲うちやま農機：〒839-1343・うきは市吉井町鷹取1546-4・☎0943-75-3511・FAX0943-75-2148・内山輝雄・銘＝キセキ

大熊農機商会：〒839-1201・久留米市田主丸町長楢1867・☎0943-73-0947・銘＝クボタ

㈱オオタニ：〒834-1213・八女市黒木町本分1118-5・☎0943-42-0201・FAX0943-42-3719・大谷清二

カイダ農機：〒831-0045・大川市大野島

販売業者編＝福岡県，佐賀県＝ は omit (header)

1468・☎0944-86-8444・銘＝クボタ

㈱北島農機商会：〒830-0416・三潴郡大木町八丁牟田476-3・☎0944-32-1172・FAX0944-33-0676・北島進司

㈲木村商会：〒820-0088・飯塚市弁分258-52・☎0948-25-3241・FAX0948-25-3217・木村積・銘＝クボタ

㈲熊井農機：〒871-0821・築上郡吉富町幸子36・☎0979-24-5433・FAX0979-24-1069・熊井文夫・銘＝クボタ

久木原農機具店：〒835-0025・みやま市瀬高町上庄671-1・☎0944-63-7273・FAX0944-63-7289・久木原博文・銘＝クボタ

久保機械店：〒854-0702・雲仙市南串山町乙816・☎0957-88-3933・銘＝クボタ

栗原農機商会：〒834-0031・八女市本町2-101-12・☎0943-24-0138・FAX0943-24-0138・栗原豊・銘＝クボタ

㈲小倉菱機サービス：〒800-0223・北九州市小倉南区上曽根5-6-53・☎093-473-8862・FAX093-473-8862・北原建樹・銘＝三菱

㈱後藤：〒812-0063・福岡市東区原田4-1-13・☎092-611-0005・FAX092-611-0096・後藤真・銘＝三菱

坂井農機：〒831-0034・大川市大字一木241・☎0944-86-4234・銘＝クボタ

佐田農機商会：〒830-1201・三井郡大刀洗町大字富多1175・☎0942-75-0587・クボタ

早良農機：〒811-1102・福岡市早良区大字東入部6-10-19・☎092-804-0717・銘＝クボタ

㈲茂永機械：〒824-0431・田川郡赤村赤上赤6435・☎0947-62-2350・FAX0947-62-2505・茂永重生・銘＝クボタ

下川農機店：〒833-0044・筑後市富久225-1・☎0942-52-8559・FAX0942-52-8559・下川章好・銘＝クボタ

㈲白石商店：〒839-1408・うきは市浮羽町山北1759・☎0943-77-2878・FAX0943-77-2878・白石英司

白石農機商会：〒822-1212・田川郡福智町弁城2952-1・☎0947-22-6176・銘＝クボタ

新谷農機店：〒832-0004・柳川市矢加部631-1・☎0944-72-2779・FAX0944-72-2779・新谷浩一郎・銘＝クボタ

末藤農機：〒837-0903・大牟田市宮崎1025-1・☎0944-58-0776・銘＝クボタ

末吉農機商会：〒839-0215・みやま市高田町濃施464・☎0944-22-5861・末吉学・銘＝ヰセキ

角和成農機商会：〒834-0053・八女市川犬1171-1・☎0943-24-3277・FAX0943-24-3274・角和成・銘＝クボタ

角農機商会：〒837-0903・大牟田市宮崎829-2・☎0944-58-0845・FAX0944-58-0845・角紀元

角農機商会：〒834-0053・八女市川犬1338・☎0943-22-3207・FAX0943-22-3207・角清造

㈲角美好商会：〒834-0053・八女市川犬1613・☎0943-23-5178・FAX0943-22-3134・田中富太・銘＝ヤンマー・販＝瀬高支店：〒835-0024・みやま市瀬高町下庄元町1857-6・☎0944-62-3305

㈲高田商会：〒835-0024・みやま市瀬高町下庄2148-1・☎0944-63-2203・FAX0944-63-2238・高田浩治・銘＝クボタ

㈱たなか：〒839-1203・久留米市田主丸町秋成580-1・☎0943-72-2148・FAX0943-72-3519・田仲陸雄・銘＝クボタ

たなか農機：〒832-0083・柳川市南浜武71-3・☎0944-73-6083・銘＝クボタ

田中農機商会：〒819-0373・福岡市西区周船寺3-6-29・☎092-806-1061・FAX092-806-1061・田中栄一

田中農機商会：〒819-1119・糸島市前原東1-7-3・☎092-322-2854・FAX092-322-0514・田中昭治

田中農機商会：〒833-0006・筑後市新溝512・☎0942-52-5896・銘＝ヰセキ

棚町農機商会：〒830-1221・三井郡大刀洗町高樋1227-5・☎0942-77-2830・FAX0942-77-3596・棚町泰成・銘＝クボタ，ヰセキ

㈱筑後コマツセンター：〒833-0027・筑後市水田368・☎0942-53-4188・FAX0942-53-4059・永松英俊・銘＝ヤンマー・販＝八女営業所：〒834-0003・八女市平田349-1・☎0943-24-4890

中村商店：〒830-0063・久留米市荒木町荒木1536-5・☎0942-26-4243・FAX0942-26-2255・中村正三

中村農機商会：〒827-0004・田川郡川崎町田原1462・☎0947-72-3053・FAX0947-72-3053・中村澄洋

西木機械：〒834-1102・八女市上陽町北川内454-1・☎0943-54-2628・FAX0954-23-3708・西木正道

ハートフィールドさかもと：〒838-1702・朝倉郡東峰村福井1710・☎0946-72-2358・FAX0946-72-2156・坂本進・銘＝クボタ

花田農機：〒820-0075・飯塚市天道447・☎0948-22-1826・FAX0948-22-1846・花田信廣・銘＝クボタ

㈲日の出商会：〒843-0004・八女市納楚760-11・☎0943-23-6688・FAX0943-23-1135・金納一英・銘＝三菱

ファームテクノサポート：〒822-0003・直方市上頓野藤田丸・☎0949-26-8989・銘＝クボタ

㈲藤井農機：〒838-0823・朝倉郡筑前町山隈976・☎0946-24-5591・FAX0946-24-5591・藤井照光・銘＝ヰセキ

星野農機具：〒830-0054・久留米市藤光町925-695・☎0942-27-3803・FAX0942-27-3803・星野日出治・銘＝クボタ

堀農機店：〒834-0062・八女市岩崎242-5・☎0943-23-3222・FAX0943-23-3398・堀守男

松隈農機店：〒820-0017・飯塚市菰田西2-6-20・☎0948-22-6785・FAX0948-22-6785・松隈秀昭

㈱松本商会：〒834-0067・八女市龍ケ原47-1・☎0943-23-6168・FAX0943-23-6169・松本和広

松本商会：〒830-1226・三井郡大刀洗町山隈1854-4・☎0942-77-0338・銘＝クボタ

三沢農機商会：〒838-0116・小郡市力武17-5・☎0942-75-0587・FAX0942-75-0633・見好和海・銘＝クボタ

宮原農機商会：〒833-0000・筑後市大字和泉西1064・☎0942-53-2764・銘＝クボタ

㈲八女農機販売：〒834-0112・八女郡広川町久泉702-1・☎0943-32-3577・FAX0943-32-3581・馬場香・銘＝ヰセキ

行橋ヰセキ販売㈱：〒824-0041・行橋市大野井671-3・☎0930-22-2606・FAX0930-22-2626・中村昌海・銘＝ヰセキ

㈱ヨシタケ：〒839-1234・久留米市田主丸町豊城1767-6・☎0943-72-2145・FAX0943-73-1354・吉武宏一・銘＝三菱

［佐賀県］

㈱福岡九州クボタ（本社：福岡県）

唐津営業所：〒847-0084・唐津市和多田西山4-43・☎0955-72-3204

肥前営業所：〒847-1511・唐津市肥前町新木場2422・☎0955-54-2425

三養基営業所：〒849-0114・三養基郡みやき町中津隈字三本黒木31-1・☎0942-89-3564

神埼営業所：〒842-0035・神埼郡吉野ケ里町田手2007・☎0952-52-2201

千代田営業所：〒840-0054・神埼市千代田町餘江106-1・☎0952-44-2434

諸富営業所：〒835-2106・佐賀市諸富町山領953・☎0952-47-2058

佐賀大和営業所：〒840-0201・佐賀市大和町尼寺1720-1・☎0952-62-3470

小城営業所：〒845-0001・小城市小城町北小路244-1・☎0952-72-6888

多久営業所：〒846-0031・多久市多久町西町2470・☎0952-75-2524

伊万里営業所：〒848-0035・伊万里市二里町大里字大緑乙467-1・☎0955-23-2294

武雄営業所：〒843-0001・武雄市朝日町甘久1300-2・☎0954-22-3315

白石営業所：〒849-1105・杵島郡白石町

販売業者編＝佐賀県，長崎県＝

遠江244-16・☎0952-84-2955

鹿島営業所：〒849-1302・鹿島市井手94・☎0954-62-4079

有明営業所：〒849-1116・杵島郡白石町横手2642・☎0952-84-4987

ヤンマーアグリジャパン㈱（本社：大阪府／九州支社：福岡県）

佐賀・長崎事務所：〒845-0032・小城市三日月町金田660-2・☎0952-73-4595・FAX0952-72-2063

佐賀支店：〒840-2205・佐賀市川副町南里字一本松一角308-4・☎0952-45-8671

佐賀北支店：（佐賀・長崎事務所と同）・☎0952-73-9100

白石支店：〒849-1203・杵島郡白石町戸ヶ里1909・☎0954-65-5777

鹿島支店：〒849-1304・鹿島市中村字貝ノ橋1636-6・☎0954-63-5173

有田支店：〒849-4176・西松浦郡有田町原明乙125-1・☎0955-46-3120

伊万里支店：〒848-0041・伊万里市新天町中井樋729-1・☎0955-23-5268

唐津支店：〒847-0083・唐津市和多田大土井1-39・☎0955-73-5388

多久支店：〒846-0002・多久市北多久町小侍955-1・☎0952-75-3188

肥前支店：〒847-1521・唐津市肥前町田野乙2137・☎0955-54-0389

㈱ヰセキ九州（本社：熊本県／北部支社：福岡県）

佐賀営業所：〒849-0911・佐賀市兵庫町若宮223-6・☎0952-29-5517

三菱農機販売㈱（本社：埼玉県）

九州支社：〒841-0048・鳥栖市藤木町若桜7-1・☎0942-84-1888・FAX0942-84-0163・松田清文

鳥栖営業所：（九州支社と同）・☎0942-85-2835

牛津営業所：〒849-0302・小城市牛津町柿樋瀬324-1・☎0952-66-0078

白石営業所：〒849-1116・杵島郡白石町横手728-1・☎0952-84-2355

武雄営業所：〒843-0024・武雄市武雄町富岡12260-1・☎0954-23-2887

大和営業所：〒840-0201・佐賀市大和町尼寺2580-7・☎0952-62-0219

福富営業所：〒849-0401・杵島郡白石町福富字廿治1524-1・☎0952-87-3591

飯盛農機店：〒840-0036・佐賀市西与賀町高太郎238-3・☎0952-23-7041・FAX0952-23-7041・飯盛幹男

池田祐農センター：〒849-1301・鹿島市常広12-2・☎0954-62-1405

石橋農機：〒849-0504・杵島郡江北町八町

1274-1・☎0952-71-6175・銘＝ヰセキ

㈲岩崎鉄工：〒849-4162・西松浦郡有田町上内野丙3784・☎0955-46-4141・FAX0955-46-4143・岩崎浩・銘＝クボタ

梅崎農機店：〒849-0315・小城市芦刈町浜枝川189-2・☎0952-66-4330・FAX0952-66-4330・梅崎繁夫

大坪農機商会：〒842-0062・神埼市千代田町柳島1037・☎0952-44-2133・大坪宏

㈲小野豊大農機：〒849-3201・唐津市相知町相知1472・☎0955-62-2702・FAX0955-62-2702・小野史朗・銘＝クボタ，ヰセキ，ホンダ

北原農機商会：〒842-0014・神埼市神埼町姉川2178・☎0952-53-4233・FAX0952-53-4233・北原利光・銘＝クボタ，ヰセキ

基山鐵工所：〒841-0081・鳥栖市萱方町106・☎0942-82-3397・FAX0942-82-3758・梁井勝・銘＝クボタ

久原農機センター：〒・杵島郡白石町福富939・☎0952-87-2770・FAX0952-87-3658・久原俊行・銘＝クボタ

クボタ機械：〒849-5263・伊万里市松浦町山形6571-1・☎0955-26-2369・銘＝ヰセキ

公全舎：〒849-0113・三養基郡みやき町東尾120-1・☎0942-89-2228・FAX0942-89-4846・宮原康昌・銘＝クボタ，三菱

㈲古賀機械：〒840-0211・佐賀市大和町東山田3667-4・☎0952-62-4731・FAX0952-62-2258・古賀忠司

㈲古賀鉄工システム：〒・三養基郡みやき町大字西島1483・☎0942-96-3131・FAX0942-96-4106・古賀孝・銘＝クボタ，ヤンマー

佐賀本田商会：〒842-0006・神埼市神埼町枝ケ里40・☎0952-52-2051・FAX0952-52-2051・八谷清貴

上瀧農機商会：〒・小城市芦刈町孝道4-6・☎0952-66-4620・FAX0952-66-4620・上瀧和敏・銘＝クボタ

㈲陣内商会：〒849-1203・杵島郡白石町戸ケ里1745・☎0954-65-2057・FAX0954-65-4792・陣内洋・銘＝ヰセキ，三菱，ホンダ

高尾農機商会：〒842-0031・神埼郡吉野ヶ里町吉田274-5・☎0952-52-1261・FAX0952-52-1261

竹下農機：〒847-0313・唐津市鎮西町塩鶴2917・☎0955-82-4166・FAX0955-82-4689・竹下泰樹・銘＝クボタ，ヤンマー，ヰセキ

㈲大浦商会：〒847-1526・唐津市肥前町入野甲955-1・☎0955-54-0550・大浦輝富

㈱田中設備農機：〒842-0068・神埼市千代田町下坂400-1・☎0952-44-2035・FAX0952-44-4992・田中義彦

田中鉄工：〒840-2104・佐賀市諸富町徳

富50-2・☎0952-47-2710・FAX0952-47-6224・田中雅和

田中農機店：〒848-0122・伊万里市黒川町福田211-11・☎0955-27-1747・田中義邦

㈲鶴田鉄工：〒842-0002・神埼市神埼町田道ヶ里2163-24・☎0952-52-3010・FAX0952-52-3912・鶴田謙二

中村機工：〒849-5102・唐津市浜玉町五反田1298・☎0955-56-8068・銘＝ヰセキ

㈲永戸農機商会：〒845-0025・小城市三日月町三ヶ島25・☎0952-73-2542・永戸演行・銘＝クボタ

㈲西農機：〒849-1304・鹿島市中村乙丸1982-7・☎0954-63-2652・西正男・銘＝ヰセキ

㈲福島機械：〒849-0901・佐賀市久保泉町川久保3680・☎0952-98-3053・FAX0952-98-3051・福島稔

富士整備センター：〒841-0042・鳥栖市酒井西町1027-2・☎0942-82-4381・FAX0942-85-0287・高尾俊英

㈲前田商会：〒843-0301・嬉野市嬉野町下宿乙535-1・☎0954-43-0387・FAX0954-42-1214・前田美津雄・銘＝ホンダ

㈲松崎農機商会：〒846-0002・多久市北多久町小侍40-141・☎0952-74-2812・FAX0952-74-2813・中原貞男・銘＝クボタ，ヰセキ，三菱

マルワ機械：〒847-0832・唐津市石志4091-2・☎0955-78-0081・FAX0955-78-0598・市丸義美

㈲光武農機流通センター：〒849-1116・杵島郡白石町横手856-1・☎0952-84-3824・FAX0952-84-5985・光武和徳・銘＝ヰセキ

森園農機商会：〒840-1106・三養基郡みやき町市武1420-6・☎0942-96-2112・FAX0942-96-2601・森園澄男

山田商事㈲：〒840-2101・佐賀市諸富町大堂1025-5・☎0952-47-2427・FAX0952-47-3162・山田清吾

[長崎県]

㈱福岡九州クボタ（本社：福岡県）

五島営業所：〒853-0031・五島市吉久木町201-1・☎0959-72-4177

壱岐営業所：〒811-5757・壱岐市芦辺町中野郷西触553-2・☎0920-45-3063

南島原営業所：〒859-2121・南島原市有家町石田2687-4・☎0957-76-8166

島原営業所：〒859-1414・島原市有明町大三東丁2022-3・☎0957-68-5170

吾妻営業所：〒859-1107・雲仙市吾妻町牛口名697-4・☎0957-38-2003

大村営業所：〒856-0813・大村市西大村本町277-2・☎0957-52-6668

早岐営業所：〒859-3226・佐世保市崎岡

販売業者編＝長崎県，熊本県＝

町1644-1・☎0956-39-4712

諫早営業所：〒854-0031・諫早市小野島町1416-1・☎0957-22-5550

高来営業所：〒859-0124・諫早市高来町里258-1・☎0957-32-4159

飯盛営業所：〒854-1102・諫早市飯盛町山口825-1・☎0957-27-8020

松浦営業所：〒859-4501・松浦市志佐町浦免98-1・☎0956-72-2171

佐世保北営業所：〒857-0311・北松浦郡佐々町本田原免66-1・☎0956-41-1377

平戸営業所：〒859-5361・平戸市紐差町畑田709-4・☎0950-28-0289

田平営業所：〒859-4813・平戸市田平町深月121-1・☎0950-57-0335

ヤンマーアグリジャパン㈱（本社：大阪府／九州支社：福岡県）

平戸口支店：〒859-4824・平戸市田平町小手田免椿嵜540-1・☎0950-57-0156

県央支店：〒859-3722・東彼杵郡波佐見町岳辺田郷484-1・☎0956-26-7100

諫早支店：〒854-0033・諫早市黒崎町116-7・☎0957-22-0391

島原支店：〒859-1412・島原市有明町大三東乙字永差尾278-6・☎0957-65-9390

壱岐支店：〒811-5212・壱岐市石田町本村触38-1・☎0920-44-5119

対馬支店：〒817-0323・対馬市美津島町大船越682-17・☎0920-54-5119

南郡サービスステーション：〒859-2605・南島原市加津佐町乙540-4・☎0957-75-2300

㈱キセキ九州（本社：熊本県／北部支社：福岡県）

長崎佐賀営業部：〒854-0031・諫早市小野島町2236・☎0957-23-1147

平戸営業所：〒859-5361・平戸市紐差町684-1・☎0950-28-1268

江迎営業所：〒859-6131・佐世保市赤坂免221・☎0956-65-2062

大村営業所：〒856-0807・大村市宮小路1-485・☎0957-55-8219

諫早営業所：（長崎佐賀営業部と同）

南高営業所：〒859-1306・雲仙市国見町神代己320-2・☎0957-78-3997

阿比留農機具店：〒817-1603・対馬市上県町佐護北里1348・☎0920-84-5169・銘＝キセキ

有賀機械店：〒855-0851・島原市萩原1-5923・☎0957-62-5079・FAX0957-62-5079・有賀和年・銘＝ヤンマー

いちのせ商会：〒859-2306・南島原市北有馬町己676-1・☎0957-84-3001・FAX0957-84-3032・銘＝ホンダ

㈱植木機械：〒859-2212・南島原市西有家町須川428-2・☎0957-82-2334・FAX0957-82-0774・植木初蔵

内田機械店：〒859-2504・南島原市口之津町丙2008・☎0957-86-2317・FAX0957-86-2317・内田登志男

㈾江越農機：〒859-2201・南島原市有家町久保5-2・☎0957-82-2243・江越宣人・銘＝クボタ，キセキ

大上農機店：〒811-5215・壱岐市石田町石田西触1365-1・☎0920-44-5336・銘＝キセキ

甲斐農機具店：〒859-1116・雲仙市吾妻町阿母名1992-1・☎0957-38-3060・甲斐二郎

金重商会：〒859-2216・南島原市西有家町龍石5070-33・☎0957-82-0922・銘＝キセキ

狩野機械：〒859-2216・南島原市西有家町龍石5300・☎0957-82-1698・FAX0957-82-1698・銘＝ヤンマー

川瀬商会：〒855-0067・島原市上新町2-4174-2・☎0957-62-6791・銘＝キセキ

久保機械店：〒854-0702・南島原市南串山町乙816・☎0957-88-3933・銘＝クボタ

久米機械店：〒859-0117・諫早市高来町峰468-65・☎0957-32-2273・銘＝キセキ

小峰農機㈲：〒854-0057・諫早市平山町833・☎0957-23-4084

酒井商会：〒859-2605・南島原市加津佐町乙292-1・☎0957-87-2509・酒井美義・銘＝キセキ

佐藤農機商会：〒855-0878・島原市大下町1505-2・☎0957-62-8649・FAX0957-62-8649・佐藤保也

三栄建機サービス：〒853-0704・五島市岐宿町河務331-3・☎0959-82-0380・銘＝キセキ

三幸物産事務所：〒859-1321・雲仙市国見町多比良甲145-1・☎0957-78-3174・FAX0957-78-3174・松本和幸・銘＝キセキ

㈲清水商会：〒851-3103・長崎市琴海戸根町1251-3・☎095-884-2355・FAX095-884-3784・銘＝ホンダ

城成機械：〒811-5532・壱岐市勝本町大久保触1311・☎0920-42-2223・銘＝キセキ

竹元農機：〒857-4701・北松浦郡小値賀町笛吹郷2672-5・☎0959-56-2770・竹元隆

田中商会：〒851-0134・長崎市田中町280-21・☎095-839-0229・田中愛子

㈲田淵商会：〒854-0032・諫早市赤崎町95-2・☎0957-23-8726・田淵角善・銘＝クボタ

田村工業：〒811-5501・壱岐市勝本町勝本浦575-7・☎0920-42-1234・FAX0920-42-2218・田村節子

中尾農機商会：〒859-2605・南島原市加津佐町己91・☎0957-87-2029・FAX0957-87-

4430・中尾利秋

㈾中山農機具店：〒855-0042・島原市片町573・☎0957-62-3866・FAX0957-62-3866・中山康昭・銘＝ホンダ

長崎新菱農機㈱：〒854-0022・諫早市幸町66-10・☎0957-22-6004・FAX0957-22-6005・宇土謙一・銘＝三菱・販＝愛野支店：〒854-0302・雲仙市愛野町乙746-2・☎0957-36-1254，高来支店：〒859-0144・諫早市高来町溝口119-1・☎0957-32-2272，大村支店：〒856-0807・大村市宮小路3-1029・☎0957-55-8792

㈲野口農機店：〒854-0063・諫早市貝津町1559-1・☎0957-25-3055・FAX0957-25-3056・野口信二・銘＝ホンダ

波多野農機：〒851-2128・西彼杵郡長与町嬉里郷674-2・☎095-883-2036・FAX095-883-2484・波多野俊一・銘＝クボタ

㈲花水木：〒851-2204・長崎市三重町2-1・☎095-850-5150・銘＝キセキ

浜村商会：〒853-0601・五島市三井楽町濱ノ畔1312・☎0959-84-2217・FAX0959-84-2761・浜村甚市・銘＝クボタ

林田農機具店：〒859-2605・南島原市加津佐町乙4109・☎0957-87-4307

㈲深江コバヤシ機械：〒859-1505・南島原市深江町戊3071-3・☎0957-72-6122・FAX0957-72-6366・小林清利

㈱フジシタ：〒854-0302・雲仙市愛野町乙5285-1・☎0957-36-1417・FAX0957-36-3197・藤下實一・銘＝キセキ

ホンダ農機壱岐：〒811-5133・壱岐市郷ノ浦町本村触67-1・☎0920-47-0622・FAX0920-47-0620・吉富美穂

㈲前田農機商会：〒859-1115・雲仙市吾妻町永中名16-2・☎0957-38-2052・FAX0957-38-6488・銘＝ヤンマー，ホンダ

森一商会：〒850-0055・長崎市中町5-26・☎095-826-6111・FAX095-826-6113・銘＝ホンダ

森山機械：〒854-0204・諫早市森山町田尻1020-6・☎0957-36-0613・銘＝キセキ

八木機械店：〒854-0203・諫早市森山町本村872・☎0957-36-1845・FAX0957-36-1989・八木繁男・銘＝クボタ

㈲吉野優商店：〒859-3223・佐世保市広田2-385・☎0956-38-2917・FAX0956-38-2860・銘＝ホンダ

吉山農機販売：〒857-0115・佐世保市柚木元町2344・☎0956-46-0331・FAX0956-46-0331・吉山了

ロビン長崎：〒854-0006・諫早市天満町35-11・☎0957-23-0508・FAX0957-22-8522・岩永勉

[熊本県]

㈱中九州クボタ：〒869-1234・菊池郡大津

販売業者編＝熊本県＝

町引水789-1・☎096-293-1345・FAX096-353-5104・西山忠彦

玉名営業所：〒865-0041・玉名市伊倉北方383・☎0968-72-5125

荒尾営業所：〒864-0163・荒尾市野原字西原122-1・☎0968-68-3118

長州営業所：〒869-0103・玉名郡長洲町腹赤1477-1・☎0968-78-4608

南関営業所：〒861-0811・玉名郡南関町小原2107・☎0968-53-2632

山鹿営業所：〒861-0535・山鹿市南島1698-1・☎0968-43-2416

熊本南営業所：〒861-4127・熊本市南区内田町3803・☎096-223-1347

鹿本営業所：〒861-0312・山鹿市鹿本町梶屋875-1・☎0968-46-3092

植木営業所：〒861-0136・熊本市北区植木町岩野1078-1・☎096-272-0024

菊池営業所：〒861-1306・菊池市大琳寺新堀288-1・☎0968-25-2200

泗水営業所：〒861-1201・菊池市泗水町吉富442-1・☎0968-38-2206

熊本営業所：〒861-5524・熊本市北区硯川町788-5・☎096-275-6771

熊本東営業所：〒861-8031・熊本市東区戸島町354-2・☎096-237-6535

御船営業所：〒861-3206・上益城郡御船町辺田見1276・☎096-282-0111

砥用営業所：〒861-4727・下益城郡美里町原344・☎0964-47-2223

城南営業所：〒861-4204・熊本市南区城南町下宮地887-1・☎0964-28-0210

松橋営業所：〒869-0551・宇城市不知火町御領315-1・☎0964-32-1191

小川営業所：〒869-0631・宇城市小川町北新田490-1・☎0964-43-0318

上天草営業所：〒869-3603・上天草市大矢野町中4525-1・☎0964-59-5055

天草営業所：〒863-0019・天草市小松原町23-7・☎0969-23-2328

鏡営業所：〒869-4201・八代市鏡町鏡村1252-3・☎0965-52-0568

八代営業所：〒869-4612・八代市岡町中字古城650-1・☎0965-39-0666

八代西営業所：〒866-0013・八代市沖町四番割3555-1・☎0965-35-3521

芦北営業所：〒869-5461・葦北郡芦北町芦北2782-6・☎0966-82-2671

人吉営業所：〒868-0013・人吉市上薩摩瀬町桜木1457-2・☎0966-23-2545

球磨営業所：〒868-0408・球磨郡あさぎり町免田東4313・☎0966-45-2154

大津営業所：〒869-1233・菊池郡大津町大津2555-1・☎096-293-2276

阿蘇営業所：〒869-2301・阿蘇市内牧1507-1・☎0967-32-1591

小国営業所：〒869-2501・阿蘇郡小国町宮原字下湯原1810・☎0967-46-2305

高森営業所：〒869-1600・阿蘇郡高森町字里木2187・☎0967-62-0239

蘇陽営業所：〒861-3923・上益城郡山都町柏1030-1・☎0967-85-0529

矢部営業所：〒861-3516・上益城郡山都町千滝191-1・☎0967-72-3122

ヤンマーアグリジャパン㈱（本社：大阪府／九州支社：福岡県）

熊本事務所：〒860-0834・熊本市南区江越2-15-12・☎096-378-8151・FAX096-378-8157

玉名支店：〒865-0056・玉名市滑石甲二ノ割2493・☎0968-76-1270

山鹿支店：〒861-0553・山鹿市石1409-2・☎0968-43-2023

植木支店：〒861-0131・熊本市北区植木町広住735・☎096-272-0120

菊池支店：〒861-1306・菊池市大琳寺302-4・☎0968-25-2458

南小国支店：〒869-2401・阿蘇郡南小国町赤馬場141-1・☎0967-42-0745

阿蘇支店：〒869-2612・阿蘇市一の宮町宮地2407・☎0967-22-0167

高森支店：〒869-1602・阿蘇郡高森町高森市下1423-5・☎0967-62-0333

熊本中央支店：〒861-4214・熊本市南区城南町舞原357・☎096-441-2188

益城営業所：〒861-2244・上益城郡益城町寺迫51-6・☎096-286-2274

天草支店：〒866-6551・天草市下浦町1875-4・☎0969-23-7294

八代支店：〒866-0013・八代市沖町3879-1・☎0965-32-2721

人吉支店：〒868-0092・球磨郡山江村山田乙1237-1・☎0966-23-2517

芦北支店：〒869-5461・芦北郡芦北町芦北2389-5・☎0966-82-2322

㈱キセキ九州：〒861-2212・上益城郡益城町平田2550・☎096-286-0303・FAX096-286-0309・深見雅之

中部支社：(本社と同)・☎096-286-0333・FAX096-286-3003・

熊本営業部：(中部支社と同)

玉名営業所：〒865-0048・玉名市小野尻字川丁561・☎0968-72-5171

山鹿営業所：〒861-0514・山鹿市新町406・☎0968-43-2252

菊池営業所：〒861-1324・菊池市野間口546-1・☎0968-25-2151

熊本北営業所：〒861-1101・合志市合生3829・☎096-242-3837

阿蘇営業所：〒869-2612・阿蘇市一の宮町宮地3365-4・☎0967-22-0054

小国営業所：〒869-2501・阿蘇郡小国町宮原1849-1・☎0967-46-4415

高森営業所：〒869-1602・阿蘇郡高森町高森1404-6・☎0967-62-0155

大津営業所：〒869-1235・菊池郡大津町町414-1・☎096-293-3181

益城営業所：〒861-2212・(中部支社と同)・☎096-286-2016

御船営業所：〒861-3206・上益城郡御船町辺田見371-3・☎096-282-0343

宇城営業所：〒869-0416・宇土市松山町4403・☎0964-22-0310

鏡営業所：〒869-4202・八代市鏡町内田237・☎0965-52-0045

天草営業所：〒863-0046・天草市亀場町食場979-3・☎0969-24-1163

球磨営業所：〒868-0424・球磨郡あさぎり町上西127-1・☎0966-45-4838

人吉営業所：〒868-0025・人吉市瓦屋町1635-1・☎0966-22-3068

三菱農機販売㈱（本社：埼玉県／九州支社：佐賀県）

熊本営業所：〒861-0153・熊本市北区植木町円台寺92-1・☎096-215-3611

菊池営業所：〒861-1101・合志市合生60-5・☎096-242-0552

山鹿営業所：〒861-0553・山鹿市石1503・☎0968-43-3211

人吉営業所：〒868-0082・人吉市中林町464-1・☎0966-23-2518

青木商会：〒868-0503・球磨郡多良木町久米515-3・☎0966-42-5752・FAX0966-42-6448・青木久光・銘＝三菱

アグリKS渕本：〒869-0611・宇城市小川町東海東52-7・☎0964-43-5201

㈲有馬商事：〒866-0885・八代市永碇町1070・☎0965-35-1200・FAX0965-33-1774・有馬政一

栗田農機商会：〒865-0056・玉名市滑石2609-3・☎0968-76-3220・栗田勤・銘＝クボタ

伊藤農機店：〒869-2501・阿蘇郡小国町宮原1549-3・☎0967-46-2231・伊藤芳昭

㈲上田農機：〒861-4412・下益城郡美里町佐俣503-1・☎0964-46-2771・FAX0964-46-2785・上田利男

内田農機商会：〒861-2402・阿蘇郡西原村小森3133-2・☎096-279-3706・FAX096-279-1026・内田イツ子・銘＝キセキ

有働商会：〒861-0331・山鹿市鹿本町来民1171・☎0968-46-2005・FAX096-846-4465・有働守・銘＝キセキ

㈲梅木農機商会：〒869-2501・阿蘇郡小国町宮原1560・☎0967-46-2401・梅木周敏

㈲エイエフ・サービス：〒861-3784・上益城郡山都町川野1615・☎0967-72-1885

エムケイ機械：〒861-5272・熊本市西区中島町1104-2・☎096-329-0321・銘＝キセキ

㈲大森商会：〒862-0911・熊本市東区健軍2-11-53・☎096-368-2211・大森安彦

鏡農機サービス：〒869-4200・八代市鏡町貝洲970・☎0965-53-9032・FAX0965-53-9114・藤川重信

河津農機具店：〒869-2501・阿蘇郡小国町宮原1730・☎0967-46-3018・河津武士

機械のムラカミ：〒861-8028・熊本市東区新南部3-7-12・☎096-382-3755・村上正春

㈲菊池農機商会：〒869-1234・菊池郡大津町引水690-5・☎096-293-3065・菊池武之

キムラ商会：〒861-5253・熊本市南区八分町1506・☎096-227-2677・木村正昭

㈲楠本農機：〒869-5161・八代市葭牟田町442-2・☎0965-35-9429・楠本義育

小林機械：〒861-1672・菊池市龍門2041・☎0968-27-0656・小林誠

㈱坂井商会：〒861-5283・熊本市西区松尾町上松尾4410・☎096-319-4455・FAX096-329-2048・原正彦

㈱坂田機械産業：〒860-0816・熊本市中央区本荘716・☎096-363-0125・FAX096-372-6082・坂田良平・銘＝ヤンマー

㈲サンダイ商会：〒861-0924・玉名郡和水町大田黒697・☎0968-34-2176・末永増男

㈲三友機械：〒869-0404・宇土市走潟町1122-2・☎0964-23-5651・FAX0964-23-5652・奥村健一

下崎機工：〒866-0007・八代市郡築6-120-2・☎0965-37-0833

副島商店：〒867-0065・水俣市浜町3-4-16・☎0966-63-2545・副島藤作

㈲園川農機商会：〒861-2244・上益城郡益城町寺迫932・☎096-286-2077・園川二源・銘＝キセキ

園村農機：〒861-4122・熊本市南区美登里町1316-2・☎096-223-1996・銘＝キセキ

高木農機店：〒861-0535・山鹿市南島940-4・☎0968-43-6115・高木弘則・銘＝キセキ

㈲タツミ農機：〒860-0044・熊本市西区谷尾崎町1034・☎096-352-0839・FAX096-352-0839・穴見学

立石農機：〒863-0001・天草市本渡町広瀬1813-12・☎0969-22-4585・立石幸一

南郷車輌農機産業：〒861-0803・玉名郡南関町関町1628-1・☎0968-53-0133・銘＝キセキ

㈲灰本農機商会：〒866-0825・八代市井上町586・☎0965-33-8539・FAX0965-34-1147・灰本恵一

橋本機械商事：〒869-2231・阿蘇市永草1342-5・☎0967-35-1165・FAX0967-35-1004・橋本勲

馬場農機商会：〒868-0303・球磨郡錦町西1326-1・☎0966-38-0040

福田農機商会：〒865-0051・玉名市繁根木240・☎0968-72-2256・福田米夫

平国野崎農機：〒869-5605・芦北郡津奈木町福浜3535・☎0966-78-3403

㈲富士商会：〒866-0015・八代市築添町1600-1・☎0965-32-3597・FAX0965-32-3596・相藤朋明・銘＝ホンダ

㈲前田農機：〒869-0633・宇城市小川町新田1117-3・☎0964-43-0856・前田光典・銘＝キセキ

㈲松永農機：〒869-4202・八代市鏡町内田201・☎0965-52-0172・松永倫明・銘＝キセキ

松村農機：〒866-0813・八代市上片町1422・☎0965-33-7702・松村義行

㈲本富技術サービス：〒861-4125・熊本市南区奥古閑町2884-4・☎096-223-0694・本富光義

もりの農機：〒869-4811・八代郡氷川町鹿野1277-2・☎0965-52-7261・森野覚・銘＝キセキ

㈱山崎実業：〒861-0331・山鹿市鹿本町来民1164・☎0968-46-2201・FAX0968-46-2118・山崎嘉之・銘＝ヤンマー，三菱

㈱山都水道機工：〒861-3513・上益城郡山都町下市44-1・☎0967-72-0039・FAX0967-72-0151・村田勝衛

㈱ヨシダ：〒869-0632・宇城市小川町南新田470-6・☎0964-43-0096・FAX0964-43-4665・吉田忍・銘＝ヤンマー・販＝砥用
営業所：〒861-4704・下益城郡砥用町涌井418-1・☎0964-47-0243

㈲ヨシダ農機：〒869-4805・八代郡氷川町野津3464・☎0965-52-3560・吉田松男

ヨシムラ産業：〒863-2505・天草郡苓北町内田229-8・☎0969-35-1760

吉村商会：〒869-3203・宇城市三角町戸馳4358・☎0964-52-3552・吉村東

ロビン熊本販売㈱：〒860-0053・熊本市西区田崎1-5-64・☎096-354-3171・FAX096-354-3181・大森昭

［大分県］

㈱福岡九州クボタ（本社：福岡県）
中津営業所：〒871-0152・中津市加来字加来原2283-101・☎0979-33-0100
日田営業所：〒877-0000・日田市三和1003-1・☎0973-22-3793

㈱中九州クボタ（本社：熊本県）
大分営業所：〒879-7761・大分市中戸次4460-4・☎097-597-7203
竹田営業所：〒878-0023・竹田市君ヶ園610-1・☎0974-63-1911
久住営業所：〒878-0204・竹田市久住町柏木字高畝6049-51・☎0974-77-2036

大野営業所：〒879-6441・豊後大野市大野町田中237-3・☎0974-24-5678
三重営業所：〒879-7111・豊後大野市三重町赤峰字大宮田2113・☎0974-22-0401
野津営業所：〒875-0201・臼杵市野津町野津市字中仮屋903・☎0974-32-2496
宇佐営業所：〒879-0231・宇佐市南敷田359-1・☎0978-34-6187
安心院営業所：〒872-0521・宇佐市安心院町下毛字御子ノ前2506-1・☎0978-44-0486
高田営業所：〒879-0615・豊後高田市界字受場77-12・☎0978-22-1541
玖珠営業所：〒879-4412・玖珠郡玖珠町山田字瀬戸口194-4・☎0973-72-2073
国東営業所：〒873-0502・国東市国東町田深919-5・☎0978-72-1224
庄内営業所：〒879-5413・由布市庄内町大龍1362-1・☎097-582-0319

ヤンマーアグリジャパン㈱（本社：大阪府／九州支社：福岡県）
大分事務所：〒870-1201・大分市廻栖野字新界2501-1・☎097-586-4110・FAX097-586-4120
宇佐中央支店：〒879-0465・宇佐市下拝田字山ノ下298-1・☎0978-32-1086
高田支店：〒879-0627・豊後高田市新地1855-1・☎0978-24-2509
日出支店：〒879-1505・速見郡日出町川崎字後中尾1980・☎0977-72-2556
国東中央支店：〒873-0511・国東市国東町小原1869-1・☎0978-72-1019
玖珠支店：〒879-4414・玖珠郡玖珠町大隈字小坪276-4・☎0973-72-1178
竹田支店：〒878-0021・竹田市穴井迫1626・☎0974-62-3115
三重支店：〒879-7152・豊後大野市三重町百枝1086-267・☎0974-22-0443
庄内支店：〒879-5413・由布市庄内町大竜2616-1・☎097-582-2691
大分支店：（大分事務所と同）・☎097-586-4111
野津支店：〒875-0233・臼杵市野津町宮原3785・☎0974-32-2055

㈱キセキ九州（本社：熊本県／中部支社）
大分営業部：〒870-0856・大分市畑中866-1・☎097-543-9161・FAX097-544-3824
宇佐営業所：〒879-0444・宇佐市石田210-5・☎0978-32-1656
高田営業所：〒879-0617・豊後高田市高田2141・☎0978-22-2902
安心院営業所：〒872-0507・宇佐市安心院町木裳60・☎0978-44-1130
日出営業所：〒879-1502・速見郡日出町藤原1650・☎0977-72-5656

販売業者編＝大分県，宮崎県＝

庄内営業所：〒879-5413・由布市庄内町大龍2400-5・☎097-582-3088

大分営業所：(大分営業部と同)・☎097-545-5885

坂ノ市営業所：〒870-0313・大分市屋山547・☎097-593-0340

野津営業所：〒875-0233・臼杵市野津町宮原3837・☎0974-32-2591

佐伯営業所：〒876-0025・佐伯市池田1296-1・☎0972-22-0536

竹田営業所：〒878-0025・竹田市拝田原499・☎0974-63-1311

三菱農機販売㈱(本社：埼玉県／九州支社：佐賀県)

大分営業所：〒879-5504・由布市挾間町下市275-2・☎0975-83-5156

県南営業所：〒879-6614・豊後大野市緒方町知田151-1・☎0974-42-2252

日田営業所：〒877-0004・日田市城町1-426-1・☎0973-24-2131

玖珠営業所：〒879-4413・玖珠郡玖珠町塚脇455-8・☎0973-72-1181

国東営業所：〒873-0503・国東市国東町鶴川1611-8・☎0978-72-0126

県北営業所：〒879-1132・宇佐市岩崎369-1・☎0978-37-3366

石橋農機サービスセンター：〒877-0000・日田市小迫41-2・☎0973-24-6632・FAX0973-24-6640・石橋博道

植山農機具店：〒871-0011・中津市下池永267-25・☎0979-22-2738・植山講治

㈲臼杵ヰセキ農機：〒875-0062・臼杵市野田53-14・☎0972-62-2859・FAX0972-62-2859・銘＝ヰセキ

浦塚農機商会：〒877-1231・日田市三和財津町2455-1・☎0973-22-4562・FAX0973-22-4562

大分県中央農機センター㈲：〒876-0122・佐伯市弥生門田923・☎0972-46-1900・FAX0972-46-0049・石田幸治

㈲大分メリー商会：〒870-0829・大分市椎迫5-5・☎097-543-5237・FAX097-544-5315・桑原正治・銘＝ホンダ

㈲川田商会：〒873-0002・杵築市南杵築杉山455-1・☎0978-62-4322・川田益志・銘＝ヰセキ

㈲キツキ農機：〒873-0014・杵築市本庄下本庄2187-2・☎0978-62-2792・小野豊

㈱協同産業：〒879-2401・津久見市千怒1553・☎0972-82-7476・FAX0972-82-6616・銘＝ホンダ

㈲ゴザオカ商会：〒871-0202・中津市本耶馬渓町曽木1719-4・☎0979-52-2511・FAX0979-52-2555・御座岡正美・銘＝三菱・販＝三光営業所：〒871-0101・中津市三光森山480-1・☎0979-43-6275

相良工業所：〒871-0412・中津市耶馬渓町栃木29-1・☎0979-54-2167・FAX0979-54-2377・相良勝喜

しゅんゆう商店：〒879-0103・中津市植野字亀山912-6・☎0979-64-6203

秦機械㈱：〒870-0945・大分市津守12・☎097-569-5434・FAX097-569-5561・秦栄一・銘＝ヤンマー

㈲高野農機商会：〒878-0024・竹田市玉来1101-35・☎0974-63-2764

㈲竹本農機商会：〒871-0431・中津市耶馬渓町大島223-6・☎0979-56-2709・FAX0979-56-2813・竹本一俊・銘＝ヰセキ

㈲田長丸農機：〒871-0151・中津市大悟法780-6・☎0979-32-0837・FAX0979-32-7797・田長丸政也・銘＝三菱

㈲タナベ農機センター：〒879-6202・豊後大野市浅池町下野・☎0974-72-1517・FAX0974-72-1517・田部孝文・銘＝クボタ

土井農機販売：〒871-0105・中津市三光原口559-2・☎0979-43-5008・銘＝ヰセキ

㈲中園肥料店：〒879-0457・宇佐市芝原182-2・☎0978-32-0046・銘＝ヰセキ

㈲中津農機：〒871-0011・中津市下池永607・☎0979-24-9606・中野康宏・銘＝ヰセキ

長友農機：〒873-0033・杵築市守江858-44・☎0978-63-9032・FAX0978-63-8755・長友剛・銘＝ホンダ

長谷川商会：〒879-5516・由布市挾間町赤野2060・☎097-583-1998・銘＝ヰセキ

㈱松本農機商会：〒879-0311・宇佐市森山1524・☎0978-32-0533・FAX0978-32-8060・奥政広・銘＝ヤンマー・販＝笠松営業所：〒879-0233・宇佐市赤坂字中原191-1・☎0978-33-0150

㈲まるかん機工：〒879-6115・竹田市荻町馬場419-3・☎0974-68-2030・銘＝クボタ

㈲森機械店：〒878-0012・竹田市竹田町563-1・☎0974-62-2943・FAX0974-62-2636・森信久

耶馬渓農機商会：〒871-0202・中津市本耶馬渓町曽木1861・☎0979-52-2350・遠山丘

㈲吉野機械：〒879-1311・杵築市山香町内河野2510・☎0977-75-1164・銘＝ヰセキ

ヲグラ商会㈲：〒871-0007・中津市蛎瀬811-3・☎0979-24-5011・FAX0979-23-2572・小倉賢二・銘＝ヤンマー

［宮崎県］

㈱南九州沖縄クボタ(本社：鹿児島県)

高千穂営業所：〒882-1101・西臼杵郡高千穂町三田井長畑4079・☎0982-72-2369

延岡営業所：〒882-0851・延岡市浜砂2-19-2・☎0982-33-4408

日向営業所：〒883-0101・日向市東郷町山陰字桂原乙5-17・☎0982-50-7111

都農営業所：〒889-1201・児湯郡都農町川北18835-2・☎0983-25-0241

川南営業所：〒889-1302・児湯郡川南町平田字堤牟田1407-2・☎0983-27-1167

高鍋営業所：〒884-0002・児湯郡高鍋町北高鍋字樋渡2527・☎0983-22-1186

新富営業所：〒889-1402・児湯郡新富町三納代字石川1880-1・☎0983-33-0277

西都営業所：〒881-0003・西都市右松字下鶴1951-12・☎0983-43-0452

国富営業所：〒880-1101・東諸県郡国富町本庄字森ノ下11646-1・☎0985-75-2475

宮崎営業所：〒880-0912・宮崎市赤江字飛江田140-1・☎0985-56-3249

宮崎北営業所：〒880-0835・宮崎市阿波岐原町乙名無田892-13・☎0985-31-9255

田野営業所：〒889-1701・宮崎市田野町字尾脇甲8136-13・☎0985-86-0129

日南営業所：〒887-0023・日南市隈谷字五反田甲1156-1・☎0987-32-6055

南那珂営業所：〒888-0004・串間市串間南方堀990-3・☎0987-72-1142

高城営業所：〒885-1202・都城市高城町穂満坊438-1・☎0986-58-2249

都城営業所：〒885-0093・都城市志比田町4529-1・☎0986-21-8545

高崎営業所：〒889-4505・都城市高崎町大牟田字下原2165・☎0986-62-1278

谷頭営業所：〒889-4602・都城市山田町中霧島字北屋敷2979-1・☎0986-64-1341

野尻営業所：〒886-0213・小林市野尻町三ヶ野山字馬渡138-3・☎0984-44-1315

小林営業所：〒886-0006・小林市北西方字種子221-1・☎0984-22-4781

えびの営業所：〒889-4311・えびの市大明司下牛田365-122・☎0984-33-0307

ヤンマーアグリジャパン㈱(本社：大阪府／九州支社：福岡県)

宮崎事務所：〒880-0124・宮崎市新名爪206・☎0985-39-2161・FAX0985-39-6263

高千穂支店：〒882-1101・西臼杵郡高千穂町三田井6508-1・☎0982-72-3145

延岡支店：〒882-0003・延岡市稲葉崎町4-2054-1・☎0982-32-3681

日向支店：〒883-0034・日向市富高字中原236-1・☎0982-52-3404

川南支店：〒889-1302・児湯郡川南町平田1390-18・☎0983-27-0161

西都支店：〒881-0003・西都市右松字三反田1076-1・☎0983-43-0253

新富支店：〒889-1406・児湯郡新富町新

田17949-5・☎0983-26-5200

宮崎北支店：(宮崎事務所と同)・☎0985-39-1040

国富支店：〒880-1104・東諸県郡国富町田尻124・☎0985-75-2108

日南支店：〒889-3143・日南市下方1124・☎0987-27-2744

都城今町支店：〒885-0063・都城市梅北町442-3・☎0986-39-1288

都城北支店：〒885-0002・都城市太郎坊町7799-1・☎0986-38-0240

谷頭支店：〒889-4602・都城市山田町中霧島字宮ノ前3873-2・☎0986-64-1500

高崎支店：〒889-4503・都城市高崎町縄瀬1695-9・☎0986-62-2558

小林支店：〒886-0003・小林市堤3067・☎0984-23-1451

えびの支店：〒889-4222・えびの市小田字川原1274-1・☎0984-35-3000

㈱キセキ九州（本社：熊本県／南部支社：鹿児島県）

宮崎営業部：〒889-1403・児湯郡新富町上富田3210-1・☎0983-33-0988・FAX0983-33-3798

延岡営業所：〒882-0836・延岡市恒富町4-189・☎0982-33-2895

日向営業所：〒883-0033・日向市塩見996-3・☎0982-53-0420

川南営業所：〒889-1301・児湯郡川南町川南17698-1・☎0983-27-0243

西都営業所：〒881-0001・西都市岡富1008-6・☎0983-43-1662

国富営業所：〒880-1101・東諸県郡国富町本庄1977-11・☎0985-75-6222

新富営業所：(宮崎営業部と同)・☎0983-33-4498

串間営業所：〒888-0007・串間市南方131-2・☎0987-72-0605

都城営業所：〒885-0061・都城市下長飯町230・☎0986-39-2507

小林営業所：〒886-0004・小林市細野285-1・☎0984-22-2477

えびの営業所：〒889-4301・えびの市原田2549-1・☎0984-33-0153

三菱農機販売㈱（本社：埼玉県／九州支社：佐賀県）

小林営業所：〒886-0003・小林市堤2924-3・☎0984-22-2927

宮崎営業所：〒880-0837・宮崎市村角町六反田386-3・☎0985-61-7577

児湯営業所：〒889-1406・児湯郡新富町新田17953-27・☎0983-21-6228

国富営業所：〒880-1114・東諸県郡国富町三名1307-1・☎0985-75-2263

今城農機：〒885-0114・都城市庄内町8030・☎0986-37-0057・FAX0986-37-0057・今城正賢

㈲今城農機：〒889-4602・都城市山田町中霧島3091-1・☎0986-64-2136・FAX0986-64-3643・今城義隆

㈲岩切農機商会：〒880-2213・宮崎市高岡町上倉永703-7・☎0985-82-1821・FAX0985-82-1443・銘＝クボタ

㈲植村農機産業：〒885-0042・都城市上長飯町2347・☎0986-24-7759・FAX0986-24-7886

㈲ウケガワ：〒880-0211・宮崎市佐土原町下田島9471・☎0985-73-0217・FAX0985-73-1670・請川敬輔・銘＝三菱

川口機械サービス：〒889-4414・西諸県郡高原町蒲牟田5462-2・☎0984-42-4022・FAX0984-42-3496・川口博文

㈲北川農機商会：〒887-0014・日南市岩崎1-4-10・☎0987-23-3222・FAX0987-23-2367・北川孝

㈲工藤農機：〒822-0103・延岡市北方町水流卯1769-7・☎0982-47-3252・FAX0982-47-3274・工藤康幸

㈱小林農機販売：〒886-0005・小林市南西方2147-22・☎0984-27-0600・銘＝キセキ

西城農機商会：〒882-1101・西臼杵郡高千穂町三田井1191・☎0982-72-2667・FAX0982-72-5375・西田和昭・銘＝キセキ

㈲神宮農機商会：〒880-0124・宮崎市新名爪195・☎0985-39-2277・FAX0985-39-2330・日高明

瀬治山農機㈲：〒888-0013・串間市東町25-15・☎0987-72-0677・FAX0987-72-0677・瀬治山篤

竹之下農機：〒889-4412・西諸県郡高原町西麓559・☎0984-42-2050

堂園農機：〒889-4505・都城市高崎町大牟田2032-2・☎0986-62-1711・銘＝キセキ

延岡新菱農機㈲：〒882-0856・延岡市出北4-2457-1・☎0982-35-4180・FAX0982-35-4181・谷口豊・銘＝三菱

㈲原田：〒889-4602・都城市山田町中霧島3158-9・☎0986-64-1996・FAX0986-64-0469・原田祐一・銘＝三菱

㈲福留農機商会：〒885-0112・都城市乙房町2689-4・☎0986-37-0372・銘＝クボタ

マシンショップ永友：〒889-1301・児湯郡川南町川南19717-1・☎0983-27-3488・永友晴雄

㈲マツウラ農機：〒880-2104・宮崎市浮田1935-1・☎0985-47-8982・FAX0985-47-8982・松浦重慶

㈲宮崎共同機器販売：〒886-0003・小林市堤3088・☎0984-22-4541・FAX0984-22-3935・大田川義久・銘＝ヤンマー

ムトー農機：〒889-1401・児湯郡新富町日置2889・☎0983-33-0610・FAX0983-33-0916・武藤政宣・銘＝クボタ

山本農機商会：〒880-0056・宮崎市神宮東3-5-47・☎0985-25-7607・FAX0985-25-7674・山本年幸

㈲ヨシノ：〒880-0212・宮崎市佐土原町下那珂5069-1・☎0985-73-5144・FAX0985-73-5144

［鹿児島県］

㈱南九州沖縄クボタ：〒899-6405・霧島市溝辺町崎森973-1・☎0995-58-4373・FAX0995-58-4377・久保雄司

北薩営業所：〒899-0502・出水市野田町下名3240-30・☎0996-68-1133

川内営業所：〒895-0064・薩摩川内市花木町4-1・☎0996-25-2211

宮之城営業所：〒895-1801・薩摩郡さつま町広瀬686-7・☎0996-53-0082

入来営業所：〒895-1402・薩摩川内市入来町浦之名7894-4・☎0996-44-2248

姶良営業所：〒899-5413・姶良市豊留573-9・☎0995-65-6400

国分営業所：〒899-4321・霧島市国分広瀬1-10-11・☎0995-45-1457

財部営業所：〒899-4101・曽於市財部町南俣479-1・☎0986-72-2206

大隅営業所：〒899-8212・曽於市大隅町月野字志柄1306-1・☎099-482-5556

栗野営業所：〒899-6207・姶良郡湧水町米永字永田585-13・☎0995-74-3145

大口営業所：〒895-2703・伊佐市菱刈花北字中島45-3・☎0995-29-5570

吉田営業所：〒891-1304・鹿児島市本名町3031-1・☎099-294-2384

伊集院営業所：〒899-2504・日置市伊集院町郡226-1・☎099-273-3541

吹上営業所：〒899-3302・日置市吹上町中之里3492-1・☎099-296-2087

加世田営業所：〒897-0008・南さつま市加世田地頭所町10-1・☎0993-53-6200

知覧営業所：〒897-0306・南九州市知覧町西元4075-1・☎0993-58-6601

頴娃営業所：〒891-0702・南九州市頴娃町牧之内10156-1・☎0993-36-0146

山川営業所：〒891-0515・指宿市山川小川3258-1・☎0993-35-0774

中種子営業所：〒891-3604・熊毛郡中種子町野間11593-2・☎0997-27-1978

沖永良部営業所：〒891-9201・大島郡知名町余多1249・☎0997-93-2117

ヤンマーアグリジャパン㈱（本社：大阪府／九州支社：福岡県）

鹿児島事務所：〒899-6401・霧島市溝辺町有川2140・☎0995-59-3900・FAX0995-59-2045

知覧支店：〒897-0305・南九州市知覧町

販売業者編＝鹿児島県＝

瀬世4732-14・☎0993-83-2350

湯之元支店：〒899-2103・いちき串木野市大里1-3・☎0996-36-3717

姶良支店：〒899-5404・姶良市永瀬207-1・☎0995-66-2586

宮之城支店：〒895-2104・薩摩郡さつま町柏原2872-1・☎0996-53-0652

出水支店：〒899-0405・出水市高尾野町下水流2766-4・☎0996-82-2726

大口支店：〒895-2506・伊佐市大口原田639-22・☎0995-22-0053

湧水支店：〒899-6207・姶良郡湧水町米永183・☎0995-74-2105

曽於支店：〒899-8102・曽於市大隅町岩川6302-3・☎0994-71-2330

財部営業所：〒899-4101・曽於市財部町南俣167-1・☎0986-72-2205

大隅支店：〒893-0022・鹿屋市旭原町2817-1・☎0994-43-3740

国分支店：〒899-4321・霧島市国分広瀬3-1-38・☎0995-46-1438

種子島支店：〒891-3601・熊毛郡中種子町納官1551・☎0997-27-0049

徳之島支店：〒891-7101・大島郡徳之島町亀津142-1・☎0997-83-0030

沖永良部支店：〒891-9214・大島郡知名町知名字棚木俣1854-4・☎0997-93-2140

山川営業所：〒891-0514・指宿市山川大山3060・☎0993-35-2626

根占サービスステーション：〒893-2502・肝属郡南大隅町根占川南五反田2916・☎0994-24-2982

㈱キセキ九州（本社：熊本県）

南部支社：〒899-4321・霧島市国分広瀬1628-1・☎0995-45-1911・FAX0995-46-6447

鹿児島営業部：（南部支社と同）

鹿屋営業所：〒893-0023・鹿屋市笠之原町1788-6・☎0994-42-5161

大崎営業所：〒899-7305・曽於郡大崎町假宿552・☎099-476-0140

高山営業所：〒893-1207・肝属郡肝付町新富578-8・☎0994-65-2019

根占営業所：〒893-2502・肝属郡南大隅町根占川南599-1・☎0994-24-2662

野方出張所：〒899-8313・曽於郡大崎町野方5948-3・☎0994-78-2258

宮之城営業所：〒895-2104・薩摩郡さつま町柏原2742・☎0996-53-0447

大口営業所：〒895-2506・伊佐市大口原田14-1・☎0995-22-1304

国分営業所：（鹿児島支社と同）・☎0995-45-0273

出水営業所：〒899-0212・出水市上知識町1024・☎0996-62-0414

栗野営業所：〒899-6207・姶良郡湧水町米永1908-4・☎0995-74-4456

指宿営業所：〒891-0406・指宿市湯の浜6-14-6・☎0993-22-3612

加世田営業所：〒899-3511・南さつま市金峰町宮崎2841-4・☎0993-77-2893

姶良営業所：〒899-5431・姶良市西餅田1178・☎0995-66-2565

種子島営業所：〒891-3606・熊毛郡中種子町坂井2181-175・☎0997-27-9833

頴娃営業所：〒891-0702・南九州市頴娃町牧之内8820-3・☎0993-36-2611

鹿児島営業所：〒891-1107・鹿児島市有屋田町606・☎099-298-2625

三菱農機販売㈱（本社：埼玉県／九州支社：佐賀県）

宮之城営業所：〒895-1802・薩摩郡さつま町田原217-1・☎0996-52-3028

川内営業所：〒895-0067・薩摩川内市上川内町4439-3・☎0996-22-3141

出水営業所：〒899-0405・出水市高尾野町下水流1161-1・☎0996-82-0346

鹿屋営業所：〒893-0031・鹿屋市川東町7164-2・☎0994-42-5245

㈲有木機工：〒897-1201・南さつま市大浦町7470・☎0993-62-3100・FAX0993-62-2035・有木学

㈲阿久根農機：〒899-1131・阿久根市脇本7393-10・☎0996-75-2262・FAX0996-75-0996・宮原悟・銘＝クボタ

㈲有村農機商会：〒895-0076・薩摩川内市大小路町8-13・☎0996-23-2500・FAX0996-23-2500・有村一男

上城農機商会：〒891-1108・鹿児島市郡山岳町150-2・☎099-298-2123・銘＝クボタ

牛込商会：〒893-0025・鹿屋市西祓川町397・☎0994-43-5634・FAX0994-43-5634

㈲白山農機：〒891-0311・指宿市西方5976-3・☎0993-25-2869・銘＝クボタ

エフエム農機：〒899-7602・志布志市松山町泰野2090-1・☎0994-87-8020・銘＝クボタ

㈱大崎機械店：〒899-7309・曽於郡大崎町井俣320-8・☎0994-76-1715・FAX0994-76-5214・稲葉繁実・銘＝クボタ

太田機工㈱：〒895-0013・薩摩川内市宮崎町1933・☎0996-22-6191・FAX0996-22-6816・上山孝一・銘＝ヤンマー・販＝上川内営業所：〒895-0211・薩摩川内市高城町平田1825-2・☎0996-23-9355，串木野営業所：〒896-0046・いちき串木野市西薩町17-23・☎0996-33-1120，宮之城南営業所：〒895-1804・薩摩郡さつま町船木1998・☎0996-56-8988，宮之城北営業所：〒895-1813・薩摩郡さつま町轟町24-9・☎0996-52-3455，大口営業所：〒895-2704・伊佐郡菱刈町市山481-1・☎0995-26-2255，出水営業所：〒899-0134・出水市浦田町56・☎0996-67-4626

㈲大塚農林機械：〒895-2502・大口市木之氏583・☎0995-22-2557・銘＝クボタ

小城機工㈱：〒895-0036・薩摩川内市矢倉町4659-10・☎0996-22-7312・FAX0996-22-7313・小城護

㈲奥村農機商会：〒891-3604・熊毛郡中種子町野間5184-47・☎0997-27-0439・銘＝クボタ

開聞サービスセンター：〒891-0603・指宿市開聞十町2493・☎0993-32-4207

勝間三光商会：〒891-9211・大島郡知名町芦清良2124-4・☎0997-93-2167・銘＝クボタ

カワゴエ農機：〒898-0012・枕崎市千代田町40・☎0993-72-2737・川越正裕・銘＝クボタ

川崎機械：〒890-0007・鹿児島市伊敷台4-37-1・☎099-228-5615・銘＝キセキ

川畑商会：〒899-0022・鹿屋市旭原2544-5・☎0994-43-0313・銘＝クボタ

肝付機械販売㈲：〒899-7103・志布志市志布志町志布志1-12-12・☎099-472-0023・FAX099-472-1658・肝付弘志

肝付農機商会：〒899-8602・曽於市末吉町栄町2-10-11・☎0986-76-0269・FAX0986-76-0269・肝付芳文

㈱祁答院農機：〒895-1501・薩摩川内市祁答院町下手3060-16・☎0996-55-0224・FAX0996-55-0223・田島春二・銘＝クボタ

柴産業：〒897-0304・南九州市知覧町東別府20641-1・☎0993-85-3106・FAX0993-85-3106・柴茂

清水農機：〒891-2311・鹿屋市白水町386-4・☎0994-44-5581・銘＝キセキ

須藤農機店：〒891-0311・指宿市西方宮ケ浜4783・☎0993-25-2507・FAX0993-25-2507・須藤一郎・銘＝クボタ

妹尾農機：〒893-0046・鹿屋市横山町1958-1・☎0994-48-3398・銘＝クボタ

せんだい農機：〒895-0056・薩摩川内市宮里町1322-3・☎0996-22-0755・銘＝クボタ

園田農機店：〒899-6201・姶良郡湧水町木場1043・☎0995-74-3386・銘＝クボタ

たかよし農機：〒899-5421・姶良市東餅田817-8・☎0995-67-2449・銘＝キセキ

㈲田中商会：〒899-8604・曽於市末吉町諏訪方4615・☎0986-76-3332・FAX0986-76-3472

タハラ農機販売㈲：〒899-8313・曽於郡大崎町野方6365-4・☎099-478-3216・FAX099-478-3217・田原浩

徳留農機：〒895-1723・薩摩郡さつま町二渡1543・☎0996-56-8521・銘＝クボタ

徳之島農機産業：〒891-7102・大島郡徳之

島町亀徳3314-4・☎0997-82-0660・銘＝クボタ

年永農機店：〒899-6401・霧島市溝辺町有川707-1・☎0995-59-2805・銘＝ヰセキ

鳥巣農機：〒893-1602・鹿屋市串良町有里7715・☎0994-62-3091・銘＝ヰセキ

中窪農機：〒899-7511・志布志市有明町原田358・☎0994-75-1214

㈱長島農機：〒899-1303・出水郡長島町指江100-6・☎0996-88-5026・FAX0996-88-5026・銘＝クボタ

永峯農機商会：〒893-0023・鹿屋市笠之原町900・☎0994-44-6047・銘＝クボタ

南国機工㈱：〒891-1305・鹿児島市宮之浦町452-5・☎099-294-2281・FAX099-294-2283・松下啄己・銘＝ヤンマー・販＝宮之城営業所：〒895-1802・薩摩郡さつま町田原415・☎0996-53-1715

㈲南薩新菱農機：〒891-0133・鹿児島市平川町1749・☎099-261-2358・FAX099-261-2621

新林商会：〒893-0014・鹿屋市寿1-18-12・☎0994-42-2901・FAX0994-44-3335・新春香

西農機商会：〒891-8201・大島郡伊仙町検福443・☎0997-86-4851・銘＝クボタ

㈲西之原商会：〒898-0006・枕崎市泉町41・☎0993-72-0636・FAX0993-76-3386・西之原洋一

橋元農機：〒899-0401・出水市高尾野町大久保7485・☎0996-82-1396・銘＝クボタ

㈲橋元農機商会：〒899-8311・曽於市大隅町荒谷1132-1・☎0994-84-1956・銘＝クボタ

㈲原口農機：〒899-6301・霧島市横川町上ノ3112・☎0995-73-2351・銘＝クボタ

㈲久留モータース：〒891-6201・大島郡喜界町赤連2492・☎0997-65-0265・銘＝クボタ

日吉農機商会：〒899-3101・日置市日吉町日置10996・☎0992-92-4704

㈱トクダ農機：〒899-3301・日置市吹上町中原1695・☎0992-96-5639・徳田裕人・銘＝クボタ

㈲平和機工：〒895-0065・薩摩川内市宮内町1810-2・☎0996-22-7118・FAX0996-22-7118・下山政光・銘＝クボタ

㈲堀之内葬祭機械部：〒891-0203・鹿児島市喜入町6972-1・☎0993-45-0638・銘＝ヰセキ

峯崎機械店：〒893-1206・肝属郡肝付町前田3624・☎0994-65-2105・FAX0994-65-2105・銘＝ヤンマー

㈲マサル商会：〒893-0005・鹿屋市共栄町2-8・☎0994-43-1230・FAX0994-43-1231・山本大助・銘＝ヤンマー

松崎農機商会：〒899-7104・志布志市志布志町安楽870・☎099-472-3018・FAX099-472-3018・銘＝ヤンマー

㈲マツモト：〒899-1604・阿久根市山下1114・☎0996-73-0050・FAX0996-73-0050・松元安秀

㈱ミズホ商会：〒893-0009・鹿屋市大手町12-1・☎0994-43-4178・FAX0994-44-9371・田中俊實・銘＝クボタ，ホンダ・販＝センター営業所：〒893-1602・鹿屋市串良町有里7986-1・☎0994-62-3011，岩川営業所：〒899-8212・曽於市大隅町月野1900-1・☎0994-82-0214，垂水営業所：〒891-2100・垂水市錦工町1-78・☎0994-32-0256，大根占営業所：〒893-2303・肝属郡錦江町馬場53-1・☎0994-22-0215，牧ノ原営業所：〒899-4501・霧島市福山町福山4666-1・☎0995-56-2254，野方営業所：〒899-8313・曽於郡大崎町野方2905-1・☎0994-78-2200

㈲瑞穂商会：〒899-2501・日置市伊集院町下谷口1915・☎099-273-2161・FAX099-273-2162・新山一俊・銘＝クボタ

㈲南九州農園：〒893-1611・肝属郡東串良町岩弘2101-1・☎0994-63-3406・銘＝ヰセキ

㈲み乃手：〒896-0037・いちき串木野市別府4100・☎0996-32-4138・FAX0996-32-4140・養手哲憲・銘＝ヰセキ，ホンダ・販＝大口支店：〒895-2505・大口市目丸128-1・☎0995-22-3373

宮内機械㈲：〒899-7103・志布志市志布志町志布志3-5-28・☎0994-72-1446

㈲山口農園機工：〒899-6401・霧島市溝辺町有川910-1・☎0995-59-3034・FAX0995-59-2624・山口紀史・銘＝クボタ

㈲山下農機商会：〒899-4204・霧島市霧島川北327・☎0995-57-2366・FAX0995-57-2366

㈱ヤマト機械：〒892-0834・鹿児島市南林寺町31-28・☎099-224-1786・FAX099-224-1334・山元茂

山ノ内農機：〒899-8606・曽於市末吉町深川5705-4・☎0986-76-3463・銘＝クボタ

吉元農機：〒891-0701・鹿児島県南九州市頴娃町郡1364-2・☎09933-6-0112・銘＝クボタ

［沖縄県］

㈱南九州沖縄クボタ（本社：鹿児島県）
沖縄事務所：〒901-2122・浦添市勢理客1-19-1・☎098-879-0325
　今帰仁営業所：〒905-0421・国頭郡今帰仁村字越地207-6・☎0980-56-5024
　名護営業所：〒905-0017・名護市大中4-3-21・☎0980-52-2571
　中部営業所：〒904-1203・国頭郡金武町屋嘉塩先原2656・☎098-964-4120
　大里営業所：〒901-1204・南城市大里字

稲嶺2030-3・☎098-946-8400
　糸満営業所：〒901-0315・糸満市字照屋1235-2・☎098-994-3321
　宮古営業所：〒906-0013・宮古島市平良字下里1383・☎0980-72-3915
　八重山営業所：〒907-0002・石垣市真栄里宮鳥331-1・☎0980-82-3608
　久米島営業所：〒901-3112・島尻郡久米島町儀間2656-1・☎098-896-7111

ヤンマー沖縄㈱：〒901-2223・宜野湾市大山7-11-12・☎098-898-3111・FAX098-898-8082・高江洲正春
　北部支店：〒905-1152・名護市伊差川35・☎0980-53-1862
　中部支店：〒904-2141・沖縄市池原2-15-32・☎098-937-2154
　南部支店：〒901-0314・糸満市座波690-3・☎098-994-3766
　農機八重山支店：〒907-0004・石垣市登野城1261-1・☎09808-2-9341

三菱農機販売㈱（本社：埼玉県／九州支社：佐賀県）
　沖縄営業所：〒901-1207・南城市大里字古堅915-1・☎098-946-7166
　石垣営業所：〒907-0004・石垣市登野城1231-1・☎0980-82-9196

協栄農機：〒901-1117・島尻郡南風原町津嘉山1808-5・☎098-889-3924・FAX098-889-3606・仲村勝

㈱くみき：〒901-1302・島尻郡与那原町上与那原439・☎098-945-3511・FAX098-882-8559・上地金徳

㈲砂川鉄工ヤンマー：〒906-0012・宮古島市平良西里885・☎0980-72-2757・FAX0980-72-3401・銘＝ヤンマー

㈲正真産業：〒906-0012・宮古島市平良西里1330-27・☎0980-73-4137・立津正彦・銘＝ヰセキ

トグチ農機サービス：〒905-1152・名護市字伊差川261-4・☎0980-53-3432・FAX0980-53-5139・銘＝ホンダ

㈱屋我商会：〒900-0024・那覇市古波蔵2-14-34・☎098-833-1007・屋我朝正・販＝南風原営業所：〒901-1111・島尻郡南風原町字兼城587-1・☎098-889-4646

㈱ヨシダ機器サービス：〒903-0103・中頭郡西原町小那覇1556-1・☎098-946-7117・FAX098-946-7213・吉田盛光・銘＝ホンダ

㈱琉金：〒900-0012・那覇市泊2-29-1・☎098-867-3475・呉屋秀夫

〔製造業者，部品・資材業者，商社索引〕

（ア）
㈱IHIアグリテック ……………… 13
㈱IDEC ………………………………… 67
㈱アイメック ……………………… 26
アグリテクノ矢崎㈱ …………… 53
㈱麻　場 …………………………… 39
㈱アテックス ……………………… 61
㈱アトム農機 ……………………… 13
㈲阿部商会 ………………………… 69
アベテック㈱ ……………………… 13
有光工業㈱ ………………………… 50
アルインコ㈱ ……………………… 50
アルプス計器㈱ …………………… 80
㈱安西製作所 ……………………… 28

（イ）
㈱イーズ …………………………… 28
飯田電機工業㈱ …………………… 75
イガラシ機械工業㈱ …………… 20
㈱五十嵐製作所 …………………… 35
㈱石井製作所 ……………………… 20
㈱イシカリ ………………………… 14
㈲石田農機 ………………………… 18
㈱石村鉄工 ………………………… 14
㈱ISEKIアグリ …………………… 69
㈱井関熊本製造所 ……………… 65
㈱ISEKIトータルライフサービス … 69
㈱井関新潟製造所 ……………… 35
井関農機㈱ ………………………… 62
㈱井関松山製造所 ……………… 62
㈱イ　ダ …………………………… 14
㈱稲坂歯車製作所 ……………… 53
㈱イナダ …………………………… 61
㈱井上ブラシ ……………………… 82
イワタニアグリグリーン㈱ …… 70
イワフジ工業 ……………………… 19
インタートラクターサービス㈱ … 67
インターファームプロダクツ㈱ … 70

（ウ）
㈱ウインブルヤマグチ ………… 53
上田農機㈱ ………………………… 39

（エ）
エーデーシーサービス㈱ ……… 14
㈱エトバス ………………………… 28
㈱江沼チエン製作所 …………… 79
㈱荏原製作所 ……………………… 29
エム・エス・ケー農業機械㈱ … 67
エムケー精工㈱ …………………… 39
㈱エルタ …………………………… 29

（オ）
大久保歯車工業㈱ ……………… 78
㈱オオシマ ………………………… 45
大島農機㈱ ………………………… 35
㈱大竹製作所 ……………………… 45
㈱大　橋 …………………………… 65

㈱オオハシ ………………………… 78
㈱オーレック ……………………… 64
㈱岡田製作所 ……………………… 25
オカネツ工業㈱ …………………… 55
㈱岡山農栄社 ……………………… 56
小川工業㈱ ………………………… 20
㈱小川農具製作所 ……………… 54
オギハラ工業㈱ …………………… 35
オサダ農機㈱ ……………………… 14
落合刃物工業㈱ …………………… 42
小原歯車工業㈱ …………………… 74
オリエンタルチエン工業㈱ …… 79
オリオン機械㈱ …………………… 39

（カ）
カーツ㈱ …………………………… 56
開発工建㈱ ………………………… 14
片倉機器工業㈱ …………………… 40
㈱片山製作所 ……………………… 26
金岡工業㈱ ………………………… 38
金子農機㈱ ………………………… 26
㈱神木製作所 ……………………… 27
㈲ガリュー ………………………… 29
㈱カルイ …………………………… 20
カルエンタープライズ㈱ ……… 40
カワサキ機工㈱ …………………… 43
川崎重工業㈱ ……………………… 54
㈱カワサキモータースジャパン … 72
㈲河島農具製作所 ……………… 55
川辺農研産業㈱ …………………… 29
関西産業㈱ ………………………… 48
関東農機㈱ ………………………… 24
カンリウ工業㈱ …………………… 40

（キ）
㈱北川鉄工所 ……………………… 59
㈱北村製作所 ……………………… 80
㈱キミヤ …………………………… 36
㈱木屋製作所 ……………………… 27
㈱キャムズ ………………………… 48
㈱キュウホー ……………………… 14
㈱共栄社 …………………………… 45
京セラインダストリアル
　　　ツールズ販売㈱ ………… 72
㈱協　同 …………………………… 75
協和工業㈱ ………………………… 80
旭陽工業㈱ ………………………… 29

（ク）
グッドファーマー技研㈱ ……… 21
㈲工藤農機 ………………………… 14
㈱クボタ …………………………… 50
㈱クボタクレジット …………… 51
㈱熊谷農機 ………………………… 36
黒田工業㈱ ………………………… 59

㈱クロダ農機 ……………………… 14
訓子府機械工業㈱ ……………… 14

（ケ）
㈱ケイヒン ………………………… 34
㈱啓文社製作所 …………………… 59
㈱ケービーエル ………………… 70
KYB ………………………………… 75
㈱ケット科学研究所 …………… 30

（コ）
光永産業㈱ ………………………… 62
工機ホールディングス㈱ ……… 30
㈱工　進 …………………………… 49
㈱晃伸製機 ………………………… 46
㈱広洋エンジニアリング ……… 27
㈱コーンズ・エージー ………… 67
国際農機㈱ ………………………… 68
小関農機㈱ ………………………… 21
コダマ樹脂工業㈱ ……………… 42
㈱國光社 …………………………… 46
小橋工業㈱ ………………………… 56
コマツ ……………………………… 30
㈱コンマ製作所 …………………… 21

（サ）
サークル機工㈱ …………………… 15
サージミヤワキ㈱ ……………… 70
㈱斎藤農機製作所 ……………… 21
サカエ農機㈱ ……………………… 15
㈱ササオカ ………………………… 63
笹川農機㈱ ………………………… 36
㈱ササキコーポレーション …… 18
㈱指浪製作所 ……………………… 46
㈱サタケ …………………………… 59
㈱札幌オーバーシーズ
　　　コンサルタント ………… 68
佐藤産業㈱ ………………………… 82
佐藤農機鋳造㈱ …………………… 60
佐野車輌㈱ ………………………… 30
サンエイ工業㈱ …………………… 15
㈱サンエー ………………………… 49
㈱三　研 …………………………… 30
三巧技研㈱ ………………………… 43
三州産業㈱ ………………………… 66
㈱サンスイ興業 …………………… 68
三徳製機㈱ ………………………… 46
㈱サンホープ ……………………… 70
㈱三　洋 …………………………… 22
三陽機器㈱ ………………………… 57
三陽金属㈱ ………………………… 81
三陽サービス㈱ …………………… 73
山陽利器㈱ ………………………… 81
㈱サンワ …………………………… 30
三和サービス㈱ …………………… 15

（シ）
GEAオリオンファーム
　　テクノロジーズ㈱ ………… 72
ジオサーフ㈱ …………… 70
重松工業㈱ …………… 65
静岡製機㈱ …………… 43
㈱渋　谷 …………… 15
シブヤ精機㈱ …………… 44
㈱清水工業 …………… 36
上越農機㈱ …………… 36
昭和貿易㈱ …………… 72
㈱ショーシン …………… 40
㈱ジョーニシ …………… 49
㈱新宮商行 …………… 30
新興和産業㈱ …………… 44
新道東農機㈱ …………… 15
親和工業㈱ …………… 64

（ス）
スガノ農機㈱ …………… 23
鋤柄農機㈱ …………… 46
㈱スズキブラシ …………… 80
㈱スズテック …………… 25
スターテング工業㈱ …………… 75
㈱スチール …………… 68
ストラパック㈱ …………… 31
スプレーイングシステム
　　ジャパン（同） …………… 76

（セ）
㈱セイブテクノ …………… 75
㈱誠　和 …………… 25

（ソ）
ソフト・シリカ㈱ …………… 76

（タ）
タイガー㈱ …………… 51
㈱タイガーカワシマ …………… 25
大紀産業㈱ …………… 57
大起理化工業㈱ …………… 75
ダイキン工業㈱ …………… 51
太産工業㈱ …………… 76
太昭農工機㈱ …………… 55
㈱タイショー …………… 23
㈱ダイシン …………… 42
㈱大　仙 …………… 47
大同工業㈱ …………… 79
㈱太　陽 …………… 63
㈱タイワ精機 …………… 38
大和精工㈱ …………… 51
㈲鷹岡工業所 …………… 44
㈱タカキタ …………… 48
髙千穂工業㈱ …………… 79
高橋水機㈱ …………… 27
㈱タケザワ …………… 47
田中工機㈱ …………… 65
田中産業㈱ …………… 80
㈲田端農機具製作所 …………… 15

（チ）
ちぐさ技研工業㈱ …………… 63
㈱ちくし号農機製作所 …………… 64

㈱筑水キャニコム …………… 65
㈱チクマスキ …………… 41
中央工業㈱ …………… 54
中央精工㈱ …………… 76

（ツ）
司化成工業㈱ …………… 76
筑波工業㈱ …………… 24
㈱土谷製作所 …………… 15
㈱土谷特殊農機具製作所 …………… 15
㈱ツムラ …………… 72
津村鋼業㈱ …………… 81
㈱鶴見製作所 …………… 52

（テ）
㈱デリカ …………… 41

（ト）
㈱東京ラソニック …………… 31
東興産業㈱ …………… 31
東日興産㈱ …………… 77
㈱東日製作所 …………… 77
東邦貿易㈱ …………… 70
東北打刃物㈱ …………… 74
東北製綱㈱ …………… 74
東洋農機㈱ …………… 16
東洋ライス㈱ …………… 54
㈱トーチク …………… 68
十勝農機㈱ …………… 16
㈱トプコン …………… 70
㈱苫米地技研工業 …………… 19

（ナ）
㈱永田製作所 …………… 80
長田通商㈱ …………… 72
㈱ナガノ …………… 44
中村撰果機㈱ …………… 44
㈱ナカヤマ …………… 73
ナラサキ産業㈱ …………… 31

（ニ）
㈱ニシザワ …………… 61
日農機㈱ …………… 16
日農機製工㈱ …………… 16
ニチバン㈱ …………… 31
㈱ニッカリ …………… 58
㈱ニットウ機販 …………… 52
日東工器㈱ …………… 77
日本クライス㈱ …………… 28
日本クリントン㈱ …………… 71
日本車輌製造㈱ …………… 47
日本甜菜製糖㈱ …………… 31
日本ニューホランド㈱ …………… 68
日本刃物㈱ …………… 74
日本プラントシーダー㈱ …………… 31
日本ブレード㈱ …………… 73
日本フレックス工業㈱ …………… 81
ニューデルタ工業㈱ …………… 44
ニューロング㈱ …………… 32

（ネ）
ネポン㈱ …………… 32

（ノ）
ノブタ農機㈱ …………… 17

（ハ）
ハスクバーナ・ゼノア㈱ …………… 27
㈱ハセガワ …………… 71
㈱畠山技研工業 …………… 17
初田工業㈱ …………… 52
花岡産業㈱ …………… 77
ハバジット日本㈱ …………… 78
㈱原島電機工業 …………… 28
バンドー化学㈱ …………… 82
ハンナインスツルメンツ・
　　ジャパン㈱ …………… 69

（ヒ）
㈱ビコンジャパン …………… 69
㈱美　善 …………… 22
日立建機㈱ …………… 32
平城商事㈱ …………… 73

（フ）
㈱ファインスティール
　　エンジニアリング …………… 78
㈲福千製作所 …………… 61
㈱福地工業 …………… 17
フジイコーポレーション㈱ …………… 36
㈱藤木農機製作所 …………… 52
㈱冨士トレーラー製作所 …………… 37
富士平工業㈱ …………… 32
㈱藤原製作所 …………… 32
㈲双葉発條工業所 …………… 77
ブラント・ジャパン㈱ …………… 71
㈱ブリヂストン …………… 77
ブリッグス・アンド・ストラットン・
　　ジャパン㈱ …………… 49
古河ユニック㈱ …………… 32
フルタ電機㈱ …………… 47
フローテック㈱ …………… 79

（ヘ）
㈱ベビーロック …………… 33

（ホ）
㈱報商製作所 …………… 81
宝田工業㈱ …………… 49
㈱ホームクオリティ …………… 71
㈱ホクエイ …………… 17
㈱細川製作所 …………… 41
北海道ニプロ㈱ …………… 17
㈱北海農機 …………… 17
北海バネ㈱ …………… 74
ボッシュ㈱ …………… 77
㈱ボブキャット …………… 71
本田技研工業㈱ …………… 33
㈱本多製作所 …………… 38
本田農機工業㈱ …………… 18

（マ）
マイクロ化学技研㈱ …………… 79
㈱マキタ …………… 47
松井ワルターシャイド㈱ …………… 74
マックス㈱ …………… 33
㈱マツモト …………… 26
松元機工㈱ …………… 66
松　山㈱ …………… 41

マメトラ農機㈱ ……27	**（ム）**	**（ヨ）**
㈱丸久製作所 ……24	㈱向井工業 ……52	八鹿鉄工㈱ ……54
㈱丸七製作所 ……33	㈱ムラマツ車輌 ……34	㈱横崎製作所 ……63
丸高工業㈱ ……55	**（モ）**	㈲横溝鉄工所 ……65
㈱マルナカ ……49	㈱モチヅキ ……71	吉徳農機㈱ ……37
マルマス機械㈱ ……38	㈱諸　岡 ……24	吉光鋼管㈱ ……81
㈱丸山製作所 ……33	**（ヤ）**	米山工業㈱ ……63
（ミ）	安田工業㈱ ……42	**（リ）**
㈱ミクニ ……34	ヤナセ産業機器販売㈱ ……71	緑　産㈱ ……35
㈱水内ゴム ……82	山田機械工業㈱ ……54	**（ロ）**
三菱ケミカルアグリドリーム㈱……77	ヤマハ発動機㈱ ……44	㈱ロールクリエート ……18
三菱重工メイキエンジン㈱ ……48	ヤマハモーターパワー	**（ワ）**
三菱マヒンドラ農機㈱ ……55	プロダクツ㈱ ……45	㈱ワキタ ……53
三ツ星ベルト㈱ ……82	㈱やまびこ ……34	和光商事㈱ ……71
㈱ミツワ ……37	㈱山本製作所 ……22	渡辺農機㈱ ……18
㈱緑マーク ……78	ヤンマーアグリ㈱ ……52	和同産業㈱ ……19
皆川農器製造㈱ ……37	ヤンマー農機製造㈱ ……58	
南九州農機販売㈱ ……66	**（ユ）**	
みのる産業㈱ ……58	㈱結城製作所 ……24	
㈱宮丸アタッチメント研究所 ……61	㈱ユーシン ……78	
未来のアグリ㈱ ……18	㈱ユニック ……78	

2018 主要 農機商工業信用録 ©

平成30年11月30日発行	編集兼発行人　　岸　田　義　典
ISBN 978-4-88028-097-4	発　行　所　　株式会社 新農林社
定価13,900円（本体12,870円）	〒101-0054　東京都千代田区神田錦町1-12-3
	☎03-3291-3671　Fax.03-3291-5717
CD-ROM付	大阪支社　〒556-0016　大阪市浪速区元町1-3-8
定価20,000円（本体18,519円）	☎06-6648-9861　Fax.06-6648-9862

ロックンコード

安全・高耐久！花崗岩でつくった草刈用ナイロンコード

大好評

▶ 日本一の切れ味、世界一の耐久性

花崗岩とナイロンの絶妙な混合比により、高い耐摩耗性と、しなやかさ（切れ味）を兼ね備えます。

作業を30分行った後のコード残量
他社製コード 66.2％　ロックンコード 91.5％
耐摩耗性 約1.5倍
長持ちで経済的！

形状と太さの種類	
○型	φ2.4・φ3.0
□型	2.2mm・2.4mm
△型（ツイスト）	3.0mm
□型（ツイスト）	2.2mm・2.4mm

長さ
・18M（ツイストは 12 or 15M）
・30M・50M
・100M（ツイストは 80M）

▶ 高品質にはワケがある

コードの遠心力を利用して、草を刈り取る草刈用ナイロンコード。金属刃では難しい障害物や木の根元、塀の際もしっかりと草刈りができます。カルのコードは日本の素材を日本の技術で、日本国内で製造している純国産コード。是非一度お試しください、安全と安心を責任をもって提供しています。

草刈用ナイロンコード・カッターヘッド専門メーカー
カル エンタープライズ株式会社
〒384-2307　長野県北佐久郡立科町山部1289-1
TEL0267-56-2691　FAX0267-56-2696

スキガラの農作業機

エイブル平高マルチ
PH-A-14 成形機　PH-A-17 成形機
PHM-A-14 マルチ付　PHM-A-17 マルチ付

PHM-A-14

● ロータリーに取付けて手軽にうね作り。畑作・水田での平高うね作りとマルチ作業が可能。

スーパーエイブル平高マルチ
PH-R143 成形機　PH-R173 成形機
PH-R143M マルチ付　PH-R173M マルチ付

PH-R173M　**高機能**

● 畑作・水田での転作・裏作の野菜移植に適した畦づくりとマルチ作業。

スーパー小畦マルチ
JR-913 成形機
JR-913M マルチ付

JR-913M

● 調整が簡単なコンパクトで高機能の小畦成形機・マルチ。甘薯の成形マルチに最適。

スーパー台形成形機
PH-T313 成形機

● 簡単着脱・ラクラク操作、規定のうね形状になるまでの距離が短く、土押しが少ない安定作業を行えます。野菜のうね作りに最適。

カンイマルチ
SFM231 マルチ

取扱い楽々♪

● ロータリーの耕深オートを利用して平マルチが簡単に敷設できます。

シンプル成形機
STS-302 3うね　STS-402 4うね

STS-302

● ロータリーにラクラク付け外し、手軽に野菜の定植うねを作れます。播種機取付キット（別売）で同時播種作業が可能です。

エイブルプランタ
TAP-110 成形機
TAP-110M マルチ付

作業の合理化 軽労化

● 馬鈴薯の植付、うね成形、マルチ作業を同時に行います。

不耕起V溝直播機
AD-103CW / AD-123CW

AD-103CW
米の直播に
高速作業で大面積の播種が可能！

● V形の播種・施肥溝を切り、種籾と専用肥料を直播します。深い位置からの出芽で、鳥害も防ぎます。

鋤柄農機株式会社
〒444-0943　愛知県岡崎市矢作町字西林寺38
TEL.(0564)31-2107(代)　FAX.(0564)33-1171
URL ＝ http://www.sukigara.co.jp/

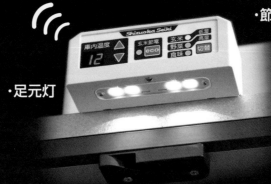

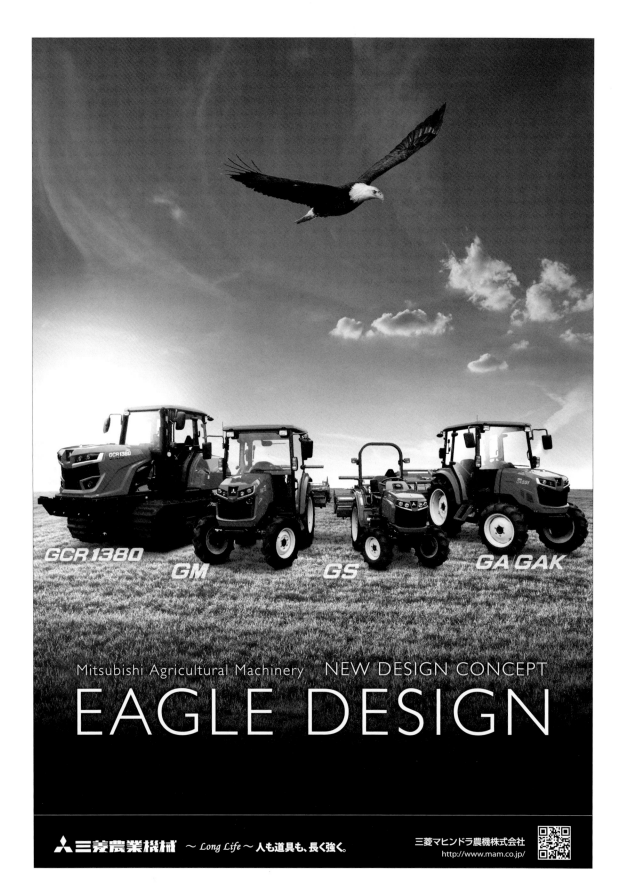